准噶尔盆地西北缘复式油气成藏理论与精细勘探实践

陈新发　杨学文　薛新克　著
师永民　刘荣军　马辉树

石油工业出版社

内 容 提 要

准噶尔盆地西北缘盆山转换带东西向绵延250余千米，南北向延伸约25千米，有利油气资源区面积达万余平方千米。纵向上发育石炭系、二叠系、三叠系、侏罗系、白垩系和新近系六大含油层系。自晚古生代以来多旋回盆山耦合构造—沉积体系形成独具特色的复式油气聚集带，其油气储量占全盆地储量的70%。本书从大地构造背景、海西期以来形成的断裂构造体系、多期次盆山耦合构造层序与沉积体系、丰富多样的储层类型、玛湖—昌吉坳陷为烃源岩的多个含油气系统、纵向石炭系至白垩系多个含油层系、多种类型油气藏在时空上的配置叠合阐述准噶尔盆地西北缘复式油气成藏机制，总结出西北缘复式油气多种成藏模式，形成准噶尔盆地西北缘特有的复式油气成藏理论。

本书可供油气田一线科研人员和石油研究院所勘探开发相关人员学习参考，也可作为高等院校石油地质专业教材和参考书目。

图书在版编目(CIP)数据

准噶尔盆地西北缘复式油气成藏理论与精细勘探实践/陈新发等著.
北京:石油工业出版社,2014.5
(准噶尔盆地油气勘探开发系列丛书)
ISBN 978-7-5183-0016-7

Ⅰ.准…
Ⅱ.陈…
Ⅲ.①准噶尔盆地-油气藏形成-研究
②准噶尔盆地-油气勘探-研究
Ⅳ.P618.13

中国版本图书馆CIP数据核字(2014)第082511号

出版发行:石油工业出版社
(北京安定门外安华里2区1号 100011)
网 址:www.petropub.com.cn
编辑部:(010)64523543 发行部:(010)64523620
经 销:全国新华书店
印 刷:北京中石油彩色印刷有限责任公司

2014年5月第1版 2014年5月第1次印刷
787×1092毫米 开本:1/16 印张:23.75
字数:608千字

定价:150.00元
(如出现印装质量问题，我社发行部负责调换)

序

准噶尔盆地位于中国西部，行政区划属新疆维吾尔自治区。盆地西北为准噶尔界山，东北为阿尔泰山，南部为北天山，是一个略呈三角形的封闭式内陆盆地，东西长 700 千米，南北宽 370 千米，面积 13 万平方千米。盆地腹部为古尔班通古特沙漠，面积占盆地总面积的 36.9%。

1955 年 10 月 29 日，克拉玛依黑油山 1 号井喷出高产油气流，宣告了克拉玛依油田的诞生，从此揭开了新疆石油工业发展的序幕。1958 年 7 月 25 日，世界上唯一一座以石油命名的城市——克拉玛依市诞生。1960 年，克拉玛依油田原油产量达到 166 万吨，占当年全国原油产量的 40%，成为新中国成立后发现的第一个大油田。2002 年原油年产量突破 1000 万吨，成为中国西部第一个千万吨级大油田。

准噶尔盆地蕴藏着丰富的油气资源。油气总资源量 107 亿吨，是我国陆上油气资源当量超过 100 亿吨的四大含油气盆地之一。虽然经过半个多世纪的勘探开发，但截至 2012 年底石油探明程度仅为 26.26%，天然气探明程度仅为 8.51%，均处于含油气盆地油气勘探阶段的早中期，预示着巨大的油气资源和勘探开发潜力。

准噶尔盆地是一个具有复合叠加特征的大型含油气盆地。盆地自晚古生代至第四纪经历了海西、印支、燕山、喜马拉雅等构造运动。其中，晚海西期是盆地坳隆构造格局形成、演化的时期，印支—燕山运动进一步叠加和改造，喜马拉雅运动重点作用于盆地南缘。多旋回的构造发展在盆地中造成多期活动、类型多样的构造组合。

准噶尔盆地沉积总厚度可达 15000 米。石炭系—二叠系被认为是由海相到陆相的过渡地层，中、新生界则属于纯陆相沉积。盆地发育了石炭系、二叠系、三叠系、侏罗系、白垩系、古近系六套烃源岩，分布于盆地不同的凹陷，它们为准噶尔盆地奠定了丰富的油气源物质基础。

纵观准噶尔盆地整个勘探历程，储量增长的高峰大致可分为西北缘深化勘探阶段（20 世纪 70—80 年代）、准东快速发现阶段（20 世纪 80—90 年代）、腹部高效勘探阶段（20 世纪 90 年代—21 世纪初期）、西北缘滚动勘探阶段（21 世纪初期至今）。不难看出，勘探方向和目标的转移反映了地质认识的不断深化和勘探技术的日臻成熟。

正是由于几代石油地质工作者的不懈努力和执著追求，使准噶尔盆地在经历了半个多世纪的勘探开发后，仍显示出勃勃生机，油气储量和产量连续 29 年稳中有升，为我国石油工业发展做出了积极贡献。

在充分肯定和乐观评价准噶尔盆地油气资源和勘探开发前景的同时，必须清醒地看到，由于准噶尔盆地石油地质条件的复杂性和特殊性，随着勘探程度的不断提高，勘探目标多呈“低、深、隐、难”特点，勘探难度不断加大，勘探效益逐年下降。巨大的剩余油气资源分布和赋存于何处，是目前盆地油气勘探研究的热点和焦点。

由新疆油田公司组织编写的《准噶尔盆地油气勘探开发系列丛书》在历经近两年时间的努力，今天终于面世了。这是第一部由油田自己的科技人员编写出版的专著丛书，这充分表明我们不仅在半个多世纪的勘探开发实践中取得了一系列重大的成果、积累了丰富的经验，而且在准噶尔盆地油气勘探开发理论和技术总结方面有了长足的进步，理论和实践的结合必将更好地推动准噶尔盆地勘探开发事业的进步。

系列专著的出版汇集了几代石油勘探开发科技工作者的成果和智慧，也彰显了当代年轻地质工作者的厚积薄发和聪明才智。希望今后能有更多高水平的、反映准噶尔盆地特色地质理论的专著出版。

“路漫漫其修远兮，吾将上下而求索”。希望从事准噶尔盆地油气勘探开发的科技工作者勤于耕耘，勇于创新，精于钻研，甘于奉献，为“十二五”新疆油田的加快发展和“新疆大庆”的战略实施做出新的更大的贡献。

新疆油田公司总经理 

2012.11.8

前 言

复式油气聚集带是指不同构造层、多个含油层系、多流体性质、多种类型油气藏在时空上的复合,其成藏和分布规律性明显。它不仅包括受构造断裂带控制的油气田(带或群),也包括在一定构造背景上地层、岩性、水动力等因素控制的油气田(带或群)。复式油气聚集理论作为油气聚集的一条规律,自20世纪60年代以来在我国东部和南部含油气盆地滚动勘探开发中被广泛接受和应用,同时在西部含油气盆地勘探和研究中也相继得到了一定程度的重视并取得了显著成效。可见,复式油气成藏理论是中国石油地质学的一个创新,其勘探实践极大地丰富了陆相石油地质理论。

准噶尔盆地西北缘经历了半个多世纪的勘探开发,目前对研究区域油气生成、运移、聚集、成藏等研究已较为深入,形成了一整套勘探理论与系统配套技术,如含油气系统、层序地层学、构造平衡技术、盆地模拟技术、隐蔽圈闭识别与储层反演技术、成藏期次与运移历程分析手段、地层温度—压力系统等理论和手段,深化了“源控论”、“断控论”、“扇控论”,发展了“梁聚论”、阶梯式油气运移规律等新认识。

国内外复式油气勘探实践认为,有些油气勘探理论在中—高勘探程度区有许多不适应性,对进一步勘探开发工作指导有一定的局限性。准噶尔盆地西北缘有其独特的油气地质特征,处在板块缝合带边缘和盆山转换部位,经历了多期构造—沉积旋回与多期成藏—运聚—破坏—再调整的过程,油气藏类型复杂多样,一种或某几种油气地质理论不可能完全揭示其内在的“真面目”。近几年西北缘精细勘探实践表明,复式油气勘探理论不但可以应用在中—高勘探程度区,而且达到了快速、经济、有效勘探的效果。这也是新疆油田勘探工作者对全球复式油气勘探理论的一个重要贡献。

本书共分为九章:第一章是复式油气与精细勘探概论,主要是对复式油气藏概念、成藏理论、现状以及对准噶尔盆地西北缘油气精细勘探的概括,并对精细勘探的做法与成效等进行了概要叙述;第二章从古亚洲洋演化与哈萨克斯坦板块的形成、西准与准噶尔地体的接触关系以及近年来西北缘露头区发现的大量蛇绿岩混杂带的角度阐述西北缘复式油气形成的区域大地构造背景,总结多旋回构造演化特征及油气地质特征;第三章主要描述了多旋回断裂构造体系与复式油气成藏特征以及盆山转换带复杂的断裂构造体系;第四章主要阐述复式油气盆山耦合沉积、西北缘层序地层格架的建立以及近物源断裂控制下的沉积体系;第五章描述了多元化的储集特征;第六章是本书的亮点,系统地研究总结了西北缘复式油气形成破坏机制;第七章是本书的另一个亮点，从油气成因类型和分布位置方面总结了复式油气成藏特征、成藏理论与成藏模式；第八章展现了近几年西北缘精细勘探的新技术和新方法；第九章是近几年精细勘探的实践和取得的一系列成效。

2005年开展精细勘探以来，新疆油田公司在复式油气成藏理论指导下，开拓勘探思路，运用新方法、新技术及进行更细致、更大量的工作，在西北缘这样一个高成熟的探区，进行二次油气精细勘探，取得了丰硕的成果，累计新增探明石油地质储量5亿多吨，占同期新疆油田探明储量的75%以上，相当于每年找到一个中型油田。其中大于千万吨的整装块有六、七、九区石炭系油藏，九区检451井区石炭系油藏，红浅1井区三叠系油藏，红003井区白垩系油藏，车89、车510井区新近系油藏，百乌28井区三叠系、二叠系油藏，古53、百503井区石炭系油藏，乌33、乌35、乌36井区三叠系油藏，金龙2井区二叠系油藏，风城地区侏罗系超稠油油藏等。表明西北缘精细勘探潜力很大，是新疆油田公司增储上产的主要地区，也对西北缘老区产量减缓递减及稳中有升产生积极的作用。

本书在编写过程中，得到了李兴训、徐常胜、王国先等的帮助与指导，吴晓智等也对本书提出了宝贵的意见和建议，王磊、张腾飞、崔蒙、师春爱、师翔、吴洛菲、熊文涛、郭馨蔚、徐蕾等参加了本书图表的整理与编绘工作，在此一并表示感谢。

尽管本书针对准噶尔盆地西北缘复式油气成藏机制和富集规律进行了系统阐述，丰富完善了复式油气勘探理论，有效指导了成熟区精细勘探，但是由于研究区地质条件的复杂多样性，本书还不能把这一地区复杂的油气地质特征涵盖完全和彻底地搞清楚，也不能完全地把半个多世纪以来前人丰硕的勘探成果展现出来，不妥之处，请广大读者提出宝贵意见。

CONTENTS 目录

第一章　复式油气与精细勘探概论

第一节　复式油气藏基本概念、内涵和外延

一、复式油气藏基本概念

复式油气聚集带理论首次由胡见义(1986)在研究渤海湾盆地断陷油气藏时提出，是指在同一油源区内不同储油层系、不同圈闭类型、纵向上叠合、横向上交错连片构成一个复式油气聚集带(区)。它的形成是含油气盆地多旋回构造演化、多套烃源岩多期生烃、多次多向聚散平衡、多期多类组合成藏的结果。

复式油气聚集带的概念实际上是一个油气藏组合和空间分布的概念。由于我国东部陆相断陷盆地具有多凸、多凹和多旋回性的特点，复式油气聚集带中的油气可以是同一油源(区或层)的产物，也可以是不同油源的混合物，因此也可以将之定义为“由不同储油层系和不同圈闭类型叠合连片”的含油气(区)带。“不同储油层系”含油可以是多生油层系的自生自储，也可以是油气垂向运移和聚集的结果。前者的油气运移和聚集过程相对比较简单，关键是在生油或侧向运移区要有“垂向叠合连片”的圈闭(区)带；后者不仅要具备“垂向叠合连片”的圈闭(区)带，同时还必须要有油气垂向运移和聚集的动力条件和过程。因此，在对复式油气聚集带进行系统成因分类的基础上，着重讨论由油气垂向运移和聚集形成复式油气聚集带的动力学特点和模式。

二、复式油气藏的内涵

相对单一油藏而言，复式油气藏在油源、运移、储集、成藏、保存等方面具有多样性。准噶尔盆地西北缘的叠瓦冲断活动不但形成了一系列叠瓦式冲断席，而且在其前缘发育了大规模纵横叠置的扇体，形成了推覆体、前缘断块带、下盘掩伏断层相关褶皱背斜带、楔状地层超覆带与斜坡带等五大含油领域。斜坡带、下盘掩伏断层相关褶皱背斜带将是今后勘探的主要领域，前缘断块带是挖潜的主要领域。

从初期对槽—台过渡带构造环境以及与乌拉尔山前地区的类比分析来看，之前提出的“上地台找油”理论是非常符合前陆冲断带的聚油规律的。后来人们发现仅仅认识冲断带结构、在断裂带“广积粮”还不够，于是又考虑到断裂活动与沉积作用之间的相互制约关系，提出了断裂带前缘扇体成藏的新认识。再后来，人们进一步发现无论是在断裂带还是在扇体分布区，油气的分布是不均一的，而且影响油气分布差异化的因素因地而异。据此，只有对断裂活动、扇体沉积与油气生成运聚过程进行有机匹配分析，才能进一步剖析油气分布规律，指出下一步的勘探方向。

就准噶尔盆地西北缘而言，断裂演化的差异性与分段性是制约油气分布不均的内在原因。这也是本书阐述的一个重要科学论题。

三、复式油气藏的外延

人们对复式油气的认识是一个循序渐进的过程,准噶尔盆地西北缘也不例外,从初期逆掩断层的识别到大油田的发现,从油藏控制因素分析到对逆冲断块详细结构的认识,提出了逆掩断层控油论;从勘探突破前缘断块领域到逆掩推覆体四大含油领域的认识,逆掩断层控油论被不断深化;从新层系(上乌尔禾组、下乌尔禾组)的突破到逆掩断层制约沉积作用的认识,扇控论适时被提出并逐渐深化,实现了对下盘斜坡区的重大突破。由此可见,对准噶尔盆地西北缘逆掩断层带的认识经历了一个反复实践与不断深化的螺旋式上升过程。

新一轮的勘探将进一步深化逆掩断层控油论与扇控论的观点,这种认识将依赖于多种成藏模式的观点、成藏组合分析方法及现代构造地质学的解析手段。

复式油气藏的复杂性体现在多个方面:多个生油凹陷、多套断层体系、多沉积、多套生油与储油层系、多种类型储层、多油品性质等。

第二节　准噶尔盆地西北缘复式油气定义的依据

准噶尔盆地西北缘是被构造复杂化了的多层系含油复式油气聚集带,具有“多层系、满带含油”的特点(图1-1),由一组北东向展布的前陆逆冲断裂组成,习惯上称西北缘断裂带,长250km,水平滑动9~25km。整个构造带以克拉玛依—百口泉前陆冲断带较为典型,是由一系

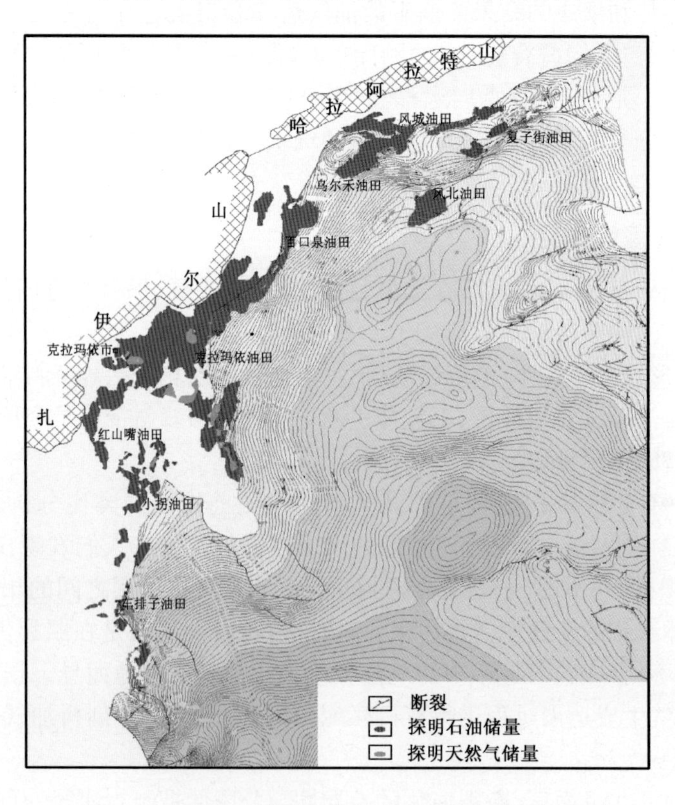

图1-1　准噶尔盆地西北缘复式油气聚集平面展布图

列舌状滑脱体联合组成的推覆构造带。这些滑脱体在平面上呈弧形展布，剖面上为楔状叠置断面，凹面向上呈“犁形”(图1-2)。

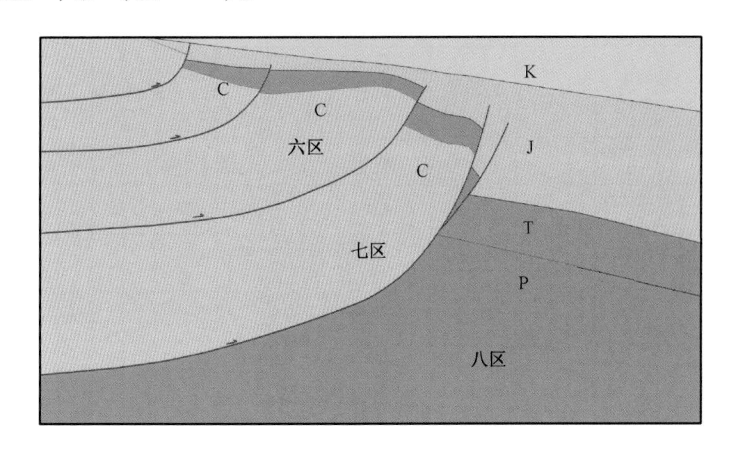

图1-2 准噶尔盆地西北缘叠瓦状推覆构造示意图

目前已发现的克拉玛依油田，主要沿克拉玛依—百口泉断裂带(以下简称克百断裂带)两侧分布，延伸约120km，不同层系含油面积基本连片，油气聚集有以下四大特点。

一、含油层多

西北缘纵向上共发育有石炭系，二叠系佳木河组、风城组、夏子街组、下乌尔禾组、上乌尔禾组，三叠系百口泉组、克下组、克上组、白碱滩组，侏罗系八道湾组、三工河组、西山窑组、齐古组，白垩系清水河组和新近系沙湾组六大层系16个层组(图1-3)。油气分布层位东南低西北高，油区中部层系多，含油井段可达千米，油气沿断裂分布，显示受断裂控制明显(图1-4)。

二、油气成藏差异性分布特征明显

准噶尔盆地西北缘油气藏类型及其分布与断裂密切相关，油气成藏差异性明显，主要表现在以下五个方面：(1)上盘地层超覆尖灭带浅层稠油和油砂；(2)前缘断块的石炭系基岩油藏、中生界断块型构造岩性油藏；(3)断裂下盘掩伏带的油气藏；(4)斜坡区二叠系地层、岩性油藏；(5)深层大构造背下下推测隐伏的油气藏(图1-4)。

三、基岩是重要的含油层系

基岩油藏一般位于主断层上盘的基岩中。以石炭系为主的变质碎屑岩和火成岩褶皱、断裂复杂，岩性致密、性脆，但裂缝和次生孔隙十分发育，极大地改善了其储集性能，出现许多高产井和高产带，如一区、二区克92井区、三区、四2区、六区、七区、九区、九区南部、中拐凸起、红山嘴、车排子等地区(图1-5)。

四、断裂带附近集中含油

断裂高产井均集中分布于逆掩断裂带及其前沿外围带和前缘断块带上，成带成片出现，与主断裂带关系极为密切(图1-4)。准噶尔盆地西北缘油气富集的原因主要有以下几个优越

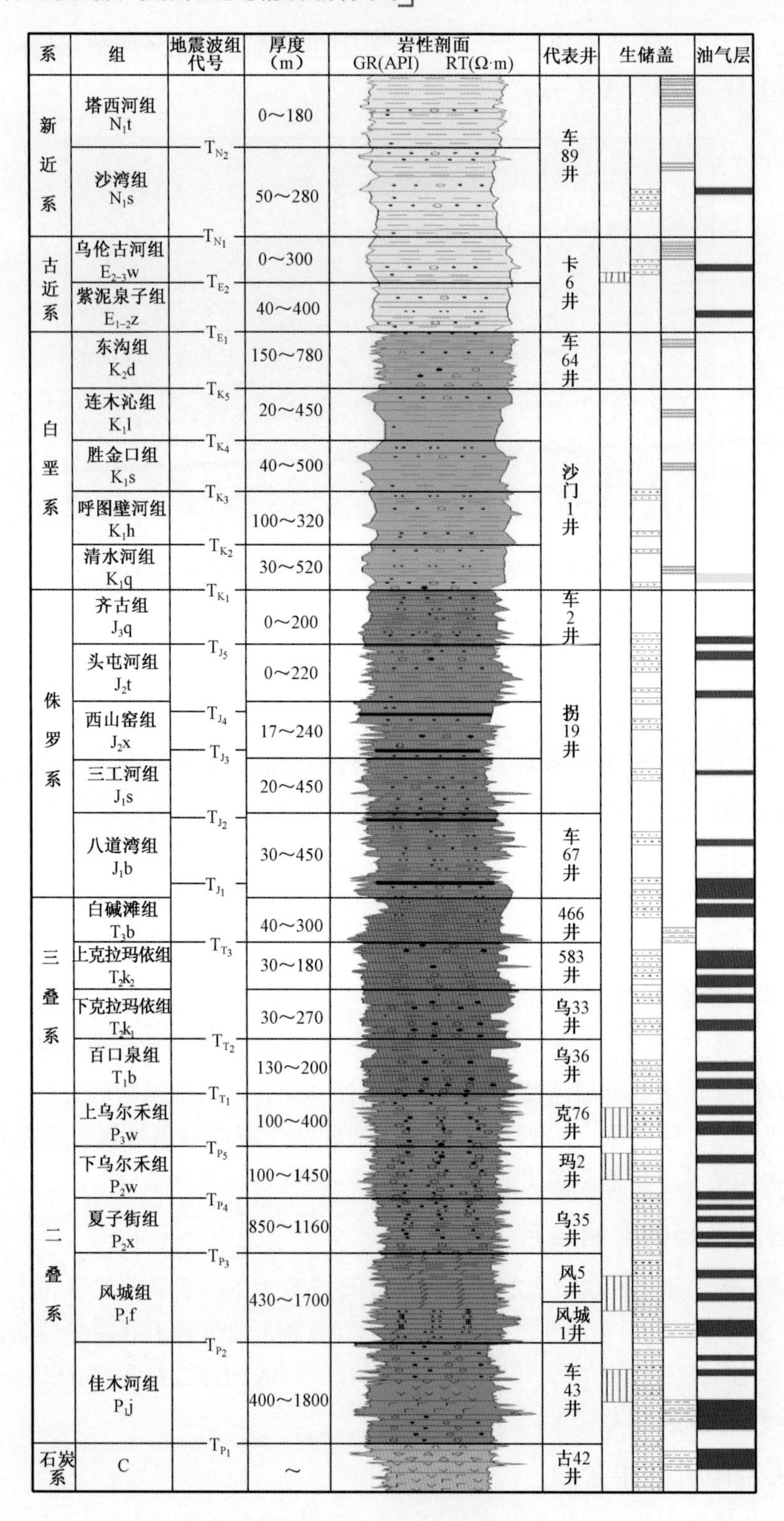

图 1－3　准噶尔盆地西北缘油藏纵向分布综合柱状图

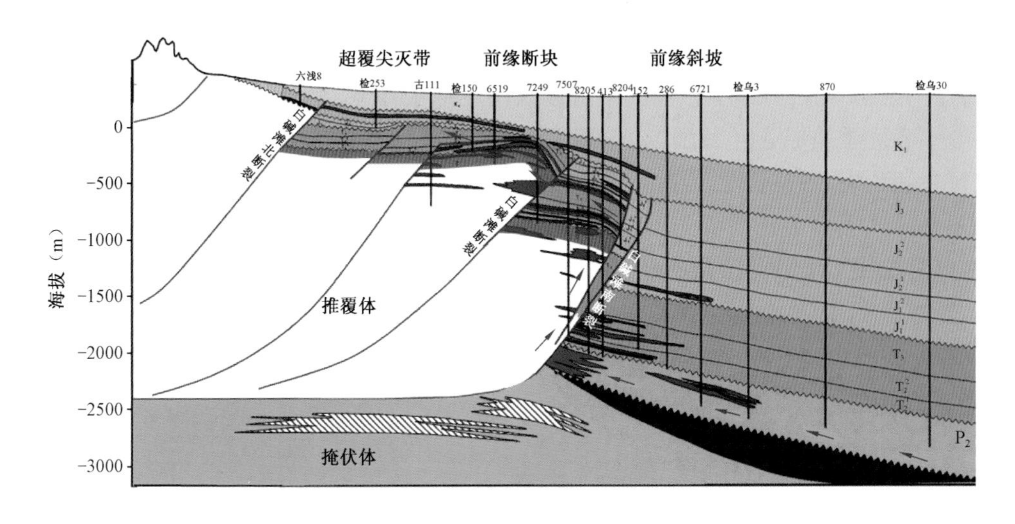

图 1－4 准噶尔盆地西北缘复式油气成藏模式示意图

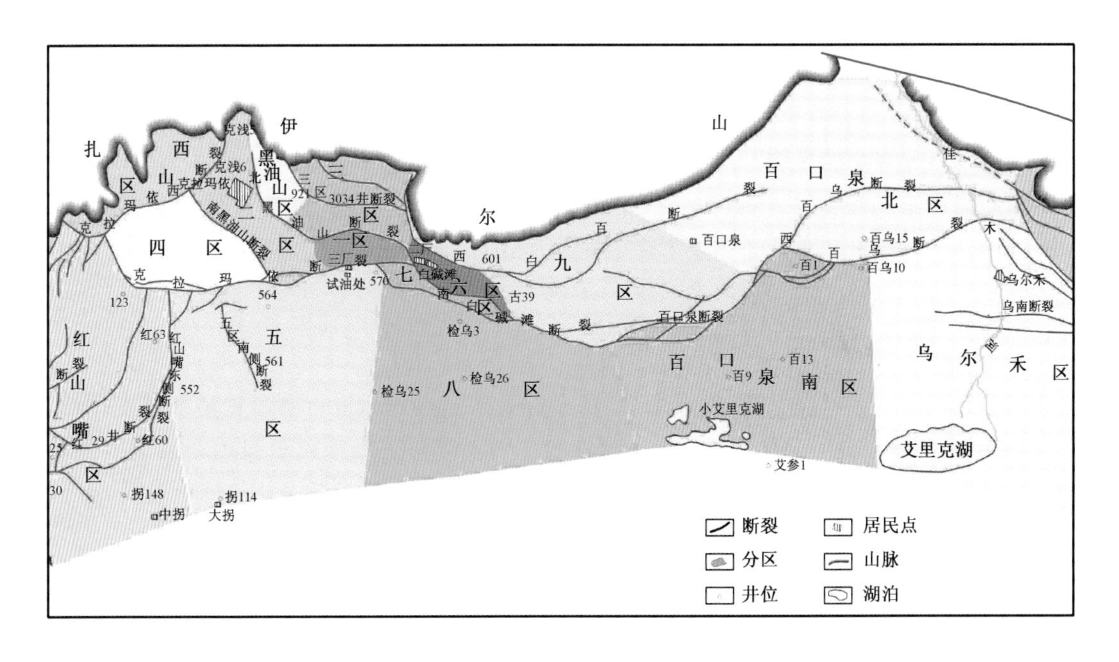

图 1－5 准噶尔盆地西北缘主要油区分布图

条件：(1)烃源岩层系多，储层离油源近；(2)多旋回沉积形成丰富的储层，主要有侏罗系、白垩系河流相、湖滨相砂岩、砂砾岩储层和石炭系、二叠系及三叠系冲积—洪积扇粗碎屑岩储层；(3)断层不仅是油气运移的通道，而且对构成油气遮挡（封闭）和改善岩石储集性能也起到了重要的作用。

综上所述，准噶尔盆地西北缘前陆冲断带形成了复合构造样式，它控制了西北缘断裂带的复式油气藏，具备复式油气的成藏条件。

源储时空配置是判断复式油气成藏的内在因素。准噶尔盆地西北缘复式油气定义的依据主要体现在源储的时空配置良好,具体表现在以下几个方面:(1)晚海西期西北缘前陆盆地演化阶段,在玛湖盆1井西凹陷、沙湾凹陷皆多次出现深水环境,发育了佳木河组、风城组及下乌尔禾组等多套优质的烃源岩,为研究区成藏提供了油源保证;(2)海西、印支、燕山和喜马拉雅运动发育多期断裂、不整合面,是油气运移的主要通道;(3)三叠纪末的印支运动是克拉玛依油田的主要油气运移和成藏期,燕山运动使油气发生二次运移,油气重新分配、调整,形成次生油气藏,喜马拉雅运动使油气再次调整,断裂带上盘局部地区油气藏遭受破坏。

第三节　国内老油田精细勘探概述

一、精细勘探概念、内涵和外延

1. 精细勘探概念

精细勘探是深刻认识客观地质规律的要求,在老油田勘探开发中,由于受技术条件、资料条件的限制,对地下地质规律的认识不可能一次到位,只有反复实践、认识,才能逐步深化对老区的勘探。西北缘断裂带是复式油气聚集带,具有多砂层含油的特点,在勘探主要目的层的同时,可以兼顾上下多套油气层,发现新的含油层位。

以"理清精细勘探思路,注重大局整体部署,分层分区整体评价,优中选优分步实施"为原则进行精细描述、评价。布井时主要考虑油藏地质条件、周围井情况、地震特征、断块和平面已有井分布。

2. 精细勘探的基本内涵

精细勘探是在第一轮勘探工作结束后,在已经评价过的区域进行第二轮精细评价,重在精细。其中包括:(1)二维、三维老地震资料重新处理和高分辨三维地震资料重新采集处理解释以及测井资料二次精细解释;(2)油气层标准的重新核定;(3)筛查老探井与评价井试油层位;(4)检验已试油气层位是否彻底并精查可试油气层位;(5)检查储层改造是否充分。

精细勘探的主要目的是:(1)在区域地质研究的基础上,利用新的地震资料,逐个油藏、逐个砂体、逐个油层地开展油藏精细描述的精细地质研究;(2)结合动态、静态资料分析,重新进行储层的细分对比,重新复查老井含油气信息,重新细分油水系统,重新认识地下油气水分布规律,落实勘探目标和潜力。

对准噶尔盆地西北缘精细勘探具体做法就是对各油气田(藏)进一步解剖,需要结合区域石油地质特征,用含油气系统理论,分析确定油气来源、油气成藏的背景条件和平面上不同位置及纵向上不同层系的成藏关系、油水分布规律,预测有利的成藏部位和层位。

3. 精细勘探的外延

在西北缘精细勘探工作中一个重要的经验就是敢于创新,抓住任何蛛丝马迹,突破各种条条框框,重新认识老油藏。其目标是发现新的油藏,在老油区发现新含油层系并在已开发的层系上拓展新含油区。

主要方法是在综合主要目的层层序地层学研究及隐蔽圈闭识别、西北缘各层组精细构造研究、精细开展油田地质研究（西北缘各层组、砂组、砂层勘探现状、勘探成果及勘探潜力分析）、西北缘平面上不同位置及纵向上不同层系的成藏关系、油水分布规律研究、老井复查及剩余出油井分析等研究成果的基础上，落实有利目标区和各种类型的圈闭，进行优选评价和做好各年度部署。

目的和任务是用新理论、新思路、新方法、新技术及更细致、更大量的工作，在西北缘这样一个高成熟勘探的地区，进行二次油气勘探，提供科学的部署方案，寻找新的勘探领域，寻求新的勘探层系。

老油气区精细勘探立足于"大勘探、大发现"的原则，强调勘探、开发、工程的有机结合和综合分析。从已探明区和生产动态入手，通过分析剩余油气井，确定有利目标评价区，强调对已知信息和资料的分析，从已知资料中判断以前评价结论的可靠程度，从中去伪存真，从整体评价入手，优选重点评价目标。

对原有勘探不成功的结论应持怀疑态度，对气测录井、地球化学和测井资料进行重新恢复原始地层信息评价，对油藏重新认识，如对油层保护不好的情况认真复查等。

老油气区精细勘探的核心是对未探明区已有井的漏失油气层识别和产能预测，剩余油气井点所在有利区的储层评价、油气检测和有效圈闭评价。老油气区勘探的所有工作都围绕着对现有井的重新评价、井控储层评价和有效圈闭开展。

二、国内老油田精细勘探前沿进展

老油田精细勘探国内各油田都在做，大庆、华北、冀东、玉门等油田通过老区精细勘探取得了显著的成果，发现了一大批大中型油气田（藏），为老区稳产和增储上产做出了贡献。华北、冀东油田在勘探实践中还逐渐探索出了一套老油田岩性地层油气藏勘探的思路、方法、勘探技术和组织勘探生产的管理办法。冀东油田在 $570km^2$ 的有效勘探面积内，作出了一篇非常精彩的精细勘探的"大文章"，新增探明、控制、预测三级储量约 2×10^8t，实现了储量 50×10^4t 到 100×10^4t 的成功跨越。其成功经验集中体现在"两项工程"和"六个精细"上。"两项工程"：一是解放思想、鼓舞斗志的思想工程；二是二次三维地震勘探工程。"六个精细"：精细实施二次三维地震勘探、精细开展区域地质研究、精细开展油田地质研究、精细选择钻探井方式、精细开展测井解释技术攻关、精细组织现场施工。"两项工程"让冀东油田改变了思维方式，"六个精细"使冀东油田不断拓展勘探新领域。华北油田研究提出陆相盆地富油凹陷构造油气藏与岩性地层油气藏的分布具有"互补性"的新理论。以"互补性"理论为指导，冀中、二连油田相继获得重大突破。在巴音都兰凹陷发现了储量 5000×10^4t、建产能 25×10^4t 的宝力格油田。在低渗透的乌里雅斯太凹陷突破百吨高产油流，其储量规模成为二连油田的一大亮点，特别是吉尔嘎朗图和饶阳凹陷留西的隐蔽油气藏勘探，让老区焕发了青春，新增探明、控制、预测三级储量约 6000×10^4t。华北油田这套技术方法概括为三个勘探阶段、三个流程、三项关键技术（表 1－1）。总结各油田精细勘探的主要经验有以下几个方面：

(1)以三维地震和二次三维地震勘探工程等先进的勘探技术为老区挖潜和岩性地层油气藏勘探提供了必要的技术手段；

(2)以层序地层学理论为隐蔽油气藏勘探提供了理论指导和技术支持；

(3)以复式油气聚集带为单元，精细开展油田地质研究，不断进行滚动勘探，不断为增储上产作贡献；

(4)精细开展区域地质研究，使滚动评价尽快走向二次勘探作出更大贡献；

(5)滚动勘探采取开发扩边、开发评价、动态分析等“摸着石头过河”的方法与“打进攻仗”的方法相结合；

(6)大力采用高新技术和适宜技术，如油藏描述技术、现代钻井技术、测井技术、试油技术、试井技术(包括稠油勘探开发技术)等，为老区深化勘探提供了重要的技术保证；

(7)勘探理念的更新、勘探认识的突破、勘探思路的转变、勘探研究方法的转变、勘探部署思路的调整，一定会带来新的发现。

表1-1　华北油田隐蔽油气藏勘探技术思路框表

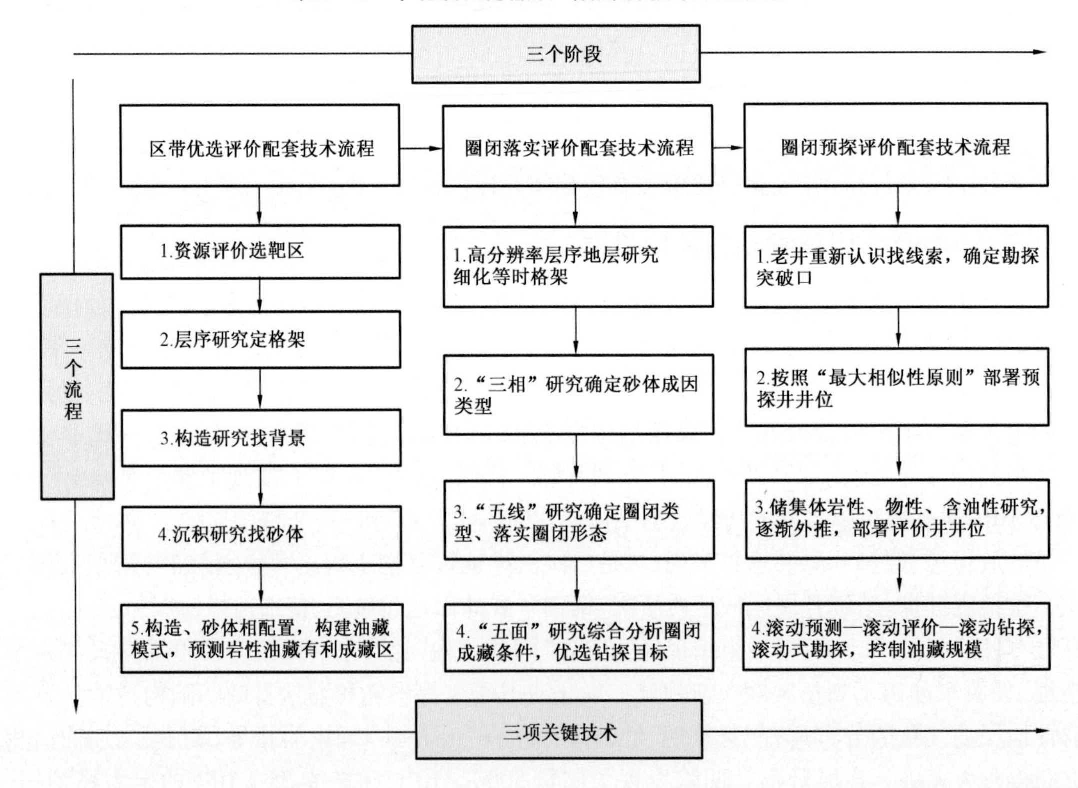

我国东部油田上述精细勘探方法和经验对西北缘二次勘探也有重要的指导意义。西北缘滚动评价勘探要取得理想成果，一要引入外部智力资源；二要树立油气勘探新理念；三要依靠新技术和适宜技术；四要做更细致、更大量的研究工作。

第四节 西北缘精细勘探概况

一、西北缘精细勘探的物质基础

1. 资源潜力分析

1)稀油资源潜力分析

克拉玛依油田的发现自1955年10月29日第一口探井出油至2010年已有55年的历史了。油田的试采始于1956年,油田的正式开发始于1958年,到2009年底油田开发先后经历了初期开发与调整(1956—1965年)、稳产和缓慢上产(1966—1976年)、全面开发(1977—1992年)、滚动开发及加密调整(1993—2009年)四个阶段。

克拉玛依油田自1955年开始进行油气钻探开发至今,已完钻探井1063口、开发井17080口。先后在石炭系,二叠系佳木河组、风城组(克80井区)、下乌尔禾组、上乌尔禾组,三叠系克下组、克上组、白碱滩组,侏罗系八道湾组、三工河组(七中东区)、西山窑组(克浅10井区)、齐古组等4大层系12个层组发现了油气藏,累计探明含油区域面积601.46km^2,石油地质储量近10×10^8t,其中稀油7亿余吨,稠油近2×10^8t,已累计动用地质储量约7×10^8t。目前,克拉玛依油田仍有未升级的预测储量区块12块、未升级的控制储量区块8块及剩余出油气点130口井,其中石炭系38口井、二叠系15口井、三叠系49口井、侏罗系28口井,说明西北缘精细勘探具有一定的物质基础。

盆地三次油气资源评价显示,西北缘区石油资源量为30多亿吨(包括玛湖凹陷),天然气资源量近$5000\times10^8m^3$(包括玛湖凹陷),发现9个油田、6大层系和16个层组。累计探明石油地质储量12亿余吨,油探明率接近40%,气探明率不足5.3%,但不同区块之间勘探程度差别很大,如克百断裂带勘探程度相对较高。

根据新疆油田1999—2013年滚动勘探成果显示,西北缘滚动勘探累计新增石油探明储量1亿余吨,占同期西北缘探明储量的82.43%,占同期新疆油田探明储量的32.4%,年平均新增石油探明储量近两千万吨,相当于每年找到一个中型油田。由此可见,西北缘仍然是新疆油田勘探拿储量的现实地区,具有很大的开采潜力。

2)西北缘稠油资源潜力分析

西北缘蕴藏着丰富的稠油资源,经过几十年的勘探,已在西北缘稠油勘探开发方面取得了丰硕成果。西北缘共有稠油资源10亿余吨,含油面积约1000km^2。平面上,分布在从车排子油田至夏子街油田250km的范围内;纵向上,从石炭系到新近系均有分布,说明准噶尔盆地西北缘稠油资源仍有较大的滚动勘探开发潜力。

西北缘稠油油藏是在长期的地史演化过程中,早期油藏遭到破坏,油气沿着克百断裂带发生二次、三次运移,向上至推覆体上盘超覆尖灭带形成次生油藏,再经轻质组分散失、水洗氧化以及剧烈的生物降解作用,最终形成稠油油藏。根据氧化程度和埋藏深度,依次形成普通稠油、特稠油、超稠油和地面油砂。其中位于克百断裂上盘和西白百(西白碱滩—百口泉)断裂下盘、油层深度在150~600m之间的区域的稠油油藏有利于注蒸汽热采。经综合分析认为红山嘴油田侏罗系,克拉玛依油田湖湾区三叠系、侏罗系,克拉玛依油田六、七、九区侏罗系,百口泉地区侏罗系，乌尔禾—夏子街地区（以下简称乌夏地区）侏罗系是西北缘稠油下步勘探开发的主要潜力区，预测稠油储量近 5×10^8t。若不算风城超稠油，预测储量约 1.5×10^8t。

3）西北缘地表油砂资源潜力

西北缘地表油砂分布与重油、常规油关系密切，深层—浅层—地表呈常规油—重油—油砂分布规律，平面上分布比较集中，主要分布在红山嘴区、黑油山区—三区、白碱滩区和乌尔禾地区，储量1.3亿余吨。纵向上，集中分布在白垩系吐谷鲁群（K_1tg），储量占74%，其次为三叠系克上组、克下组，储量占26%。侏罗系齐古组和八道湾组以稠油为主，地表油砂较少，除红山嘴地区和克拉玛依地区的吐孜阿肯内沟见有八道湾组油砂露头，白碱滩地区见有齐古组油砂露头，其他地区均未见到，鉴于其规模不大，故未估算储量。

油砂分布与地层超覆不整合紧密相关，集中分布在中生界各层组超覆尖灭带上。如红山嘴地区、白碱滩地区和乌尔禾地区，油砂主要分布在白垩系吐谷鲁群底部不整合面附近向老山超覆尖灭的位置上，特别是在石炭系老地层“天窗”或“潜山”靠盆地一侧，油砂厚度变大，含油性变好，如红山嘴石蘑菇沟、白碱滩白沟、乌尔禾地区。黑油山—三区，油砂集中分布在三叠系顶、底不整合面附近向老山超覆尖灭的位置上。

西北缘油砂成藏控制因素主要有：（1）砂体空间展布及物性；（2）不整合面；（3）断裂体系。其中，石炭系不整合面及侏罗系、三叠系的逆断层为主要的油气运移通道，这些同生断裂对沉积作用及油气运移有控制作用。盆地边缘物性较好的河流及冲积扇砂体成为有利的储集空间。稠油储层暴露地表形成沥青封闭。

勘探开发实践表明西北缘断裂带石油地质条件非常优越，油气富集程度是准噶尔盆地中最高的地区，从西北缘的油气资源评价和近几年滚动勘探所取得的成果看，油气资源潜力较大，是精细勘探拿储量的现实地区。

2. 大量剩余出油气点有待拓展

由于准噶尔盆地西北缘勘探时间跨度长，勘探程度高，几乎在石炭系以上所有地层中均发现了不同程度的油气藏，老井资料多，所以以剩余出油气点和油气显示井入手开展了开发井油气普查工作。通过测井资料归一化处理后，根据出油情况发现以往油层标准太高，漏掉了一大批油层，综合分析认为西北缘许多老井在现有钻试工艺条件下可以获得商业油气流，从而为勘探的继续推进打下了坚实的基础。

剩余出油气点354口井564层，其中石炭系剩余出油气点28口井，二叠系剩余出油气点60口井，三叠系剩余出油气点215口井，侏罗系剩余出油气点74口井，白垩系剩余出油气点12口井。红山嘴—车排子断裂带（以下简称红车断裂带）有剩余出油气点66口井100层；克百断裂带有剩余出油气点242口井253层；乌尔禾—夏子街断裂带（以下简称乌夏断裂带）有剩余出油气点43口井108层，油气勘探潜力均很大。

二、准噶尔盆地西北缘勘探的难点

1. 西北缘三维地震勘探程度不均衡

西北缘三维地震勘探程度的不均衡，加上实施时间普遍较早、资料品质一般，尤其是上盘主力油田区的大面积范围内基本未实施三维地震，致使对西北缘断裂带整体认识程度上也存在着不均衡，这些不均衡性正是深化老区勘探、重新认识的潜力所在，其具体表现在三个方面：

(1)虽然西北缘主断裂的发育和展布基本清楚,但各断层在三维空间上的变化和相互关系还需精细刻画,由于资料品质的限制区块内的次一级断层和小断层的发育及展布不清楚,如四区、百31、五3东区块等未实施三维地震前和实施三维地震后构造和断裂发育程度都发生了很大变化;

(2)现今扎伊尔山与盆地的关系在不同时期变化明显,二叠纪时老山在克百主断裂带,三叠纪、侏罗纪时老山在不同位置;

(3)各构造带间的转换带认识程度还有待进一步加深。

2. 勘探工作不均衡

西北缘整体上钻探程度很高,勘探工作要适应当时条件,勘探工作必须有所侧重,因此勘探工作势必存在着不均衡现象,这些不均衡正是深化老区勘探的着眼点和突破点。具体表现在四个方面:

(1)区带间勘探存在着不均衡,在高勘探成熟区存在着勘探程度相对较低的区带;

(2)构造带内部勘探程度的不均衡,虽然有些是已投入开发的油田,但其范围内存在着勘探程度相对较低的区块和局部构造带;

(3)勘探领域间存在着不均衡,构造、断块油气藏勘探程度较高,而地层、岩性油气藏勘探程度相对较低;

(4)纵向上各层组勘探程度存在着不均衡,三叠系一直作为主要目的层勘探程度较高,而石炭系、二叠系、侏罗系、白垩系勘探程度相对较低。

3. 研究工作不均衡

研究工作在不同时期有不同重点,对于不同层系也有所不同,对于不同区块更是根据当时的实际需要有所侧重,主要有以下几点:

(1)1987—1990年,进行机构与工作重心调整,西北缘油区勘探室被撤销,油区勘探研究工作也相应有所减弱;

(2)1998年进行二次机构调整撤室建所后,西北缘勘探研究人员也有所变动,且重点放到断裂下盘的广大斜坡区,由于研究力量限制导致其他区域的研究工作相对薄弱;

(3)对西北缘油气成藏条件和控制因素认识程度上的不均衡,以往对海西运动、印支运动与油气成藏研究程度较高,对燕山、喜马拉雅运动与晚期油气成藏研究程度相对较低;

(4)由于西北缘地震资料品质不理想及大面积范围内缺少三维地震资料,精细断裂构造及岩性地层油气藏研究有待进一步加强。

4. 勘探需要系统化

西北缘勘探早期,由于当时测井系列不全、测井技术局限,主要是依据电阻率和自然电位信息判断油气水层,无疑会遗漏一部分油气层,尤其是中低电阻、物性好的砂岩油气层。加上录测井着重围绕着主要目的层三叠系,其他层的信息较少,重视程度不高,也会遗漏一部分油气层。也正是当时勘探认识上的局限性和不系统性,给西北缘老区深化勘探带来了希望。

5. 试油不彻底的现象比较普遍

西北缘三叠系、二叠系、石炭系储层质量普遍较差,早期勘探试油工艺技术落后、试油不彻底的现象比较普遍,随着试油工艺技术的不断进步,相信会在西北缘老区深化勘探中发挥重要作用。

6. 复式油气控制因素迥异

西北缘各区带由于构造上的差异、油气成藏条件的差异，致使西北缘不同地区、不同层位油气控制因素不同。

7. 储量需要详细梳理

西北缘是一个已经历50年勘探开发的地区，油田多、区块多、层系多，施工作业单位多，成果丰富、拥有海量资料，“家底”需要进一步梳理。

8. 油气输导体系有待厘定

西北缘油源主要为二叠系，这对主断裂下盘的广大斜坡区的中生界，由于缺少油源断裂，较为不利。

9. 储层非均质性导致勘探不均衡

储层相变快，物性普遍较差。西北缘石炭系、二叠系储层质量普遍较差，对产量、效益影响很大，在一定程度上会影响勘探效果。

10. 断裂带层序地层格架有待深化认识

利用层序地层学理论开展地层岩性油气藏勘探工作主要在斜坡区进行，而断裂带基本上尚未开展高分辨率层序地层和大规模精细沉积相研究以及岩性圈闭识别。

总之，在老油田勘探开发中，由于受技术条件、资料条件的限制，对地下地质规律的认识不可能一次到位。只有反复实践，反复认识，才能逐步深化老区勘探。

三、准噶尔盆地西北缘油气研究现状

随着西北缘油气勘探的大规模展开，研究工作的不断深入，尤其自20世纪80年代以来取得了一批重要的勘探研究成果，其中具代表性的有58项。从以往发表的文章、专著和研究报告看，主要取得了以下成果和地质认识。

1. 地层划分与对比方面

基本合理地建立了西北缘自石炭系至古近系、新近系地层层序、地震层序及其划分对比标志。比较重要的成果是潘秀清等（1990）通过大量的钻孔和地震剖面研究提出西北缘风城组应与南缘下芨芨槽群上部对比、夏子街组和下乌尔禾组与上芨芨槽群对比及上乌尔禾组与下仓房沟群对比。克百断裂下盘原划“J_{t_1}—J_{t_2}波组”对应的层位为八道湾组，“J_{t_2}—J_{t_3}波组”对应的层位为三工河组，“J_{t_3}—J_{t_4}波组”对应的层位为西山窑组，“J_{t_4}—K_{t_1}波组”对应的层位为头屯河组和齐古组。张义杰等（1990，1991）、詹家祯等（1995）通过生物地层研究进一步证实上述二叠系划分对比方案的合理性，并且明确提出二叠系三分的观点。张义杰等（1994）提出了西北缘地面与井下侏罗系划分对比方案，认为地面和断裂带上盘可能缺失三工河组。齐雪峰等（1998）进一步研究后认为，西北缘地面和断裂带上盘主体缺失西山窑组，原井下所划三工河组和西山窑组均属八道湾组，头屯河组大致属三工河组。

2. 构造研究方面

随着断裂带勘探的不断深入，断裂带油气分布规律也越来越清楚。20世纪80年代初开始系统总结逆掩推覆带控油规律、油气成藏模式和进一步拓展的领域，研究成果和认识集中反

映在林隆栋(1981)、尤绮妹(1983)、张国俊和杨文孝(1983)、范光华等(1984)、谢宏,赵白(1984)的文章中。当时已建立起比较合理的西北缘逆掩断裂带模式,总结出四大找油领域:(1)推覆体下盘掩伏带及前沿;(2)推覆体前沿断块带;(3)推覆体上地层超覆尖灭带;(4)推覆体主体部分。同时还提出近东西向的构造转换带是富油气聚集带的认识。上述多个领域均获得重要进展,经过几十年坚持不懈地勘探,使克百断裂带油区基本连片。陈新发等(1991)开展了西北缘油区第二次油气资源评价,利用当时的二维地震资料进行了系统的连片成图,完成4大层系、层组1:50000构造图及古地质图,使西北缘断裂带及部分斜坡区的构造轮廓整体展现出来。何登发等(2002)研究了断裂对油气的控制,提出西北缘断裂带三种构造模式:(1)乌尔禾—夏子街地区断层相关褶皱构造模式;(2)克拉玛依—百口泉地区断块构造模式;(3)红山嘴—车排子地区基底卷入冲断构造模式。这三种模式实际上分别与尤绮妹(1983)提出的A型、B型和C型推覆构造模式为同物异名。她提出的五类含油领域:推覆体前缘断块带、推覆体下盘断层相关背斜带、前缘斜坡区、推覆体主体及上盘地层超覆尖灭带也寓于张国俊和杨文孝(1983)的四大找油领域内,只是再次强调了推覆体下盘潜伏构造带—断层相关背斜带的重要性。

3. 沉积储层研究方面

沉积储层研究方面的主要地质认识有:(1)石炭系储层主要为火山岩,二叠系储层有火山岩、砂砾岩和碳酸盐岩。石炭、二叠系储层物性普遍较差,原生孔一般欠发育,但次生溶孔或裂缝发育带往往可以形成高产带;(2)三叠系储层主要形成于冲积扇、扇三角洲或辫状河三角洲环境,以砂、砾岩储层为主,一般为低孔低渗储层,浊沸石溶蚀作用和裂缝的发育可以大大改善储集性能而形成局部高产;(3)侏罗系储层主要形成于辫状河或辫状河三角洲环境,以辫状河三角洲前缘水下分流河道砂体为主。储层物性普遍较好,一般为中孔、中渗储层;(4)白垩系储层主要为辫状河三角洲前缘水下分流河道砂体,物性较好,多为中高孔、中高渗储层,但由于三角洲规模普遍较小,因此储层不发育,且规模较小。

4. 层序地层研究方面

丘东州等(1993)首次对西北缘三叠系、侏罗系进行了层序地层学分析,提出一个初步的层序划分方案以及部分层序边界在地震剖面上的识别标志,探讨了前陆盆地晚期层序地层模式及层序内部构型,认为西北缘三叠—侏罗纪时期低位体系域(LST)包含两种沉积组合类型:低位期洪积—冲积扇、残积红色风化壳沉积体系和低位期多级断崖扇—辫状河流体系。湖进体系域(TST)包含四种沉积组合类型:辫状河三角洲沉积体系、滨湖砂砾滩坝体系、网结河体系、湖岸风成沙丘—辫状河三角洲沉积体系。并认为西北缘断坡带相当于国外的坡折带,同时探讨了层序地层学在西北缘勘探开发中的意义。

齐雪峰和王英民等(2001)开展了新一轮侏罗系层序地层学研究,将准噶尔盆地侏罗系划分为两个二级层序(超层序)七个三级层序。在大量的野外和钻井剖面、地震剖面研究基础上提出识别标志,强调不整合面的重要性,提出准噶尔盆地侏罗系沉积受控于周边的八大古水系:(1)克拉美丽古水系;(2)乌伦古北部古水系;(3)德仑山古水系;(4)哈拉阿拉特山古水系;(5)扎伊尔山古水系;(6)四棵树古水系;(7)依林黑比尔根山古水系;(8)博格达古水系。伴随八大古水系在盆地内部形成相应的八大河流—三角洲沉积体系,首次将构造坡折带概念引入西北缘，提出“构造坡折域”概念，认为西北缘坳陷构造坡折域是早期的前陆冲断带在后期继续活动的构造背景下形成的，发育多级阶梯状坡折带，盆缘断裂坡折带坡度较大，盆内挠曲坡折带坡度变缓。盆缘坡折带是不整合面之下地层圈闭发育的有利区，盆内挠曲坡折带则主要寻找不整合面之上低位域扇体与水进域泥岩构成的超覆型地层圈闭。预测玛东2井三工河组S_2辫状河三角洲体、玛湖背斜三工河组S_2辫状河三角洲体、中拐三工河组S_2曲流河三角洲体和小拐三工河组S_2水下扇体是今后非构造深化研究和勘探的有利目标区。通过研究进一步总结了构造坡折带控层序、控沉积和控油气的基本规律，深入刻画出西北缘构造坡折带的分布格局和平面组合形态，提出非构造圈闭识别的地震地质模式，指出非构造圈闭发育的有利区，并初步识别出11个非构造圈闭。但由于这些目标落实程度低，至今仍无一上钻。

5. **有机地球化学及油气成藏研究方面**

早在20世纪80年代初人们就已经认识到准噶尔盆地西北缘存在石炭系、二叠系风城组（当时划为C_{2+3}或C_2—P_1）、上乌尔禾组、下乌尔禾组、三叠系白碱滩组和侏罗系三工河组等五套烃源岩（范光华和支家生，1984），后来人们逐渐认识到西北缘的油气主要来自中央坳陷石炭系、二叠系生成的烃类，并以后者为主，也有人推测生烃凹陷在克百断裂带下盘。至今尚无西北缘油气来自三叠系和侏罗系烃源岩的说法。

杨斌等（1988，1990）、罗斌杰等（1992）研究认为，克拉玛依原油是一类在组分和生物标志物上十分特殊的原油。他们用不同的方法分类，均把研究区原油分为两类：Ⅰ类原油正构烷烃分布具藻类母质特征，以低分子量烃为主，主峰碳数在C_{22}以前，C_{15}、C_{17}、C_{19}呈偶奇优势。具植烷优势，$Pr/Ph < 1$，β胡萝卜烷含量高，碳、氢同位素较重，$\delta^{13}C$平均为$-29.566‰$，δD_{smow}为$-143‰ \sim -160‰$。此类原油主要分布在风城、乌夏、百口泉及克百大断裂以北地区；Ⅱ类原油碳数分布较宽，C_{15}—C_{25}的丰度均较大，呈相对平缓的高值区分布。C_{15}、C_{17}不呈高峰，没有明显的奇偶优势，$Pr/Ph > 1$，异构烷烃高峰在姥鲛烷。碳、氢同位素较轻，$\delta^{13}C$平均为$-30.075‰$，δD_{smow}为$-178‰ \sim -162‰$。此类原油主要分布在红山嘴、车排子地区和446井区。除上述两种基本类型外，受次生变化的改造，又形成两种变型原油：第一种是Ⅰ类原油和Ⅱ类原油的混合型油，主要分布在克百断裂附近，是在运移过程中混合的；第二种是遭受了生物降解的原油，主要分布在断裂带上盘浅层稠油区和地表露头区。

王绪龙和王廷栋等（2002）提出，玛湖凹陷主要发育风城组烃源岩，局部发育佳木河组烃源岩；盆1井西凹陷主要发育有上乌尔禾组和下乌尔禾组烃源岩等新认识。并通过油源研究认为，西北缘的油属于风城组成熟阶段的油，只在五区南和玛北乌尔禾组和下乌尔禾组储层中发现风城组的高成熟油气，断裂带及断裂带上盘均未发现风城组高成熟阶段的油气，其原因有二：一是中晚燕山期研究区深层油源断裂已处于封闭状态；二是存在沥青和稠油封堵，不利于风城组高成熟油气向上运移。因此提出沥青和稠油封堵带下倾部位是今后勘探的重要方向。

准噶尔盆地西北缘经历了半个多世纪的勘探，主要取得以下几个方面的认识：

（1）西北缘位于玛湖凹陷富油气系统内和昌吉凹陷富油气系统内，油源丰富。它位于玛湖凹陷和昌吉凹陷的边缘，受多物源输入形成了多期叠置的洪积砂体、冲积砂体和三角洲砂体；并伴随着盆地振荡与湖水进退的变化，形成了生、储岩体的交互与侧变，成为环带状油气聚集区；

(2)西北缘断阶带和中拐凸起是一个位于玛湖凹陷和昌吉凹陷富油气系统内的继承性正性构造单元,长期位于油气运移的有利指向区,利于油气聚集,因此西北缘断阶带和中拐凸起及斜坡成为最富集的油气聚集带;

(3)在构造、沉积演化历史中存在几次大规模湖侵,形成了5套区域性盖层,对下伏油气聚集起了明显的控制作用;

(4)在构造沉积演化中形成了多套、多期断裂体系和多个区域不整合,这些断裂和不整合控制着油气藏的形成和分布;

(5)构造坡折带、横向构造转换带、低幅度构造、地层不整合及扇体、扇三角洲体等发育,是形成隐蔽性油气藏的有利场所;

(6)玛湖西斜坡二叠系有可能形成稠油沥青封堵,在其下倾方向可聚集成稀油油藏,特别是来自二叠系风城组高成熟的油气;

(7)玛湖西斜坡有沟通二叠系的油源断裂,侏罗系发育层间断裂,且艾里克湖地面见白垩系油砂,有较好的勘探前景。

第五节 西北缘复式油气精细勘探的做法

一、老油区精细勘探思路

准噶尔盆地西北缘油气区具有多种生储盖组合、含油层系多、断裂构造发育、沉积砂体较粗、沉积近物源、储层非均质性严重、油气成藏控制因素多而复杂、油气勘探程度和勘探目标不均一等特点。20世纪90年代曾对西北缘石油地质条件进行过整体研究。近年来,许多地质和地球物理工作者对准噶尔盆地西北缘二叠系、三叠系和侏罗系的地层划分、层序地层和沉积储层、油气成藏条件和勘探目标进行过不同层次的研究,取得了大量的地质研究成果。

老油气区精细勘探的技术路线是在对沉积背景、石油地质条件综合分析的基础上,从探明区入手,通过恢复地层原始信息的油气层识别方法和技术,有效识别漏失油气层;通过流动单元约束的产能预测,进行剩余油气井产能评价,预测单井纵向各油气层的产能是否达到工业油气流;通过全三维空间交互有效圈闭描述技术,实现砂体、连通性、油气层分布的有效圈闭分布评价;对沉积微相、成藏控因、油藏类型、储层参数、流体性质等内容进行详细研究;确定有利评价目标和规模、优质储量的范围,提出老油气区精细勘探的钻探井位,通过钻探解放区域和纵向油层,从而实现油气精细勘探的突破;通过跟踪分析,确定精细勘探下一步的目标。

尽管经过多年的地质研究,基本清楚了准噶尔盆地西北缘的基本石油地质特征,但在油田精细勘探和开发中仍有一些重要的地质问题尚未解决。例如,克拉玛依断裂上下盘二叠系、三叠系和侏罗系的地层精细对比、地震资料与钻井资料的地层划分对比的一致性、不整合面和地层尖灭线的位置、构造变换带的位置与演化、断裂系统与沉降中心的迁移、沉积砂体的分布与储层的非均质性、石炭系火山岩的形成与分布、油气成藏路径和不同地区的油气成藏控制因素、油气分布和富集的控制因素等均是影响油气精细勘探、发现油气储量、增加油气产量的科学、生产问题。显然,不解决这些科学、生产问题,就难以准确地预测油气的分布,发现新的储量和新的油田。

本书从复式油气成藏角度审视准噶尔盆地西北缘多旋回油气形成过程，揭示油气成因内在规律性，提出如图1－6所示的精细勘探思路。

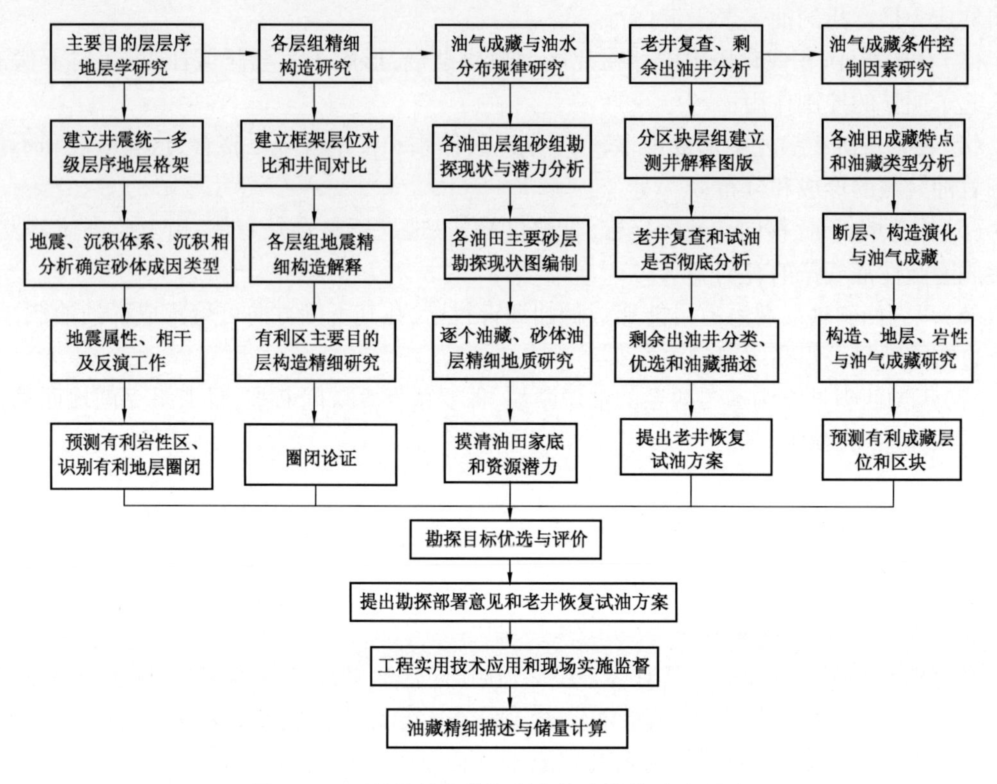

图1－6　西北缘精细勘探研究技术路线及流程图

二、老油区精细勘探做法

西北缘油气精细勘探注重全局，坚持几个结合，建立整体精细勘探一体化工作模式，主要归纳有以下几点：

(1)以西北缘断裂带为主要目标，以克百断裂带为主线；

(2)各油田滚动油藏评价与区带整体研究相结合；

(3)稀油油藏评价与稠油油藏评价相结合；

(4)坚持勘探开发一体化的研究和部署；

(5)坚持集中办公与分散研究相结合；

(6)研究工作立足自主，适当引入外部智力资源。

三、勘探成熟区精细地质再认识

1. 注重基础地质研究

油气精细勘探涉及面广，工作千头万绪，精细地质综合研究是根本。开展准噶尔盆地西北缘基础地质精细研究。将从地层层序格架入手，对准噶尔盆地西北缘的构造格局、断层组合分布特征、沉积体系特点、生油坳陷以及运移途径等进行详细研究，对开发区块层位进行精细研究、客观评价，目的是对新区、新层进行准确的预测，以期发现有利含油气区域。

2. 分层潜力分析

老油气区精细勘探主要开展以油气层识别和评价、产能评价、剩余油气井评价、储层描述与预测、油气层保护和改造技术等为主要内容的研究工作。

对各目标区开展层组、砂组、砂层成果及勘探潜力分析，具体开展了以下几项工作：

(1)开展车排子油田各层组、砂组、砂层勘探现状、勘探成果及勘探潜力分析；

(2)开展红山嘴油田各层组、砂组、砂层勘探现状、勘探成果及勘探潜力分析；

(3)开展克拉玛依油田湖湾区(1～4 区)各层组、砂组、砂层勘探现状、勘探成果及勘探潜力分析；

(4)开展克拉玛依油田五、八区各层组、砂组、砂层勘探现状、勘探成果及勘探潜力分析；

(5)开展克拉玛依油田六、七、九区各层组、砂组、砂层勘探现状、勘探成果及勘探潜力分析；

(6)开展百口泉油田各层组、砂组、砂层勘探现状、勘探成果及勘探潜力分析；

(7)开展乌尔禾、夏子街油田各层组、砂组、砂层勘探现状、勘探成果及勘探潜力分析。

四、老井复查

通过老井复查，发现部分老井电性或取心显示良好，但由于油层污染、试油压裂不彻底或还没有射开主力油层，造成生产效果差的假相，对这些老井重新认识、评价后，发现还有很大的潜力。准噶尔盆地西北缘的老井资料十分丰富，高度重视从老井资料中捕捉油气信息并从中寻找突破，是快速、有效地开展精细勘探研究的重要途径。

由于地质理论、工程技术等勘探开发技术水平的提高，对大批老井重新认识已经成为新疆油田精细勘探的重要组成部分，近年来已不断取得成果。针对勘探开发早期测井系列不全、标准不统一等情况，在油藏重新认识的基础上，以油田为单元、以测井技术和油藏描述技术为主要手段，其目的是找线索、寻突破和确定评价区块，主要开展以下研究：

(1)分地区、分层系、分油组研究建立测井解释图版；

(2)复查老井试油选层是否正确、射孔井段是否准确、工艺措施是否到位和彻底；

(3)开展低阻砂岩油层的识别，对老区原来有可能没有认识到或遗漏的新层系，以及低阻砂岩油层等进行复查；

(4)老井复查与构造、地质、油藏等综合研究，对老油田的上部、下部和油藏的高、低部位进行系统复查；

(5)对剩余出油井进行统计、整理、评价、优选。

1. 历史试油资料分析

历史试油资料分析主要是看试油是否彻底，比如详细查看射孔是否有效，尤其是看压裂改造规模大小。对于所钻遇的所有砂层既要看有无漏试油气层，也要看所试油气层是否真正充分发挥了相应的产油能力。对准噶尔盆地西北缘所有探井、评价井以及所有试过油的井，进行复查筛选，对试油过程中的每个环节都要进行详细复查，对油气层有一个客观评价。在筛查井中进行优中选优，分批次进行重新试油。

除试油层位的选择外，射孔、诱喷、压裂改造是关键环节。老井复查结果和新井资料证实，老井不出油的原因是多方面的，不能仅根据试油不出就认为地下无油，应对试油不出的情况或低产井进行重新评价。

2. 老测井资料二次解释

西北缘规模勘探阶段时间早，按当时条件，测井系列就只有标准测井，尤其是20世纪五六十年代的中浅层井，几乎没有综合测井资料，同时受当时试油技术制约，试油不彻底、稠油无热采技术及冷试又不出油的现象比较普遍。而这些当时的不利因素就有可能因对油层的认识不全面而造成油层的遗漏，有必要对所有可能的油气层进行二次精细解释。

3. 井况调查

准噶尔盆地西北缘有数千口老探井、评价井、报废开发井的钻井、取心、测井、试油和生产资料，除了要复查试油是否彻底、有无漏试油气层，还要对这些井进行井况调查，主要包括地面条件、井口与套管情况、井下落物等。

4. 老井恢复试油

在对所有探井、评价井试油层位筛查后，进行优化井层排序，选择钻井、录井显示好，压裂改造规模小，试油不彻底的井进行恢复试油。

5. 采油工艺技术提高

多年来的精细勘探实践和经验发现，采油工艺技术的提高也是不可忽视的一个重要环节。油气层压裂改造规模的加大，无论是压裂液性能还是用量、加砂强度还是加砂比均有大幅度的提高，使改造油气藏储层的力度提升了一个台阶，大大改善了油气藏储层的渗流能力，使产能大幅度提高。这使得原来低产不出井达到了工业油流，使难动用储量得到了经济有效开发。

五、圈闭落实

1. 老地震资料重新处理与精细解释

准噶尔盆地目前的精细评价勘探重点是对已开发油田及周边的剩余出油气点进行再分析研究，解决其存在的新老问题，寻找新的储量，建立新增产能。这些油田油藏类型多样而复杂，包括低幅度构造、地层圈闭、岩性圈闭、火山岩油藏等，另外还有勘探程度较低的复杂山前构造带中的油藏。这就需要对老地震资料重新处理与精细解释，这些油藏涉及到针对岩性油藏的高分辨高保真度处理技术，用于精细的储层预测、低幅度圈闭识别和精细地震相分析，复杂构造的叠前高精度深度偏移或时间偏移技术，以及火山岩油藏的叠前裂缝检测技术，分析裂缝的方位分布、连通性以及与储层非均质性的空间关系。

针对不同类型油藏特征，开展构造精细解释、属性分析、储层反演、油气检测等多种技术手段的综合运用，对已知油藏及剩余出油气点进行重新解剖分析，解决存在问题，提高地质认识，进而优选评价井井位和评价方案，确保评价井成功率，以较少的评价井位，获得较多的地质储量，加快产能建设，这是可行的也是必需的。

2. 二次开发三维地震部署

西北缘二次三维地震按照整体解剖、精细研究的指导思想进行整体部署。重新部署三维地震原则为：必须是可以增储或上产的区块，一切以提高油田开发效率为目标，尽可能地提高探明的地质储量动用程度，提高油田的开发效益。因此，在进行三维地震部署时应遵循：在原来没有进行三维地震的地方部署开发三维地震,在原来勘探大面元三维地震基础上,部署开发精细三维地震。

1)西北缘二次三维地震部署的主要依据

(1)西北缘克百断裂上盘,发现了不少油气藏,埋藏浅,大部分是20世纪60—80年代发现的,基本上基于二维地震资料而部署的勘探井,上盘存在许多的三维地震空白区,部署二次三维地震统一解剖、重新认识,具有很大的勘探意义;

(2)以前实施的二维地震资料受当时的技术条件限制,覆盖次数低、讯噪比低,基本上只解决了大的断裂及构造方面的认识,而对小断裂及低幅度构造,在西北缘老区还是一个新课题,地震资料的品质及解决问题的能力,无法达到这一要求;

(3)以往的地震资料采集基本上关心的是上、下目的层兼顾,对西北缘老区的浅层基本上没有足够重视,因此浅层的资料品质不如中深层,而近几年的滚动勘探表明,西北缘的浅层稠油资源非常丰富,因此,改善浅层资料品质,对于西北缘精细勘探具有深远意义;

(4)储层预测与构造解释新技术的发展对于精细认识老区各层系的构造及储层展布,重新发现新的油气藏圈闭的潜力非常大,在西北缘老区局部部署的开发三维地震,对滚动勘探开发发挥了巨大的作用;

(5)二次三维地震资料对于西北缘老油田的各层系油气藏的重新认识、提高油田的采收率、延长油田寿命,也会有很大的帮助;

(6)统一部署二次三维地震,弥补了原来受各方面条件限制的三维地震部署上的缺陷,以往的三维地震由于面元偏大,方向不一,施工参数不一,而且往往认识问题的目标也是局部性的,无法满足整体精细勘探西北缘老区的要求;

(7)准噶尔盆地的地层与其周缘老山的接触关系尚不明确,究竟地层是超覆于老山之上,还是地层扎进了老山、老山推覆于准噶尔盆地地层之上,这一直是勘探人想要解决的问题,为此准备在西北缘周缘部署三条连接老山与盆地的二次三维地震测线。

2)西北缘二次三维地震的实施面临的困难

(1)西北缘属于新疆油田公司主力产油区,二次三维地震的全面实施将影响油气生产,会给西北缘各个采油厂的生产任务带来很大压力;

(2)二次三维地震无可避免地要遇到很多的干扰源,居民区、电厂、炼油厂,这三个巨大的干扰源,是无法避开的;

(3)三维地震区块牵扯到两个采油厂以上,生产协调也是一个难题。

3)西北缘二次三维地震部署的工作量及施工参数

二次三维地震部署,建议采用25m×25m面元,局部要达到12.5m×25m面元,覆盖次数60次(12×5)。

3. 圈闭论证

圈闭论证是一个严肃认真、技术性很强的工作,必须组织专家评审论证。对于不同的圈闭类型评审内容有所不同。

1)背斜型圈闭

(1)资料可靠性评价:包括资料品质评价,看资料对背斜的反映是否可靠,背斜是否存在

由于静校正问题引起的假构造现象,资料解释的测网密度是否能够控制背斜形态,为提交圈闭所提供的资料是否齐全;

(2)t_0 形态可靠性评价:包括检查层位标定是否正确,在各个方向的时间剖面上是否存在 t_0 闭合幅度,在系列等时切片上对背斜形态的反映与 t_0 图形态、闭合幅度是否吻合;

(3)成图方法可靠性评价:成图方法及步骤是否正确,成图网格参数的选取是否合理;

(4)构造图可靠性评价:速度资料参数的选取是否合理,速度变化特点与西北缘构造、钻井资料的吻合性如何,基准面或高程等数据的准确性评价。若构造图形态与 t_0 图形态差异较大,需要找出引起速度变化的原因。构造图整体形态与区域构造特征是否吻合,构造图与钻井误差分析,等值线合理性分析,多目的层图形叠合时高点与轴向的变化是否符合地质规律。

2)断块型圈闭

(1)资料可靠性评价:包括资料品质评价,看资料对断裂的反映是否可靠,断裂是否存在由于静校正问题引起的同相轴错断,资料解释的测网密度是否能够控制断裂解释的合理性,为提交圈闭所提供的资料是否齐全;

(2)断裂剖面解释的合理性评价:包括检查层位标定是否正确,断裂两盘层位是否一致、断点是否清楚,在相干数据体中是否有断裂显示,断面的解释是否合理(正或逆),是否符合研究区域的地质规律,同一条断裂在剖面上的特征是否一致;

(3)断裂平面组合合理性评价:剖面、平面上断点位置是否一致,断层平面组合与地质规律的符合性,平面组合与时间切片、相干体切片等其他地震属性的吻合性评价,尤其要从各种资料的角度去分析在断块封口处的可靠性;

(4)构造图可靠性评价:成图方法及步骤是否正确,成图网格参数的选取是否合理,速度资料参数的选取是否合理,速度变化特点与西北缘构造、钻井资料的吻合性如何,基准面或高程等数据的准确性评价,断块内的地层产状是否符合地质规律,断裂两盘等值线的错位关系是否与断裂性质一致,多图层叠合时同一条断裂有无相交现象,构造图与钻井误差分析。

3)岩性地层圈闭

(1)资料可靠性评价:包括目的层井数及分布情况,二维地震测网密度及三维地震覆盖程度,地震资料品质(如信噪比、主频、有效带宽、极性等),测井资料品质(如目的层及围岩的井壁质量、声波时差、密度、电阻率等),地震资料(包括 VSP)应为保真度高、分辨率高、信噪比高、SEG 正常极性、零相位化的数据,测井数据经过归一化、环境校正处理;

(2)目标砂层(段)顶、底板组合分析:包括岩性地层圈闭发育的地质背景,根据钻井、测井资料在纵向上对目标砂层(组)进行划分,在横向上进行井间对比,并对划分出的砂层(组)进行厚度、阻抗、物性等统计分析,研究目标砂层与上覆、下伏地层之间的组合关系,特别是岩性组合、厚度组合、波阻抗差异等;

(3)精细目标砂层(段)标定:包括目的层地震资料的分辨率分析,目标砂层(段)的精细标定,通过去砂试验,可以了解该砂层对所标定反射同向轴的贡献大小,通过连井合成记录可以直观了解目的层地震响应变化所包含的地质含义,模型正演有助于了解不同类型砂体尖灭体及相关岩性地层圈闭的地震响应特征;

(4)尖灭特征分析:包括地震振幅剖面尖灭特征,地震属性、波形聚类、层拉平切片、相干等分析,三维可视化雕刻与隐层技术,地震反演量板、反演剖面和平面特征分析等;

(5)封堵带分析:包括断层封堵的可靠性分析,目的层段沉积相分析,邻井验证,速度与岩性分析,模型正演结果是否表明与储层反射特征明显不同;

(6)其他:与断裂、不整合面的相对位置等。

六、评价井井位部署

1. 部署的依据

部署依据对于不同类型的油藏应有不同的侧重点。重点从目的层构造、储层、流体性质、油水分布、油藏类型及其控制因素、产能分析、探明储量估算等方面论述。

2. 部署的结果

主要包括部署的评价井井数、进尺、实施轮次、预计进度、录取资料计划。要实施的评价井井位条件,包括评价井井号、井位坐标、与该井最近的已完钻的3口不同方向邻井的方位及距离。

3. 风险分析

主要是针对评价中存在的不确定因素进行风险分析,提出推荐方案在储量资源、产能、技术、经济、健康、安全和环保等方面存在的问题和可能出现的主要风险,并提出应对措施。

准噶尔盆地西北缘油气藏精细勘探有物质基础,有看好的前景,但是也有风险,具体表现在以下几个方面:

(1)西北缘区带二次三维地震采集能否实现高品质的地震资料,是油田精细勘探成败的关键,这也是重新处理与解释的难点;

(2)西北缘精细勘探将面对大量的稠油,热采吞吐试油试采技术能否配套,也会影响勘探的成效;

(3)三叠系、侏罗系属冲积相、河流相沉积,砂体横向变化大,储层非均质性强,目前有利储层预测技术尚不成熟;

(4)二叠系、石炭系储层质量较差,在一定程度上会影响勘探效益;

(5)西北缘虽有这么多剩余出油井点,但大多已被优选、评价过,油藏多与小断块、透镜体岩性有关,大面积连片的可能性不大。

第六节 西北缘复式油气精细勘探成果

一、形成复式油气成藏理论

克拉玛依油田是新中国成立后发现的第一个大油田,自发现以来,经历了半个多世纪的勘探开发实践,各有侧重的石油地质综合研究已经开展了五轮。由于其独特的成油地质环境,前人总结出了诸如断控论、扇控论、源控论、面控论等有机成藏理论,这些成藏理论均从不同角度阐述了西北缘多种类型油气成藏的内在规律性和形成机制。上述油气成藏理论与每一轮石油地质综合研究的结果,都带来了空前的油气发现高潮,及时指导了战略选区或新区新层系的油气勘探。

随着勘探资料的丰富和深入分析解剖,发现断裂、扇体、油源、地层都是油气成藏的重要因素,应该用系统论的思维去整体认识西北缘油气成藏机制,即复式油气成藏理论。各种成藏理论简述如下。

1. 断控论

准噶尔盆地西北缘断裂带是由水平推力形成的大型推覆体系的滑脱构造组成(图1-7),形成多个冲断带,即:乌尔禾—红旗坝断裂带(A型,滑脱型冲断—脱顶褶皱复杂组合型)、克百断裂带(B型,滑脱型冲断—单斜组合型)、红车断裂带(C型,冲断—单斜组合型)。推覆体本身及推覆体下面的油气都很丰富,在“帽檐”、“二台阶”、上盘古生界、上盘“λ”型断块内都有油气聚集。相应的,存在推覆体外缘断块带、推覆体前缘掩伏带、推覆体内缘断块带、地层超覆尖灭带这四大含油领域。

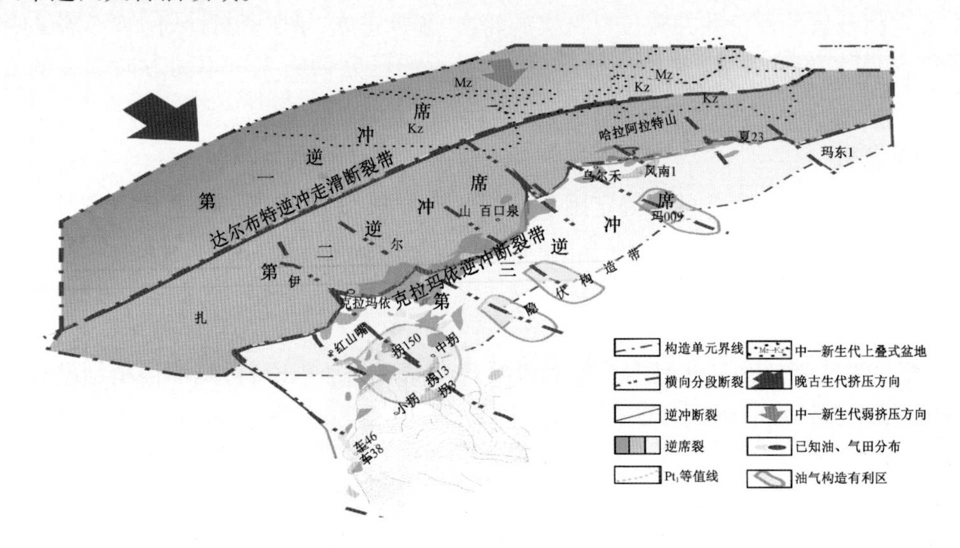

图1-7　准噶尔盆地西北缘冲断带展布示意图

横向构造转换带具较大的控油作用,北西向断裂与北东向断裂相交,常可以构成“小而肥”的断块。

在解剖克百断裂带基础上,总结了构造模式与相应的四个含油领域,但还留下不少“悬案”未决。主要有:“前缘单斜”的形成与演化、冲断带的内部结构、推覆体的推覆距离及其之下地层的属性、冲断推覆体之间的关系以及逆掩断层控油的机理。因此,还应从前缘单斜入手,解剖冲断带内部结构,利用平衡剖面原理以及精细构造解释,确定推覆体的推覆距离、推覆体之下的地层归属以及推覆体之间的关系,从本质上总结逆掩断层控油的深层含义。

大断裂不仅控制了上、下盘的沉积与地层分布,特别是二叠系的分布,而且控制了自生烃凹陷向断裂带油气的运移和聚集成藏,油气沿断裂和不整合运移形成断阶式成藏模式,油藏控制因素主要为断裂、扇体、地层超覆尖灭带和基岩油藏。

2. 扇控论

在玛湖西斜坡,由于构造圈闭相对贫乏,地层圈闭与岩性圈闭的地位较为重要。而在该斜坡部位,成带分布了冲积扇群,较为典型的是二叠系上下乌尔禾组尖灭带上分布的冲积扇群,如八区546井扇、五区检乌13井扇、五区南克75井扇和克79井扇。第三轮综合研究的结论是，洪积扇受水平面的相对升降与山区河流水量大小的控制（张纪易，1980），西北缘二叠系即由三个不断向源区上超的水进沉积的洪积扇所组成，包括北西—南东向的五—十区洪积扇（属于扇—三角洲体系）与百口泉—乌尔禾洪积扇，北东—南西向的夏子街洪积扇（属于洪积扇—泛滥平原—湖相沉积体系），红车地区及北东端的红旗坝地区还有两个次要的洪积扇体。在以扇体控制的岩性或地层油藏中，岩性的变化起着十分关键的作用，扇中、扇顶部位的砂砾岩有利于油气聚集，而位于扇体侧翼的扇缘部分由于岩性较细不利于油气聚集（张义杰，2000）。这些冲积扇或扇三角洲沉积体可以独自成藏，一扇一藏，自成体系。油水分布不严格受构造控制，地层水多保存在扇间地带和扇缘，油气藏的边底水不活跃。成藏后即使储层发生倾斜或褶皱，油气仍封存其中，成为油气富集的良好场所。

扇控论是对西北缘二叠—三叠系储集体分布的简明概括（图 1－8）。冲积扇的成藏受控于特殊的地质条件。油源断层的沟通或侧向上与生油岩的叠接是其必要条件。即使是在斜坡带，可能仍需古构造背景（如鼻状构造）的配置。因此，还应该加强研究“扇控”这一现象背后的根本控制因素——构造与沉积的关系，同时研究古构造恢复，使得从“扇控论”出发来预测斜坡带的油气分布更为有的放矢。

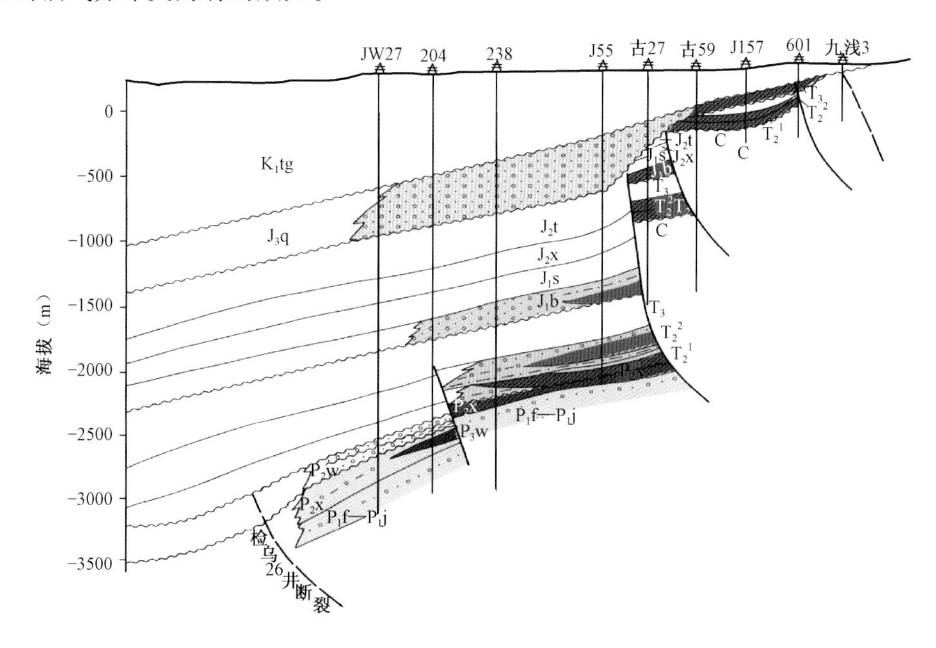

图 1－8 准噶尔盆地西北缘扇体控藏模式图

3. 源控论

地球化学研究表明，克拉玛依油田原油主要与风城组生油岩关系密切，与下乌尔禾组也有一定的成因联系。油源与藻类、陆相水生生物和植物有关（杨斌等，1982，1988），并认定玛湖坳陷、昌吉坳陷是西北缘的油源区，油气田呈环带状分布于这些生油区周缘。因此，勘探需围绕油源区来展开。西北缘冲断带有 5 套生油岩：下二叠统风城组（为一套较好的成熟生油岩）、下乌尔禾组（是一套较差的成熟生油生气岩）、上三叠统白碱滩组（一套低成熟—成熟较好的生油岩）和下侏罗统三工河组（一套不成熟—低成熟的较差生油岩）。这些都是在西北缘露头或钻井中发现的，证实了在“西北缘冲断带”的原始部位存在生油条件。但关于研究区的生油坳陷还存在争议，并且在研究区的冲断带之下是否本身就存在生油岩，这些问题值得进一步研究。对此，解决的措施是：开展油气源地球化学与油气成因类型划分，比较油气来源、运聚过程的差异，成藏后调整再分配或生物降解、氧化方面的差异等，确定各油气源的“油源”或混源程度，综合确定五大生烃层系可能的生烃区。

4. **面控论**

准噶尔盆地西北缘地层中发育多个不整合面，特别是发育于二叠系下乌尔禾组与上乌尔禾组、二叠系与三叠系、三叠系与侏罗系、侏罗系与白垩系之间的区域性不整合面，这些不整合面从盆地边缘向盆地中央连续延伸，具有重要意义：其一是构成了油气自源区向圈闭侧向运移的有效通道；其二成为油气圈闭的要素，如在断阶带和超覆带往往构成油气藏的遮挡，形成不整合封堵油气藏，有些不整合面之下，由于发育风化壳储层，是油气聚集的有利场所，因此与不整合有关的油气藏是准噶尔盆地西北缘一种重要的油气藏类型。

上盘超覆带油气分布与古生界不整合面有依存关系，即含油层一般与古生界不整合面直接接触，随着沉积盖层的逐层超覆，含油层位也越来越新，油藏类型主要为沥青封闭油藏（图 1 –9）。

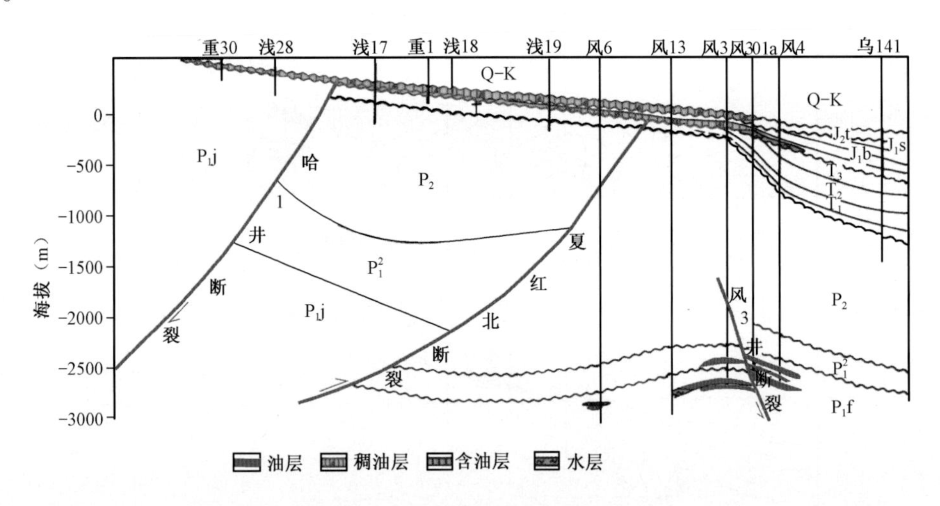

图 1 –9　准噶尔盆地西北缘不整合面状油藏分布示意图

地层不整合面作为圈闭要素，影响着油气的成藏与分布。主要有地层超覆、地层不整合遮挡油气藏两种类型。在地层不整合封堵体系中，地层不整合面作为油气运移通道，决定了油气分布的主要地域。

5. **复式油气成藏理论（系统论）**

任何单一因素都难以形成如此复杂丰富的复式油气藏。必须是多条件的叠加，系统论是复式油气藏形成的基础与雏形，主要包括以下内容：

（1）环玛湖富油气系统控制了最有利的油气聚集区，油气分布基本呈环带状；

（2）富油气系统内继承性正性构造单元（如西北缘断阶带和中拐凸起）及其斜坡区是最有利的油气聚集带；

(3)四套区域性盖层(上三叠统白碱滩组、下侏罗统八道湾组中部泥岩、下侏罗统三工河组上部泥岩和下白垩统吐谷鲁群)对油气纵向聚集有明显控制作用;

(4)油源断裂和不整合面控制了油气藏的分布;

(5)扇体、扇三角洲等有利的沉积相带为油气聚集提供了良好空间,成为油气富集的良好场所;

(6)地层不整合面是油气运移的主要通道,不整合面附近也是地层及岩性圈闭的发育场所,油气富集在地层不整合面附近(如克75井区、克79井区上乌尔禾组油气藏和玛北油田下乌尔禾组、百口泉组油气藏);

(7)油气富集在构造或沉积成因的低幅度构造中(如玛北油田下乌尔禾组、百口泉组油藏就是一个在低幅度构造背景下形成的岩性油藏);

(8)风化壳油藏富集在侵蚀面以下400m深度范围内,如五、八区佳木河组油气主要富集在顶部400m深度范围内,距侵蚀面100m深度范围含油性最好;

(9)受储集体发育控制,油气主要富集在低位体系域和高位体系域中,如百21井区、八区夏子街组油藏,克75井区、克79井区上乌尔禾组油藏就发育在低位体系域中,玛北油田下乌尔禾组油藏和八区佳木河组油藏发育在高位体系域内;

(10)在裂缝发育的火山岩体中油气也较富集,石炭系—下二叠统安山岩和玄武岩等裂缝系统中也可形成高产油气藏,如五区克80井区风城组火山岩油藏。

二、明确油气勘探方向

1. 有利勘探区带的确定

准噶尔盆地西北缘石油地质条件十分优越,不仅油源充足、储盖组合好,还具有五个有利带:

(1)断裂发育带:此区域断裂不仅发育,而且规模大、活动时间长、对油气运移和遮挡非常有利,主要断裂为同生断裂,对地层和岩相有控制作用;

(2)地层超覆尖灭带:西北缘车排子—夏子街断裂带上盘发育三叠系、侏罗系、白垩系各层组超覆尖灭带,对寻找地层油气藏十分有利;

(3)有利岩相带:西北缘二叠系、三叠系冲积扇体非常发育,受控于基岩沟、断裂、断坡,侏罗系河湖三角洲发育,扇体规模比较大,一扇一藏;

(4)次生孔隙发育带:石炭系火山角砾岩、安山岩、玄武岩长期遭受风化、淋滤及构造运动的影响,顶部风化壳附近次生孔隙发育,对储集油气非常有利;

(5)流体变化带:西北缘车排子—夏子街断裂带上盘超覆尖灭带广泛分布大规模稠油和油砂,对低部位的稀油起控制作用。

2. 勘探层次划分

根据近年来西北缘勘探成果、剩余出油井分布、油气分布规律和油气勘探潜力分析,西北缘精细勘探平面上分三个层次,顺序为克百断裂带、红车断裂带、乌夏断褶带。纵向上:克百区上盘(层位为侏罗系、三叠系兼探石炭系、白垩系),断裂带上的断块区(层位为三叠系、石炭系、侏罗系),克百区下盘断层、地层、岩性有关的圈闭(三叠系、二叠系兼侏罗系),红车区(新近系、白垩系)和乌夏区断裂带上的稀油(三叠系、二叠系)上盘浅层超稠油(侏罗系、白垩系)及地表油砂。

3. 不同区带的勘探程度不同

虽然总体上西北缘的探明率高,勘探程度高,但具体到某一区块、某一层位,探明率相对低,勘探程度也不高,仍有一定的勘探潜力。分析西北缘不同区块、不同层位的资源量和探明储量,认为西北缘断裂带和超覆带的重点勘探层系为侏罗系,中拐凸起为侏罗系、二叠系,斜坡带为二叠系、三叠系。

三、适合西北缘复式油气精细勘探的工作方法体系

1. 滚动勘探开发新突破

1)调整油层标准,新增可采探明储量

九区一直是新疆油田公司稠油开采的主力区块,通过对老油田边部的滚动评价,发现原油层的标准过高,在探明储量区块外,仍然存在很好的稠油层。因此,将油层标准从原来的32Ω降低到17Ω,从而新增探明地质储量1000多万吨。

2)稠油油层的有效开采厚度标准降低,扩大了稠油可采油面积及储量

原来稠油上交探明储量的有效厚度标准为5m以上,在油田周边地区,动用厚度标准以下的油层,并且证实有效益,有效地提高了油田资源的利用率,新增了许多可采油面积及储量,如九区、克浅10、四2区、红浅1、百重7井区等。

3)以特定的开发层系为依托,树立立体开发观念,降低老区精细勘探风险

在油田开发基础上,部署开发井或开发评价井时,针对有希望的地层打加深井,或对穿过的上部地层进行录井和测井,对老区新层进行评价,从而达到一箭双雕的作用。五3东、百31井区等开发井通过加深钻探或利用报废井上返试油,都发现了新的探明储量。

2. 二次开发三维地震滚动评价

在已开发的油田中,油藏类型复杂多样;纵向上含油层系叠合,从石炭系到新近系都有分布。随着工作的深入,在油田内部和边缘区域开展滚动勘探开发,不断有新的发现。但是,克拉玛依油田已经勘探开发四十多年,勘探开发程度已经很深,要想稳产及增产,必须不断地有新发现,只有通过不断地引进、吸收、使用高新技术,通过多学科的协同配合(特别是三维地震技术),才能提高新老油田的开发效益。

如果按照传统的做法,很难适应新形势的要求。针对这些问题,按照现代油藏描述的思路,结合新疆油田的具体情况,提出了充分利用开发精细三维地震进行油藏描述的新思路,从“九五”开始便开展了利用开发三维地震技术指导油田开发的工作,取得了显著的成绩。

1)八区530井区

八区530井区位于准噶尔盆地西北缘,1995年开发评价井530井在八区上下乌尔禾组钻遇油层,获得高产油流,从而拉开了对研究区进行全面评价的序幕,由于研究区属于已开发油

田的外围,只有二维地震资料,没有三维地震资料,因此,在研究区部署了530A、530B两块三维地震区域。

研究区三维部署分为两期实施:530A块、530B块,面元分别为12.5m×25m、25m×25m,覆盖次数分别为36次、42次,面积分别为33.5km^2、42.2km^2,累计75.7km^2。

地质效果:通过对研究区实施评价工作,发现该油藏为岩性油藏,属于八区上乌尔禾组、下乌尔禾组油藏向东的延伸部分,共探明地质储量2000多万吨,新建产能25.74×10^4t。

2)百重7井区

位于百口泉采油厂以北约8km。区内预探井11口,勘探阶段只有7口井兼侏罗系八道湾组和齐古组,取到了少量的取心和试油(冷试)资料,资料缺乏,勘探程度很低,对油藏认识不足。

滚动勘探开发远景:通过区域地层对比和二维地震资料解释,发现研究区砂体分布比较稳定,具有一定的规模,并且东西方向可能存在两条边界断层。断层夹持的范围内,九浅21井八道湾组曾取得含油岩心8.69m,克上组井壁取心取得油斑级岩心,克上组常规试油获得少量稠油,显示研究区域可能为八道湾组、克上组有利含油区。因此,确定百重7井区为重点评价目标区块。

研究区在区域构造上位于西百乌断裂上盘,局部构造属于208井断块西部,九区单斜带的东北部,是由西向东缓倾的单斜。

存在问题:研究区只有原来的二维地震资料,而且施工年代久远,资料品质很差,无法满足滚动勘探开发的需要,既不能解决构造、断裂问题,也不能解决储层展布的预测问题,且控制井点稀少,对研究区的油藏进行认识存在缺乏资料的问题。

三维地震部署:根据对研究区的初步认识,部署三维地震面积54km^2,依据原来二维地震资料品质,确定野外采集参数为面元12.5m×25m,24次覆盖。

取得的成果:(1)解决了构造特征、地层分布等问题,同时对研究区的砂体分布、含油气分布进行预测,有效地指导了评价井的部署。分三轮次实施评价井22口,钻井成功率95%;(2)综合应用三维地震、钻井、录井、测井、岩心等资料,结合实际生产动态,落实油藏参数,探明克上组含油面积12.7km^2,地质储量约1400×10^4t,探明八道湾组含油面积9.8km^2,地质储量近2000×10^4t。同时对研究区目的层沉积相、砂层空间展布、储层物性、含油性、非均质性在平面上的变化进行描述,提高对油藏的认识程度,有力地指导了百重7井区的滚动开发部署。

3)九区南浅层稠油

新疆油田公司的九区油田,一直是稠油生产的主力区,原来探明储量区的开发已经基本完成,滚动开发评价井已经超出了探明储量区,取得了良好效果,但对油藏储层的展布及油藏的真正规模,还不是很清楚,需要在研究区部署三维地震勘探。

研究区已存在五套含油层系:齐古组(J_3q)、八道湾组(J_1b)、克下组(T_2k_1)、克上组(T_2k_2)、石炭系(C)古16井区,但还存在以下几个问题:

(1)研究区块目的层齐古组$J_3q_3^1$,由于受古水流方向影响,沉积微相复杂,油层砂体是由多个相对独立的透镜体状小砂体以叠瓦状形态组合而成,油层非均质性严重,部分相邻井物性变化和生产效果差异较大。油藏的控制程度还很低、其岩性、物性和砂体展布及油水分布规模认识不清；

(2)2003 年 9 月在九区东南部八道湾组部署两口兼探井，且对八道湾组热采试油，日产液 20t，日产油 15t，含水 20%，效果良好，但再往东扩边其砂体展布及油水分布规模尚不清楚；

(3)九区南部克上组、克下组注蒸汽开发亦取得较好的开发效果，九区南部克上组、克下组九浅 33 井(217 国道以南)试油为稠油层，但由于控制井点少，且分布散，其砂体展布及油水分布规模尚不清楚；

(4)古 16 井区石炭系已探明多年，2000 年在九区 J230 井区齐古组油藏开发钻井中加深石炭系的 95727 井、95950 井在石炭系试产中又获高产，证实了古 16 井区石炭系仍具有一定的开发潜力。但对裂缝分布尚不清楚，一直未能得到很好的动用开发。

以上这些问题制约了研究区进一步滚动勘探开发，为此只有通过三维地震技术解决以上的问题，为研究区滚动勘探开发创造条件。

研究区块三维地震资料解释后取得了如下认识及成果：(1)精细刻画了目的层的构造及断裂特征，新发现断裂 33 条、圈闭 5 个；(2)进一步认识了齐古组、八道湾组各油藏的类型，油藏类型为构造控制下的岩性油藏；(3)根据齐古组($J_3q_3^1$)、八道湾组(J_1b_5)砂层组的地震振幅属性、波形分析、非均质性分析、波阻抗反演等多种技术预测了各砂体的分布范围，并结合开发井的生产情况划分出齐古组砂体含油气有利区 2 个、较有利区 7 个；八道湾组砂层组含油气有利区 2 个、较有利区 3 个。

经过现场实施后，部署了一批侏罗系八道湾组、齐古组评价井，新增探明地质储量约 1300×10^4t。

4)五 3 东区稀油油藏

1964 年 12 月首先在 256 探井获工业油流，随后又相继在检 105 井、检 104 井、检 113 井和检乌 8 井获工业油流。1977 年上报含油面积 34.0km^2，基本探明石油地质储量约 2400×10^4t，但开发动用困难。

为了进一步查明研究区上乌尔禾组的油气水分布规律，为开发做准备，于 1982 年又在油藏的上倾方向部署两口详探井(554 井和 555 井)和一口兼探井(550 井)，但试油结果均不理想，其中 550 井为油水同层，554 井为水层，555 井为低产稠油层，未能解决研究区的油气水分布问题。

为了加快研究区的开发建设，进一步搞清存在问题，1992 年围绕 256 井和检 104 井两个出油较好的井点部署了 5 口开发评价井，经试油证实检乌 43 井、检乌 44 井为水层，检乌 40 井为水带油花，检乌 42 井为油水同层，只有检乌 41 井日产油达到了 12t，评价结果很不理想。

1992 年又对研究区进行油藏新认识，重新上交探明储量约 1000×10^4t，含油面积 22km^2。与 1977 年所认识的油藏类型及规模完全不一样。

1999 年 4 月先后对 302 井、251 井、检 113 井三口边探井实施压裂改造，重新试油，其中 302 井措施后 3 个月日产油稳定在 25t，251 井稳定在 20t，检 113 井日产油稳定在 15t，从而引起了对研究区域的关注。

与此同时，五3东区克下组油藏的开发5711井、5729井、5731井、5760井、5763井五口井加深钻探上乌尔禾组。五口井在上乌尔禾组试油试采获得高产油气流，使五3东区上乌尔禾组油藏滚动勘探开发出现了重大转机，拉开了五区上乌尔禾组油藏开发的序幕。

如何进一步落实油藏的构造和油水分布规律，使油气藏快速高效投入开发，成为油田开发中面临的主要问题。

通过实施该三维地震勘探后，解决了三叠系克下组、二叠系上、下乌尔禾组地层的构造形态及断裂展布，基本上可以解释出10m左右的断裂；搞清了二叠系上、下乌尔禾组油藏的油水分布规律。

通过该三维地震勘探的实施，基本上达到了预期的目标，完成了预期的地质任务，在原来地质认识的基础上，对整个五3东区的构造形态、断裂展布及规模，有了清楚的认识，并且确定了油气界面、油水界面，为上、下乌尔禾组油藏的开发奠定了良好的地质基础。

3. 油田精细地质研究

西北缘老区是新疆油田的主力产油区，研究区带分布着六个采油厂，稀油、稠油、天然气非常富集。为了提高老油田的采收率，降低油田的自然递减率，精细开展油田地质研究，是确保老区稳产增产的主要措施之一。在精细研究中，新技术的充分应用，使老油田焕发青春，从而为新疆油田公司的产量持续上升打下了坚实的基础。

1)依据区域油藏地质特点及成藏规律，确定老区精细勘探目标区

从生储盖及油藏形成规律、油气运聚成藏规律研究入手，对油气资源分布及滚动开发潜力进行分析，确定老区精细勘探目标区。

2)认真研究已有的丰富资料，寻找战略突破口

准噶尔盆地目前在西北缘有上千口老探井和开发井的钻井、取心、测井、试油和生产资料、十几万千米的二维地震剖面资料、数千平方千米的三维地震资料，这些都是寻找战略突破口的基础。

3)利用三维地震资料进行精细构造解释、储层预测，在油田外围扩边，发现老油藏的延伸部位

新疆油田的九区，是稠油的主要生产区，通过部署开发三维地震，开展精细构造研究与储层预测，大胆在油田外围部署开发评价井，发现新的探明储量约1000×10^4t。

4)利用三维地震资料进行精细构造解释，树立立体开发观念，以特定开发层系为依托，盘活难采储量，发现新的开发层系

五3东的二叠系上、下乌尔禾组油藏，属于难采储量，曾经对该油藏进行过两次开发都没有获得成功。五3东区克下组油藏在开发过程中对5711井、5729井、5731井、5760井、5763井五口井加深钻探。五口井在上乌尔禾组试油试采获得高产油气流，使五3东区上乌尔禾组油藏滚动勘探开发出现了重大转机，对该油藏的开发第三次得到重视。认为该油藏存在开发潜力，但对油藏的油气水分布规律不清楚，油藏的性质并不是原来认识的岩性油藏，需要重新认识。

在研究区部署开发三维地震，对研究区的油藏储层进行了精细解释与预测，认为储层较稳

定发育，并不是岩性变化形成的油气藏，而应该是构造控制。通过精细构造解释，最终落实了油藏的性质为构造控制的油气藏。新增储量200多万吨，新增动用储量约1500×10^4t，新建产能近30×10^4t，当年完成原油生产任务约15×10^4t，实现了当年投产当年见效的目标。

5）充分应用现代新技术，不断深化油藏地质认识

在百口泉油田的检188井区、百21井区，沿断裂附近选择10口井开展电子探边测试，试井曲线中导致曲线晚期均出现明显上翘段。结合井的地质条件综合分析，认为是断层反映，估算检188井区边部生产井离断层距离为150～550m，平均为346m，断层位置外扩220m；百21井区生产井离断层的距离为230～515m，平均为365m，断层外推310m。两个区块新增含油面积1.1km^2，新增石油地质储量约150×10^4t。

四、复式油气精细勘探的系列配套技术

1. 地震精细解释

准噶尔盆地西北缘数字二维地震与三维地震资料丰富：整个西北缘勘探面积为11021km^2，共做二维测线1071条，总长度为21301km。

随着油气勘探程度的不断提高，勘探难度日益增大，发现构造油气藏的比例相对减少，隐蔽油气藏的勘探开发地位日趋突出，是今后油气勘探所要面对的主要目标，也是今后储量的主要增长点。我国准噶尔盆地腹部陆梁、石南油气田、西北缘等大量隐蔽油气藏的发现揭示了西部盆地隐蔽油气藏广阔的勘探前景。随着勘探技术和油气地质理论水平的提高，特别是高分辨率地震、3D地震勘探技术的普及推广，使隐蔽油气藏的发现成为可能。在地震解释方面，全三维可视化解释技术可以直接对隐蔽油气藏进行识别、追踪、解释，因而显示出比传统地震解释更大的优势，在隐蔽油气藏的发现中有重要的作用。在准噶尔盆地西北缘的地震综合解释工作中充分利用了频谱分解技术、全三维可视化解释技术、全三维体解释等技术，在对小断块圈闭的落实、河道识别、扇体的追踪等隐蔽油气藏的发现中见到了很好的效果，为下步隐蔽油气藏的勘探研究技术的应用拓宽了新的思路。

1）频谱分解技术

频谱分解技术是一项基于频率的储层解释技术，它展现的是一种全新的地震解释方法。频谱分解技术在利用地震资料对整个三维区块内的薄层和地质体的非连续性进行检测方面独辟蹊径，是一项非连续性地质体高清晰成像的先进技术。通过离散傅立叶变换（DFT）将地震数据由时间域转换到频率域，转换后产生的振幅谱可以识别地层的时间厚度变化，相位谱可以检测地质体横向上的不连续性。这项技术可用于识别河道砂体、尖灭线、剥蚀线、小断层、薄砂层等，在隐蔽油气藏勘探中发挥重要作用。

短时窗相位谱在识别断层、削蚀点及地层剥蚀线中起着十分重要的作用。因为相位对地震特征十分微小的扰动都是很敏感的，所以相位在检测横向地层不连续性方面是理想的。如果时窗内的岩性在横向上是稳定的，那么它的相位响应也同样是稳定的。如果出现横向不连续性，那么在穿过不连续体时，相位响应也会变得不稳定。一旦岩体在不连续体的另一侧变得稳定了，其相位响应同样也会变得稳定。

频谱分解技术在薄层与地质体不连续部位的成像方面是一种有效的手段。通过离散傅氏变换（DFT）将数据变换到频率域，短时窗振幅和相位谱可以确定薄层反射位置。这样在大量

三维地震勘探中就可以迅速而有效地定量评估薄层干涉,并检测小的不连续体。根据在准噶尔盆地中的应用,该项技术可以在岩性圈闭和地层圈闭的识别中发挥有效的作用。

2)全三维可视化解释技术

随着三维地震在勘探开发中日益广泛的运用,全三维可视化解释技术已经逐步引入到解释中,并日见成熟,和常规的解释软件相比,三维可视化软件能够提供更多的角度研究地下构造和地层特征,能够更直观地反映地下的地质情况,对隐蔽构造、低幅度构造、复杂构造带的地震资料解释,都有其独特而明显的优势,为勘探开发最终的决策提供了一个更客观、更可靠的认识,Geoprobe 软件适用于目前勘探开发的研究对象,是目前众多三维可视化解释软件中比较易于使用、功能较为全面的一类软件。

众所周知,勘探与开发的主要研究对象——构造是在一个立体的空间展现的地质体,常规的地震解释主要是利用切片、剖面等方法进行认识的,是把三维资料二维化进行解释。而 Geopobe 全三维可视化解释是通过体解释的方式对地质体进行认识,它把地质目标当成一个对象,更充分地利用三维地震数据体所蕴涵的丰富地质信息,让决策者在虚拟的三维空间里可直接面对地质目标进行浏览,在地震资料品质较好的情况下,针对目标层面选择合适的种子点可以快速地在三维空间里完成对层位的解释,从而快速而准确地了解构造、断面,方便地寻找河道和砂体并得到它的空间展布,利用生成的各种地震属性体认识和判断地层岩性变化,寻找和识别隐蔽油藏、低幅度构造,为全方位的研究构造和储层分析提供了强大和丰富的手段。

3)全三维体解释技术

地层和断面的全三维体解释:层位的追踪是通过种子点的自动追踪方式,如果地震资料品质较好,可以直接采用种子点的方式进行体解释,输入种子点振幅最大、最小范围,交互和快捷地完成层位追踪。如果资料品质较差,局部资料存在多解性,可以结合多属性体方式解释,如与相位数据体并连追踪,或以断裂面为界追踪,以减少解释过程中层位串相位现象;也可以使用手工解释方法解释层位,手工解释是在由于资料品质太差、无法自动追踪情况下使用,和常规解释一样,一般的解释都需要两种方法配合进行,才能较好地完成层位的追踪解释;使用自动追踪的方式要注意层位穿层,发生这种情况是因为地震资料本身存在的问题和断裂的影响。检查时应该拉动层位,上下观察;解释好的层位数据点可以直接形成层位数据,利用调节色板显示层位追踪的质量,断裂的解释主要根据地震剖面断裂的特征、参考相似性等地震属性体,在地质数据体上确认断裂的位置,然后沿着断裂,在空间拉出一个断裂面,完成所有的断面解释后可得到一个地区的断裂系统。

根据已经有的地质认识,在全三维地震数据体上作好标定,然后选择种子点,以层位自动追踪的方式在地震体或阻抗体上研究砂体的范围。根据确认的振幅范围或阻抗范围和井的信息综合确认砂体的分布范围和厚度,并在数据体上将层位上下按照一定时窗雕刻出砂体的形态,以此分析物源方向和确认砂体发育区。

五、储量增长幅度明显

准噶尔盆地西北缘自 2005 年开展精细勘探以来,取得一系列油气发现,探明石油地质储量 6×10^{8}t,占新疆油田总探明储量的 86%。

1. 中拐凸起石炭—二叠系精细勘探

新发现金龙油田。其中金龙 2 井区发现二叠系佳木河组、上乌尔禾组乌一段、乌二段油藏,探明石油地质储量近 7000×10^4t;金龙 10 井区发现石炭系油藏,金龙 10 井、金龙 11 井、金龙 14 井、金龙 101 井、金龙 061 井石炭系获高产工业油流,2013 年上交预测石油地质储量近亿吨。

2. 车排子凸起新近系精细勘探

发现车 89 井区、车 95 井区等一系列"小而肥"高效油藏,探明石油地质储量 600×10^4t。

3. 红山嘴地区石炭—白垩系精细勘探

发现红 003 井区白垩系清水河组油藏,探明稠油地质储量近 4000×10^4t;红浅 1 井区侏罗系八道湾组、齐古组油藏扩大与三叠系克上组、克下组油藏新发现,探明石油地质储量近 3000×10^4t;稀油区石炭—侏罗系探明石油地质储量 600×10^4t。

4. 克拉玛依地区石炭系精细勘探

发现克 92 井区石炭系油藏,六区、七区、九区石炭系油藏,检 451 井区石炭系油藏等,共探明石油地质储量 8000×10^4t。

5. 百口泉地区石炭—三叠系精细勘探

百重 7 井区三叠系克上组稠油油藏、百乌 28 井区二叠系佳木河组油藏、百 31 井区三叠系百口泉组、克下组、克上组油藏,百 711 井区三叠系白碱滩组油藏,古 53 井区石炭系油藏,共探明石油地质储量 3000×10^4t。

6. 乌尔禾地区三叠系精细勘探

发现乌 33、乌 36 等区块三叠系百口泉组、克下组、克上组油藏,扩大乌 5 井区、乌 16 井区三叠系百口泉组、克下组、克上组油藏,共探明石油地质储量近 6000×10^4t。

7. 玛湖斜坡区三叠系精细勘探

发现玛 131 井区—夏 72 井区三叠系百口泉组油藏,控制石油地质储量近亿吨。此外,玛 18 井、玛湖 1 井三叠系百口泉组获得高产工业油流。

8. 风城地区侏罗系超稠油精细勘探

基本落实稠油地质储量 3.72×10^8t,其中 2005—2013 年探明稠油地质储量 1.7×10^8t。

9. 风城地区侏罗—白垩系油砂精细勘探

探明油砂油地质储量 5753×10^4t,控制油砂油地质储量 3153×10^4t。

小　结

(1)本章在对复式油气藏相关概念、内涵和外延及成藏理论调研的基础上,剖析了准噶尔盆地西北缘油气纵向多层系分布、平面叠加连片成藏的特点,认为准噶尔盆地西北缘属于典型的复式油气藏。并对其成藏特点进行了简要阐述。

(2)准噶尔盆地西北缘自二叠纪以来具有幕式升降的特点,沉降阶段有利于大量的烃源岩形成和粗碎屑岩充填,上升阶段又为油气成藏提供了强大的成藏动力。油气地质环境得天独厚,纵向上和平面上油气广泛分布。后期的幕式断层活动不断调整早期形成的油气藏,因而形成多层系、多类型复式油气聚集带。对其深入探讨和系统研究不但丰富了中国陆相复式油气成藏理论,并赋予复式油气成藏新的概念、内涵和外延。

(3)近年来,新疆油田公司运用复式油气成藏理论在西北缘成熟勘探区指导精细勘探,获得了一系列油气新发现,探明石油地质储量 6×10^{8}t,占新疆油田总探明储量的86%,勘探成效显著。

(4)正因为西北缘具备复式油气成藏特点,即使在成熟勘探区仍有相当大的油气储量有待发现。近年来精细勘探实践表明,在老油田内进行老井复查、测井二次解释、高分辨三维地震重新采集处理、隐伏圈闭识别与评价、评价井位部署等一系列精细勘探工作是行之有效的,均取得了良好的成效。

第二章　西北缘复式油气形成的大地构造背景

第一节　古亚洲洋构造域对准噶尔盆地形成演化的影响

准噶尔盆地是在晚古生代古亚洲洋关闭后板内造山与裂陷基础上发展起来的以中生代沉积为主的含油气盆地，在中亚大地构造环境中处于古亚洲洋多向汇聚与洋壳逐渐消失的中心部位（图2－1），其独特的大地构造环境决定了它后来的演化，是全球很少有的三角形盆地。可见古亚洲洋构造域演化对准噶尔盆地形成演化具有明显的制约作用。

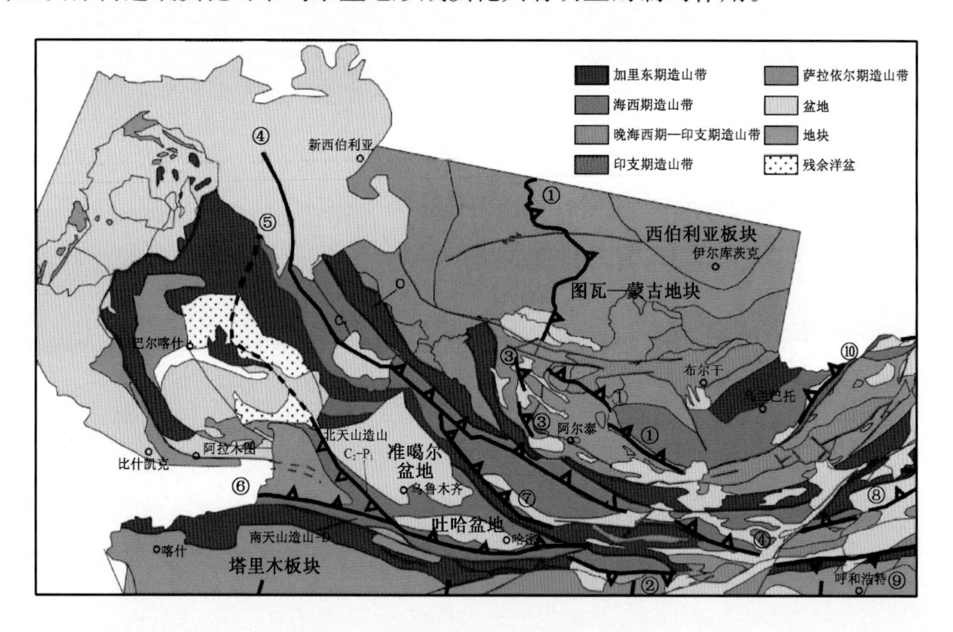

图2－1　中亚地区大地构造单元图

① 巴彦宏戈尔加里东期缝合带；② 北山加里东期缝合带；③ 科布多萨拉依尔期缝合带（D）；④ 额尔齐斯—斋桑—戈壁海西期缝合带（321—307Ma）；⑤ 北天山海西期缝合带（325—316Ma）；⑥ 南天山海西期缝合带（320—300Ma）；⑦ 东准海西期缝合带（C_1）；⑧ 贺根山海西期缝合带；⑨ 索伦海西期缝合带（C_1）；⑩ 温都尔汗印支期缝合带

晚古生代，准噶尔地块随着古亚洲洋的关闭，经历了一系列的漂移、俯冲和碰撞，早古生代主要是在陆块边缘发展增生，并沉积了一套被动大陆边缘的沉积建造。强烈活动的大地构造环境使克拉通内部亦不平静。在加里东中期，准噶尔地区的地壳处于南北两侧拉张的条件，地壳下沉变薄，火山活动强烈。从早奥陶世开始，在唐巴勒、乌图布拉克、塔尔巴哈台、科克赛尔克—哈尔力克山等地形成一套以中性为主的优地槽型火山岩组合。同时在唐巴勒—乌图布拉克一带有蛇绿岩伴随出现，说明该地区张裂的影响深度已波及上地幔，出现洋壳。

加里东晚期构造活动相对较弱，地壳变得比较稳定。火山喷发活动主要在中晚志留世，喷发产物仍以中基性火山岩为主。早志留世和晚志留世末只有极微弱的火山喷发，常表现为远火山相的凝灰质岩石。加里东期准噶尔地区基性火山岩以拉斑玄武岩系列为主，其次为中—酸性火山岩属钙碱性系列，具有细碧—角斑岩组合，岩石化学特征主要属于造山早期阶段活动构造区的火山喷发产物，基性火山岩主要属于大洋岛屿区，其次为岛弧近海沟一侧的火山喷发产物。这些说明准噶尔地区在加里东期主要处于大洋盆地的构造环境，即处于大洋岛屿或微小的稳定大陆及岛弧前缘近海沟一侧的地壳演化条件。至晚古生代早期，西准噶尔裂陷槽和博格达裂陷槽形成，准噶尔地区进一步裂解成接近现盆地范围的地块，并与哈萨克斯坦板块分离，此时的准噶尔为被动大陆型微陆块（有人称中间地块），与西伯利亚、哈萨克斯坦和塔里木板块隔海相望。通过古板块恢复可以看出（图2－2），晚古生代准噶尔地块处于东欧板块、西伯利亚板块和塔里木板块汇聚的中心，说明准噶尔盆地是在晚古生代古亚洲洋逐渐关闭背景下形成的。

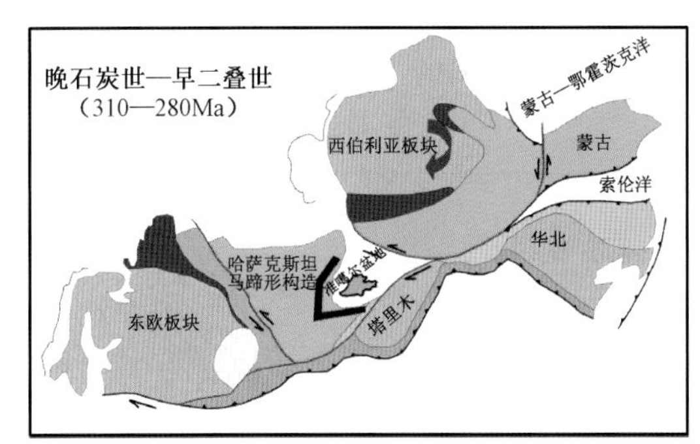

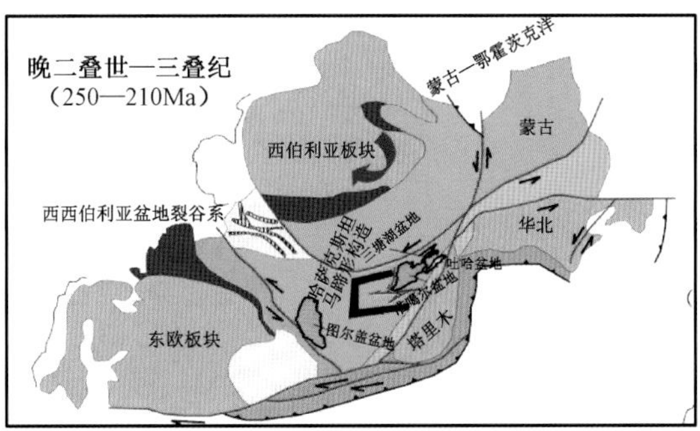

图2－2 晚古生代—三叠纪准噶尔地块相对位置图（据李江海，2013）

从大地构造上看，准噶尔微陆块处于中亚晚古生代两大巨型马蹄形岛弧火山岩带之间的增生楔杂岩之间（图2－3），为洋盆最晚闭合部位，相对于增生楔沉积，岛弧杂岩带具有刚性特征，其几何形态可以记录后期构造变形期次。

晚古生代晚期，随着大洋的闭合，洋壳消减殆尽，开始大陆与大陆间的接触、碰撞。在强烈碰撞作用下，准噶尔北部（陆梁、乌伦古及以北地区）基底进一步碎裂，深断裂发育，地壳刚性减弱，地幔物质上涌，形成众多的火山弧，并与相间的碎块构成大小不等的弧间盆地。组成基底下层的老底块在海西旋回中碎裂沉没，其上堆积了相对较薄的海西期槽型建造，海西褶皱构造层就成了盆地盖层下的上层基岩（彭希龄，1993）。西北缘和南缘因碰撞作用相对较弱（可能还存在一定的俯冲作用），基底相对稳定，所以后期的演化也相对简单，形成了两个大型的坳陷：玛湖坳陷和沙昌坳陷。石炭纪末期，准噶尔有限洋盆关闭，海水由西经南向东逐渐退出，克拉通边缘造山，准噶尔地区开始进入陆内盆地演化的新阶段（图2－2）。

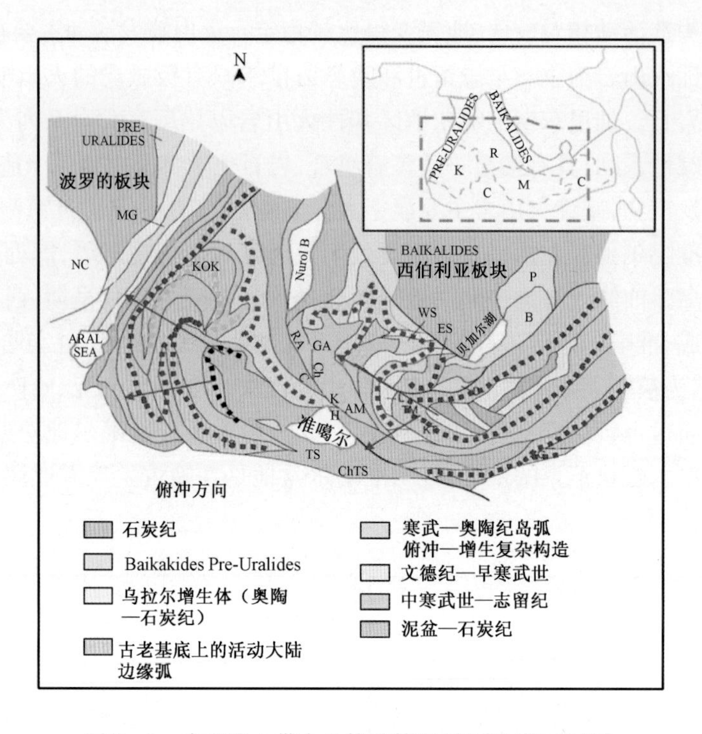

图2－3　中亚造山带大地构造简图(据李江海,2013)

AM—阿勒泰—蒙古陆块;B—Barguzin;BS—北山;C—Chara 缝合带;Ch—Charysh 缝合带;ChTS—中国天山;D—Dzhida;ES—东萨彦岭;GA—戈壁阿勒泰;H—Halatongke;K—Keketuohai;KOK—科克切塔夫;KT—Khantaishir;L—湖泊(Ozernaya);MG—Magnitogorsk;NC—北里海盆地;P—Patom;RA—Rudny Altai;SG—南戈壁微陆块;TM—Tuv－Mongol massif;TS—天山;WS—西萨彦岭

第二节　板块缝合带及其对西北缘多旋回构造演化的影响

一、西北缘板块边界与蛇绿岩混杂带分布

哈萨克斯坦—准噶尔板块是由若干个较小的地块及其边缘活动带拼贴而成的复杂构造单元。在新疆境内为准噶尔微板块,它由准噶尔地块及其边缘活动带组成,西北缘正是西准噶尔造山带与准噶尔地体拼合的边缘缝合带,位于西准噶尔褶皱带和准噶尔盆地之间的过渡带上(图2－4),在构造上主要包括克拉玛依—乌尔禾断裂带(以下简称克乌断裂带)及盆地西缘的车排子隆起,是晚石炭世准噶尔盆地边缘以逆冲推覆构造或逆冲断层为主的山前冲断带。

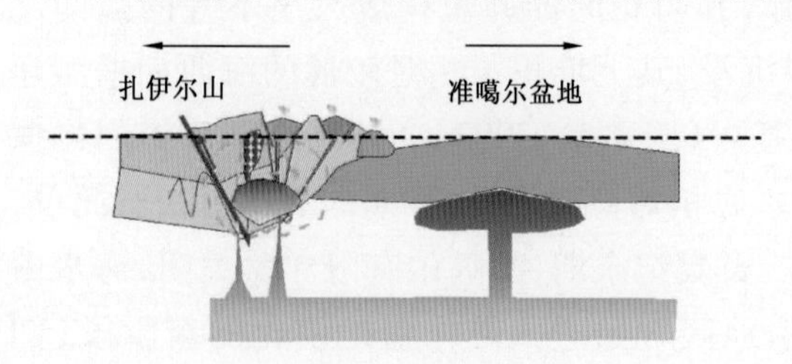

图2－4　准噶尔盆地西北缘扎伊尔山与盆地接触关系

西北缘山前冲断带的基底总体向南倾斜,其上中新生代陆相沉积坳陷中心位于南部的玛纳斯一带,沉积最大厚度达16000m。伴随盆地的形成与演化,在三叠纪末、中侏罗世末、晚侏罗世末发生了构造运动,使之相邻地层间形成微角度不整合现象。

基底的构成决定了其上覆盆地的沉积充填特征与分割特点,但对于西北缘来说,由于它是西准噶尔造山带和准噶尔盆地的过渡带,在基底结构上也存在其特殊性(图2-5)。

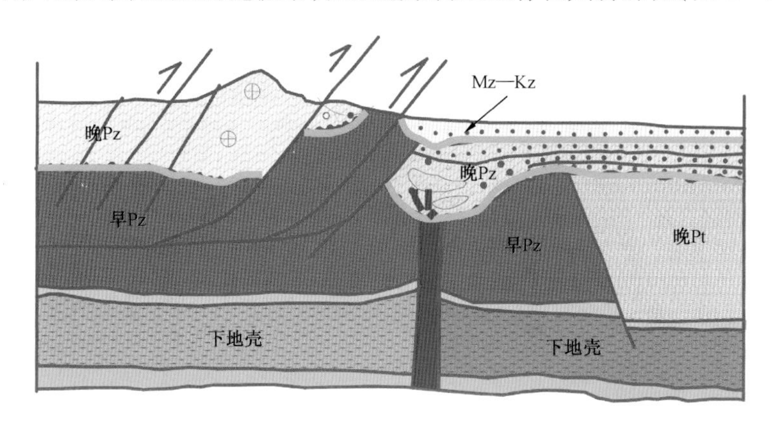

图2-5 准噶尔盆地西北缘地壳结构剖面示意图

野外地质调查结果表明,西准噶尔造山带存在6条蛇绿岩带:唐巴勒岩带、玛依勒岩带、达尔布特岩带、洪古勒楞岩带、科克森岩带和巴尔雷克岩带。岩石组合、地球化学特征的研究表明,这些蛇绿岩带可分为洪古勒楞型和唐巴勒型两种类型,分别代表了大洋中脊和弧后盆地环境下形成的洋壳(张驰等,1993)。而吴浩若等(1993)从沉积学、岩石学和地球化学等方面对西准噶尔造山带内古生代地层的研究表明,西准噶尔蛇绿岩区古生代砂岩的物源区为火山岛弧,从奥陶系到石炭系的大量火山碎屑岩是与火山岛弧相关的深海浊流沉积和半远洋沉积,与其共生的为硅质和泥质、凝灰质远洋沉积。这些现象表明在古生代漫长的时期内,西准噶尔地区存在一个相当广阔而地形复杂的"西准噶尔洋",是当时西伯利亚板块、哈萨克斯坦板块和塔里木板块之间古大洋的一部分。达尔布特断裂带庙尔沟、红山地区发育的碱性花岗岩则标志着"西准噶尔大洋"的闭合。克拉玛依地区碱性花岗岩277.7±10Ma的Rb—Sr同位素年龄值表明,西准噶尔造山带碰撞造山的时期可能为晚海西期(王中刚等,1993)。

前人在克拉玛依市东西两侧的盆山结合部位曾经发现了超基性岩,但是一直没有受到重视,在现有文献中尚没有见到将其作为蛇绿岩的研究报道。通过野外调查,对克拉玛依蛇绿岩进行比较详细的研究和系统采样,特别是同位素年代学研究(高精度等离子探针测量即HRIMP法)。克拉玛依蛇绿混杂岩沿准噶尔盆地西部盆地结合部位断续延伸,总体走向NE40°左右,长达80多千米,与太勒古拉组的一套硅泥质及火山凝灰质复理石建造呈断裂接触关系。

通过井下对比,这套蛇绿岩带一直向盆地边缘延伸到克乌断裂带,大致与克乌断裂带平行,在湖湾区大部分埋藏在井下(图2-6)。

二、板块缝合带在盆山耦合演化的制约

从对准噶尔盆地周边造山带的研究来看,该地区地壳主要有三次比较大的收缩过程。第一次是石炭纪—二叠纪末准噶尔周边海槽的关闭,形成大规模的造山,边缘隆起升高,向陆一

图 2-6　准噶尔盆地西北缘遥感影像图

侧坳陷,形成地体周缘前陆盆地。其先后次序依相邻板块碰撞早晚而定:始于东北准噶尔,至石炭纪末结束,现今已整体抬升,部分消亡;其次是北天山山前前陆盆地,但后期的构造运动也使前渊消减,并深埋地下;再其次是西北缘前陆盆地的形成,由于后期构造运动较弱,基本上得以完整保留下来。至于早二叠世博格达海相环境,它是碰撞裂谷海槽,不一定与西北缘陆缘近海湖环境相通,所以下芨芨槽群不能与盆地对比。第二次是侏罗纪末有一次偏盆地东部的南北向挤压,形成南、北两个坳陷,准噶尔老地块相对比较稳定,造成中生代盆山比较明显的分化。第三次是古近纪末期北天山的强烈上升,使台型构造环境被强烈盆山分化(图 2-7)。

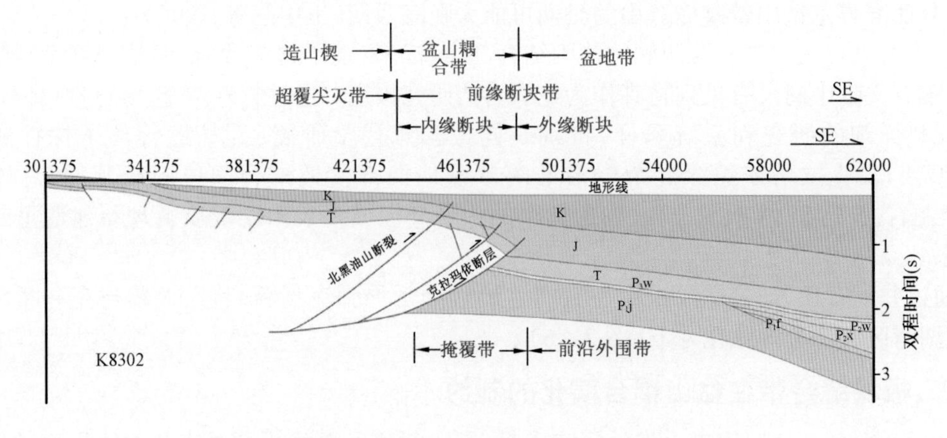

图 2-7　准噶尔盆地西北缘盆山结合部位剖面示意图

第三节 玛湖裂陷槽的形成及其地质意义

一、玛湖裂陷槽的形成

玛湖裂陷槽是特指在晚古生代古亚洲洋关闭后的早、中二叠世陆内裂谷演化阶段，位于西准和准噶尔两大地体拼合带深大断裂与岩浆活动频繁，形成与东西两侧古地形高差悬殊的深陷湖盆。它与断陷盆地在结构和成因及其演化上具有明显的不同，大致分布在盆地西北缘东侧玛湖地区到南缘（图 2－8），由克拉玛依—夏子街断阶带（以下简称克夏断阶带）、玛湖凹陷、达巴松凸起、中拐凸起四个二级构造单元组成，面积 11400km^2。研究区总体沉积建造较为发育，且沉积发育和构造活动表现出明显的阶段性。在早二叠世至三叠纪阶段，局部构造较为发育，部分构造发育具有继承性，部分构造为新生构造，此时期的沉积建造特征也表现出较大的波动性，表现为沉积中心的快速变化和迁移。二叠纪佳木河期，盆地的沉积中心主要分布在克夏断阶带；风城期，主要分布在玛湖凹陷；夏子街期、下乌尔禾期主要分布于玛湖凹陷和盆 1 井西凹陷；上乌尔禾期主要分布于盆 1 井西凹陷。由此可以看出，二叠纪时期，受海西晚期运动的影响，西准噶尔造山带强烈地自西向东推掩，沉积中心由克夏断阶带迁至玛湖凹陷、盆 1 井西凹陷。三叠纪时期，准噶尔地块结束了坳隆相间的格局，形成了统一的沉积盆地。

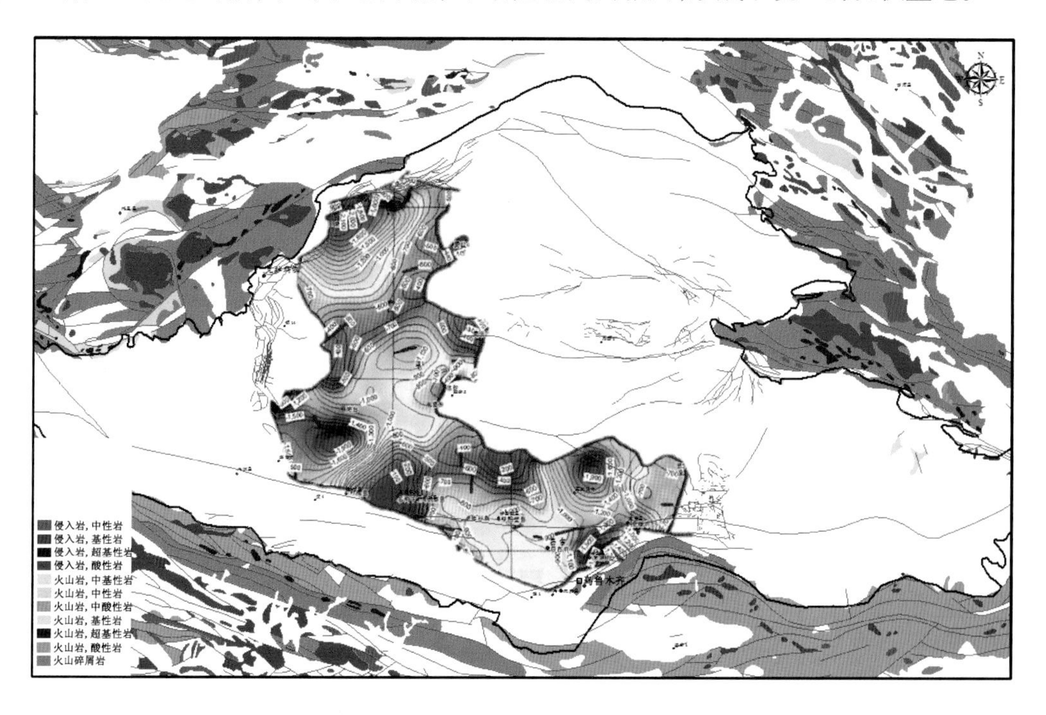

图 2－8 准噶尔盆地下二叠统风城组地层分布图

玛湖裂陷槽在现今的盆山结合部位表现出晚古生代地层与盆地周缘山系突变接触、高差悬殊大、海相及海陆过渡相保存完整的特点（图 2－9）。

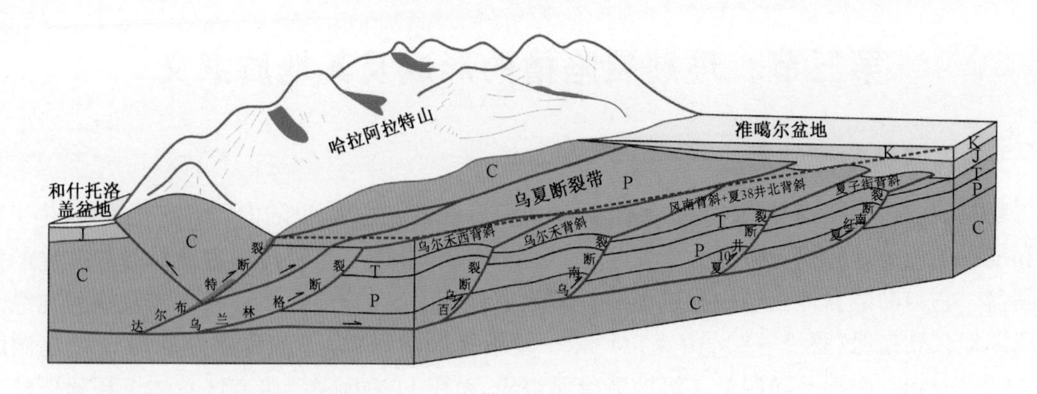

图2-9　准噶尔盆地西北缘哈拉阿拉特山前晚古生代地层断裂分布特征立体示意图

二、玛湖裂陷槽的特征

中生代裂陷槽的发育特征不明显,已进入湖盆断坳正常演化阶段。在早侏罗世,陆梁地区存在一较为明显的北西—南东向低凸起,形成北西—南东向展布的两坳两隆:乌伦古坳陷、德仑山—石南2—准东低隆带、玛湖—盆1井—昌吉坳陷、车排子隆起,其中玛湖—盆1井—昌吉坳陷。有三个较明显的沉降中心,在目前构造分区上的玛湖凹陷、盆1井西凹陷和昌吉地区,沉积厚度大(图2-8)。

三、玛湖裂陷槽的油气地质意义

玛湖复合油气系统佳木河组烃源岩主要生油期为晚二叠世—三叠纪,主要生气期为晚三叠世—侏罗纪(以侏罗纪为主)。风城组源岩的主要生油期为三叠纪—早中侏罗世,主要生气期为侏罗—白垩纪。上、下乌尔禾组烃源岩的主要生油期为侏罗—白垩纪,直到目前仍处于大量生油阶段。侏罗系烃源岩目前尚未进入大量生油阶段。

佳木河组油气系统最有利油气聚集带:西北缘环中拐地区;勘探方向:车拐主断裂下盘二叠系断阶与尖灭带。

风城组油气系统最有利油气聚集带:西北缘克百断阶带、断裂下盘二叠系断块区与尖灭带。由于风城组是盆地主要的油源岩,并且为西北缘主要油田的供油者,故其聚油的关键时期应为三叠纪末期,这与西北缘主要油气藏的成藏期是吻合的。而玛湖上、下乌尔禾组油气系统的关键时期应在早白垩世末。

下乌尔禾组油气系统最有利油气聚集带:乌夏断阶带、斜坡区二叠系断块区与尖灭带。

玛湖一带有可能为油气远景区。玛湖西斜坡—中拐凸起最有利于勘探。虽然佳木河组生排烃中心位于百口泉—黄羊泉一带,但该带的油气生成与排出时间太早,不利于油气的保存。早—中三叠世及其以后,佳木河组的生、排油中心逐渐南移至玛湖西南斜坡;排气中心自早侏罗世起也南移至玛湖西南斜坡。其他区域自侏罗纪起生排烃强度均非常小。因此,目前在夏子街地区由佳木河组烃源岩生成的油气资源已很少。玛湖西南斜坡的油气生成、排出时间相对较晚并且排烃强度也比较大,所以应作为佳木河组含油气系统的主要勘探目标区。

第四节 西准与准噶尔地体巨型推覆走滑构造样式

一、两大地体边界拼合关系

西准地区位于北疆地质构造最复杂的部位。准噶尔地体与哈萨克斯坦板块和西伯利亚板块在此汇聚。西准造山褶皱带的主体是准噶尔地体与哈萨克斯坦板块的拼合带，但亦受西伯利亚板块的重要影响。

西准噶尔造山褶皱带以和什托洛盖盆地为界具有南北分区的特征。北区受西伯利亚板块边界方向的影响，地层走向以及布克塞尔蛇绿岩带的展布均成北西西方向，与斋桑蛇绿岩带一致。南区蛇绿岩带和地质构造的方向则为北东向，明显受准噶尔地体的西部边界和哈萨克斯坦板块的东部边界所控制（图 2－10）。

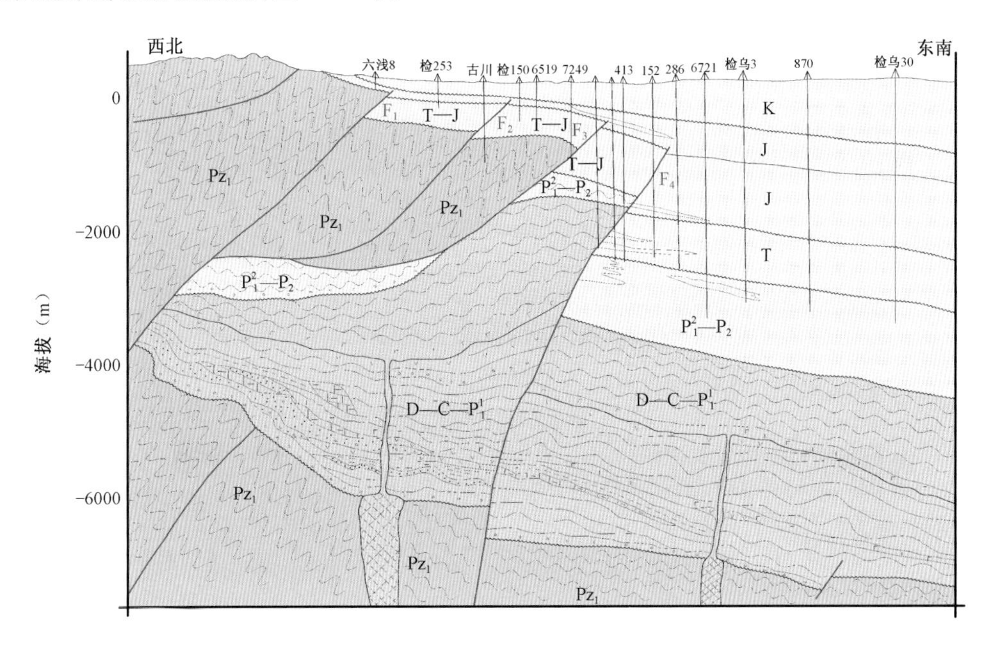

图 2－10 准噶尔盆地西北缘两大地体边界拼合结构剖面示意图

从西准噶尔造山褶皱带总体来看，北区范围小，蛇绿岩的发育居于次要地位。这是因为哈萨克斯坦板块与西伯利亚板块之间的碰撞运动和缝合部位主要发生在哈萨克斯坦境内斋桑湖以西的地区。南区则是西准噶尔造山带的主体。西准噶尔造山带内占面积 95% 以上的地质体由晚古生代的地层、岩石和蛇绿岩套组成，属于海西期褶皱带。区内还出现两小片加里东期蛇绿岩露头：唐巴勒蛇绿岩和玛依拉蛇绿岩，其时代为寒武—奥陶纪。玛依拉蛇绿岩带的南段萨雷诺海有 8 亿年前的斜长花岗岩。根据目前全球最古老的洋壳时代为侏罗纪（西北太平洋）来推断，西准地区能否存在发育时间如此之长的早古生代的广泛大洋值得进一步研究。洪古勒楞蛇绿岩和达尔布特蛇绿岩套为海西期，时代为泥盆—石炭纪。根据蛇绿岩组合特征来看：西准噶尔蛇绿岩带不是大洋中脊型，而是属于“有限洋盆”型。也就是说晚古生代时期哈萨克斯坦板块与准噶尔地体之间有有限洋壳相隔，并不存在哈萨克斯坦—准噶尔板块。西准噶尔造山带是海西期准噶尔地体与哈萨克斯坦板块拼贴的缝合带。造山期后，沿造山带的张性构造体形成庙尔沟—阿克巴斯套—铁厂沟碱长花岗岩富碱侵入带，时代为320—300Ma；它的分布标志着准噶尔地体的边界。沿达尔布特断裂向东的逆掩推覆构造，以及造山带中一系列左旋走滑断层和韧性剪切带表明，准噶尔地体向哈萨克斯坦板块的拼贴方式为向北漂移和斜向碰撞。

两大地体晚古生代以来拼合演化概貌见图2－11。从图可以看出其过程为：二叠纪前展逆冲断展褶皱、三叠纪后展逆冲断展褶皱、侏罗—白垩纪坳陷充填、新生代抬升剥蚀。

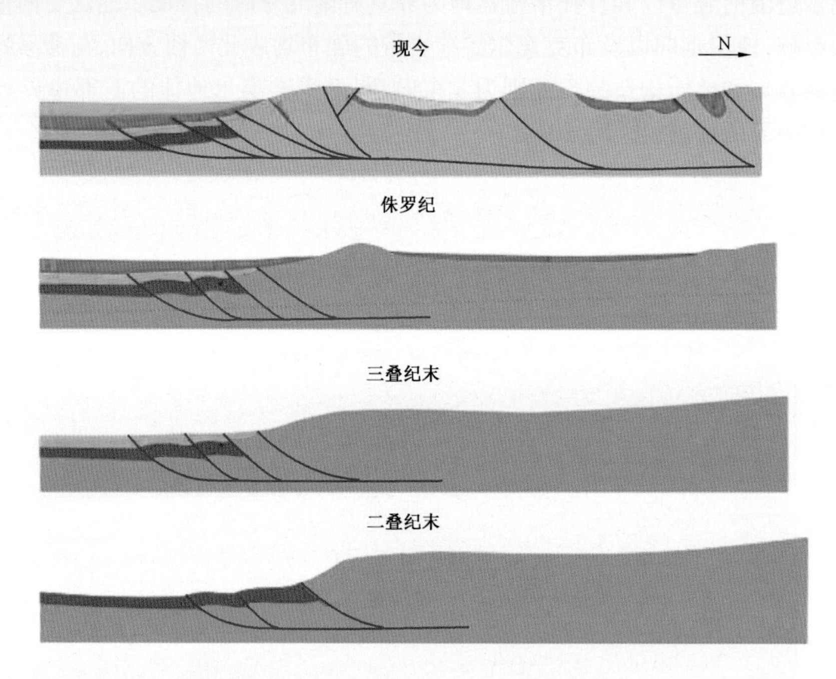

图2－11　晚古生代以来准噶尔地体与西准噶尔地体拼合演化示意图

二、巨型推覆走滑构造样式

1. 构造样式类型

构造样式是同一期构造变形或同一应力作用下所产生的构造的总和（王燮培等，1991）。不同的构造样式控制着不同的油气圈闭类型，研究构造样式对指导油气勘探有重要意义。Lowell等（1983）提出对构造样式的划分方案：首先根据变形中基底的卷入情况，划分为基底卷入型构造和盖层滑脱构造。然后，再根据构造性质，将前者划分为扭动构造组合、压性断块和逆冲断层、张性断块和翘曲、拱起、穹隆和坳陷；后者划分为逆冲褶皱组合、正断层组合、盐构造和泥岩构造。从克百地区构造演变、断层与褶皱等之间的关系和组合看，构造变形应属于基底卷入式，又根据构造性质，划分出压性构造样式、扭动构造样式两大类（表2－1）。

表 2－1 克百地区构造样式类型表

构造样式		形成时期	形成机制	发育部位
压缩构造	叠瓦构造	海西晚期—燕山期	挤压应力场	克百断裂带
	冲起构造	海西晚期—燕山期	挤压应力场	克百断裂上盘
	断展褶皱	海西晚期—燕山期	挤压应力场	克百断裂上、下盘
扭动构造	正花状构造	海西晚期—燕山期	压扭应力场	克百断裂上盘
	负花状构造	燕山期	张扭应力场	克百断裂上盘
	变换构造	海西晚期—燕山期	构造变形的差异性	克百断裂上、下盘
	反转构造	燕山期	压扭应力场变为张扭应力场	克百断裂上盘

晚侏罗—早白垩世时期在中国北方发生的燕山运动对准噶尔盆地有着重要的影响，表现为盆地内部构造反转，西北缘大型逆掩、俯冲。准噶尔盆地整体抬升，盆地内部隆起带上的凸起普遍缺失中侏罗统头屯河组和上侏罗统齐古组及下白垩统吐谷鲁群，或为抬升后近剥蚀区的快速堆积砾岩、砂砾岩。西准地体向盆地发生大规模逆掩、俯冲，这一点可以从横穿两大地体的二维区域性地震大剖面反射特征得到证实（图 2－12）。

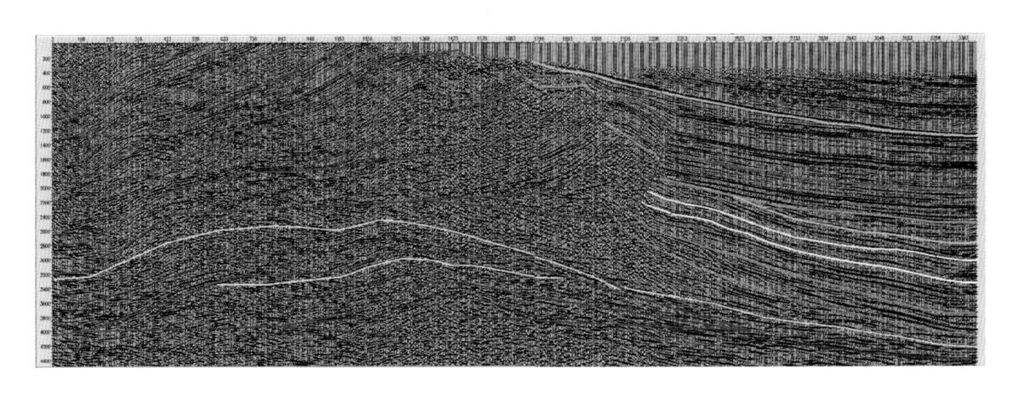

图 2－12 KB200601 地震剖面解释

2. 构造样式地震反射特征

从二维地震剖面反射特征可以获得以下三点认识：

（1）克百断裂带推覆距离 30km，延伸 70km，有利勘探面积达 2000km^2；

（2）推覆体厚度为 4000～6000m，推覆规模巨大；

（3）克百断裂带由上盘叠瓦推覆体、下盘双重构造和前缘斜坡区组成。

另外，从横穿两大地体的二维电法反演剖面也可以看出，电导率异常反映清晰，扎伊尔山奥陶系、泥盆系、石炭系高电阻率基岩地层呈低角度泥岩在二叠系低电阻率地层之上（图 2－13、图 2－14），说明西北缘逆掩、推覆规模大，处于构造活动强烈的地区，为推断其为复式油气成藏埋下了重要的伏笔。

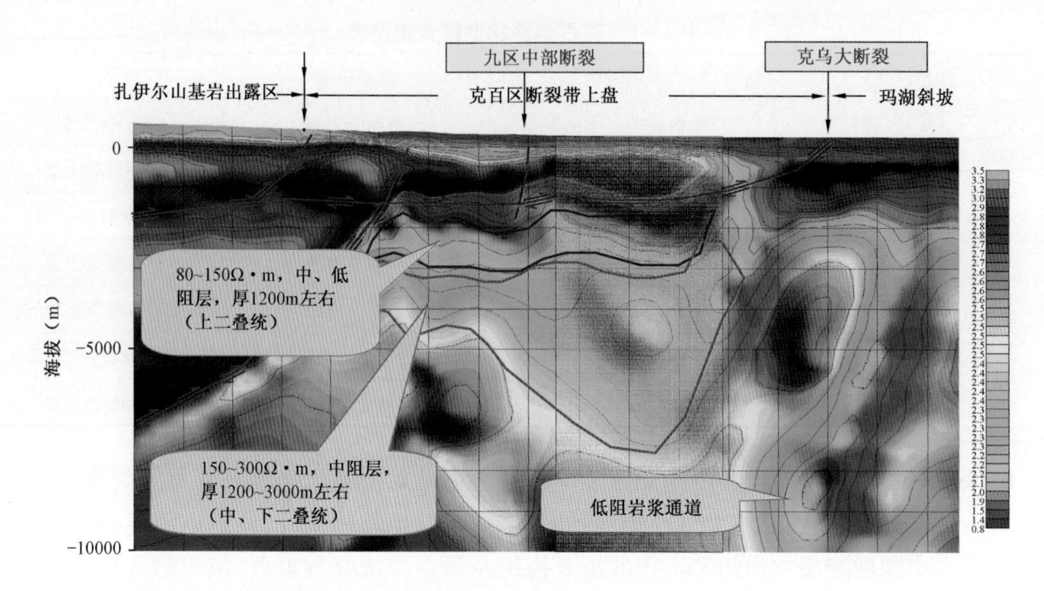

图2－13　横穿西准和准噶尔盆地西北缘的东西向二维电法连续介质反演剖面

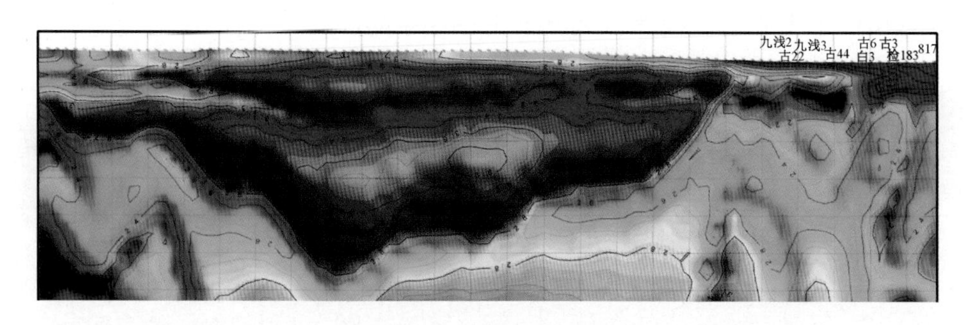

图2－14　扎伊尔山—准噶尔盆地东西向二维电法连续介质反演剖面

3. 构造样式描述

1）压缩构造

（1）叠瓦构造主要发育在六、九区，一套产状相近并向一个方向逆冲的若干条逆冲断层，构成单冲型的逆冲断层组合，表现为叠瓦状。

（2）冲起构造是逆冲断层与反冲断层构成背冲式的汇合部位，被两条断层限定的岩层因强烈挤压而上冲，即形成冲起构造。

（3）断展褶皱是逆冲断层向上扩展时，前端受阻所形成的褶皱，其特征是前翼陡窄、后翼平缓，常形成不对称背斜，背斜形态不完整，构造高点不协调，沿断裂展布方向排列。

2）扭动构造

扭动构造是指地壳在扭动应力场作用下产生的构造变形。克百地区明显存在扭动走滑活动，研究区几条主要的控制断裂都有明显的多期走滑活动，早期主要表现为右行，晚期主要表现为左行。不同时期的走滑作用不同，主要是受区域构造应力场的影响。走滑作用及其形成的相关构造组合样式对陆东地区油气的形成分布有重要的影响。

研究区走滑构造通常和其他两种构造类型组合在一起,表现为一系列斜向滑动断层,它们在平面上呈雁列展布,在纵向上呈花状构造。根据研究区平面上的区域构造分布特征,分析认为它们在三叠纪及以前主要为压扭作用下形成的压扭性走滑构造,在侏罗纪主要为张扭作用下形成的张扭性走滑构造。

(1)正花状构造:正花状构造是在压扭性作用下,由多条逆断层在剖面上构成向上分叉撒开的形似花状的构造。

(2)负花状构造:负花状构造是在张扭性作用下,由多条正断层在剖面上构成向上分叉撒开的形似花状的构造。

(3)变换构造:横向构造变换带是一种构造变形的调剂构造,属于走滑构造样式,变换带两侧的构造几何学特征和运动学特征存在明显的差异性。构造变换带通常与主干断层同时活动,表现出走滑活动的特征,并与主干断层呈大角度或垂直相交,为横断层形式,使主干断层被切割成不同段,各段之间的构造样式、断层的几何形态与规模、沉积环境发生变化。当存在煤层或泥岩层等软弱层时,非强干层能有效地调剂其上下构造的差异应变,因此,如果基底调节断层位移较小的话,一般难以识别。再加上深层地震品质通常较差,对走滑断层的识别难度更大。

(4)反转构造:反转构造是由于应力体制的改变和构造变形作用的反转,使不同时期不同性质的构造叠加在一起而形成的构造类型,在研究区主要表现为下逆上正的负反转构造。在地震剖面上可见到两种类型:一种是断层倾向上、下一致,但断层性质从下向上发生了变化;另一类是断层倾向上、下不一致,往往逆断层倾向于其共有的上升盘,而正断层倾向于其共有的下降盘。

第五节 构造层序划分与变形特征

一、构造层序划分

1. 构造单元划分

盆地构造单元划分的原则:(1)以晚海西运动期盆地坳隆构造格局为构造单元划分基础,同时兼顾盆地基础结构及起伏变化;(2)印支、燕山、喜马拉雅运动对盆地构造改造作用;(3)考虑油气系统形成与演化特点。

按照上述划分原则,西北缘油气勘探区按构造可以进一步划分为西部隆起(包括乌夏断裂带、克百断裂带、红车断裂带、车排子凸起和中拐凸起五个二级构造单元)、中央坳陷西斜坡(包括玛湖凹陷、沙湾凹陷西北斜坡区)(图2-15)。

2. 构造层划分

地震资料显示,克百地区主要构造界面存在于石炭系与二叠系之间、三叠系与下伏地层之间、侏罗系与下伏地层之间、齐古组与下伏地层之间和白垩系与下伏地层之间。

限于地震资料的分辨能力,加之上石炭统和下二叠统的岩性类似,因此,克百地区的石炭系与二叠系之间的不整合比较难于辨认。

克百地区上二叠统与中—下二叠统之间存在十分明显的区域不整合。

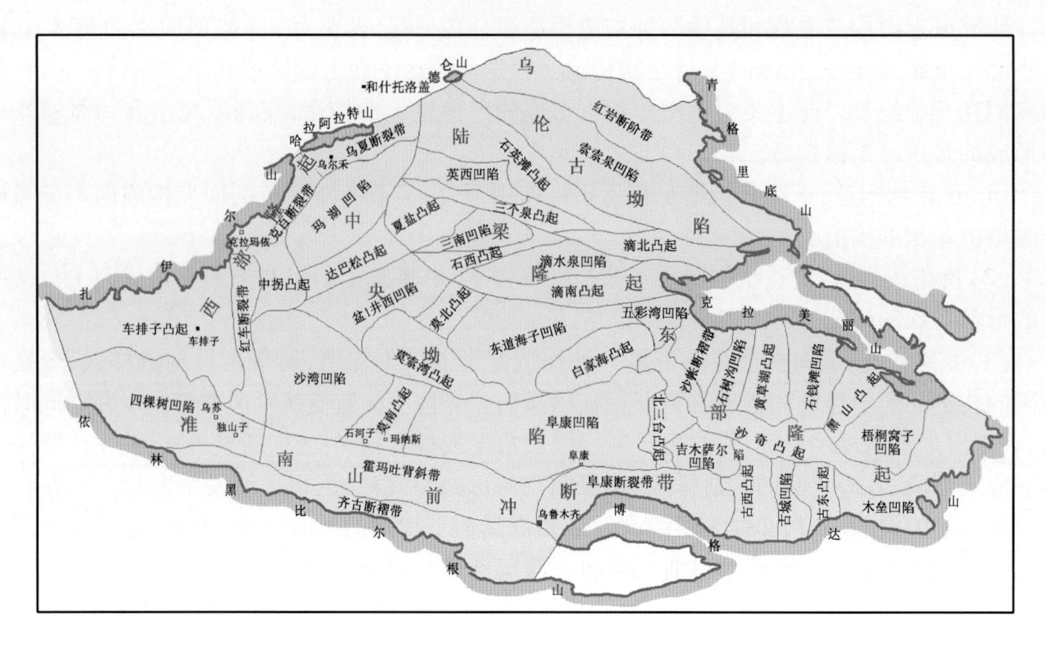

图 2－15　准噶尔盆地构造单元划分图

克百地区在海西晚期活动强烈，三叠系底部的削蚀不整合面在地震资料上显示清晰。三叠系克上组、克下组沉积以来，沉积格局发生重大改变，沉积范围明显增大，沉积物越过克百断裂，在断裂带上盘广泛发育。

三叠系与侏罗系之间的不整合为印支运动的表现，其影响范围较小，仅限于克百断裂带附近及其上盘，下盘构造变动不大。克百断裂上盘的局部地区，如六、九区表现出褶皱现象，背斜顶部受到剥蚀，侏罗系直接覆盖在石炭系之上。

中、下侏罗统与上侏罗统的不整合在克百断裂上盘表现得非常清楚，齐古组明显削蚀下伏地层。该期不整合是燕山早期运动的表现，构造活动主要影响克百断裂上盘，以断块活动为主，在湖湾区存在低幅度褶皱现象。

燕山中期运动在克百地区表现为白垩系与下伏地层之间的不整合，构造活动主要影响克百断裂上盘，以掀斜为主，齐古组在湖湾区褶皱高部位被明显削蚀。

可以看出，二叠纪以来，对克百地区构造格局影响最大的构造运动有三期，分别是二叠纪末的海西晚期运动、晚侏罗世与中侏罗世之间的燕山早期运动和早白垩世末期的燕山晚期运动。其影响范围和构造变形表现分别为：海西晚期运动影响克百断裂下盘，掀斜运动，伴随局部褶皱运动；燕山早期运动影响克百断裂上盘，冲断活动，伴随轻微的褶皱运动，在湖湾区有明显表现；燕山晚期影响整个克百地区断裂上、下盘，表现为掀斜运动。印支运动的活动性较弱，在克百断裂上盘的六、九区主要表现为冲断，而在湖湾区主要表现为褶皱。除这些主要构造运动外，仍存在其他一些规模和影响较小的构造运动。与这些构造运动相关的不整合面将克百地区沉积充填划分成五个构造层，即石炭系构造层、二叠系构造层、三叠系构造层、中—下侏罗统构造层和上侏罗统—下白垩统构造层。

3. 主要构造界面展布特征

准噶尔盆地西北缘克百地区早石炭世基底形成以来充填了上石炭统、二叠系、三叠系、侏罗系和下白垩统的碎屑岩,在晚石炭世和早二叠世,盆地还发育火山碎屑岩和火山岩沉积,各地层间发育多个不整合面,将盆地沉积充填分隔成多个具有不同沉积特点和构造特点的构造层。

上、下乌尔禾组底面构造形态较简单,表现为向南东方向倾斜的单斜,断裂活动弱,没有褶皱作用,从其尖灭线走势上看,克百断裂控制其沉积范围。

三叠系底面构造形态所反映的三叠系的沉积范围明显向西北扎依尔造山带的方向扩大。克百断裂下盘构造相对简单,总体为向南东倾斜的单斜,五区沿克百断裂带凹、凸起伏,主要发育北西向、北东向两组断裂,断块发育。克百断裂上盘构造较复杂,断裂发育,且以大侏罗沟转换带为界明显分为南北两段,北段六、九区的逆掩距离大,构造形态为被断层切割的东倾单斜,略有起伏,局部地区地层缺失,是褶皱作用形成的构造高部位遭受剥蚀作用的结果;南段湖湾区的逆掩距离小,西高东低,构造较复杂,近南北向凹凸相间,断裂和褶皱均较发育。克上组、克下组底面、白碱滩组底面构造形态与三叠系底面构造形态相似,但形态相对平缓,断裂明显减少。三叠系沉积时的盆地边界是从克拉玛依西断裂向北到西白百断裂的一条平行于扎伊尔山的断裂带。

中、下侏罗统各组底面构造格局与白碱滩组底面相比,具继承性,形态更趋平缓,断裂逐层减少,北段六、九区的构造相对简单,为被断层切割的东倾单斜,南段湖湾区西高东低,近南北向凹凸相间,褶皱高部位地层遭受剥蚀。

齐古组底面和白垩系底面构造图显示的该两个界面的构造形态简单,构造等值线近似于直线,构造形态表现为向南东倾斜的单斜。但齐古组底面断裂较发育,湖湾区有褶皱作用,且褶皱高部位地层遭受剥蚀。克百地区侏罗纪时盆地边界可能直抵扎伊尔山前。

二、构造变形特征

克百断裂带的断裂、褶皱分布特征是纵向上分层,平面上表现出东西分带的特点,其间,在南北方向上又有差异,表现出南北分段的特性。

1. 分带变形

克百断裂带由西向东,古生界构造层可划分出推覆体和逆掩带、前缘断褶带;三叠系及中—下侏罗统构造层可划分为冲断带、单斜带;上侏罗统及下白垩统构造层可划分为超覆尖灭带、单斜带。

2. 分段变形

克百断裂带西起克拉玛依并向东北延伸,经白碱滩到百口泉,总体走向北东向,呈反“S”形,西南宽,东北窄。若以北东走向的大侏罗沟转换带为界,又可大致分为南、北两个区。北区是挤压应力集中区,断裂带呈弧形向盆地内部凸出,逆掩推覆位移大,冲断带断块发育,宽仅5km 左右。南区的逆掩推覆位移相对较小一些,故其冲断带相对平缓,宽可达20km。

3. 克百断裂带构造基本特点

从冲断带宽度上看,湖湾区比六、九区大;从断层倾角上看,湖湾区断层倾角陡,而六、九区断层倾角小。湖湾区与六、九区的构造差异是因其所处构造位置不同造成的:湖湾区位于克百推覆体的右翼,六、九区属克百推覆体的中段,海西晚期的左旋压扭、印支期的南北挤压错断成舌状克百推覆体,克百断裂带被分化成克拉玛依西、克拉玛依、南白碱滩、百口泉四段,并形成大侏罗沟转换带,造成湖湾区与六、九区的分割。

小　结

(1)准噶尔盆地西北缘沉积盖层经历了晚海西、印支、燕山、喜马拉雅多次构造运动叠加,形成多套沉积旋回;其中,晚海西构造运动奠定了盆地基础,发育北西西向构造,构成盆地格架;燕山期是对盆地构造进行的北东向改造,形成方格式的构造格局。

(2)准噶尔盆地与周缘造山带具有密切的耦合关系,具体表现为盆山结构形式的耦合、盆山构造格局的耦合、边界断裂系统与造山带伸展方向的耦合、盆山演化的挤压收缩与差异升降的相辅相成、受控于统一的大陆动力学机制。

(3)准噶尔盆地构造表现出具有多向构造交织、多重构造机制、多种构造形迹、多级构造单元、多层构造系统、多相构造环境、多期构造演化、多源动力作用的基本特征。

(4)准噶尔盆地构造—沉积的多旋回性,造就了空间上多套生储盖组合,奠定了盆地多层系含油、复式聚集的物质基础。

第三章　多旋回断裂构造体系与复式油气成藏

准噶尔盆地西北缘冲断带是在晚石炭世—三叠纪发育起来的大型叠瓦冲断系统，在侏罗—白垩纪逐渐被掩埋为向盆地内倾伏的前缘单斜。该大型叠瓦冲断系统由各具特色的红车断裂带、克百断裂带、乌夏断裂带组成，其间为侧断坡、斜断坡或横向断层所分隔，横向断层为一系列北西向断裂，起着横向构造转换带的作用，将冲断方向、位移方式、构造带走向与样式等进行转换。本章先简要介绍研究断裂系统的主要方法，然后逐一对主要断裂带进行剖析，最后对它们的总体活动特点进行总结。

第一节　西北缘多旋回构造演化

准噶尔盆地自晚古生代以来多旋回的构造发展在盆地西北缘表现突出，造成多期活动、类型多样的构造组合和沉积体系，并严格控制了油气生成、运移、聚集和散失，形成复式油气聚集带（图3－1）。

一、石炭纪海陆过渡与火山岩发育阶段

石炭系是西北缘出露最广的古生代地层，以岩相建造类型复杂、火山岩十分发育、构造变动频繁为特征。除阿尔泰山区仅见下石炭统的一套浅变质的砂岩、板岩、硅质板岩及中酸性火山岩外，其余各地发育较全。西北缘及东北均为砂岩、粉砂岩及凝灰质砂岩、凝灰岩，下部（下石炭统）夹大量中基性火山岩，上部（中、上石炭统）夹中酸性火山岩，同时其北段凝灰岩和火山岩含量多，而南段含量减少，克拉美丽山石炭系下部为中酸性火山岩及凝灰岩，上部为凝灰质砾岩和砂砾岩。上统为河湖相正常碎屑岩夹中酸性—基性火山岩。依林黑比尔根山主要为一大套中—基性火山岩及凝灰岩，包括安山岩、玄武岩等，夹有砂岩、粉砂岩和石灰岩，博格达山为一大套中酸性—基性火山岩及砂岩、粉砂岩。

二、二叠纪裂谷快速沉降发育阶段

二叠系主要为一大套陆相碎屑岩。南缘下部为海陆交互相的碎屑岩沉积，中部为灰、灰黑、暗色砾岩、细砂岩、粉砂岩、石灰岩及油页岩，局部夹火山碎屑岩；上部为暗色细碎屑岩。东北缘下部为红色砂岩、泥岩夹砾岩；上统为灰绿色砂岩、泥岩夹油页岩。西北缘岩性为砾岩、砂岩、泥岩夹薄煤层，下二叠统佳木河组为一套熔岩、火山碎屑岩夹砂砾岩。

准噶尔盆地具双重基底性质，而接受沉积的直接基底应为中晚海西期石炭系褶皱基底；准噶尔含油气盆地应属海西褶皱基底的晚古生代、中生代、新生代复合叠加盆地。在盆地形成早期，中海西期构造运动，形成盆地北部弧盆带的软碰撞，褶皱回返，海水自西北向东南方向退去。二叠纪早期板块间进入碰撞后松弛期，沿准噶尔地块西北缘与东北缘、南缘形成张性断陷，沿断裂发育碱性火山岩带（西北缘与东北缘井下见到的粗面岩就是直接证据），此期构造格局呈单边断陷，箕状凹陷，沉积地层时常加入火山岩成分。该区所形成的地震反射，波阻反

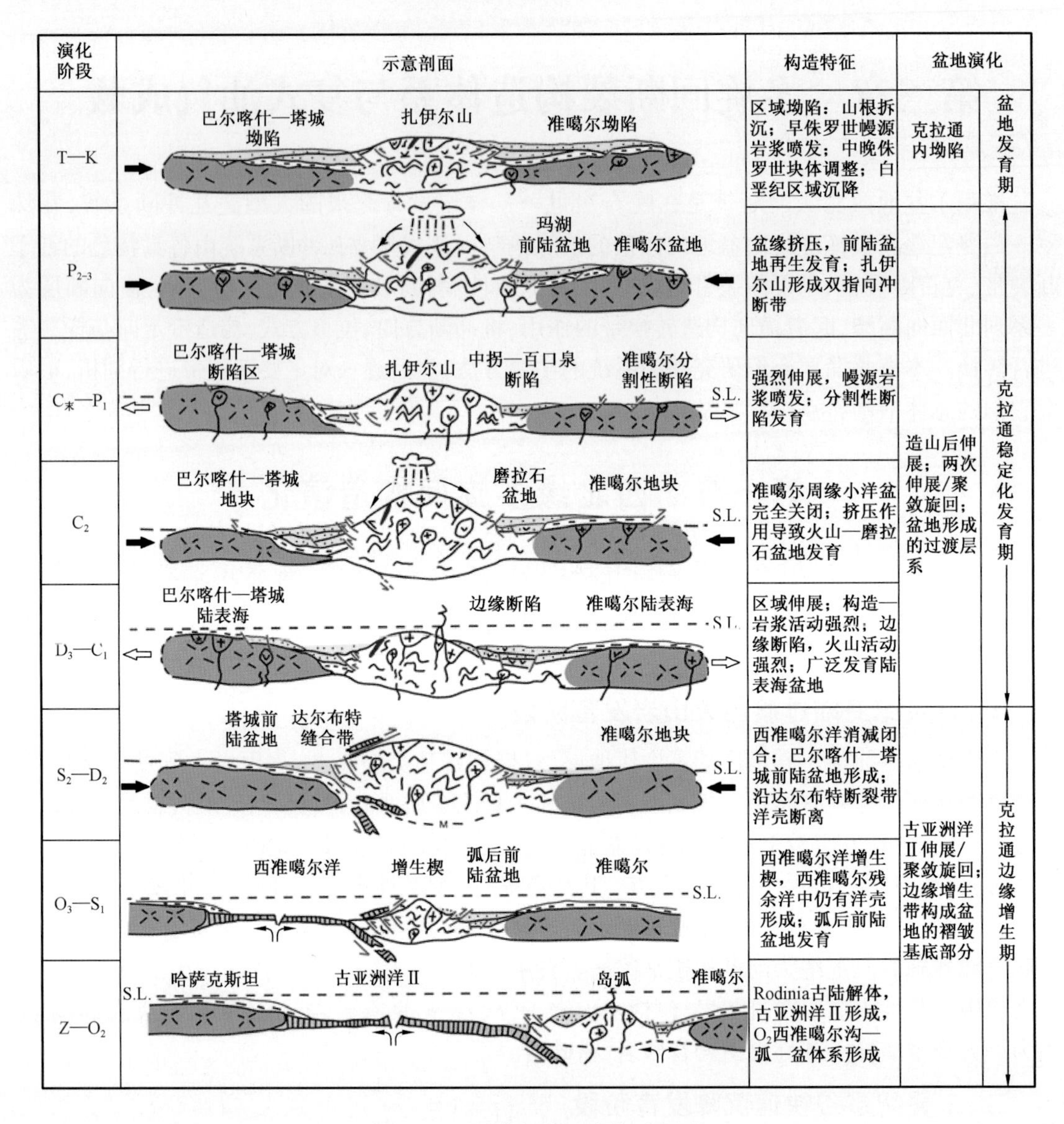

图3－1　准噶尔盆地演化示意图

射杂乱，受中央低隆分割，波阻闭合性差，连续性不好，在面上追踪对比困难。至二叠纪中期受晚海西构造运动的影响，板块间又开始向东西两侧聚敛。准噶尔地块周边逐步反转挤压隆升，盆地基准面上升，开始接受陆相粗碎屑沉积，始于西北缘，逐渐向东南方向迁移，此时开始向统一坳陷盆地转化，构造基准面自西向东南倾斜，致使各区沉积的下乌尔禾组、平地泉组、红雁池组与芦草沟组大致相当，反映出不同物源供给区，形成不同水深的沉积面貌。最后晚二叠纪构造基准面继续上升，形成统一坳陷沉积盆地，湖地范围向北向南收缩，致使全盆地形成相对一致的红色磨拉石建造，北部多表现出削蚀现象。

从板块构造应力的角度分析，板块构造演化至晚海西期，北准噶尔弧盆带进入软碰撞阶段，晚海西期构造运动呈碰撞挤压—张性松弛转动—挤压推覆活动特点，相应的盆地发育也呈现碰撞成盆—分割断陷—转向挤压坳陷—整体抬升的特点,形成统一挤压性盆地的过程本身造成了沉积层序上的差异。二叠系各层序应与之对应,从构造演化角度推断,二叠系层序应为三分:下层序是断陷期的表现;中层序是坳陷期的表现;上层序是整体抬升开始遭受剥蚀期的表现。

三、三叠纪断陷盆地边缘扇体发育阶段

三叠系在盆地西北缘很发育,在地震剖面上,T_{T_1}波组对应于下三叠统百口泉组底界,在西北缘和东部,该地层与下伏地层的角度不整合接触关系在地震剖面上的反映十分明显,很容易识别,为区域性不整合反射层之一,厚度在凹陷区较为稳定,隆起区明显减薄。T_{T_3}波组对应于上三叠统白碱滩组底界,西北缘用艾参1井、风南1井进行地震地质层位标定,从西北缘MA016(E_{W_4})和MA011(E_{W_5})地震剖面引入,东部用彩参2井(E_{W_6})进行标定,标定于同一个强相位上,在全区范围内可开展对比。

自三叠纪起盆地已基本形成了统一的水体,但由于早三叠世继承并发展了二叠纪晚期干旱炎热的古气候,导致湖盆边缘粗碎屑沉积分布,拐5井中也由体现。三叠系下统百口泉组下部以棕色砂砾岩、含砾不等粒砂岩为主,上部为含砾泥质砂岩与棕色、棕褐色粉砂质泥岩互层。

下、中三叠统为统一的准噶尔湖盆浅湖环境,沉积物形成于浪基面之上,以红层为主。在盆地西北缘、北缘、东北缘、南缘东部形成较为广泛的洪冲积扇—河湖三角洲相粗碎屑沉积。沉积中心湖相沉积分布于南缘—腹部莫索湾地区。

上三叠统为湖盆进一步扩展到全盆地的浅湖相沉积,形成盆地的区域性浅湖—半深湖相泥岩盖层。沉积与沉降中心向盆地腹部迁移。

四、侏罗纪大型坳陷型盆地煤系地层发育阶段

侏罗系地层是准噶尔盆地最重要的煤系生油层与储层之一,在克拉美丽山和和什托洛盖盆地以及准噶尔盆地南缘的山区均有大面积出露,而阿尔泰地区缺失,下、中侏罗统为河流沼泽相沉积,有砂岩、砾岩、泥岩、煤层及碳质页岩;上统主要为杂色砂泥岩互层。

在地震剖面上,T_{J_1}波组对应于八道湾组底界;T_{J_2}波组对应于八道湾组顶部煤层反射,与三工河组底界相差两个相位,相当于三工河组底界;T_{J_3}波组对应于西山窑组中部煤层反射;T_{J_4}波组对应于头屯河组底界。这四个地震反射波组在地震剖面上均反映十分明显,尤其是T_{J_2}和T_{J_3}在大部分地区表现为一组长距离连续追踪的双相位强振幅的反射波,素有“钢轨”反射层之称,很容易识别。

下侏罗统八道湾组沿准噶尔盆地四周边缘,形成断续的环带状洪冲积粗碎屑含煤建造,中部为广阔的滨湖沼泽相分布。沉积中心位于呼图壁—阜康—线。

下侏罗统三工河组为湖盆水进沉积,沉积体系进一步扩大,沿盆地边缘多形成滨浅湖相沉积,于北部与东北缘隆起带前缘多形成广布的三角洲相带。沉积中心位于玛纳斯—呼图壁一线。

中侏罗统西山窑组沉积期,气候开始变得干热,湖盆水体开始缩小,表现为水退沉积体系特征,沿湖盆边缘形成较为广泛的辫状河沉积;玛纳斯—呼图壁一线为浅湖相和三角洲相交汇区。

中侏罗统头屯河组主要为较干热气候条件下的河湖交互相杂色条带层沉积，沉积由西北缘削蚀减薄向东北缘加厚；沉降中心位于呼图壁—阜康—线。

上侏罗统齐古组与喀拉扎组主要分布盆地南缘，属于旱气候条件下的河流—冲洪积扇红层沉积；沉降中心位于山前玛纳斯—线。

五、白垩纪强烈改造残留盆地发育阶段

白垩系地层在准噶尔盆地广泛发育和分布，主要分布于克拉玛依以东、克拉美丽山南部及盆地的南缘，呈平行或角度不整合覆盖于侏罗系之上。下白垩统底部普遍发育砾岩层，其上为绿色泥岩与砂岩互层夹紫红色砂质泥岩条带。上白垩统为河流相，河湖相碎屑岩岩性为褐黄色、紫红色泥岩、砂岩、砾岩。晚白垩世起盆地开始向南收缩。

在地震剖面上，T_{K_1}波组对应于吐谷鲁群底界，以盆地西北缘地震剖面上的明显不整合为标志，且在大部分地区地震剖面上表现为一组可长距离连续追踪的双相位强振幅的反射波，很容易识别。T_{K_2}波组对应于东沟组底界，在地震剖面上表现为一组可长距离连续追踪的双相位强振幅的反射波。

下白垩统吐谷鲁群为干旱气候条件下水进体系沉积，周边界山准平原化使盆地浅湖相广布，红色地层发育；南缘玛纳斯—呼图壁为半深湖相沉积中心。

上白垩统东沟组沉积分布局限，主要分布于盆地南缘及西北缘玛湖地区；属盆地抬升—山前再生前陆期红色冲洪积磨拉石沉积。

六、新生代再生前陆盆地发育阶段

准噶尔盆地陆相古近系在盆地范围内有着分布广泛，但程度不同。在盆地南缘，古近系主要划分为：紫泥泉子组（$E_{1+2}z$）和安集海河组（E_2a）。

在地震剖面上，T_{E_1}波组对应于下古近统底界，利用盆参 2 井和四参 1 井进行地震地质层位标定，从腹部 E_{W_6}和南缘 E_{W_8}区域地震大剖面引入，其在地震剖面上表现为一组可长距离连续追踪的较强振幅的反射波，在四棵树凹陷与下伏地层呈角度不整合接触。T_{N_1}波组对应于上古新统底界，在地震剖面上表现为一组可长距离追踪的双相位较强振幅的反射波，在四棵树凹陷与下伏地层呈角度不整合接触。

古新—始新统为河流相红色砂岩和砂质泥岩，渐新统为深湖相的灰绿色砂岩和泥岩，中新统又为河流相红色砂岩和泥岩。

第二节　西北缘分段多旋回构造演化的差异性

一、乌夏地区断裂构造活动特点

以夏 72 区块二叠系风城组流纹岩中发现的油气藏为标志，乌夏地区早二叠世火山活动频繁，形成爆发崩落—溢流—火山灰飘落沉积—间歇期碎屑沉积组成的 4 ~ 6 个喷发旋回，属于强烈挤压碰撞后的短暂调整伸展构造环境的产物，与深部的幔源岩浆活动有关。二叠纪自北西向南东的强烈挤压，产生了北东向的逆冲断层和断展褶皱，依次发育的断层有达尔布特断

层、乌兰林格断层、百乌断层、乌南断层、风南断层—夏10井断层、夏红南断层等，伴生的断展背斜有西百乌背斜、乌尔禾背斜、风南背斜—夏38井背斜、夏子街背斜，总体呈前展式。这种前展式逆冲还表现在对沉积的控制上：控制早二叠世扇体的主要断层是达尔布特断层和乌兰林格断层，控制中二叠世扇体的主要断层是乌兰林格断层、百乌断层、乌南断层、夏红北断层和夏10井断层。每个时期断层对扇体的控制也表现为前展式，如佳木河早期扇体的主控断层是达尔布特断层，佳木河晚期扇体的主控断层是乌兰林格断层和百乌断层，从佳木河期到乌尔禾期沉降中心由南西向北东迁移。二叠纪晚期强烈挤压抬升，最大剥蚀厚度达1500m。

三叠纪由北向南的挤压作用形成了一系列的近东西向逆冲断层，包括反冲断层，并造成二叠纪北东向断层的继承性活动，同时改造二叠纪断层，使其发生顺时针旋转，整体表现为后展式。达尔布特断层、乌兰林格断层、夏10井断层、夏红北断层等由北东向变为近东西向。伴随北东向断层的继承性活动，西百乌背斜、乌尔禾背斜、夏38井背斜、夏子街背斜的构造幅度进一步增大。三叠纪末的印支运动挤压作用强烈，乌夏地区的构造基本定型，抬升剥蚀厚达1800m。

侏罗—白垩纪构造活动相对较弱，沉积地层向哈拉阿拉特山逐渐超覆，山后的和什托洛盖盆地也接受了侏罗系沉积。燕山运动早期南北向挤压作用形成了东西向的逆断层，如夏59井断层；中期形成了沥青村等正断层。侏罗纪末期也有明显的抬升，剥蚀厚度200~600m。

新生代乌夏地区整体抬升，缺失古近系，局部地区有新近系沉积物，白垩系呈水平岩层大面积出露地表。在强烈抬升背景下，由于洪水、河流和风的侵蚀作用，形成了现今的地形地貌。喜马拉雅运动在乌夏地区表现为平稳抬升，在和什托洛盖盆地北部构造变形强烈，来自谢米斯台山的强烈挤压推覆，形成侏罗系褶皱断裂构造，山前地区地层发生倒转。

二、克百断裂构造活动特点

准噶尔盆地西北缘晚石炭世以来经历了多期次、多性质的构造演化过程，形成复杂构造组合。就西北缘克百地区而言，构造运动形式主要表现为逆冲断层作用和盆地掀斜运动。因此，形成的构造形迹也以逆冲断层为主，断裂上盘存在褶皱作用。

1. 断裂的分段特点

断裂是克百地区主要构造形迹，从断层走向上看，二叠纪以来形成的断层在各个方向上都有分布，但以北东向最显著。这些不同时期、不同走向的断裂对沉积的控制作用、断裂性质、断裂活动特点等都存在明显差异。

1）断层级别划分

根据断层规模、断层对沉积的控制作用等，可将克百地区断层划分为三个级别。

（1）一级断裂：断裂延伸长，断距达数千米至十数千米，上下盘的地层分布、成岩变质程度，特别是构造面貌有较明显的差异，难以对比。它们经常是划分隆起区与凹陷或斜坡区的界限，这种断裂两盘的含油层位一般是不同的。克拉玛依断裂、南白碱滩断裂、百口泉断裂、百乌断裂皆为一级断裂（表3-1），断裂上盘无二叠系，是二叠系分布的控制断裂。断裂上下盘构造特点明显不同。

表3-1　克百地区主要断层要素统计表

序号	断层名称	断层性质	走向	倾向	倾角(°)	延伸长度(km)	垂直断距(m)				断开层位	断裂级别
							J	T	P_2w	P_1j		
1	红3井东侧断裂	逆	EW	NE	30~50	18		215	120	150	T、P、C	二级
2	五区南侧断裂	逆	NE	N	30~40	13	50	270		200	J、T、P、C	三级
3	477井断裂	逆	NE	NW	30~40	7						三级
4	红山嘴东侧断裂	逆	SN	W	30~40	21	50	210			K、T、C	二级
5	122井西测断裂	逆	SN	W	20	17		140	80		J、T、P、C	三级
6	克拉玛依断裂	逆	NW	NE	30~40	48	200	250			J、T、P、C	一级
7	克拉玛依西断裂	逆	SN	W	20~40	23	80	210			J、T、C	二级
8	南黑油山断裂	逆	EW	N	40	15	50	180			K、J、T、C	三级
9	北黑油山断裂	逆	NEE	NNW	30~40	27	50	300			K、J、T、C	三级
11	大侏罗沟断裂	压扭	EW	N	40	15	50	240			K、J、T、C	二级
12	白碱滩断裂	逆	NE	NW	15~75	38	200	250			J、T、C	三级
13	百口泉断裂	逆	NNE	NW	50	17	110	300		600	J、T、P、C	一级
14	西百乌断裂	逆	N—NNE	NWW	25~30	18	50	50			J、T、C	三级
15	南白碱滩断裂	逆	NEE	NNW	15~75	20	350	500			J、T、P、C	一级
16	检175井断裂	压扭	NWW	NNE	75	8					J、T、P、C	三级
17	深层44号断层	压扭	EW	N	70	12					J、T、P、C	三级
18	深层45号断层	压扭	EW	N	70	15					J、T、P、C	三级

(2)二级断裂:断裂延伸较长,断距达数千米,上下盘的岩石特征、成岩程度、构造面貌都有一些差别,但两盘的地层是可以对比的。上下盘含油情况的优劣、油藏类型等有差异,含油层位往往不同。区内红3井东侧断裂、红山嘴东侧断裂、克拉玛依西断裂、大侏罗沟断裂都是重要的二级断裂。

(3)三级断层:断层延伸的长短不一,断距一般为数十米或数百米。两盘的地层分布、岩石特征基本相同。克百地区发育多条三级断裂,有的是含油块段与非含油块断的界限,有的只是起分割油藏作用,各有不同的油水界面,自成压力系统。

2)*断层性质*

克百地区以断层发育为主要构造特点。根据断层两盘相对运动特点,可划分出三种性质类型的断层,即正断层、逆断层和扭性断层。逆断层最为显著,是克百地区最主要的断裂形式,对沉积构造等的控制作用明显。正断层发育数量少(图3-2),且断层规模较小(表3-2),对沉积构造不起控制作用。这些正断层多分布在背斜核部或主断裂的旁侧,前者与褶皱顶部局部张性应力场有关,后者与主断层的走滑扭动有关。断层走向可有多个方向,主要与所处的构造部位有关,断层活动时间主要表现在中侏罗世以后。

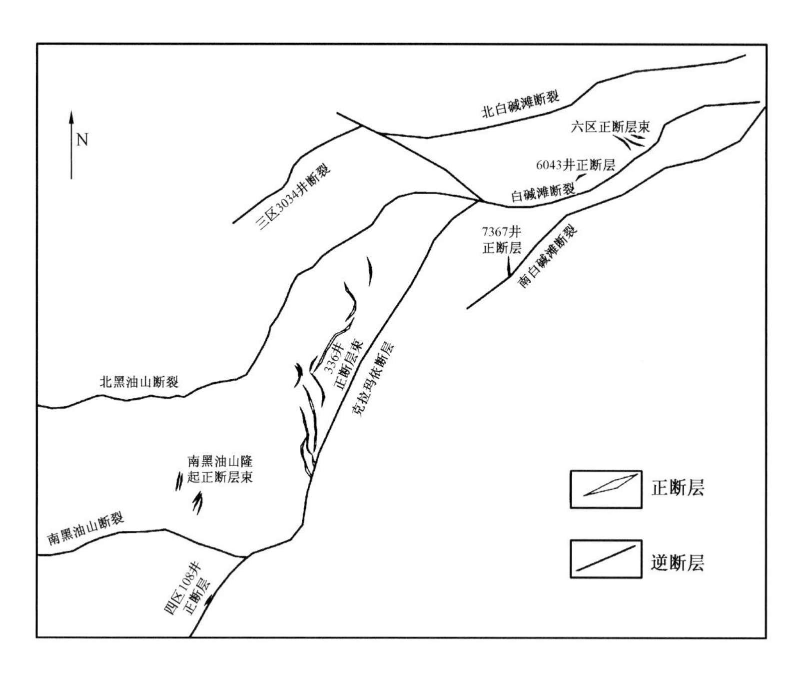

图3－2 克拉玛依地区正断层分布图

表3－2 克百地区正断层要素表

序号	断裂名称	断层性质	走向	倾向	倾角（°）	长度（km）	备注
1	百乌3井正断层	正	NE	SE	60～70	5	百口泉208鼻隆顶部
2	沥青村断裂	正	NE	SE	60～70	8	风城鼻隆顶部
3	西区108井正断裂	正	NE	SE	60～61	5	与克拉玛依断裂平行
4	336井正断层束	正	N	E/W	58～77	0.5～3	15～20条
5	6043井正断层	正	NE	SE	69～74	0.6	3条
6	7367井正断层	正	N	E	57	0.5	七区西部
7	南黑油山隆起正断层束	正	NE	NW	65～70	0.5	位于黑油山隆起倾没端
8	六区正断层	正	NW			0.8～1	位于六区中部

扭性断层（平移断层）是在总体挤压背景上发育起来的，断距和规模都小，对沉积构造不起控制作用，只对位移起调节作用。从剖面上看，这些平移断层有时表现出逆断层的特点，有时表现出正断层的特点。从油气成藏的角度看，这些断裂是有重要意义的。从这些断裂的发育时期看，二叠纪、中侏罗世晚期、早白垩世晚期都是走滑断层的发育时期，二叠纪走滑断层发育在克百断裂的下盘，后两者形成的走滑断层在克百断裂上盘、下盘都存在。克百断裂上盘规模较大的平移断层有大侏罗沟断裂和西黄羊泉断层，百口泉地区则发育密集的走滑断裂，将上盘切割成宽窄不等的条块（图3－3）。克百断裂下盘走滑断裂发育比较集中的部分为五、八区南部的中拐凸起北翼（图3－4）。

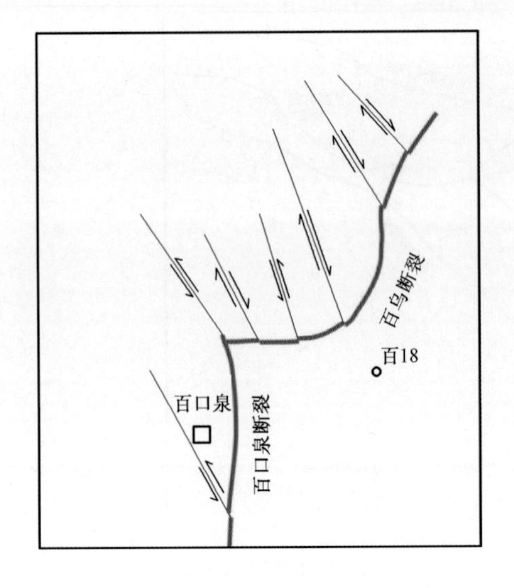

图3-3　主断层上盘发育的平移断层

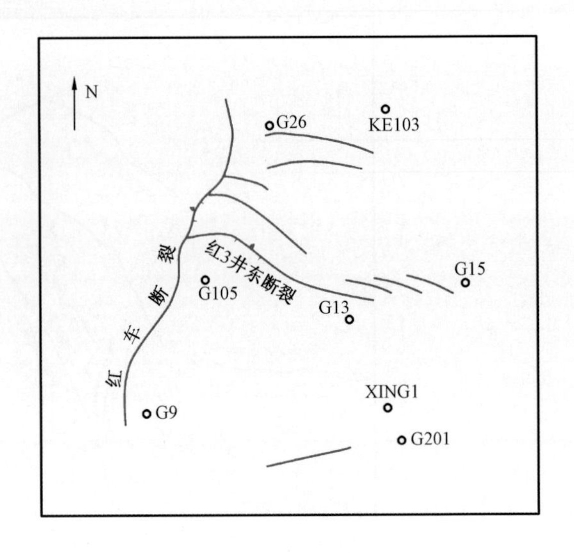

图3-4　中拐凸起平移断层分布图

依据断层与地层沉积的关系,可划分出同生断层和后生断层。同生断层的发生发展与沉积作用同时进行,对沉积构造起控制作用,克百断裂带主体断层克拉玛依断层、南白碱滩断层、百口泉断层和百乌断层都是长期活动性同生断层,对二叠系沉积具有控制作用,是二叠系的边界断裂,对中生界沉积也有一定程度的控制作用。

3)*断层活动时间*

克百地区存在同生断层和后生断层,两者活动时间的判别依据不同。同沉积断层为长期活动性断层,对沉积构造的控制作用明显,其活动时间可以根据断层两盘同时代地层的厚度来判断,也可以根据生长地层来判断,通过断层生长指数的计算,判断断层活动期。根据断层两盘同时代地层厚度关系,计算了克百地区主要断层的生长指数,据此,按活动时期将西北缘克百地区的同生断层划分为:与二叠系沉积同期发育的逆冲断层,与三叠系沉积同期发育的同生逆冲断层,与侏罗系沉积同期发育的同生逆冲断层,以及与下白垩统沉积同期发育的逆冲断层。其中控制二叠系沉积的同生断层具有长期活动性,它同时也控制着三叠系和侏罗系的沉积。但总的来看,二叠纪沉积时期发育的断层有向前陆方向逐渐变新的趋势,即前展式发育特点。三叠纪以来发育的断层有逐渐向腹陆后退的趋势,即越晚形成的同生断层越靠近造山带,越早形成的断层越靠近克百主断裂,表现为后退式逆冲断层发育序列。

沉积后断层的活动时间具有瞬时性的特点,对沉积构造不起控制作用,伴随不整合的产生和褶皱作用,因此可以根据不整合来判断这种类型断层的活动时间。沉积后发生的逆冲断层有些是新生的,有的是沿袭先前存在的断层继续活动。克百地区发育多个不整合,及与多期不整合伴生多期沉积后的断层。与构造运动期次对应,主要的沉积后断层发育时期为早二叠世末期、三叠纪末期、中侏罗世末期和白垩纪末期。

因此,根据断层活动与沉积作用的关系,结合不整合发育特征,将断层活动时期作如下划分:早二叠世沉积期间和末期活动断裂,前者主要是指控制二叠系沉积的断裂,如红车断裂、克拉玛依断裂、南白碱滩断裂、百口泉断裂和百乌断裂;后者为早二叠世沉积后形成的断裂,主要发育在上述主断裂的下盘斜坡地带。中二叠世沉积期间及末期活动断裂,除主断裂持续活动外,与前期相比,沉积后断裂的数量明显减少。三叠纪沉积期间及末期活动断裂,该期断裂除一部分沿早期断层继续活动外,断层向造山带方向迁移,在克百断裂上盘新形成了一些断层,中侏罗世沉积晚期活动断裂,该期断裂在克百断裂上盘尤其是湖湾区、中拐凸起等地区分布广泛,在主断层下盘的斜坡地带也有所表现,对油气成藏具有重要的意义。早白垩世沉积末期活动断裂,主要分布在山前带的有限地区,对克百地区整体构造格局影响不大。总体来看,二叠纪发育的断层具有前展式发育特点,中生代发育的断层具有后退式发育特点。

4)主要断层特点描述

(1)克拉玛依断层:克拉玛依断层位于克百地区南部,断层总体走向北东,倾向北西,断面为上陡下缓的弧形,断层延伸长度23km,与南白碱滩断裂、百口泉断裂、百乌断裂组合成盆地一级断裂。其中,克拉玛依断裂、南白碱滩断裂和百口泉断裂合称克百断裂。该断裂对盆地沉积具有重要的控制作用,是二叠系沉积期间的盆地边界断裂,也影响着三叠系和侏罗系的沉积。

克拉玛依断裂为一条长期活动的逆断层,由南西往北东活动强度随时间有减弱的趋势,大致以检83井为界,分南北两段,南段活动强,北段活动弱。断层主要活动期为T_{2-3}、J_2t、J_3q。从现今两盘地层分布情况看,对三叠系、侏罗系控制作用明显,但推断二叠系沉积时也起控制作用,只是因为下乌尔禾组沉积后的抬升掀斜作用引起的强烈剥蚀使二叠系遭受剥蚀,地层记录剥蚀殆尽。

克拉玛依断裂与南白碱滩断裂现今为限制与被限制的关系,前者限制后者。在二叠系沉积期间,推断两者为一条断层,印支期以来,两者逐渐分化,变为两条断层。克拉玛依断裂本身也不是一条断裂,部分区域被派生断裂复杂化,如西端下盘和中部上盘都有伴生断层,形成冲断席,这些冲断席都可以形成很好的断块型油气藏。

(2)南白碱滩断裂:南白碱滩断裂是克百断裂带的一条一级断裂,断裂活动时间长。该断裂总体走向为南西—北东向,倾向北西,向东南呈弧形凸出;断层面上陡下缓,上部倾角45°~70°,下部倾角20°,继续向下延伸消失在滑脱面上。西南部断距大,东北部断距小,深部地层垂直断距大,浅部地层垂直断距小,三叠系底垂直断距200~800m,水平断距100~780m;侏罗系底垂直断距250~300m,水平断距30~210m,具有同生逆掩断裂性质。断裂西南段切过齐古组,断裂北东段切过中侏罗统,说明不同段断裂活动性不同。断层活动时间为二叠纪、三叠纪、早—中侏罗世。

该断裂控制着二叠系(乃至三叠系百口泉组)的沉积,断裂上盘缺失二叠系,对三叠系克上组、克下组、中、下侏罗统沉积有控制作用。二叠纪,该断裂为一条断裂,三叠纪以来,断裂被复杂化,表现出多个断裂的分叉。在南部被克拉玛依断层限制,在北部被百口泉断裂限制,主断裂上盘被后期断层复杂化。

(3)百口泉断裂:百口泉断裂是克百断裂带的重要组成部分,属于一级断裂,其南接(限制)南白碱滩断裂、北接(限制)百乌断裂。总体走向为南西—北东向,倾向北西,呈向东凸出的弧形,断层面上陡下缓,上部倾角60°,下部倾角20°~35°;深部地层垂直落差大,浅部地层落差小,三叠系底垂直断距200~800m,水平断距200~600m;侏罗系底垂直断距50~200m,水平断距30~180m,具有同生逆掩断裂的性质。

该断裂活动时期较长,从石炭—二叠纪开始持续活动至中侏罗世末期。断裂早期与南白碱滩断裂和百乌断裂为一条断层,三叠纪以来,由于受印支、燕山运动引起的平面差异运动的影响逐渐分化成为独立断层。

(4)百乌断裂:百乌断裂位于乌夏断裂带的西南段,属于一级断裂。断面北东东走向、倾向北北西。该断裂活动时间长,对二叠系和三叠系沉积具有明显的控制作用,上盘缺失二叠系沉积,侏罗纪以来基本停止活动,这是与克拉玛依断层、南白碱滩断层和百口泉断层显著不同的特点之一。三叠系沉积时,断裂发生分叉,东南支逐渐停止活动,断裂两盘的相对运动逐渐传递到分叉断层上,控制三叠系沉积。沿断裂带的逆冲作用伴生了反冲断层,共同组合成叠瓦构造和突起构造。

(5)南黑油山断裂:南黑油山断裂为克拉玛依断裂上盘发育的断层,断层总体走向近东西向、倾向北,平面延伸长约15km,断层面倾角约40°。该断裂平面上呈横卧"S"形展布,西侧和东侧分别受克拉玛依西断裂和克拉玛依断裂限制,属三级断裂。断裂主要活动时间为中侏罗世—早白垩世,但不同地段断裂活动性有所差异,如其西段在各个层位均断距都不大,东段三叠系底垂直断距可达300~400m,侏罗系底垂直断距约100~150m,断裂活动有从东向西扩展的趋势。由于上盘强烈的上冲作用,致使上盘靠近断裂部位缺失中侏罗统头屯河组。

(6)北黑油山断层:北黑油山断裂发育的构造部位为克拉玛依断裂上盘,断层总体走向近东西向,平面上,断裂呈"S"形弯曲,倾向北,断面倾角30°~40°,北东侧受限于大侏罗沟断裂,西北方向延伸中止于扎伊尔山。北黑油山断裂活动时期为侏罗—白垩纪,其中,中侏罗世晚期和早白垩世活动比较强烈,强烈的上冲作用引起的地层剥蚀,造成断裂上盘中侏罗统头屯河组的缺失。

(7)白碱滩断裂:白碱滩断裂是克百断裂带上盘的一条重要断裂,断裂活动时期较长,印支期以来作为南白碱滩断裂的分支断层持续活动,但主要活动期表现为中侏罗世晚期的燕山运动。该断裂总体走向为南西—北东向,倾向北西,呈向北西凸出的弧形;断层面上陡下缓,上部倾角60°,下部倾角20°~35°;西部断距大,东部断距小,深部地层垂直落差大,浅部地层落差小,三叠系底垂直断距200~400m,水平断距250~1000m;侏罗系底垂直断距50~250m,水平断距30~180m,为逆掩同生断裂,断开了中侏罗统及以下地层。

综上所述,推测三叠纪时期该断裂与克拉玛依断裂的北段相连,为同一条断层;侏罗纪以来,由于大侏罗沟大型走滑断裂的强烈活动,使其逐渐分化成两段,西段为克拉玛依断裂,东段为白碱滩断裂。油气成藏期与断裂活动时空配备良好,是非常重要的油气输导体系,因此沿此断裂带油气最为富集。

(8)西白百断裂:西白百断裂位于南白碱滩断裂上盘靠近扎伊尔山山前,断层走向北东东,倾向北北西,断面倾角约25°。断层平面上呈直线状,长度达19km,其西南侧受大侏罗沟断裂限制,北东方向逐渐消失。断裂活动时间为侏罗纪—早白垩世,其中,早、中侏罗世活动较为强烈,使上盘缺失了下、中侏罗统,侏罗系底垂直断距达150~200m,水平断距约250~300m。

(9)古49井断裂:古49井断裂位于南白碱滩断裂上盘,断层走向北北东,倾向北西西,断层面上陡下缓,上部倾角60°~70°。断层平面上呈直线状,长度达10km,向南西、北东方向逐渐消失。断裂活动时间为中侏罗世晚期,局部地区造成其上盘的头屯河组缺失。

(10)西百乌断裂:西百乌断裂属于乌夏断裂带的三级断层,平面上表现为向西凸出的弧状,走向由北转向北北东,倾向北西西,断面倾角25°~30°,研究区内延伸约18km。该断裂在三叠纪末和侏罗纪末都有活动,其中三叠纪末的强烈逆冲作用导致断裂上盘缺失三叠系,侏罗纪末活动较弱,对沉积起一定的控制作用,但并不控制盆地的边界。

(11)百76井断裂:百76井断裂位于百乌断裂与西百乌断裂之间,走向近东西到北东向,呈"S"形,倾向北—北西。断层活动时间为三叠纪晚期,致使其上盘白碱滩组缺失,侏罗纪晚期又有所活动。

(12)红山嘴东侧断裂:红山嘴东侧断裂为区内的一条二级断裂,是克百构造带与红车构造带的分界断层,也是油田开发单元的五、八区与红山嘴区的分界断层,其西北与克拉玛依断层相接,并受克拉玛依断层限制。延伸长度为21km。平面上为向东凸出的弧形,自北而南,走向北西—南北,倾向自南西—西,断面倾角为30°~40°。从剖面上看,该断裂在深部表现为一条断层,向上分叉成两条断层,东支活动时间早,停止活动的时间也早,对中、上三叠统沉积控制作用明显,也是断层的主要活动期;西支活动时间主要表现在晚侏罗世,断开的最高层位为侏罗系齐古组。

(13)红山嘴断裂:红山嘴断裂位于研究区的西南部,断层活动时间较长,对三叠系和侏罗系沉积都具有明显的控制作用,三叠纪晚期和中侏罗世晚期断裂都有强烈活动。造成三叠系底界面的垂直断距达150~200m。断面上部倾角约40°,下部为20°~25°,总体走向北北西,倾向南西西,在研究区内延伸约16km。从现今二叠系范围和沉积体形态上推断该断层在二叠纪期间就已开始活动,为二叠纪盆地的控盆断层。

(14)五区南断裂:五区南断裂位于红山嘴东侧断裂与克拉玛依断裂的交界部位,属三级断裂,平面延伸长度约为13km,其断面倾角较大、北东倾斜,上、下盘垂直落差不甚明显,基本不控制沉积,是一条具有压扭性走滑性质的断层。断层活动时间为中二叠世末期和晚侏罗世,中二叠世末期形成,中侏罗世末期—晚侏罗世再次活动。

(15)检乌44井断裂:检乌44井断裂位于南白碱滩以南的斜坡上,走向北东,倾向北西,长度约8km,断面倾角变化较大,上部可达40°~50°,下部逐渐趋于平缓。断层主要活动时期为三叠纪,中、晚侏罗世再次活动,最高断开层位为侏罗系齐古组。

(16)检175井断裂:该断裂走向北西西,倾向北东东,长度约8km,其北与南白碱滩断裂相交,属于具有压扭性走滑性质的调节断层。断裂的活动分为两个期次,初次形成期为二叠纪末—三叠纪初,中、晚侏罗世断裂再次活动,对侏罗系齐古组沉积起到一定的控制作用。

(17)西黄羊泉断裂:西黄羊泉断裂是研究新确定出来的断层,在卫星照片上表现为线性构造,分隔不同属性的地质体。断层走向北西,倾向南西。该断层为压扭性断层,其形成与主断裂上盘不同块体运动速度不同有关,是具有撕裂性质的断层。断层形成时代为侏罗纪晚期和早白垩世晚期。

(18)大侏罗沟断层:大侏罗沟断层位于克百断裂上盘,走向北北西—南东东,倾向北东东,倾角较大,从构造上看是克百断裂带上盘最重要的一条构造分段断裂,从油田开发实际上看，是重要的油田开发单元的分界线，其南为湖湾区，其北为六、九区。从现今保存的地层看，上盘扎伊尔山中新生界剥蚀殆尽，但从整个克百地区构造活动情况看，其北部三叠系有局部剥蚀现象，与上覆侏罗系表现出不整合接触关系，而湖湾区这种不整合接触关系不明显，因此，推断其从三叠纪就已开始活动，但鉴于两侧沉积环境差别不大，故推断其活动强度有限，此时表现为以压性断裂活动为主。再根据克百地区早白垩世断层活动强度较小、白碱滩断裂主要活动期为中侏罗世后期的活动特点，推断大侏罗沟断裂的主要活动期为中侏罗世晚期，此时断裂主要表现为右旋走滑扭动，错断了本来连为一体的克拉玛依断裂和白碱滩断裂，断裂的形成与其南北两盘向盆地内部推覆距离不同引起的，是具有调节性质的断层。

2. 断裂展布特征

1）现今断裂展布

（1）二叠系断裂展布：准噶尔盆地克百地区二叠系主要分布在克百断裂下盘，因此二叠系断层也主要指的是主断裂的下盘切过二叠系的断层，也即前述的深部断层。从断裂走向上看，断裂分布的方向性并不明显，几乎在各个方向都有分布。从断层数量上看，以北东向断层为主，北西向断层数量相对较少，主要是具有调节性质的断层和规模相对较小的逆断层。从断裂形成的时间上看，二叠系断裂绝大多数是形成在二叠纪，后期形成的断层切穿二叠系的较少，主要分布在五、八区南部的中拐凸起北翼。

从不同层系断层发育的密度上看，二叠系内部从下向上断层数量逐渐减小，其中下亚组内部断层发育密度最大，这些断层中，除边界断层克拉玛依断裂、南白碱滩断裂、百口泉断裂、百乌断裂和红车断裂是对沉积有明显的控制作用的同生断层外，其余断裂都不对沉积起控制作用，是沉积后断裂形成，这些断裂一部分是随早二叠世末期构造运动形成的，少部分是在后期构造运动中形成。切割二叠系的平移断层或压扭性调节断层主要是在侏罗纪晚期的燕山早期运动和早白垩世后期形成的。如红山嘴地区的红3井东侧断裂在侏罗纪晚期表现出强烈活动特点。

从断层走向上看，百口泉区以发育平行式断层为主，五、八区（含中拐凸起东翼）断裂系统比较复杂，多个方向的断裂相互交错切割和限制。其余地区断层发育较少。

与下二叠统相比，切割中二叠统的断层数量显著减小，主要表现为是主断裂的继承性活动，说明早、中二叠世构造活动强度有差异。

（2）中生界断裂系统：与二叠系断裂系统相比，中生界断裂除前期主断裂如克拉玛依断裂、南白碱滩断裂、百口泉断裂和百乌断裂继续活动外，其余断裂主要分布在主断裂——克百断裂的上盘，主断裂的下盘发育与主构造线近于垂直的平移断层或压扭性调节断层。

2）古断裂展布

古断裂指的是某个地质时期形成发育的断裂，如与下二叠统沉积同时及下二叠统沉积后形成的断裂。这些断裂有的是新生的，有的是延续先期断裂，后期持续活动。

（1）二叠纪期间活动断裂：克百地区二叠纪期间活动断层以北东向断层为主，其中控制盆地边界的主断裂——克百断裂具有同沉积活动特点，推断此时主断裂为一条断裂，二叠纪以后，才逐渐分化成克拉玛依断裂、南白碱滩断裂、百口泉断裂和百乌断裂等四段。其他北东向断裂多为早二叠世后期的海西早期运动的产物。近东西向或南东东向延伸的断层以及北西向断层的活动时间为早二叠世晚期。

(2)三叠纪期间活动断裂:三叠纪期间活动断层以北东向为主,也有一些北西向断层,其主要的活动断层为早期控盆断层——克百断裂的继承性活动,克百断裂早期为一条断层,三叠纪以来逐渐分化为克拉玛依断层、南白碱滩断层、百口泉断层和百乌断层。主断裂上盘,断层表现出后退式发育特点,形成了白碱滩断层、检188断层和百76井断层等。克拉玛依断裂从克百断裂分化出来,并逐渐向北扩展,可能与白碱滩断层连为一体。大侏罗沟断层已开始发育,分割了克拉玛依断裂和白碱滩断裂。由于早期克百断裂的分化作用,沿主断裂带逐渐形成了两个构造结,一个是大侏罗沟断裂南端与南白碱滩断裂交界附近,另一个是百口泉北部的"人"字形构造结。这两个构造结皆因相邻块体构造活动性不同而形成的,在油气聚集等方面起着重要的作用。

(3)侏罗纪期间活动断裂:侏罗纪活动断层以北东向占绝对优势,侏罗纪期间新形成的断层数量与前期相比明显增多,除主断裂沿袭三叠纪继续活动外,新生断裂主要形成在主断裂上盘,下盘五、八区南部也有新生断裂的形成。中侏罗世末期的燕山早期运动有强烈的表现,致使上盘部分地区(如湖湾区)发生明显的地层剥蚀现象。上盘大侏罗沟断层具有强烈活动,表现为扎伊尔造山带不同部位向盆地内部位移不同的调节性断层。西黄羊泉断层主要在此期间形成,是扎伊尔造山带与哈拉阿拉特山差异运动的结果。主断裂下盘也形成了一些调节性压扭断层,如五区南侧断层、305井断层等。

(4)早白垩世期间活动断层:克百地区(含中拐区)早白垩世期间活动断层为北东向、北西向和北西西向断层,北西向断层主要在红山嘴地区,北西西向断层发育在斜坡区以及主断裂上盘,是具有调节性质的平移断层。从研究区白垩系底面构造图上看,切割下白垩统的断层数量很少,说明早白垩世期间及之后,活动断层数量少。北东向的克拉玛依断层继承性活动,其他主断裂基本停止了活动。北西西向的具有调节性的大侏罗沟断层和五区南侧断层继承性活动,盆地边缘的北黑油山断层、南黑油山断层、红山嘴断层也都有所活动。

三、红车地区断裂构造活动特点

准噶尔盆地是海西、印支、燕山、喜马拉雅四期构造运动共同作用的产物。根据地层不整合接触关系,结合西北缘断裂带及盆地特征来说,准噶尔盆地西北缘红车断裂带发育演化可分为以下几个主要断裂活动期:(1)石炭纪大洋消失,断裂带为其开始发育期;(2)洋盆结束期,二叠纪断裂带强烈推覆活动期,盆地为周缘前陆盆地发育期;(3)印支期断裂带为定型期,盆地为类前陆盆地发育期;(4)燕山期为余动期;晚侏罗世以后逆断裂均停止活动期,即三叠纪逆同生断裂继续发育,早中侏罗世逆冲断裂定型期,晚侏罗世逆冲断裂停止活动;(5)白垩纪正断裂开始活动,克拉通盆地稳定期;(6)喜马拉雅早、中期为伸展断裂发育期,盆地为克拉通盆地发育期。每期构造演化又可分为每个时期及其末期两个构造演化亚期,且末期的构造演化更加强烈。

1. 石炭纪逆冲断裂带开始发育期

石炭纪,受海西构造运动影响,大洋消失,形成准噶尔盆地最初形态。

早石炭世,经中海西运动使前石炭系褶皱回返,并有不同程度的变质及岩浆活动,基本产生了褶皱基底,从准噶尔盆地西部已出露的地层看,这些地层是上古生界。从整个盆地看,出露最广泛的地层是泥盆系和石炭系，为巨厚的海相、陆相交替的碎屑岩、火山碎屑岩和熔岩，少量碳酸盐岩，属优地槽型沉积建造。中晚石炭世，由于准噶尔优地槽沉积在中海西导致褶皱的回返，在早石炭世以后准噶尔周边已基本变成一个褶皱带，老地层推覆呈板状叠瓦排列。

准噶尔地槽于早石炭世末全面褶皱回返。在地槽褶皱回返过程中伴有强烈的岩浆活动。褶皱带地壳因岩浆岩的侵入和受热而膨胀，导致上升的褶皱带向沉降的盆地强烈挤压，产生西北缘弧形构造系，在断裂带下盘可能以晚石炭世开始出现一些褶皱山前坳陷。

石炭纪末期，中海西运动强烈作用，板块强烈碰撞，断裂带短期强烈的逆冲活动，盆地整体抬升剥蚀，形成了石炭系与二叠系之间的不整合。

2. 二叠纪逆冲断裂带强烈逆冲推覆活动期

二叠纪，在海西晚期构造运动的继续作用下，红车断裂带的构造活动在很大程度上是石炭纪构造演化的延续和叠加，表现为前展式，但其与石炭纪又有不同。石炭纪构造运动对盆地的形成起到了决定作用；二叠纪的构造运动仍以剧烈的挤压作用为特征，表现为强烈的逆冲推覆，对盆地西北缘的发育起控制作用。

由于板块持续较强碰撞挤压，导致红车断裂带的开始发育。从这些同生断层的空间展布来看，二叠纪在红车断裂带发育同期沉积断裂，并显示出西北缘二叠纪时由南西向北东冲断推覆作用逐渐加强的特点。从研究区三维地震资料反映的不同构造所具有的构造形态可以看出，尽管西北缘断裂形成的时期不一，但大多数具有继承性活动的特点，逆断裂显示出逆同生活动的特点，可以分出三个次级演化阶段，即早二叠世、中二叠世、晚二叠世三个次级阶段。早二叠世，西准噶尔褶皱带活动性强，火山活动强烈。早二叠世早期，即佳木河期在西北缘表现为大范围水侵，佳木河期沉积时的前陆坳陷应是现今推覆垂直断距较大的主断裂下盘一带，由于受海西构造运动的影响，导致佳木河组地层错断，上下盘地层垂直落差达 800 ~ 1000m。地震资料表明，佳木河期这套强地震反射波组呈喇叭口状，从主断裂推覆体下盘由西南向北东逐渐超覆，由厚变薄，最厚约 4000m。

中二叠世晚期，褶皱带进一步隆起，盆地中部相对坳陷，山前坳陷不断向盆地扩展、超覆。西北缘与西北缘其他区域相比处于构造较高部位，为遭受强烈剥蚀的地区，从而导致红车区域大部分地层缺失了中二叠统的夏子街组、风城组，而这两组地层在研究区断裂带下盘下倾方向较深的斜坡区及西北缘的其他构造低部位有完整沉积，钻探结果及地震资料的解释均得到验证。

这些同生断层的绝大多数控制了二叠纪各时期扇体的沉积岩相边界，一部分同时控制着扇体的岩相及厚度的发育。西北缘二叠纪同沉积断裂的性质均为逆掩断裂，以一级和二级断裂为主。从其对各时期扇体的控制作用分析，一级同生断裂大多具有明显的继承性活动的特点，从西北缘二叠纪控扇同生断裂分布与各时期扇体展布之间的关系看，二叠纪的冲积扇、水下扇、扇三角洲多平行于控扇同生断裂走向定向分布，而垂直于控扇同生断裂走向发育、生长，表明不同时期活动的同沉积生长断层严格控制了粗碎屑扇体的沉积、分布。

晚二叠世，由于造山作用的减弱，逆冲推覆相应降低，盆地的演化表现为沉积中心向盆地边缘迁移，湖水面扩大，在下盘的斜坡区由盆地中央向边缘上超沉积了下乌尔禾组。到上乌尔禾组（P_3w）时期，湖水面进一步扩大，在西北缘超覆形成了大面积的沉积，由北东向西南较大的区域有分布，一般厚度在 100m 左右。

二叠纪末期，由于短期较强烈的造山构造作用，红车断裂带逆冲推覆活动增强，导致盆地整体抬升剥蚀，因此出现了二叠系与三叠系之间的区域性不整合。

3. 三叠纪逆同生断裂继续发育期

三叠纪，主要受印支运动影响，盆地进入板内前陆盆地演化阶段，相对二叠纪是构造活动较弱的时期，此时三叠纪前陆盆地已基本形成了统一的水体，根据三维地震资料的解释结果以及钻探资料均反映出三叠系内各层之间不存在大的不整合接触。

早三叠世继承并发展了二叠纪晚期干旱炎热的古气候，导致湖盆边缘粗碎屑沉积分布。下三叠统百口泉组下部以棕色砂砾岩、含砾不等粒砂岩为主，上部为含砾泥质砂岩与棕色、棕褐色粉砂质泥岩互层。中三叠统在克上组、克下组整体为灰色粉砂岩、泥质粉砂岩、粉砂质泥岩及棕色泥岩不等厚互层，由沉积序列可以看出本期水体是加深的。上三叠统白碱滩组整体为灰色泥岩，底部含少量砂岩。下三叠统仅在前缘断裂下盘有一定的沉积分布，中上三叠统则在西北缘分布较广。

从同生断层的分布看，红车构造带的同沉积断裂很发育，说明这些地段的逆冲推覆作用相对较为频繁而剧烈，红车断裂带的冲断推覆活动性南弱北强，这些同生断层又相对集中于红车、克乌两大构造带的接合部、过渡带，说明这些部位的构造活动性要强些。绝大多数同沉积断裂控制了扇体的相带边界和分布，部分同时控制着扇体的沉积厚度和岩相特征。由统计结果分析，西北缘的一级同生断裂均为继承性强、多期次活动的同沉积断裂，且其活动特点各不相同。三叠纪同沉积的控扇断裂控制了相应扇体的迁移，即扇体的迁移是同时期前陆冲断带逆冲推覆作用迁移的沉积响应。

在继承海西期构造活动的基础上，由于受印支期构造活动的挤压作用，导致车排子隆起抬升，逆冲推覆作用继续发展，向盆地方向推进。三叠纪，收缩构造活动强度由南向北呈现弱→强→较强→强→弱的变化规律，即红山嘴北西向断裂带和车排子南部北北西向断裂带构造运动相对较弱，而呈近南北向的红车断裂转换带收缩构造运动活动较强，收缩构造运动最强烈地区位于红山嘴断裂带和车排子南部断裂带与红车断裂转换带的交会处。与二叠纪相比，逆冲推覆是向前陆方向发展的，早期盆地受到一定的改造。受印支末期挤压构造活动的影响，导致在前缘断裂上盘及二台阶断裂上盘中、上三叠统均遭到不同程度的剥蚀，特别是二台阶的断裂上盘，至车 48 井以南残余部分中统层位。

三叠纪末期，受印支末期短暂的较强烈挤压构造运动的影响，使得前缘断裂不但有新断裂产生，从而形成了二台阶断裂。三叠系与上覆中下侏罗统呈明显的区域性角度不整合接触。该不整合正是印支末期构造运动的短期强烈挤压作用导致研究区进一步抬升所造成的。

4. 早中侏罗世逆冲断裂定型期

早中侏罗世，受较弱的早中燕山期构造运动影响，构造运动比较弱，早期活动的绝大部分断裂均停止活动，尤其是车排子地区，而红山嘴地区只是在前期逆冲推覆构造的后缘产生了部分新断裂，因此沉积范围扩大，河沼和湖泥广布，突出表现在八道湾组和三工河组。红车断裂带早中侏罗世继承了三叠纪的收缩构造运动特点，表现为从南到北由弱→强→较强→强→弱的变化规律。但是相对三叠纪，构造运动明显减弱。早侏罗世处于洪水泛滥期，沉积一套粗碎屑的砂砾岩，中下侏罗统内没有明显的不整合接触，超覆在遭受强烈剥蚀的三叠系及下部老地层之上。

中侏罗世西山窑期，形成了一系列西倾的逆断裂，这些断裂较前期断裂要小，断距也相对较小，断开层位少，同时形成部分断裂，继承了前期断裂的特点。这些同沉积断裂的活动还体现在它们大多数控制着扇体的相带展布、相带边界，部分同时控制着扇体的沉积厚度、断裂带上下盘的岩相特征及地层的推测沉积边界。

西山窑末期，研究区由于受到中燕山构造运动的强烈影响，基底抬升强烈，致使整个西山窑组及部分三工河组遭受强烈剥蚀，形成中上侏罗统与中下侏罗统之间的区域不整合。

5. 晚侏罗世逆冲断裂停止活动期

晚侏罗世，受弱的中燕山期构造运动影响，仍以相对很弱的收缩运动为主，但是相对三叠纪和早中侏罗世，构造活动已趋于静止，前期断裂均停止活动。沉积了头屯河组及齐古组。红车断裂带晚侏罗世的收缩构造运动，仍表现出从南到北由弱→强→较强→强→弱的变化特征。

晚侏罗世末期，受中晚燕山期短暂较强的挤压构造运动作用，导致盆地急剧抬升剥蚀，整个抬升幅度较大，其中齐古组基本上被完全剥蚀，头屯河组也强烈剥蚀，在红车地区仅剩50m左右的厚度，形成了晚侏罗统与上覆白垩系的区域性角度不整合。

6. 白垩纪正断裂开始活动期

白垩纪，晚燕山期构造运动逐渐停止，研究区进入克拉通盆地构造发育演化，构造运动表现为整体的掀斜运动，使得研究区整体构造特征表现为近南倾的单斜，接受白垩系沉积，使得原有的小幅度构造变小甚至基本消失。红车地区白垩纪仍然以三角洲相沉积为主。这种区域性较大幅度的掀斜运动，是导致盖层的区域性重力—伸展滑脱的根本因素。

白垩纪末期，受燕山末期较强的构造活动作用，以近北东—南西向收缩运动为主，构造运动强度大于白垩系沉积期，使白垩系整体抬升遭受剥蚀，致使白垩系与上覆古近系成区域性角度不整合接触关系。

7. 古近纪伸展断裂发育期

古近纪，由于受喜马拉雅期构造运动的影响，研究区进一步掀斜，接受古近系沉积（其中红山嘴无沉积或沉积微弱后期遭受剥蚀，所以红山嘴地区缺失新生界），研究区无明显的收缩挤压。

古近纪末期，受区域性喜马拉雅构造活动影响，盆地进一步较大幅度地掀斜抬升，导致中浅层发育一期较弱的重力滑脱伸展后生构造，产生了一期近东西向后生正断裂，断裂活动强度、规模不大，且零星分布于车拐构造区。由于挤压掀斜使研究区抬升剥蚀，形成古近系与上覆新近系的局部不整合接触。

8. 新近纪伸展断裂继续发育期

新近纪至今，一直受喜马拉雅期新构造活动的影响，使研究区继续掀斜，且相对白垩纪、古近纪掀斜程度有明显加强，开始接受新近系沉积。

新近系沉积期后构造运动有明显加强，伸展构造运动比较强，这也说明相应的挤压构造运动也较强，才导致了该期重力滑脱伸展构造较前期更加发育，发育了一期近东西向后生正断裂，断裂活动强度大，有的甚至断至侏罗系，且规模较大，后生正断裂在整个车拐构造区都有分布。

四、西北缘分段多旋回构造演化的差异性

准噶尔盆地西缘、西北缘变形的分段性是其构造变形的鲜明特点，从整个西北缘来看，可以划分为三个大段、六个小段。三大段包括红车断裂带、克百断裂带和乌夏断裂带，分段特征简述如下。

1. 红车断裂带

红车断裂带主要发育于西北缘红山嘴—车排子地区，现全部为新近系所覆盖。红车断裂带主要由一系列走向近南北的隐伏断裂组成，纵贯全区的主断裂在平面上呈弧形展布，弧形凸出的转折部位发育着规模较大的北西西向断裂。在横穿主断裂带的剖面上可以发现，断面西倾，呈上陡下缓凹面向上的弧形，由西向东主要断裂依次为车前断裂、拐前断裂、小拐断裂、车47井断裂、红车断裂。主断裂前缘倾角一般为50°~70°，向下变缓至20°~30°。断面呈陡—缓的曲面变化，到深部逐渐收敛至下石炭统顶面的反射界面，构成了车前—小拐—红车断裂及其夹持的断片构成的叠瓦状结构。绝大多数断裂表现为逆冲—逆掩断裂性质，在深部断面产状较缓，而在浅部则表现为高角度逆冲。平面上，近于平行的一系列断层将岩层切割为平行排列的岩块，岩块底部石炭系—下二叠统地层西倾，而顶部下二叠统—三叠系则东倾，构成向盆地方向的斜坡，斜坡上有轻微的褶皱作用，故亦有人称之为"红车断褶带"。

2. 克百断裂带

克百断裂带西起克拉玛依并向东北延伸，经白碱滩到百口泉，总体走向北东向，呈反"S"形，西南宽，东北窄。若以北东走向的大侏罗沟断裂为界，又可大致分为南、北两个区。北区是挤压应力集中区，断裂带呈弧形向盆地内部凸出，前缘带断块发育。由于推覆位移较大，致使推覆体前缘断褶带的宽度变小，仅5km左右。南区的推覆位移相对较小一些，故其前缘断褶带较宽，宽度可达20余千米。其基本特点还包括：

（1）构造变形表现为冲断作用为主，以主断裂为界，上盘变形强，偶有褶皱作用发生，下盘变形弱，为一单斜，靠近主断裂的地方也存在褶皱现象。

（2）在剖面上，各主要断裂在深部都交会成一条低角度逆掩断裂，向上撒开，组合成叠瓦冲断带。平面上，主断裂可以分叉合并，并由于上盘向盆地内部位移量或位移速度不同，伴生调节断层。

（3）主要断层面倾角在剖面上呈上陡下缓状，浅部倾角为70°~80°，中部25°~50°，深部倾角更为平缓，为15°~20°，断面形态有时表现为铲式，有时陡缓相间，呈凹面向上的"舒缓波状"。

（4）主断裂附近存在地层的正牵引现象，上盘地层受其影响造成多处三叠系或侏罗系的削蚀。下盘牵引现象没有波及到三叠系，仅仅影响到侏罗系及下白垩统。

（5）克百断裂带海西运动、印支运动及燕山运动均有表现。其中海西运动及燕山运动表现强烈，海西运动造成推覆体上盘普遍缺失二叠系及中上石炭统；印支运动在六、九区有所表现，早燕山期运动在整个地区都有强烈表现，断裂、褶皱作用均强，并以断裂作用为主。印支运动的规模相对其邻区（红车断裂带、乌夏断裂带）强度较小，而燕山运动则比相邻地区强。

3. 乌夏断裂带

乌夏断裂带位于黄羊泉转换断层以东的乌尔禾—夏子街—红旗坝地区，总体走向近东西，以乌兰格林断裂、夏红北断裂等为主而形成“屋脊顶”推覆构造带，本断裂带与上述其他两个断裂带的不同之处在于前缘断褶带较宽（15～20km），除了断裂发育外，褶皱活动十分明显，其主要特点表现如下：

（1）在推覆断裂的前缘向盆地外凸与内凹处，都有近于平行断裂带的伴生褶皱。逆掩断裂带上盘有相对于滑脱面以下的岩石而独立变形的脱顶构造。这些伴生褶皱背斜的顶部由于印支运动的影响，普遍遭受剥蚀，往往缺失三叠系，部分二叠系也遭到剥蚀。

（2）推覆体构造带由4部分组成：勺状滑脱面、上盘推覆体、尾端和腹部。勺状滑脱面位于推覆体最前缘，由锋端及滑脱面组成，锋端倾角27°～50°，滑脱面产状为0°～5°，滑脱面中部微微上翘。上盘推覆体发育有3条主要逆掩断裂，呈叠瓦状交于同一尾端，这3条断裂的断面倾角越靠前缘越平缓，为0°～5°，向北变化至达尔布特断裂深部倾角为30°～35°。所有断裂向北收敛，最终在距推覆体前缘30km处交会成一条断裂。

（3）乌夏断裂带经历了海西和印支两期构造活动，燕山运动基本没有表现。在海西期形成的哈拉阿拉特山背斜在浅层表现不完整，部分褶皱岩层已被印支期活动的滑脱型断裂所切割。

（4）在推覆构造前缘的下盘发育有褶皱和冲断层组合，冲断层一般发育于褶皱的陡翼，其断面向北倾斜，向下顺层面滑脱消失。

五、分段多旋回构造演化的差异性形成机制

准噶尔盆地西北缘三大段变形的差异性可能与多种因素有关，但最重要的应该是构造应力场主压应力方向的变化，以及准噶尔地块特殊的几何形状。海西构造旋回期间，准噶尔地块受近南北方向挤压，同时叠加由于达尔布特断裂左旋引起的左旋应力场，在这种应力场作用下，乌夏段表现为挤压变形为主，克百段表现为扭压变形，红车段表现为压扭变形。印支期，准噶尔地块受南北向挤压，乌夏段与主压应力方向近于垂直，以压性变形为主；克百段表现为扭压变形，而红车段表现为扭动走滑。因此，印支期构造变形在乌夏段表现最强烈。

燕山构造旋回的燕山早、中期运动，准噶尔盆地西北缘处在右旋应力场作用之下，主压应力方向为北西—南东向，在这种构造应力作用下，乌夏段表现为右行扭压变形，以压为主；克百段表现为挤压变形，红车段表现为左行压扭变形，以扭动为主。因此，变形最强的部位在克百段。研究区范围主体处于克百段，但南部涉及到了红车段的红山嘴地区，北部涉及到了克百段的南部地区，因此可将研究区划分为4个次级变形段（图3－5），分别为红山嘴段、克拉玛依段、白百段和百乌段。变形的分段性主要表现在主断裂（红山嘴东侧断裂、克百断裂和百乌断裂）上盘。

红山嘴段与克拉玛依段的分界断层为克拉玛依断层南段和红山嘴东侧断层，克拉玛依段与白百段的分界为大侏罗沟断层，白百段与百乌段的分界为西黄羊泉断层（或黄羊泉断层）。在主断层下盘，虽然也发育一些北西西向调节断层，但各区段构造变形特点相似，分段性不明显（表3－3）。

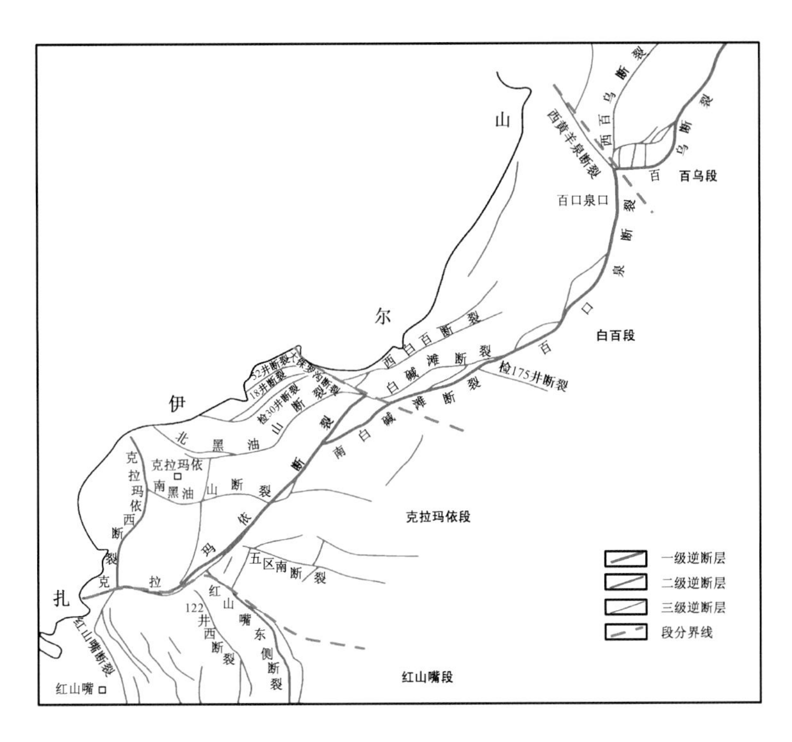

图 3－5 克百地区变形分段图

表 3－3 准噶尔盆地西北缘克百断裂带各段构造特点对比表

部位	红山嘴段	克拉玛依段	白百段	百乌段
上盘推覆尖灭带	平面上断层为平行式，剖面上断层组合成叠瓦冲断构造。印支、燕山运动强	向扎伊尔山延伸远，宽度大。地层下界面上超、上界面削蚀（尤其侏罗系），平面上断层相互交叉切错，剖面上发育平行式冲断层组成的叠瓦扇和突起构造，褶皱发育。燕山运动表现强	平面上发育平行式断层、雁列式断层，剖面上平行式冲断层组成叠瓦构造和突起构造，三叠系发育蛇头构造，有褶皱现象和地层削蚀（尤其三叠系），印支、燕山运动表现强	远离主干断层构造简单，地层剥蚀、缺失。印支运动表现强，燕山期停止活动
内缘断块带	叠瓦冲断带，主断面与次级断面组成冲断舌	叠瓦冲断带，主断面与次级冲断面形成冲断舌	叠瓦冲断带，主断层面多次变换，形成菱形断块，主断面与次级断面组成突起构造	叠瓦冲断层和突起构造
外缘断块带	被走滑性调节断层切割	叠瓦冲断带，变形前缘向盆地内延伸远，盲冲断层及相关断展褶皱发育，下盘断层相互交叉切割，被后期发育的平移断层切割	叠瓦冲断带，断弯褶皱及其组成的双重构造，远端断展褶皱。佳木河组内部向前陆方向的超覆现象明显	三叠系及下伏二叠系构造复杂，断层、褶皱作用均强烈

在这 4 个次级段中，由大侏罗沟断裂分隔的克拉玛依段和白百段是研究区的主体，两者在构造特点上存在着如表 3－5 所示的差异外，还表现在：从变形带宽度上看，克拉玛依段与白百段北部变形带宽度相近，但比其南部宽度大；从断层倾角上看，克拉玛依段的断层倾角大，而白

百段的断层倾角小;从主断层推覆距离大小来看,克拉玛依段推覆距离比白百段小,前者为5～15km,后者为10～20km。克拉玛依段的推覆距离由多条断裂的活动所调节,而克百段的推覆距离主要由主断裂所调节,因此造成克拉玛依段冲断叠瓦带宽度大,白百段冲断叠瓦带宽度小。白百段,印支运动有较强烈的表现,伴随褶皱现象,造成三叠系被剥蚀现象严重;克拉玛依段,燕山早、中期运动表现强烈,侏罗系剥蚀严重,褶皱构造发育。克拉玛依段和白百段构造等的不同是大侏罗沟断层分隔的结果,三叠纪时,大侏罗沟断裂以逆冲活动为主,侏罗纪时以右旋走滑活动为主,是克拉玛依段与白百段向盆地内部推覆距离不同造成的。

小　　结

从前面各个冲断层的构造特征分析可以看出,准噶尔西北缘前陆冲断带前缘表现出了一个典型的冲断前锋构造带的特征,具有以下几点主要特征:

(1)推覆特征:尤其是石炭—二叠系地层经历了较长距离的推覆,石炭系推覆距离在乌夏断裂带最大可达16km,二叠系推覆距离在乌夏断裂带最大可达8km,推覆距离自乌夏断裂带向克百断裂带、红车断裂带逐渐减小;

(2)横向上分段性特征明显,各段的构造样式、活动强度明显有别;以大侏罗沟为代表的北西西向大型走滑断层对油气成藏输导起到了非常重要的作用。

(3)同构造生长地层:二叠系、三叠系、侏罗系的沉积扇体特点清楚地指示出这些逆冲断层具有同构造生长活动特点,断裂上盘强烈剥蚀,下盘挠曲沉降与大量充填堆积;

(4)逆冲断层周期性活动特点:二叠纪断裂活动具有前展式特点,而在三叠纪与侏罗纪表现出退覆式活动性,再现了一个前陆逆冲带由弱→强→弱→静止的活动历程,在这一过程中局部还具有幕式活动性质,如在夏子街期、下乌尔禾期与头屯河期;

(5)成因机制的差异:西北缘冲断带在晚石炭世—二叠纪主要遭受北西—南东向挤压,因此与之近垂直的克百断裂带发生大规模冲断推覆,而乌夏断裂带遭受压扭活动;相反,在三叠纪晚期,挤压方向演变为南北向,与之近于垂直的乌夏断裂带发生大规模逆冲推覆,且在其前缘形成了三排断层相关褶皱背斜带,而这时克百断裂带则具有压扭性质,水平断距与垂直断距相差不大(压扭断层的活动恰好成为油气的垂直运移通道),其旁侧断裂具雁列展布特征。在这些挤压时期,车排子断裂带始终处于压扭部位,垂直隆升作用相应较强。

需要说明的是,西北缘断裂带次级构造带(段)之间以侧断坡、斜断坡或横向断层过渡,但由于三维地震资料缺乏以及精力有限,未能对这些过渡部位进行详细分析,而这些部位也常是油气富集部位。断裂活动的差异性与分段性是油气富集程度与分布差异的根本原因。

第四章　盆山耦合多旋回沉积地层响应

第一节　盆山耦合沉积—地层研究概况

一、研究现状及进展概述

长期以来地质工作者始终把沉积作用和构造作用的关系作为盆地分析的核心问题(李思田,1992),近年来,取得了一些令人瞩目的研究成果。从盆地类型的角度来看,这些研究主要集中在伸展背景的张性(张剪性)盆地及挤压背景的压性(压扭性)盆地中,复合型、叠合型盆地涉及甚少。

国外在伸展背景条件下构造与沉积作用关系的研究主要有三个方面:(1)区域构造和深部过程对盆地形成和演化的控制,Mckenzie(1978)的均匀伸展模型的提出对于此项研究具有划时代的推动作用;(2)构造几何学或断裂几何学对盆地或地层几何形态的控制,William 等(1991)的综述性评价代表了此项研究的进展和发展方向;(3)单元构造样式和单元沉积型式的对应关系。Leeder 等(1993)研究了位于美国西部盆岭地区和希腊中部这一活动伸展地区正断层作用对流域盆地的构造地形、水系或水流特征、沉积与剥蚀作用的控制作用;Magnavita 等(1995)对湖盆地和海盆地中(裂谷)边界体系的构造与沉积构成、边界体系的构造样式与沉积类型及其边界演化进行了研究;Galloway(1998)对湖盆或海盆地水下斜坡体系的沉积建造、成因相组合及大型水体下构造样式对沉积类型的控制进行了研究;程日辉等(2000)对上述研究进行总结,报道了伸展背景下砂质沉积物在不同构造样式下的沉积类型的研究进展。

在挤压背景条件下构造与沉积作用关系的研究大量集中在前陆盆地中,已逐渐成为当前地质学研究的热点。1979 年,Greteneru 首次根据逆冲推覆作用提出前陆盆地连续形成和波浪式发展的概念和模式;随后,P. B. Flemings 和 T. E. Jordan(1990)、C. Beaumont 和 G. Quinlan(1984,1988)则分别以弹性流变模型和黏弹性流变模型模拟了岩石圈随负载作用而发生的变形、盆地沉降和沉积演化;Terence C. Blair 等(1990)报道了裂谷、拉分盆地及前陆盆地构造旋回层发育中幕式构造运动的沉积响应;Jordan 等(1988,2001)和 Burbank 等(1988)也已开始总结利用前陆盆地地层确定毗邻造山带逆冲推覆作用的方法,并进行了构造沉降和沉积演化的二维和三维模拟;C. Arenas 等(2001)在研究古西班牙东北地区与比利牛斯山脉晚期压性构造相关的 Ebro 盆地沉积作用时讨论了压性构造对盆地边缘扇体及冲积体系的控制作用。

国内对伸展背景下构造与沉积作用关系的研究报道不多。侯贵廷等(2000)根据各时期沉积环境分布特征与控制沉积环境的同沉积断层的关系研究了渤海中新生代盆地张性或张剪性同沉积生长断裂活动与沉积作用的时空关系,并通过对同生断裂生长指数及其分布的定量化统计,对同生断层活动强度、迁移性及相应的盆地断陷活跃期、断陷强度和沉积中心迁移趋势进行了有益的探索。

国内对挤压背景条件下构造与沉积作用关系的研究主要集中在前陆盆地盆—山转换、盆山耦合及青藏高原隆升方面。李勇、曾允孚(1994,1995)较早以成都盆地为例研究了龙门山逆冲推覆作用的沉积响应,根据盆地充填序列、沉积特征、成盆演化总结了龙门山逆冲推覆作用的沉积响应模式,进而分析了龙门山前陆盆地沉积记录中能反映龙门山造山带逆冲推覆作用的地层标识,包括前陆盆地地层不整合面的层位和性质、巨型旋回层—构造层序、巨厚砾质粗碎屑楔状体的周期性出现层位和侧向迁移、物源区(前陆冲断带)地层脱顶历史、巨厚的向上变细旋回层、沉积物碎屑成分及其在时间上的变化、盆地构造沉降速率和沉降史、前陆隆起幅度及侧向迁移、前陆盆地沉降中心迁移等方面。

伊海生、王成善等(2001)则从砾岩沉积、沉积旋回等构造事件的沉积标识,向上变粗和向上变细充填层序(旋回)的构造成因解释、造山期及造山期后的沉积响应等方面总结了构造事件的沉积响应特征,并进而讨论了初始隆升、幕式隆升等构造事件的启动时间、造山带隆升的阶段及隆升机制,提出建立青藏高原大陆碰撞与隆升过程时空坐标的设想和方法。

张明山等(1996)以库车陆内前陆盆地为例,通过山体隆升与前陆盆地沉降的平衡、造山带逆冲推进与前陆盆地沉积平衡、构造作用与沉积速率之间的平衡研究,进行了造山带逆冲与前陆盆地沉降和沉积平衡关系的定量讨论。介绍了采用校正的构造回剥曲线、时间段曲线、沉积速率等定量数值描述造山冲断楔和前陆盆地间的构造—沉积平衡关系。

王华等(1998)、刘少峰(1993)、汪泽成等(2001)、于福生等(2000)则分别从前陆盆地沉积充填序列与沉积动力学耦合、前陆盆地充填演化及形成机制、前陆盆地充填地层方面分析了其与构造活动、盆山耦合关系及对含油气系统的控制作用。

综上所述,无论伸展或挤压背景的沉积盆地,断裂构造活动对沉积作用的控制研究均已有所进展,形成若干趋势:

趋势之一是构造与沉积作用关系的研究越来越精细化。通过构造作用来了解沉积的动力过程,即各级别的构造形成机制和过程以及与各级别相对应的沉积作用特点,可借此进行砂体预测及小层对比,指导油气勘探。因此在层序级别上不同构造样式下,沉积作用模式可以作为勘探模型,配合生、储、盖组合分析和异常压力研究可有效地进行油藏预测。

趋势之二是由定性向定量化发展,由手工制图向计算机化发展,通过同沉积断裂活动的定量化统计成图、构造沉降和沉积平衡关系的定量讨论,使得结论更为科学、可信;通过沉积研究、盆地模拟、平衡剖面建模软件的应用,大大提高了研究与生产的效率,有利于多、快、好、省地出成果。

二、研究思路

运用构造沉积学、前陆盆地分析、旋回沉积学、前陆冲断带油气勘探等新理论,层次对比建模法、沉积地球化学、地震地层学及解释、数理统计及计算机制图等新技术和方法开展探索,研究构造事件的沉积响应、逆冲推覆作用的地层沉积标识、前陆冲断带楔顶带构造活动对沉积作用的控制及其定量化描述,进而通过扇体的储集性能及含油气性、扇控油气藏特征的剖析,研究“扇控论”的实质,扇体的成藏要素(组合),以期分析油气藏分布规律、预测扇形储集砂体和隐蔽油气藏,解决存在的部分问题,有所突破和创新。

1. 研究技术路线

根据上述研究现状及进展,结合准噶尔盆地西北缘具体地质构造特点,提出如下研究思路:以储层沉积学、构造沉积学、前陆盆地分析和石油地质学理论为指导,以"构造对沉积的控制作用及扇体的储集性与含油气性研究"为核心,以传统沉积相研究程序为基础,以岩石相、测井相、地震相识别技术三结合以及以综合研究为主要手段开展沉积相和沉积作用研究。要紧紧围绕"构造对沉积的控制作用和扇体对油气藏的控制"这一核心内容开展研究工作,以进一步深化对西北缘油气成藏规律的认识。

2. 工作程序

在充分整理、消化和吸收前人成果及最新地层划分对比基础上,充分利用地表露头剖面、井下钻井岩心、测井、地震、地球化学、古生物、分析化验等资料,结合大量探井单井相剖面和连井构造—沉积相剖面,对前人近年的相关区域成果进行适当修编、合理引用,最终完成西北缘二叠—侏罗纪的沉积相分布研究,特别是扇体的发育与展布特征研究。

前人的沉积相资料成果绝大多数为"单纯沉积相"研究,绝少涉及构造升降和断裂活动,构造方面资料又很少涉及其对沉积作用的控制。针对这种现状,根据油气勘探生产需要,着重研究与构造活动有直接关系的沉积作用,选择二叠—侏罗系为重点层系,红车、克百、乌夏三大冲断构造带及其下盘或斜坡区为重点区块进行解剖研究,通过剖析粗碎屑扇体(冲积扇、水下扇、扇三角洲)的纵向发育层位和平面分布及迁移特征,研究压扭背景下的西北缘同沉积断裂的发育时期、活动期次及强度、同生断裂构造在平面上的展布、迁移活动规律。

三、分析方法

西北缘多旋回震荡性沉积是复式油气成藏的一个重要特点,研究技术路线流程如图 4-1 所示。分析方法简述如下:

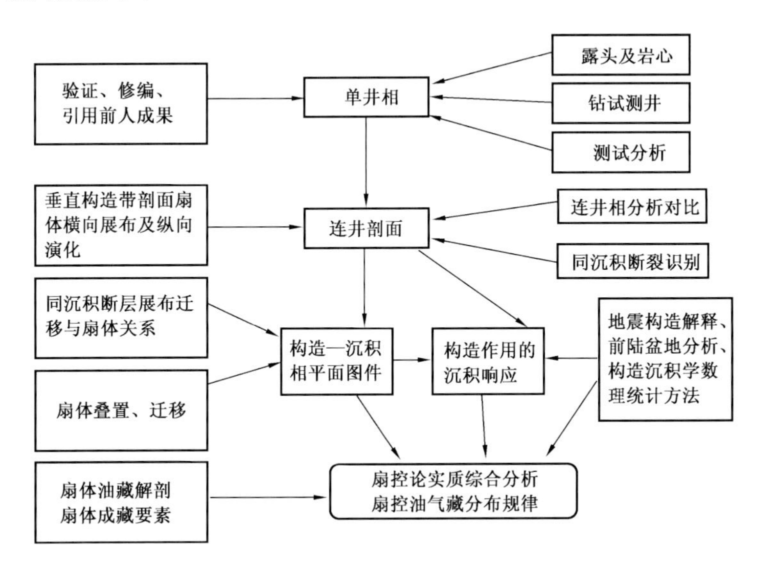

图 4-1 西北缘构造对沉积的控制作用研究技术路线流程图

(1)在综合分析、利用各类地层分层数据的基础上,选择有代表意义的探井 160 口进行单井相研究。选井原则为:尽量选已定地震测线(网)上的井,并与地层倾角测井选井统一;所选井的相关层位尽量齐全,应避免有地层缺失和后期断裂破坏;尽量选取心井,且已有岩矿鉴定及化验分析资料，具油气显示者更佳，以便于岩心、薄片观察，宏、微观对比及综合分析；注意断裂带上、下盘，构造单元和区域上的井位分布，以便于全区对比、综合研究以及建立过井的沉积相剖面图和平面图。根据目前生产和课题需要，选择粗碎屑扇体沉积较发育的中拐地区、五区南、夏子街及玛湖凹陷斜坡带重点布井，其他地区则充分吸收和利用前人资料。

(2)在综合分析、利用前人沉积相(剖面)资料的基础上，选择有代表意义的主干剖面(线)15条左右进行连井构造—沉积相研究。布线原则是:结合前人经验(丘东洲等,1993)及研究需要，剖面线基本垂直西北缘大断裂带展布，并兼顾红车、克乌、乌夏断裂带三大区块均有控制；根据前人沉积相资料，剖面线尽量沿各构造带中各时代的主要扇体主轴方向展布，以便观察扇体的展布与迁移及其反映的同生断裂活动特征；每条剖面线尽量通过已定在地震测线(网)上、有地层倾角测井资料的井、主干井1~2口及近年的新井；剖面线尽量穿过断裂带上、下盘及斜坡区，并向盆地腹部延伸；前人所布合理的短剖面线，可予加长，修编而用；剖面线上各井层位尽量齐全，按三叠—二叠系、侏罗系两层位单元成图。

(3)根据最新认可的地层划分方案和地层分层数据，复查所选老井岩相资料的合理性，修编、利用前人资料，完成连井剖面定相及各时代粗碎屑扇体分布平面图。

(4)选择过连井构造—沉积相剖面及其附近的区域性地震剖面，重点分析具同生性质的断裂活动，密切注视断裂(带)上、下盘的沉积—岩相及厚度差异，研究各地震层序接触关系、同生断裂特征及对沉积(相)的控制，并与沉积相平面图和剖面图分析、对照，确定同生断裂展布及性质，完成构造—沉积环境图的制作。

(5)对西北缘主要粗碎屑扇体进行剖析，结合各时期沉积环境分布特征与控制沉积环境的同沉积断裂的关系来分析构造与沉积的时空关系，重点研究不同构造带(段)、不同构造活动时期断层的迁移特征及其所反映的断裂活动规律，不同构造带(段)断层活动的差异性。同时通过同沉积断裂的活动性指数的定量统计、分析及平面分布成图，定量化地讨论各构造带上同生断层的发育时期、活动强度、迁移规律及其是否具有走滑性质。

(6)以旋回分析、沉积体系分析、碎屑成分分析等方法研究盆地充填层序特征，并通过基准面、沉积相带、古流向和物源等的变迁、逆冲推覆作用的各类地层沉积标识，剖析西北缘各构造带沉积充填过程与推覆构造作用过程的耦合关系。结合周缘构造环境分析、岩浆岩和断裂岩分析，揭示西北缘的大地构造环境演变。通过构造与沉积相的综合分析确定原型盆地边界，并尝试恢复西北缘各断裂带的逆冲推覆历史。

(7)研究西北缘不同类型扇体及其不同亚相的储集性、含油气性与其主控因素，通过剖析各类扇体的纵横向分布与油气聚集(部及层位)的关系，分析扇体的成藏要素(组合)及扇控油气藏分布规律。

第二节　西北缘石炭系火山—沉积岩残留层序地层格架

石炭纪，自早石炭世早期海水由北向南漫侵，形成了统一的沉积环境。其后海水逐渐萎缩，在晚石炭世时海水仅残存在北部地区，石炭纪早、中期以正常沉积碎屑岩—火山碎屑岩沉积为主；中、晚期以正常沉积碎屑岩为主，火山岩仅在局部地区呈夹层出现，此时地层沉积厚度一般较小，但海陆相变换较频繁，沉积环境较复杂。

一、早石炭世早期地层格架

早石炭世早期黑山头组，岩性以海相暗色细碎屑岩—火山碎屑岩为主，上部时有中基性、中酸性火山岩夹层，岩性有一定变化，地层厚度变化明显，厚度范围在917～4164m之间。

二、早石炭世晚期地层格架

早石炭世晚期沉积地层可分为上部和下部两个岩性组合单元。下部姜巴斯套组与下伏黑山头组、上覆那林卡拉组之间均有明显的沉积间断，岩性以正常沉积碎屑岩—火山碎屑岩沉积为主，其中杂砂岩、长石质杂砂岩较多。一般下部为浅海相，上部多为滨海相，且粒度往往较粗。在大区域范围上岩性无甚变化，较为稳定，厚357m。

上部那林卡拉组为一套含大量动植物化石的海陆交互相或滨海相—陆相的正常陆源细碎屑岩夹长石砂岩、砂质灰岩地层。个别地段夹有煤线，厚度范围在214～1281m之间。

三、晚石炭世早期地层格架

晚石炭世早期吉木乃组整合或平行不整合在那林卡拉组之上，为陆相火山碎屑岩、正常碎屑岩和中酸性火山岩沉积地层，夹可采煤层，含安加拉植物群化石，厚592m。整合其上部的晚石炭世晚期下部地层为恰其海组，仅在北部零星分布，出露范围很小，为海相陆源碎屑岩沉积，厚度范围在695～1110m之间。上部层位未出露。

第三节　下二叠统火山—粗碎屑混积岩相发育特征

克百地区下二叠统佳木河组和风城组中存在大量火山岩及围绕火山岩分布的扇三角洲沉积。油气勘探实践证实，风城组和佳木河组是现实的油气勘探目标区，其中的火山岩和砂砾岩为有利勘探目标。但是，由于地层埋藏较深、钻井资料少、火山岩—沉积岩混杂堆积规律性差，在岩相识别、储层评价和有利目标研究中，地震资料的地震相分析成为其必不可少的重要手段。

一、地震相研究

由于中拐—克百地区出现火山岩与沉积岩混积地层（下二叠统）、火山岩相、沉积相类型及两者空间关系复杂多变，所以地震相类型比较复杂。进行地震相研究时，基本方法原则是：(1)采用物理参数加几何外形描述地震相类型；(2)用钻井资料确定地震相类型；(3)考虑火山岩与沉积岩的共生关系以及沉积相空间展布实现地震相转换成火山岩相和沉积相。

提取均方根振幅、方差振幅、弧长、振幅走偏、平均反射频率、平均反射相位、波峰数和正负采样的变化率八种主要属性，并进行对比分析发现，均方根振幅和弧长振幅对宏观的相带响应比较明显，最后选用均方根振幅作为参考。将振幅反射划分成强振幅、中振幅、弱振幅三个级别，不同的振幅强度范围具有不同的地质意义（表4－1）。

表4－1　振幅反射强度对应的地质含义

振幅	地质含义
强振幅	火山岩或砂泥互层（滨浅湖或扇间细粒沉积）
中振幅	冲积扇扇中—扇缘或扇三角洲相或浊积扇（湖底扇）
弱振幅	大套砂砾岩（冲积扇扇根）或扇三角洲平原沉积或厚层（沉凝灰岩）浊积扇（湖底扇）

通过属性分析可确定不同振幅强度的分布范围，在不同的振幅范围内结合剖面上所识别出的地震反射结构、地震反射构型和地震反射外形进行地震相分析。地震反射结构主要从振幅、频率、连续性三个方面进行描述，而地震反射构型在西北缘主要识别出了平行—亚平行反射、斜交前积反射、叠瓦状前积反射、波状反射、杂乱前积反射、空白反射和乱岗状反射，外形则包括楔状、丘状、席状。

1. 典型地震相类型

克百地区共识别出以下 12 种典型地震相类型。即：(1)中强振幅杂乱相(火山岩)；(2)中强振幅亚平行—平行席状相(火山岩)；(3)中弱振幅杂乱楔状前积相(扇，沿走向)；(4)中弱振幅中连续亚平行楔状前积相(扇三角洲)；(5)中弱振幅斜交前积相；(6)中弱振幅叠瓦前积相；(7)中振幅透镜状相；(8)中弱振幅杂乱丘状相；(9)空白反射；(10)乱岗状反射；(11)下强上弱振幅中低频中连续亚平行楔状相；(12)大套中弱振幅较连续平行相夹强振幅相。

2. 佳木河组地震相—岩相的关系

对佳木河组地震相—岩相响应关系进行总结归纳，建立了地震相—岩相响应关系模版，为开展佳木河组火山岩相—沉积相研究提供了研究手段(表 4－2)。

表 4－2　地震反射构型类型及其对应的地质含义

地震反射构型		地质含义
平行—亚平行反射		火山岩(远火山口相)或滨浅湖细粒沉积
波状反射		扇三角洲平原相
前积反射	斜交前积反射	冲积扇相或扇三角洲相
	叠瓦状前积反射	
	杂乱前积反射	
空白反射		岩性均一[厚层砂砾岩或厚层(沉)凝灰岩]
乱岗状反射		火山岩(近火山口相)冲积扇相或扇三角洲相

结合佳木河组岩相组合特征，将佳木河组分为三种岩相组合，即火山岩相、过渡相、碎屑岩相，并结合已有的钻井资料细分了八种岩相组合(表 4－3)。

表 4－3　中拐—五、八区二叠系佳木河组岩相—地震相—沉积相对应关系表

岩相				地震反射特征					沉积相	发育位置
类型		岩性特征及组合		振幅	频率	连续性	反射形态	典型反射		
火山岩相	喷发相	厚层火山角砾岩或熔岩	多呈丘状，顶部为正常沉积岩披覆	弱	中	差	丘状		近火山口相	近深大断层
			层状，侧向变化快，顶底为正常沉积岩包夹	较强	低	较好	短轴亚平行			
	溢流相	安山岩、玄武岩	层状或带状，侧向延伸远	强	低	好	平行		远火山口相	距断层较远的斜坡区或洼地

续表

岩相			地震反射特征					沉积相	发育位置
类型	岩性特征及组合		振幅	频率	连续性	反射形态	典型反射		
过渡相	(沉)凝灰岩或含凝灰沉积岩	多与沉积岩互层	中	中—高	较好	平行		过渡相	斜坡区的中下部
碎屑岩相	巨厚砂砾岩	块状,岩性变化小	较强	低	较好	亚平行		辫状河或扇三角洲平原	斜坡区上部
碎屑岩相	砂泥岩等厚互层		中	低—中	较好	亚平行—波状		扇三角洲前缘、平原或滨浅湖	斜坡区中下部,局部见上超
碎屑岩相	薄砂厚泥互层		弱	中—高	较好	平行		泛滥平原、滨浅湖	斜坡区中下部,局部见上超

根据振幅、频率、连续性和反射结构将西北缘佳木河组地震相划分为八种类型:(1)弱振—中频—差连—丘状反射地震相;(2)中振—低频—较好连—短轴亚平行反射地震相;(3)强振—低频—强连—平行反射地震相;(4)中振—中高频—较连—平行反射地震相;(5)弱振—低频—差连—杂乱反射地震相;(6)中振—低频—较连—亚平行反射地震相;(7)中振—中频—较连—亚平行反射地震相;(8)中振—中高频—较连—平行反射地震相(表4-3)。

二、火山岩沉积特征

佳木河组沉积时期,克百地区通常发育厚层的火山岩沉积,靠近火山口的地区,为火山口及近火山口亚相(或称爆发相),向远端沉积形成远火山口亚相(或称溢流相),之后过渡为火山—沉积过渡相,最后是稳定地区的陆源碎屑沉积,形成一个完整的火山岩沉积序列(图4-2)。

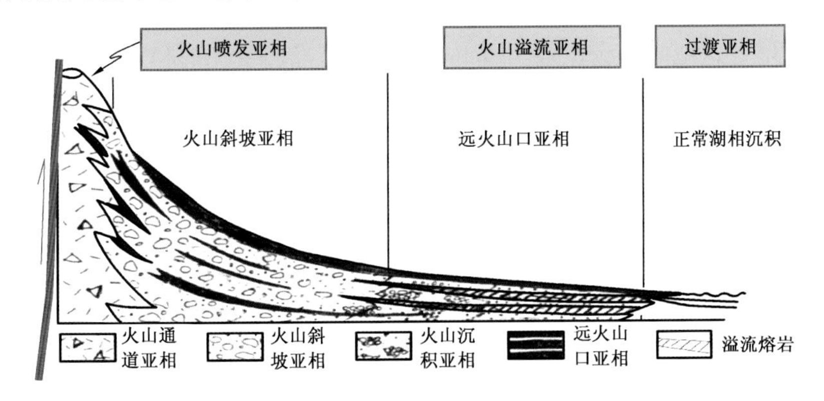

图4-2 火山岩相—沉积相成因模式图

利用钻测井、地震、露头和岩心资料,综合火山岩相—沉积相研究结果,建立了佳木河组含火山岩系地层层序框架内的火山岩相—沉积相模式。

根据火山喷发方式和火山口位置，建立了两种火山岩相—沉积相模式。实际上，研究区某一部位的火山岩相—沉积相是多种模式的复杂组合。需说明的是，为简洁起见，所有模式图中火山岩相—沉积相的标示仅针对某一火山旋回的火山岩充填及对应的沉积充填，其余可类推。所有模式图均为东西向。另外，火山活动平静期形成的扇三角洲、湖泊等为正常的沉积相。

第四节 西北缘正常沉积层序地层格架

一、乌夏地区层序地层格架

1. 层序界面的识别

1）层序界面发育概况

根据目前的岩石地层学和生物地层学研究成果，乌夏地区沉积盖层包括石炭系、二叠系、三叠系、侏罗系、白垩系和新近系。研究的目的层是二叠—侏罗系。其中二叠系包括下二叠统的佳木河组（P_1j）和风城组（P_1f）、中二叠统的夏子街组（P_2x）和下乌尔禾组（P_2w）；三叠系包括下三叠统的百口泉组（T_1b）、中三叠统的克下组（T_2k_1）和克上组（T_2k_2）、上三叠统白碱滩组（T_3b）；侏罗系则发育下侏罗统八道湾组（J_1b）和三工河组（J_1s）、中侏罗统西山窑组（J_2x）和头屯河组（J_2t）、上侏罗统齐古组（J_3q）。这些层组的建立是在多年油气勘探的实践中逐步完善的，它们在野外露头和井下剖面及地震剖面上都有相应的识别标志。这其中的很多界面都有层序界面的意义，通常是岩性和电性的突变面，在地震剖面上也会对应相应的削截面或上超面等。但有些界面并不具有层序界面的意义，或者在进行地层对比时没有按照层序地层学的方法进行对比，从而没有追踪出真正的层序界面。当然有的层组也可能包括几个层序，它的内部就相应的有多个层序界面，但这些界面在进行岩石地层学对比时并没有被发现，或者没有得到应有的重视。这些问题恰是层序地层学研究需要解决的。

从地震和钻井资料出发，在乌夏地区二叠—侏罗系中共识别出层序界面 24 个，划分出 23 个三级层序。这 24 个层序界面的级别和规模是不一样的，有些是可以在全盆地范围内追踪对比的，有的则仅能在盆地的边缘识别。Embry 提出以基准面变化的相对振幅大小来建立层序级别的框架，并定义了 5 个级别的层序界面特征（图 4 – 3）。

2）一级层序界面

一级层序界面能够在全盆地范围内清晰地识别，具有广泛分布的不整合部分，且其下伏地层常有构造变形（断裂、倾斜、褶皱），或者上覆地层与下伏地层之间的变形程度存在较大的差异；二级层序界面与一级层序界面有相似的特征，不同的是它与构造环境的重大改变无关，且其下伏地层与上覆地层之间的变形程度差别较小；三级层序界面通常分布于盆地范围内，但其不整合部分可在盆地边缘分布，与一级、二级层序不同的是，穿过三级层序界面，其沉积体系仅有微小改变（甚至没有改变）；四级层序界面分布范围比较局限，仅在盆地的部分地区可以对比，层序界面及其有关沉积物形成以后，只有中等规模的海侵，穿过四级层序界面，沉积体系与构造环境没有任何变化；五级层序界面相当于一个较次要的海侵面，仅在局部范围内可以对

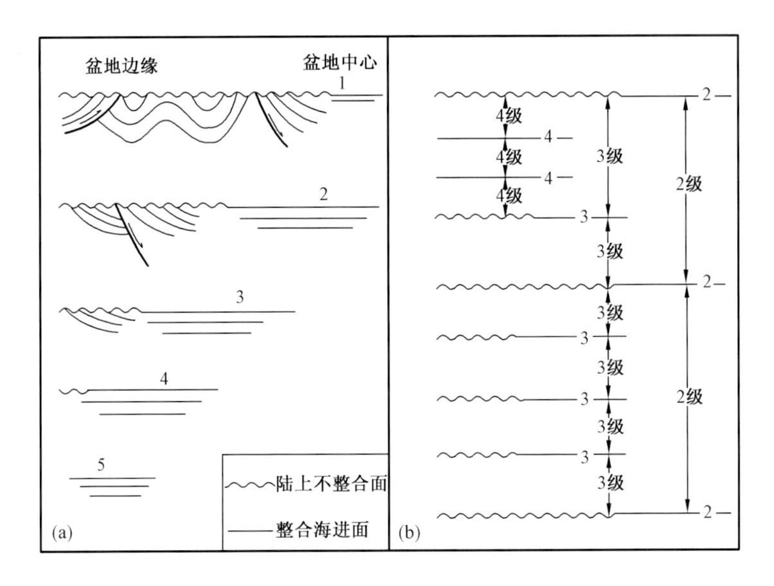

图4-3 反映基准面变化的5个级别层序界面特征示意图(a)
和确定层序级别的原则(b)

比。区域层序分析主要是研究三级及以上的层序界面、层序划分及层序特征。工作中对乌夏地区乃至整个西北缘的二叠—侏罗系进行了三级层序的划分与对比,从钻井上、地震上及野外露头上识别并追踪了一级、二级和三级层序界面。而对于相当于四级或五级层序界面的体系域界面或准层序组界面只在重点层位或局部地区进行了对比。

对于一级层序界面的识别与追踪,实际上仅在乌夏地区展开工作是不够的,这需要在整个盆地范围内进行追踪与对比。好在目前关于准噶尔盆地一级层序的认识是比较一致的,它们往往与盆地发展演化的不同阶段相对应。关于准噶尔盆地这一中国西部的典型的大型叠合盆地的演化阶段、原型盆地类型、成盆期等方面的认识仍有较大的分歧。

乌夏地区上石炭统—新近系与西北缘其他地区一样,划分为3个一级层序(表4-4),一级层序界面至少有3个,即上石炭统顶界、上乌尔禾组底界和白垩系顶界。其中上石炭统底界和新近系底界不是乌夏地区研究的目的层,也就是说只有一个一级层序界面,即三叠系底界面是重点研究的一级层序界面,将这个界面命名为TSB1。这一界面在西北缘,甚至全盆地范围都是统一的层序界面,在乌夏地区的每条地震剖面上都可以看到该界面上覆地层和下伏地层之间的角度不整合。

3)二级层序界面

乌夏地区二叠—侏罗系共有6个二级层序,相应的有7个界面将它们划分开,其中有一个界面TSB1是一级层序界面,在前节中已论述。另外6个界面则是二级层序界面,这6个界面分别是二叠系佳木河组底界PSB1、风城组底界PSB5、夏子街组底界PSB8、侏罗系八道湾组底界JSB1、侏罗系头屯河组底界JSB6和白垩系底界KSB1。在此自下而上论述这几个二级层序界面的特征。

表 4-4 准噶尔盆地西北缘二叠—新近系层序划分方案

地层					绝对年龄(Ma)	层序界面	层序方案		
界	系	统	组	段(亚组)			一级	二级	三级
新生界	新近系	上新统	独山子组(N_2d)			NSB8	TS3	NSS1	NSQ8
						NSB7			NSQ7
					5.2	NSB6			NSQ6
		中新统	塔西河组(N_2t)			NSB5			NSQ5
						NSB4			NSQ4
						NSB3			NSQ3
			沙湾组(N_1s)			NSB2			NSQ2
					23.3	NSB1			NSQ1
	古近系	渐新统—古新统	乌伦古河组($E_{2-3}w$)		44.0	ESB2	TS2	ESS1	ESQ2
			紫泥泉组($E_{1-2}z$)		65.0	ESB1			ESQ1
中生界	白垩系	上统	红砾山组(K_2h)					KSS1	KSQ4
			艾里克湖组(K_2a)						
		下统	连木沁组(K_1l)						KSQ3
			胜金口组(K_1s)						
			呼图壁组(K_1h)						KSQ2
			清水河组(K_1q)		145.6	KSB1			KSQ1
	侏罗系	上统	齐古组(J_3q)		157.1	JSB7		JSS2	JSQ7
		中统	头屯河组(J_2t)		166.1	JSB6			JSQ6
			西山窑组(J_2x)		178.0	JSB5		JSS1	JSQ5
		下统	三工河组(J_1s)	上段(J_1s_3)		JSB4			JSQ4
				中段(J_1s_2)					JSQ3
				下段(J_1s_1)	194.5	JSB3			
			八道湾组(J_1b)	上段(J_1b_3)					JSQ2
				中段(J_1b_2)		JSB2			
				下段(J_1b_1)	208.0	JSB1			JSQ1
	三叠系	上统	白碱滩组(T_3b)			TSB5		TSS1	TSQ5
					235.0	TSB4			TSQ4
		中统	克拉玛依组(T_2k)	上亚组(T_2k_2)		TSB3			TSQ3
				下亚组(T_2k_1)	241.1	TSB2			TSQ2
		下统	百口泉组(T_1b)		245.0	TSB1			TSQ1
古生界	二叠系	上统	上乌尔禾组(P_3w)		256.1	PSB12	TS1	PSS4	PSQ12
		中统	下乌尔禾组(P_2w)			PSB11		PSS3	PSQ11
						PSB10			PSQ10
					260.0	PSB9			PSQ9
			夏子街组(P_2x)		270.0	PSB8			PSQ8
		下统	风城组(P_1f)			PSB7		PSS2	PSQ7
						PSB6			PSQ6
					280.0	PSB5			PSQ5
			佳木河组(P_1j)	上亚组(P_1j_3)		PSB4		PSS1	PSQ4
				中亚组(P_1j_2)		PSB3			PSQ3
				下亚组(P_1j_1)		PSB2			PSQ2
					290.0	PSB1			PSQ1
	石炭系	上统	太勒古拉组(C_2t)		320.0				

(1)PSB1(二叠系底界):二级层序界面PSB1即二叠系底界,也是二级层序PSS1的底界。该界面在乌夏地区的断裂带上并不易识别,它在空间上的追踪与分布也可能存在一定的问题,这主要是由于资料的不完整造成的。乌夏地区乃至整个西北缘很少有二叠系露头,所有关于乌夏地区二叠系的地层、沉积和构造的认识均来源于地下,而地下钻井资料很少有揭示二叠系沉积底界的。这就造成了PSB1界面的识别主要依赖于地震资料,而如下几点特征影响着二叠系地震资料的品质:① 准噶尔盆地二叠纪以来经历了多期构造运动,使乌夏地区尤其是乌夏断裂带的二叠系发生断裂、变形、剥蚀,地层沉积时的原貌遭受很大的破坏;② 从目前的研究成果来看,二叠系PSS1层序(佳木河组)沉积时火山岩发育,是一套火山岩、火山碎屑岩与陆源碎屑岩互层的沉积组合;③ 乌夏地区二叠系底界埋藏深,尤其是斜坡地区PSB1的埋深多在6000m以上。上述二叠系构造、沉积、埋藏特征都是制约地震资料品质的重要因素,而且都是难以克服的。它们造成了PSS1层序(佳木河组)多以杂乱反射为主,地震反射同相轴为中等连续—差连续,层序界面不易识别。

虽然如此,还是有一些地震反射特征能够将二叠系与下伏地层区分开的,毕竟二者在构造和沉积特征上存在较大的差异,也正是这种差异造成了地震反射特征的差别。这种差别主要表现在地震相特征上的差别,具体来说,佳木河组的火山岩、火山碎屑岩与陆源碎屑岩沉积主要表现为中—强振幅、中—差连续性的杂乱或楔状沉积,而下伏石炭系主要为中、弱振幅、差连续杂乱反射。这一地震相差别在构造破坏相对较弱的斜坡区表现得尤为明显(图4-4)。

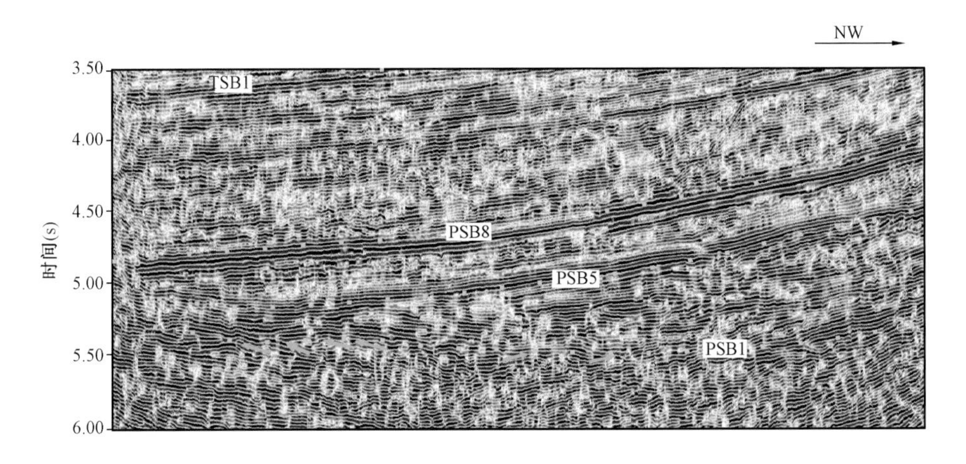

图4-4 乌夏地区斜坡带MA9304上二级层序界面PSB1(佳木河组底界)的识别特征

界面PSB1之上的佳木河组为中—强振幅、中连续、楔状反射地震相,界面之下的石炭系为中振幅、中—差连续杂乱反射地震相。该剖面为MA9304的二级层序地层划分与对比剖面

二叠系PSS1层序整体上呈由北西向南东减薄的楔形展布。除了可以根据上述界面上、下的地震相差异识别此二级层序的底界面PSB1之外,该界面与下伏地层的削截接触关系也是识别特征之一。在MA9304剖面上的东南部分(CMP800—CMP500)PSB1之下的地层是北西倾为主,而在北西部分(CMP400—CMP40)则以东南倾为主,且都以一定的角度与PSB1相交,越向剖面的两端,交角越大。这反映了PSB1下伏石炭系沉积后曾经历抬升、剥蚀、弯曲的过程,也就是说存在明显的沉积间断,且该间断在时间和空间上的规模都很大。

（2）PSB5（风城组底界）：二级层序界面PSB5是二叠系风城组与佳木河组之间的分界面。二者在断裂带上盘常呈断层接触关系，在断裂带下盘的斜坡区，该界面上下的地层是正常的沉积接触关系。PSB5之上的风城组沉积了一套厚约250m的白云质岩类，电阻率曲线有明显的高阻特征，在这高阻段的底部出现了低的尖峰，各井间的对比性较好，就把这一特征作为PSB5的钻井识别特征。

在地震剖面上，该界面相对容易识别。原因之一是风城组和佳木河组的地震相特征存在明显的差别。一般来讲，风城组在断裂带下盘的地震剖面上表现为中—强振幅、中—好连续、席状相或席状披盖相；而下伏的佳木河组的地震反射连续性较上覆风城组要差得多，反射外形上亚组也常以楔状为主。往往据此便可将PSS1和PSS2区分开，并找到二级层序界面PSB5。还有一个识别特征是PSB5界面对下伏地层存在着较为明显的削截现象，图4－6中便可看到PSB5之下存在着4个削截点。当然这种明显的削截现象往往在断裂活动相对较弱的地区才能看得清楚。在断裂带上盘，则因断裂发育而破坏了界面上下地层原始的沉积接触关系而难以观察到这样的削截点。从图4－5中还可以看到另一种现象，在断裂带下盘（XL6520—XL6160）二叠系发生弯曲形成了褶皱。褶皱的南东翼较陡，北西翼较缓，其核部位于XL6380附近。而且，褶皱的变形程度是由老地层向新地层逐渐变弱的，也就是说，越向下越老的地层变形弯曲的程度越大，PSB5界面是区分这种变形强弱的一个较为明显的分界线。这种变形强度向上变弱的现象可以用构造活动的多期性加以解释。即佳木河组沉积之后，地层受挤压力作用变曲变形，并抬升至地表发生剥蚀，形成了不整合面PSB5。后期的构造沉降使佳木河组再埋藏，PSB5之上接受了风城组沉积，风城组呈席状披盖在佳木河组之上。风城组沉积后发生了类似佳木河期之后的构造活动，使风城组发生变形弯曲，这种变形也同时作用于早期的佳木河组，使佳木河组又叠加了一次变形作用，其结果必然是PSB5界面之下的地层要比其上的地层变形程度大。这可以说明PSB5形成于一次区域性的构造活动，是一个二级层序界面。

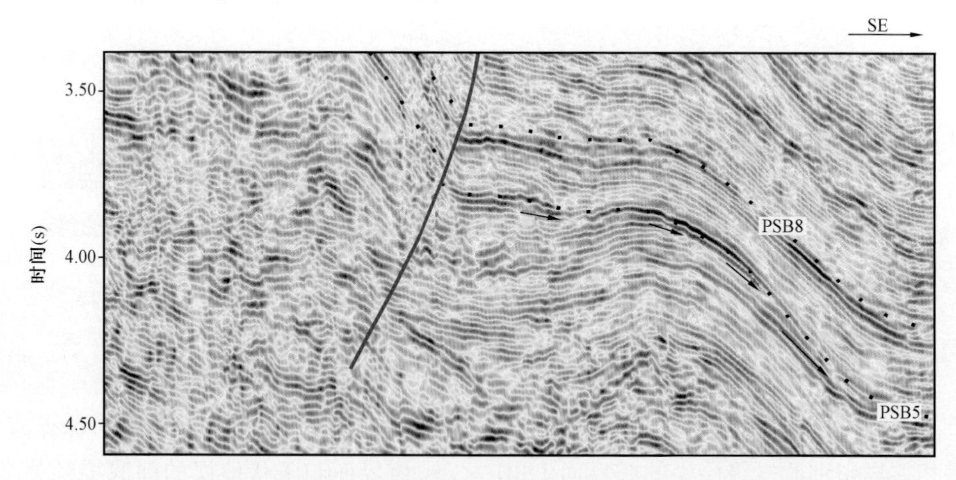

图4－5　乌夏地区二级层序界面PSB5（风城组底界）的识别特征

界面PSB5之上的风城组为中—强振幅、中—好连续、席状披盖反射地震相，界面之下的佳木河组为中—强振幅、中—好连续楔状相反射地震相；另外，界面PSB5之下可见到下伏地层明显的削截现象，削截点如图中箭头所示。该剖面为乌夏连片三维INLINE11569二级层序划分与对比剖面

(3)PSB8(夏子街组底界):二级层序界面PSB8是夏子街组与风城组之间的分界面。在乌夏地区有较多的钻井揭示此界面,界面之上为夏子街组的泥岩、砂岩、砂砾岩组合,界面之下为风城组的白云质岩、泥岩组合。这种岩性组合在电性上的表现是,界面之下以高阻为特征,且电阻率变化大,呈明显的锯齿状;与界面之上相比,界面之下的声波时差曲线表现为明显的低值;GR曲线在风城组中也较夏子街组明显增高,乌40井明显高于界面之上夏子街组的基线,乌27井也出现几个明显的尖峰。这种岩性电性的突变在很多井上的体现还是比较明显的。

从地震剖面上看,该界面上下的地震相特征差别还是较大的,这也是由夏子街组与风城组之间的沉积特征造成的。夏子街组以冲积扇和扇三角洲沉积为主,沉积物为砂砾岩与泥岩互层,沉积物的成分与厚度稳定性较差;而风城组以湖相沉积为主,沉积物多为泥岩、夹火山碎屑岩,这些细粒组分沉积厚度、沉积物类型相对稳定。这就造成了二者在地震反射特征上的差别(图4-6)。图4-6是乌夏连片三维L11221的地震反射特征。从图中可以看出,PSB8界面是一个连续性很好的强反射,这一反射在乌尔禾—风城地区比较稳定,可以按此特征追踪该界面。虽然在斜坡区的地震剖面上(图4-6)看不到PSB8附近的上超与削截,但是该界面上、下的地震相却存在明显的差别。界面之下的风城组呈弱振幅、差连续、空白反射,反映了沉积物为相对稳定的细粒组分。而界面之上的夏子街组则为中—弱振幅、中—差连续席状相,与夏子街组以砂砾岩—泥岩夹层为特征的扇三角洲沉积物一致。

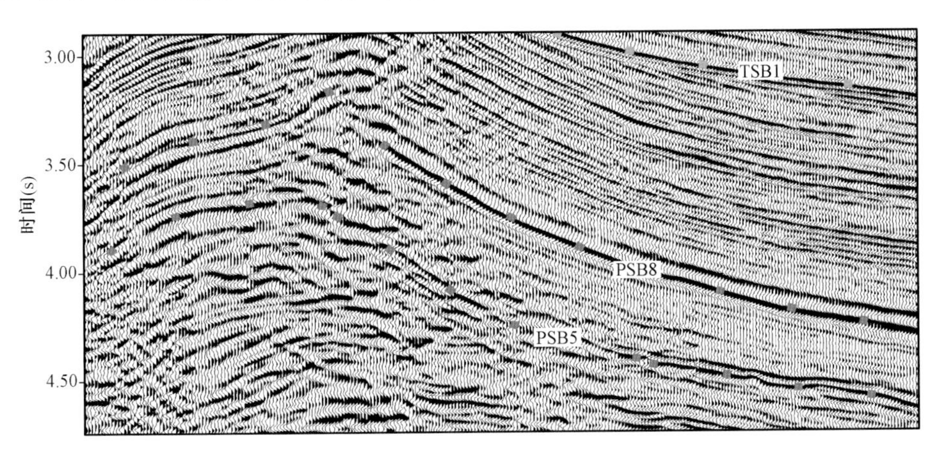

图4-6 乌夏地区二级层序界面PSB8(夏子街组底界)的识别特征

界面PSB8本身为一强反射且连续性好。其上的夏子街组和下乌尔禾组为中—弱反射、中—差连续的席状相,界面之下的风城组为弱振幅、差连续、空白反射地震相。该剖面为乌夏连片三维L11221的二级层序地层划分与对比剖面

(4)JSB1(侏罗系底界):将侏罗系底界JSB1定义为一个二级层序界面。在不同的构造部位,该界面上覆地层与下伏地层可能会不同。自斜坡区至断裂带再到超覆带,JSB1的下伏地层可能是三叠系、二叠系甚至是石炭系。这个界面无论在钻井剖面上还是在地震剖面上都容易识别。在钻井剖面上,JSB1上、下表现为明显的岩性、电性突变。JSB1之上侏罗系八道湾组底部砂岩、砂砾岩以高阻、低声波时差、低自然伽马的电性特征与界面之下三叠系白碱滩组泥岩的低阻、高声波时差、高自然伽马的电性特征区别开。这一特征岩性、电性特征在该区块大

部分钻井中均可以看到。在地震剖面上,不同地区该界面的识别特征不同。图4－7是乌尔禾地区的地震剖面。在断裂带上(XL6440—XL6660),JSB1是一个连续性好的强轴,其上侏罗系底部呈中振—中连亚平行席状相,与下伏二叠系空白反射区分明显。在斜坡区(XL6280—XL6440),JSB1位于一套弱反射中部,在界面之下可以见到3个向此界面尖灭的削截点。

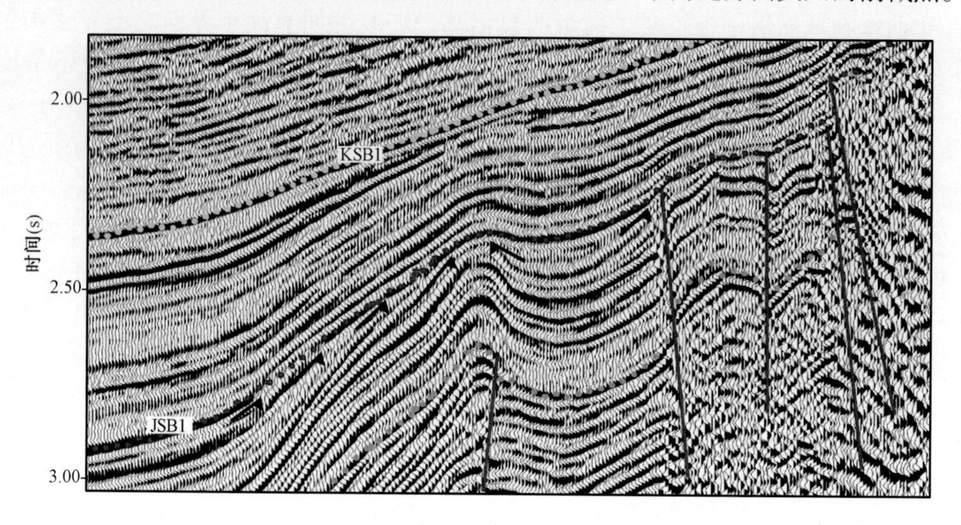

图4－7　乌夏地区二级层序界面JSB1(侏罗系底界)的识别特征

在XL6480以南,发育一个向斜和一个背斜,它们显然形成于三叠系白碱滩组沉积之后,侏罗系以席状披盖相超覆在三叠系之上。可以看到背斜和向斜的两翼JSB1之下的一系列削截尖灭点。在断裂带上(XL6480以北),这种削截尖灭点不清晰,但可以看到断裂一般不断穿SB1界面。该剖面为乌夏连片三维L12493的二级层序地层划分与对面剖面

针对JSB1之下的三叠系和二叠系由南向北可以划分出三个区带(图4－7):斜坡带(XL6080以南)、背斜带(XL6080—XL6480)和断裂带(XL6480以北)。在斜坡带可以看到JSB1下伏三叠系以较低的角度向JSB1削截尖灭;在背斜和向斜的两翼则呈高角度削截的特征;在断裂带上,JSB1对下伏地层的削截现象不明显,但是可以看到断裂主要发育在三叠系和二叠系内,没有断裂断穿JSB1界面。无论是在斜坡带,还是在背斜带,或是在断裂带,JSB1之上的地层是以席状披盖状超覆在其下三叠系(或二叠系)之上。这说明了背斜及断裂的形成发生在侏罗系沉积之前,三叠系白碱滩组沉积之后。也就是说JSB1是一个重要的区域性构造运动的分隔面,它是可以作为一个二级层序界面的。

(5)JSB6(头屯河组底界):侏罗系头屯河组底界JSB6是一个二级层序界面,在钻井剖面上该界面的岩电特征明显。头屯河组底部为一套厚约30～50m的砂岩或含砾不等粒砂岩,界面之下为西山窑组顶部泥岩沉积。虽然头屯河组底部的砂岩和西山窑组的泥岩同样有高阻的特征,但二者在声波时差曲线上却有较大的差异,前者的声波时差值明显较后者低,而且后者的时波时差曲线呈指状特征,说明西山窑组顶部泥岩中可能夹有煤层或煤线。自然伽马曲线在JSB6处也有一明显的台阶,反映了界面之下西山窑组泥岩的相对高伽马值特征。这种岩性电性特征在乌夏地区斜坡区的很多钻井上均能识别。

图4－8是夏子街地区的一条南北向二维地震剖面X8702,在地震剖面上这一界面也相对容易识别。JSB6是一个连续性好的强轴,从斜坡区到断裂带可以连续追踪。在斜坡区可以见到界面之下有两个反射相位分别在CMP799和CMP959处向JSB6削截尖灭。另外,在CMP1199和CMP1279之间代表JSB6的强反射轴断开,这是由于断裂的活动引起的。发育于二叠纪和三叠纪的断层在JSB6之下的西山窑组沉积之后又重新活动,断穿其下地层,并使JSB6的连续性遭到破坏。在斜坡区的两个削截点也是与这次构造运动同时发生的。上面的分析表明,西山窑组沉积之后乌夏地区乃至准噶尔盆地发生了一次区域性的构造活动,使断裂带附近部分早期断层复活,地层整体抬升遭受剥蚀,形成了二级层序界面JSB6。

(6)KSB1(白垩系底界):侏罗系和白垩系之间的不整合面是一个二级层序界面。此界面在地震剖面上和钻井剖面上都容易识别。在钻井剖面上,KSB1界面以白垩系底部的底砾岩为识别标志,基本上全区分布。在地震剖面上该界面下削上超的特征明显,易于追踪(图4－8)。

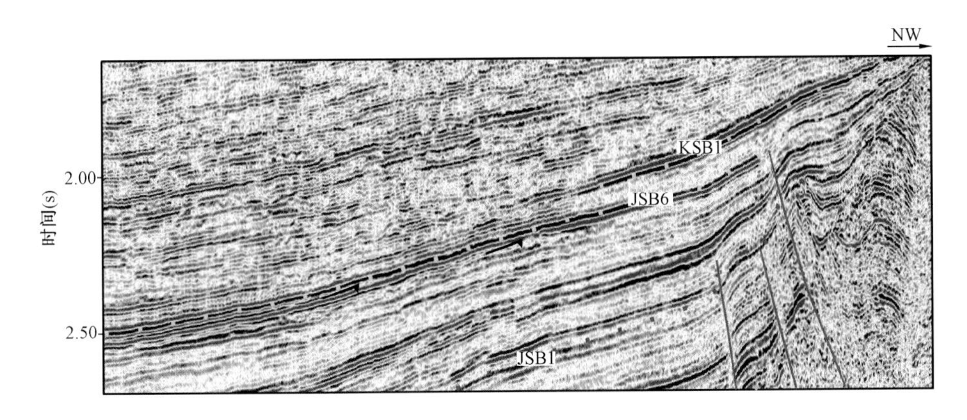

图4－8　乌夏地区二级层序界面JSB6(头屯河组底界)的识别特征

JSB6(头屯河组底界)为一连续性好的强反射,在斜坡区(CMP559—CMP639)其下有2～3条连续性好的反射轴,向断裂带附近变为低频的弱反射。可以看到JSB6对下伏地层的削截,CMP799和CMP959附近各有一个削截尖灭点。该剖面为夏子街地区X8702剖面的二级层序地层划分与对比剖面

4)三级层序界面

上述1个一级层序界面和6个二级层序界面将乌夏地区二叠—侏罗系划分为两个一级层序和6个二级层序。每个二级层序内部还有若干个三级层序界面,这些界面又将各二级层序划分为相应的三级层序。这些三级层序界面的特征将在下面关于层序的发育特征内容中进行分析,在此不再赘述。

2. 层序方案

应用井—震结合的层序地层研究方法,总结乌夏地区地层发育特征见表4－5。从表中可以看到,准噶尔盆地西北缘自二叠系至侏罗系共划分为23个三级层序、7个二级层序和两个一级层序。其中一级层序界面与准噶尔盆地的前陆盆地演化阶段以及陆内坳陷阶段的分界相对应,界面上下盆地的性质发生明显的变化。

表4-5 准噶尔盆地西北缘乌夏地区二叠—侏罗系层序地层方案表

地层 界	系	统	组	段(亚组)	绝对年龄(Ma)	层序界面	层序方案 一级	二级	三级	构造演化	古气候 干旱	半干旱	潮湿	沉积环境
中生界	白垩系		吐古鲁群(K_1tg)											三角洲平原相
	侏罗系	上统	齐古组(J_3q)		145.6	KSB1	TS2	JSS2	JSQ7	陆内坳陷阶段				辫状河冲积扇
		中统	头屯河组(J_2t)		157.1	JSB7			JSQ6					曲流河
			西山窑组(J_2x)		166.1	JSB6			JSQ5					滨浅湖三角洲前缘
		下统	三工河组(J_1s)	上段(J_1s_3)	178.0	JSB5		JSS1	JSQ4					辫状河三角洲
				中段(J_1s_2)		JSB4								
				下段(J_1s_1)					JSQ3					
			八道湾组(J_1b)	上段(J_1b_3)	194.5	JSB3								扇三角洲为主
				中段(J_1b_2)					JSQ2					
				下段(J_1b_1)		JSB2			JSQ1					
	三叠系	上统	白碱滩组(T_3b)		208.0	JSB1		TSS1	TSQ5					冲积扇 扇三角洲
						TSB5			TSQ4					
		中统	克拉玛依组(T_2k)	上亚组(T_2k_2)	235.0	TSB4			TSQ3					冲积扇 水下扇 扇三角洲
				下亚组(T_2k_1)		TSB3			TSQ2					
		下统	百口泉组(T_1b)		241.1	TSB2			TSQ1					
古生界	二叠系	上统	上乌尔禾组(P_3w)		245.0	TSB1	TS1	PSS4	PSQ12	前陆盆地				水下扇为主
		中统	下乌尔禾组(P_2w)		256.1	PSB12		PSS3	PSQ11					水下扇沉积相
						PSB11			PSQ10					
						PSB10			PSQ9					
			夏子街组(P_2x)		260.0	PSB9			PSQ8					扇三角洲湖泊相
		下统	风城组(P_1f)		270.0	PSB8		PSS2	PSQ7					滨海浅湖相
						PSB7			PSQ6					
						PSB6			PSQ5					
			佳木河组(P_1j)	上亚组(P_1j_3)	280.0	PSB5		PSS1	PSQ4					火山溢流相
				中亚组(P_1j_2)		PSB4			PSQ3					
						PSB3			PSQ2					
				下亚组(P_1j_1)		PSB2			PSQ1					
	石炭系	上统	太勒古拉组(C_2t)		290.0	PSB1								火山岩相
					320.0									

二、克百地区层序地层格架

1. 关键层序界面的识别

在分析地质测年、古生物和地震、测井和钻录井信息的基础上，将克百地区二叠—侏罗系划分为2个一级层序、8个二级层序和24个三级层序。

1）一级层序界面

（1）二叠系佳木河组底界（PSB1）：佳木河组底界PSB1为二叠系与石炭系分界面，由于钻穿二叠系的井很少，同时缺乏古生物化石等定年资料，确定其划分准确性有很大困难。

从钻井资料来看，石炭系主要为火山岩，而与之接触的佳木河组则为火山岩与沉积岩混积地层。在地震剖面上，佳木河组以明显的楔形产状特征与其下石炭系和其上的风城组区分开来，据此在地震剖面上确定佳木河组底界PSB1。此界面为区域不整合面，其上亚组具有典型的楔状特点，而其下的地层相对比较杂乱。目前研究区钻至 PSB1 的井很少，在钻井上 PSB1 一般表现为火山旋回界面。

（2）二叠系上乌尔禾组底界（PSB12）：在整个西北缘二叠系顶、三叠系底之间存在一个对下伏地层削蚀范围非常巨大的不整合面，即上乌尔禾组底界 PSB12。由西到东 TSB1 超覆在 PSB12 之上，PSB12 和 TSB1 的关系说明二者之间并无强烈的构造变形活动。因此上乌尔禾组底 PSB12 为一级层序界面，是重大构造运动后的超覆沉积。

在钻井剖面上，PSB12 一般对应于沉积旋回底界的底砾岩层，TSB1 对应于 PSB12 底砾岩以上的另一套底砾岩或正旋回的底界。

2）二级层序界面

二级层序界面限定的时限常与全盆地内断裂的发育阶段和湖平面变化阶段相对应。二级层序界面对应的这些不整合面（或与之相对应的整合面）的规模比前述的一级层序界面要小些，但也可较容易地在钻井、地震上看到明显的界面特征。

（1）二叠系佳木河组中段底界（PSB3）：佳木河组中亚组底界 PSB3 为一区域不整合面，界面上下地层格局存在明显差异，即界面之下亚组西厚东薄呈楔状，界面之上亚组呈席状，反映了该时期的盆地性质由断陷向前陆转化。佳木河组中亚组底界 PSB3 在钻井地质剖面上对应底砾岩。

（2）二叠系风城组底界面（PSB5）：风城组底界 PSB5 是一个区域不整合面，表现为上超下削，地震上这种超削现象尤为明显，对下伏地层的削蚀主要在盆地边缘，此外在玛湖凹陷北部对下伏地层的削蚀现象非常明显。将 PSB5 拉平显示发现，沿 PSB5 上下地层格局在南北方向存在明显差异，即界面之下总体为南厚北薄，界面之上为南薄北厚，反映了该时期的构造具有明显的“跷跷板”现象（图 4－9）。

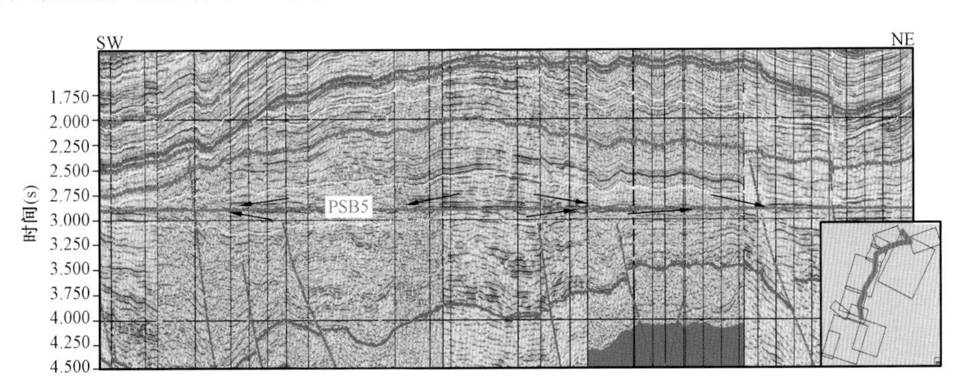

图 4－9　克百地区 PSB5 地震反射特征及界面上下地层格局

（3）三叠系百口泉组底界面（TSB1）：此层序界面是二叠系和三叠系分界面，不论是在野外，还是在地震及钻井、测井资料中，该界面都较易识别（图 4－10）。

由于克百断裂带上盘西北缘山前露头只出露了中三叠统下克拉玛依组以上地层，缺失下统百口泉组，因此在上盘二叠系与中三叠统之间是一个大的不整合界面，并与下盘百口泉组底界面共同构成三叠系的二级层序界面。该界面在露头上非常容易识别出来，界面之下是石炭系风化壳，是长期暴露地表受到风化剥蚀的标志，界面之上是下三叠统克拉玛依组的底砾岩。

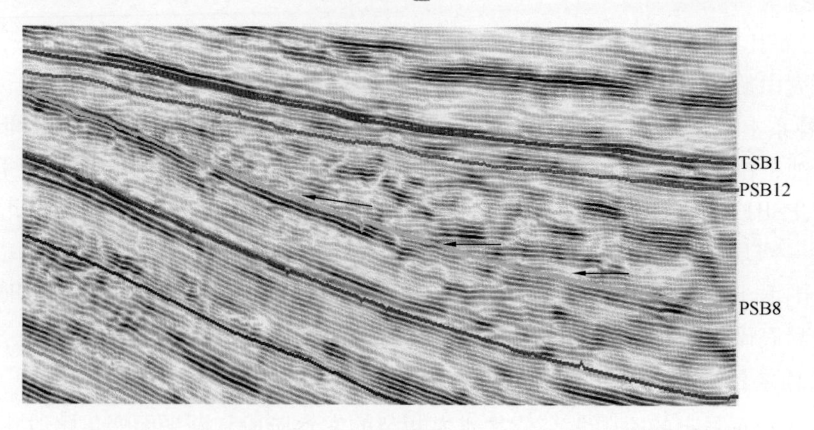

图 4-10　克百地区 PSB8 地震反射特征(中拐—五、八区 I1370)

在钻井上,TSB1 层序界面也很明显,为一岩性突变面。界面之下为较纯的厚层泥岩段,而界面之上为厚层灰色、灰黄色砂砾岩段。在测井剖面上,层序界面上下的电性特征也有明显差异,界面之下为低阻段,而界面之上为高阻段(图 4-11)。

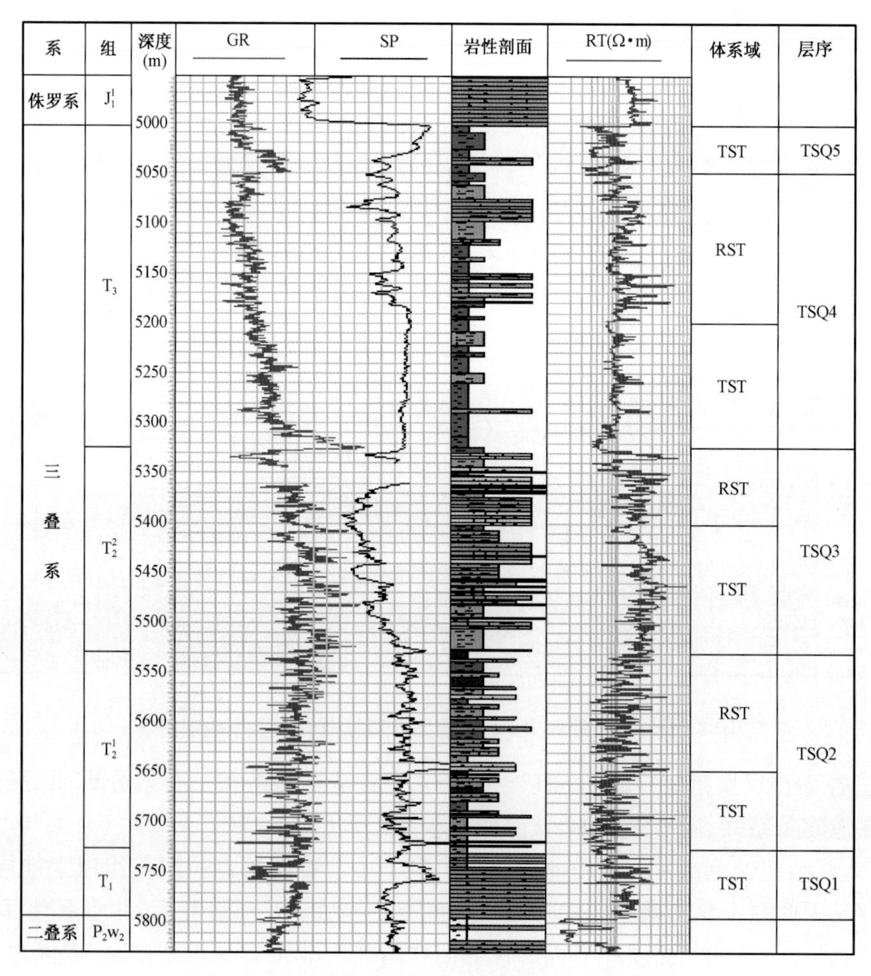

图 4-11　克百地区克 80 井三叠系层序分析柱状图

(4)侏罗系八道湾组底界面(JSB1):JSB1 层序界面是三叠系顶与侏罗系底之间的分界面,是印支运动造成的盆地范围内广泛发育的不整合面。在地震剖面上,层序底界面由 1~2 个连续强相位组成,在全区分布稳定,层序界面下伏三叠系反射波组。三叠系反射波组的顶面由两个低频相位组成(三叠系泥岩或砂泥岩发育的地区),二者之间易于识别,主要表现为上超或下削和顶覆或整一反射结构。

JSB1 钻井层序界面表现为岩性突变,在测井曲线上,此界面上下曲线幅度发生明显变化。界面上以大套灰色砂砾岩出现为特征,表现为低自然伽马、高电阻、低声波、高密度,齿化钟形,夹少量煤层;界面下以褐色泥岩为主夹灰色砂岩,测井曲线跳跃较大,总体表现为高自然伽马、低电阻。

在露头剖面中,JSQ1 层序底界面在不同的地区与下伏三叠系的不同层位相接触。在克拉玛依西北的吐孜阿格内:界面之下为克拉玛依上亚组灰色、泥质粉砂岩,夹少量煤屑。界面之上为八道湾组下段底部辫状河流相的块状、灰白色、浅灰绿色细砾岩,底部为显著的冲刷、侵蚀面。克拉玛依上亚组之上缺失白碱滩组,从而说明该界面为一不整合面。

(5)侏罗系头屯河组底界面(JSB6):JSB6 是燕山运动Ⅰ幕运动造成的在西北缘广泛发育的不整合面。在 JSB6 之下发育的是侏罗系水西沟群,包括八道湾组、三工河组和西山窑组;在 JSB6 之上发育的是侏罗系石树沟群,包括头屯河组和齐古组。

在钻井资料中,JSQ6 层序底界面为西山窑组与头屯河组分界,其下为以灰色为主的地层,其上地层以杂色为主。此界面特征主要表现为岩性、颜色突变。界面以上为红色、黄色、褐色泥岩及红色细、中砂岩,界面之下为灰色、灰绿色中、粗砂岩。

在露头剖面上,JSQ6 层序底界面发育在西山窑组(J_2x)顶部,完全吻合于头屯河组(J_2t)和西山窑组(J_2x)间的区域性构造不整合面。界面上下两侧地层颜色具有明显的差别(图 4-12)。界面之上发育红色的砂岩,界面之下发育灰色、灰绿色砂岩,砂岩中夹薄层煤线,在西山窑组砂岩中还可见到大型的交错层理。

图 4-12 准噶尔盆地西北缘吐孜阿格内 JSB6 野外露头特征

(6)侏罗系齐古组顶面或白垩系底面(KSB1):KSB1 是白垩系和侏罗系之间大的不整合面,是燕山运动末期构造活动造成的在西北缘广泛发育的不整合面。受燕山运动Ⅱ幕影响,下伏层序遭受到了严重剥蚀。现今的 JSQ6、JSQ7 层序分布局限。KSB1 地震剖面上表现为中、强振幅,连续—较连续的反射波组。KSB1 主要表现为地层削截面和下切面,现象明显。

在钻井资料中,KSB1 之上发育白垩系吐谷鲁群,在界面附近吐谷鲁群底部发育薄层灰色砂砾岩,砂砾岩之上为厚层红色泥岩。界面之下发育侏罗系齐古组,为红色泥岩、粉砂质泥岩,以及大套的灰色砂砾岩。KSB1 界面上、下岩性发生突变,自然电位曲线和电性曲线都发生了明显的变化。

3)三级层序界面

三级层序本质上是在外部由不整合面及与之可对比的整合面所围限;在内部是由不同关键界面所分隔的一个完整的沉积体系域旋回组成。在三级层序内部不可能出现明显的不整合面,也不可能出现多个完整的沉积体系域旋回。因此确定三级层序的客观依据包括不整合面级别和沉积体系域旋回两方面。

二叠—侏罗系可识别出 24 个三级层序,对应 25 个三级层序界面。部分三级层序界面与一、二级层序界面重合。除了 2 个一级层序界面、7 个二级层序界面外,其余 16 个三级层序界面中。其中,二叠系内部 7 个,三叠系内部 4 个,侏罗系内部 5 个。

(1)佳木河组内部三级层序界面(PSB2、PSB4):佳木河组内部共识别出 4 个不整合面,其中 PSB1 属于佳木河组底界面,为一个区域不整合面,PSB3 上下地层格局发生了明显变化,其他两个层序界面 PSB2、PSB4 皆为具备局部超削不整合的三级层序界面。地震剖面中,各界面之下的削蚀和视削截现象明显,其中 PSB2 主要对应一套强振幅波组的顶界,界面之下强相位波组在斜坡带的上部具丘状外形、平行—波状反射构型等特征;PSB3 界面之下的地震特征与 PSB2 界面之下的地震特征相似,界面之上主要由一套弱振幅、低连续结构,波状—杂乱反射构型的地震相构成;PSQ4 在大部分研究区主要对应一套由 1 ~ 3 个强反射同相轴组成的波组,PSB4 界面之上地震反射连续性好、振幅中—强,主要表现为平行—亚平行反射构型,界面之下于盆地边缘部位可见微弱的削截。

(2)风城组内部三级层序界面(PSB6、PSB7):风城组内部发育 2 个三级层序界面,即 PSB6、PSB7,主要分布在克 80 井区以北,克 80 井区以南直接被夏子街组底界面所削。PSB6 主要为上部超覆、下部顶超界面,该界面在检乌地区连续性较差、振幅中—弱,但是在百口泉地区则表现为连续性好、振幅中强的同相轴。PSB7 界面相对于 PSB6 整个地震反射连续性较差、振幅相对弱。

(3)夏子街—下乌尔禾组内部三级层序界面(PSB9—PSB11):夏子街组(P_2x)和下乌尔禾组(P_2w)中识别出 3 个三级层序界面,其中夏子街组有一个三级层序,其底界面 PSB8 为底界面,其他三级层序界面分别为 PSB9、PSB10、PSB11。

PSB9 相当于下乌尔禾组的底界面。该界面在克百地区南部金龙 2—克 202—检乌 30—检乌 5 井一带直接超覆在 PSB8 之上;向北过检乌 5 井区直接被边缘逆冲断裂带断失。整体上,该界面连续性较差,界面之上可见到超覆,界面之下以顶超接触为主(图 4 - 13)。

PSB10 大致与下乌尔禾组底界面相对应。该界面分布范围与 PSB9 差别不大,但由于在上乌尔禾组早期地层抬升,在盆地边缘地区主要被上乌尔禾组底界面所削。界面的连续性较差,振幅在不同地区差异较大,总体上北部百口泉地区较南部地区要好。该界面上下地震不整合特征清楚,界面之上主要为超覆接触,界面之下为顶超接触。PSB10 对应的岩性主要为一套砾岩,界面之下发育反旋回岩石组合,界面之上具有明显的向上变细的正旋回特征。

PSB11 层序界面分布较为局限,在西北缘五—八区斜坡带上几乎被上乌尔禾组底界面剥蚀殆尽,向北在百口泉地区发育相对较全。界面之上超覆,界面之下顶超,该界面上下正反旋回特征明显。

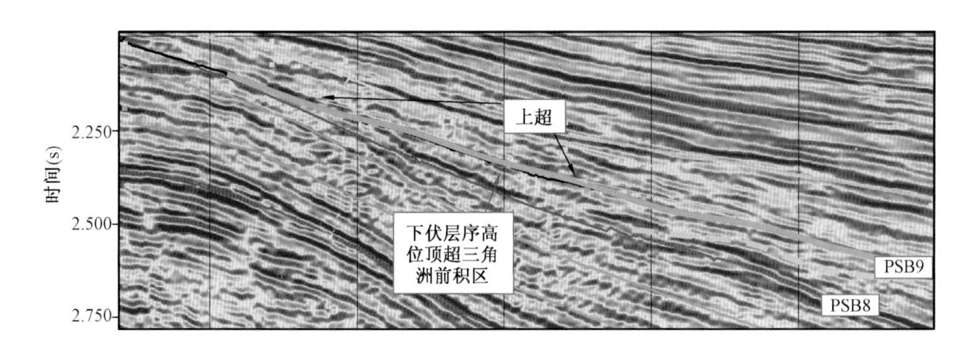

图 4－13　克百地区 PSB9 地震反射特征(Line3354)

(4)三叠系内部三级层序界面(TSB2—TSB5):三叠系内识别出了 4 个三级层序界面,从下到上依次为 TSB2、TSB3、TSB4 及 TSB5,其中 TSB2 相当于下克拉玛依组与百口泉之间的分界面,TSB3 相当于克上组、克下组之间的分界面,TSB4 相当于上克拉玛依组与白碱滩组之间的分界面,TSB5 位于白碱滩组内部,相当于白碱滩组中下部与上部的分界面。

在露头上,TSB2 上盘克下组底界与石炭系直接接触,为一区域不整合面,下盘该界面没有出露;地震上该界面局部表现为上超界面,而在研究区大部分地区表现为无明显超覆削截关系的整合面;TSB2 层序界面为岩性突变面,界面之下为厚层灰色、灰黄色砾岩,界面之上为厚层灰色泥岩夹薄层灰色砂砾岩;界面之下为高阻、低伽马段,界面之上为低阻、高伽马段。

TSB3 在野外露头上十分清楚。该界面之上为克上组的砾岩,界面之下为克下组的泥岩,可见明显的冲刷面(图 4－14)。地震剖面上 TSB3 层序界面无明显的上超、削蚀等不整合关系,但是界面上下地震反射特征有明显差异,界面之下地震反射表现为较弱振幅、较差连续性,而界面之上表现为振幅较强、连续性较好。在钻井上,TSB3 表现为一岩性突变面,界面之下为棕红色泥岩,界面之上为灰色砂岩,表明了沉积环境的突变;在测井剖面上,该界面上下的电测响应特征也明显不同,界面之下为低阻、低伽马段,而界面之上为高阻、高伽马段。

图 4－14　准噶尔盆地西北缘 TSB3 层序界面野外露头冲刷面特征(克拉玛依深底沟剖面)

TSB4 在野外露头为一岩性突变面。该界面之下的克上组为棕红色砂岩、泥质砂岩,而该界面之上为白碱滩组的巨厚层灰色泥岩,两种岩性突变接触,而且在分界面附近有薄层凝灰岩。地震上 TSB4 层序界面为不太明显的上超面,界面之上地层断续上超于界面之上,在界面上、下振幅差异也较为明显,界面之下地震振幅表现为强振幅、好连续的反射特征,而界面之上表现为中、弱振幅、较好连续的地震反射特征。TSB4 表现为岩性突变面,界面之下为大套灰色砂砾岩与泥岩互层沉积组合,界面之上为厚层灰色、深灰色泥岩,表明了沉积环境的突变;测井上该界面上下的电性特征也明显不同,界面之下电性特征为高阻、高伽马段,而界面之上为低阻、低伽马段(图4－11)。尤其在分界面上,电阻率、自然伽马都有突变,而且十分稳定,应为凝灰岩层的反映。

TSB5层序界面位于白碱滩组内部,一套厚10～20m稳定的暗色泥岩底面,测井上表现为高伽马、低电阻率特征,与其下伏的砂岩有明显差异,很容易识别(图4－11)。由于盆地边缘的露头区普遍缺失白碱滩上部地层,因而露头上见不到该界面。在地震剖面上,TSB5层序界面下上地层无明显的削截、上超关系,而界面上下地震反射表现出一定的差异,界面之下地震反射表现为中、弱振幅、较连续的反射特征,而界面之上表现为强振幅、连续的地震反射特征。

(5)侏罗系下部二级层系内部三级层序界面(JSB2—JSB5):JSB2底界为一组中、强振幅、连续性较好的地震反射层。该反射全区分布比较稳定:JSQ2层序底界面位于波峰之上,该界面下伏于JSQ1层序低位,属于湖侵体系域。JSQ1层序对应一个较连续、弱—中振幅反射波组,JSQ2层序则靠近JSQ1层序之上一组较连续的反射波组,易于区别。在大多数地区该界面表现为一个整合面,在盆地的边缘地区表现为一个上超界面,在局部地区见有JSQ2层序对下伏JSQ1层序的削截(图4－15)。

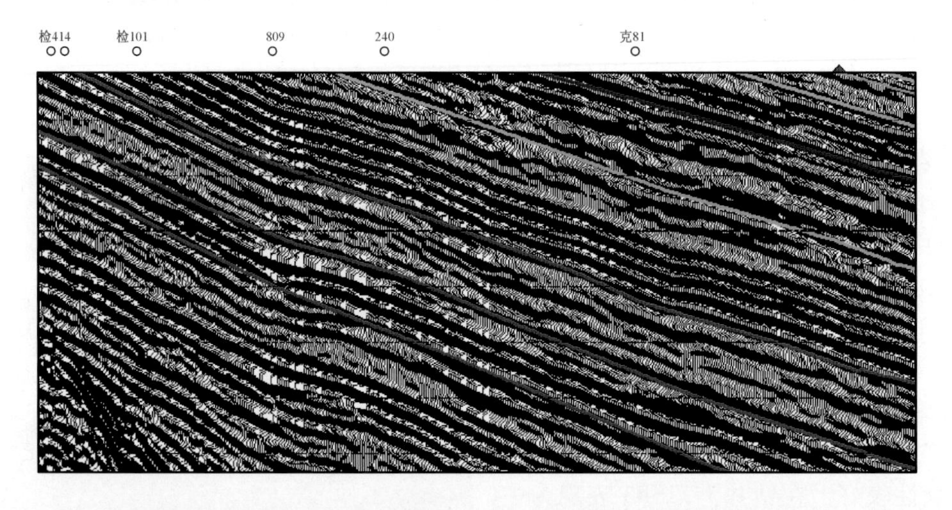

图4－15　克百地区过检101井—克81井地震剖面层序界面反射特征

在钻井资料中JSB2大体上对应于八道湾组中段底界,界面之下为5～10m的灰色泥岩,测井曲线特征表现为高自然电位、高伽马、低电阻率、高声波、低密度值。界面之上发育的是一套较粗的砂砾岩组合,岩性为正韵律中粗砂岩或含砾砂岩,砂岩中夹薄煤层,测井曲线特征表现为低自然电位、低伽马、高电阻率、低声波、高密度值。

JSB3界面在地震剖面上为一双相位连续强反射波组,组成所谓的"钢轨"反射层。该反射在全区分布稳定,特征明显,是地震剖面区域追踪对比的良好的标志层(相当于地震层位的Jt_2)。JSQ3层序底界面位于双轨强反射的波谷与下波峰之间,该界面下伏JSQ2层序高位域。JSQ2层序高位域是一个较连续、弱—中振幅反射波组,二者特征明显,易于区别。在大多数地区该界面表现为一个整合面,在盆地的边缘地区表现为上超界面,在局部地区见有JSQ3层序对下伏JSQ2层序的削截(图4－15)。

JSB4层序底界面表现为一个中—弱振幅、连续—较连续反射波组,该反射波组横向变化较大，分布不稳定。JSQ4 层序底界面位于反射波组的下波峰上，极少部分地区为波谷。在该界面上可见上超现象，以及对下伏层序的削截现象。三工河组内部有一大套砂砾岩，即 S_2 砂层组，又可分为 S_{21} 和 S_{22} 两个砂层组。JSQ4 层序底界面大多位于 S_{22} 砂层组上部。界面之上为一层粗碎屑沉积，主要为砂砾岩、细砾岩；界面之下为泥岩，夹薄层粉、细砂岩。界面上下岩性和测井曲线都表现突变特征，另外底砾岩的出现也说明层序界面的位置。

在吐孜阿格内露头剖面，JSQ4 层序的底部河道滞留砾岩、含砾粗砂岩冲刷 JSQ3 层序高位体系域灰色细砂岩及粉细砂岩（图 4－16）。JSB4 界面之上岩性较粗，砂砾岩见明显的粒度旋回，中细砂岩中见小型的交错层理。界面之下岩性较细，粉细砂岩中沉积构造明显。界面上下岩性变化较大。

图 4－16 准噶尔盆地西北缘吐孜阿格内 JSB4 野外露头特征
（克拉玛依吐孜阿格内剖面）

界面在地震资料中通常由 2～3 个强相位组成，相当于地震层位的 Jt_3。JSQ5 层序界面在多数地区位于两个强相位的下波峰，其底部为煤系地层，由于该煤系地层横向上的变化和纵向上的跃迁，造成地震反射强度（振幅）在横向上发生较大的变化，因此代表该层序界面的反射在某一地区为强相位，而在另一地区可能变为中弱相位，在极个别地区还可以见到波谷到波峰的相位转化。在 JSQ5 层序底界面上可见到发育的地层上超、地层削截现象。JSQ5 层序底界面大致位于西山窑组煤层附近，层序界面上、下岩性由灰色砂岩过渡为杂色砂岩、褐色泥岩，由进积突变为退积（图 4－17）。

（6）侏罗系上部二级层系内部三级层序界面（JSB7）：受燕山运动Ⅱ幕的影响，JSB7 层序遭受到了严重的剥蚀（图 4－17）。现今 JSQ7 层序分布局限，在百口泉北区及现今山前地区普遍缺失 JSQ7 层序，五区大部地区 JSB7 层序也被剥蚀殆尽。加之 JSQ7 层序的地震反射成像差，层序底界面在地震剖面上识别和追踪有一定难度。JSQ7 层序底界面为一中强振幅、连续—较连续反射波组，在地震剖面上可以追踪和对比。JSQ7 层序底界面相当于地质分层的齐古组的底界。JSQ7 层序底界面主要表现为一个地层削截面和下切面。

该层序底界面为齐古组与头屯河组的分界，其下为杂色地层，其上为以红色为主的地层。在露头资料中，层序界面位于头屯河组（J_2t）的顶部，对应风化壳、根土岩、钙结壳等。该层序

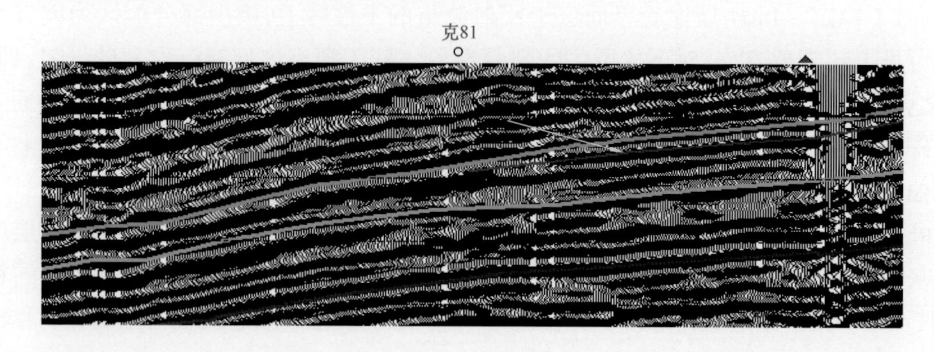

图4-17 克百地区侏罗系层序界面反射特征(过克81井地震剖面)

界面以下为下伏层序高位域顶部暴露相的组合。界面以上为巨厚层的含砾粗砂岩,厚度20～25m,底部为厚度1m的巨粗砾岩,呈大型透镜体状。它们的上部为洪泛平原的紫红色、紫色和杂色粉砂岩、粉砂质泥岩夹砂岩。JSQ7层序基本上对应于齐古组,层序的底部和下部为灰紫色砾岩,成分十分复杂,各种岩石的成分都可见,砾石大小差异极大,大者几十厘米,小者1～2cm,砂泥质胶结,疏松易碎。

2. 火山岩系地层层序研究

克百地区下二叠统发育大量火山岩,形成火山岩与沉积岩混杂堆积的特殊地层,这与正常沉积岩在层序地层划分和对比中存在较大差异。

笔者的研究思路是在佳木河组地质特征分析基础上,从源于纯粹沉积岩地层的经典层序地层学基本概念和原理出发,研究经典层序地层学基本原理和方法在含火山岩系地层中的适用性;将经典层序地层学基本原理和方法推广到含火山岩系地层,初步形成含火山岩系层序地层学的基本概念和方法,从而对含火山岩系能否进行层序地层划分对比,以及如何进行层序地层划分对比等基本问题作出回答。在此基础上建立层序格架,进行火山岩相—沉积相、层序主控因素和层序模式等方面的研究。

1)含火山岩系的岩性分布特征及史密斯地层属性

经典层序地层学研究对象及范畴均为时间上连续、地层顺序和相序正常、变形弱、可以远距离追踪对比的纯粹沉积岩地层,即层序地层学的研究对象是史密斯地层。要确定含火山岩系能否进行层序划分,首先要确定含火山岩系地层是否是史密斯地层。

研究区含火山岩系地层是沉积岩和层状、似层状火山岩混积的地层,不存在因剧烈构造运动等原因导致的地层层序和相序混乱,岩层之间的叠置关系代表着岩层形成时的正常叠置关系,沉积相序和火山相序也没有发生改变,地震同相轴是连续的,在区域上可以追踪对比,故认为该含火山岩系地层是史密斯地层(图4-18)。虽然火山机构的火山通道中有少量非层状的喷出岩,但所占比例极低,不影响整个含火山岩系地层系统的史密斯属性。因此,含火山岩系地层能够进行层序划分。

2)含火山岩系地层不整合面类型、特征及成因机制

含火山岩系地层是否存在与经典层序不整合面内涵一致的不整合面是含火山岩系地层能

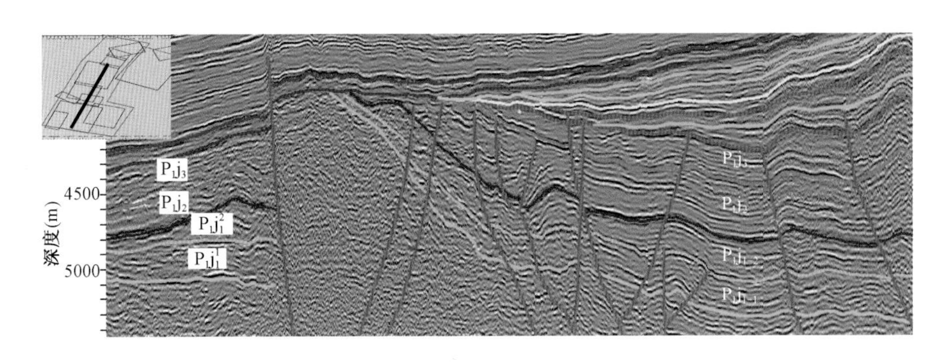

图 4-18 克百地区史密斯地层与非史密斯地层示意图(Trace580)

P_1j_1、P_1j_2、P_1j_3 分别表示佳木河组下、中、上亚组

否进行层序划分对比的关键。与纯粹沉积岩地层系统相比,含火山岩系地层的不整合面类型多,成因机制也不同。

(1)含火山岩系地层不整合面类型。

根据形成机制,各岩性区含火山岩系地层的不整合面可分为两类,即相对海(湖)平面变化形成的不整合面和火山作用形成的不整合面。

其中相对海(湖)平面变化形成的某个岩性区的不整合面,与其他岩性区同时形成的不整合面及其对应的整合面可以区域追踪对比,其上存在着指示重大沉积间断的陆上侵蚀削截或陆上暴露现象,其内涵与源于经典层序地层不整合面的内涵一致,均是与层序界面相关的不整合面,外延是整个含火山岩系地层系统。

而火山作用形成的不整合面,包括火山丘伴生的上超下削不整合面、火山丘伴生的双向下超不整合面、喷发不整合面等,其内涵与源于经典层序地层不整合面的内涵不一致,均与层序界面无关,但某些情况下可能与层序界面相关的不整合面重合(图 4-19)。

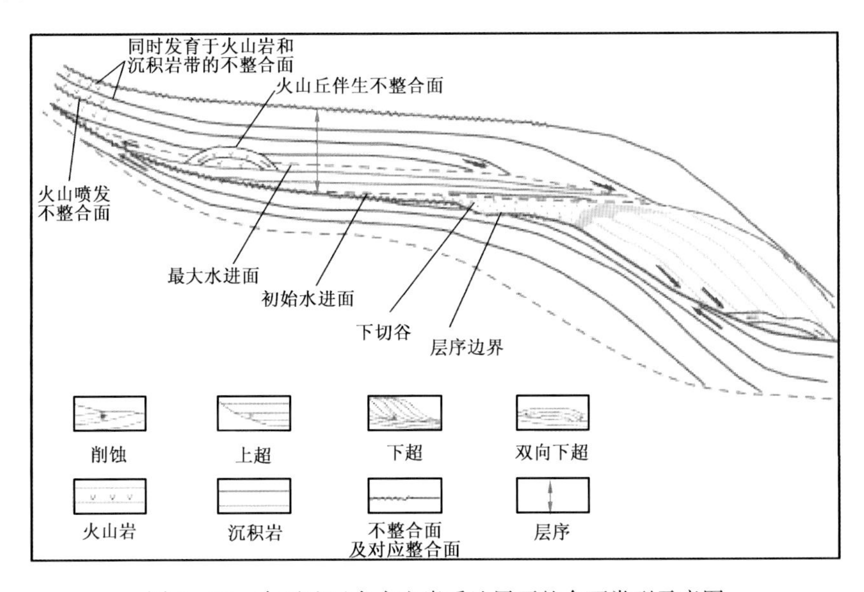

图 4-19 克百地区含火山岩系地层不整合面类型示意图

火山作用不能直接控制或单独决定与层序界面相关的不整合面的形成。只有当火山作用作为影响因素之一,与构造沉降、海(湖)平面变化等其他因素共同作用而导致相对海(湖)平面变化时,火山作用才能对与层序界面相关不整合面的形成产生影响。

(2)与层序界面相关的不整合面的空间关系。

从西北缘断裂带向盆地中心方向,由纯火山岩区到沉积岩和火山岩混合岩区再到沉积岩区,海拔依次降低,一般表现为海拔越高则火山岩越发育,海拔越低则沉积岩越发育。所以,在海拔较低区的沉积岩区发育超覆、下切谷侵蚀等不整合面,向海拔较高区的纯火山岩区、沉积岩和火山岩混合岩区可过渡为削截等不整合面。纯火山岩区、沉积岩和火山岩混合岩区发育的削截等不整合面,向沉积岩区可过渡为与之对应的整合面。

(3)与层序界面相关的不整合面的识别。

与层序界面不相关的不整合面的形成机制均是火山作用,主要是火山丘或楔状、席状火山岩伴生的不整合面,且分布面积小,一般区域上不可能过渡为与层序界面相关的不整合面或与其对应的整合面,但有时候可能和与层序界面相关的不整合面重合。所以,通过地震、钻测井等资料识别出各种火山岩相、火山丘后,考察发育于火山岩区的不整合面类型及其分布特征,从而将火山作用成因的、与层序界面不相关的不整合面区分出来。

3)含火山岩系地层的旋回类型及可对比性

从构造背景的角度来看,火山作用、沉积作用共存于一个大的构造体系中,沉积岩、火山岩的形成、分布和演化都要受这个构造体系的制约。火山旋回和沉积旋回的最根本、深层次的主控因素是构造活动,构造活动宏观地决定着火山旋回和沉积旋回的形成和演化。在构造活动背景下,事件性、突发性、体积总量不占优的火山旋回地层被包含于漫长的、常态的、体积总量占优的沉积旋回地层中,从这个意义上说,含火山岩系地层系统的形成和分布受由构造活动主导的相对湖平面变化的控制。从该角度观察,火山岩和沉积岩之间存在成因联系。

从系统论的角度考虑,火山岩和沉积岩同属于含火山岩系地层系统,火山岩和沉积岩互相作用,是同一个系统中的两个子系统,是有机联系的整体,两者不可分割。从系统论的角度来说,火山岩和沉积岩之间存在成因联系。

总的来说,可认为火山岩和沉积岩之间存在广义上的成因联系。含火山岩系地层可以进行层序划分对比,源于纯粹沉积岩的经典层序地层学基本原理和方法适用于含火山岩系地层。

4)含火山岩系地层的层序划分对比原则

含火山岩系层序地层划分的具体方法是:首先根据地震、钻测井资料,地震剖面上识别出相对湖平面变化而不是火山作用形成的、可作为层序界面的不整合面,划分二级层序,建立层序地层框架。在此基础上,通过井震结合识别次级不整合面,同时在钻井剖面上,考虑火山旋回和沉积旋回的发育和组合特征确定层序界面,进行三级层序划分对比。

按纯火山岩地层、火山岩为主夹沉积岩地层、沉积岩为主夹火山岩地层、纯沉积岩地层四种情况,分别讨论含火山岩系地层的层序划分。

含火山岩系地层的层序划分对比步骤:(1)界面为纲,旋回为体;(2)井震结合,相互约束;(3)网络闭合,交叉检验;(4)由粗到细,逐步逼近;(5)层序划分对比质量监控原则。

3. 层序地层格架的建立

对二叠系层序研究难度最大的层位是下二叠统佳木河组含火山岩系地层。由于地层受后期构造改造剥蚀而残缺不全、构造样式复杂、钻井资料少、露头条件差、岩性岩相复杂难识别等方面原因，导致对该层层序地层的研究程度低、分歧大。

本书采取“地质与地震资料相结合划分层序”的原则，主要以西北缘中拐—克百地区三维地震区块为主体，在重点井层序岩心、测井资料层序划分的基础上进行层序界面精细标定和三维地震追踪闭合，建立地震三维区 4km×4km 解释测网，部分复杂地区加密到 2km×2km、1km×1km，并结合部分二维地震资料，开展井震结合层序划分对比。

将二叠—侏罗系划分为 2 个一级层序、8 个二级层序和 24 个三级层序。其中二叠系佳木河组—下乌尔禾组构成 1 个一级层序；上二叠统上乌尔禾组—侏罗系构成另一个一级层序（图 4－20）。

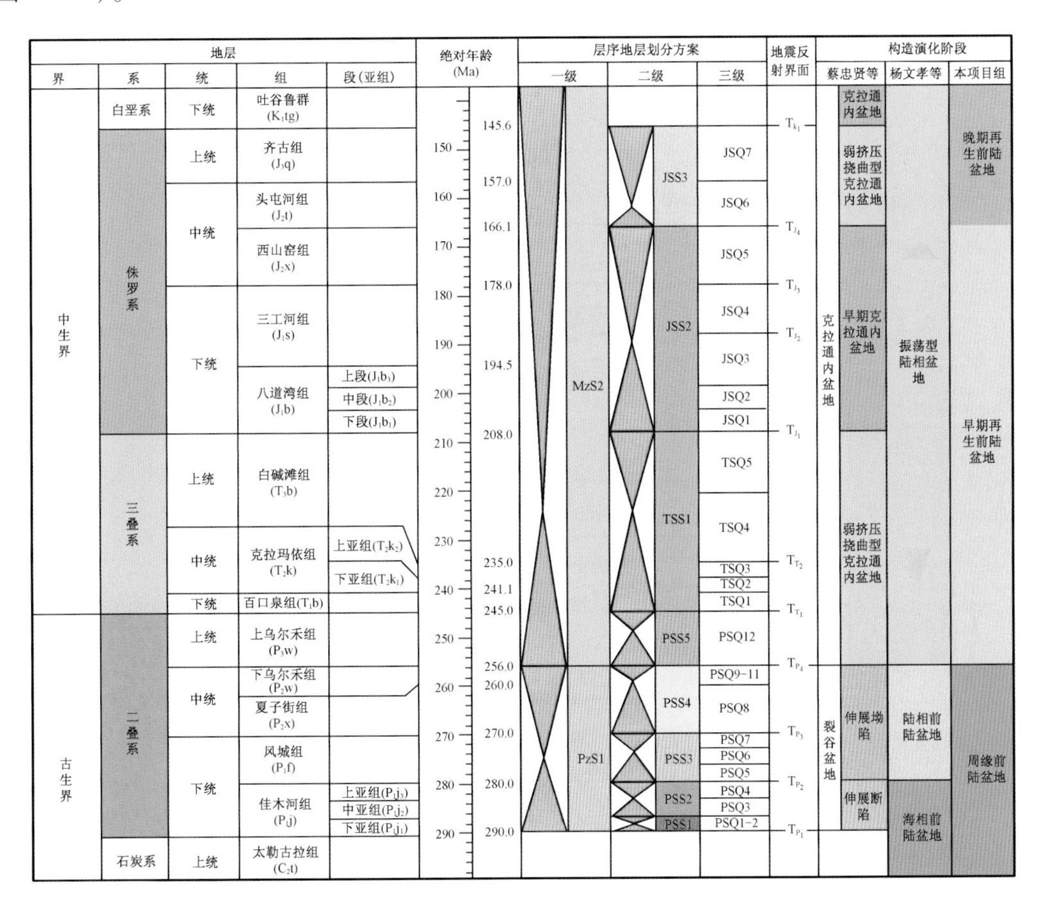

图 4－20　克百地区二叠—侏罗系层序地层划分方案与构造演化阶段

4. 层序类型及发育模式

通常情况下，在地层记录中可以识别出两种层序类型，即Ⅰ型和Ⅱ型层序。Ⅰ型层序底部以Ⅰ型层序界面为界，顶部以Ⅰ型或Ⅱ型层序界面为界。Ⅱ型层序底部以Ⅱ型层序界面为界，顶部以Ⅰ型或Ⅱ型层序界面为界。

Ⅰ型层序底界面为一个区域性的不整合面，是海（湖）平面下降速度大于盆地沉降速度时产生的，常以河流回春作用、沉积相向盆地方向迁移、海（湖）岸上超点向下迁移以及与上覆地层相伴生的陆上暴露和同时发生的陆上侵蚀作用为特征。由于形成Ⅰ型层序边界时，沉积相迅速向盆地方向迁移，从而造成非海（湖）相的辫状河等的沉积物直接覆盖在界面之下的较深水沉积物之上，从而缺少中等水深的沉积地层。

Ⅱ型层序界面是由于海（湖）平面下降速度小于沉积滨线坡折带处盆地沉降速度时形成的，因此在这个位置上未发生海（湖）平面的相对下降。Ⅱ型层序界面具有自沉积滨线向陆地方向的陆上暴露、上覆地层的上超等特征。但是，它不具有伴随河流回春作用造成的陆上侵蚀，也没有沉积相明显向盆地方向的迁移。

玛湖凹陷斜坡区发育两类三种层序类型。两类是指坡折型和斜坡型，而斜坡型又可进一步根据体系域发育的完整程度分为斜坡完整型和斜坡残缺型层序（图4－21）。

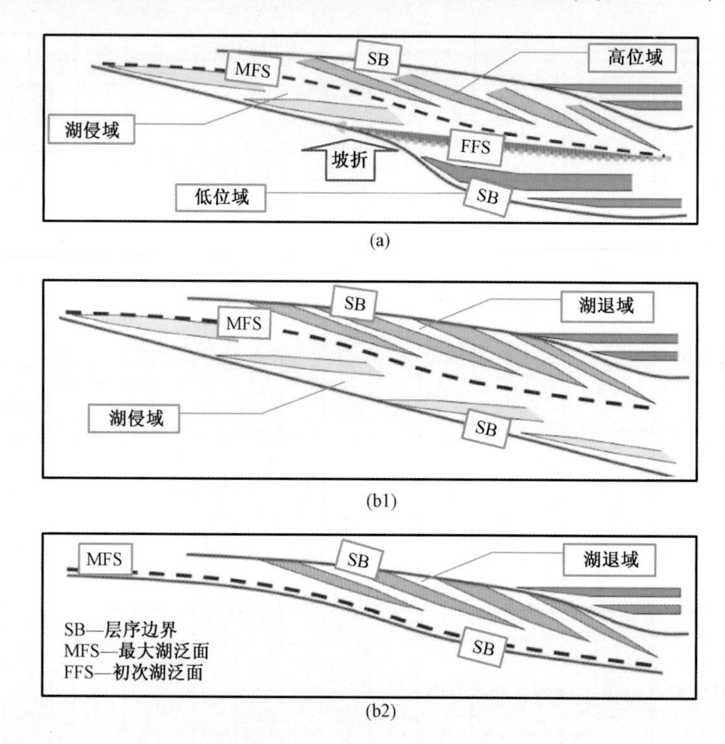

图4－21　克百地区两类三种层序发育模式

（a）具有坡折的（坡折型）层序地层发育模式；（b1）不具坡折、体系域发育完整的层序地层（斜坡完整型）发育模式；（b2）不具坡折、体系域发育不完整的层序地层（斜坡残缺型）发育模式

根据经典层序地层学理论，坡折型层序应属于Ⅰ型层序，以坡折发育为特征，低位期湖平面退至坡折之下，导致坡折之上河流回春作用强烈，可发育规模较大的下切谷充填沉积，而坡折之下近岸粗碎屑沉积物可直接覆盖在早期深水细粒沉积之上，形成斜坡扇或低位扇沉积，此时三个体系域均有发育（图4－21）。而斜坡型层序则属于Ⅱ型层序，坡折不明显导致湖（海）平面下降时并无地形快速下降而引起岸上河谷下切、岸下水流加速形成重力流沉积的背景条件，低位域不发育。当然，受湖平面升降特征和所处构造位置的影响，斜坡型层序中也并不是湖水上升和下降期均有对应的、保存完整的沉积响应。当湖进、湖退沉积物均有大致相同程度的沉积且保存下来时，称之为斜坡完整型，可以清楚地识别出两个体系域（图4－21）；而当湖

进或湖退中一个时期的沉积地层缺乏或明显不发育而只发育其中一个体系域时，称之为斜坡残缺型，其中仅1个体系域容易识别（图4－21）。

值得说明的是，此处所讨论的斜坡型层序也可能有两种成因，一是本属坡折型，只是坡折带不在目前地震区块内，现有资料中没有发现其坡折；二是自身为T—R型二分层序，不发育坡折。

研究表明，坡折型层序发育较少，以二叠系的夏子街组三级层序（PSQ8）最为典型，可以识别出低位体系域、湖侵域和高位体系域，其中坡折带之下的低位扇体为最理想的勘探对象，高位前积扇体次之（图4－22）。

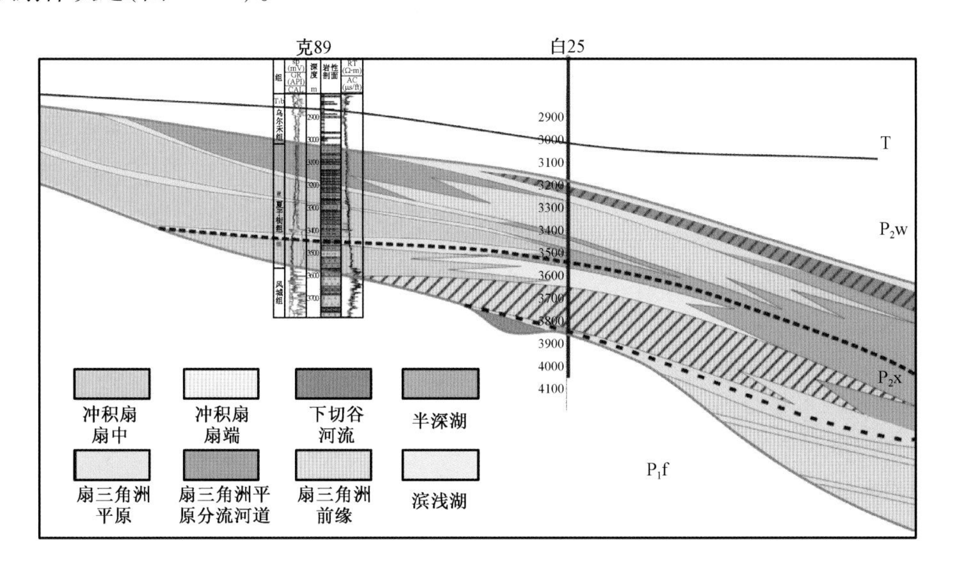

图4－22 克百地区二叠系夏子街组（PSQ8）坡折型层序地质解释剖面

P_1f—下二叠统风城组；P_2x—中二叠统夏子街组；P_2w—中二叠统下乌尔禾组；T—三叠系

斜坡完整型层序最为普遍，在二叠系风城组、下乌尔禾组和三叠系、侏罗系中均有大量发育，一般可以识别出湖侵和高位两种体系域，湖侵上超砂体和高位前积砂体具有不同的勘探思路和成藏条件，应区别对待。

斜坡残缺型发育较为少见，西北缘仅在三叠系白碱滩组上部层序中识别出一个例子，该层序底部为一套高伽马的泥岩沉积，其上为逆相序的一套砂岩沉积，表现为极薄的最大湖泛面沉积和其上的高位体系域沉积，可以认为主要发育一个体系域。三叠系白碱滩组可划分出2个三级沉积旋回（三级层序），其中下部层序中湖平面上升和下降半旋回发育完整，依次发育一期退积和一期进积；而上部层序中湖平面上升半旋回不发育，主要表现为湖水快速上升后缓慢下降时期形成的一期进积沉积（图4－23）。

三、红车地区层序地层格架

1. 新生界层序界面的识别

红车断裂带重点区块层序地层的研究主要是运用高分辨率层序地层学基本原理进行地层划分和等时对比，建立等时地层对比格架，并研究等时地层格架内砂体时空演化规律。

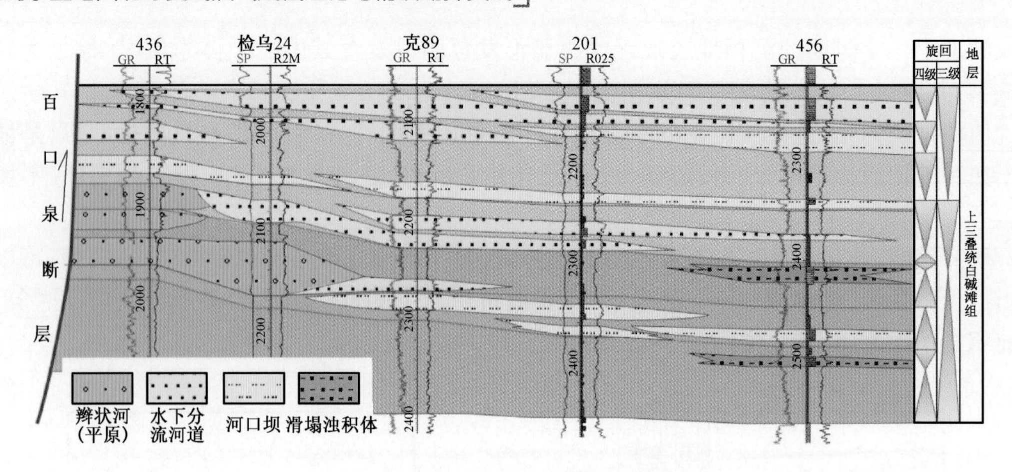

图4-23　克百地区三叠系白碱滩组层序地层及沉积对比剖面

1）新近系层序划分及层序地层格架

（1）层序界面的识别。

高分辨率层序地层学在层序划分方面强调对地层记录中反映基准面旋回变化的时间地层单元进行具有二分时间单元地层划分，因此，正确识别基准面旋回界面是开展层序划分的关键。对层序界面的识别应综合利用地震、测井及钻井岩心和野外露头资料。

① 冲刷侵蚀不整合面：按照冲刷侵蚀面（不整合面）的性质和规模，以及对地层层序的控制作用可进一步划分为与一级、二级层序有关的冲刷面侵蚀面（不整合面）和与三级层序有关的冲刷侵蚀面（不整合面）两种基本类型。

与一级、二级层序有关的冲刷面侵蚀面，是由于较强的区域构造运动或湖平面较大幅度下降形成的冲刷侵蚀面。从盆地边缘向洼陷方向，侵蚀或沉积间断时间逐渐缩短，由边缘的侵蚀冲刷不整合沉积间断逐渐变为整一界面，由于中长期基准面迁移变化基本上是在全盆地或盆地大范围内同时进行，所以与一级、二级层序有关的侵蚀冲刷面可分布于整个盆地或盆地内大部分地区。与一级、二级层序有关的冲刷面侵蚀面识别标志为大型区域冲刷作用界面。由于冲刷作用可造成地层缺失，冲刷面上可见底砾岩，而且冲刷面上下地层的沉积特征、沉积相的类型和发育规律及地层的叠加样式存在明显差异，冲刷面下岩性突变；冲刷面上可见一系列河道—河道间—泛滥平原等反映进积—垂向加积—退积的沉积组合序列，测井资料分析显示，侵蚀冲刷面在测井曲线上一般出现于漏斗形、漏斗形—箱形—钟形曲线或复合曲线的中下部或下部，界面两侧曲线形态及组合差异明显，反映出不同的叠加样式，界面处曲线异常跳跃明显（图4-24）；地震剖面上，在盆地边缘地区可见明显的削蚀、上超，振幅、连续性不稳定（图4-25）。研究区中此种类型的冲刷侵蚀面较为多见。

与三级层序有关的冲刷面侵蚀面，属小成因层序分界面，一般由于基准面小幅度频繁升降引起的沉积物局部冲刷作用、沉积路过作用、沉积物供应突然减小或终止等所造成的小型间断。其识别标志为：剖面上一般位于叠置河道或单个河道的底部，或决口扇的顶部，测井曲线上表现为单向移动的漏斗形或钟形的底、顶突变面或加速渐变面，如钟形—箱形复合曲线的下部，冲刷界面处测井曲线亦发生异常跳跃，但其跳跃幅度较小（图4-25）。岩性剖面上可保留过路冲刷的痕迹。

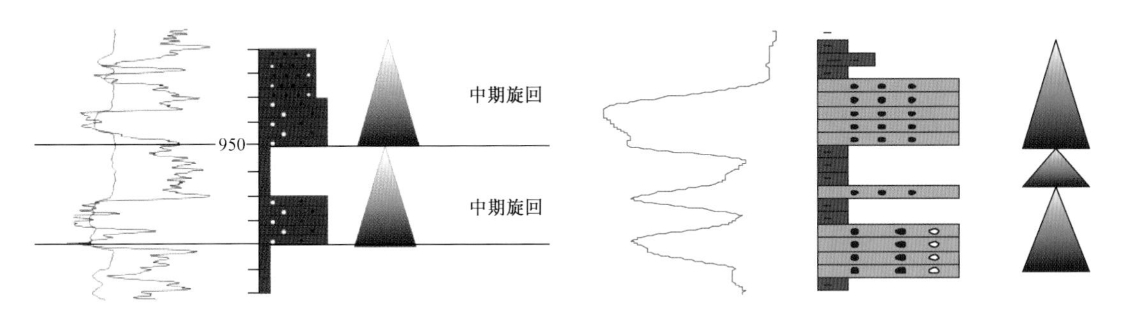

图4－24　二级旋回有关的冲刷面(车64井)　　图4－25　短期旋回有关的冲刷面(车89井)

② 湖泛面:湖泛面是指不同层次基准面上升到高点由湖泛作用形成的弱补偿或欠补偿沉积所构成的界面。不同层次的基准面旋回中均发育不同规模的湖泛面,但它们的层序地层学意义不同。在三级旋回中,湖泛面位于不对称基准面旋回的顶部或底部,或位于完全对称基准面旋回的顶底部,其识别标志为:在前一种情况下,湖泛面与基准面上升晚期或下降早期欠补偿或无沉积作用有关,分布于富泥质细粒沉积顶部,在三角洲沉积区域,发育于分支河道、水下分流河道—分流河道间洼地反映进积—垂向加积的沉积微相变化序列的顶部;在后一种情况下,湖泛面位于基准面上升到最高点时的位置,为连续的沉积整合界面,发育水下分流河道—泥坪—沙坪反映退积—垂向加积的沉积微相组合序列。

(2)基准面层序划分及层序特征。

基准面旋回的具体识别的主要依据为:① 单一相物理性质的变化;② 相序与相组合变化;③ 旋回叠加样式的改变;④ 地层几何形态与接触关系等沉积与地层特征。这些特征是对A(可容纳空间)/S(沉积物供应)比值变化的反映,记录了基准面的升降变化。

对于沙湾组基准面旋回的划分,不同学者提出了不同的划分方案。在前人研究的基础上,通过取心井分析,结合测井、地震研究成果,将新近系沙湾组划分为二个一级旋回(LSC1、LSC2)和四个二级旋回(MSC1—MSC4)。另外根据合成记录,对地震剖面进行标定并与钻、测井的层序地层相结合,实现了研究区内沙湾组在地震、钻、测井资料方面层序地层划分的一致性。

① 一级旋回层序:一级旋回为一套具较大水深变化幅度的、彼此间具成因联系的地层所组成的区域性湖进—湖退沉积序列,旋回的顶、底部为区域不整合或与之可对应的整合。一级、二级旋回的识别划分都是在相序变化分析和地震层序界面及地层接触关系识别的基础上进行的。识别一级旋回的相序主要是较大规模的相序,指多个亚相的垂向叠加序列或大相的变化序列(如三角洲—滨浅湖或滨浅湖—三角洲),总体反映为比二级旋回更大规模的湖侵或湖退而引起的三角洲的进积或退积,反映了长期基准面的上升或下降。因此通过相序分析,可以识别出中期、长期基准面升降的旋回变化(图4－26)。此外,二级和一级旋回的识别划分还结合了地震层序界面及地层接触关系识别。通过井震结合,将地震上识别的不同规模的界面同单井层序划分结合起来,互相约束、印证。

② 二级旋回层序:二级旋回层序是根据实际资料(如岩心、测井等资料)所划分的成因层序,它记录了中期基准面变化过程中可容纳空间由增大到减少的地层响应过程,为成因上有联系的岩相组合。层序边界或为中期基准面下降期发育的中型冲刷面,或为中期基准面上升期

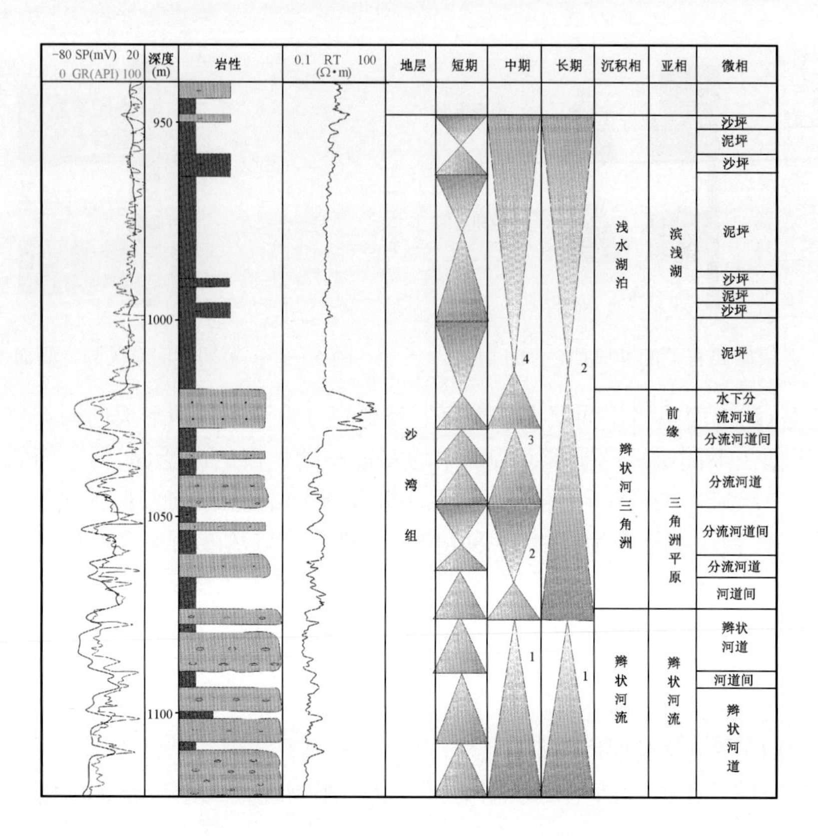

图4-26　钻井基准面旋回层序(车89井)

欠补偿沉积或无沉积作用面,因而具不同的堆积样式和旋回结构。沙湾组地层中,可识别出两种二级旋回层序,可分为向上变深的非对称旋回、对称二级旋回层序。

2)地层格架及沉积体系演化

高分辨率层序地层学的地层对比是同时代地层与地层或地层与界面的对比,而非岩性地层对比。一个完整的基准面升降旋回及与其伴生的可容空间的增加和减小,在地层记录中由代表二分时间单元的完整的地层旋回组成,有时也仅由不对称的半旋回和代表侵蚀作用或无沉积作用的界面构成。而高分辨率层序地层学的成因地层对比就是要通过分析地层堆积方式等特征识别基准面旋回,然后进行旋回对比。根据相序、地层界面和反映保存程度、沉积物沉积速率等的相分异特征,可以识别不同级次的基准面旋回对称性的程度和种类、旋回变厚变薄的方式和地层不整合面上相替换的方向和数量,由此可推断出 A/S 的变化趋势,然后根据这些变化特征进行旋回对比,对比时可以出现岩石与岩石的对比、岩石与界面的对比或界面与界面的对比。在成因层序的对比中,基准面旋回的转换点,即基准面由下降到上升或由上升到下降的转换位置,可作为时间地层对比的优选位置。根据高分辨率层序学的成因地层对比法则与方法,以单井剖面的各级次基准面旋回划分为基础,以基准面由上升转为下降或由下降转为上升的转换面为优选等时地层对比位置,在单井基准面旋回识别划分的基础上,进行了密井网的连井剖面对比,建立了高精度等时地层对比格架并对格架内砂体发育特征进行分析(图4-27)。

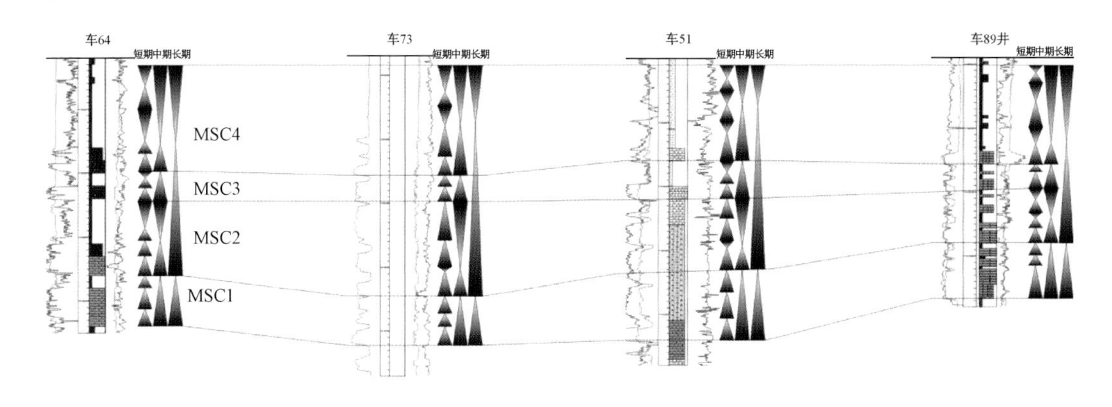

图 4－27 车排子浅层新近系沙湾组等时地层格架(车 64 井—车 89 井,垂直物源方向)

一级旋回层序(LSC1):该层序发育于沙湾组底部,表现为不对称的上升半旋回。此时期沉积物主要来源于北部、西北部和西部。基准面上升的初期,沉积物供给量大于或远大于可容纳空间增量,沉积作用以强烈充填河道的进积方式进行,发育了灰色辫状河道砂砾岩、灰色或褐色道间泥岩。由于该层序沉积时期,可容纳空间较小,易遭受上覆层序的削蚀,地层保存程度明显较差,南部车 79 井地层厚度只有 104m 左右,过渡到车 89 井的 40m 以及车 23 井的 36m,地震剖面上同相轴表现强振幅、好连续。该砂岩厚度大,区域分布稳定,容易追踪对比,连通性比较好,不利于岩性地层圈闭成藏。

一级旋回层序(LSC2):该层序位于沙湾组的上部,由对称的上升与下降半旋回组成,是 LSC1 层序的继承和发展。

上升半旋回发育初期,基准面的位置还相对较低,辫状河流进积作用强烈,发育了大套灰色、褐色砂砾岩沉积,与 LSC1 层序相比,其粒度变小、分选和磨圆变好以及单层的厚度减小,泥质含量迅速增加,由此可见此时随着基准面的升高,湖平面相对上升,沉积物源相对后退,辫状河三角洲占据了研究区;随着基准面上升到最大位置,可容纳空间的进一步增加,沉积物粒度进一步变细,泥岩含量增加,湖泊—三角洲前缘体系广泛发育。该上升半旋回的沉积体系的变化总体表现为辫状河三角洲平原—三角洲前缘沉积—湖泊沉积,在区块西北部和西部发育两个大的三角洲扇体,车 39 井—车 54 井及车 26 井—车 41 井一线为三角洲平原发育区,车 79 井—车 83 井及车 64 井—车 89 井一带为三角洲前缘发育区,三角洲平原展布面积比三角洲前缘要广得多,是岩性圈闭成藏的良好相带。

下降半旋回沉积时期,随着基准面经历了最高位置,湖泛面迅速上升到最大位置,褐色的湖泛泥岩广泛发育,在基准面缓慢下降阶段,三角洲表现为弱进积,上升半旋回时期西北部的三角洲沉积体系萎缩。在车 89 井—车 41 井广大地区被褐色湖侵泥岩所替代,只留下了少量的滩坝砂岩零星分布于车 15 井、车 73 井等地区,这种质纯、稳定的湖侵泥岩,成为油气保存的关键;北部和东北部地区三角洲前缘展布范围有限,井资料比较少,其特点难以圈定;西边方向的三角洲沉积仍然持续进行,相对于上升半旋回,它的岩性变细,泥质增加,砂地比降低,车 77 井—车 54 井—车 83 井的广大区域被三角洲前缘所占据,三角洲平原仅在车浅 6 井以西发育,该三角洲扇体的水下分流河道砂体及席状砂岩有利于油气的成藏。

2. 侏罗系层序界面的识别

重点目标区侏罗系层序地层对比和沉积相带演化的研究是基于高分辨率层序地层研究的思路和方法来进行的。

1)层序界面识别

层序界面的识别是地层基准面旋回层序识别与划分的基础,车47井—拐5井区侏罗系主要发育冲刷侵蚀面及湖泛面两类层序界面。通过对地震、岩心、钻测井等资料的分析,可以识别出不同及次的层序界面,其特点如下:

(1)冲刷侵蚀不整合面。

① 一级旋回不整合界面在地震剖面上的识别及特征:层序被定义为由不整合及与之可对比的整合面之间的具成因联系的相对整一的沉积地层。地震反射波的终止和消失现象通常反映地层的角度不整合或超覆不整合的接触关系。在不整合之上主要呈现出上超和下超,在不整合之下出现削截、顶超等。由于地震资料垂向上分辨率所限,一般只能从它上面识别出一级旋回。

在断裂带附近明显的表现为强烈的削蚀,强振幅、中—好连续反射特征,为一区域性的不整合面;LSC2层序底界面为中振幅、好连续,层序内部弱振幅、好连续,往盆地边缘方向出现上超;LSC3层序底界面振幅中等,连续性中等,其层序内部有两根强振幅、好连续的同相轴,全区分布非常稳定;LSC4层序底界面振幅较弱,层序内部存在大套的空白反射或弱振幅、好连续反射;LSC5层序分布范围有限,在靠近断层带附近被上覆层序强烈削蚀。

② 基准面旋回层序冲刷侵蚀不整合面界面在岩性剖面上的识别及特征:a. 测井曲线形状发生突变,从钻井岩性剖面看,河道沉积的测井曲线具箱形、钟形特点与下伏地层呈突变接触关系,可以表明是层序界面。LSC1底部显箱状的辫状河道沉积与下伏泥岩地层突变接触,如LSC1、MSC1的底界面所示;b. 层序界面附近沉积相发生突变或跳相,沃尔索相序定律告诉,地层沉积时,横向上成因相近且紧密相邻而发育着的相,才能在垂向上依次叠覆出现而没有间断。依据这一规律,可以知道,如果沉积相发生跳跃,就可以肯定,发生了沉积间断或地层被削蚀,所以沉积相发生突变或跳相,可以作为层序界面识别的依据,如LSC2、MSC3、SSC5底界面所示;c. 地层垂向上叠加样式的转换面,地层沉积时,往往以一定的规律出现,当基准面上升时,在相同的物源供给条件下,地层垂向上就表现为向上变细的正韵律,呈退积的叠加样式;同样,当基准面下降时,在相同的物源供给条件下,地层垂向上就表现为向上变粗的反韵律,呈进积的叠加样式。

因此,基准面从下降达到最低点到开始上升时的这个转换面,它在垂向上由进积转换为退积,所示LSC3、MSC5底界面,此时层序界面在岩性剖面上就可以确认(图4-28)。岩心上的侵蚀冲刷面的识别,主要存在的技术难点是识别中、短期层序界面的性质及其对下伏地层的侵蚀冲刷强度,一般认为,岩心上小型冲刷面可以作为三级旋回的层序界面。

(2)湖泛面。

湖泛面是指不同层次基准面上升到高点由湖泛作用形成的弱补偿或欠补偿沉积所构成的界面。

① 一级旋回的最大湖泛面在地震剖面上一般表现为中—弱振幅、好连续的特点，在向盆地中心的方向可见下超现象，LSC2 层序的湖泛面即具有该特征。由于地震资料垂向分辨率所限制，在地震剖面上识别中、短期旋回的湖泛面困难比较大，因此一般在钻井剖面上对它进行识别。

② 湖泛面在钻井剖面上一般表现为灰色泥岩、高伽马值和低电阻率；亦是退积—进积或加积地层样式的转换面，LSC2 层序的最大湖泛面特征如图所示（图 4－28）。

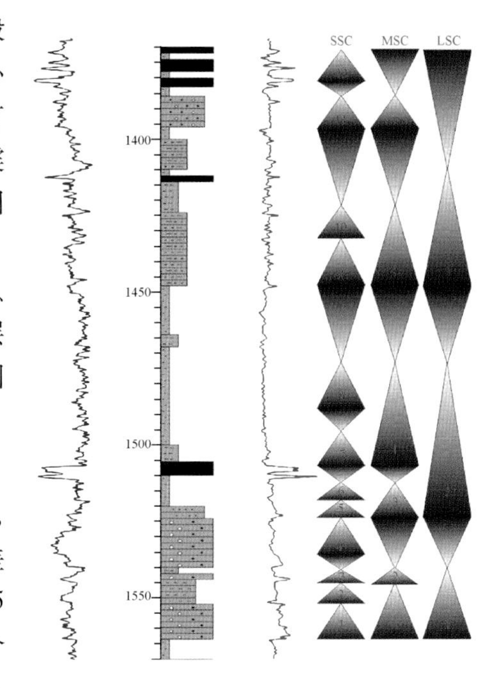

图 4－28　钻井剖面层序界面特征

2）基准面层序划分及层序特征

运用多层次基准面旋回和可容空间变化原理，依据层序界面类型、规模及地层的堆叠样式的差异，在车 47 井—拐 5 井区下侏罗统识别划分出 5 个一级旋回（自下而上命名为 LSC1—LSC5）、12 个二级旋回（自下而上命名为 MSC1—MSC12），20 ~ 31 个短期旋回（自下而上命名为 SSC1—SSC12）（表 4－6）。

表 4－6　地层分层对比表

地层	砂组	旋回
J_1s	$J_1s_2^1$	MSC11
	$J_1s_2^2$	MSC10
	$J_1s_1^1$	MSC9
	$J_1s_1^2$	MSC8
	$J_1s_1^3$	MSC7
J_1b	$J_1b_3^1$	MSC6
	$J_1b_3^2$	MSC5
	$J_1b_3^3$	MSC4
	J_1b_2	MSC3
	$J_1b_1^1$	MSC2
	$J_1b_1^2$	MSC1
	$J_1b_1^3$	
	$J_1b_1^4$	

（1）一级旋回层序。

LSC1：该层序相当于八道湾组一段。仅发育上升半旋回，层序底界面为大型侵蚀不整合面，基准面上升期间，大套的河道砂砾岩发育于层序的底部，向上泥质含量缓慢增加，总体上呈进积式叠加沉积，电测曲线为箱形、齿化箱形（图4－29）。

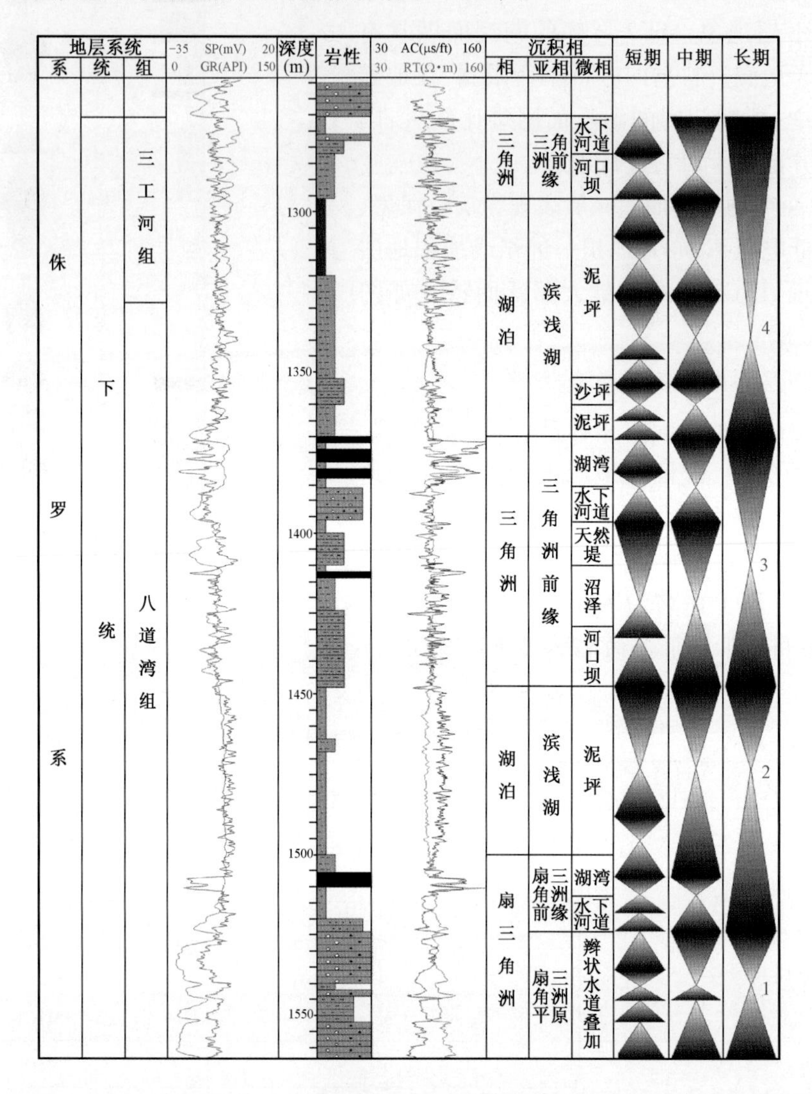

图4－29　钻测井基准面旋回层序（车62井）

LSC2：该层序相当于八道湾组二段，基准面旋回对称发育。在随着基准面的升降，出现了三角洲—湖泊—三角洲的一套完整的基准面旋回沉积，在区块广泛分布，极易追踪对比。地层叠置样式表现为从退积—进积的转换。高自然伽马的灰色泥岩，是该层序最大湖泛面的主要特征（图4－29）。

LSC3：该层序相当于八道湾组三段，发育一套完整的基准面旋回层序。该旋回以三角洲和湖泊动荡交互沉积为主要特征，湖沼相的煤层广泛分布。随着基准面的升降，地层呈退积叠置样式到弱进积和加积的转化（图4－29）。

LSC4：该层序相当于三工河组的大部分。基本上继承了LSC3层序的主要特征，亦发育了一套向上变“深”复变“浅”的基准面旋回。该旋回内，湖泊沉积占主要地位，三角洲仅发育于基准面上升的初期和下降的晚期(图 4 -29)。

LSC5:该层序基本上相当于西山窑组,但受上覆齐古组层序强烈削蚀,仅在红车断裂带的下盘分布。岩性为灰色砂岩及灰色泥岩互层,砂地比平均值为40%。地震同相轴能清楚地见到被上覆层序削蚀的现象。

(2)二级旋回层序。

二级旋回层序是根据实际资料(如岩心、测井等资料)所划分的成因层序,它记录了中期基准面变化过程中可容纳空间由增大到减少的地层响应过程,为成因上有联系的岩相组合。层序边界或为中期基准面下降期发育的中型冲刷面,或为中期基准面上升期欠补偿沉积或无沉积作用面,因而具不同的堆积样式和旋回结构。

(3)三级旋回层序。

三级旋回层序是根据实际资料(如岩心、测井等资料)所划分的成因层序,一般表现为成因上有联系的沉积微相和沉积微相之间的岩相组合,侏罗系可以识别出 20 ~31 个三级旋回。

3)地层格架及沉积体系演化

高分辨率层序地层对比强调同一时间单元内形成的旋回性成因地层单元在横向上的等时对比。通过地层等时对比,可以查明某一地质历史时期沉积相与沉积物组成在空间上的配置规律,以恢复当时的沉积古地理面貌。

该次研究在侏罗系沉积相带和层序地层综合划分的基础上,沿平行和垂直物源两个方向的骨干对比剖面,进行井间地层对比发现,不同基准面旋回的发育呈现出明显的规律性,以二级旋回层序为单位进行对比,建立等时地层对比格架,对沉积格架内沉积相带的演化进行了研究。

MSC1:该二级旋回发育于长期基准面(LSC1)上升初期,仅发育上升半旋回。此时期沉积物源主要来自研究区西部及西北部,红车断裂带上盘地势高,为沉积物供给区,该层序发育期,沉积物补给量远大于或大于可容纳空间增量,沉积作用以强烈充填河道的进积方式进行,发育大套厚层的辫状河道砂砾,泥质含量非常低,砂体成片分布,相互切割,连通性比较好。在车浅5 井—车 64 井—拐 10 井—红 42 井一带发育辫状河道沉积,在拐 102 井—拐 103 井—车 502 井—红 40 井一线发育心滩沉积,泛滥平原仅分布在车 37 井—红 35 井—车 8 井一带。

MSC2:该二级旋回发育于长期基准面(LSC1)上升晚期至下降期,以下降半旋回和上升半旋回组成的完整旋回为特征。此时期沉积物源较(MSC1)二级旋回时期没有变化,来自研究区西部及西北部。沉积特征仍然继承了 MSC1 层序的特征,辫状河道砂体为主要沉积相带,其砂体规模、连续性仍然类似于 MSC1。该层序辫状河道沉积也是大片分布,只是泛滥平原范围较 MSC1 层序有所增大,如红 50 井—车 9 井—车 8 井—车 37 井—车 30 井一带。

在 LSC1 一级旋回中,其两个二级旋回的沉积相带和砂体规模在时间上没有明显的变化规律,主要以大套厚层稳定的灰色辫状河道为特征。

MSC3:该二级旋回发育于长期基准面(LSC2)上升期和下降早期,以具有对称的完整旋回为特征。在迅速升高的基准面的影响下,可容纳空间增大,沉积物源快速后退,沉积物供给不足,三角洲仅发育于西边车 14 井一带,湖泊滩坝零星分布于湖泊边缘,如车 48 井、车 502 井、拐 8 井、车 14 井、红 41 井附近。

MSC4:该二级旋回发育于长期基准面(LSC2)下降中晚期。随着长期基准面的下降和可容纳空间的减小,三角洲前缘分流河道向湖泊进积,延伸比较远,成片分布,剥蚀区位于车33井—车41井—车23井一线,西边的广泛剥蚀区,为三角洲沉积提供了充足的沉积物源,三角洲前缘连片展布,河道间沉积仅发育于车37井—车26井—车62井—红43井—车35井—红25井—红34井一线。

在LSC2一级旋回中,经历了基准面的突然升高和缓慢降低的阶段,层序发育过程中沉积相带的分布更替规律及沉积相带的平面展布规律明显,呈现出退积—进积的地层叠置样式,三角洲沉积体系和湖泊沉积体系占主导地位。

MSC5:该二级旋回发育于长期基准面(LSC3)上升期和下降早期,沉积物来自于西边红91井—车44井—车63井一带,分布范围有限。该层序经历了最大湖泛面阶段,沉积物质供给相对滞后,三角洲展布范围有限,仅发育了红36井—拐148井—红70井、拐1井—拐103井—拐9井和车20井—车51井三个三角洲扇体,且其规模和延伸范围都有限。

MSC6:该二级旋回发育于长期基准面(LSC3)旋回的下降中晚期,发育了基准面上升—下降的完整的对称旋回。它基本上继承了MSC5层序的沉积特点,在基准面缓慢下降的作用下,三角洲在MSC5基础上弱进积到湖盆,其延伸范围和规模较MSC5层序有所增大。

LSC3一级旋回经历了基准面的缓慢上升到缓慢下降的阶段,地层以若进积—加积为主,三角洲与湖泊频繁交互,三角洲沉积具有继承性的特点。

MSC7:该二级旋回发育于长期基准面(LSC4)旋回的上升初期,此时期沉积物源主要来自研究区西部及西北部紧邻红车断裂分布。由于它处于基准面上升的初期,此时湖平面还比较高,三角洲沉积裙带状的成片分布于断裂带的下盘,表现为车502井—拐9井—拐103井—拐105井和红69井—拐148井—红27井—红8井两个连片的三角洲前缘沉积,湖湾仅限于拐12井—拐5井—红91井一线。

MSC8:该二级旋回发育于长期基准面(LSC4)旋回上升中晚期,随着基准面的进一步升高和可容纳空间的增大,沉积物供给欠充足,三角洲相对于MSC7层序萎缩,尤其是在车排子地区,三角洲的规模变化更快,拐9井—车502井所在三角洲相对萎缩,拐101井—红69井—红72井所在三角洲向湖盆弱进积,河道间沉积发育于红48井附近。

MSC9:该二级旋回发育于长期基准面(LSC4)旋回的上升晚期和下降的早期,该层序在最大湖泛面的影响下,可容纳空间上升到最大,沉积物源相对退后,三角洲的规模进一步缩小,主要发育于红车断裂带的北部,表现为南部拐9井—车502井所在三角洲进一步萎缩,北部拐101井—红69井—红72井所在三角洲加积叠置。

MSC10:该二级旋回发育于长期基准面(LSC4)旋回下降的中晚期,以具有对称的完整旋回为特征。伴随着基准面的下降和可容纳空间的进一步减小,三角洲向湖盆进积,断裂带下盘连片展布,从车502井—拐9井—红72井一线三角洲前缘都有发育,水下分流河道间仅限于红25井—拐147井—车61井一带。

LSC4一级旋回层序,可以划分为四个二级旋回,它经历了基准面的缓慢上升—迅速上升—快速下降的过程,在各个二级旋回中沉积体系具有明显的继承性,从三角洲的大面积分布到小范围展布,再到大范围的发育,明显地表现出进积—退积—进积的地层叠置样式。

MSC11:该二级旋回发育于长期基准面(LSC4)旋回的上升期和下降早期,表现为一个完整的基准面旋回。沉积物源仍然来自红车断裂带西边的高地形处,该时期湖平面位置相对较高,沉积物供给比较充足,三角洲沉积体系从断裂的南部到北部成群发育,河道间泥岩几乎不发育。

MSC12:该二级旋回发育于长期基准面(LSC4)旋回的下降中晚期,基准面旋回发育完整。由于受上覆层序的强烈剥蚀使得该层序的展布范围非常局限,仅仅在拐105井、拐106井附近发育三角洲前缘席状砂。

LSC5一级旋回,发育了两个二级旋回,该层序的主要特征是沉积时期的湖平面相对较高,基准面变化相对缓慢,沉积物供给持续充足,三角洲砂体广泛发育。地层叠置样式的变化规律不甚明显。

3. 三叠系层序与沉积特征

1)层序界面识别

层序界面的识别是地层基准面旋回层序识别与划分的基础,红29井区三叠系克上组、克下组主要发育冲刷侵蚀面及湖泛面两类层序界面。

红29井区三叠系克上组、克下组主要发育河流沉积体系,在河流沉积区域,发育基准面上升期河道—决口扇—泛滥平原沉积和基准面下降期泛滥平原—决口扇—河道沉积,在上升和下降的转换过程中,发育了以泛滥平原泥或土壤为特征的湖泛面。因此,识别确定三级旋回中的湖泛面产出位置和沉积学特征,对确定旋回的结构和分析旋回的叠加样式具有重要作用,也是进行砂体追踪和精细对比不可缺少的步骤。

2)基准面层序划分及层序特征

运用多层次基准面旋回和可容空间变化原理,以及由基准面变化导致的沉积地层记录,依据层序界面类型、规模及地层的堆叠样式的差异,在红29井区克下组识别划分出1个一级旋回(LSC1)、两个二级旋回(MSC1、MSC2)和7个三级旋回(自下而上分别命名为SSC1—SSC7);克上组划分出1个一级旋回(LSC2)、2个二级旋回(MSC3、MSC4)和5个短期旋回(自下而上分别命名为SSC8—SSC12)(表4-7)。

表4-7 地层分层对比表

地层	砂组	旋回
T_2k_2	$T_2k_2^5$	SSC12
	$T_2k_2^4$	SSC11
	$T_2k_2^3$	SSC10
	$T_2k_2^2$	SSC9
	$T_2k_2^1$	SSC8
T_2k_1	$T_2k_1^2$	SSC7
		SSC6
		SSC5
	$T_2k_1^1$	SSC4
		SSC3
		SSC2
		SSC1

（1）一级旋回层序。

LSC1：该层序相当于克拉玛依下亚组。该一级旋回由两个二级旋回构成，以河道砂砾岩、道间和泛滥平原杂色泥岩为主。基准面上升期，层序底界面从河道砂岩冲刷面开始，向上过渡为河道间沉积及泛滥平原沉积，最大湖泛期以发育灰色泛滥平原泥岩为特征，地层总体上呈退积—进积的一个完整旋回（图4-30）。

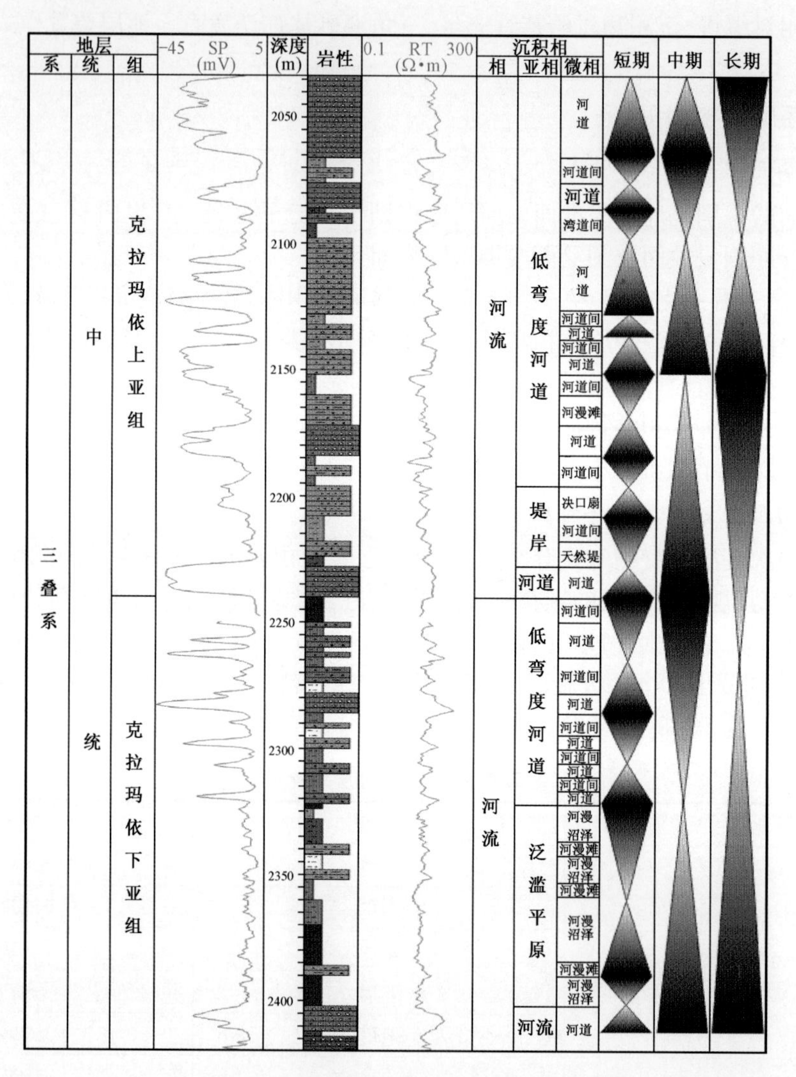

图4-30　钻测井基准面旋回层序（红83井）

LSC2：该层序相当于克拉玛依上亚组。层序底界面为大型冲刷面，基准面上升期间，底部发育河道亚相沉积，冲刷面见厚层河道砂砾岩体充填，向上过渡为河道间洼地与薄层砂砾岩交互沉积，地层总体上呈进积式叠加沉积，最大湖泛期以发育灰色或红褐色泛滥平原泥岩为特征。

（2）二级旋回层序。

二级旋回层序是根据实际资料（如岩心、测井等资料）所划分的成因层序，它记录了中期基准面变化过程中可容纳空间由增大到减少的地层响应过程，为成因上有联系的岩相组合。层序边界或为中期基准面下降期发育的中型冲刷面，或为中期基准面上升期欠补偿沉积或无沉积作用面，因而具不同的堆积样式和旋回结构。

(3)三级旋回层序。

三级旋回层序是根据实际资料(如岩心、测井等资料)所划分的成因层序，一般表现为成因上有联系的沉积微相和沉积微相之间的岩相组合。在克上组、克下组中，可识别出 10～12 个三级旋回层序，主要发育两种三级旋回层序，可分为向上变深的非对称旋回、向上“变深”复“变浅”的对称三级旋回层序两种类型的基准面旋回类型。

高分辨率层序地层对比强调同一时间单元内形成的旋回性成因地层单元在横向上的等时对比。通过地层等时对比，可以查明某一地质历史时期沉积相与沉积物组成在空间上的配置规律，以恢复当时的沉积古地理面貌。

在克上组、克下组层序地层综合划分的基础上，沿平行和垂直物源两个方向的骨干对比剖面，进行井间地层对比发现，不同基准面旋回的发育呈现出明显的规律性。通过以中短期期基准面旋回层序为单位对比(根据砂层组及层序发育特征，克下组以二级旋回为单位，克上组以三级旋回为单位)，建立等时地层对比格架和分析了砂体展布特征(图 4－31、图 4－32)。

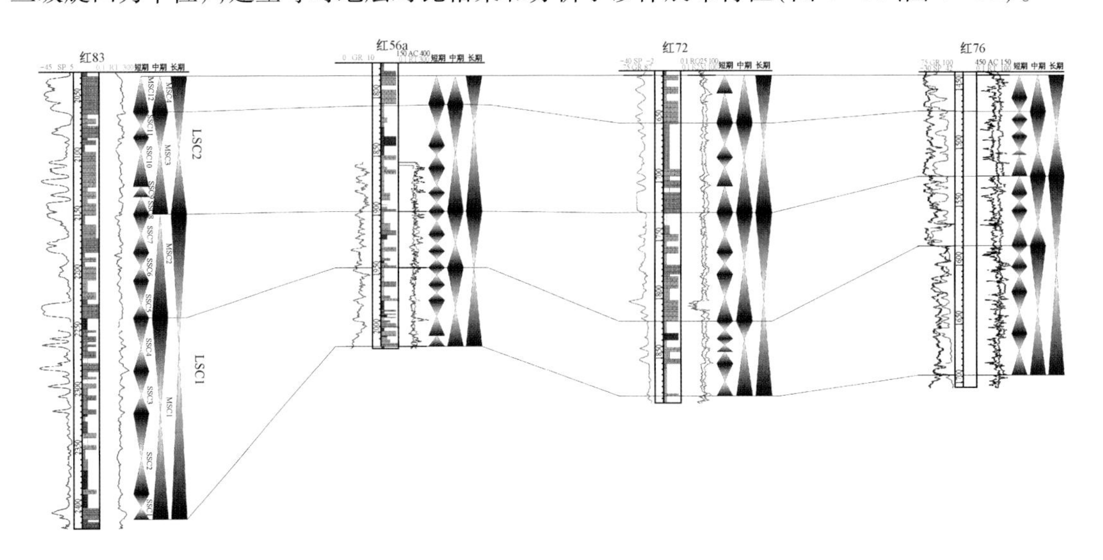

图 4－31 三叠系克拉玛依组等时对比格架(红 83 井—红 76 井，垂直物源方向)

克拉玛依下亚组二级旋回(MSC1—MSC2)地层格架：该二级旋回发育于 LSC1 一级旋回中。其中 MSC1 二级旋回发育于长期基准面上升期，此时期沉积物源主要来自研究区北部、西部、西北部和西南部，此时层序发育了广布红山嘴地区的河流沉积，河道分布范围广，但厚度不大，且与泛滥平原泥交互沉积，红 29 井区中红 83 井—红 91 井一带，泛滥平原、河道间亚相比较发育，河道砂体一般孤立于泛滥平原或者形成废弃河道砂体；MSC2 二级旋回发育于长期基准面下降期，由于基准面的下降，地层呈进积叠置，厚度向上逐渐变厚，在红 29 井区中红 83 井—红 91 井一带，河道砂体相对发育，在其规模和厚度上都较 MSC1 层序大。

克拉玛依上亚组三级旋回地层格架：SSC8 三级旋回发育于中期基准面上升初期，仅发育上升半旋回。此时期主要沉积物源基本上继承了克下时期的特征，河道砂体广泛分布于红山

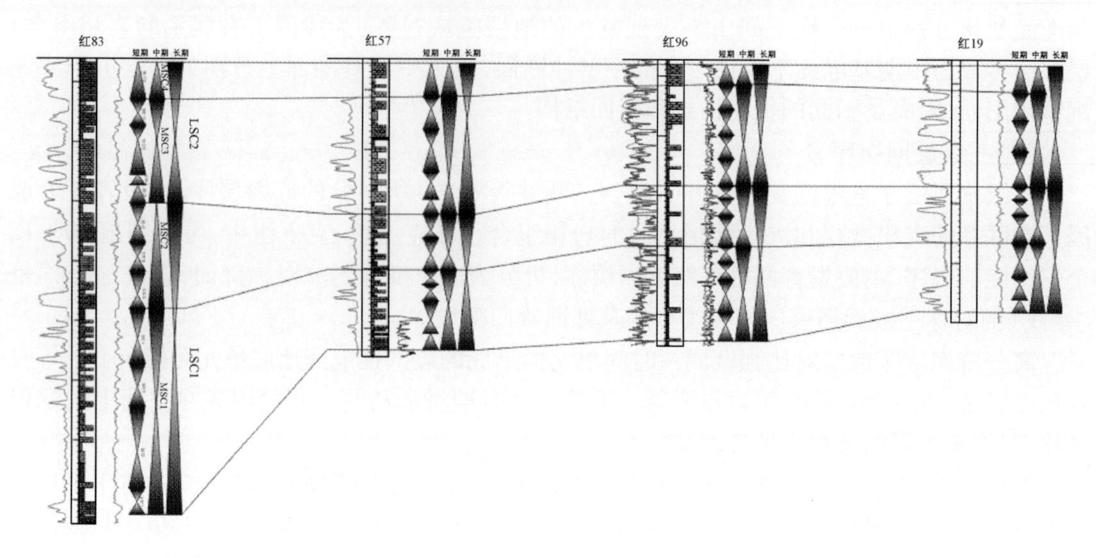

图 4－32　三叠系克上组、克下组等时对比格架(红 83 井—红 19 井,平行物源方向)

嘴地区,泛滥平原零星发育于红 6 井—红 32 井—红 57 井—红 63 井—红 23 井—红 77 井—红 12 井一带,在红 29 井区主要是河道砂岩;SSC9 三级旋回,是在中期基准面上升的中晚期及基准面下降的早期形成的,此时基准面快速上升,形成高可容纳空间,沉积物供给不足,泛滥平原广泛分布,在红 75 井—红 8 井—红 5 井—红 59 井—红 16 井—红 7 井—红 10 井—红 25 井—红 33 井一线形成孤立的河道砂体或废弃河道砂体;SSC10 三级旋回,与 SSC9 旋回类似,同样是在中期基准面上升的中晚期及基准面下降的早期形成的,此时基准面快速上升,形成高可容纳空间,沉积物供给不足,河道沉积仅限于红 38 井区、红 8 井区、红 78 井区、红 93 井区、红 52 井区、红 7 井区;SSC11 三级旋回,发育于二级旋回下降的晚期,此时随着基准面下降,沉积物沉积速率逐渐增强,砂岩含量逐渐增多,河道连片分布,相互切割,泛滥平原仅仅发育在红 79 井区、红 5 井区、红 19 井区、红 33 井区和红 10 井区;SSC12 三级旋回沉积演化特征与 SSC8 旋回十分相似,都是基准面上升初期的产物,辫状河道成片分布,厚度大而且相互切割,红 45 井—红 87 井—红 34 井一带小范围的发育泛滥平原沉积。

总之,通过对克上组、克下组基准面旋回等时地层对比格架内砂体发育规模及沉积相带演化规律的研究,沉积物源具有比较好的继承性,主要都是来自西北部、西南部,层序发育过程中沉积相带的分布更替规律及沉积相带的平面展布规律明显,在中基准面上升初期,仅发育短期基准面上升半旋回,以河道砂体广泛分布为主要特征,随着基准面上升,可容纳空间的增大,泥质的泛滥平原沉积物占据其主要空间,之后基准面下降,河流能量增强,河道广泛分布。

四、西北缘统一层序地层格架建立

本书将陆内盆地阶段的产物划分为 8 个构造沉积层序,即:下二叠统佳木河组—风城组构造层、中二叠统夏子街组和下乌尔禾组构造层、上二叠统上乌尔禾组构造层、三叠系构造层、下侏罗统八道湾组构造层、三工河组和中侏罗统西山窑组构造层、中侏罗统头屯河组构造层、上侏罗统齐古组构造层、白垩系构造层。研究表明,西北缘前陆盆地的充填序列明显受到构造旋回的控制,以这些区域性不整合面为界形成不同的沉积旋回。最终形成的统一的西北缘的层序地层方案如表4－4所示。从表4－4中可以看到准噶尔盆地西北缘共发育一级层序3个，二级层序10个，三级层序38个。

第五节 二叠纪盆山耦合扇体发育与冲断活动

一、二叠纪扇体发育特征

一般认为长期发育的冲积扇、水下扇、扇三角洲等砾质粗碎屑沉积均与构造活动有关，它们在平面上呈扇形或近似扇形、剖面上呈楔形或近似楔状体，具有“构造指相性”。根据砾质粗碎屑沉积是构造事件响应的原理，前陆盆地的冲断事件伴随着广泛的砾岩进积，与物源区地层单元垂向叠置序列相反或相同的岩屑组分剖面分布则是幕式构造旋回的反映。根据所作近160口单井沉积相柱状剖面图、15条构造—沉积相连井剖面及各时期构造—沉积环境图对其进行初步分析和讨论。

西北缘早二叠世发育了一套火山岩—火山碎屑岩相和水下扇、扇三角洲碎屑岩沉积相；中、晚二叠世主要发育冲积扇、水下扇、扇三角洲、辫状河相、正常三角洲相、陆缘近海湖或湖泊相。可见，二叠纪扇体类型齐全多样，下面按时代分述。

1. 二叠纪各时期扇体的时空展布及发育特征

1）佳木河组（期）（P_1j）扇体

佳木河组扇体以发育水下扇为主，三坪镇—五区局部发育扇三角洲。水下扇主要分布于车拐地区、五区南、九区东—百口泉、乌夏地区，总体为一套火山岩及砾质粗碎屑岩组合。水下扇体沉积在地震剖面上通常为连续性较好的平行或亚平行反射，表现为横向较稳定，水体较深，五一八区反射较强。根据现有钻井资料，P_1j总体为规模较大的向上变粗的沉积旋回，下部多数探井未钻穿，主要由细砾岩、砂岩夹砂泥岩、暗色泥岩及火山岩组成，岩性相对较细，电测曲线表现为低阻段；上部主要由砾岩、凝灰质（角）砾岩、砂砾岩组成，岩性相对较粗，电测曲线表现为高阻段。

2）风城组（期）（P_1f）扇体

P_1f发育有扇三角洲、冲积扇及湖底扇。该时期扇体空间分布十分局限，仅见于五、八区、百口泉及玛9井区。五、八区的扇三角洲是西北缘最大的扇体，其次为百口泉冲积扇—扇三角洲沉积，玛9井区为一小型湖底扇。五、八区扇三角洲岩性组合为一套砂砾岩、砾岩、钙质砂岩、粉砂岩、白云质泥岩夹凝灰质中砂岩及玄武岩组成，百口泉冲积扇岩性组合为一套砂砾岩、不等粒砂岩夹砂质泥岩组成的粗碎屑岩。纵向上，自下而上总体呈一个大的粗—细—粗沉积旋回，电性具高阻—相对低阻—高阻的测井响应，地震剖面上主要为中强振幅、平行、亚平行连续反射，反映岩相横向较稳定，形成垂向上退积—进积的沉积充填序列。

3）夏子街组（期）（P_2x）扇体

P_2x主要发育扇三角洲及水下扇，前者分布于五、八区，后者分布于百口泉、乌夏地区。五、八区扇三角洲岩性组合由砂砾岩、砾岩、砂岩、泥质砂岩夹少量泥岩组成，粒度相对普遍较粗。百口泉—夏子街水下扇岩性组合下部为一套较厚的砂砾岩、小砾岩夹砂岩，上部为相对较薄的砾质砂岩、泥质(含砾)砂岩夹泥岩。纵向上,无论扇三角洲或水下扇,均构成总体向上变细的退积型沉积序列,反映湖上浅—深的扩张发展过程。在单井及连井剖面上可识别出 P_2x 发育3期不完整的扇体,表现为水下扇根向扇中区域的3个不完整沉积旋回。

4)下乌尔禾组(期)(P_2w)扇体

P_2w 以发育五、八区、百口泉、夏子街3处大型水下扇为主,乌尔禾—风城地区为扇三角洲沉积。平面上,由南西的五、八区至北东的夏子街地区,水下扇面积、规模渐趋扩大,具有盆地边缘沉积较粗、向盆内变细的沉积特点。垂向上,表现为(泥质)砂砾岩、泥质含砾砂岩与砂质泥岩、泥岩的互层韵律,总体略呈向上变细的退积型沉积序列,地震剖面上具有明显的湖岸上超。

乌尔禾—风城扇三角洲为一套砂砾岩、泥质砂岩夹泥岩及煤层的含煤粗碎屑岩沉积组合,最多可识别出4个旋回,反映具4期发育特点。

5)上乌尔禾组(期)(P_3w)扇体

P_3w 以大面积发育水下扇为主,由五、八区至夏子街地区均有分布;次为冲积扇,分布于车拐地区,在西北缘形成扇体发育的高峰期。

P_3w 水下扇岩性组合中下部为一套棕褐色、灰褐色砂质砾岩夹泥岩及砂岩沉积,中上部为浅灰—灰色(泥质)砂砾岩及灰绿色、杂色厚层泥岩沉积。垂向上呈现明显的由粗—较粗—较细的退积型沉积序列,测井曲线具高阻—中高阻—低阻的测井响应。

P_3w 车拐冲积扇钻揭不全,总体为砂砾岩、泥质砂岩夹泥岩组合。据钻井及连井剖面资料,P_3w 最多发育3期不完整的扇体,表现为由扇根—扇中的3个不完整旋回,扇体之间有扇间洼地相隔。

2. 二叠纪各时期扇体的时空叠置及迁移特征

为更好地研究二叠纪各时期扇体的时空展布、叠置及迁移规律,将 P_1j、P_1f、P_2x、P_2w、P_3w 扇体分布进行时空叠合成图,并结合前述分析,二叠系扇体在各个岩组中均有发育,以在佳木河组和上乌尔禾组中最为发育,其中 P_1j 扇体只是分布区域较广、扇体规模面积并非最大,而 P_3w 扇体的分布范围、规模面积均为最大,这表明佳木河期(P_1j 期)西北缘冲断活动波及较广、强度不大;而 P_3w 期(上乌尔禾期)的冲断推覆作用范围广、强度大。

P_1j 扇体主要分布于车拐、克拉玛依、百口泉、夏子街地区的盆地边缘,受控于拐前断裂、红3井东断裂、白百断裂及乌兰北断裂。风城组(P_1f)扇体分布范围及规模均为最小,主要发育于五区南及百口泉地区。P_1f—P_2w 沉积时期扇体主要分布于五、八区—百碱滩—夏子街地区,受克乌夏断裂的控制。在五区南克80井区、百口泉、百64井区、夏子街地区扇体最为发育,共有4期次,说明玛湖凹陷斜坡带构造活动性最强,延续时间最长,形成的扇体规模较大。

从时空展布看,由 P_1j—P_3w 沉积时期,西北缘二叠纪的扇体逐渐由盆缘向盆地推进,扇体面积总体不断扩大,显示出明显的迁移性。从地域分布和叠置关系看,车拐地区扇体叠置程度相对较差,由 P_1j—P_3w 沉积时期,扇体分布略呈向盆缘收缩、后退现象,而克夏地区二叠纪扇体叠置程度较好,具明显的由盆缘向盆内迁移、扩展推进的特点,反映了红车断裂带与克乌及乌夏前陆冲断带逆冲推覆作用的强度及地域性有明显差异。

结合连井剖面、沉积厚度等岩相资料分析,整个二叠纪由 P_1j—P_3w 沉积时期,早期(早二叠世）火山活动较强烈，中晚期构造沉降持续和逆冲推覆作用进行，造成湖水面逐渐上升，大量扇体充填沉积。

二、二叠纪同沉积断裂发育特征及冲断活动分析

在沉积相单井、连井剖面分析及各时期同沉积构造—沉积环境成图分析过程中，对西北缘的同沉积断裂发育和活动进行了研究。分析的主要方法和依据包括：单井相剖面中钻测井资料反映的断裂信息；构造—沉积相连井剖面中同生断裂两侧地层的缺失突变、明显的岩性岩相差异、地层厚度的巨变、相邻井间沉积相的突然变化（如“跳相”或“断相”现象）；地震测线剖面中所解释断裂两侧地层厚度的巨变及其差异性、地层的缺失尖灭及不整合接触关系、地震反射特征的突变；平面图上与地震构造解释及构造分析图件的对照、比较；根据构造事件的沉积响应理论进行的综合分析。

结合 P_1j—P_3w 同沉积构造—沉积环境分布图可知，P_1j 同沉积断裂由西南向东北依次发育有红车断裂、拐前断裂、红 3 井东断裂、克拉玛依断裂、中白百断裂、白百断裂、乌兰北断裂、克 103 井—克 78 井—克 75 井西推测断裂共 8 条；P_1f 主要发育克 102 井—检乌 11 井—检乌 25 井北推测断裂、白百断裂两条同沉积断裂；P_2x 主要发育有克 102 井—检乌 11 井—检乌 25 井北推测断裂、白百断裂、西百乌断裂、夏红北断裂、乌兰林格断裂 5 条同生断层；P_2w 主要发育有克 102 井—克 008 井—检乌 3 井推测断裂、白百断裂、百乌断裂、西百乌断裂、玛 2 井断裂、夏红北断裂、夏红南断裂、乌兰林格断裂、乌兰北断裂共 8 条同生断层；P_3w 主要发育有车 1 井西断裂、红车断裂、红山嘴东侧断裂、克 75 井西—古 299 井推测断裂、白百断裂、西百乌断裂、风南 2 井—夏 48 井推测断裂、夏红北断裂、乌兰林格断裂、乌兰北断裂共 10 条同生断裂（图 4－33）。

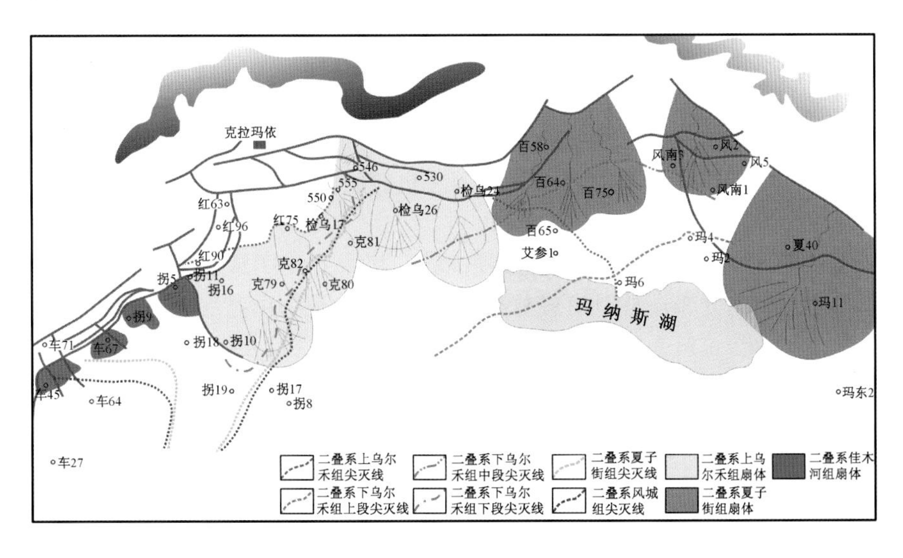

图 4－33　西北缘二叠纪同沉积断裂及扇体时空叠置分布图

从上述同生断层的数量分析，风城期（P_1f）的逆冲推覆作用最弱，以残留海背景下克乌断裂带的较弱冲断活动和乌夏断裂带的火山活动为特色。由 P_2x—P_3w 沉积时期，同生断层的数量增加，反映出冲断推覆作用的加强。

从这些同生断层的空间展布来看，二叠纪在红车断裂带发育5条、克乌断裂带发育6条、乌夏断裂带发育8条同沉积断裂，也反映出西北缘二叠纪时由南西向北东冲断推覆作用逐渐加强的特点。这些同生断层的绝大多数控制了二叠纪各时期扇体的沉积岩相边界，一部分同时控制着扇体的岩相及厚度等的发育。

西北缘二叠纪同沉积断裂的性质均为逆掩断裂，以一级和二级断裂为主。从其对各时期扇体的控制作用分析，一级同生断裂大多具有明显的继承性活动的特点，但具体的活动延续时间又有差别：克拉玛依断裂主要在佳木河期活动，控制了五区243井—568井扇三角洲(相)边界及其沉积分布。红车断裂在佳木河期活动强烈，形成对车75井—车25井水下扇、拐5井区水下扇沉积和分布的控制；之后趋于平静，到P_3w(上乌尔禾期)再次复活，断开P_1f—P_3w之间的地层，并控制了车45井—拐5井冲积扇的沉积和分布。白百断裂活动于P_1j—P_1f期，P_2x期趋于平静，至P_2w再次复活，断开了P_2x地层，并持续活动至P_3w期。西百乌断裂、夏红北断裂、乌兰林格断裂的冲断活动均表现为P_2x—P_3w期对百口泉—乌尔禾—风城—夏子街地区扇体的控制。乌兰北断裂的冲断活动主要在P_1j期和P_2w—P_3w期，而P_1f—P_2x期则较为平静。

从西北缘二叠纪控扇同生断裂分布与各时期扇体展布之间的关系看，二叠纪的冲积扇、水下扇、扇三角洲多平行于控扇同生断裂走向定向分布，而垂直于控扇同生断裂走向发育、生长，表明不同时期活动的同沉积生长断层严格控制了粗碎屑扇体的沉积、分布。由二叠纪同沉积断裂及扇体时空叠置分布图观察、分析发现：西北缘红车、克乌、乌夏三个构造带上控扇断裂与扇体的展布、迁移对应关系各不相同：在红车构造带中东部，由P_1j—P_3w沉积时期，扇体的叠置迁移表现为由盆内向盆缘收缩、后退，扇体范围逐渐减小，而相应时期扇体的控制断裂则是向盆内推进、扩展。分析认为，这主要是由于P_1j期和P_3w期(早晚期)的冲断推覆作用强度差异造成：P_1j期冲断活动强烈，造成大面积扇体分布；P_3w期迁移、复活后的冲断活动减弱，造成扇体范围减小。

在克乌断裂带南部五区一带，由P_1j—P_3w沉积时期，控扇断裂与扇体均表现出由南西向北东的迁移特点，具有较好的耦合性。而克乌断裂带中北部，由P_1j—P_3w沉积时期，表现为扇体由盆缘不断向盆内迁移，而控扇断裂没有迁移。这种现象表明克乌断裂带南北段的冲断活动性有差异：其南部的冲断推覆强烈、迁移性大，北部的冲断推覆作用平稳而持久、波动迁移微弱。

在乌夏断裂带，二叠纪各期扇体叠置关系较好，其由P_1j—P_3w沉积时期的扇体分布迁移与相应控扇同生断裂的分布迁移具有较好的耦合性，均表现为由盆缘向盆内的迁移、扩展。

总的来看，二叠纪，百口泉—乌尔禾—夏子街地区活动性最强，延续时间最长，形成的扇体规模较大，车拐—克拉玛依地区冲断推覆的活动性减弱。

第六节　三叠纪盆山耦合扇体发育与冲断活动

一、三叠纪扇体发育特征

1. 三叠纪各时期扇体的时空展布及发育特征

1)百口泉组(期)(T_1b)扇体发育特点

百口泉组扇体以发育4个大型水下扇为特征，由南向北依次为五区南扇体、八区—十区扇体、百口泉扇体及风城—夏子街扇体，岩性组合为一套紫褐色、灰色、灰绿色砾岩、（泥质）砂砾岩夹泥质砂岩、泥质粉砂岩及灰色泥岩，其总体构成一向上变细的退积型沉积旋回，该套粗碎屑岩沉积，在局部剖面上可识别出两期不完整发育的扇体。

水下扇体的分布受控于同沉积断裂，多沿断裂走向排列，垂直于断裂走向发育、生长。

2）克下组（期）（T_2k_1）扇体发育特点

克下组扇体类型多样，以发育冲积扇、扇三角洲为主，少量水下扇沉积。冲积扇见于车1井区—车56井区、红50井区—拐5井区及夏子街地区，主要岩性组合为一套紫红色、灰绿色砂砾岩夹砾岩、泥砾岩、不等粒砂岩及泥岩、砂质泥岩组成的粗碎屑岩，旋回性不甚明显。其扇体规模在红车地区稍小，夏子街地区较大，分布受同沉积断裂和地层尖灭线控制。由盆缘向盆地方向，常常形成冲积扇—河流冲积平原—扇三角洲或冲积扇—辫状河三角洲的相带组合。

扇三角洲主要分布于红山嘴—五、八区的克乌断裂带下盘地区，包括红山嘴地区红浅16井—红78井区扇三角洲、五区547井—克80井扇三角洲、八区古29a井—检乌3井—检乌26井扇三角洲；其次为分布于夏子街地区的玛3井—玛7井扇三角洲。其岩性组合由一套块状砾岩、砂砾岩、泥质砂岩、泥质粉砂岩和泥岩交互组成，总体呈向上变浅的沉积序列。在红山嘴—五区，常与下伏石炭纪火山岩呈不整合接触，夏子街地区则与下伏T_1b呈整合接触。

水下扇沉积主要分布于百乌地区及风城地区，平面上水下扇根—扇中—扇缘亚相发育完整，逐渐由盆缘向盆内推进。其岩性组合由块状砾岩、砂砾岩、含砾砂岩、不等粒砂岩及粉砂质泥岩、砂质泥岩组成多旋回结构，以百乌扇体规模较大。

3）克上组（期）（T_2k_2）扇体发育特点

克上组扇体以发育扇三角洲为主，次为冲积扇沉积，拐148井—拐10井区发育湖底扇。扇三角洲的发育遍布于红山嘴、克乌及乌夏断裂带，由北西向南东依次有红山嘴扇三角洲、五区扇三角洲、十区扇三角洲、百口泉扇三角洲、乌尔禾扇三角洲及玛北—夏子街扇三角洲。其岩性组合特征，在西南部的红山嘴及五区扇三角洲区表现为砂砾岩、含砾不等粒砂岩、泥质砂岩与泥岩、砂质泥岩的韵律组合，总体呈向上变粗的沉积旋回。在白碱滩—乌夏地区，其岩性组合为块状砂砾岩、泥质砂岩粉砂岩、含砾砂岩及泥岩，普遍夹煤层，该含煤碎屑岩沉积序列具多旋回结构，总体呈向上变粗的韵律。

在测井曲线上，一个完整的扇三角洲沉积序列呈漏斗形（自然伽马和双侧向曲线）；如果仅发育扇三角洲前缘与平原序列，则多呈锯齿状箱形。测井曲线多呈锯齿状，说明岩性组合较复杂。

冲积扇沉积分布于黄羊泉—百口泉地区、夏子街地区，岩性组合为一套块状砾岩、砂砾岩、泥质砂砾岩夹泥岩、粉砂质泥岩韵律组成，旋回性不明显，其与顶底地层均为整合接触。

4）白碱滩组（期）（T_3b）扇形沉积体

白碱滩组主要发育冲积扇、扇三角洲，但规模都不大。冲积扇见有车75井—车27井区冲积扇、检93井西冲积扇，岩性组合为砂砾岩、含砾砂岩及泥岩韵律。扇三角洲见有五区扇三角洲、夏子街扇三角洲，岩性组合为一套砂砾岩、泥质含砾砂岩、泥岩，偶夹煤线，总体呈向上变粗的沉积旋回。

2. 三叠纪各时期扇体的时空叠置及迁移特征

将各时期扇体进行时空叠合成图，见图4－34。从图可知：各时期扇体分布较分散，叠置程度尚可,局部较差。在红车、克乌、乌夏构造带,其各时期扇体的叠置、迁移具有一定差异,又有一些共性趋势。差异表现在:红车构造带的车拐地区扇体不发育,仅在 T_3b 期发育有车75井—车27井区小扇体;红山嘴地区扇体叠置程度尚可,由 T_1b—T_3b 沉积时期,扇体由盆缘向盆地方向的进退迁移表现出 T_1b 沉积时期推进→T_2k_1 沉积时期退缩→T_2k_2 沉积时期推进但范围较 T_1b 沉积时期小→T_3b 沉积时期强烈退缩至扎伊尔山脚下的特点。克乌构造带中南段克拉玛依—十区,扇体的叠置、迁移特点与红山嘴地区基本相同;中北段百乌地区,T_3b 沉积时期未有扇体发育,由 T_1b—T_2k_2 沉积时期扇体的叠置程度最好,并逐渐由盆内向盆缘小幅度收缩。乌夏构造带情况较为复杂,由 T_1b—T_3b 沉积时期扇体叠置程度尚好,其由盆缘向盆地方向的迁移特点是:T_1b 沉积时期推进→T_2k_1 沉积时期退缩→T_2k_2 沉积时期推进且范围超越覆盖了 T_1b 沉积时期扇体→T_3b 沉积时期再次退缩但退缩范围较 T_2k_1 沉积时期为小。

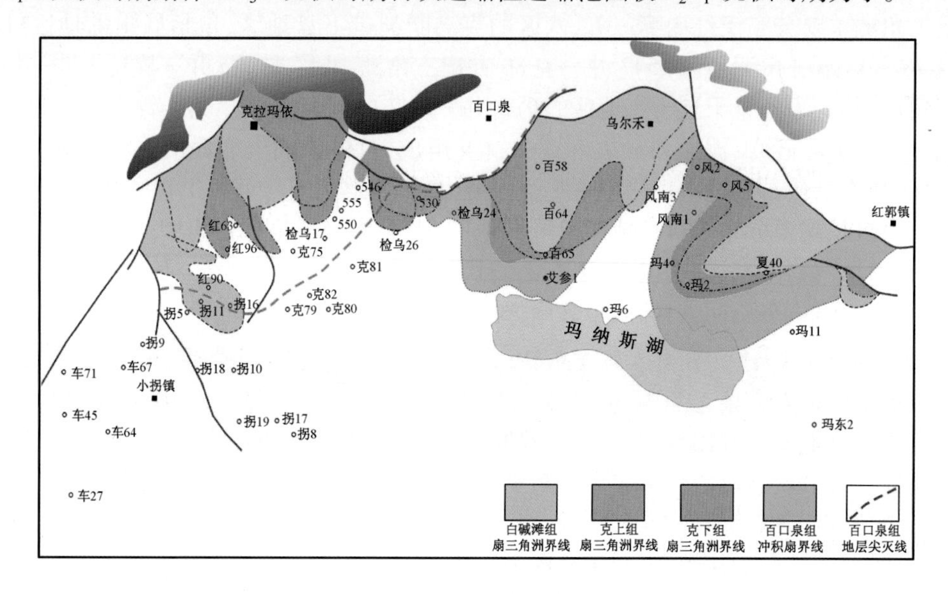

图4-34　西北缘三叠纪同沉积断裂及扇体时空叠置分布图

由上图可以看出三叠纪扇体叠置迁移的总体共性趋势:由 T_1b—T_3b 沉积时期在扇体总体由盆内向盆缘退缩背景下,呈现出由盆缘到盆内再到盆缘的 T_1b—T_2k_1、T_2k_2—T_3b 沉积时期两个进退波动变化。这种扇体规模逐渐变小总趋势下的迁移波动变化,反映了西北缘冲断构造活动逐渐减弱趋势下的逆冲推覆构造活动强度的波动。

西北缘三叠纪各构造带扇体叠置、迁移特征的差异,表明各时期各构造带的同沉积冲断构造活动性有显著差异:西北缘前陆冲断带构造在三叠纪分段活动,夏子街地区(乌夏断裂带)的冲断推覆活动最强烈、活动的波动性最明显,活动延续时间最长,形成的扇体规模较大。其次为红山嘴及克百断裂带,波动性的冲断推覆作用也较明显;车拐地区的冲断推覆活动性最弱,仅形成零星的扇体发育。

二、三叠纪同沉积断裂发育特征及冲断活动分析

根据单井沉积相剖面、构造—沉积相连井剖面分析及三叠纪各时期同沉积构造—沉积环境图分析,结合地震资料构造解释成果,初步识别出三叠纪的同沉积断裂22条,推测同沉积断

裂 1 条,其平面展布如图 4 - 34 所示。

按所属构造带统计,红车、克乌、乌夏构造带的同生断层数量分别为 7 条、11 条、5 条,反映出各构造带的冲断活动性存在差异。从同生断层的分布看,红车构造带的同沉积断裂多分布于北段红山嘴地区,克乌断裂带南段也集中分布了较多同生断层,说明这些地段的逆冲推覆作用相对较为频繁而剧烈,红车断裂带的冲断推覆活动性南弱北强、克乌断裂带则是南强北弱。进一步观察,这些同生断层又相对集中于红车、克乌两大构造带的接合部、过渡带,说明这些部位的构造活动性要强些。

绝大多数同沉积断裂控制了扇体的相带边界和分布,部分同时控制着扇体的沉积厚度和岩相特征。由统计结果分析,西北缘的一级同生断裂均为继承性强、多期次活动的同沉积断裂,且其活动特点各不相同。红车断裂在 T_1b 及 T_2k_2 沉积时期活动;克拉玛依断裂于 T_2k_1 沉积时期开始冲断推覆活动,T_2k_2 沉积时期趋于静止,至 T_3b 沉积时期再次复活,控制了中拐—五区南水下扇边界。白百断裂在三叠纪的活动时限为 T_3b 沉积时期,西百乌断裂在 T_1b—T_2k_2 沉积时期活动,夏红北断裂的活动时限分别为 T_1b、T_2k_1、T_2k_2 沉积时期,乌兰林格断裂则分别在 T_1b、T_2k_2、T_3b 沉积时期发生冲断推覆活动。

从控扇断裂与扇体的分布、迁移关系来看:百乌夏地区呈现出不同特点:随着 T_1b—T_3b 沉积时期扇体由盆缘到盆内再到盆缘的进退迁移波动变化,其控扇断裂也作相应的由老山到盆缘再到老山的迁移响应。克拉玛依地区,随着由 T_1b—T_3b 沉积时期扇体由盆内向盆缘的退覆式迁移,控扇断裂的分布位置也相应由盆缘向老山迁移,依次展布了三区 3034 井(28 号)断裂,花园沟(29 号)断裂及北白碱滩(30 号)断裂。八区—十区也可见到这种现象。这种一致性说明三叠纪同沉积的控扇断裂控制了相应扇体的迁移,即扇体的迁移是同时期前陆冲断带逆冲推覆作用迁移的沉积响应。

第七节 侏罗纪盆山耦合扇体发育与断裂活动

一、侏罗纪扇体发育特征

1. 侏罗纪各时期扇体的时空展布及发育特征

1)八道湾组(期)(J_1b)扇体发育特征

八道湾组以发育扇三角洲、冲积扇为主,局部发育水下扇沉积。冲积扇主要分布于红车地区盆地边缘,以车拐地区冲积扇规模最大,南起车 77 井、北至红 50 井—拐 147 井—拐 10 井一线,西起于沉积边界、东至车 57 井—车 55 井—拐 201 井—拐 10 井一线。另一冲积扇为红浅 2 井—红浅 16 井冲积扇,为一小规模扇体。冲积扇的岩性组合为一套块状砾岩、砂砾岩、泥质砂岩、不等粒砂岩及砂质泥岩、泥岩的韵律结构。

扇三角洲广布于车拐地区、十区—百口泉地区、风城—玛湖地区,为一套含煤碎屑岩系,岩性组合为一套砂砾岩、泥质砂岩、含砾砂岩、细砂岩、泥岩、砂质泥岩夹煤层,具多个变粗的沉积旋回。

水下扇分布于五、八区—克乌断裂带下盘,其岩性组合为砂砾岩、泥质含砾砂岩夹砂质泥岩,总体具向上变细的旋回结构。其分布范围南起 563 井南、北至检乌 26 井区、西起三坪镇、东到 568 井区。

2)三工河组(期)(J_1s)扇体发育特征

三工河组主要发育扇三角洲和冲积扇沉积体,在拐15井区、拐17井区、拐18井区见小型湖底扇。扇三角洲分布于五区587井—554井区、十区古51井—443井区、乌尔禾、风城地区风古1井—风南1井区、夏子街地区夏41井区、夏40井—玛101井区。其岩性组合为砂砾、泥质含砾砂岩、不等粒砂岩、中细砂岩、泥岩、粉砂质泥岩的韵律,总体呈向上变细的多个沉积旋回,平面上其可单独展布;也可组成由盆缘—盆内、由冲积扇—扇三角洲或由辫状河—扇三角洲—滨浅湖的岩相组合。

冲积扇分布于克拉玛依古38井区—547井区、古21井区—古52井区,其岩性组合为砂砾岩、泥质砂岩、砂质泥岩及泥岩韵律,呈向上变粗的旋回结构。

3)西山窑组(期)(J_2x)扇体发育特征

西山窑组沉积期大面积分布正常三角洲砂体,而扇三角洲、冲积扇只是在夏子街地区零星发育,分别为夏41井—夏40井—夏14井区扇三角洲、夏重3井—夏重9井区冲积扇,均受J_2x剥蚀尖灭线控制。夏41井—夏40井—夏14井区扇三角洲主要为一套泥质砂岩、含砾不等粒砂岩夹砂质泥岩组合,略显向上变细的旋回韵律。夏重3井—夏重9井区冲积扇主要为一套中厚层砂砾岩夹不等粒砂岩组合,剖面上旋回性结构不明显。

4)头屯河组(期)(J_2t)扇体发育特征

头屯河期是侏罗纪扇体的又一发育期,主要为冲积扇、扇三角洲沉积。冲积扇发育于红车及克乌断裂带盆地边缘,由南西向北东依次为车排子地区车67井—拐9井—拐102井冲积扇,平面上形成车67井、拐9井—拐101井、拐5井—拐102井3个朵叶体;红山嘴—五区冲积扇,平面上由红浅19井—红53井、红26井、565井—克84井3个朵叶体组成;八区—十区冲积扇,平面上由三坪镇—546井、检乌3井、古46井—古49井—古5井3个朵叶体组成。其岩性组合主要为一套砂砾岩、含砾不等粒砂岩泥质砂岩泥岩的韵律,总体呈向上变细的旋回结构。

扇三角洲沉积主要分布于克乌断裂带,由南西向北东依次发育有五区南红63井—克80井扇三角洲、古52井—古50扇三角洲、百56井—456井扇三角洲。其岩性组合主要为一套含砾不等粒砂岩、泥质砂岩及粉砂岩、中—粗砂岩与泥岩、砂质泥岩不等厚互层的韵律,总体呈现向上变粗的旋回结构。

2. 侏罗纪各时期扇体的时空叠置及迁移特征

将J_1b、J_1s、J_2x、J_2t扇体分布进行时空叠合成图(图4-35),并结合前述分析,侏罗纪扇体在各个岩组中的发育程度差别较大,主要为两期扇体,以在八道湾组中最为发育,规模、面积均为最大;次为头屯河组。

从地域分布和叠置关系看,侏罗纪各期扇体分布较为零乱,叠置关系较差,由J_1b—J_2t沉积时期,各期扇体均表现为由盆内向老山物源区退缩迁移,具退覆式沉积迁移特征。

二、侏罗纪同沉积断裂发育特征及其活动性

根据构造—沉积相单井剖面、连井剖面及平面成图分析,结合地震资料构造解释成果,初步识别出侏罗纪同沉积断裂9条,推测同沉积断裂4条,其主要特征如表4-8所示。

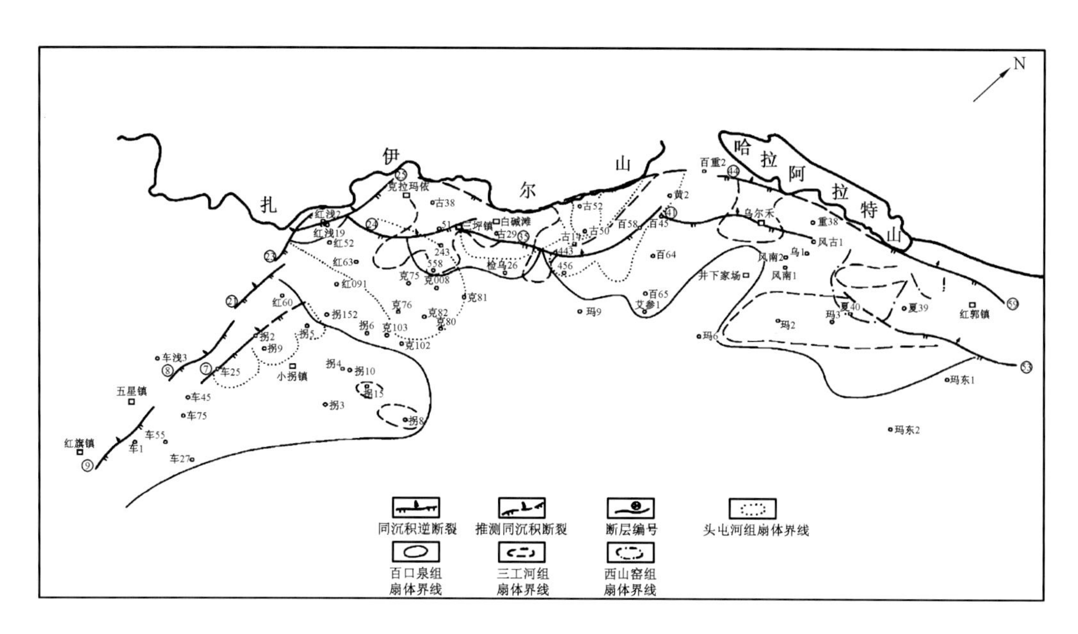

图 4－35 西北缘侏罗纪同沉积断裂及扇体时空叠置分布图

表 4－8 西北缘侏罗纪同沉积断裂一览表

断层编号	断层名称	断裂级别	所处构造带	控制的 J 扇体	同沉积断裂活动时期	断开地层上、下盘厚度(m)		同生断层活动性指数
						J 上盘	J 下盘	J
7	车 16 井断裂		红车	J_1b 车 67 井—拐 147 井冲积扇边界、J_2t 车 67 井—拐 9 井—拐 102 井冲积扇边界	J_1b、J_2t	100	165	1.65
8	拐前断裂	二级断裂		J_1b 车 57 井—车 25 井冲积扇边界	J_1b	100	120	1.20
9	车 1 井西断裂	二级断裂		J_1b 车 57 井—车 25 井冲积扇外推边界	J_1b			
	车 1 井—车 10 井间推测断裂			控制 J_2t 地层尖灭及原始边界	J_2t			
	红浅 2 井—红浅 19 井间推测断裂			控制 J_2t 红山嘴—五区冲积扇边界	J_2t			
24	克拉玛依断裂	一级断裂	克乌	J_1b 五、八区水下扇边界	J_1b	390～830	600～1100	1.33～1.54
35	白百断裂	一级断裂		J_1b 十区—白口泉扇三角洲边界	J_1b	800	1000	1.25

续表

断层编号	断层名称	断裂级别	所处构造带	控制的 J 扇体	同沉积断裂活动时期	断开地层上、下盘厚度(m)		同生断层活动性指数
						J 上盘	J 下盘	J
41	百乌断裂	二级断裂	克乌	J_1b 白乌扇三角洲边界	J_1b			
44	乌 12 井西断裂			J_1b 及 J_1s 推测沉积边界	J_1b 及 J_1s			
	扎伊尔山根推测断裂			J_1s 克拉玛依冲积扇边界、J_2t 八区—十区冲积扇及白口泉扇三角洲边界	J_1s、J_2t			
53	夏红南断裂	二级断裂	乌夏	J_1s 夏子街扇三角洲边界	J_1s	570	600	1.053
59	乌兰北断裂	一级断裂		J_1b、J_1s 及 J_2x 推测沉积边界	J_1b、J_1s 及 J_2x	60	100	1.667
	重 13 井—风古 1 井间推测断裂			J_1s 乌夏扇三角洲边界	J_1s			

由表中内容可以看出，上述同沉积断裂均为逆断层，其中包括克拉玛依断裂、白百断裂、乌兰北断裂 3 条一级断裂，其余为 4 条二级断裂及三级断裂。按所属构造带统计，红车、克乌、乌夏 3 大构造带的同沉积断裂数量分别为 5 条、5 条、3 条，反映出各构造带的断裂活动性差异不大。从其分布区域看，同沉积断裂在各构造带的分布较为稀散、均匀，说明侏罗纪总体构造活动性较为均衡、活动强度差异性不大。

从红车、克乌、乌夏 3 大构造带同沉积断裂的发育时间分析，红车断裂带的活动时间主要为 J_1b、J_2t 沉积时期；克乌断裂带的活动时间主要为 J_1b、J_1s、J_2t 沉积时期；乌夏断裂带则主要在 J_1b—J_2x 沉积时期发生逆冲推覆作用，J_2x 沉积时期之后乌夏断裂带趋于平静。

从各时期扇体的发育规模分析，各构造带的活动性存在差异：车拐地区 J_1b 沉积时期扇体规模较大，断裂活动性较强，形成时期较早；J_1b 沉积时期之后扇体规模及断裂活动性急剧减小，克乌断裂带的活动性呈现强弱波动性变化的特点，百夏地区 J_1b 沉积时期扇体规模最大，早期活动性最强，其形成早、持续时间相对较长（J_1b—J_2x 沉积时期）。

侏罗纪同沉积断裂的活动还体现在它们大多数控制着侏罗纪扇体的相带展布、相带边界，部分同时控制着扇体的沉积厚度、断裂带上、下盘的岩相特征及地层的推测沉积边界。由统计结果分析，一级活动断裂中，乌兰北断裂具继承性活动特点，其活动时限为 J_1b—J_2x 沉积时期；其他具继承性活动特点的同生断裂尚有 J_1b、J_2t 沉积时期活动的车 16 井断裂，J_1b、J_1s 沉积时期活动的乌 12 井西断裂、J_1s、J_2t 沉积时期活动的推测扎伊尔山根断裂。

从控扇断裂与扇体分布、迁移的关系看，侏罗纪各构造带各具特点。车拐地区同沉积断裂活动早强晚弱，红山嘴地区在 J_1b、J_2t 沉积时期扇体规模早小晚大，向湖盆推进，同沉积断层活动性为早弱晚强，断裂迁移性不明显。克乌、乌夏地区，由 J_1b→J_2t 沉积时期，随扇形体由湖盆向盆缘老山的退缩，控扇断裂也由盆缘向老山迁移，二者耦合性很好。这种耦合性表明侏罗纪同沉积的控扇断裂控制了相应时期扇体的沉积分布与迁移，即扇体的沉积、分布与迁移是同沉积断裂的冲断推覆作用活动、强度与迁移的沉积响应（图 4－35）。

第八节 西北缘逆冲推覆作用的沉积响应特征

一、二叠—侏罗纪扇体发育基本特征

西北缘二叠—侏罗纪发育了数量众多的粗屑扇体。将二叠—侏罗纪各时期发育的扇体简化归并为二叠纪、三叠纪、侏罗纪各时代的扇体，并进行叠合成图（图 4－36），再综合前述，西北缘二叠—侏罗纪扇体发育基本特征如下：

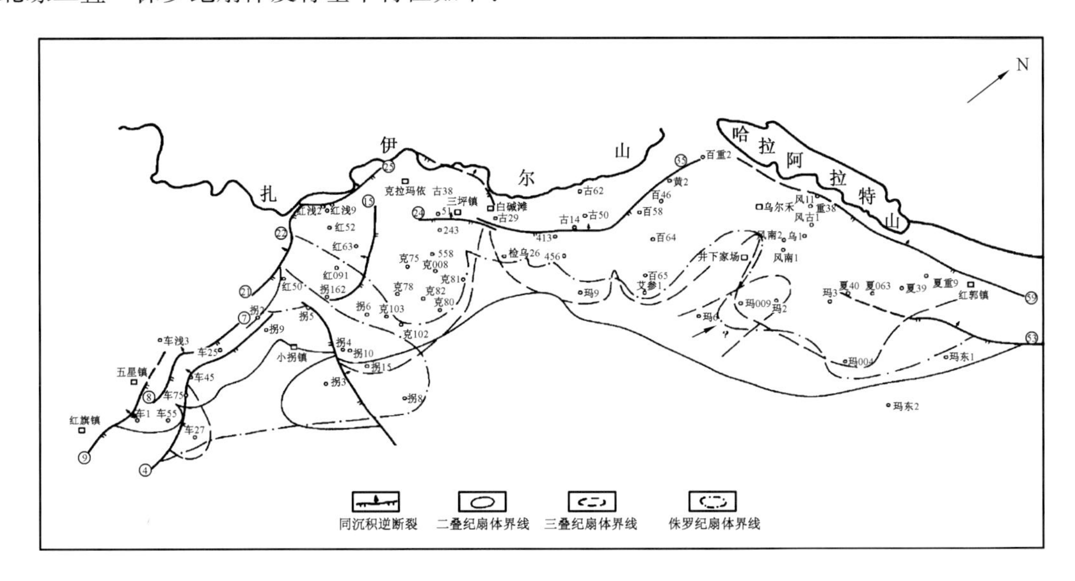

图 4－36 西北缘二叠—侏罗纪扇体时空叠置迁移图

在空间上，红车、克乌、乌夏断裂带中扇体的叠置关系存在差异。红车断裂带的车拐地区，扇体叠置程度尚可，由二叠纪至侏罗纪，扇体逐渐由盆缘向盆地方向推进、迁移，相应的，控扇断裂则逐渐由老山向盆缘（或斜坡）方向迁移，两者形成极好的耦合性。红山嘴地区和克乌、乌夏地区，扇体叠置程度很好，由二叠纪至侏罗纪，扇体规模渐小，由盆内向盆缘方向退缩迁移，相应的，其主要控扇断裂则由盆缘向老山方向迁移。这种现象说明：由二叠纪至侏罗纪，车拐地区的冲断推覆构造作用呈增强趋势，而红山嘴和克夏地区的冲断推覆作用呈减弱趋势。当然，由扇体的叠置规模及分布面积分析，车拐地区的逆冲推覆作用强度总体要弱于克乌夏地区。

在时间上，二叠纪扇体在各个岩组中均有发育，但在上、下乌尔禾组中分布最广。在百 64 井区和中拐克 80 井区最为发育，共有 4 期次，说明乌夏构造带和中拐斜坡构造活动性最强，延续时间最长，形成的扇体规模较大。归纳起来，二叠纪为一前展式推覆及扇体迁移模式即由 P_1j—P_3w 沉积时期，随同生控扇断裂由老山向盆缘的前展式推覆活动，扇体呈现由盆缘向盆内推进迁移的沉积响应。

三叠纪扇体在东北部黄羊泉—红郭镇南最为发育，据百64井分析共有5个期次，这些扇体受克乌断裂控制，均产于其南侧，但其在走向上在不同的地质时期活动性有显著差异；东北部活动性最强，延续时间最长，形成的扇体规模较大，向西活动性逐渐减弱，断裂分段活动，表现在扇体分布较分散、叠置程度差。

侏罗纪扇体总体上共发育4期，但叠置关系较差，以在中段白碱滩以南存在八道湾组扇体与头屯河组的两期扇体叠置发育为主，且扇体规模较小，说明侏罗纪的同沉积断裂活动强度和规模远不及三叠纪大，并且在中段较为强烈。

三叠—侏罗纪扇体在平面上迁移现象明显，在三叠纪或侏罗纪内部，从早到晚扇体均表现出向物源区（西北方向）迁移的特征。此外，侏罗纪扇体在平面上还表现出北东部规模大，形成时期早，而西南部形成时期晚、规模小，显示出扇体由北东向南西方向迁移的特点，说明北东部断裂活动较早，活动强度较大，而中部和西南部断裂活动较晚，活动强度减弱。归纳起来，三叠—侏罗纪为一退覆式冲断及扇体迁移模式（图4－37），即由T_1b—J_2t沉积时期，随同生控扇断裂分布位置由盆缘向老山迁移，各期扇体呈现由盆内向盆缘退缩迁移的沉积响应。

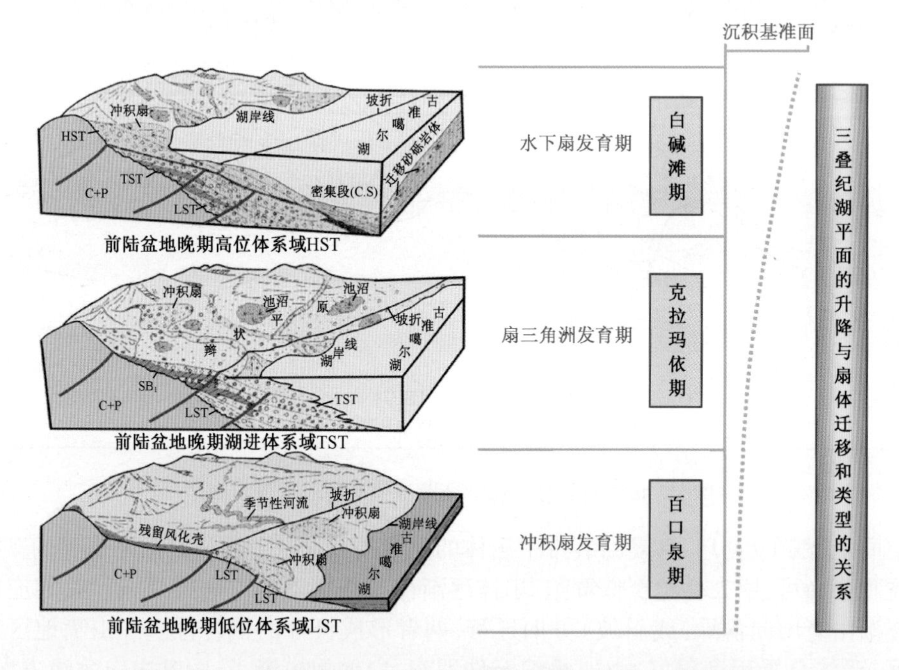

图4－37　西北缘三叠—侏罗纪退覆式推覆及扇体迁移模式图

二叠—侏罗纪各期扇体叠置关系较好，但扇体规模逐渐变小，说明从二叠—侏罗纪构造活动逐渐减弱，扇体在平面上有迁移现象，反映不同时期活动的断裂，控制了扇体的分布，总的来看，百乌夏地区活动性最强，延续时间最长，形成的扇体规模较大，车拐—克拉玛依地区活动性减弱。

二、二叠—侏罗系不整合面的层位和性质

地层不整合面不仅是准噶尔前陆盆地沉积记录中最重要的地质特征之一，而且是分割盆地充填序列的界面。据研究，西北缘二叠—侏罗系发育角度不整合、平行不整合（假整合）两

种属于构造成因的不整合。据钻测井资料及地震资料，西北缘地层在 P_1j/C、P_2x/P_1f、P_3w/P_2w、T_1b/P_3w、J_1b/T_3b、J_2t/J_2x、K_1q/J_2t 之间存在 7 个区域性角度不整合。

在 P_1j 内部的 P_1j_1、P_1j_2、P_1j_2 各亚组之间为局域性的角度不整合，西北缘局部可呈整合接触关系。P_1f/P_1j 及 T_3b/T_2k_2 间为局域性角度不整合，或变为假整合—整合接触，J_2x/J_1s 间为局限性的假整合，局部变为整合接触，因此共可识别标定出由 C_3—K_1q 沉积时期的 13 个不整合界线，其中 P_1j—J_2t 沉积期间发育 11 个不整合面，包括 5 个区域性的角度不整合。根据构造事件的沉积响应理论和西北缘地层不整合面分布的具体特点，西北缘每一个地层不整合面应是西北缘前陆冲断带逆冲推覆事件的沉积响应和地层标识。据此，至少可确定西北缘前陆冲断带自早二叠世以来存在 11 次逆冲推覆事件。

三、二叠—侏罗纪粗碎屑扇体层位和侧向迁移

进一步按时代层位及地域空间统计其时空分布(图 4－38)，可获如下认识：

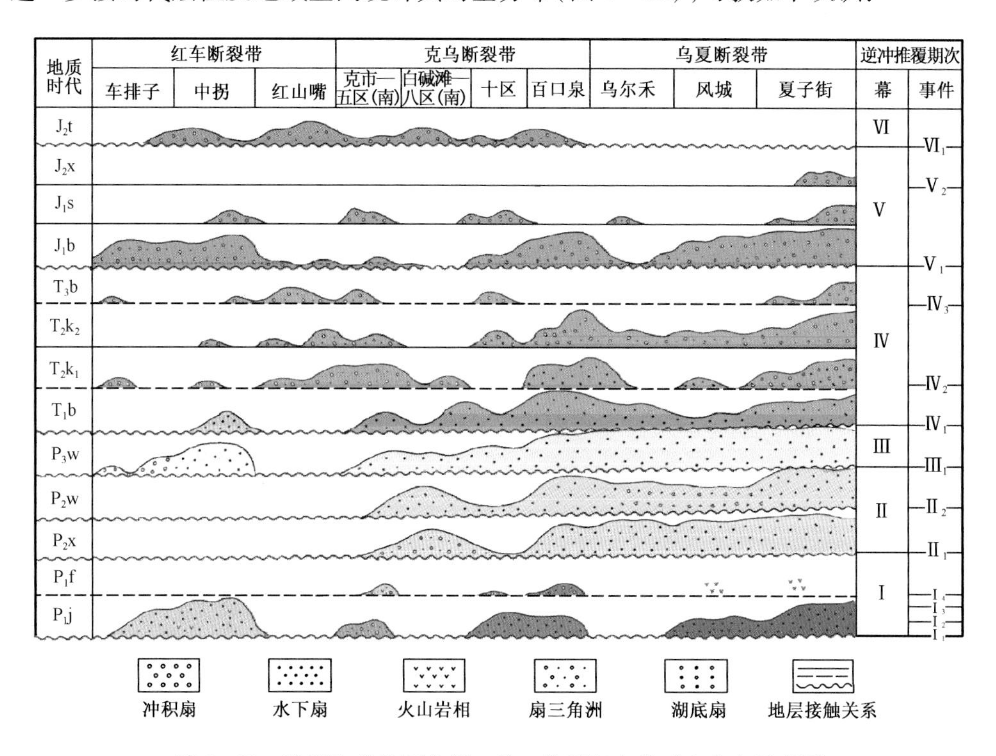

图 4－38 准噶尔盆地西北缘二叠—侏罗纪扇体时空分布示意图

(1)由图中的 10 个主要扇体展布层位分析，西北缘自二叠纪以来至少存在 10 个逆冲推覆事件。另据局部性不整合面应是局部性构造事件的地层标识，共可识别出 13 次逆冲推覆事件。

(2)根据西北缘二叠—侏罗纪发育的具一定规模的主扇体展布，结合区域性不整合界面，可初步划分出 6 个逆冲推覆幕。

(3)由图中各期扇体的空间分布分析其迁移特点是：在 P_1j—P_2w 沉积时期、P_3w—T_1b 沉积时期、T_2k_1—T_3b 沉积时期、J_1b—J_2x 沉积时期，随时代变新，扇体由西南(红车地区)略向东北方向(克夏地区)迁移的周期性变化特点，总体呈现出旋回式周期性的迁移。

(4)由扇体时空分布范围、规模分析，二叠纪 P_1j—P_3w 沉积时期，随着扇体由西南向东北的迁移，其扇体规模渐趋增大，反映在二叠纪随时代变新西北缘逆冲推覆强度增大且在空间上具有由西南向东北迁移、增强的特点。三叠纪和侏罗纪与此相反，随时代变新，扇体规模总体变小且呈由西南向东北迁移变小，说明三叠系和侏罗系随时代变新，西北缘逆冲推覆强度减弱，且具在空间上由西南向东北迁移、减弱的特点，上述迁移特点反映西北缘逆冲推覆作用可能具右旋剪切特征。

(5)西北缘前陆盆地充填序列中最底部的砾岩扇体出现于 P_1j 组底部，显示 P_1j 期冲断带已成雏形，并处于逆冲抬升剥蚀状态，为西北缘前陆盆地提供物源。同时，P_1j—P_1f 期均有火山岩发育，表现西北缘前陆盆地发育初期曾处于拉张(断陷?)环境，并非始终为挤压环境。

四、二叠—侏罗纪盆地充填及构造层序特征

由前述各时期地层沉积特征，结合单井、连井构造—沉积相分析成果和前人得到的相关资料，可归纳出西北缘 3 个构造带上由南西向北东的红车、中拐、克百及乌夏地区的盆地充填层序及构造层序框架(图 4－39)。

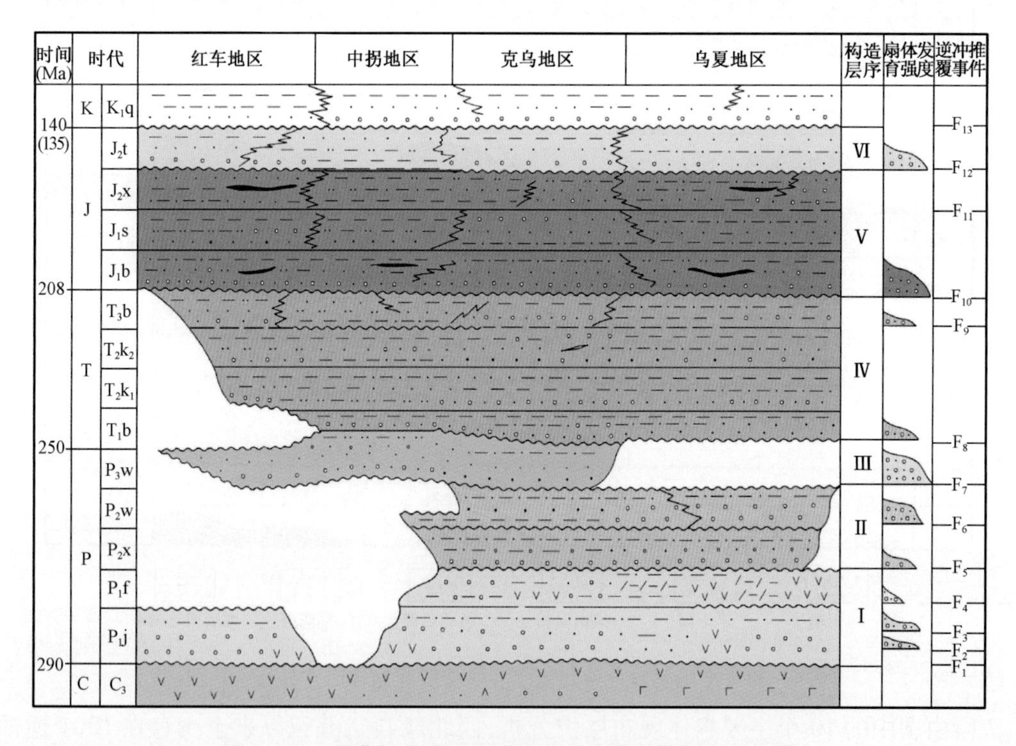

图 4－39　准噶尔盆地西北缘构造层序及扇体发育对比图

由上图分析可知，西北缘前陆盆地的充填序列具明显的旋回式沉积的特点，以区域性不整合面为界形成巨型旋回层，即构造层序。构造层序是由区域性不整合面所分隔的一套地层序列，是某种构造环境或体制下的一套沉积充填产物。为区域性不整合面所分隔的构造层序之间在沉积充填、沉积相、构造变形、变质或岩浆活动等方面存在明显差异。据此划分出 P_1j—P_1f、P_2x—P_2w、P_3w、T_1b—T_3b、J_1b—J_2x、J_2t 六套构造层序，并可据局部或区域不整合面对这些构造层序进行亚层序划分。

由图中的盆地充填层序，可以识别、厘定出充填序列中10期发育强度各不相同的扇体，剖面上呈粗碎屑楔状体分布，构成西北缘前陆冲断带逆冲推覆作用的沉积标识。

对比图4-38与图4-39可以发现，构造层序与逆冲推覆幕的时限基本一致，即逆冲推覆幕的作用时间与构造层序的发育期限具良好耦合性。因此构造层序可作为逆冲推覆幕的沉积响应，是一个成盆期的充填实体；与各期主扇体及局部不整合面发育相对的层序可作为逆冲推覆事件的沉积响应，是一个成盆期不同演化阶段的充填实体。

五、断层生长指数

西北缘同沉积断裂冲断活动强度的（半）定量化统计中，为进一步探讨同生断层在各个时期的活动强度，尝试将定量统计学方法引入西北缘压扭性质的前陆盆地冲断带研究之中：充分利用地震剖面解释资料，结合钻井剖面获取同生逆掩断裂的上、下盘地层厚度数据，并计算出同生断层的活动性指数（C）。所谓"活动性指数"，是指逆掩断层下盘地层厚度与上盘地层厚度之比值，用以表示衡量同生断层的冲断活动性的强弱程度。当上、下盘厚度差值越大，则C值越大，表明同生逆掩断裂的冲断推覆距离越大，其断层活动性越强；反之亦然。

由图4-40可知：现有的数据中，佳木河期（P_1j）红车、克百、乌夏构造带的同生断层活动性指数分别变化于1.143~4.571、1.034~1.45、1.091~1.429之间。总体来说，红车断裂带P_1j期的平均C值最大，活动性最大。在P_1f、P_3w+P_2w及P_2x同一时期（同组地层中）观察发现：由红车—克百—乌夏断裂带，同生断层活动指数略呈轻微增加趋势，反映其同生断层活动性趋于增强。

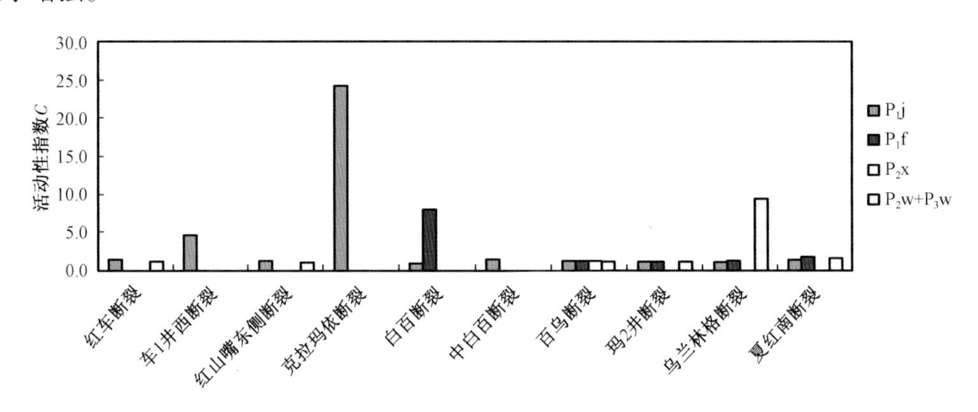

图4-40 西北缘二叠纪同沉积断裂活动性指数分布直方图

由图4-34及图4-41可知：三叠纪的同一断裂带中，由T_1b—T_3b沉积时期，随时代变化红车、克乌、乌夏构造带的同生断裂活动性（指数）均呈减弱趋势。观察同一时期同生断裂活动情况。T_1b沉积时期，由红车—克百—乌夏构造带，去除人工估计的误差外，同生断裂活动呈略微增加趋势。在T_2k_1、T_2k_2及T_3b的同一时期（同组地层），以克乌断裂带的同生断裂活动指数略微偏大，说明其冲断推覆活动略强于红车、乌夏断裂带。红车、乌夏断裂带的冲断推覆规律性不明显。

侏罗纪同沉积断裂（图4-35、图4-42），因地震剖面上未作详细层段划分，给研究造成一定困难。一般情况，由J_1—J_3，C值呈减小趋势，红车断裂带的车16井断裂、克乌构造带的克拉玛依断裂活动性略强些。

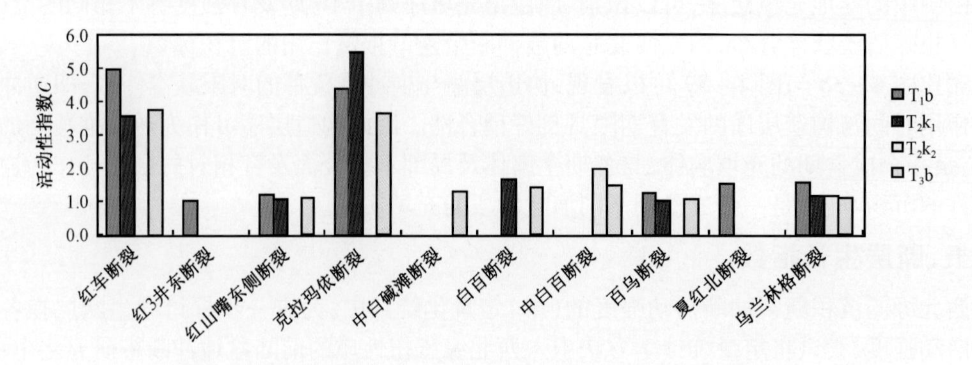

图 4－41　西北缘三叠纪同沉积断裂活动性指数分布直方图

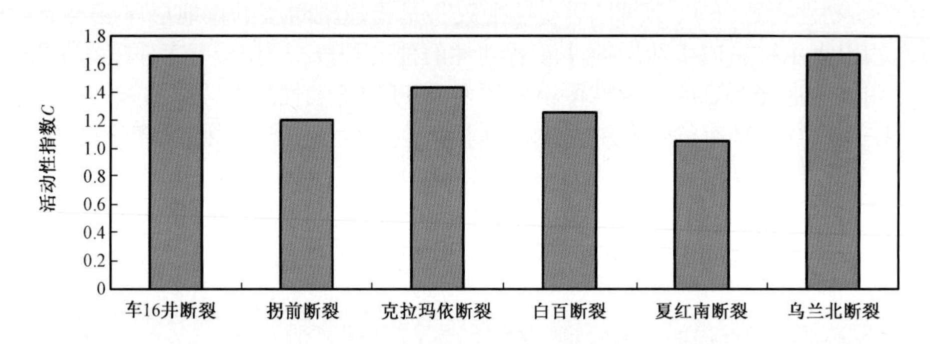

图 4－42　西北缘侏罗纪同沉积断裂活动性指数分布直方图

观察同一同生断裂(带)在不同时期的活动指数变化:红车、克乌构造带的变化规律不甚明显,乌夏构造带由 P_1j—P_3w+P_2w 沉积时期,同生断层活动性指数有增加趋势,反映其冲断推覆程度逐渐增强(图 4－43)。

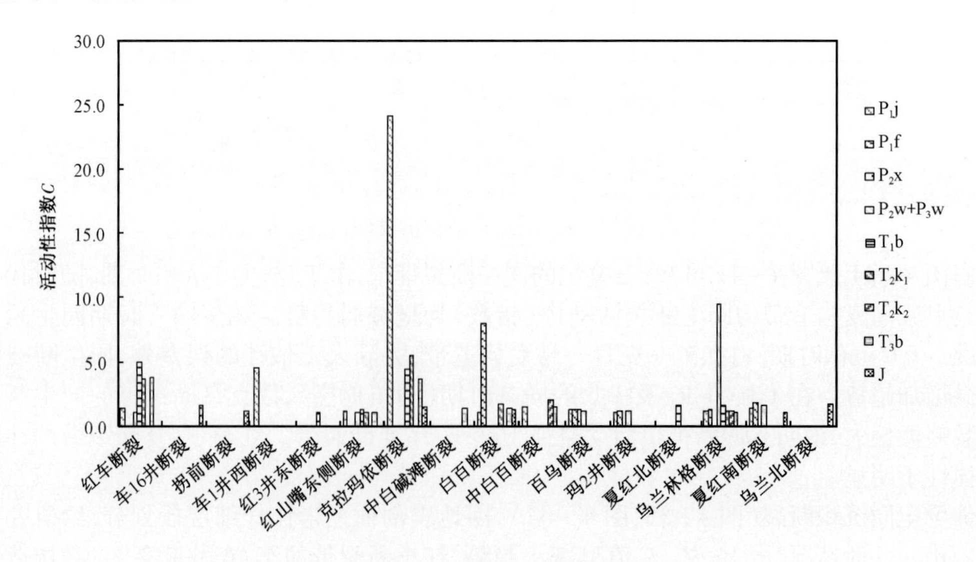

图 4－43　西北缘同沉积断裂活动性指数分布直方图

小　　结

现今的准噶尔盆地边界(包括西北缘和其他地区)是一个经过地质历史时期多次强烈改造的地理边界,而并非真正意义上的盆地地质边界。各个地质时期的盆地地质边界也不尽相同,缺乏原型盆地恢复的诸多依据。但是,可以肯定的是现今的盆地西北缘是准噶尔地体与西准地体的过渡带,构造活动与沉降异常活跃,表现在盆山耦合多旋回沉积地层响应特征明显,是一个复杂而又独特的油气地质环境。以沉积地层旋回和充填特征为线索,厘定盆山耦合响应特征如下:

(1)石炭—二叠系作为一个大尺度的一级含火山岩系地层旋回,其沉积边界和分布范围目前尚不清楚。石炭系与二叠系沉积地层也存在很大的区别。在主断裂的上盘大部分地区缺乏二叠系。

(2)三叠—侏罗系盆山耦合沉积地层响应特征突出,特别是三叠系近物源扇体发育与断裂活动关系最为明显。侏罗系断裂活动与沉积展布关系密切,是准噶尔盆地西北缘盆地耦合最为显著的特点,体现在:

① 侏罗纪准噶尔盆地内部的构造隆凹格局对古水系的流向、发育规模、水动力大小都有控制作用。与古盆地边缘呈近垂直的构造单元,经常起到分水岭或控制古水流方向的作用。与古盆地边缘呈近平行的构造单元(如斜坡)因其坡降大小的不同,对古水系发育规模、水动力大小有较强的控制作用;

② 八道湾组沉积中期(Ⅰ层序水进体系域沉积期)、三工河组沉积早期(Ⅱ层序水进体系域沉积期)、早侏罗世末期—中侏罗世初期、中侏罗世晚期头屯河组沉积期(Ⅴ层序水进体系域和高位体系域沉积期)是西北缘侏罗纪三次较大规模的湖侵和一次局部湖侵事件,与全球海侵事件有较好的一致性;

③ 白垩纪—新生代沉降活动从北向南逐渐减弱,抬升与沉降活跃区主要分布在车排子及其以西地区。

第五章 复式油气多元储集体系

第一节 多旋回成因的多元储集体系

准噶尔盆地自石炭—新近纪经历了海西、印支、燕山、喜马拉雅四期主要构造运动，形成了盆地中多旋回的沉积建造和储层类型。

晚石炭世，盆地进入裂陷初张期，西北缘主要形成火山岩及火山碎屑岩堆积，间夹陆源快速沉积。

早二叠世，裂陷进入扩展期，裂陷作用增强，裂陷沉积范围增大，西北缘形成前陆盆地系统。佳木河组主要为一套杂色酸性—中性陆相火山喷发岩及小型粗粒快速沉积，火山岩储层发育；风城期时，盆地充填了一套潟湖相暗色泥岩、凝灰质白云岩、白云质泥岩夹粉砂岩、砂岩及薄层灰岩，其中在盆地西北缘及玛湖地区主要为泥质岩类沉积，储层相对不发育。

中晚二叠世西北缘继承性发育了一个北东方向延伸的沉降中心。下乌尔禾组属于湖盆近源扇三角洲沉积，上乌尔禾组为褐色不等粒砂砾岩夹泥岩。总体上西北缘上二叠统以粗粒碎屑岩储层为主。

西北缘整个三叠纪的沉积充填构成了一个明显的旋回。早三叠世西北缘的百口泉组有一套河谷充填式冲积体系，储层发育；中三叠世沉积时湖盆范围扩大，西北缘发育了一套扇三角洲—滨浅湖相，具多期次、多旋回的结构，储层的发育具有分期性和分区性的特点；晚三叠世早—中期是整个三叠纪湖盆范围最大的时期，晚期变浅。西北缘白碱滩组下部为一套滨湖—半深湖沉积，储层不发育，上部则为一套辫状河三角洲沉积，储层相对发育，湖侵范围有所减小。

早侏罗世盆地在三叠纪的基础上进一步扩展，沉积范围更为扩大，百口泉地区八道湾组不仅在克百断裂下盘接受沉积，而且克百断层上盘也广泛接受沉积，沉积相类型早期为冲积扇，到晚期演化为辫状河，储层相对发育。

第二节 石炭系火山岩储集体系

西北缘石炭系火山岩储层主要沿断裂带分布于车排子地区、七区、一区、九区等地。按岩性可分为熔岩类和火山碎屑岩类。熔岩类主要有碎裂安山岩和碎裂橄榄玄武岩。火山碎屑岩类主要为凝灰岩，其次为碎屑岩。成岩后生作用强烈，经风化、淋滤、蚀变形成了次生溶孔等，储集空间以裂缝—孔隙型为主，属非典型双重介质型。局部发育有孔隙型储层，此外还发育裂缝。基质孔隙度范围在6% ~8%之间，裂缝孔隙度为0.8%，基质渗透率均小于1mD，有效渗透率5.4mD，总体上是一套中—低孔隙度、低—特低渗透性、非均质性极强的储层。储层的好坏主要取决于原生和次生孔隙的发育程度，产量则取决于裂缝的发育程度。

一、储层岩性特征

根据大量的岩心和薄片资料鉴定和统计，克百地区石炭系岩性较为复杂，岩石类型有岩浆岩、正常沉积岩。岩浆岩中有熔岩类的玄武岩、安山岩，及少量的流纹岩、霏细岩，火山碎屑岩类的火山角砾岩和凝灰岩，正常沉积岩为砂砾岩等。

玄武岩：颜色多为褐灰色、深灰色，岩石中斑晶（占3%～35%）由大小不等的板状斜长石、辉石及少量的橄榄石组成，斑晶长石表面具较强的钠长石化、泥化、绿泥石化和钠黝帘石化，橄榄石斑晶已伊丁石化；基质由细小板柱状斜长石组成格架，格架间充填粒状辉石、磁铁矿、绿泥石化玻璃和次生葡萄石，基质具绿泥石化，玻璃质具脱玻现象，析出铁质尘点。具间隐、间粒结构，斑晶含长结构；部分玄武岩中具杏仁构造，杏仁最多可达300个/10cm，洞径一般1～2mm，是气孔被硅质、绿泥石、方解石充填—半充填而成，充填顺序为硅质→绿泥石→方解石，部分杏仁体有溶蚀扩大现象，杏仁构造多分布于每一期玄武岩的上部及底部。

安山岩：颜色多为灰色、褐灰色，岩石具交织结构、斑状结构、块状构造；岩石中基质主要由细小板条状斜长石组成（可达95%），细小板条状斜长石略呈定向排列，斜长石格架间分布了它形粒状磁铁矿，磁铁矿已部分褐铁矿化，长石间部分玻璃质脱玻形成微粒次生帘石，岩石后期具轻度黄铁矿化，次黄铁矿呈微粒状均匀分布于岩石中，局部斜长石格架间见它形粒状石英。岩石中含少量的斜生长石斑晶，且多已被方解石交代。

霏细岩：颜色多为灰黄色、灰绿色，岩石中斑晶（5%～10%）由石英及长石组成，基质由微粒状长石、石英集合体组成，局部显示霏细球粒状结构，或似流动构造，并分布有细小云母。部分长石斑晶已被方解石交代。局部见角闪石斑晶，角闪石多已发生蚀变。

火山角砾岩：颜色多为褐灰色、灰色，角砾和岩屑在不同的井中变化很大，主要取决于岩浆的性质，如在克118井角砾和岩屑主要由流纹岩、霏细岩、珍珠岩组成；在克113井角砾和岩屑主要由玄武岩组成；在克120井中则主要由安山岩组成；均具有角砾和岩屑成分单一的特征，后期角砾和岩屑具铁质析出呈褐色。均为火山灰胶结，后期火山灰具葡萄石化、泥化、绿泥石化、硅化和方解石化，局部见火山灰残留。角砾粒径一般0.5～8mm，最大10cm×32cm；棱角明显；局部见塑性浆屑挤压变形、撕裂状。

凝灰岩：颜色多为灰褐色、绿灰色、深灰色，岩石由撕裂状塑变玻屑、少量斜长石晶屑、少量岩屑及火山灰组成。岩屑成分取决于岩浆的性质，如克118井中的酸性凝灰岩的岩屑主要由流纹岩、霏细岩、珍珠岩组成。塑性浆屑和火山灰具硅化、绿泥石化、水云母化。

砂砾岩：颜色多为杂色，岩石砾石主要为凝灰岩，其他为玄武岩、安山岩、砂岩、岩泥板岩、碳酸盐化砾石组成；砂质成分由凝灰岩、泥质板岩、安山岩、碳酸盐岩碎屑组成；砾径2～30mm，最大65mm×80mm，分选差，次圆—次棱角状，砾石略具定向排列，粒间黏土杂基具氧化铁染和水云母化。

安山岩、玄武岩分布广泛，主要分布在一区、二区东、三区中部、四区东部、七区、古3井—417井区；火山角砾岩分布局限，主要分布在克92井区、古65井区、七东区等7个局部区；凝灰岩分布较广泛，主要分布在四区、二区局部、六区；砾岩、砂砾岩分布较广泛，主要分布在二西区、九区；此外局部地区可见霏细岩、辉绿岩、变质岩、花岗岩。

石炭系取心资料和试油结果表明西北缘克百地区石炭系的各种岩性均含油和出油，都可以作为储层，关键取决于后期改造程度。统计已探明的一区、二区克92井区（表5－1）、三区、四区、六区、七区、九区、古3井区等区块石炭系的储层岩性，有玄武岩、安山岩、流纹岩、霏细岩，火山角砾岩、凝灰岩和砂砾岩等，其中一区、二区克92井区、三区、六区、七区、古3井区的储层岩性主要为玄武岩、安山岩，九区的储层岩性主要为砂砾岩和凝灰岩，四区的储层岩性主要为凝灰岩。

表5－1　克百地区部分出油井岩性表

序号	区块	试油井段（m）	厚度（m）	措施要求	工作制度	日产油（m^3）	岩性
1	二区克92	576～588	12	压裂	4.0	12.38	霏细岩
2		524～550	26	压裂	5.0	18.49	霏细岩
3	克108	746～774	28	压裂	抽汲	4.62	砂砾岩
4		546～570	24	压裂	4.0	7.84	玄武岩
5	克110	456～476	20	压裂	4.0	21.06	凝灰岩
6	克111	680～706	26	压裂	抽汲	1.11	玄武岩
7	克112	520～540	20	压裂	4.0	6.94	安山岩
8	克113	792～822	30	压裂	4.0	2.23	玄武岩
9	克115	640～662	22	压裂	抽汲	3.32	安山岩
10	克116	524～550	26	压裂	5.0	0.92	安山岩
11	克117	502～530	28	压裂	3.0	0.96	安山岩
12	克118	592～614	22	压裂	4.0	6.23	火山角砾岩
13	克120	516～540	24	压裂	4.0	5.77	火山角砾岩
14	克122	636～656	20	压裂	4.0	0.83	安山岩
15	克123	614～638	24	压裂	4.0	7.7	安山岩
16	克127	870～896	26	压裂	4.0	11.17	玄武岩

二、储层岩相特征

根据不同岩性分布及火山岩相的产出环境、产出形态、岩性特点和其所处火山部位的相互关系可以得出：克百地区存在的主要火山相为：爆发相、溢流相、次火山相和正常沉积的冲积扇相。

影响克百地区岩性、岩相分布的有九个火山口。其中位于一区古65井区、七东区的火山口为主火山口，控制了一区、二区、三区、六区、七区、九区及前缘断块区的岩性、岩相分布，控制范围大；位于古88井区及克120井区附近的两个火山口为次火山口，主要控制了二中区的岩性、岩相；而二西区则主要受冲积扇控制。一区、二东区、三区、六区、七区、古3井区岩性简单，主要为溢流相、爆发相，其他区域岩性较复杂，主要为凝灰岩和砂砾岩分布（表5－2、图5－1）。西北缘火山活动严格受断裂控制，火山岩沿主断裂一线分布，远离主断裂一带，火山岩逐渐被沉积岩所代替，根据火山岩岩性纵向上的变化，反映出火山活动为溢流作用与爆发作用交替进行。

表 5－2 火山岩相分类及其主要特征

相组	形成深度	相	岩石	产出状态	产出阶段
喷发相组	地表	溢流相	熔岩	岩流、岩被、块状熔岩,气孔状、角砾状熔岩,枕状熔岩,熔岩层等	火山喷溢、泛流产物
		爆发相	火山碎屑岩	火山碎屑岩层,火山锥;火山灰堆积,火山口堆积;火山弹,火山角砾、火山灰	火山爆发产物
		侵出相	熔岩火山碎屑岩	岩针、岩钟、岩塞	熔岩挤出地表产物
火山颈相组	地表以下0.5km	火山颈相	熔岩、火山碎屑岩	圆形、筒状、喇叭形岩颈,单一岩颈、复合岩颈,单成分岩颈、复成分岩颈	火山管道充填产物
次火山岩相	地表以下3km	次火山岩相	熔岩、角砾熔岩、隐爆角砾岩	岩株、岩盖、岩盘、岩盆、岩脉、岩墙	火山浅成侵入物
火山沉积相	地表或水下	火山沉积相	火山碎屑岩、火山碎屑沉积岩、沉积岩	海相、陆相层状、似层状、透镜状沉积层	火山沉积形成物

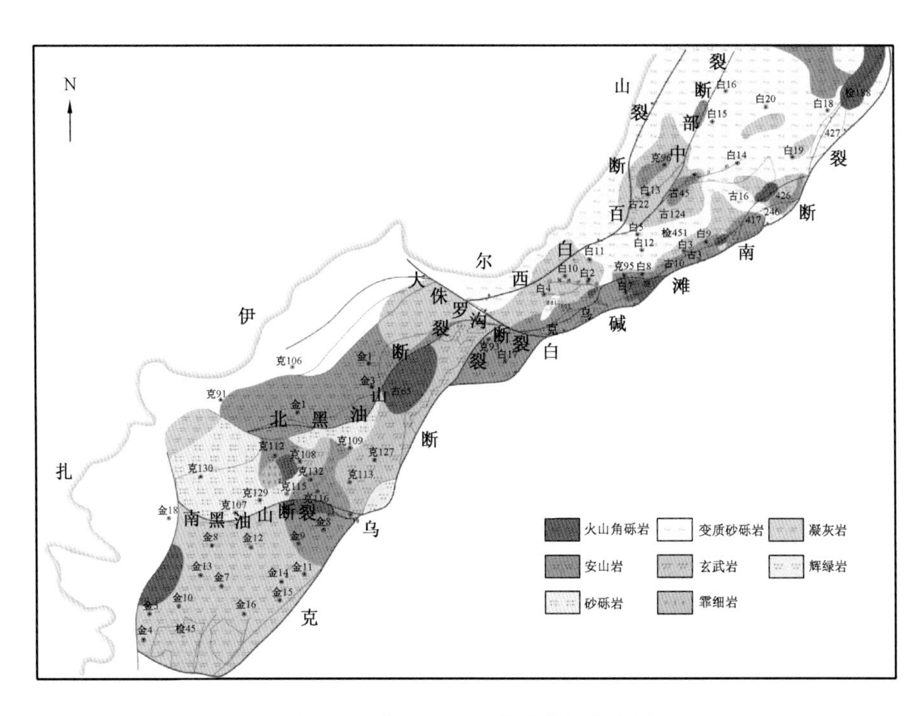

图 5－1 克百地区石炭系岩相分布图

三、储层物性特征

总的来看,基岩的分析孔隙度、渗透率都比较低。一般孔隙度范围为 6% ~9%,渗透率大部分小于 1mD,而事实上基岩仍具一定的产油能力,也就是说是有一定的渗透能力的。试井、复压法求得的有效渗透率为 10 ~160mD,显然是裂缝的作用。统计克百地区已探明的石炭系各区块油藏中，古3井区、一区、六区、七区、417井区最好；孔隙度范围为8.5%～12.1%，二区克92井区、九区检451井区次之，孔隙度范围为6.9%～7.8%；四区、三区较差，孔隙度范围为0.48%～2.7%；孔隙度与深度变化基本没有相关性（图5－2）。

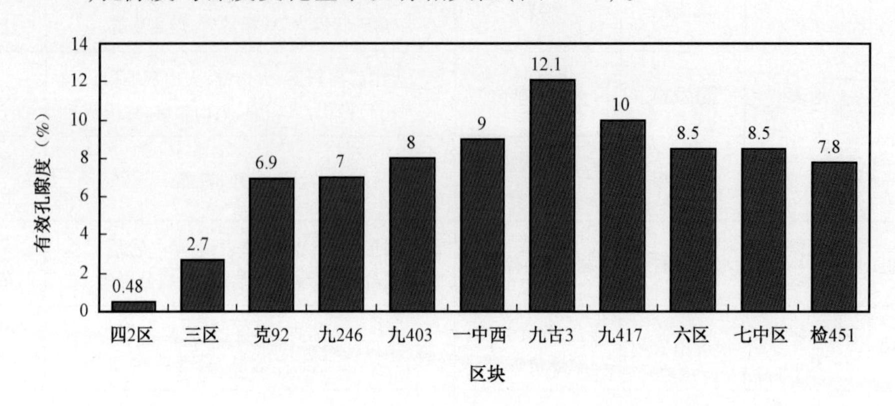

图5－2　克百地区各区块石炭系油藏孔隙度直方图

一般情况下储层孔隙度、渗透率按安山岩→玄武岩→火山角砾岩→霏细岩→砂砾岩→凝灰岩的顺序依次降低。但规律性不强，同是安山岩、玄武岩，但储集性能差别很大，有的安山岩孔隙及裂缝中外渗，分析孔隙度范围可以到8%～12%。这是所见最好的储层；有的安山岩十分致密坚硬，岩石密度高达2.7～2.8g/cm^3，分析孔隙度不到2%～3%，渗透率近于零，这主要取决于次生溶蚀孔隙是否发育。

四、储集空间类型

石炭系的储集空间包括孔隙和裂缝两类：通过铸体薄片、岩石薄片和荧光薄片分析，可见到的孔隙和裂缝如下：

1. 孔隙

（1）斑晶溶孔：霏细岩中的长石斑晶被溶蚀后形成的溶蚀孔隙（图5－3）。长石斑晶溶孔均分布于收缩缝通过处，表明收缩缝是溶蚀长石的酸性溶液的渗滤通道。

（2）粒间溶孔：粒间溶孔是火山碎屑岩中火山角砾之间充填的方解石被溶蚀后形成的溶蚀孔隙（图5－4）。火山碎屑岩中火山角砾之间的火山灰胶结物质是经过方解石化作用形成的方解石被后期溶解而成。

（3）气孔：岩浆喷溢地表冷凝时，其中的挥发分逸散后留下的空洞，常分布于熔岩流顶部及底部。它们以圆状为主，不规则状为辅。部分气孔为被硅质、绿泥石、方解石充填而留下的孔隙。充填的气孔称为杏仁构造，杏仁最多可达300个/10cm，洞径一般1～2mm，部分杏仁体有溶蚀扩大现象。

（4）粒内溶孔：砂砾岩中的火山岩砾石、火山角砾岩及角砾熔岩中的角砾被部分溶蚀而形成的孔隙（图5－5），此类孔隙均位于裂缝处。

（5）基质溶孔：熔岩基质中的斜长石晶体被溶蚀而形成的孔隙（图5－6），主要见于霏细岩中，而且此类孔隙一般都位于裂缝附近，表明裂缝是溶蚀长石的酸性溶液的渗滤通道。

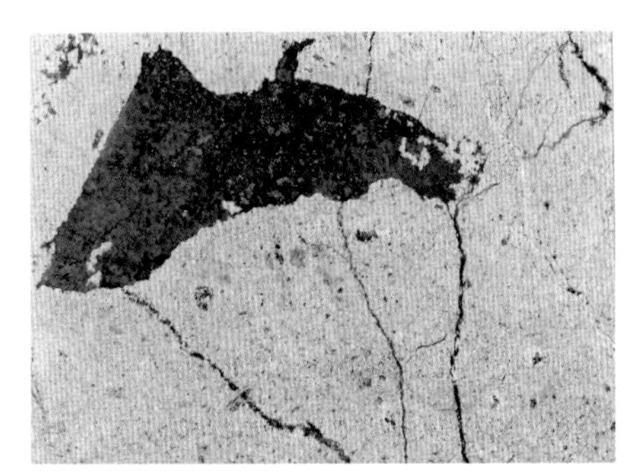

克92井，529.55m，霏细岩，
长石溶孔分布于收缩缝发育处(×25)

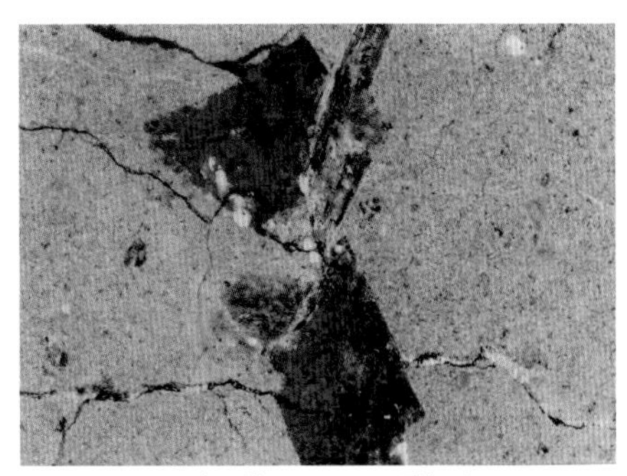

克92井，529.55m，霏细岩，
长石溶孔分布于收缩缝通过处(×25)

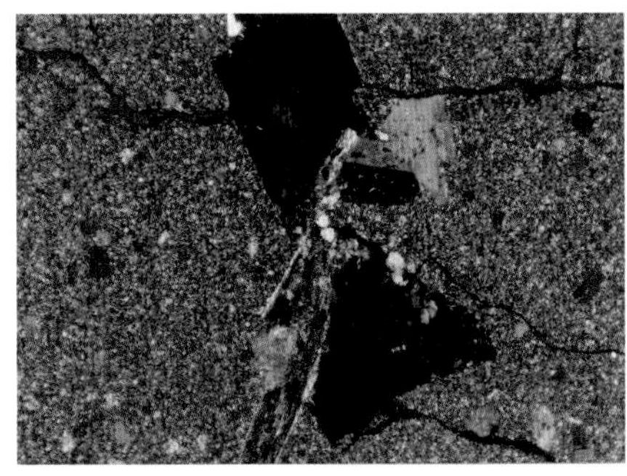

克92井，529.55m，霏细岩，
长石溶孔分布于收缩缝通过处(×25)

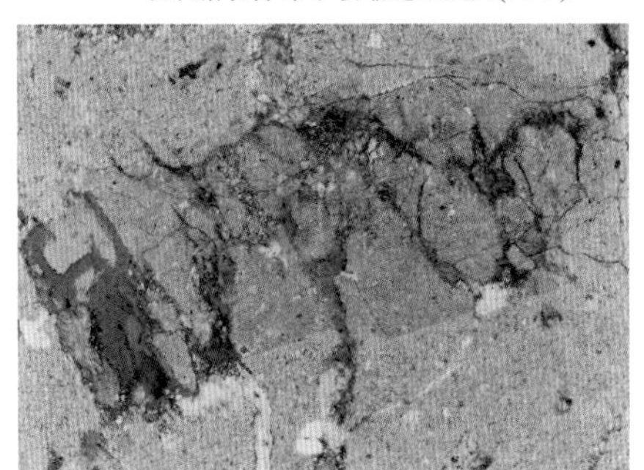

克92井，529.55m，霏细岩，
长石溶孔分布于收缩缝通过处(×25)

图5－3 克92井岩心斑晶溶孔照片

克120井，531.6m，褐灰色火山角砾岩，
粒间溶孔

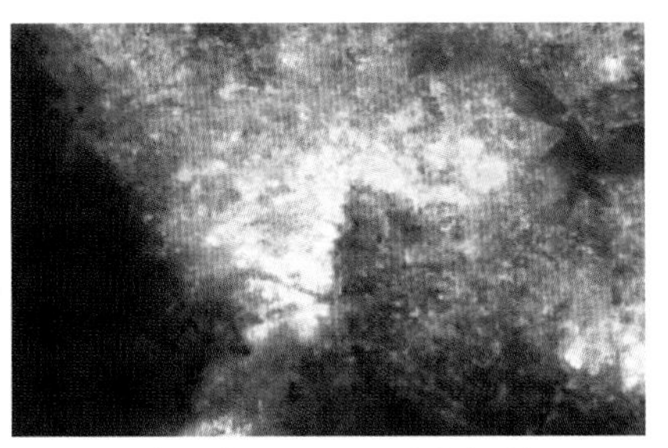

克120井，528.45m，火山角砾岩，
粒间溶孔，微裂缝

克105井，571.45m，
杏仁状玄武岩，半充填气孔

克121井，640.89~641.04m，
深灰色玄武岩，半充填气孔

图5－4 粒间溶孔、气孔照片

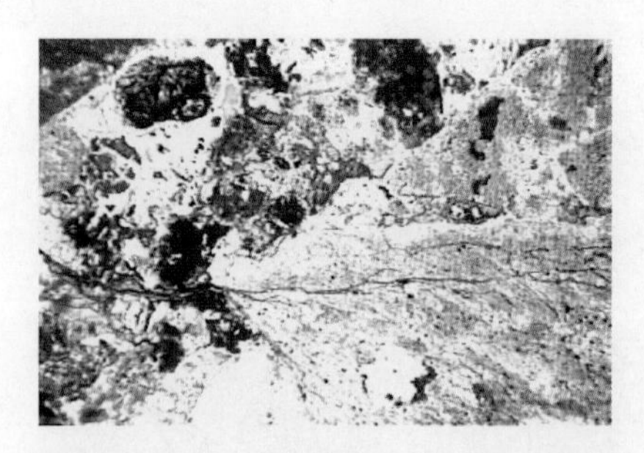

克122井，880.44m，杂色砂砾岩，粒内溶孔，微裂缝

克109井，760.58m，杂色砂砾岩，粒内溶孔，微裂缝

图5－5　粒内溶孔照片

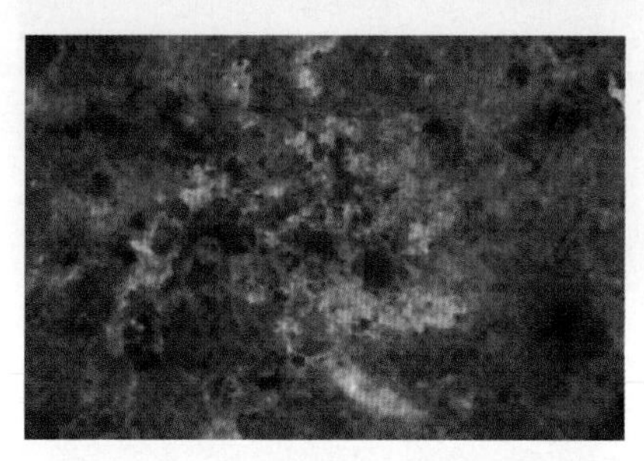

克92井，509.5m，霏细岩，基质溶孔，微裂缝

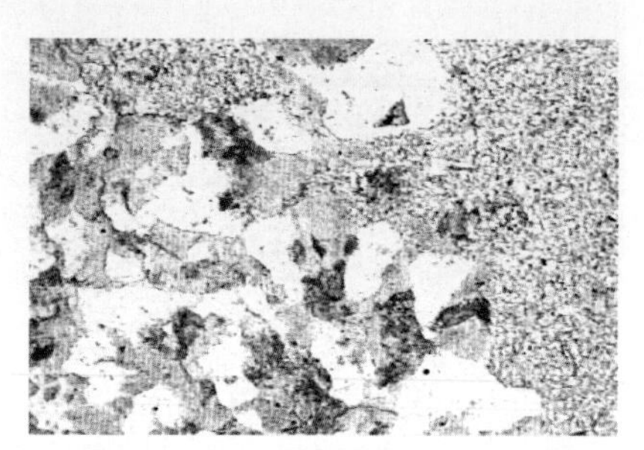

克92井，509~509.52m，霏细岩，基质溶孔

图5－6　基质溶孔照片

2. 裂缝

(1)网状收缩缝:岩石在成岩作用过程中收缩形成的网状裂缝(图5－7);其裂缝面弯曲且凹凸不平,裂缝存在分叉现象,且宽窄不一;西北缘网状收缩裂缝存在相互切割现象,表明裂缝存在多期性。裂缝密度3～30条/10cm,缝宽0.1～15mm,被绿泥石、硅质、方解石部分充填,充填顺序为硅质→绿泥石→方解石,在部分裂缝的边缘有溶蚀扩大现象。

(2)构造裂缝:岩石在构造应力的作用下破裂而形成的裂缝(图5－8);常见以共轭剪切裂缝的形式出现,倾角30°～60°,及以斜劈裂缝或直劈裂缝的形式出现,倾角70°～80°。具有缝面平直、延伸较远的特点,延伸最远的直劈裂缝缝长可达208cm;裂缝密度最大为4条/10cm,缝宽小于1mm,被绿泥石、方解石部分充填。可见构造裂缝切割收缩缝的现象,表明构造裂缝晚于收缩缝,部分裂缝面外渗原油。

3. 储集空间组合类型

克百地区石炭系油藏储层储集空间组合类型有5种:裂缝—斑晶溶孔、裂缝—粒间溶孔、裂缝气孔、裂缝—粒内溶孔、裂缝—基质溶孔。储层储集空间为裂缝—孔隙型双重介质,裂缝对各类孔隙起了重要的沟通作用。统计克百地区已探明的石炭系各区块油藏中,除四区石炭系油藏为凝灰岩纯裂缝性质外,其余石炭系油藏均为裂缝—孔隙型双重介质。

总之,石炭系储层属于裂缝—孔隙型,个别为裂缝型,孔隙是基岩的主要储集空间,裂缝既是良好的储集空间又是油气运移的主要孔道。只有孔隙、裂缝都发育的岩性段才是最好的储层。

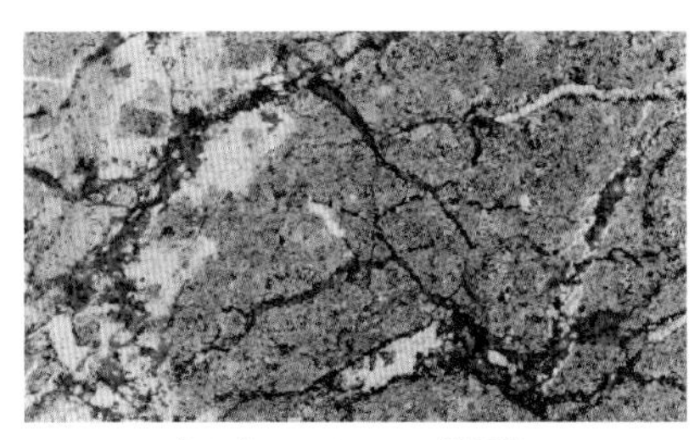

克92井，526.76m，霏细岩，
网状收缩缝发育，硅质半充填、未充填

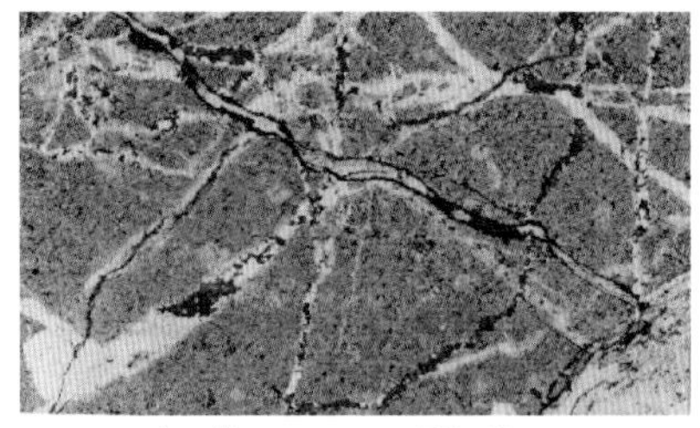

克92井，526.76m，霏细岩，
网状收缩缝发育，硅质半充填、全充填、未充填

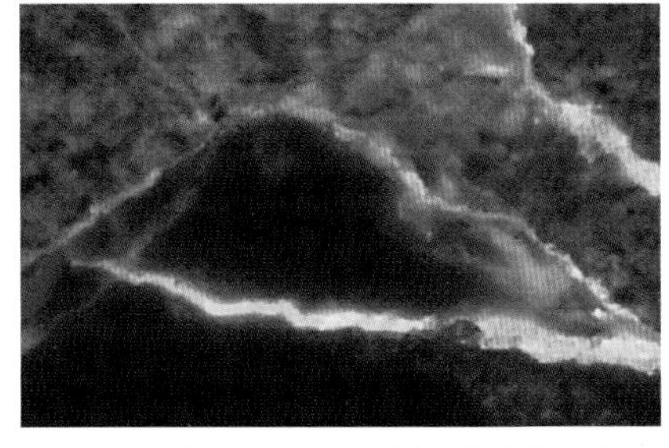

克109井，768.81m，砾岩，网状收缩缝

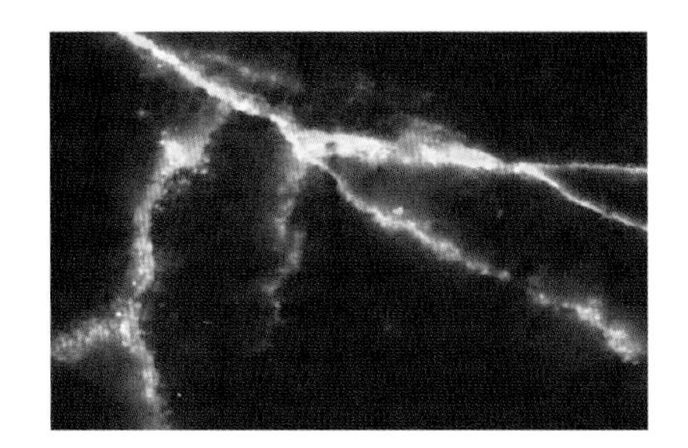

克118井，604.7m，火山角砾岩，收缩缝

图5－7 网状收缩缝照片

图5－8 构造裂缝照片

克118井，546.11～546.78m，深灰色玄武岩，多期裂缝局部裂缝及溶洞见浅棕色原油

五、储层发育规律

1. 孔隙发育规律

基岩风化壳纵向分布特征因深度而不同，表层风化程度较深，深处风化程度较浅，以致逐渐过渡到未风化的母岩。风化壳剖面结构自上而下具有明显的垂直分带，依次为：土壤层、全风化的风化土层带、强风化的风化碎石带、弱风化的风化块石带、微风化的风化裂隙带，最下部为未风化岩，各层之间为逐渐过渡关系。

通过大量的取心物性测定统计（图5－9），储层发育程度与风化剥蚀面关系密切，距离风化剥蚀面越近，储层改造程度越高，孔隙度、渗透率越大。

2. 裂缝发育类型

根据岩心和成像资料反映的特征，裂缝主要分两种类型：有效缝和无效缝。其中有效缝为

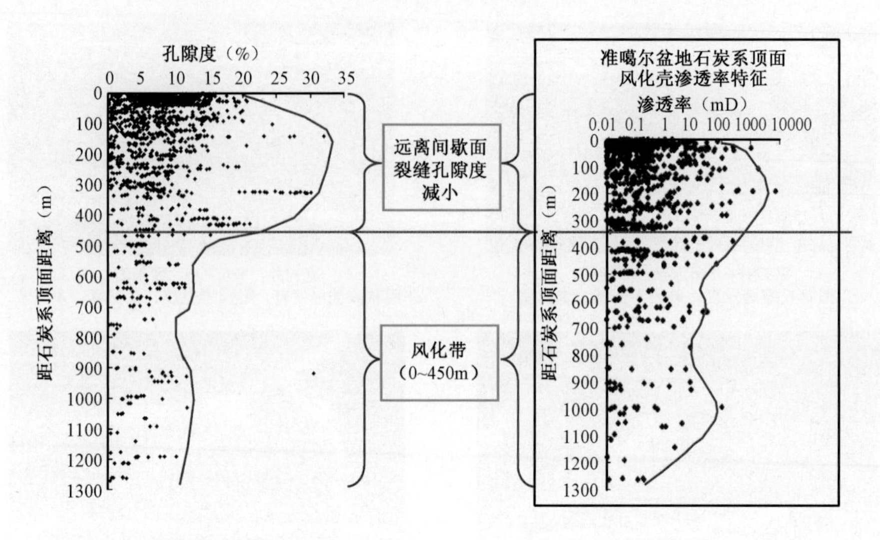

图 5－9　准噶尔盆地石炭系火山岩风化壳以下储层物性变化特征(1605 个)

开口缝,包括斜交缝、网状缝、直劈缝和半充填缝,无效缝指为方解石(或其他固体充填物)全充填的闭合缝。

(1)斜交缝:倾角小于 90°的开口缝,包括高角度斜交缝(倾角≥70°)、低角度斜交缝(30°≤倾角 <70°),图像显示为黑色正弦曲线。

(2)网状缝:由相互切割的呈网状的开口缝组成,一种由斜交裂缝与短小的开口缝相互切割形成,另一种由斜交裂缝相互切割而成。

(3)直劈缝:倾角近于 90°的开口缝,图像上表现为黑色竖线,缝宽不定,通常情况下两条竖线相互平行,延伸较长。

(4)充填(闭合缝)半充填缝:由于电流扩散,充填矿物质的电阻率比周围岩石高,充填(闭合缝)半充填缝常常会在裂缝平面的上、下倾斜交会处显示一个高、低电阻率交互区。

3. 裂缝含油特点

裂缝含油有以下几个特点:

(1)早期裂缝宽度较大,大部分大于 0.01mm,岩心中有少数可以达到 2 ~ 3cm。早期裂缝多数被充填,由缝壁生长的充填物晶体在宽大的地段晶簇间出现空洞。此外,在脉壁和岩壁之间常有微细的裂缝。充填物晶体内有晶隙和解理缝,这些都是属于大裂缝内的微裂缝。所有这些大小裂缝在有适当储油条件时都能含油。

(2)晚期裂缝宽度一般较小(< 0.01mm),肉眼不可见,偏光镜也容易被忽略,但因为含油,在荧光镜下却十分清楚。这种裂缝数量多,而且一般多未被充填,所以多含油。

根据观察岩心和现有的荧光薄片分析资料可知:火山岩的含油情况为孔隙加裂缝双重因素,含油的孔隙类型虽然有多种(如上所述),但是有的孔隙如气孔内的晶间有机质和矿物粒内晶隙的油很难在采油过程中排出,真正的有效含油孔隙主要是未充填和半充填的气孔、粒间孔、粒缘孔和大裂缝、微裂缝。

4. 裂缝发育规律

1）裂缝与岩性的关系

从目前岩相处理结果来看，克92井区块岩性主要为玄武岩、安山岩、砂砾岩和酸性岩。对9口井（包括克105井）分岩性进行裂缝厚度统计，裂缝发育总厚度469m，玄武岩中裂缝厚度为196.3m，占裂缝厚度的41.9%，安山岩中裂缝厚度为110m，占裂缝厚度的23.5%，熔岩（玄武岩、安山岩）中裂缝发育厚度占65.4%；酸性岩裂缝发育厚度为70.2m，占裂缝厚度的15.0%；砂砾岩裂缝发育厚度为92.4m，占裂缝厚度的19.7%。

2）纵向上裂缝发育程度

石炭系风化壳以下115m以内裂缝发育与深度关系不明显，与岩性关系更为密切。除克92井比较特殊，其裂缝发育在霏细岩中以外，其余各井主要发育在熔岩中。

3）平面上裂缝发育程度

从平面上看，9口井的裂缝厚度均大于30m，其中克92井、克108井、克105井最厚，为70m左右；其次为克118井、克109井、克113井，厚度大于40m；克120井、克110井、克131井最薄，在30～40m之间（图5－10）。

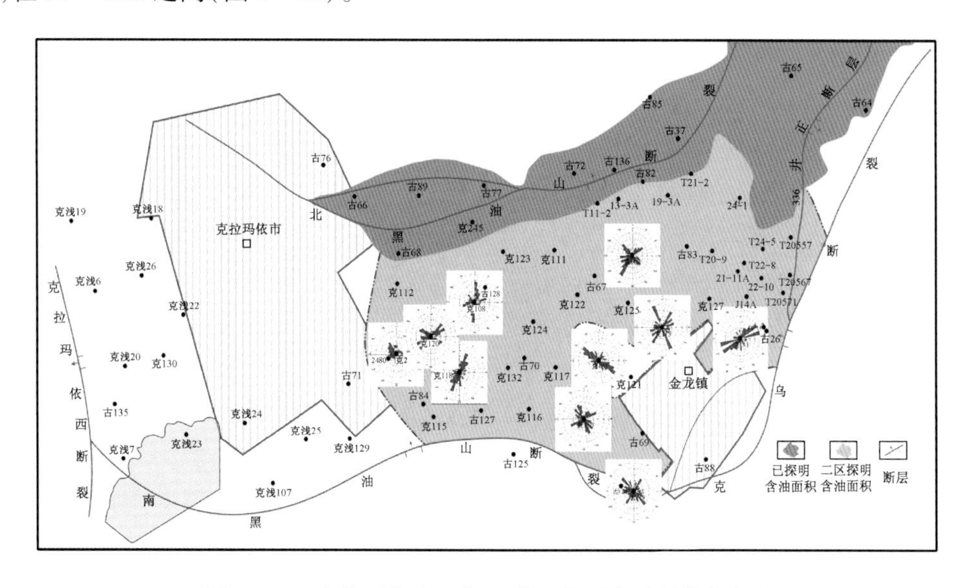

图5－10　克拉玛依油田克92井区块石炭系裂缝走向图

4）裂缝走向在平面上的变化

从裂缝倾向、走向图上可以看到，裂缝倾向比较杂乱，走向主要有两组：北西—南东向、北东—南西向，其中北东—南西走向的裂缝略占优势。由此分析认为，克92井区块裂缝为多成因多期构造运动所形成（图5－10）。

5. 裂缝成因及分类

准噶尔盆地火山岩形成演化的历史中，经历了成岩、成岩后生作用、风化作用及多期构造应力作用，使其产生了一系列裂缝，按成因可将裂缝分为三类：构造裂缝、风化裂缝、成岩收缩裂缝。火山岩裂缝分布受断层、局部构造、岩性岩相与风化淋滤作用等因素控制。

1)与断层密切相关的裂缝

据克乌断裂带前缘断块带内的岩心统计,纵向上在断层上盘100m范围内,裂缝密度大,向外急剧降低,下盘受其他构造力影响,裂缝高密度带达150~300m,平面上据古37—古89井区、古3井区资料,裂缝发育带宽度为350~750m,最大宽度可达1250m。

2)局部构造、曲率

岩石中绝大多数裂缝是构造应力作用,在构造各部位形成过程上产生的,局部构造上裂缝发育带的分布,从属于局部构造固有的一般规律,与区域构造关联不大。

受压扭作用影响,克乌断裂带内形成的局部构造有鼻状构造、断背斜、古隆起等。鼻状构造与断背斜的陡翼部,是裂缝发育的有利部位,裂缝组系走向与构造长轴方向一致,古隆起的高点,一般是裂缝发育区,往往呈面积性分布,应用以上结论时还要考虑到岩性、岩相因素的影响。

在同一局部构造内,岩石变形的最大部位,即曲率最大处裂缝相对发育,曲率越大,岩石产生的应变增量越大,相应产生纵张缝的开口宽度大,间距小,反之亦然。如七中区二叠系火山岩,古29A井和7501井均处于构造弯曲最大部位,裂缝密度明显高于两翼,裂缝发育,油井产量高。

3)岩性岩相

岩石中裂缝发育程度与其脆性大小相关,相同的应力环境中,脆性越大,延展性越小,裂缝发育,岩石脆性由岩石的矿物成分、构造、结构、孔隙性等因素决定。

为消除构造因素影响,选择22口井1100余米岩心分别进行统计对比,得出岩石裂缝发育程度变化序列:岩石裂缝发育与岩相具有一定关系,近火山口相带岩石结晶程度好,性脆,后期热液活动活跃,缝内充填物的溶蚀作用,使其发育有效裂缝网络,物性好,产能高,远离火山口相带,岩石结晶程度变差,热液活动减弱,裂缝充填严重。

4)风化淋滤作用

火山岩储层有效裂缝网络的发育程度,除与构造运动产生的裂缝网络外,还与风化作用密切相关,风化作用一方面破坏了岩石收缩作用在地表形成的大量裂缝、空洞。另一方面,在表生期地表水沿已形成的构造裂缝、风化缝侵入火山岩体中,促进了岩石的成岩后生作用,特别是对于半充填或大部分充填的裂缝及其连通的孔隙的溶解作用,从而形成良好的裂缝—孔隙网络。

第三节　二叠系砾岩与火山沉积岩复杂储集体系

储层基本特征包括储层的岩相类型、岩石矿物学特征、成岩作用特征、黏土矿物组成特征、储层储集性质和孔隙结构特征。不同的岩相类型,其岩石学特征有较大差异,而储层的岩石学特征是控制储层成岩作用和孔隙演化的内在因素,相同地质环境(或成岩环境)下,不同岩石学特征的储层的成岩—成孔演化有较大差异,其机制主要表现在储层的成分、结构和粒径等影响或控制了一定成岩环境中的水—岩反应速率和规模以及储层的抗热性和抗压性,从而影响或控制储层的成岩演化途径和速率,进而控制储层的储集性质。

砂岩储层的岩石学特征主要表现在储层的成分成熟度、结构成熟度和胶结物组成上。砂岩的成分成熟度和结构成熟度主要受控于沉积母岩性质、沉积物搬运距离、水动力强度和沉积环境的影响。成分成熟度一般指砂岩碎屑组分中石英含量相对于长石和岩屑含量的百分比，有时也指石英连同其他刚性的不易风化颗粒如石英质岩屑的总含量；结构成熟度指砂岩储层的分选性、泥杂基含量，砂岩分选好、泥杂基含量低则砂岩的结构成熟度高，反之则低。

砂砾岩储层的岩石学特征主要表现在砂砾岩的结构成熟度和胶结物组成上，而其成分成熟度一般均较低。砂砾岩的储集性质往往变化较大，非均质性较强，主要与其结构成熟度变化大、不均一有关。

一、二叠系佳木河组火山碎屑沉积岩复杂岩性储层

1. 复杂岩性地层发育特征

以沉积岩和火山岩为两个端元，根据火山岩（沉积岩）在含火山岩系地层中含量的多少，将二叠系含火山岩系地层分为四种基本类型：

（1）纯火山岩，即含火山岩系地层全部由火山岩组成；

（2）以火山岩为主，沉积岩相对呈薄层状产出；

（3）以沉积岩为主，火山岩呈薄夹层状产出；

（4）纯沉积岩，即含火山岩系地层全部由正常沉积岩组成。

从左到右依次为纯火山岩→以火山岩为主→以沉积岩为主→纯沉积岩地层。一般火山岩含量越大，地层越靠近西部大断裂，年代越老。

含火山岩系，火成岩（主要为火山岩）普遍发育，发育层位集中在下二叠统佳木河组（P_1j）和风城组（P_1f）。由于二叠系后期剥蚀强烈，在能钻达的部位地层往往残缺不全，并受到强烈的冲断构造改造，造成目前在西北缘找不到一口较全揭示二叠系的钻井，露头更是零星分布。同时，由于二叠系岩性复杂多变，缺乏岩性标志层，对比困难，这两方面因素给二叠系含火山岩系层序地层划分带来很大挑战。

火山岩为事件性堆积产物，在时空上具有突发性、偶然性，因此火山岩相与沉积岩相的过渡无规律可循，可以任意交叠，不遵循瓦尔特相律。另外，火山岩喷发旋回与基准面旋回及沉积旋回缺乏必然联系。不能将二者在大范围内对比。甚至于火山岩旋回之间也具有明显的穿时性，不能简单地对比。

在含火山岩系地层中，火山岩与沉积岩一样，也是层状产出，其层面与相邻的正常沉积岩的层面具有等时性。同时，火山岩地层同沉积岩地层一样，都受构造剥蚀的控制，其不整合面与邻区正常沉积岩系中的不整合面完全可以对比，这是进行含火山岩系地层层序划分的基础。因此，可以根据不整合面和岩层层面对含火山岩系地层进行层序地层划分对比。

2. 储层宏观特征

火山碎屑岩包括火山角砾岩、凝灰岩、沉凝灰岩，主要分布于风城组及佳木河组。

（1）火山角砾岩：分布于佳木河组中，角砾呈棱角状、次棱角状，成分主要为安山岩、玄武岩和凝灰岩，角砾间主要被凝灰质及火山尘充填，火山尘和凝灰质经脱玻化、水化等转变为沸石类等；

（2）凝灰岩：分布于佳木河组和风城组，主要由玻屑、晶屑、岩屑和火山尘组成，晶屑主要

为长石晶屑，少量石英晶屑、辉石晶屑，玻屑多脱玻化，部分具钠长石化及沸石化，部分火山尘具轻度水云母化；

(3)沉凝灰岩：分布于风城组及佳木河组，由砂、粉砂及玻屑、晶屑、火山尘泥组成，其中玻屑具脱玻化、钠长石化及沸石化，火山尘泥具轻度水云化，部分沉凝灰岩具云母化、硅化、碳酸盐化。

3. 储层物性特征

储层按其成因和粒径可分为砾岩、砂岩、玄武岩、安山岩、凝灰岩和火山角砾岩六大类；孔隙度、渗透率分布 P_1j 层砂岩孔隙度为1.48%～9.8%，平均孔隙度为5.028%，渗透率主要分布在0.002～11.3mD之间，平均值为0.0907mD。砾岩孔隙度为4.46%～12.74%，平均孔隙度为8.54%，渗透率主要分布在0.001～32.4mD之间，平均值为0.8209mD。安山岩孔隙度主要分布在0.3%～10.8%之间，平均孔隙度为4.4075%，渗透率主要分布在0.001～2.677mD之间，平均值为0.12885mD。凝灰岩孔隙度为1.5%～11.19%，平均孔隙度为5.058%，渗透率主要分布在0.06～67.99mD之间，平均值为0.09mD。火山角砾岩孔隙度主要分布在2.43%～15.77%之间，平均孔隙度为9.104%，渗透率主要分布在0.501～37.49mD之间，平均值为0.625mD。玄武岩孔隙度主要分布在0.29%～5.04%之间，平均孔隙度为0.34125%，岩心分析所得渗透率全部为0.01mD。

4. 储层发育规律

1)上亚组(P_1j_3)

上亚组碎屑岩储层有利区分布在806井—480井—809井井区，沉积相为扇三角洲平原，砾岩与砂砾岩总厚度大于50m，其平均孔隙度范围为8%～12%，孔隙度中等—较高，裂缝密度为1～3条/10cm，裂缝发育程度相对较低。

上亚组火成岩储层有利区类型为$Ⅲ_1$、$Ⅲ_2$、$Ⅲ_1$—$Ⅲ_2$三种类型：$Ⅲ_1$型分布在480井—809井—克84井井区，火山岩相以火山爆发相为主，少量溢流相；岩石类型以火山角砾岩为主，少量安山岩和流纹岩；平均孔隙度为10%～12%，孔隙度较高；裂缝较不发育，裂缝平均密度为1条/10cm。$Ⅲ_2$型分布在480井以北地区，火山岩相以火山爆发相为主，少量溢流相；岩石以火山角砾岩为主，少量玄武岩和凝灰岩；平均孔隙度为8%～10%；裂缝发育—较发育，裂缝密度为5～15条/10cm。$Ⅲ_1$—$Ⅲ_2$分布在克301井区，火山岩相以溢流相为主，其次为火山爆发相；岩石类型主要为安山岩，其次为火山角砾岩；平均孔隙度为10%～12%，孔隙度较高；裂缝平均密度为3～10条/10cm，裂缝较发育。

2)中亚组(P_1j_2)

中亚组碎屑岩储层有利区类型为$Ⅲ_1$、$Ⅲ_2$、Ⅳ型：$Ⅲ_1$型分布范围较小，在克82井—克302井井区，沉积相类型为扇三角洲平原；岩性以砂砾岩为主，砾岩和砂砾岩总厚度大于100m；平均孔隙度为10%～12%；裂缝密度为1～3条/10cm。$Ⅲ_2$型分布在克拉玛依地区558井—480井井区和中拐地区拐147井—拐1井—拐104井井区，沉积相类型以扇三角洲平原为主；岩性主要为砂砾岩；平均孔隙度为6%～10%；裂缝密度为1～10条/10cm，裂缝相对较发育。Ⅳ型分布在中拐地区拐102井—拐105井和拐3井井区，沉积相以扇三角洲平原为主，岩性主要为砂砾岩，平均孔隙度小于6%，裂缝密度为1～10条/10cm，裂缝相对较发育。

中亚组火成岩储层有利区类型为Ⅲ$_2$、Ⅳ型：Ⅲ$_2$ 型分布在克82井井区和558井井区，火山岩相为火山爆发相；岩石类型为火山角砾岩和凝灰岩；平均孔隙度为6%～12%；裂缝较发育，裂缝密度为2～8条/10cm。Ⅳ型分布在556井区，火山岩相为溢流相；岩石类型以安山岩为主；裂缝极发育，为5～35条/10cm。

3）下亚组上部（$P_1j_1^2$）

下亚组上部碎屑岩储层有利区类型为Ⅲ$_2$、Ⅳ型：Ⅲ$_2$ 型分布在566井—591井井区，沉积相类型为扇三角平原；岩性以砂砾岩为主；平均孔隙度为6%～10%；裂缝密度为1～3条/10cm，发育程度相对较低。Ⅳ型分布在566井—561井—克85井—克302井井区，沉积相类型为扇三角洲平原；岩性以砾岩和砂砾岩为主；平均孔隙度基本小于6%；裂缝较发育，裂缝密度为1～10条/10cm。

下亚组上部火成岩储层有利区类型为Ⅲ$_2$、Ⅳ型：Ⅲ$_2$ 型分布在561井—克302井凝灰岩中以及克88井—563井—589井—571井井区凝灰岩、火山角砾岩、安山岩中，火山岩相为火山爆发相和溢流相，平均孔隙度为6%～10%，裂缝密度为1～10条/10cm，较发育。Ⅳ型分布在570井—547井—569井井区，火山岩相为溢流相和火山爆发相，岩石类型以凝灰岩和安山岩为主，平均孔隙度小于6%，由于靠近克百断裂带，裂缝极发育，裂缝密度为1～25条/10cm。

4）下亚组下部（$P_1j_1^1$）

下亚组下部碎屑岩储层有利区类型为Ⅲ$_1$、Ⅲ$_2$ 型：Ⅲ$_1$ 型分布在拐13井井区，沉积相类型为扇三角洲平原，岩性以砂砾岩为主，平均孔隙度为10%～12%，裂缝不发育。Ⅲ$_2$ 型分布在中拐地区拐103井区以北地区，沉积相类型以扇三角洲平原为主，拐12井区以东地区以砂砾岩为主，拐12井区以西地区以砾岩为主，平均孔隙度为6%～12%，裂缝密度为1～3条/10cm。

下亚组下部火成岩储层有利区类型为Ⅲ$_1$、Ⅲ$_2$、Ⅲ$_1$—Ⅳ型：Ⅲ$_1$ 型分布拐9井区凝灰岩地层中，火山岩相为火山爆发相，平均孔隙度为10%～12%，裂缝不发育。Ⅲ$_2$ 型储层分布在拐152井—拐103井井区以及573井—586井—克005井井区，火山岩相为火山爆发相和溢流相，岩石类型以凝灰岩、火山角砾岩和安山岩为主，平均孔隙度为6%～10%，裂缝发育，裂缝密度为1～20条/10cm。Ⅲ$_1$—Ⅳ型储层分布在拐13井—拐3井井区，火山岩相为溢流相，岩石类型以安山岩为主，在拐13井区附近有少量流纹岩，平均孔隙度为6%～12%，裂缝极发育，裂缝密度为1～50条/10cm。

综上所述，得出如下几点认识：

（1）火山碎屑岩类。

在火山碎屑岩类中，火山角砾岩和火山碎屑岩的物性好于凝灰岩的物性，也就是粗粒的火山角砾岩的储层好于细颗粒的凝灰岩的储层。根据本研究区的实际情况和它们之间的差异将火山角砾岩和火山碎屑岩的定为Ⅰ类储层，而将凝灰岩定为Ⅱ类储层。

（2）火山熔岩类。

火山熔岩类的玄武岩、安山岩和安山玄武岩的孔隙度分别为6.03%、7.76%和9.01%，玄武岩和安山岩的渗透率均大于1mD，而安山玄武岩的孔隙度达到9%以上，所以这三种中—基性的岩定为Ⅰ级储层，其他定为Ⅲ级储层是因为样品不够或物性偏低。

(3)向沉积岩过渡的岩类。

向沉积岩过渡的岩类可分为沉积凝灰岩和凝灰质沉积岩二大类。沉积凝灰岩的孔隙度为5.67%,渗透率42.27mD,定为Ⅰ级储层。在凝灰质沉积岩类中的凝灰质砂砾岩、凝灰质砂岩和凝灰质粉砂岩的孔隙度分别为67.28%、5.71%和6.04%,渗透率分别为2.03mD、1.44mD和1.15mD,将凝灰质砂砾岩、凝灰质砂岩和凝灰质粉砂岩定为Ⅰ级储层。凝灰质细砂岩的孔隙度和渗透率分别为6.10%和0.27mD,定之为Ⅱ级储层。其他,含砾凝灰质砂岩的孔隙度为4.8%,而含砾凝灰质砂岩的渗透率仅为0.03mD,灰质泥岩的渗透率没有样品,所以定之为Ⅲ级储层。

(4)正常的沉积岩类。

正常的沉积岩类将其分为砾岩类、砂岩类和泥岩类。

砾岩类中(灰褐色)砂质小砾岩、砂质不等粒小砾岩和砂质不等粒砾岩的孔隙度均在9.50%以上,渗透率在3.05mD以上,定其为Ⅰ级储层。砂质砾岩和砾岩的孔隙度分别为9.77%和6.33%,渗透率分别为0.09mD和56.68mD,所以定其为Ⅱ级储层。

砂岩类中(棕褐色)粗砂岩和细砂岩孔隙度均在9.0%以上,而渗透率在9mD以上,定其为Ⅰ级储层。含砾粗砂岩的孔隙度和渗透率分别为7.56%和0.20mD,所以定其为Ⅱ级储层。砂岩的孔隙度为7.59%且渗透率小于0.01mD,只能定其为Ⅲ级储层。

对于泥岩类的粉砂质泥岩的孔隙度和渗透率分别为9.88%和118.55mD(有裂缝),定其为Ⅱ级储层。而砂质泥岩的孔隙度和渗透率分别为11.55%和0.42mD,定其为Ⅲ级储层。

二、下二叠统风城组储层

西北缘下二叠统风城组以大段厚层泥岩沉积为主,是西北缘重要的烃源岩层,相对二叠系其他层组来说,储层相对不发育,仅在夏子街、风城地区和中拐五、八区等局部地区发育火山岩储层和碎屑岩储层。

1. 风城组碎屑岩储层特征

碎屑岩储层在风城地区为咸化湖泊为主的潟湖—冲积相沉积,到中拐、五、八区相变为碎屑岩和火山碎屑岩沉积的洪、冲积扇相。风城组中上部以细粒岩性为主,局部夹不等厚的粗碎屑岩。因与上覆地层为假整合接触,在顶部发育有渗透性较差的细碎屑岩作为较理想的盖层。储层主要是下部的一套粗碎屑岩沉积。主要岩性为砂质砾岩、砂砾岩夹砂岩,厚度范围为30~260m。钙质胶结,致密坚硬,胶结类型为孔隙—接触式。孔隙结构以粒间孔与构造缝为主,晶间孔、溶蚀孔次之。有效孔隙度为6%~12%,平均为8%;渗透率小于1mD,为低孔低渗储层。

2. 风城组火山岩储层特征

1)火山岩储层岩性特征

风城组火山岩储层以夏子街地区夏72井区气孔状重熔流纹质弱熔结含角砾凝灰岩储层较为典型,埋藏较深,宏观上岩石呈浅褐灰色、浅灰色,岩石致密,气孔发育,气孔大小不等,分布较均匀,孔径一般在2~15mm之间,最大气孔孔径达20mm,气孔密度为5~8个/10cm。见少量微裂缝,部分井段气孔已被充填、半充填(图5-11、图5-12)。岩心出筒时,断面普遍冒气,油气味浓,局部外渗浅褐色中质油,油脂感弱,微染手,含油面积5%~10%,滴水慢扩—半珠状。微观上岩石具重熔弱熔结凝灰质结构,气孔状构造。岩石主要由弧面棱角状玻屑、撕裂状浆屑、火山尘及火山角砾、半塑性霏细岩化团块组成。玻屑、浆屑具塑性变形，玻屑已脱玻为霏细状长英质集合体，具拉长平行排列，构成似流动构造。并具硅化、绿泥石化。霏细岩化团块多达砾级，分布较均匀。岩石中气孔大多分布于霏细岩化团块中，部分塑性浆屑中也可见有气孔发育（图5-11、图5-12）。

图5-11 气孔状重熔流纹质弱熔结含角砾凝灰岩（夏72井，4814~4816.1m）

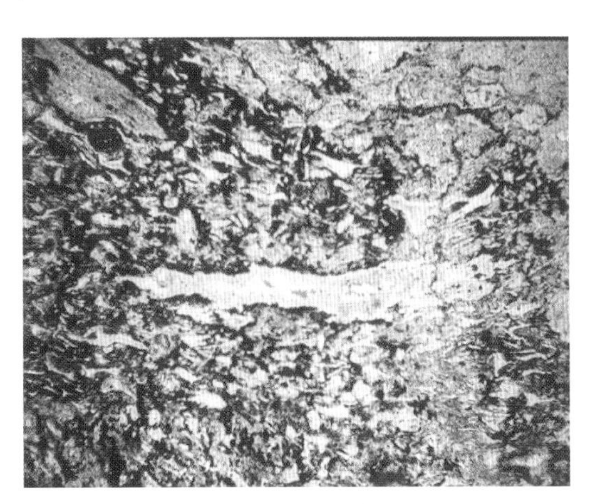

图5-12 弧面棱角状玻屑及撕裂状浆屑（夏202井，4824.11m）

2）火山岩储层分布特征

从纵向上看，夏72井区二叠系风城组这套气孔状重熔流纹质弱熔结含角砾凝灰岩储层之上为细粒砂岩、凝灰岩，该套储层之下为凝灰岩、沉凝灰岩。储层岩性变化不大，分布层位较为稳定。富含气孔的半塑性霏细岩化团块自下而上含量逐渐增多；从横向上看，这套气孔状重熔流纹质弱熔结角砾凝灰岩储层分布范围较广，从夏72井—夏202井—夏201井—夏76井—玛东1井均有发育。但储层厚度变化较大，最厚处在夏202井，厚度达26m，最薄在夏76井，厚度仅为2.78m。

夏72井为该套岩性的中上部，夏201井、夏202井为该套岩性的中部，夏76井、玛东1井为该套岩性的下部。

3）火山岩储层物性特征

夏72井区二叠系风城组这套气孔状重熔流纹质弱熔结含角砾（团块）凝灰岩储层，非均质性较强。据物性分析，岩石孔隙度普遍较高，最高孔隙度达27.8%，最低值大于10%。岩石渗透率普遍较低，一般小于1mD（表5-3），为典型的中高孔、低渗储层。

表5-3 夏72井区风城组（P_1f_3）储层主要物性参数对比表

井号	井段（m）	孔隙度（%）	渗透率（mD）	排驱压力（MPa）
夏72	4814.00~4816.10	$\frac{21.4\sim27.8}{24.7}$	$\frac{0.166\sim7.82}{1.05}$	0.01~0.03
夏202	4824.00~4831.50	$\frac{11.6\sim16.1}{14.4}$	$\frac{0.247\sim1.04}{0.59}$	—

续表

井号	井段(m)	孔隙度(%)	渗透率(mD)	排驱压力(MPa)
夏201	4922.00~4925.00	4.90~8.10 6.69	0.011~1.22 0.544	2.38
	4932.00~4937.48	10.1~14.2 12.2	0.014~1.22 0.367	1.81
夏76	3645.60~3648.38	1.3~16.5 8.15	0.01~7.82 0.469	1.38
玛东1	4264.08~4269.58	1.65~5.38 3.574	0.01~0.92 1.05	1.1

岩石中的孔隙连通性较差,但微裂缝的发育使储层的性质得到了改善。

4)火山岩储层孔隙类型

夏72井区二叠系风城组这套特殊成因的火山碎屑岩储层的孔隙类型主要为气孔,其次为收缩缝,少量构造裂缝及基质微孔。

(1)气孔:气孔是主要孔隙类型,发育在霏细岩化团块和塑性火焰状浆屑中,呈浑圆状、不规则状、拉长状,外形极不规则,大小不等,分布较均匀。沿气孔内壁分布由气成热液作用析出的自生马牙状微晶石英、钠长石,部分气孔中见有方解石、方沸石、浊沸石、绿泥石充填。发育在霏细岩化团块的气孔孔径较大,多大于5mm,团块周围为玻屑凝灰物质,团块与玻屑凝灰质间界线不清,局部可呈过渡关系;分布于塑性火焰状浆屑中的气孔孔径较小,一般小于0.5mm。

(2)收缩缝:收缩缝在储层中较常见,主要发育于该套储层的底部,且一般延伸较短,通常小于2mm,部分收缩缝早期被自生钠长石充填,继而充填了绿泥石,并在裂缝边缘形成绿泥石质成岩鲕,后期钠长石又被硅质交代,现仅保留钠长石晶体外形,并可见裂缝被后期熔浆灌入现象。

(3)构造微缝:构造微缝主要有两期,早期裂缝已被硅质完全充填,晚期裂缝未被充填,储层中构造裂缝不发育。

(4)基质微孔:基质微孔发育,主要分布于玻屑间。

三、中二叠统夏子街组储层

1. 岩性特征

夏子街组—下乌尔禾期,水体逐渐加深,形成由盆地边缘向盆地区主要由扇三角洲和湖泊沉积体系组成的整体呈退积型沉积层序。夏子街组扇三角洲较发育,夏子街组碎屑岩储集性质整体较差,孔隙度平均为7.53%~10.84%,渗透率平均为1.50~14.08mD。

夏子街组储层主要分布在西北缘和陆梁隆起西缘。西北缘中拐、五、八区为山麓洪积相沉积,以粗碎屑岩为主,夹不等厚的细碎屑岩,储集性能好。泥质、铁染泥质和钙泥质胶结。胶结类型为孔隙—接触式。孔隙类型以粒间孔、粒间溶孔和界面孔为主。孔隙度为6%~14%,平均为9%。渗透率平均小于1mD,裂缝处可高达97mD。总体为低孔、低渗储层。

夏子街组储层在乌尔禾地区相对较发育,以乌35井区块为代表,岩性以砂砾岩为主,其次为砂岩、凝灰质砂砾岩、凝灰质砂岩、含砾不等粒砂岩。砂砾岩砾石成分以凝灰岩为主,其次有安山岩、霏细岩等。砂砾岩砾石含量一般在70%,岩屑含量27%,胶结物含量3%。胶结物中泥质含量2%,黏土矿物分析结果表明,正常砂砾岩(非凝灰质砂砾岩)伊/蒙混层为65%,其次是蒙皂石和绿泥石,分别是13%和14%,伊利石7%,不含高岭石;凝灰质砂砾岩伊/蒙混层为48%,其次是绿泥石和伊利石,分别是31%和21%,不含高岭石和蒙皂石。

2. 储层物性特征

据乌35井区块夏子街组物性样品分析,正常砂砾岩孔隙度0.17%~18.02%,平均为7.32%,渗透率0.01~3338.3mD,平均值为1.06mD;凝灰质砂砾岩孔隙度0.2%~14.1%,平均为5.74%,渗透率0.012~61.6mD,平均为0.05mD;均属于低孔、低渗储层。

3. 储层孔隙类型及孔隙结构特征

据乌35井区夏子街组铸体薄片资料分析,孔隙类型:正常砂砾岩以粒内溶孔为主(38%),其次是剩余粒间孔(19%)和微裂缝(20%)、少量的晶间孔(11%)。凝灰质砂砾岩以粒内溶孔(35%)为主,其次为剩余粒间孔(29%)和微裂缝(33%)、少量的粒间溶孔(1%)和晶间孔(2%)。

孔隙发育程度中等—差,孔隙连通性中等,孔喉配位数0~3,平均0.12。孔隙直径6.2~420.9μm,平均孔隙直径为81.9μm。面孔率0.01%~1.09%,平均0.14%。毛细管压力曲线形态为偏细歪度,喉道分选差。饱和度中值压力7.19MPa,饱和度中值半径0.1μm。排驱压力2.26MPa,毛细管半径0.14μm。

根据岩心观察及FMI资料分析,夏子街裂缝较发育,是以基质孔隙为主、裂缝为辅的双重介质储层。

四、二叠系上、下乌尔禾组块状厚层砾岩储层

1. 储层发育特征

二叠系上乌尔禾组油藏储层物性纵向上具有一定的差异,分述如下:

1) P_3w_1 *砂层组*

P_3w_1 砂层组底部砂层为产油段,岩性为灰色砂砾岩及含砾泥质砂岩。胶结疏松,胶结类型为孔隙式,磨圆度次棱角—次圆状,分选差。黏土矿物为高岭石、伊利石、绿泥石以及伊/蒙混层。孔隙类型以粒间溶孔、粒间孔为主,粒内溶孔、泥质中溶孔次之。平面上呈北东—西南方向分布,以克101井与克103井连线处最厚,向连线两边逐渐减薄。平均有效孔隙度8.6%,平均渗透率3.21mD。

2) P_3w_2 *砂层组*

P_3w_2 砂层组岩性为砂砾岩及含砾中—粗砂岩。胶结程度中等—致密,胶结类型主要为接触式,磨圆度次棱角状,分选好—差。黏土矿物为高岭石、伊利石、绿泥石以及伊/蒙混层。孔隙类型为粒间溶孔(55%)、泥质中溶孔(25%)、粒间孔(13%)。平面上向西逐渐减薄。平均有效孔隙度10.0%,平均渗透率2.90mD。

3) P_3w_3 砂层组

P_3w_3 砂层组岩性主要为灰色砂质砾岩、砂砾岩。胶结致密,胶结类型主要为接触式,磨圆度次棱角状,分选差。黏土矿物为高岭石、伊利石、绿泥石以及伊/蒙混层。孔隙类型为粒间溶孔(46%)、粒间孔(24%)、粒内溶孔(17%)、泥质中溶孔(11%)。平面上向西逐渐减薄。平均有效孔隙度 9.7%,平均渗透率 2.45mD。

总之,整个储层物性受沉积相带的控制,平面上由主流线至扇间由好变差,纵向上扇中好于扇顶。综合评价上乌尔禾组储层是以次生溶孔为主的小孔隙、低渗透、分选差的储层。

2. 储层宏观特征

下乌尔禾组扇三角洲相对不发育,而滨浅湖—半深湖相较发育。储集体类型主要为扇三角洲沉积的碎屑岩砂砾岩体。晚二叠世末期,盆地整体抬升,水体变浅,形成上乌尔禾组一套整体较粗的冲积扇—辫状河—辫状河三角洲—湖泊沉积体系,其中冲积扇尤其发育,它与辫状河构成了上乌尔禾组沉积相格架的主体,而辫状河三角洲与滨浅湖相相对不发育。其储集体主要为冲积扇与辫状河的砂砾岩体。

下乌尔禾组一般厚 200 ~ 1000m,最厚达 1200m(玛湖凹陷),由断裂带至盆地方向地层厚度逐渐增大。在中拐凸起、克乌断裂和夏红断裂处上盘缺失。岩性主要为灰绿色、灰色砂砾岩、砂岩和棕红色、灰绿色泥岩互层,泥质含量高。该组与下伏夏子街组为整合接触,与上覆上乌尔禾组为不整合接触。

上乌尔禾组分布范围较大,在环中拐及小拐地区均有分布,但厚度普遍较小(100 ~ 300m),据地震剖面最厚可达 400 ~ 500m。主要为一套砂砾岩,夹少量棕红色泥岩。该组与下伏下乌尔禾组及上覆下三叠统均呈不整合接触。

3. 储层物性特征

上、下乌尔禾组储层主要为上乌尔禾组储层,在西北缘都有分布。在西北缘斜坡区和五区为洪积扇、冲积扇、扇三角洲沉积,储层岩性为灰绿色砂砾岩夹少量的不等粒小砾岩和含砾不等粒砂岩。岩矿成分主要为火山熔岩,含量一般为 80% ~ 95%,石英、长石含量较低,通常小于 10%,为近源快速沉积特征。常见胶结物有方解石、硅质(石英)、沸石类(自生浊沸石、方沸石、片沸石)、石膏,黄铁矿少见。黏土矿物以杂基形式充填,其含量一般小于 10%,主要为蒙脱石、伊/蒙混层,其次是高岭石,伊利石、绿泥石相对较少。前两种矿物具有水敏性,使孔、渗性能变差。

孔隙类型主要有粒间孔、粒间溶孔、粒内溶孔、界面孔、裂缝 5 种,以粒间溶孔为主,粒内溶孔和界面孔其次。其成岩作用阶段主要为晚成岩 A—B 亚期。储层孔隙度为 9% ~ 21%,平均为 12.7%;渗透率为 5 ~ 400mD,平均为 32mD,为低孔隙、中渗透储层。五区南上乌尔禾组以次生溶孔为主的小孔隙、中渗透、分选差的储层。砾岩中砾石的含量平均为 80%。砾岩中砾石主要有凝灰岩,其次为安山岩,填隙物含量在 7% 左右,主要以泥质为主(1.3% ~ 4%),其次为方解石、浊沸石、硅质等。胶结类型以孔隙—接触式为主,胶结疏松—中等。储层中黏土矿物以伊/蒙混层为主,其次为绿泥石和高岭石,伊利石较少。

下乌尔禾组在西北缘储集性质普遍较好,在玛北地区普遍较差。西北缘孔隙度平均为 9.64% ~ 11.08%,渗透率平均为 24.61 ~ 76.33mD;玛北地区孔隙度平均为 6.28% ~

10.94%,渗透率平均为0.73~5.25mD。

上乌尔禾组主要分布于车排子地区、中拐地区和五、八区,储集性质较好,孔隙度平均为9.9%,渗透率平均为61.01mD。孔隙度与渗透率极不匹配,既有裂缝的影响,也有溶蚀孔隙的作用。

第四节 三叠系砂砾岩储集体系

一、储层岩石学特征

1. 砂砾岩储层普遍发育

砂砾岩储层主要发育于三叠系的白碱滩组和克上组,其次为三叠系的克下组和百口泉组砂砾岩中。砾石多呈次圆状、次棱角状,分选性较差,砾石成分较复杂,有安山岩、霏细岩、流纹岩、凝灰岩、花岗岩、玄武岩、硅质岩、砂岩、粉砂岩、泥岩、千枚岩等,其中以凝灰岩和火山岩砾石为主。砂砾岩中填隙物主要为砂质、泥质(泥质多发生水云母化)及沸石类,少量绿泥石、碳酸盐岩等,砂质也主要为凝灰质岩屑和火山岩碎屑,少量石英和长石碎屑。砂砾岩储层中的填隙物除陆源泥杂基外,其他自生矿物三叠系主要为高岭石和方解石,其次为菱铁矿和硅质。

2. 克上组、克下组成分成熟度较高

砂岩石英含量除克上组、克下组含量较高,平均含量为45.7%外,其他层系砂岩石英含量均低,平均含量在10.0%~24.2%之间。

长石含量各层系差异不大,其中三叠系砂岩长石含量稍高,平均含量在14.0%~22.9%之间。

岩屑含量除克上组、克下组外各层系均较高,平均含量一般大于60%(图5-13)。岩屑组分主要为火山岩岩屑,且以凝灰岩岩屑为主,其次为浅变质岩岩屑,如千枚岩和少量板岩与石英岩。研究层系除百口泉—乌尔禾—风城地区下三叠统砂岩的塑性岩屑(主要指低—中等变质泥质岩类,如千枚岩、板岩等)含量稍高,平均含量为7.4%,其他层系的塑性岩屑含量均较低,平均含量一般小于4%,因此塑性岩屑含量对西北缘碎屑岩储层的总体影响不大。

克上组、克下组岩性为岩屑砂岩、长石砂岩和次岩屑长石砂岩或次长石岩屑砂岩,其他层系则基本为岩屑砂岩。

3. 砂岩结构成熟度低—中等

三叠系砂岩普遍含较多泥质,这与其为沉积速率快、搬运距离短的冲积体系和扇三角洲沉积体系有关(图5-14)。泥质含量百口泉—乌尔禾—风城地区下三叠统泥质含量最高,平均含量为7.4%,其他地区差异较小,平均含量一般在1.9%~5.0%之间(图5-15)。泥质基本上为充填孔隙状(图5-14,图5-16),少量为薄膜状。砂岩中的泥质常蚀变为绿泥石,一些泥质被沸石类交代。各层系泥质分布不均匀,使得砂岩储集物性的非均质性增强。

4. 砂岩自生矿物总量一般较低

砂岩自生矿物主要有(含铁)方解石、高岭石、浊沸石、硅质、菱铁矿,其次为方沸石、片沸石和钠长石。但胶结物总量一般较低,平均含量一般在1.25%~5.90%之间。

图 5-13　拐 16 井，T_3b，2093.05m，粗—中砂岩，成分成熟度极低，结构成熟度中等，菱铁矿发育

图 5-14　拐 5 井，T_2k_1，2801.74m，粗—中砂岩，石英含量高，泥杂基含量高，泥质充填孔隙和堵塞孔隙喉道

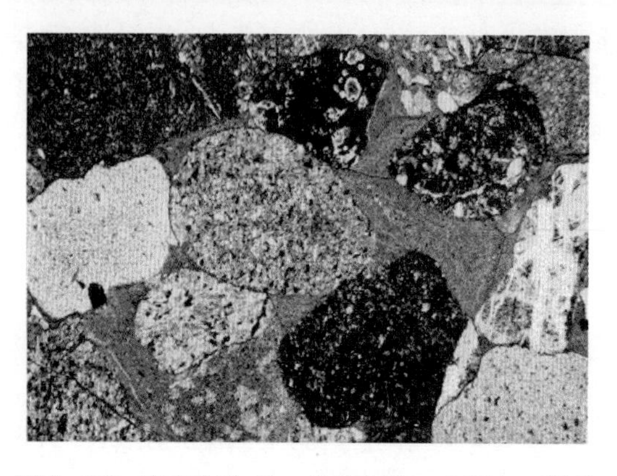

图 5-15　克 103 井，P_2w，3446.45m，含砾中—粗砂岩，成分成熟度极低，结构成熟度较高，黏土膜发育

图 5-16　克 80 井，P_3w，3956.7m，砂砾岩，结构成熟度特低，黏土充填孔隙与堵塞孔隙喉道

含铁方解石在各层系均有分布，高岭石、硅质和菱铁矿主要发育于三叠系储层。

5. 砂岩黏土矿物组成特征

三叠系克上组与白碱滩砂岩黏土矿物组成主要为高岭石，含量在 32.3% ~63.0% 之间，其次为伊/蒙混层和绿泥石与伊利石，黏土矿物组合主要为高岭石 + 伊/蒙组合，混层比（S%）较低，一般小于 35%；三叠系百口泉组黏土矿物组成介于二叠系与其上的克上组、克下组之间，主要为伊/蒙混层和高岭石与绿泥石，其次为伊利石，黏土矿物组合主要为伊/蒙 + 高岭石 + 绿泥石组合，混层比在 30.0% ~70.7% 之间。纵向上黏土矿物变化特征与热演化程度无关，而主要与地层有关。

二、储层物性特征

西北缘储集岩性主要为不等粒砾岩、砂质砾岩，其次为含砾或砾状砂岩及砂岩。储层占地层厚度的 20% ~70%，其空间展布受沉积相控制。孔隙度为 10.9% ~22.3%，渗透率为 3.4 ~386.4mD，为中小孔隙度、中低渗透率储层。孔隙类型和组合随深度和层位而变：埋深小于

2000m，以原生孔隙为主，孔隙类型和组合为粒间孔—颗粒溶孔—界面孔—粒内溶孔；埋深范围 2000～3000m，为混合孔隙，孔隙类型和组合为改造粒间孔隙—界面孔或粒内溶孔—高岭石晶间孔—颗粒溶孔；埋深大于 3000m，以次生孔隙为主，孔隙类型和组合为颗粒溶孔—界面孔—少量粒内溶孔或颗粒溶孔—粒内溶孔—方解石溶蚀孔。

1. 主要孔隙类型及其特征

根据铸体薄片观察、扫描电镜的鉴定，结合研究层系砂岩的成岩作用特征，研究层系碎屑岩孔隙类型主要分为以下 6 类：

1）剩余原生粒间孔隙

剩余原生粒间孔隙为显孔的主要的孔隙类型，是原生孔隙经长石及石英的再生长或其他胶结作用充填后，没有明显受到后期溶蚀作用影响的剩余孔隙（图 5－17）。

剩余原生粒间孔隙为各地区相对优质储层中显孔的主要孔隙。西北缘车—拐—五、八区的白碱滩组、克上组、克下组剩余原生孔隙也相对发育，平均剩余原生孔隙面孔率分别为 1.73%、1.67%、1.04%，此三个层系亦为西北缘相对优质的孔隙型储层。

2）颗粒溶蚀孔隙

颗粒溶蚀孔隙为显孔的次要孔隙类型。主要是长石和火山岩屑的选择性不均一溶蚀作用形成，包括颗粒边缘溶蚀，孤岛状粒内溶蚀孔隙，条纹条带状粒内溶蚀孔隙，铸模孔等（图 5－18）。

图 5－17 克 004 井，P_3w，3165.35m，粗—中砂岩，剩余粒间孔发育

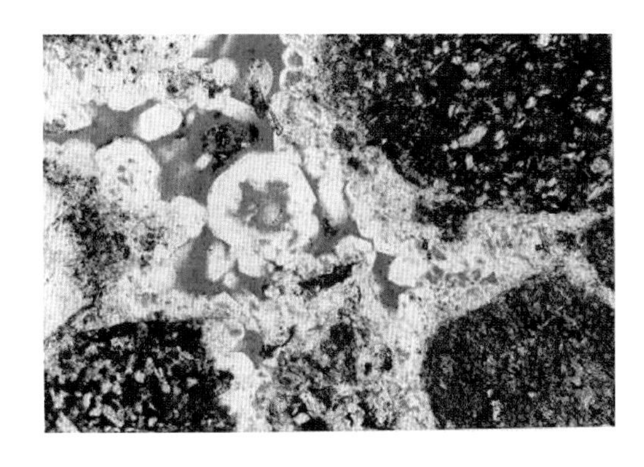

图 5－18 检乌 32 井，P_2x，2975.27m，砂砾岩，方沸石溶孔

3）粒间溶蚀孔隙

粒间充填的胶结物如方解石、沸石类等受到明显溶蚀而形成的孔隙空间（图 5－17）。此类孔隙主要发育于西北缘五、八区的上乌尔禾组。其他层系虽也发育此类孔隙，但粒间溶蚀面孔率较低，对储层的储集性质贡献较小。

4）基质收缩孔隙

与基质（主要是泥质和火山尘或细粒凝灰质）脱水、转化相伴出现的收缩作用而形成的孔隙。主要见于泥质或火山尘含量较高的克上组、克下组、夏子街组储层等。

5）微孔隙或晶间孔

微孔隙或晶间孔占据孔隙体积的绝大部分。包括高岭石晶间孔、黏土杂基微孔、粒间微孔和颗粒内微孔等，此类孔隙对渗透率的贡献甚小。

6）构造裂隙或微缝和贴砾（粒）缝

据镜下与钻井岩心观察，构造裂缝与微缝主要发育于西北缘与玛北的二叠系碎屑岩储层，西北缘三叠系储层裂缝系统发育较差。贴砾（粒）缝主要发育于砂砾岩中，微缝沿颗粒周缘分布，构成微缝网络，此类微缝可能与收缩作用有关。

裂缝的发育使碎屑岩储层的孔隙度与渗透率常不匹配，表现为相对低面孔率和低孔隙度与相对较高的渗透率。因此对此类储层的评价往往不能只根据孔隙度的大小，更要考虑裂缝的发育程度，关键是看适合裂缝发育的岩相和构造背景是否存在，这对评价与预测中深层二叠系储集性质十分重要。

2. 储集空间组合类型

1）颗粒溶孔—剩余原生粒间孔类型

此类为较好的孔隙组合类型，储集空间主要为剩余原生粒间孔隙，且占总面孔率的80%以上，其他储集空间主要为颗粒溶孔（图5－17），占总面孔率百分比一般小于20%，砂岩的渗透性较好。此类孔隙组合的储层在西北缘埋深一般小于2000m，孔隙度一般大于15%。层系上主要分布于三叠系碎屑岩储层和部分二叠系上、下乌尔禾组碎屑岩储层。

2）颗粒溶孔—剩余原生粒间孔—基质收缩孔与基质微孔类型

主要见于泥质含量较高、埋深较浅的储层，西北缘各层系泥质含量较高的冲积体系的砂砾岩和砂岩储层（图5－18）。

3）粒间溶孔—剩余原生粒间孔—颗粒溶孔类型

粒间溶孔—剩余原生粒间孔—颗粒溶孔类型为较差的孔隙组合类型，颗粒溶孔占总面孔率的百分比一般为20%～30%之间，含一定量的粒间溶孔。此类孔隙组合的储层西北缘埋深一般在2000～3000m之间，层系上主要分布于西北缘碎屑岩储层中。

4）粒间溶孔—颗粒溶孔—微孔（晶间孔）类型

粒间溶孔—颗粒溶孔—微孔（晶间孔）类型为差的孔隙组合类型。碎屑岩粒间孔隙不发育，颗粒溶孔、微孔隙和晶间孔发育，也可发育一定的粒间溶孔，孔径细，渗透性差。主要发育于埋藏深度较深的储层（埋深一般大于3000～3500m）和细粒级砂岩储层。

5）剩余原生粒间孔—颗粒溶孔—粒间溶孔类型

此类型为相对较好的孔隙组合类型，除发育一定量的剩余原生粒间孔隙外，颗粒溶孔、粒间溶孔也较发育。主要发育于早期可溶胶结物胶结、后期有机酸溶蚀较强的储层。西北缘含浊沸石等胶结物后期溶蚀的砂砾岩储层，如上、下乌尔禾组，夏子街组和部分三叠系储层。此类储层浅部和深部均可发育，如西北缘车拐地区、五、八区等在埋深3500～4000m常可发育此类孔隙组合储层。此类孔隙组合储层在深部的发育揭示出中深层油气勘探的可能。

3. 三叠系碎屑岩储层的储集性质

三叠系碎屑岩储层的储集性质变化较大，除与储层埋藏深度有关外，还与储层的物质组成、胶结程度和泥杂基含量、经历的埋藏历史和所处的构造变形强弱、古地温的高低等有关。

西北缘各研究层系碎屑岩储集性质统计：西北缘三叠系储层储集性质整体较好，孔隙度平均在9.64%～19.12%之间，渗透率平均在9.95～77.12mD之间，且以砂砾岩储层为主；孔隙度平均在4.10%～10.84%之间，渗透率平均小于0.1～17.97mD之间。

由于西北缘构造裂隙和微缝较发育，常表现出相对低的孔隙度与相对高的渗透率，孔隙度与渗透率的相关性不明显。

1）百口泉组(T_1b)碎屑岩储集性质

百口泉组储集性质与下乌尔禾组变化特征类似，即西北缘储集性质较好，孔隙度平均为10.54%～15.81%，渗透率平均为16.55～77.12mD。

2）克上组、克下组(T_2k)碎屑岩储集性质

克上组、克下组储集性质较好，孔隙度平均为11.83%～15.78%，渗透率平均为19.71～77.12mD。

3）白碱滩组(T_3b)碎屑岩储集性质

据物性分析数据，白碱滩组在百口泉和乌尔禾地区物性较优，平均孔隙度分别为14.1%和19.12%，平均渗透率分别为57.48mD和20.92mD，其次为车拐—五区南，平均孔隙度为12.59%，平均渗透率为9.95mD，而玛北地区物性较差，平均孔隙度为7.3%，平均渗透率为0.51mD。

4. 储层黏土矿物组成与敏感性分析

1）储层黏土矿物组成与潜在敏感性分析

（1）储层黏土矿物组合类型。

根据特征黏土矿物，结合不同黏土矿物组成对储层敏感性的影响，将储层的黏土矿物组成分成三大类5小类组合类型，如表5－4。

表5－4　储层黏土矿物组合类型

分类	黏土矿物组成特征	混层比(%)	储层伤害的潜在因素	敏感性主要特征
$Ⅰ_1$	富含无序混层I/S(I/S>40%)	>40	S和S/I遇水膨胀	极强水敏
$Ⅰ_2$	富含有序混层I/S(I+I/S>50%)	<40	I/S和I遇水膨胀	强水敏
Ⅱ	富含高岭石(K>40%)	<40	高岭石微粒迁移	强速敏
$Ⅲ_1$	富含绿泥石(C>25%，I+I/S及K<40%)	<40	绿泥石、$Fe(OH)_3$沉淀	强酸敏
$Ⅲ_2$	富含绿泥石(C>25%，I/S+I>40%)	<40	$Fe(OH)_3$沉淀及黏土膨胀	酸敏，水敏
$Ⅲ_3$	富含绿泥石(C>25%，K>40%)	<40	$Fe(OH)_3$沉淀及黏土微粒迁移	酸敏，速敏

（2）砂岩黏土矿物组合类型的分布特征与潜在敏感性分析。

西北缘各地区、三叠系砂岩黏土矿物组合特征见表5－5。整体上三叠系以Ⅰ类组合和Ⅱ类组合为主，Ⅲ类组合为次。

表 5－5　准噶尔盆地陆西—西北缘各地区三叠系砂岩黏土矿物组合类型百分比分布

地区	层位	Ⅰ	Ⅱ	$Ⅲ_1$	$Ⅲ_2$	$Ⅲ_3$	样品数
五、八区	T_3b		100.0				3
百口泉		45.9	54.1				61
车—拐	T_2k	27.3	54.5			18.2	33
五、八区		40.0	50.6	1.2		8.2	85
百口泉			76.5			23.5	17
风城—乌尔禾		31.8	63.6			4.5	22
五、八区	T_1b	50.0	25.0		25.0		8
百口泉		90.0	10.0				10

白碱滩组和克上组、克下组砂岩黏土矿物组合以Ⅱ类组合为主，其次为Ⅰ类组合，克上组、克下组砂岩还存在少量的Ⅲ类组合，因此黏土矿物对砂岩储层的潜在损害主要为速敏和水敏，克上组、克下组还存在酸敏的潜在损害。百口泉组除Ⅰ类组合外，在五、八区还存在较多的Ⅲ类组合，因此黏土矿物对储层的潜在损害除水敏外，酸敏也较强。

2）储层的敏感性分析

（1）储层的水敏特征。

采用蒸馏水渗透率（K_w）与地层水渗透率（K_{w_1}）的比值为水敏性强弱的评价标准，即 K_w/K_{w_1}小于 0.3 属强水敏、在 0.3～0.7 之间属中水敏、大于 0.7 属弱水敏。小拐的拐 101 井克下组一样品表现为弱水敏。

（2）储层的速敏特征。

据临界速度将速敏强弱级划分四级，即无速敏（无临界速度）、弱速敏（临界速度 v_c 大于 1.0mL/min）、中速敏（v_c：1.0～0.5mL/min）和强速敏（v_c：0.5～0.25mL/min）。研究区三叠系储层速敏分析与强弱如表 5－6 所示。

表 5－6　速敏分析评价表

地区	井号	层位	样品深度（m）	孔隙度（%）	克氏渗透率（mD）	地层水渗透率（mD）	临界速度（mL/min）	评价
夏子街	J301	T_2k_1	1734.21	12.20	1.57	0.64	1.05	弱
夏子街	J301		1744.33	13.10	2.62	1.62	1.05	弱
乌尔禾	乌检 323		1341.13	19.30	164.13	161.18	1.00	弱
小拐	拐 101		3048.70	9.50	3.80	1.81	0.25	强
夏子街	XJ1314	T_2k_2	1610.27	16.00	12.42		0.40	强
夏子街	XJ315		1543.57	16.10	13.33	9.13	无	无
陆梁	夏盐 2	T_1b	4406.16	10.80	2.42		0.28	强
玛湖	玛 006		3408.27	10.20	1.14	0.22	无	无

西北缘上乌尔禾组克 006 井与夏盐 2 井两块样品表现为中—弱速敏，这与陆西和五、八区Ⅱ类黏土矿物组合极少相符合；西缘克上组、克下组在夏子街地区主要表现为弱速敏，而在中拐地区主要为强速敏。

三、储层非均质特征

砾岩体横向变化大,厚度变化大,其物性非均质性严重,砾岩储层物性以中等—中小容量、中等—高渗透性为主。从纵向上对比结果看,中三叠统砾岩一般都属于中等—大容量、中高渗透性的一般—较好储集层;下三叠统属于中等容量、中等渗透性的较差—差的储层。砾岩储层的物性非均质性严重,且随深度的增加物性明显变差。

四、储层分类评价

1. 三叠系碎屑岩储层类别划分

1)物性参数间的相互关系

(1)孔隙度与渗透率的关系。

一般情况,孔隙度与渗透率呈指数关系,但由于砂岩中填隙物性质和孔隙结构不同,孔渗关系的变化趋势有一定的差异。

总体上杂基含量较少的砂砾岩储层在相同孔隙度下渗透率相对较高,其次是粗砂—中砂岩,西北缘各层系细砂岩基本接近。西北缘砂砾岩由于泥杂基含量高,分布不均匀,分选差,因此与砂岩相比表现出孔隙度与渗透率的极不匹配,相同渗透率级别,孔隙度变化区间往往较大(图5-19),且在孔隙度小于15%和渗透率小于100mD时孔隙度与渗透率的关系不明显。西北缘砂砾岩中低孔隙度、高渗透率的样品可能与砾岩的微缝有关,此类微缝可能是构造缝,也可能是岩心脱水收缩、松散等形成的贴砾(粒)缝,镜下观察以后者为主;相对高孔隙度与相对低渗透率的样品基本为泥杂基含量高、分选差的样品,基质微孔相对发育。

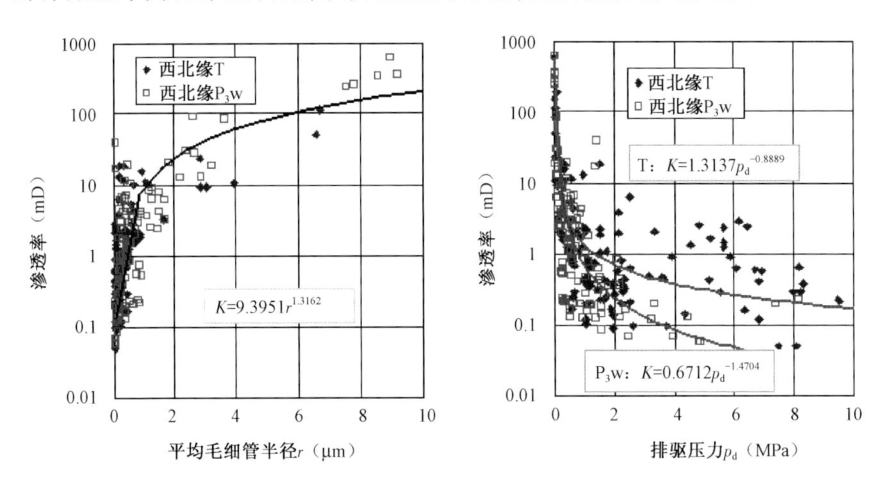

图5-19 西北缘二叠—三叠系砂岩平均毛细管半径(r)和排驱压力(p_d)与渗透率的关系

(2)孔隙度与面孔率的关系。

一般情况下砂岩储集性质与面孔率呈正相关关系。

(3)渗透率与主要压汞参数的关系。

主要是渗透率与平均孔喉半径、孔喉分选性、排驱压力、中值压力等的关系。渗透率与平均孔喉半径和排驱压力的关系如图5-19所示。

2）储层类别划分

考虑西北缘研究层系岩相类型多样、孔隙度与渗透率的关系与孔隙结构较复杂，提出表5－8所示的储层综合分类意见。表中储层分类与行业的储层物性分类标准对比如下：Ⅰ类大致相当于行业标准中的Ⅰ类和Ⅱ类，Ⅱ类大致相当于Ⅱ类和Ⅲ类，Ⅲ$_1$类相当于Ⅳ类，Ⅲ$_2$和Ⅳ类相当于Ⅴ类。

2. 三叠系碎屑岩储层评价与预测方法

1）储层评价预测认识

储层评价预测基于以下认识：

（1）三叠系碎屑岩属于以剩余原生粒间孔隙型储层为主，局部地区和层段发育次生孔隙型的储层，西北缘普遍发育构造裂缝；

（2）正常埋藏压实与构造挤压减孔是决定剩余原生粒间孔隙发育程度的关键因素，而相似深度下影响压实减孔量的因素有胶结程度、粒径、热成熟度和构造发育与变形强度；

（3）粗粒级储层为优质或相对优质储层，即要寻找粗粒级岩相带；

（4）在构造裂缝发育较弱时，各地区各层系碎屑岩孔隙度和渗透率与深度有良好的相关关系；

（5）颗粒溶蚀对碎屑岩的渗透性贡献微弱，粒间胶结物的溶蚀对碎屑岩储层有明显改善作用。

2）储层评价预测时采用思路

储层评价预测时采用如下思路：

（1）建立各地区碎屑岩储层孔隙度与渗透率评价标准（表5－7）；

表5－7　三叠系碎屑岩储层综合分类表

类型 分类参数			Ⅰ类高孔、高渗	Ⅱ类中孔、中渗	Ⅲ类中低孔、中低渗		Ⅳ类特低孔、特低渗
					Ⅲ$_1$ 中孔、中低渗	Ⅲ$_2$ 中低孔、低渗	
			粗孔、中粗喉道	中孔、中粗喉道	中孔、中细喉道	中小孔、细喉道	微孔、微喉道
物性	孔隙度（%）	砾岩	>20	10～20	10～18	5～18	5～15
		砂岩	>30～25	30～20	25～15	20～10	<12
	渗透率（mD）		>1000	1000～100	100～10	10～1.0	<1.0
压汞特征	r（μm）		>25	25～5	5～1	1～0.2	<0.2
	p_d（MPa）		<0.005	0.005～0.05	0.05～0.15	0.15～1.0	>1.0
主要孔隙类型			剩余原生粒间孔	剩余原生粒间孔	颗粒溶孔、粒间溶孔、剩余粒间孔	颗粒溶孔、粒间溶孔、剩余粒间孔、晶间孔	粒间溶孔、颗粒溶孔、微孔、晶间孔

（2）建立不同成因碎屑岩储层的孔隙度与渗透率的关系；

（3）在排除胶结作用减孔（ϕ_{cem}）、溶蚀作用增孔（ϕ_{sol}）等的影响下，建立不同成因碎屑岩储层的压实减孔量（ϕ_{cop}）和孔隙度（ϕ）与埋藏深度的关系；

(4)建立碎屑岩孔隙度与主控成岩参量之间的定量关系

$$\phi = \phi_0 - \phi_{cem} - \phi_{cop} + \phi_{sol} \quad (5-1)$$

式中 ϕ——预测孔隙度,%;

ϕ_{cop}——埋深的函数。

五、储层发育规律

三叠系储层主要分布在中—下三叠统,以粗碎屑岩为主的洪积相、河流相和三角洲相的砂砾岩体为主,储层性质主要受沉积条件和成岩后生作用的控制。

1. 西北缘储层成岩—孔隙演化模式

此类型储层主要分布于西北缘的三叠系,其次是西北缘二叠系上、下乌尔禾组和夏子街组。其成岩—成孔演化主要受控于成分成熟度、粒径、正常埋藏压实和构造挤压压实,而溶蚀作用表现得微弱,对储层性质的影响不显著。构造挤压作用主要表现在西北缘断裂带,特别是断裂带上盘,其次是断裂带下盘、环玛湖斜坡区。

储层由于成分成熟度低,孔隙度随深度的变化主要表现在埋深小于1500~2000m的浅处,但由于存在构造挤压压实作用,在相同埋深下,西北缘储层储层孔隙度要低,压实减孔量要高,构造挤压作用可多减少孔隙度约0.7%~8.6%,且越靠近主断裂带构造挤压压实强度越大。

成分成熟度的控制作用主要表现在车—拐—五、八区的克上组、克下组。此地区克上组、克下组砂岩成分成熟度高于其他储集砂岩,其石英含量平均值为45.7%,砂岩的抗压强度也相对较高,表现为在相同的埋藏深度下,其砂岩和砂砾岩的孔隙度较其他层系略高,但这种优势在埋藏较深时趋于消失。

粒径的控制在各层系均较显著,在相同的埋藏深度下,一般粗砂—中砂岩的孔隙度较砂砾岩高,而砂岩中,中砂岩的孔隙度一般最好,其次是粗砂岩,而细砂岩和粉砂岩的孔隙度普遍较低。此类型储层在埋藏较深时(埋深一般大于3000~3500m),若发生较强的晚期溶蚀作用,则可转化为后一类储层类型。

2. 成岩—孔隙演化模式

此类储层与前一类储层的不同之处是储层在成岩晚期发生一定程度的溶蚀作用,产生一定规模的次生孔隙,特别是粒间次生孔隙的产生对储层有较明显的改善作用,一般是前一类储层孔隙演化的继续。此类型储层一般分布于埋深大于3000~3500m的斜坡区,如车拐东斜坡区、环玛湖斜坡区,层系上主要分布于二叠系上、下乌尔禾组、夏子街组与佳木河组,其次是三叠系储层。斜坡区临近生烃凹陷区,凹陷区烃源岩在埋深3000m以下基本达到生烃高峰期,其产生的大量有机酸沿斜坡区对储集岩进行溶蚀。因此,此类储层的发育对西北缘中深层的勘探极为有利,但关键是寻找有利次生孔隙发育带。

第五节 侏罗系砂岩储集体系

一、储层岩石学特征

1. 侏罗系储层的岩石学基本特征

侏罗系储层的岩石学基本特征可归结为“两低一高”,即低胶结物含量、低成分成熟度和高结构成熟度。这一特征对储层的孔隙演化和保存有重要影响，并导致侏罗系的相对优质储层主要分布于具有“两低一粗”特征（低热成熟度、低塑性岩屑含量和粗粒级）的砂体中。各层系砂岩碎屑组分石英平均含量均小于40%，一般在23.5%~37.5%之间。

2. 岩石类型以岩屑砂岩为主

车拐地区八道湾组局部砂岩的石英含量较高，其余各层系和地区砂岩碎屑组分石英平均含量均小于40%，一般在23.5%~37.5%之间。

长石含量在车排子地区砂岩中偏低，平均值分别为12.9%、8.4%和13.6%；其余层系和地区的砂岩碎屑长石含量差异较小，一般在20%左右。

砂岩碎屑组分中岩屑含量各地区、各层系差异不大，一般在38%~55%之间，岩屑组成主要为火山岩屑，且以凝灰岩岩屑为主，其次为浅变质岩屑，如千枚岩和少量板岩与石英岩。

砂岩岩石类型以岩屑砂岩为主，其次为长石质岩屑砂岩、岩屑质长石砂岩。

3. 砂岩结构成熟度高，胶结物总量低

陆源泥杂基在J_2x、J_1s、J_1b砂岩中含量普遍较少，各层平均含量一般在1.0%左右，砂岩的分选也普遍中等到好，反映砂岩的结构成熟度较高。

除陆源泥杂基外，自生矿物主要有（含铁）方解石及白云石、高岭石、硅质、菱铁矿、黄铁矿、沸石类和自生黏土矿物，其中高岭石和硅质为最普遍的自生胶结物，方解石除个别高钙质夹层外含量普遍较低。自生胶结矿物总量整体较低，一般在3%~6%之间。

各地区J_2x、J_1s与J_1b砂岩黏土矿物组成类似，以高岭石为主，其次为伊/蒙混层和伊利石，且伊/蒙混层中混层比较低，一般在20%~40%之间。煤系地层的高岭石含量相对非煤系地层高。砂岩中高岭石的含量明显高于同层系泥岩中的高岭石，说明砂岩中高岭石的自生成因。

砂岩中高岭石主要呈集合体的斑块状充填孔隙，其次为散乱状不规则分布，而后者在孔隙流体流动时很容易迁移；伊利石和伊/蒙混层矿物主要呈充填式、衬壁式，特别是在K_1tg砂岩中基本呈衬壁式产出。

4. 砂岩碎屑组成中普遍含塑性岩屑

塑性岩屑在研究区侏罗系砂岩中主要指低变质的千枚岩，及少量的板岩、泥岩和云母；岩屑与正常的凝灰岩不同，其抗压强度与泥岩类接近，基本上无固定形态，形同泥质内碎屑，且基本充当假杂基，以往的鉴定把此类岩屑定为变泥岩和泥岩。

塑性岩屑抗压强度极低，易压实，在较浅的埋深下（一般为2000m左右）即强变形而成为假杂基，因此塑性岩屑的存在对砂岩在后期埋藏成岩过程中储集性质影响较大。

5. 砂岩粒级的分布特征

三工河组砂岩普遍较粗，中粒和粗粒砂岩各目标区均为主要砂岩类型，其次为砂砾岩和细砂岩，八道湾组和西山窑组靠近盆地边缘的车拐地区粒级较粗，以砂砾岩、中—粗粒砂岩为主；头屯河组和齐古组砂岩粒级分布与八道湾组类似，即车拐地区粒级较粗。

6. 塑性岩屑与砂岩粒级密切相关

塑性岩屑主要分布于J_2x和J_1b_3砂岩中，其含量与砂岩粒级密切相关。塑性岩屑主要指

低变质的千枚岩及少量的板岩、泥岩和云母。J_2x 和 J_1b_3 砂岩塑性岩屑相对较高，其次为 J_1b_1 和 J_1s 及 $J_{2-3}sh$ 砂岩。细粒级砂岩中塑性岩屑相对富集，粗粒级砂岩中则相对偏少。

7. 颗粒接触关系和胶结类型在不同层系和不同地区存在差异

三工河组和石树沟群砂岩受压实作用强度相对较弱，以线—点状或点—线状接触为主，且主要为再生孔隙型胶结类型，其次为压嵌型胶结；西山窑组与八道湾组砂岩则以线接触、压嵌型胶结为主，受压实作用相对较强；J_2t—J_3q 以线—点状接触为主，胶结类型主要为孔隙型或薄膜型，J_1b 砂岩以点—线状接触为主，压嵌型或孔隙型胶结（图 5 - 20）。

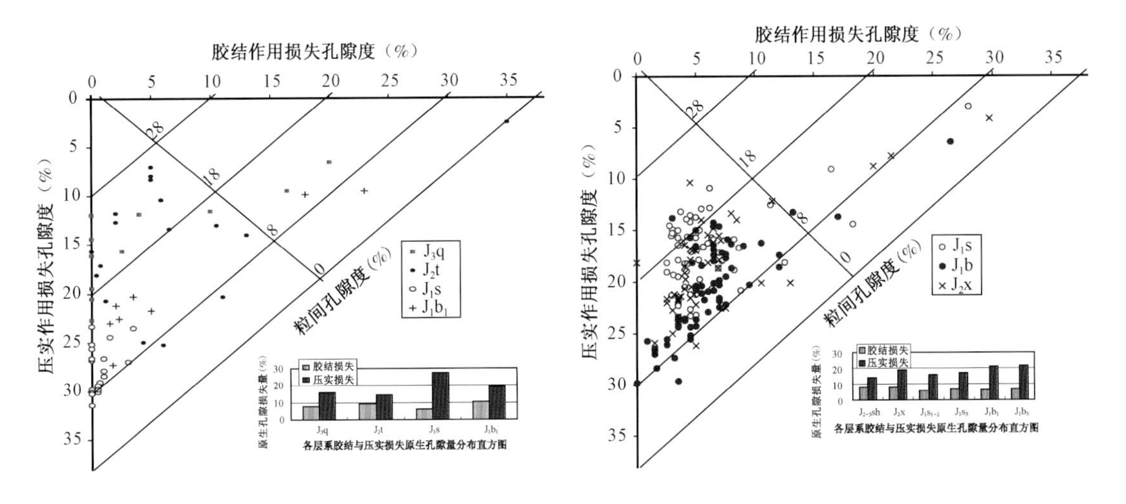

图 5 - 20 储层孔隙损失的主控因素

8. 三工河组砂岩粒级较侏罗系其他层组明显偏粗

三工河组砂岩以粗粒和粗中粒为主，二者占绝对优势，西山窑组和八道湾组砂岩粒级偏细，基本上无粗砂岩，细砂岩占优势，中砂岩相对较少。

自生矿主要有（含铁）方解石及白云石、高岭石、硅质、菱铁矿、黄铁矿和沸石类。除个别高钙质夹层外，方解石含量普遍较低，而高岭石和硅质最普遍，菱铁矿和高岭石在西山窑组、八道湾组和三工河组相对较发育。陆源泥杂基在 J_2x、J_1s、J_1b 砂岩中含量较少，而在 J_2t—J_3q 砂岩中含量相对较高，且大部分已发生转化而呈薄膜式、孔隙衬垫式产出，主要转化为伊/蒙混层矿物，这种薄膜式黏土一方面影响孔隙喉道的贯通，使砂岩的渗透性变差，另一方面又阻碍压溶作用的产生，对孔隙保存有利。

二、储层物性特征

1. 成岩作用对储层的影响

煤系砂岩和非煤系砂岩的成岩环境和成岩介质有较大差异，孔隙演化差异也较大。侏罗系砂岩的孔隙演化类型分为三类：煤系砂岩的孔隙演化类型、非煤系砂岩高塑性岩屑含量孔隙演化类型和非煤系砂岩低塑性岩屑含量孔隙演化类型。煤系砂岩的粒间孔隙最不易保存，物性一般较差，非煤系砂岩低塑性岩屑含量的砂岩粒间孔隙最易保存，物性普遍较好。煤系砂岩主要分布于西山窑组和八道湾组，粒间孔隙保存较差，但在煤不发育的地区砂岩粒间孔隙可能保存较好，物性也应较好。

1）侏罗系储层主要的成岩现象

高岭石的析出、自生硅质的胶结和长石加大，对储层的物性影响较大，除碳酸盐胶结物外，高岭石和硅质胶结物是侏罗系砂岩中最普遍、较发育的自生胶结物，是对储层性质影响较大的成岩作用类型。高岭石主要分布于 J_2x、J_1b 砂岩，其次是 J_1s 和 J_2t，而 $J_{2-3}sh$ 或 J_3q 基本无高岭石的析出。硅质主要发育于 J_1s 和 J_1b 砂岩，其次是 J_2x 砂岩，而 J_2t、J_3q、$J_{2-3}sh$ 少见。

高岭石的存在及存在方式对砂岩的物性影响较大，特别是对渗透率的影响。西山窑组和八道湾组高岭石呈散乱状或集合体状分布，对砂岩的渗透性能影响较大，三工河组高岭石主要呈斑点状分布，对砂岩的渗透性能影响相对较小。

2）主要孔隙成因类型

为粒间孔隙颗粒溶蚀孔隙。侏罗系砂岩孔隙类型主要有以下四类：

（1）粒间孔隙：为主要的孔隙类型，且基本为残余粒间孔隙；

（2）颗粒溶蚀孔隙：为次要孔隙类型；

（3）基质收缩孔：主要为基质脱水、转化、重结晶等收缩而形成的孔隙；

（4）微孔隙或晶间孔：微孔隙或晶间孔占据孔隙体积的绝大部分。包括高岭石晶间孔、黏土杂基微孔、粒间微孔和颗粒内微孔等。

3）头屯河组、齐古组（或石树沟群）储层特点

头屯河组、齐古组（或石树沟群）为粒间孔隙和基质收缩孔相对发育的较优质储层，埋深浅，受压实作用强度相对较弱，粒间孔隙相对较发育，同时黏土基质含量高，基质收缩孔也相对发育。但该层系砂岩方解石和方沸石含量较高，同时黏土基质含量高，大部分呈薄膜状，与三工河组砂岩相比孔隙喉道相对偏小，属于中孔、中低渗储层。

4）西山窑组储层物性

西山窑组受千枚岩岩屑及自生高岭石含量高的影响，储层物性普遍较差。西山窑组成分成熟度低，千枚岩岩屑和自生高岭石含量高，砂岩以粒间孔、长石等碎屑的颗粒溶孔和高岭石晶间孔为主，面孔率低，孔径小，孔隙喉道细，渗透性较差。

5）八道湾组物性变化特点

八道湾组物性变化较大，且 J_1b_3 优于 J_1b_1。由于八道湾组砂岩塑性岩屑和高岭石分布极不均匀，粗粒级砂岩塑性岩屑含量低，而细粒级砂岩塑性岩屑含量特高，同时埋藏深度差异较大，导致不同地区、不同粒级砂岩的储集性质差异较大。八道湾组砂岩储集性质除阜东地区稍好外，其余地区均为低孔、低—特低渗储层。

6）侏罗系储层主要处于晚成岩 A_1 期，其次为晚成岩 A_2 期，热成岩强度相对较弱

不同地区不同深度热成岩强度的差异除与埋藏史的差异有关外，主要与各地区古地温梯度的差异有关。车排子地区古地温梯度较高，因此热成岩强度相对较高。

2. 孔隙类型与孔喉分布特征

1）孔隙类型、分布与组合

根据显微镜、扫描电镜的观察，结合研究层系砂岩的成岩作用特征，将研究层系砂岩孔隙

类型分为以下四类：

(1)粒间孔隙：粒间孔隙为显孔的主要的孔隙类型，且基本为剩余原生粒间孔隙，微量或少量粒间溶蚀孔隙。剩余原生粒间孔隙指原生粒间孔在机械压实、长石及石英的再生长或其他胶结作用充填后的剩余原生粒间孔隙，颗粒边缘无明显溶蚀现象；粒间溶蚀孔隙主要是粒间填隙物被溶蚀形成的孔隙。

(2)颗粒溶蚀孔隙：颗粒溶蚀孔隙为显孔的次要孔隙类型。主要是长石和火山岩屑的选择性不均一溶蚀作用形成，包括颗粒边缘溶蚀、孤岛状粒内溶蚀孔隙、条纹条带状粒内溶蚀孔隙、铸模孔。

煤系地层与高塑性岩屑含量砂岩在埋深较深的情况下，颗粒溶蚀孔隙所占的比例显著增加(图5-21)。

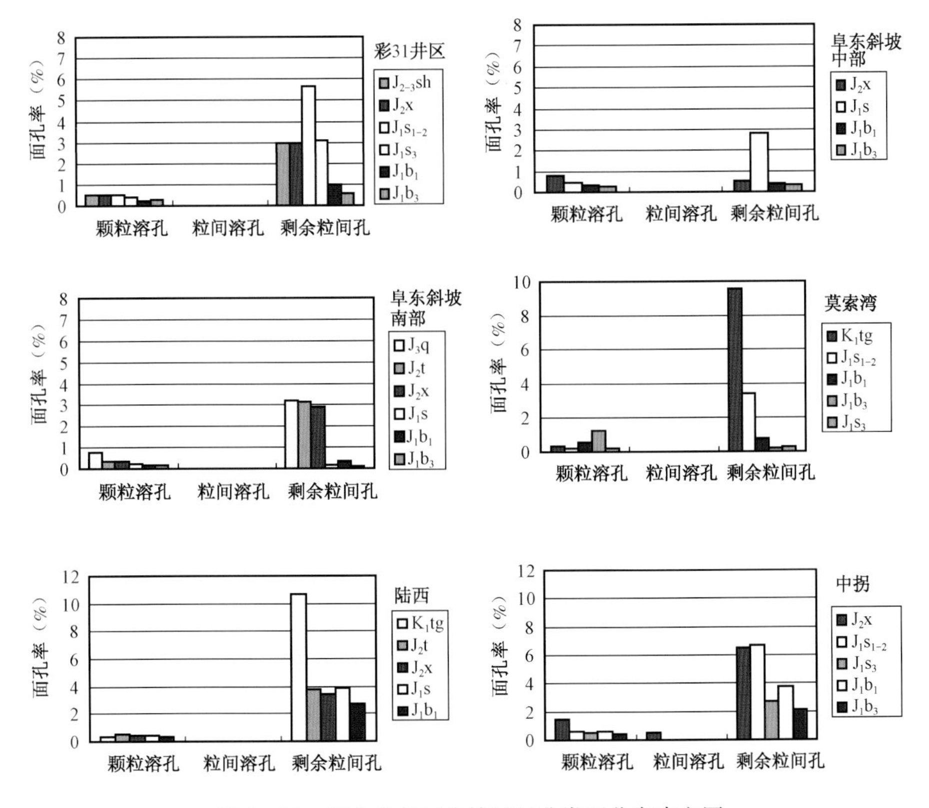

图5-21 西北缘各层位储层显孔类型分布直方图

(3)基质收缩孔：与基质脱水、转化相伴出现的收缩作用而形成的孔隙。主要见于泥质含量较高的J_2t、J_3q砂岩中，其次为车排子地区的J_1b砂岩中。

(4)微孔隙或晶间孔：微孔隙或晶间孔占据孔隙体积的绝大部分。包括高岭石晶间孔、黏土杂基微孔、粒间微孔和颗粒内微孔等，此类孔隙对渗透率的贡献甚小。

储集空间组合主要有以下四类：

(1)原生粒间孔型：为最优的孔隙组合类型，砂岩面孔率基本由原生粒间孔或剩余原生粒间孔组成，颗粒溶孔少见，微孔所占的比例相对较小。主要发育于白垩系和三工河组(除阜东斜坡西南部)储层，储层的孔隙度较高，其值一般在15%～20%以上，渗透性也较好，在几十至几百 mD。

(2)颗粒溶孔—剩余粒间孔型:为较好的孔隙组合类型,颗粒溶孔占面孔率百分比一般小于20%,砂岩的渗透性较好,主要分布于埋藏较浅(浅于3500m)的煤系地层中—粗砂岩和非煤系的三工河组砂岩。平均孔隙度在12% ~20%之间。

(3)剩余粒间孔—颗粒溶孔型:为较差的孔隙组合类型,颗粒溶孔占面孔率的百分比大于20%,最高可达80%以上,主要分布于埋藏较浅的煤系细粒级砂岩和埋藏较深的煤系粗粒级砂岩及非煤系细粒级砂岩。砂岩孔隙度一般较低,在8% ~15%之间。

(4)颗粒溶孔—微孔型:为差的孔隙组合类型,砂岩粒间孔极不发育,且孔径细,以微孔隙和颗粒溶孔为主。颗粒溶孔直径变化大,显孔的连通性差,基本上为孤立状态。主要分布于埋藏较深的煤系砂岩。砂岩即便有较高的孔隙度,但渗透性很差,如盆参2井八道湾组此孔隙组合砂岩平均孔隙度为11.0%,平均渗透率仅为0.40mD。

2)孔隙大小及分布

总体上非煤系储层(K_1tg、J_1s)孔径粗于煤系储层(J_1b 与 J_2x),而非煤系储层中 J_1s_{1-2}的孔径最大。

3)孔喉大小、组合及连通性

储层孔喉大小及毛细管压力曲线参数统计。

(1)孔喉大小分布可分为5类。

① 单峰正偏态较粗孔喉型:孔喉分布呈单峰且孔喉较粗,优势孔喉半径一般在9.375 ~37.5μm之间,排驱压力一般小于0.05MPa,最小非饱和孔隙体积一般小于10%。此类型主要分布于非煤系储层,尤其是分选较好的 K_1tg 储层,其次为 J_1s、$J_{2-3}sh$ 的粗、中砂岩储层。此类砂岩泥杂基含量少,孔隙度较高,渗透性好。

② 单峰正偏或微负偏态较粗孔喉型:孔喉分布呈单峰且偏向粗孔喉的一边,优势孔喉半径一般在1.172 ~9.375μm之间,排驱压力一般小于0.05MPa,最小非饱和孔隙体积一般小于20%。此类型主要见于非煤系储层和埋藏较浅(浅于3500m)的煤系较粗粒级储层,储层的储集性质和渗透性相对稍好。

③ 单峰负偏态细孔喉型:孔喉分布呈单峰且偏向细孔喉一侧,优势孔喉半径一般在1.172 ~0.298μm之间,排驱压力一般小于0.2MPa,最小非饱和孔隙体积一般在20% ~30%之间。此类型主要分布于埋藏较深的非煤系细粒级砂岩储层和煤系砂岩储层,砂岩的孔隙度较低,渗透性较差。

④ 单峰负偏态微孔喉型:孔喉半径一般分布在0.586 ~0.037μm之间,砂岩渗透性极差。主要分布于埋藏较深的煤系细粒级砂岩储层及 J_1b_3 储层,储层的渗透性极差。

⑤ 分散型(不均匀型):孔喉分布极不均匀,没有明显的优势孔喉范围。此类型主要见于砂砾岩和较粗的不等粒砂岩,砂岩储集性质差异大。

(2)孔喉组合与连通性。

非煤系储层孔喉配位数总体较煤系储层高,孔隙连通性较好。陆西地区 K_1tg 孔喉配位数可达4,一般在1 ~3之间,孔隙连通性也最高,最小非饱和孔隙体积平均仅占13.7%,非煤系的三工河组储层也具较高的孔喉配位数和较好的孔隙连通性;煤系地层 J_1b 储层相对要差,特

别是 J_1b_3 储层，其孔喉配位数一般为0～1，最小非饱和孔隙体积达31.02%。其他地区也具有类似的特征。

(3)孔喉大小和分选性与渗透率的相关性。

一般情况，孔喉越粗，分选越好，储层的渗透性越好。各目标区储层渗透率与平均毛细管半径均具良好的乘幂关系，与孔喉变异系数呈较好的指数关系。

三、储层非均质特征

1. 储层性质的横向变化特征

(1)西山窑组储层：总体上以Ⅲ类和Ⅳ类储层为主，陆西和中拐地区还发育较多的Ⅰ类和Ⅱ类储层。中拐地区孔隙度平均分别为19.70%、15.95%，渗透率平均分别为225.04mD、88.92mD。

(2)三工河组 J_1s_{1-2} 储层：储集性质均较好，以Ⅱ类和 $Ⅲ_1$ 类储层为主，平均孔隙度为10.22%～19.06%，平均渗透率为30.18～375.36mD。

(3) J_1s_3 储层：储集性质接近，以 $Ⅲ_1$ 类储层为主，Ⅱ类和 $Ⅲ_2$ 类储层为次，平均孔隙度为13.33%～19.74%，平均渗透率为17.58～75.76mD。

(4) J_1b_1 储层：除车排子地区个别井储集性质较好外整体较差。车排子地区 J_1b_1 储集性质不同部位、不同井也变化较大，这主要与该地区物源与岩性变化复杂有关，总体上粗粒级砂岩物性较好。中拐 J_1b_1 砂岩整体较粗，物性相对较好。

(5) J_1b_3 储层：车排子地区物性稍好，平均孔隙度分别为15.81%和12.76%，平均渗透率分别为26.21mD和10.74mD；其余地区物性均较差，储层类型以Ⅳ类为主，其次为 $Ⅲ_2$ 类储层。

总体上，J_1s_{1-2} 储层整体较优，在埋藏较深(埋深>4000m)下仍发育Ⅱ类和 $Ⅲ_1$ 类储层；J_1b 特别是 J_1b_3 储层整体较差，车拐地区尚发育一定的 $Ⅲ_2$ 类储层，特别是中拐地区。

2. 储层性质的纵向变化特征

(1)车排子地区：纵向上各目的层孔隙度变化不大，平均在14%～16.88%之间；渗透率 J_1s_{1-2} 最高，平均值为375.36mD，J_1b_3 储层渗透率最低，平均值为26.21mD，其余各储层较接近，平均值在46.79～112.82mD之间。车排子地区各目的层均存在有利的储层。

(2)中拐地区：八道湾组储层孔隙度偏低，平均孔隙度为14.46%～15.81%，其余储层孔隙度较高且接近，平均在20%左右；渗透率总体上随地层变老、埋藏加深而明显变小，其中 J_1b_3 渗透率最低，平均为3.12mD，J_2x 和 J_1s_2 储层渗透率最高，分别为225.04mD和220.42mD。中拐地区 $J_{2-3}sh$、J_1s_{1-2}、J_2x 为有利的勘探层，J_1s_3、J_1b 为较差的勘探层。

3. 不同沉积砂体的储集物性特征

据曹耀华对车拐地区侏罗系的精细沉积相研究成果，统计出各目的层不同沉积微相砂体储集物性，如表5-9所示。由表可知，相同地区同一层系(J_1b)各主要沉积微相砂体的储集物性均较接近，而同一地区不同层系(J_1b)相同沉积微相砂体的储集物性差异较大。中拐地区 J_1s 储层三角洲平原与前缘、辫状河三角洲平原与前缘砂体的储集物性均较好(表5-8)，而 J_1b 储层辫状河、三角洲平原与前缘、辫状河三角洲平原砂体的储集物性均较差。这一规律说明砂体储集物性与砂体沉积微相关系极不明显，同一类别的储层可以在多种沉积微相中存在，原因在于这套“两低一高一普遍”的储层性质主要受控于粒径、塑性岩屑含量、煤系发育程度和埋藏史，后期的成岩作用掩盖了沉积相对储层的控制作用。

表5-8　中拐地区 J_1b 储层各沉积微相砂体的储集物性

砂组	沉积亚相	沉积微相	平均孔隙度(%)	平均渗透率(mD)	样品数
$J_1b_1^1$	三角洲前缘	河口沙坝	16.76	3.68	6
		小下分流河道	11.56	1.06	6
$J_1b_1^2$	三角洲平原	分流河道	16.09	33.04	9
$J_1b_1^3$	三角洲平原	分流河道	19.38	767.17	11
$J_1b_3^1$	辫状河	河道	14.02	0.10	4
$J_1b_3^2$	辫状河	辫状河道	13.96	4.09	6
	辫状河三角洲平原	分流河道	9.80	3.37	12
$J_1b_3^3$	辫状河	滞留沉积	10.62	8.53	4
	辫状河三角洲平原	分流河道	8.60	0.30	10

4. 不同体系域砂岩体的储集物性特征

不同层序相同体系域，储集物性有好有差，同一层序不同体系域的储集物性或接近或差异较大，且不存在稳定的优势体系域，即相对较优储层可存在各类体系域中。

四、储层分类评价

1. 储集物性与面孔率的关系

一般情况砂岩储集性质与面孔率呈正相关关系，即面孔率越大，砂岩的孔隙度与渗透率越高。图5-22为面孔率与储层物性的关系，其中孔隙度与面孔率呈线性关系，渗透率与面孔率呈指数关系，且在相同的面孔率下，煤系与非煤系孔隙度总体上相差较小，但随面孔率增加，煤系砂岩的孔隙度较非煤系砂岩高，这主要是煤系砂岩的溶蚀微孔和晶间微孔较发育的原因；相同面孔率下煤系砂岩的渗透率明显低于非煤系砂岩，其原因主要是煤系砂岩的孔隙结构差于非煤系砂岩，煤系砂岩粒间孔不如非煤系砂岩发育，且晶间孔、溶蚀微孔较发育，孔喉偏细，孔隙特别是溶蚀孔的连通性差，颗粒溶孔的明显发育并未增加渗透率值。

2. 储集物性与压汞参数的关系

主要是渗透率与平均孔喉半径、孔喉分选性、排驱压力、中值压力等的关系。渗透率与排驱压力的关系如图5-23所示。

3. 储层类别划分

考虑研究区侏罗系大多数储层具中低孔、中低渗和低孔、低渗或特低渗的特点，结合孔隙结构特征、物性参数间的相互关系，提出表5-9所示的储层综合分类意见。表中储层分类与行业的储层物性分类标准对比如下：Ⅰ类大致相当于Ⅱ类，Ⅱ类大致相当于Ⅲ类，$Ⅲ_1$ 类相当于Ⅳ类，$Ⅲ_2$ 和Ⅳ类相当于Ⅴ类。

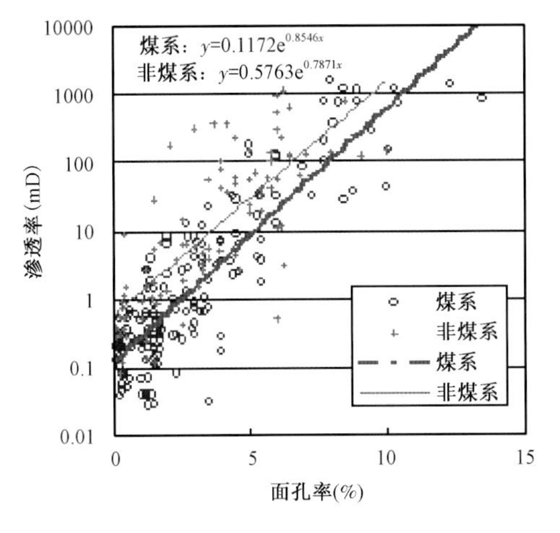

图5-22　侏罗系储层面孔率与物性的关系

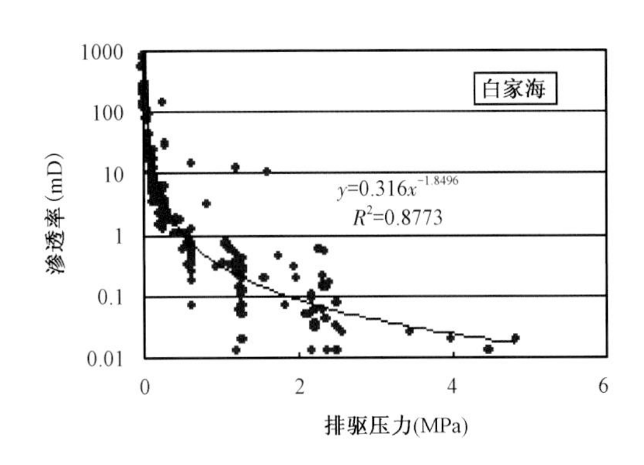

图5-23　侏罗系储层渗透率与排驱压力的关系

表5-9　侏罗系砂岩储层综合分类表

类型 分类参数		Ⅰ类中高孔、中高渗	Ⅱ类中孔、中渗	Ⅲ类低孔、低渗		Ⅳ类特低孔、特低渗
				$Ⅲ_1$	$Ⅲ_2$	
		粗孔中粗喉道	中孔中粗喉道	中孔中细喉道	小孔细喉道	微孔微喉道
物性	孔隙度(%)	>30~20	25~15	20~10		<10~5
	渗透率(mD)	>500	500~50	50~10	10~1.0	<1.0
压汞特征	r(μm)	>10	10~3.5	3.5~1.5	1.5~0.5	<0.5
	p_d(MPa)	<0.05	<0.05	0.05~0.15	0.15~0.6	>0.6
	S_{Hgmin}(%)	<25	<25	<25	20~30	20~50
	曲线形态	Ⅰ	Ⅰ、Ⅱ、Ⅴ	Ⅱ、Ⅲ	Ⅲ、Ⅳ	Ⅳ
主要孔隙类型		原生粒间孔	剩余粒间孔	剩余粒间孔、颗粒溶孔	颗粒溶孔、剩余粒间孔、晶间孔	微孔、颗粒溶孔、晶间孔

储层评价预测基于以下认识：

(1)侏罗—白垩系储层属于剩余原生粒间孔隙型储层，成岩压实减孔量是决定剩余原生粒间孔隙发育程度的关键因素，而相似深度下影响成岩压实减孔量的因素有粒径、塑性岩屑含量和煤系发育程度；

(2)粗粒级储层为优质或相对优质储层，即要寻找粗粒级岩相带；

(3)煤系发育程度对储层物性有重要控制作用，即相同条件下，非煤系储层物性明显优于煤系储层，或相同孔渗条件下，非煤系储层的埋深比煤系约大1000m左右；

(4)在限定粒径和煤系与非煤系的条件下，孔隙度与深度有良好的线性关系(图5-24)。

五、储层发育规律

1. 非煤系—粒径(塑性岩屑)控制型储层成因模式

该类型主要分布于三工河组、头屯河组。其孔隙演化—保存除热成熟度外，主要受控于粒

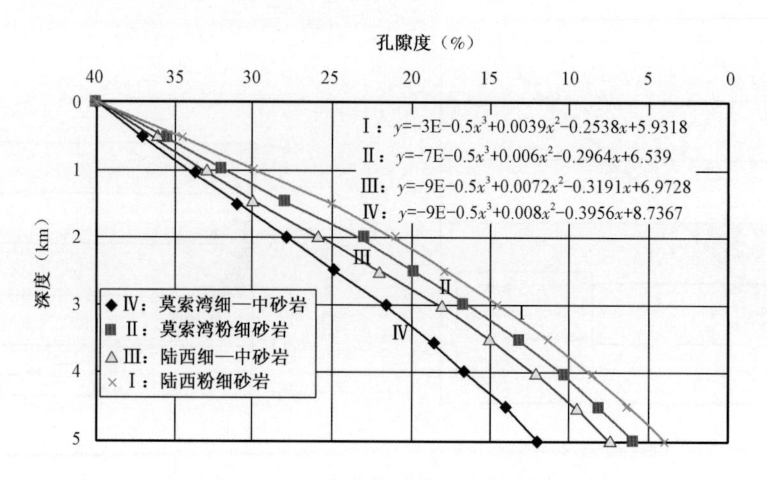

图5－24　孔隙度与深度关系图

径和塑性岩屑含量，其中热成熟度为最主要因素，其次为粒径和塑性岩屑含量。压实减孔量为14.2%～21.5%，胶结减孔量约5%，仅占总减孔量的23%～35%。

该类型的演化预测模式反映非煤系地层不同粒径（塑性岩屑含量）下孔隙度随深度的预测关系。利用这些相关线即可预测一定岩性下的孔隙度。

该类型的孔隙演化特征为早期（210—140Ma）孔隙降低较缓慢，主要孔隙损失期为140—100Ma期间。缺少早期溶塌作用，从而与煤系储层相比，有利于孔隙的保存。

该类型又可分为4个亚类：

（1）粗粒级水化凝灰岩岩屑（含量一般为15%～30%）控制型：岩性以中砂—砂砾岩为主，含量占68%。尽管粒级较粗，因发育大量塑性极强的凝灰岩岩屑而变得极易压实。相同条件下的孔隙发育程度最差，其有效储层的保存深度一般较浅。

（2）细粒级中—高千枚岩等塑性岩屑控制型：主要岩性为中细砂—粉细砂岩。塑性岩屑含量一般为9%～20%。

岩性细及相应的塑性岩屑含量高对储层孔隙保存和演化产生重要影响是该亚类成因模式的特点。相同条件下的孔隙发育程度较差，有效储层的保存深度较浅。

（3）中粒级低千枚岩等塑性岩屑控制型：主要岩性为细中—中砂岩。千枚岩等塑性岩屑含量一般小于9%。由于粒径变粗和相应的塑性岩屑含量降低，砂岩的抗压实强度提高。相同深度下比细粒级高塑性岩屑储层成因类型约多保存1.5%～3.5%的孔隙度。

（4）粗粒级低千枚岩等塑性岩屑控制型：主要岩性粗中—含砾粗砂岩。千枚岩等塑性岩屑含量小于9%，砂岩的抗压实强度更高。相同深度下比中粒级中等塑性岩屑储层成因类型约多保存1.5%～2.5%的孔隙度，比细粒级高塑性岩屑储层成因类型约多保存5.5%～6.5%的孔隙度，渗透率下限为10mD。

2. 煤系—塑性岩屑和粒径控制型储层成因模式

该类型主要分布于八道湾组和西山窑组。其孔隙演化与保存条件除热成熟度、粒径和塑性岩屑含量外，还受控于煤系地层的发育程度。因此，一定深度下的孔隙度也是深度、粒径、塑性岩屑含量和煤系等的综合反映。用此定量关系，可以预测煤系分布地区一定深度和岩性的孔隙度。

该类型的成岩—成孔特点是成岩阶段早期(R_o 为 0.3% 左右或相应深度为 1500m 左右)储层中较普遍地发生溶蚀作用,使硅酸盐颗粒呈支离破碎状,从而加快压实。这种成岩特点使同地区、同层位、同岩性的有效储层的埋深小于非煤系储层。

3. 非煤系—低热成熟度和粒径控制型储层成因模式

主要分布于吐谷鲁群,岩性以粉细—中细砂岩为主。低热成熟度和粒径对储层物性有重要的控制作用,特别是低热成熟度对储层物性的控制作用十分显著。此类储层相同岩性下,中细砂岩比粉细砂孔隙度大 5% ~6%;同时因为不含煤和极低塑性岩屑,同一岩性该类型的物性明显变好。如对粉细砂岩而言,该类型的孔隙度比煤系粉细砂岩储层要高 1.0% ~7.5%,比非煤系高 1.0% ~5.0%;对中细—中粗砂岩而言,该类型比煤系储层高 2.0% ~8.0%。

小 结

准噶尔盆地西北缘储层类型丰富多样,除变质岩外,几乎所有储集类型均可见到,是复式油气成藏的一个重要内涵,总结如下:

(1)石炭系以火山岩为主,经历了长期的抬升、剥蚀、风化、淋滤,形成火山岩风化壳储层,储层发育程度与风化壳密切相关,靠近顶部风化壳附近的层位储层发育程度高,向下逐渐变差,一般影响范围在风化壳以下 350 ~450m 范围内。

(2)二叠系储层类型最为复杂,以近物源砂砾岩和少量火山岩及白云岩致密储层为主,大多表现出低孔、低渗、双重孔隙介质的特点。五、八区上、下乌尔禾组块状厚层砂砾岩储层是西北缘重要的储层类型。火山岩储层相对石炭系来说,改造程度低,储层发育规模和所占比例也不及石炭系。值得一提的是近年来在风城地区发现的致密白云岩储层分布规模大,与烃源岩紧密接触,是非常规油气勘探的重要领域。

(3)三叠—侏罗系碎屑岩储层岩石学特征总体表现为低—极低成分成熟度、低—中等结构成熟度和低—极低胶结物含量的特征,但西北缘车排子—中拐—五、八区克上组、克下组成分成熟度相对较高。低的成分成熟度控制和影响了储集岩的压实进程与孔隙保存,低的结构成熟度控制和影响了储集岩的渗透性能。

(4)白垩系—新生代储层主要分布在红车断裂带及其以西的地区,岩石胶结程度低,储层物性好,地层水矿化度普遍较高,大多表现为低电阻油藏的特征。

(5)西北缘储集岩裂缝的发育程度主要受断裂的发育程度、储集岩所处断裂带的位置、储集岩的岩相及岩相组合、地层的厚度和是否受表生作用影响等的控制。一般靠近断裂特别是深大断裂及断裂上盘裂缝发育,岩相越粗特别是砂砾岩、砂岩与泥岩岩相组合的地层砂砾岩裂缝最发育,构造变形较强部位裂缝较发育。

第六章　西北缘复式油气形成机制

第一节　火山岩基岩风化壳油气形成机制

一、风化壳油气成藏特点

1. 油藏规模大且整体含油

从车排子到夏子街地区长250km的大断裂，呈弧形围绕玛湖生油凹陷，截取了由凹陷向西北斜坡带大规模运移的油气。油气从三叠纪末开始源源不断地通过断面注入上盘基岩块体中，因为基岩与上覆三叠系克上组、克下组砾岩之间没有隔层，一部分油气又从基岩向上跨过不整合面进入了克上组、克下组，含油好坏和油层厚薄受各地封闭条件、供油条件、储层物性等条件控制。

2. 含油性好坏取决于孔缝的匹配情况

根据岩心观察和测井、试油资料分析，石炭系含油性好坏取决于岩石、物性、裂缝的匹配情况，石炭系含油性好的岩心，溶蚀孔隙比较发育，裂缝也比较发育，匹配情况比较好。一个断块、一个区块油藏在一定深度范围内含油，但内部存在非产层，造成这种情况的原因虽然是多方面的，但主要原因是岩石、物性、裂缝的非均质性强。因此石炭系油藏为不规则、非均质性强的块状油藏。在同一个断块里，也会由于岩石的变化和裂缝发育程度的不同而有产量高低之差。

3. 单井产量变化大，储层非均质强

统计克百断裂带上盘石炭系油藏试油、试采成果，发现高产井和已探明开发的富集高产区块都靠近断裂带，断裂带附近油层厚度最大，裂缝最发育，常成为高产区，如一区、六区、七区、九区古3井区等。各区块单井产量最高的井分别是七区的7501井累计产油22×10^4t、九区古3井区的古10井累计产油9.8×10^4t、一区的1964井累计产油9.8×10^4t、六区的6506井累计产油6.6×10^4t、三区的古37井累计产油6.5×10^4t、九区的古16井累计产油5.6×10^4t、四区的43121井累计产油3.1×10^4t、前缘断块的417井累计产油3.6×10^4t。

二、风化壳油气输导体系

古推覆体上盘成藏模式的典型代表是准噶尔盆地西北缘克百断裂带上盘石炭系基岩油藏（图6－1）。克百断裂带上盘石炭系岩石、岩相受9个火山口控制，主要岩石有安山岩、玄武岩、火山角砾岩、凝灰岩和正常沉积的砂砾岩。除个别区域石炭系为纯裂缝油藏外，其余均为裂缝—孔隙型双重介质油藏。主要孔隙是与裂缝有关、分布在裂缝周围的溶蚀孔。裂缝主要为收缩缝、风化缝和构造缝，大的构造缝已被硅质、钙质填充。

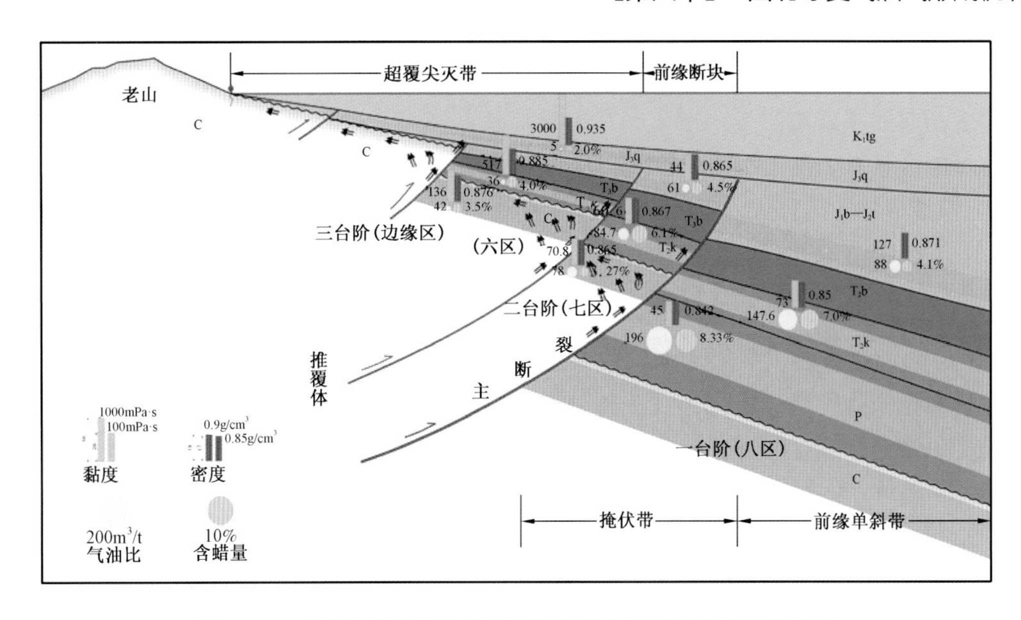

图6-1 准噶尔盆地西北缘克百断裂带上盘石炭系成藏模式图

三、风化壳油藏形成条件

同沉积岩一样,火成岩油气成藏的生、储、盖、运、圈、保六大要素缺一不可。最大的不同之处是火成岩提供了油气储集空间。这种火成岩一般呈块状、厚层、非均质性强、储集空间类型丰富多样、物性变化快、成因类型多样化、产状变化快,其岩石类型、成分、结构、构造及成岩演化要比正常砂岩复杂得多。正因为火成岩的特殊性,使得火成岩油气成藏条件复杂多样。总的来说,油源是基础,储层是关键,断裂是油气运移的必要条件,盖层、圈闭及保存条件是重要条件。

石炭系油藏形成条件简述如下:克百断裂带石炭系基岩油藏和克上组、克下组油藏形成条件和控制因素基本一致,主断裂下盘二叠系油源,首先在断裂下盘二叠系形成自生自储油藏,并通过断层和不整合面,一部分运移到上覆的三叠系和侏罗系形成次生油气藏,一部分运移到上盘石炭系、三叠系、侏罗系形成二台阶次生油气藏,再通过断层和不整合面运移,在上盘石炭系、三叠系、侏罗系形成三台阶次生油气藏,基岩油藏与克上组、克下组油藏在形成过程中互相补给。断层在断裂活动时期是开启的,断裂停止活动后断层属封闭和半封闭性,从克拉玛依油田原油性质变化剖面图上,表现出由下盘油气藏到上盘一台阶、二台阶、三台阶油气藏,气油比、含蜡量依次降低,原油黏度、原油密度依次增大(表6-1)。

表6-1 克百断裂带原油性质变化趋势表

位置层系	下盘				一台阶				二台阶				三台阶(边缘区)			
	ρ_o (g/cm³)	μ_o (mPa·s)	*Wax* (%)	R_s (m³/m³)	ρ_o (g/cm³)	μ_o (mPa·s)	*Wax* (%)	R_s (m³/m³)	ρ_o (g/cm³)	μ_o (mPa·s)	*Wax* (%)	R_s (m³/m³)	ρ_o (g/cm³)	μ_o (mPa·s)	*Wax* (%)	R_s (m³/m³)
C	—	—	—	—	0.865	70.8	3.27	78	0.876	136	3.5	42	0.903	2000	2.8	11
P	0.842	45	8.35	196	0.867	60.6	6.1	84.7	0.885	517	4.0	36	0.934	4400	1.5	8
J	0.871	127	4.1	88	0.865	44	4.5	61	0.935	3000	2.0	5	0.968	50000	1.1	2

注:ρ_o、μ_o、*Wax*、R_s 分别为原油密度、黏度、含蜡量、气油比。

成藏关键因素：临近生油凹陷，断裂发育，与古风化壳匹配，形成良好的油气运移通道。环凹基岩古凸起油气富集。

克百断裂具有上陡下缓的逆掩断裂性质，根据最新高精度重力、二维地震及结合钻井资料分析，上盘推覆体距离很大，表明二叠系原型盆地在现在的扎伊尔山附近。

四、风化壳油气成藏的主控因素

1. 油气成藏富集受控于火山岩基岩风化壳的纵向发育程度

基岩风化壳油气藏自风化壳以下含油性逐渐变差，这与风化壳储层纵向发育规律密切相关。准噶尔盆地西北缘断裂带上盘基岩火山岩风化壳油气藏勘探实践表明，剖面上，在已探明的石炭系油藏中，按油藏主体出油层段统计，最深出油层段的底部距石炭系基岩顶面七区达500m左右；一区、六、九区300m左右；二区克92井区、四区100m左右；检188断块400m左右（图6－2）。此外，有个别井油层跨度更大，如七区的801井油层跨度860m；一区的508井出油井段在基岩顶面之下1100m，这些井并没有钻穿石炭系，真正的油层跨度目前尚未可知。这样的含油面积和含油高度，表明油藏的规模很大。

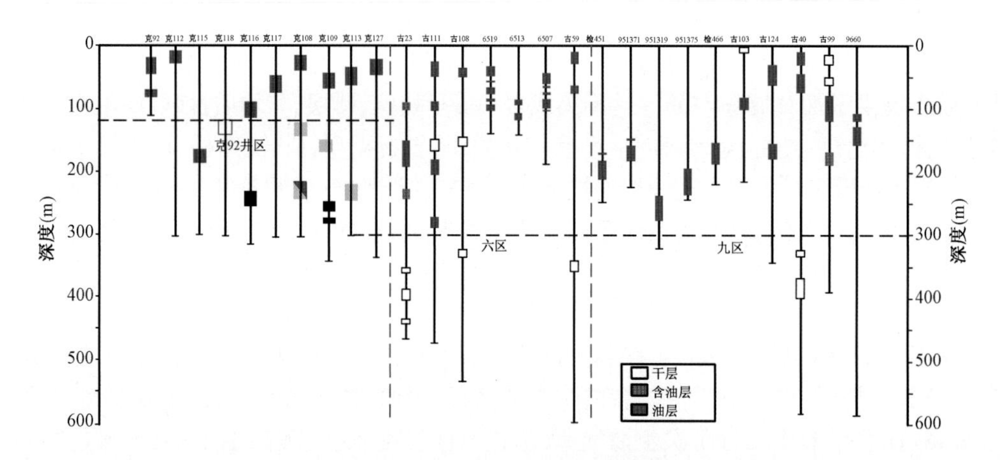

图6－2　克92井区、六、九区距石炭系顶面试油高程图

西北缘石炭系火山岩有整体含油的特点，上倾方向受断层、稠油遮挡，岩相、裂缝控制油气富集。截至2012年6月已发现油气藏40个，探明石油地质储量约2×10^{8}t，天然气近$132\times10^{8}m^{3}$，勘探程度较低，且剩余出油气点多，勘探潜力较大。

2. 储层物性控制油气富集高产

含油性好坏取决于岩性、物性、裂缝的匹配情况，油气富集高产主要受断裂带、爆发相、溢流相控制。

富集高产区块和井均沿前缘断块和克百大断裂、南、北白碱滩断裂、南、北黑油山断裂、九区中部断裂分布。认为沿断裂高产和受火山活动的爆发相、溢流相控制，具体表现在以下几个方面：

(1)断裂带附近裂缝发育,在扎伊尔山新鲜露头观察断层线两侧有密集的低角度斜交的羽状裂缝,顺断层面常见宽窄不同的破碎带、断层角砾岩,钻井取出的基岩岩心里断裂破碎带一口井里可以多次出现。破碎带的岩心有的成碎块,有的成角砾岩,有的成断层泥,有的裂缝密集如网,可以使本来孔隙度很低的凝灰岩、致密火山岩变得具有一定储集能力。

(2)西北缘的断裂绝大部分是逆冲断层,断裂使基岩断块在垂直方向重复出现,增加了油层的厚度。如六区的801井从六区打下去穿过六区和七区基岩之后进入八区基岩,油层的厚度达860m。所有克百大断裂带的前缘断块,基岩都有重叠,因此沿大断裂带的基岩油层厚度可能都很大。

(3)大断层上盘,基岩的含油体略成一个楔形,靠近断层的一边含油井段长,向上倾方向逐渐减薄。故靠近断层处产油常比远离断层情况好。

(4)因为基岩上倾方向封闭不完善,油气刚进入断层上盘时油质较好(相对密度小、黏度小,含气量多),在向边缘运移的过程中相对密度、黏度加大,气量减少,流动能力变差。这也是远离断层产能变差的一个原因。

(5)西北缘火山活动严格受断裂控制,火山岩沿主断裂线分布,远离主断裂带,火山岩逐渐为沉积岩所代替,从基岩岩性和岩相来看,爆发相、溢流相分布在一区、二区、六区、七区,古3井断块一带,与克百大断裂的走向基本吻合。而高产区块、高产井又多出现在火成岩爆发相、溢流相里,这是断裂带上高产井多的又一因素。

3. 风化壳之上区域盖层稳定

上覆中生界油气富集的地区,也是石炭系油气富集的地区,白碱滩组有泥岩分布的地区有利于油气富集。石炭系油藏和三叠系油藏在平面上,可基本叠合,三叠系油藏的油气富集地区,也同样是石炭系油藏的油气富集地区,但是石炭系油藏的非均质性更强,这种石炭系油藏和克拉玛依油藏形成和分布上具有一致性。主要是克百断裂下盘的克上组、克下组油藏通过断层面可以补给上盘的基岩,上盘基岩里的油气又可以通过基岩顶部的不整合面进入克上组、克下组。克上组、克下组底砾岩(油层)与基岩之间只有一个不整合面之隔,没有严格的泥岩隔层。上、下原油地球化学性质的一致性和类似的生物标志化合物等证明它们是同出一源(图6-1)。

白碱滩组的泥岩是这两个油藏组合共同的盖层。控制基岩油藏的基岩顶面构造以及控制克上组、克下组油藏的底面构造形态二者是一致的,也就是说两个油藏有共同的构造形态。同一个区域盖层和同样的构造,使两个油藏具有较为相同的形成和分布条件。

4. 原油普遍发生稠变作用

油藏受岩性、断裂、稠油、沥青阻挡,形成封闭或半封闭,具体情况因地而异。一般情况上倾方向,埋藏较浅,靠近老山的边缘区,白碱滩组泥岩盖层不发育的地区的原油主要为稠油,原因是油藏的上倾方向封闭不好(图6-3)。

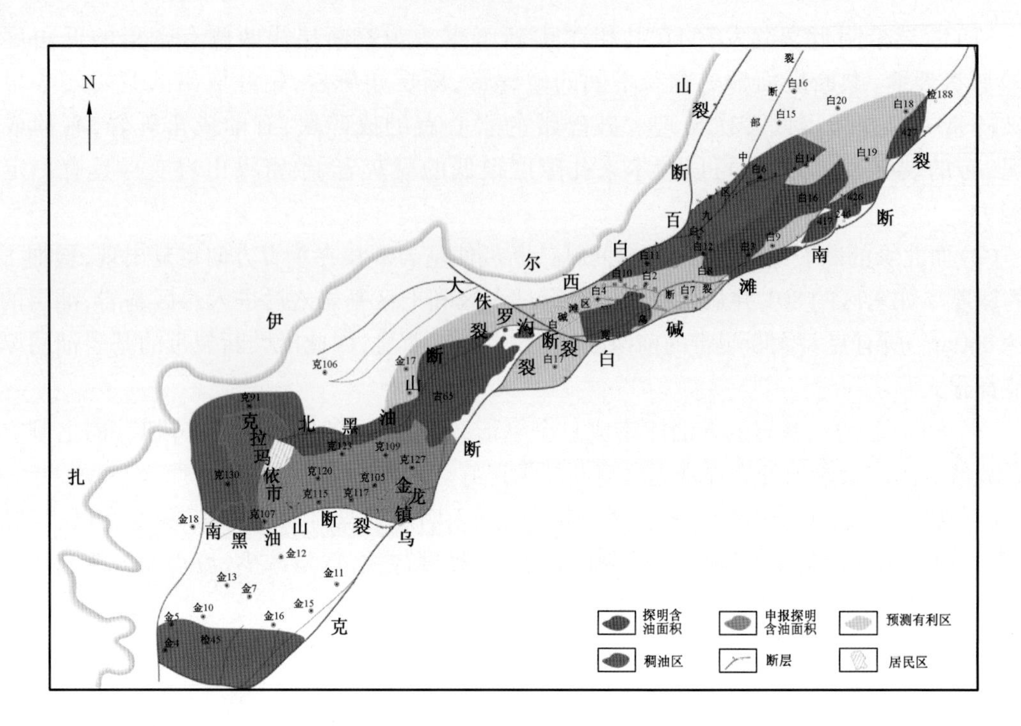

图 6－3　克百区石炭系原油分布图

五、风化壳油气富集规律

1. 剖面断阶式油气富集

风化壳油气是一个被断层复杂化了的断阶式、斜坡式的油藏。克百地区石炭系基岩顶面是一个向盆地平缓倾斜的斜坡，区内断层使石炭系基岩成断阶式下降，但是基岩和基岩连接的断层面对油气起不了绝对分隔的作用，断面不能阻止油气沿着区域上倾的方向运移，因此，油气总的分布趋势是受斜坡控制的。基岩块体的上倾方向一直延伸到盆地边缘的界山。由于石炭系油藏岩性、物性、裂缝、含油性的非均质性非常强，各个区块的油藏含油跨度不同，油藏底部没有统一的油水界面，各油藏被断层分割为台阶状且表现为不规则斜面。

2. 断阶控制的大规模整体含油油藏

按照以前对上盘石炭系断块岩性油藏类型及局部含油的认识，在西北缘克百断裂带上盘石炭系已发现 13 个断块，探明含油面积 147.32km^2，探明石油地质储量近亿吨，截至 2005 年的勘探成果显示，湖湾区和六、七、九区及前缘断块石炭系主体具有整体连片含油特征。纵向上油层分布范围跨度大，主要受侵蚀面和断裂影响，总的趋势是由老山边缘向盆地埋深跨度增大。统计已探明的石炭系油藏，发现由老山边缘向主断裂，纵向含油井段长度逐渐加大，二区、四区 100m 左右，六、九区 300m 左右，七区达 500m 左右，主断裂附近的 801 井 4 层出油，第 1 层的顶距第 4 层的底跨度 860m。探明和预测含油面积可见平面上满带含油，纵向多段含油，具有大规模整体含油特征。石炭系是侵蚀面、岩性、裂缝控制的具裂缝、孔隙双重介质的强非均质性块状油藏，油藏受断层分割为台阶状、表现为不规则斜面，各区块的油藏含油跨度不同，各台阶油藏高度范围一般为该台阶顶面与下一级台阶油藏顶面高程差。油藏底部没有统一的油水界面，边底水不活跃。

3. 油藏受上覆中生界油气富集程度及白碱滩组泥岩分布控制

石炭系油藏和三叠系油藏在平面上叠合一致，三叠系油藏油气富集区，也同样是石炭系油藏的油气富集区，石炭系油藏和克上组、克下组油藏形成和分布一致性，主要是克百断裂下盘克上组、克下组油藏可以通过断层补给上盘基岩油藏，上盘基岩里的油气又可以通过基岩顶部不整合面和克上组、克下组底砾岩（油层）进入克上组、克下组。

4. 油气富集高产主要控制因素

基质孔隙是基岩火山岩油藏的主要储集空间，裂缝既是良好的储集空间又是油气运移的主要孔道。石炭系储层属于裂缝—孔隙型，个别为裂缝型，只有孔隙、裂缝都发育的岩性段才是最好的储层。

5. 油气富集高产的主要控因类型

石炭系基岩岩心分析孔隙度、渗透率比较低，一般孔隙度为6%～9%，渗透率大部分小于1mD；试井求得的有效渗透率为10～160mD，证明基岩具有裂缝和基质孔隙双重储集空间，断裂及微裂缝发育区储层物性好。

6. 石炭系油藏驱动类型为弹性—溶解气驱动

油藏没有活跃的边底水，没有形成明显的油水界面。油层压力系数1.2～1.45，溶解气油比高（40～152m^3/t），饱和程度高，弹性能量低，油藏天然能量早期为弹性驱动，地层压力随着开采时间下降，油藏将进入溶解气驱动阶段，气油比上升快，产量随之下降，生产递减快。根据高压物性资料求得全区平均饱和压力为132.4atm，原始地饱和压力差为63.7atm，饱和程度为67.5%，属饱和程度偏高的饱和油藏。因此，石炭系天然能量早期为弹性驱动，但地层压力随着开采下降，低于饱和压力后，油藏将进入溶解气驱动，统计西北缘克百断裂带石炭系已开发油藏效果最好的一区、七区，发现采出程度最高的是断裂发育渗流半径较大的区域。

第二节　超覆尖灭带浅层次生稠油形成机制

一、成因类型

1. 原油物性的对比

原油物性特征受控于烃源岩的类型、成熟度及原油在输导层和储层中的变化，是反映原油总体特征的基础资料。原油的物性资料包括原油的密度（g/cm^3）、黏度、含蜡量（%）和凝固点（°C）。根据西北缘不同构造带原油的统计结果，发现不同地区原油表现出明显的差异（图6－4）。

克拉玛依油田的一区、二区、三区、四区、七区及风城地区的原油密度均大于0.85g/cm^3，六区、九区及乌尔禾地区的原油除个别样品密度在0.83～0.85g/cm^3之间，其余均大于0.85g/cm^3。与之相比夏子街、百口泉、五区、五区南、八区有相当一部分原油密度小于0.85g/cm^3，玛北、中拐、小拐、车排子和红山嘴油田的原油密度相对最小，主要分布在0.81～0.85g/cm^3之间。总之，西北缘原油密度变化大，从凝析油、正常原油至重油、稠油均有分布，

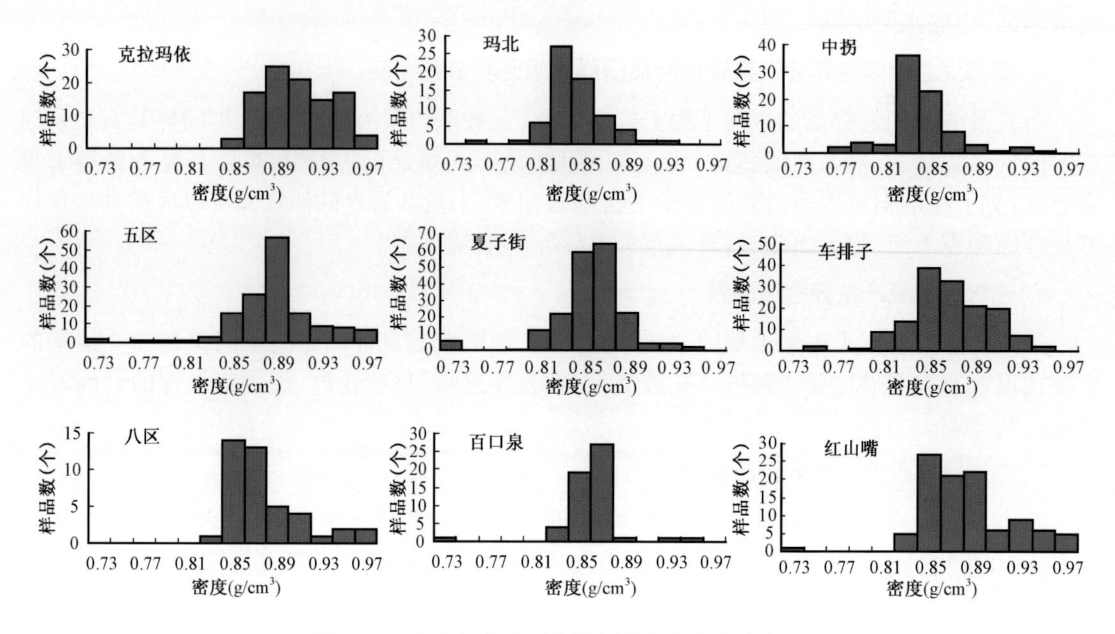

图 6－4 准噶尔盆地西北缘原油密度分布直方图

但大部分仍为正常密度原油。位于玛湖凹陷东斜坡夏盐地区的原油以相对较低的密度区别于西北缘原油，且原油密度分布非常集中，在 0.81～0.85g/cm^3 之间。玛湖西斜坡玛北油田原油密度变化较大，从轻质油到重质油均有分布，但主要分布在 0.81～0.85g/cm^3 之间。

原油按含蜡量可分为低蜡油（<5%）、中蜡油（5%～10%）和高蜡油（>10%）。克拉玛依油田的一区、二区、三区、四区、六区、七区及风城地区的原油含蜡量均小于 8%，属低—中蜡油。克拉玛依油田含蜡量高于 10% 的样品仅分布在五区、八区及 446 井区，这些样品分别是八区的克 87 井（T_2k）原油，含蜡量为 11.4%；446 井区的 446 井（T_3）、449 井（T_3）原油含蜡量分别高达 20.13% 和 15.9%；五区 585 井（P_1）含蜡量为 16.4%；检乌 43 井（T_1b）含蜡量为 12.24%；595 井为 11.22%。与之相比，风城、乌尔禾、夏子街、百口泉油田原油的含蜡量总体不高，绝大部分小于 8%，风城油田只有风南 3 井（P_1f）原油含蜡量为 9.89%，百口泉油田的百 60 井、百 001 井、百 102 井原油含蜡量在 10% 以上，夏子街油田含蜡量大于 10% 的有夏 11、夏 14、夏 67、夏 49、夏检 255、夏检 208 等井的原油。

玛北油田原油的含蜡量明显升高，几乎有一半的样品含蜡量在 10% 以上。红山嘴、车排子油田含蜡量多小于 10%，个别样品进入高蜡油的范畴，如车 47 井（C）达 20.13%、车 43 井（P_1j）为 17.89%，车 502 井（J_1b）为 15.23% 等。高蜡油通常与富含陆源高等植物的先体有关，细菌对成油母质的改造也可使油中的蜡更加富集。

对于陆相原油含蜡量与凝固点具有正相关性，海相原油的凝固点可能主要与非烃、沥青质的含量有关。根据凝固点高低，一般将原油划分为低凝油（小于 0℃）、中凝油（0～40℃）和高凝油（>40℃）。与含蜡量的变化相对应，西北缘断阶带的原油具有低凝特征的区域为一区、二区、三区、四区，凝固点均在 5℃ 以下。七区、九区、风城、乌尔禾地区的原油凝固点稍高，但都小于 15℃。与之相比玛北、中拐、小拐、五区南、446 井区等靠近斜坡区的原油凝固点明显增高，在 15～25℃ 之间，五区、八区有相当比例的原油凝固点在 15℃ 以上。而车排子、红山嘴地区的原油的凝固点又稍微降低,主要分布于5～15℃之间。

总体上,西北缘的克拉玛依油田一区、二区、三区、四区、六区、七区等靠近断阶带的原油密度最大,而凝固点和含蜡量低,夏子街、百口泉等靠近东部的油田部分样品具有低密度、高含蜡的特征。玛北、中拐、小拐、五区南、446井区等靠近斜坡区的原油以中—低密度、高含蜡、高凝固点为主要特征。车排子、红山嘴等南部的原油以中—低密度、中含蜡、中—高凝点为特征。

2. 原油族组成特征

西北缘原油的族组成,总体具有饱和烃、芳香烃含量高,非烃、沥青质含量低的特征。但是断阶带与斜坡区的原油、中拐两侧的原油以及玛北油田的原油的组分特征也具有明显的差别。总体特征是:风城、乌尔禾及克拉玛依断阶带的原油非烃含量相对高。这一方面与成熟度有关,另一方面也受后期保存条件的影响。西北缘各油田原油的饱和烃含量最高,达50.2%～87.5%(个别样品除外),其次为芳香烃(6%～33%),非烃+沥青质含量低。大部分样品饱和烃+芳香烃含量大于70%。其中红浅1106井、风城等地区的原油由于埋藏浅,已遭受较强的生物降解,正构烷烃损失较多,因此饱和烃含量少。总体上,风城、乌尔禾地区及克拉玛依断裂上盘原油非烃含量相对较高。玛北、中拐地区饱和烃含量最高,说明其热演化程度高。车排子地区最特殊的是车27井原油非烃含量高,反映了成熟度相对较低的特征。

3. 原油生标组合特征对比研究

准噶尔盆地西北缘原油在甾烷的分布上十分相似,具有C_{29}甾烷和C_{28}甾烷含量高,C_{27}甾烷含量低的特征,总体反映了还原环境下古生界原油的面貌。不同区块原油三环萜烷的分布、含量及芳香烃地球化学特征差异反映生源环境存在一定差异。其中三环萜烷的分布及芳香烃的指纹特征是划分研究区原油成因类型较为有效的指标。

1)饱和烃色谱特征

根据Pr/Ph、Pr/nC_{17}、Ph/nC_{18}三项参数对比研究不同地区的原油。中拐隆起生源环境表现得氧化性最强。车排子中段生源的沉积环境还原性更强。克拉玛依地区烃源岩形成于强还原环境。五区南原油烃源岩的形成环境要比断阶带原油烃源岩的形成环境氧化性更强。

2)β-胡萝卜烷含量的变化

β-胡萝卜烷含量高的样品主要分布在西北缘断阶带靠近老山边缘的部位,如古74井、6—3井、五区的512井、二区的7井、三区的3001、九区的952等井,五区南斜坡的克77井、克78井也具有较高的β-胡萝卜烷含量,越靠近玛湖凹陷原油中β-胡萝卜烷含量越低。关于β-胡萝卜烷含量的变化,一些学者认为在埋藏浅的部位由于生物降解作用使正构烷烃、异构烷烃损失而造成β-胡萝卜烷相对升高,但是如果β-胡萝卜烷含量的原始含量很低,即使经过强烈的生物降解作用也难以造成β-胡萝卜烷/主峰碳高达2～18之间。蒋助生(1983)在讨论胡萝卜烷受生物降解作用时发现,采自风6井三个不同埋深的储层沥青的实验资料表明β-胡萝卜烷及其同系物的丰度随埋藏深度而变化,埋藏较浅的两块样品β-胡萝卜烷几乎完全消失,而埋藏较深的样品β-胡萝卜烷的含量却相当高,上述现象说明在生物降解过程中浅层氧化也可以造成β-胡萝卜烷的减少或消失。因此高含量的β-胡萝卜烷可能不仅仅是生物降解作用造成的,很可能其原始含量就很高,β-胡萝卜烷的空间分布特征可能反映了靠近老山边缘的原油形成于还原性更强的环境,而靠近斜坡区环境氧化性更强,其地质意义有待进一步研究。

3）低碳数三环萜烷的分布特征

五区南的克78井、克79井、九区的古19井和检217井、八区的检乌24井、车排子的车21井、车2井、车27井和车50井、红山嘴的红29井等的原油，从空间分布上看 $C_{21}/C_{23}>1.1$ 的原油主要分布在玛北油田、百南地区、九区、五区南斜坡及车排子地区，可能反映了这些地区的原油有更多的陆源成分的输入。

拐5井、拐105井、拐10井、车43（P_1j）井原油为同类原油，在成因上一致，它们的特征不同于二叠系风城组烃源岩，可能来源于上二叠统上下乌尔禾组。结合车25井、车71井（P_1j）的其他地球化学特征，该类原油可能与昌吉凹陷的风城组烃源岩有关。拐8井与拐17等井的特征一致，该类原油可能与盆1井西凹陷有关。拐201井的原油陆相有机质贡献明显，在成因类型上不同于以上原油。车27井特征独特，且成熟度不高，不可能来自玛湖凹陷，可能与东南部沙湾凹陷有关。

4. 原油碳同位素组成特征

1）全油及组分碳同位素的变化特征

红车断裂带小拐油田的 $\delta^{13}C$ 值最轻（$-32.3‰ \sim -30.8‰$）；车排子油田、红山嘴油田的原油 $\delta^{13}C$ 值总体较小，特别是车排子油田的大部分原油 $\delta^{13}C$ 值 $<-30‰$。克百断裂带上盘的原油 $\delta^{13}C$ 值略低于下盘原油，且上盘原油 $\delta^{13}C$ 值相对集中，主要分布在 $-29.8‰ \sim -29.4‰$ 之间，说明其母质类型单一；下盘相当部分原油 $\delta^{13}C$ 值 $<-30‰$，总体比上盘原油偏轻，同时芳香烃—饱和烃差值较大，可能反映了多种母源的贡献；乌夏构造带风城地区原油 $\delta^{13}C$ 值变化较大，在 $-32‰ \sim -28‰$ 之间；玛北油田原油 $\delta^{13}C$ 值最重（$-29.3‰ \sim -28.8‰$），可能反映其烃源岩形成于弱氧化的环境。中拐地区的原油碳同位素组成比较复杂，$\delta^{13}C$ 芳香烃—饱和烃值大（$1.8‰ \sim 2.5‰$）反映生油母质的多样性。

2）单体烃碳同位素组成的地球化学剖析

克白地区的原油总体上成熟度低于中拐地区。风城地区的原油性质独特，该类原油只分布在风城地区，属风城组自生自储的原油。其特点是成熟度不高，原油随碳数的增加 $\delta^{13}C$ 值基本保持不变，但相邻碳数间 $\delta^{13}C$ 值呈锯齿状变化。8410井、克301井为代表的原油成熟度高；百58井和7449井代表了西北缘主体原油的特征。

二、物理化学性质及流动特征

1. 西北缘稠油的物理化学性质

准噶尔盆地西北缘沥青—稠油—稀油具有亲缘性，为同源产物。与国内外其他稠油对比，具有密度相对较低、黏度较高、极性化合物及钒镍含量较低等物理特性，反映了烃类特殊的母质特征及特定地质条件下烃类组成的变化。稠油区古地温及地层水化学环境为细菌的生存、繁衍及对烃类的蚀变提供了充分的地质条件。

1）密度与黏度

西北缘稠油的密度和黏度变化范围很大，密度在 $0.900 \sim 0.986 g/cm^3$ 之间，黏度在 $2000 \sim 500000 mPa \cdot s$（20℃）之间，而且两者之间具有很好的相关性。稠油的密度不受深度的控制，而与储层的封闭性能有关，即与盖层的厚度及封闭质量有关。

西北缘稠油与国内外其他地区的稠油相比,在相同的条件下,其黏度要高出1~2个数量级,致使它在目前国际上通用的稠油分类表中找不到自己的位置。

克拉玛依稠油的这一特性可能是由烃组成中各单体烃的物理化学性质所决定的,而单体烃的组成又与原始生油母质有关。据研究,克拉玛依原油的主要油源岩——风城组生油岩是一套具有强还原环境的咸化潟湖或残留海湾的富有机质沉积,有机质组成以藻类为主,故环烷烃的含量非常高。西北缘稠油的这一特性可能是由烃组成中各单体烃的物理化学性质所决定,而单体烃的组成又与原始生油母质有关。众所周知,相同条件下环烷烃黏度大大高于直链烷烃和支链烷烃黏度。据统计,西北缘多数原油的环烷烃在三类烷烃总和中占1/4到1/3,这在其他地区原油中是很少见的。这就是克拉玛依地区稠油具有超常高黏性质的内在原因。

2)凝固点与含蜡量的关系

西北缘稠油的含蜡量在0.3%~0.87%之间,一般为2.0%左右,稀油含蜡量均大于6.0%,前者主要为低凝油,后者一般为普通油,凝固点与含蜡量之间具有明显的相关性。

一般认为,低凝油的产生是由于细菌对原油结晶的正构石蜡烃选择性摄取的结果。当正构石蜡烃被细菌摄取后,原油的结晶作用降低,流动性增强;另一方面,正构烷烃减少后,类异戊二烯烷烃相对富集,后者的立体空间大,不容易凝固,凝固点均小于-70℃,因而导致原油凝固点降低。

对克拉玛依稠油进行研究后发现,部分稠油的凝固点随含蜡量的降低而降低,但还有一部分稠油的凝固点却随含蜡量的降低反而升高。进一步研究后发现,黏度可能是影响凝固点测定的外在因素。凡凝固点与含蜡量变化呈负相关的稠油,其黏度均大于2000mPa·s(50℃),黏度愈大,凝固点愈高,而凝固点与含蜡量变化呈正相关的稠油,其黏度均小于2000mPa·s(50℃)。因此2000mPa·s(50℃)这一黏度值可能是影响凝固点变化的临界值。

已知原油凝固点的测定是指当在倾斜45°的试管里逐渐冷却的原油到某一温度时,液面保持不动,此时的原油温度即为凝固点。通过上述分析可以认为,当稠油黏度小于2000mPa·s(50℃)时,流动性正常,凝固点主要受结晶组分一含蜡量控制;而当黏度大于2000mPa·s时,流动性变差,亦即外在因素大于内在因素,故所测凝固点升高。对稠油固定馏分凝固点的测定发现,含蜡量与凝固点具有良好的正相关关系。

3)胶质与沥青质

一般稠油与普通原油相比,族组成中胶质和沥青质含量要高得多,而烷烃含量较低。密度、黏度和其他物性参数主要受族组成的影响。西北缘稠油的饱和烃含量为40.13%~70.37%,芳香烃含量为14.78%~21.24%,非烃含量为24.72%~11.90%,沥青质含量为4.5%~10.37%,胶质含量为25.2%左右。与国内外其他稠油相比,其烷烃含量明显较高。

4)酸值与含硫量

克拉玛依稠油的酸值为2.97~5.61mgKOH/g,平均为3.9mgKOH/g;含硫量一般小于0.5%,与克拉玛依稀油相比,稠油的酸值含量较高,而含硫量较低。

2. 西北缘稠油的流动特征

1)原油具有“三高四低”和黏度变化大的特点

三高即:(1)原油黏度高,20℃时地面黏度在2000mPa·s以上,最大值达500000mPa·s以上,但黏温反应敏感,随温度升高黏度迅速降低,据试验,温度由20℃升至50℃,黏度可下降9~44倍;(2)酸值高,一般为3.13~6.48mgKOH/g;(3)胶质含量高,吸附法测定为11.9%~34.7%。

四低即:(1)原油凝固点低,一般介于-40℃~+16℃之间,馏分凝固点亦低,200~300℃馏分凝固点小于-65℃,300~400℃馏分凝固点在-15℃左右;(2)含蜡量低,一般为0.77%~1.91%;(3)含硫量低,一般低于0.5%,如风城区为0.31%、黑油山区为0.34%、九区为0.26%、红山嘴区为0.24%;(4)沥青质含量低,据30~60℃石油醚沉淀测定,为1.1%~5.67%。另外,据原油馏分特性因素和组分分析,西北缘稠油应属于偏环烷基—中间基原油,是生产润滑油和各种特种用油的好原料。

2)油藏地层压力低、温度低、溶解气量小,天然驱动能量弱

因埋藏浅,地层压力一般为1.8~4.0MPa,油层温度为16~27℃。据九区齐古组PVT取样分析,油层原始溶气量仅为$5m^3/m^3$。

3)储层物性特征

西北缘次生稠油一般储存在胶结中等—疏松的中—细砂岩、含砾砂岩和砂砾岩储层中,如九区南齐古组油藏。油层分布主要受物性控制,构造和岩性对其有一定的影响,油层分布较稳定,砂层连片展布,但非均质性严重。层厚一般8~15m、中—细砂结构,分选好,胶结疏松,泥质含量小于6%~8%,孔隙度20%~36%,空气渗透率为300~500mD,属中—大容量、中—高渗透性粒间孔储层。胶结类型为孔隙—接触式。胶结物成分以泥质为主、钙质次之,胶结程度疏松。孔隙类型以粒间孔为主。其中齐古组油藏属大孔隙、高渗透储层,八道湾组和克上组、克下组油藏属中等孔隙度、中等渗透率储层。砂层具有中—强亲水的特点。

4)流动特征

油气在储层中的流动关键主要取决于流体性质与储层物性,也就是流度的大小。而对于稠油油藏得流动流动系数是表征流动的直接定量参数。即油藏储层有效流动厚度、储层渗透率与原油的黏度决定其流动能力大小。

三、稠变作用

目前许多学者都强调在研究原油生物降解的同时,必须考虑其他的蚀变作用,只有这样,才能对稠油的形成机制提出合理的解释。从原油稠化的过程来看,在特定的地质环境下,不同的蚀变作用将使烃类发生一系列复杂的物理化学变化。综合分析准噶尔盆地西北缘稠油各种物理化学特性,可以认为其蚀变作用类型是十分丰富的,归纳起来有如下几种。

1. 生物降解作用

在原油稠化的诸多因素中,生物降解可能是最主要的因素。其机理即为油储中的各类细菌在适宜的温度和环境下,对原油这样复杂的烃类进行选择性摄取。目前已知这些细菌类有100多种。这些细菌又可分为喜氧菌和厌氧菌,二者都能对烃类进行降解,但各自所处的环境或系统截然不同。Wiuiams(1976)曾提出,生物降解中起最主要作用的是喜氧菌;Tissot(1984)亦提出,生物降解作用不管在哪里都要求油藏接近地表或容易接受地表水的地方。

从西北缘(T—J)稠油中各类化合物的保存及损失情况分析,生物降解作用无疑是蚀变的

主要因素。另外,在稠油区内曾采集了土壤样品并培植出食蜡的脱蜡球拟酵母菌,经试验该菌具有较强的食蜡能力,在30±1℃下,振荡培养3天可使凝固点+13℃原油下降到-50℃左右(杨瑞麒,1989),这为研究区的生物降解作用提供了直接依据。

2. 氧化作用

石油的氧化作用是热催化作用的逆过程。它是由于储层上抬、圈闭开启、地下水活跃引起的(王启军等,1988)。其中游离氧主要在浅部地层与烃进行反应;而结合氧可在地表水携带下进入油储将烃类直接氧化成 CO_2 和 H_2O。

西北缘稠油红外光谱中含氧官能团的相对丰度充分说明氧化作用的存在。四2区稠油由于处于相对封闭的环境,1700cm^{-1}吸收峰强度极小,这一特点在研究区具稳定 T_3 盖层的三叠系稠油中普遍发现,说明经历的氧化作用是极微弱的,其稠化可能主要以细菌作用为主。相反,侏罗系数稠油由于储层严重开启,1700cm^{-1}吸收峰呈显著的强吸收。由此说明,除主要的细菌作用以外,氧化作用也是使侏罗系稠油稠化的因素之一。

3. 水洗作用

到目前为止水洗作用一般来说只是在作生物降解研究中引证。涉及到水洗的研究有些只认为水洗是原油逸散作用(Farringto,1980)。对于原油受水洗作用而发生的变化也只是间接地进行过试验室研究(Eric,1988)。从原油降解的过程来理解,细菌所需的氧气和养料由流水携入油水界面处;同时,水也可以从石油中带走易溶的组分,所以有人认为水洗作用总是伴随着生物降解作用。

严格地讲,水洗作用是可以单独产生的,但有效地识别则要在细菌活动受到抑制时,才能显露出来。Munnerke(1983)曾指出,地层温度高于66℃,原油性质的改变可以排除是细菌降解的结果;水的矿化度高于100~150g/L时,细菌不能生长。因此,在此条件下原油密度增加可以认为是水洗作用的结果。

西北缘稠油的水洗作用从地质环境来分析无疑是存在的,但由于与细菌活动同处相同的深度或温度带,故其特征可能已被细菌作用掩盖,从烃类的分布特征上难以识别。不过,从原油性质的分布上可看出水洗作用的影响,如风城侏罗系稠油的分布明显与地层水的分布有关,原油密度最大的地带恰是地层水富集带(陈新等,1989),这一耦合说明,地层水对原油进行了冲刷、溶解,进而加剧了蚀变作用的强度。另外,Eric(1988)根据水洗作用实验,提出在新鲜水(低矿化度)条件下,水洗作用最有效。据此参照研究区稠油层水分析资料,可以认为侏罗系齐古组(J_3q)稠油可能是遭水洗作用较强烈的层系。

4. 扩散作用

扩散作用即分子挥发和逸散的物理作用。这种作用主要发生在较浅部地层或地表,特别是沥青脉或沥青矿床往往标志着这种作用过程。

西北缘稠油形成过程中,风城沥青脉是起扩散作用的主导因素。在地球化学特征的研究中已经阐明,该沥青脉遭受的生物降解作用并不强烈,因此,它的形成与微生物作用无关。由沥青脉形成的地质过程来看,它是由下伏烃类在构造活动下沿断裂快速挤入上覆地层,这样一个过程必然会发生低分子烃的大量逸散,而残留部分很快固结成矿,地表水不易渗入其中,故细菌作用不强烈。其次侏罗系稠油由于稠变作用发生在上覆盖层下白垩统沉积之前(范成龙,1984),因此,也必然会产生一定程度的轻质组分的扩散。

四、稠变过程

石油的稠变总体上可分为两个发生阶段:运移阶段和成藏后阶段。

1. 运移阶段的稠变

由于烃类的运移是在开启的系统中进行的,其稠变为一动态过程。主要的稠变作用有:(1)气体或轻质组分蒸发、逸散,从而使母体原油变稠、变重;(2)气体或轻质组分在孔隙水中溶解,其溶解量大小取决于静水压力和地层水含盐度;(3)浅层中的地层水及大气中所含的氧使烃类遭受氧化,产生富氧的沥青质组分;(4)细菌降解作用;(5)水洗作用。

2. 成藏后阶段的稠变

油藏形成后,与大气连通的底水或边水通过油水界面影响着石油的性质,而盖层的质量亦对油藏内烃类的保存起一定的作用。主要的稠变作用有:(1)水洗作用,含烃未饱和的地层水沿油水界面运动,有选择性地吸收并带走可溶烃;(2)轻质馏分穿过盖层逸散而损失;(3)因大气因素产生的氧化作用;(4)细菌降解作用。稠油的形成可以是两个阶段稠变作用的共同结果,也可以是其中某一阶段稠变作用的结果,而每一阶段的作用因素可以一种为主,也可多种同时出现。

3. 稠变史分析

从西北缘不同层系稠油分布的地质规律中明显可见,三叠系稠油主要是在成藏后阶段经历了各种稠变作用,而侏罗系稠油主要是在运移阶段完成了稠变过程,其中一部分又经历了成藏后阶段的再次稠变,使之成为高黏稠油。这两次稠变均与盆地的两次构造运动有关。

1)侏罗纪沉积前形成的三叠系稠油油藏

众所周知,西北缘印支期逆掩断裂带剧烈活动,二叠系和三叠系均被断开。此时上二叠统油源层业已成熟并开始排烃,油气在有利的二叠系构造圈闭内聚集,形成自生自储式构造油藏,如风城组油藏。在缺乏二叠系构造圈闭的地区,油气则沿二叠系上倾方向进行长距离的侧向运移,运移至逆掩断裂带后,一是侧向横穿断面,进入上盘的基岩,再向上运移到基岩顶面,进入上覆三叠系构造圈闭,形成上盘的三叠系构造油藏;二是沿断层面运移,在断层附近的上覆三叠系形成断块油藏。侏罗系沉积之前,西北缘所有三叠纪末期形成的构造高点都受到了剥蚀,使已形成的稀油油藏不同程度地遭到破坏。其中三叠系白碱滩组盖层剥蚀严重的地区,如红浅一井区,由于储层严重开启,细菌降解、氧化、水洗等蚀变作用较为强烈,使三叠系原油剧烈稠变而形成高密度、高黏度的稠油油藏;而白碱滩组盖层保存较好的地区,如黑油山区,由于储层开启性小,原油可能仅仅遭受了微生物的侵蚀,故而形成密度和黏度相对较小的普通稠油油藏。

2)燕山期形成的侏罗系稠油油藏

燕山期(侏罗纪末期),构造活动强度大为减弱,但主断裂仍在活动。西北缘八道湾组超覆不整合,中侏罗统遭受不同程度的剥蚀,齐古组超覆不整合于三叠系或下侏罗统及残存的中侏罗统之上。印支期形成的油藏遭受破坏,油气沿断裂和不整合面发生再次运移。由于再次运移的指向为推覆体上盘高断块以及上覆的超覆地层,埋深较浅,温度、压力很低,系统开启,气体或轻质组分不断发生挥发扩散,使运移距离愈长的母体原油愈稠、愈重,从而形成侏罗系稠油沿构造分布的格局,如六区和风城区的侏罗系油藏。侏罗系稠油油藏形成后,局部地区构造运动强烈,使侏罗系内部泥质隔层遭受了剥蚀,已经历过运移阶段稠变的原油又经历了成藏后阶段的再次稠变,使稠油性质愈加黏稠,并且部分改变了稠油沿构造分布的格局。

五、稠变环境

原油的稠变作用包括细菌降解、水洗、氧化等各种次生作用,这些作用的产生均离不开适宜的环境(例如,生物降解作用只可能发生在适于细菌繁衍的浅层中)。Connan 曾指出,细菌降解原油需要的五个主要条件是:(1)水动力作用或压实作用引起水的流动;(2)油水接触(细菌生活在水中,而不能在油中繁殖);(3)营养盐和流动水中溶解氧的充分补给;(4)细菌的存在;(5)适宜细菌活动的地下温度。

1. 稠油区地温特征

普遍认为,温度是控制细菌活动的主要因素。因此,生物降解作用仅限定在一定的温度范围内,它和埋深没有必然的相关性。高地温区细菌作用带埋深较浅,而低地温区细菌作用带埋深可能较深。由于各地区不同的地质条件及细菌的不同种类以致各地对细菌活动的上限温度没有统一界限。如真核微生物(原生动物、海藻和真菌)不能在温度高于62℃的情况下生存,但原核微生物(蓝藻、光合菌、化学无机营养菌和异养菌)在 70 ~ 90℃的温度范围内仍能生存和繁殖。据世界各地生物降解原油的地温资料统计,温度在 20 ~ 60℃(个别在 75℃)正烷烃和芳香烃的生物降解很强烈,而在 61 ~ 77℃范围内正烷烃一般蚀变轻微,在个别盆地中,80℃似乎是发现生物降解作用痕迹的上限(Comlm,1984)。Neglia(1973)也指出:“细菌生长最适宜的温度范围在 20 ~ 50℃之间,并且当温度超过 65℃时,细菌的活性就急剧降低。”

西北缘稠油区的地层温度一般为 20 ~ 30℃,虽然各区稠油埋深有差别,但由于区域性地温梯度偏低(2. 1℃/100m),以致地层温度变化不大,这就为细菌的生存和繁衍以及对烃类的侵蚀提供了必要的条件。

2. 稠油区地层水化学性质

细菌在适宜的温度下主要随地层水流入油层而对烃类进行选择性摄取。细菌在水中的活性受水中含盐度或矿化度的控制。在大气降水多的地区,通常在浅部油层中观察到强烈的生物降解作用。Evans 等人(1971)认为,当地层水矿化度低而较富含硫酸盐时,原油的生物降解程度增高。

西北缘油田地层水资料表明,稠油区地层水矿化度较低,均小于 5000mg/L,水型为 $NaHCO_3$ 型;而稀油区地层水矿化度较高,一般大于 10000mg/L,水型主要为 $CaCl_2$ 型。$NaHCO_3$ 水型是反映渗入成因的大陆环境,$CaCl_2$ 水型则是反映封闭后的深部变质环境的。因此,地层水矿化度和离子含量反映了储层系统的相对开启或封闭状况以及烃类可能遭受的蚀变程度。

稠油的形成说明地温和地层水化学环境为细菌的繁殖及烃类的蚀变提供了充分的地质条件。

第三节　油气成藏期次

主要从构造演化、烃源岩演化、油气成熟度特征和流体包裹体特征等方向研究克百地区的油气成藏期及其与断裂活动期的关系，并对现今的油气分布格局进行分析。

一、烃源岩成熟演化与油气成藏期

针对研究区烃源岩分布与油气分布特点，选取了玛湖凹陷艾参1井附近、玛5井西北和五、八区斜坡附近1口钻井2口模拟井进行了烃源岩热演化与成熟演化的模拟。由于凹陷深部位没有钻井钻遇，地层厚度无法获得，为此，模拟井的地层厚度要根据不同层位地层厚度图确定。

根据艾参1井模拟 R_o 结果与实测 R_o 的对比发现，二者吻合较理想（图6－5），说明模拟结果比较可靠。地温梯度的总体变化趋势是早期高，从早期到晚期依次降低。

根据艾参1井模拟结果（图6－6），主要油源岩风城组底部和顶部于海西晚期分别进入生油门限达到低成熟阶段，于海西末期—三叠纪早期进入成熟阶段，到三叠纪末期主要都处于成熟阶段，底部烃源岩进入高成熟阶段，但仍大量生油。到中侏罗世前，上部烃源岩仍处于生油阶段，到侏罗纪末期，风城组烃源岩均进入高成熟阶段，以生凝析油和湿气为主。佳木河组烃源岩成熟演化阶段总体早于风城组，由于厚度大，同一时期不同深度的烃源岩处于不同的演化阶段，总体上，其底部成熟—高成熟阶段持续到了海西晚期，过成熟阶段基本也持续到了海西末期；顶部烃源岩于海西末期进入成熟阶段，生油高峰在早三叠世，成熟阶段最晚持续到了中三叠世末期而进入高成熟阶段，目前仍处于高成熟阶段。

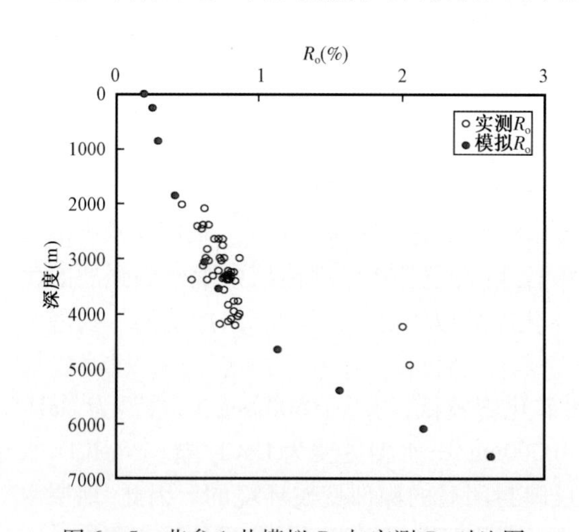

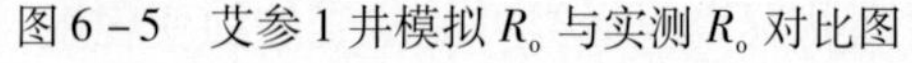
图6－5　艾参1井模拟 R_o 与实测 R_o 对比图

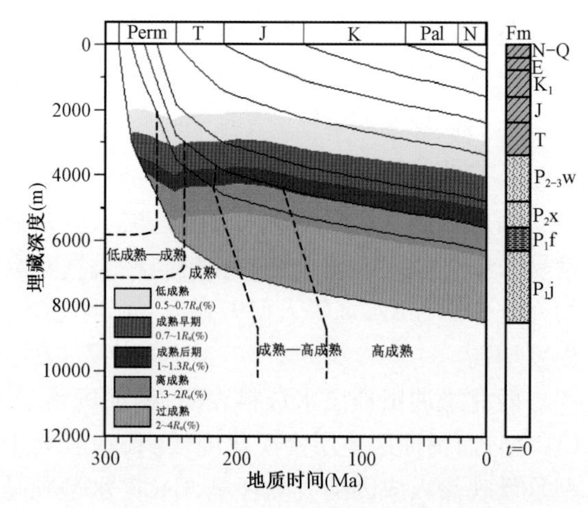

图6－6　艾参1井附近烃源岩成熟演化图

从凹陷深处烃源岩的演化来看，海西末期—中侏罗世是生成成熟油的主要时期，底部烃源岩生成部分凝析油。中侏罗世以后主要生成凝析油和湿气。佳木河组目前主要处于生气阶段，上部烃源岩生成湿气，底部烃源岩主要生成干气。

综合上述玛湖凹陷不同区域烃源岩的演化特征可见，整个凹陷不同烃源岩的热演化和生烃历史有所不同。凹陷深部位烃源岩在不同时期优先进入各演化阶段，生油、生气时间早，凹陷边缘烃源岩则进入各演化的时间延迟，大量生油和生气的时间靠后。这样凹陷深部位烃源岩排烃时期早，此时凹陷边缘烃源岩还未大量生油，排烃量有限。随着地质时间推移，凹陷边缘内烃源岩供油量逐渐增加，凹陷深部位烃源岩进一步成熟，由于此时岩石孔隙度和渗透性很差，生成的油气运移速率非常低，主要是凹陷相对浅部的烃源岩供油。从模拟结果来看，供油时期可以持续到侏罗纪晚期，甚至有的地区现今可能仍在供油。

二、构造演化与油气成藏期分析

油气藏的形成是油气在圈闭中聚集的结果，只有先形成了圈闭，油气才能在圈闭中聚集形成油气藏。油气藏只能形成于这一时间之后，其间的时间差与多种因素有关，如沉积历史、热史、烃源岩成熟史、排烃史等。

从构造演化的角度来看，油气输导成藏期可以分为两个阶段：一个为油气输导聚集与散失期，这主要取决于沟通深部烃源岩的前缘断裂活动结束时期；另一个时期为油气调整与保存期，该时期开始于前缘大断裂结束以后，直到现今。由于前缘大断裂在不同地区结束的时间不同，上述两个时期的时间界限在不同地区有所变化。

不同地区前缘断裂结束活动时期主要在侏罗纪及其以后。百口泉区侏罗纪时，沉积范围向腹陆方向明显扩大，百乌断裂东支已完全不再对沉积起控制作用。所以，研究区油气输导聚集与散失期主要持续到早侏罗世，油气调整与保存期主要开始于早侏罗世晚期至现今。

六、九区和五、八区南白碱滩断层控制着二叠纪盆地范围，是一条长期活动断层，对三叠系、侏罗系沉积都有一定的控制作用，白垩纪时停止活动。所以，研究区油气输导聚集与散失期主要持续到侏罗纪末期，油气调整与保存期主要开始于白垩纪至现今。

湖湾区前缘大断裂克拉玛依断层活动时间主要在三叠纪和侏罗纪，白垩纪没有活动。其油气输导聚集与散失期和油气调整与保存期与六、九区—五、八区类似。

三、流体包裹体与油气成藏期

油气成藏时期的确定方法主要可分为传统的确定方法和基于储层成岩矿物组合的确定方法。研究主要根据前人的研究成果，结合包裹体均一化温度，对中拐地区的成藏期加以分析。

有机包裹体的总体特征是在荧光中颜色深，气液比高。中拐地区拐001井2034～2037m（J_1s）OL在荧光中呈浅黄色和浅棕色或棕红色。气液比高，为10%～20%，均一温度范围主要分布在80～100℃之间。据包裹体的特征及均一温度，拐17井、拐3井、拐4井、拐6井都具有两期成藏的特征（图6－7）。第二期成藏主要与构造活动有关。

根据沉积埋藏史、包裹体均一温度，结合前人的研究成果，综合分析认为，中拐隆起侏罗系的成藏期晚，在白垩纪末—古近纪成藏。

在西北缘水平和垂直方向上有规律地取样，对储集岩成岩矿物流体包裹体进行颜色、大小、分布、类型、丰度、均一温度、压力和组合等的研究，可大致了解盆地深部流体的运移时间、方向、通道体系及水动力状况。

克77井上、下乌尔禾组砂砾岩中石英加大边中流体包裹体均一温度测试结果（图6－8）表明，均一温度连续分布在55～85℃之间，主峰在55～65℃之间，为一期连续运移过程，为成岩作用过程中所形成。与地层埋藏史相结合，确定的油气运移期主要开始于三叠纪晚期—中侏罗世晚期（图6－9）。

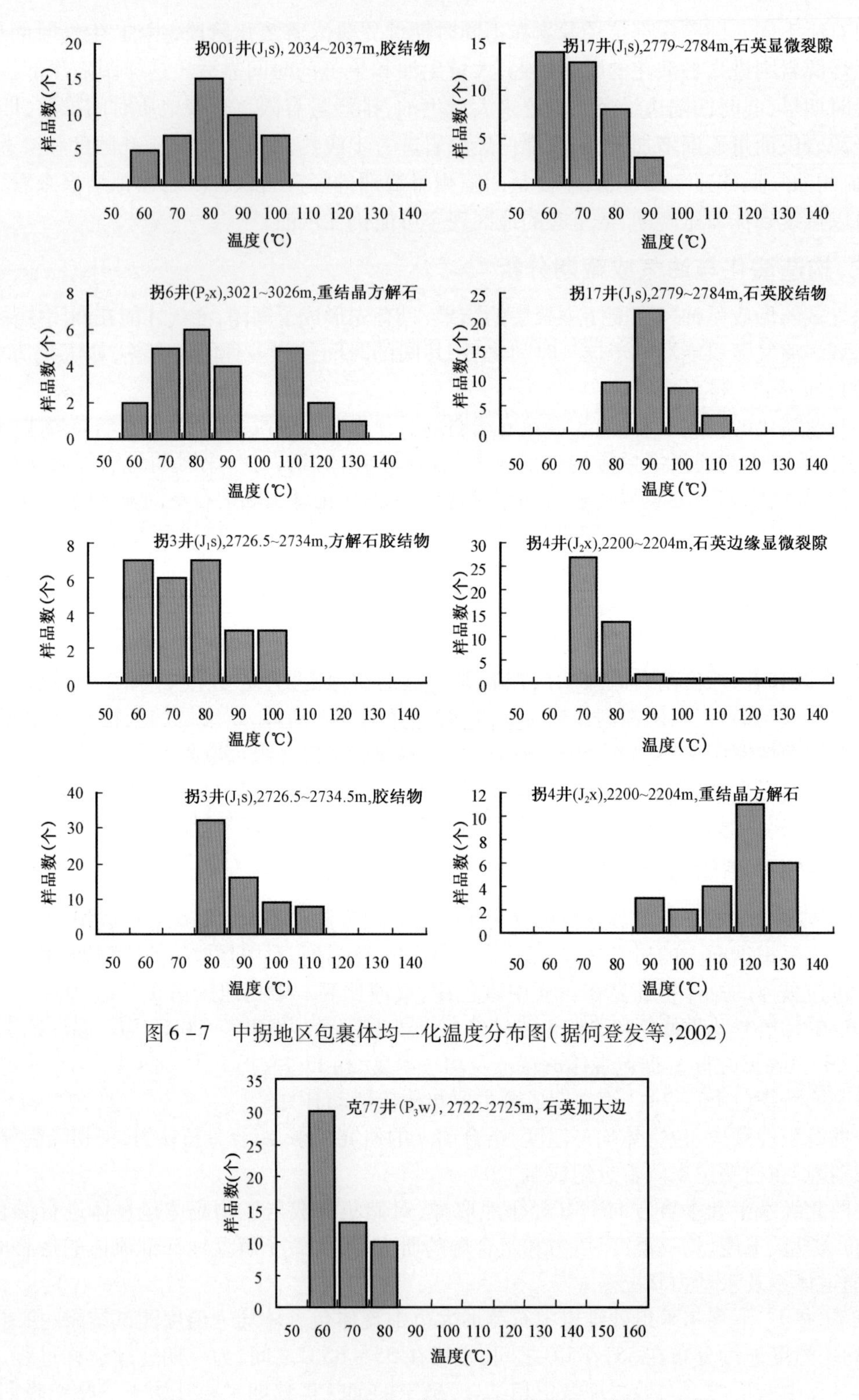

图6-7　中拐地区包裹体均一化温度分布图(据何登发等,2002)

图6-8　克百地区砂砾岩石英加大边包裹体均一温度分布图

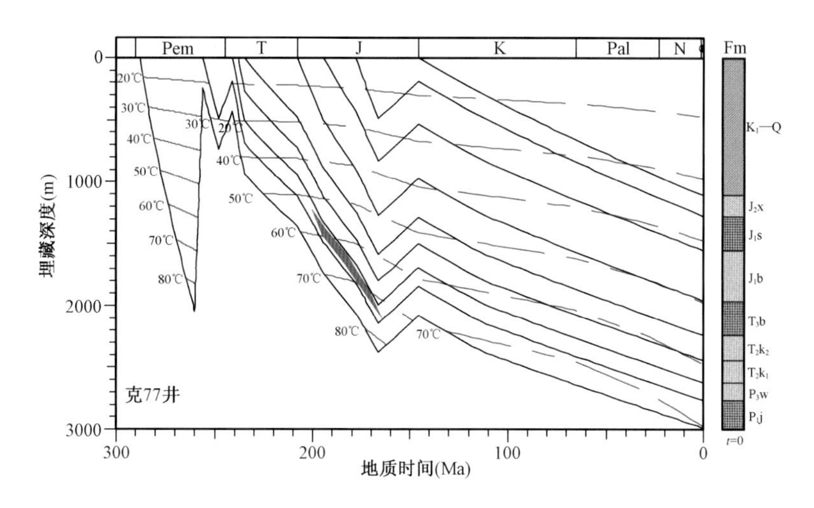

图6-9 克百地区包裹体均一温度与油气运移期关系图

克78井3276~3279m上乌尔禾组富油砂岩与普通砂岩石英加大边包裹体均一温度分布范围相近,主要的温度范围都在55~85℃之间,主峰范围稍有差别。结合该井地层史与地温史,油气运移开始时间稍早,最早在中二叠世时就开始形成了。但根据包裹体特征,也可以形成于中三叠世晚期,结束于中侏罗世晚期。总体的油气运移时间与克77井接近。

克80井4152~4157m夏子街组砂砾岩方解石胶结明显,在方解石胶结物中,测试包裹体均一稳定总体偏低,主要在55~95℃之间,主峰偏低。方解石裂隙中包裹体均一温度总体偏高,介于65~125℃之间,主峰在75~85℃之间。从成岩序列来说,方解石胶结在前,裂隙产生在后,它们可以捕获不同时期形成的烃类与地层水而形成烃类包裹体。所以,该井显示了两期油气运移期。方解石胶结物在形成时捕获的包裹体为第一期,胶结物形成后因构造作用而形成的裂隙中捕获的包裹体为第二期。在地层埋藏史与地温史图上,两期包裹体形成期非常明显。第一期油气运移期主要开始于海相晚期—三叠纪早期,结束于三叠纪晚期—侏罗纪早期。由上述两口井石英加大边均一温度确定成藏期接近。第二期油气运移期开始于侏罗纪早期,结束于中侏罗世晚期。根据温度与地温的对应关系,晚侏罗世—早白垩世也可以形成包裹体,因为这也是油气运移的重要时期。

四、油气成熟度与油气成藏期

油气成熟度的确定是研究原油性质、原油成因、油气运移的重要信息。天然气的成熟度通常是在类型确定之后,根据甲烷碳同位素组成进行计算。

克百地区的天然气主要为腐泥型和腐殖型两大类,利用戴金星提出的成熟度计算数学模型,研究区腐殖型天然气的母质成熟度 R_o 主要介于0.55%~2.0%之间,个别的低于该范围或高于该范围,绝大多数 R_o 集中在0.87%~1.60%之间,显示成熟—高成熟的特征,个别显示过成熟特征,该样品埋藏深度也最大。

从腐殖型天然气母质成熟度 R_o 与深度的关系来看,二者似乎具有较好的相关性,总体上,成熟度随深度增加而增大,并且具有较大的变化范围。这似乎说明了天然气的多期运聚、成藏特点。但是腐殖型天然气的平面分布显示其具有较强的集中性,与原油相比分布范围较小。

在如此小的范围内聚集不同演化阶段的天然气，并且演化阶段跨度比较大，这在一般地质条件下是很难的。

从腐殖型天然气的层位分布（图 6－10）来看，成熟度最低的是中三叠统的 1 个样品，计算的成熟度不到 0.3%，由如此低成熟的烃源岩在研究区生成天然气，且有一定程度的聚集是不可能的。佳木河组 1 个样品母质成熟度最高，埋藏也最深，但同一层位的另外 3 个样品埋藏相对较浅，成熟度较为接近。由于天然气非常活跃，同一层位、分布又较为集中的相同类型天然气很难用多期成藏来解释。上乌尔禾组腐殖型母质成熟度大体在相对较深部位值较高，相对较浅部位成熟度较低。对上述腐殖型天然气母质成熟度的合理解释应该是运移分异作用的影响。越靠近深部的天然气，计算的成熟度越应该接近其母质成熟度，考虑到多数深部样品，腐殖型天然气的母质成熟度应该主要处于过成熟的演化阶段。

腐泥型天然气计算的母质成熟度介于 0.65% ～1.5% 之间，主要集中在 0.8% ～1.4% 之间，集中程度比腐殖型天然气好（图 6－11）。从其计算的母质成熟度与深度关系来看，似乎与深度关系不大，即随深度增大，计算的母质成熟度升高。如果把不同层位的天然气分开来研究，则随深度增大，母质成熟度增加的规律更为明显。上乌尔禾组与石炭系都有较好的关系，三叠系分布深度集中，未显示明显的规律。这种特征与运移的地质条件和运移相态有关。腐泥型气基本都是原油溶解气，为油气同期运移而来的天然气，运移相态主要为溶解状态，运移的动力主要是油运移过程中推动力，运移过程属于被动型。但在运移过程中原油中相对较轻的组分分子小，能溶解更多的天然气，运移阻力小，运移速度快，也能够引起族组分分异，相应的，不同碳数的碳同位素 $\delta^{13}C$ 和 $\delta^{12}C$ 发生分异。从研究区的区块来看，同一层位由浅到深的运移分异作用很明显。如果考虑运移分异作用的影响，腐泥型天然气的母质成熟度主要应处于成熟—高成熟阶段。

构造发育差异（北早南晚），烃源岩热演化差异与原油成熟度差异（例如断阶带油的成熟度低于斜坡区）等反映出西北缘逆掩断裂带的成藏期具有明显差异。

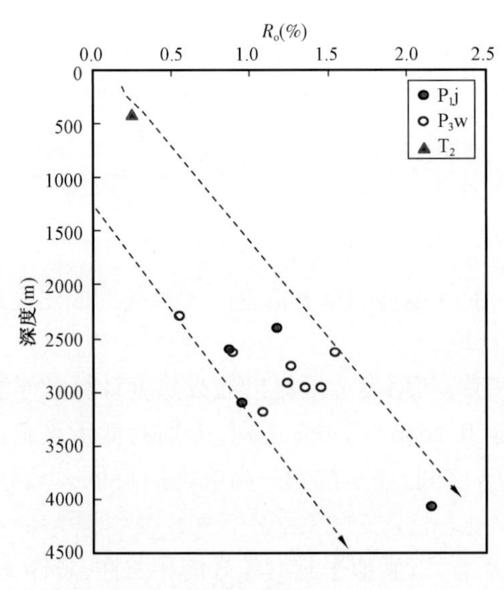

图 6－10　克百地区腐殖型天然气计算母质成熟度—深度关系图

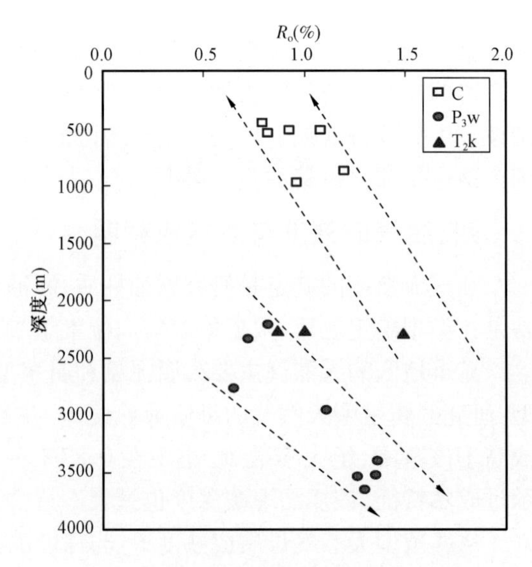

图 6－11　克百地区腐泥型天然气计算母质成熟度—深度关系图

有机包裹体特征及包裹体均一温度分析表明不同构造带的成藏期具有北早南晚的特点。构造导致的油气藏再调整也具有北早南晚的特征。

乌夏断裂带第一期成藏最早，大致在风城组(P_1f)中晚期。后期构造作用的影响导致了油气藏的再调整，形成了第二期(T末)、第三期(K_1)油气藏。

克百断裂带成藏期也较早，这主要与烃类的早期成熟有关；而斜坡区成藏期则相对较晚。如，克拉玛依断阶带克77井与克102井，包裹体均一温度范围为50～75℃，据埋藏史与热演化史研究，油藏主要形成于三叠纪末，反映第一成藏期较早。

红车断裂带成藏期明显晚于克夏地区，原油成熟度高，两期成藏的特征明显，也主要与构造活动导致的烃类再分配有关。车67井侏罗系三工河组和八道湾组含油砂岩主要发育两期烃类有机包裹体。第一期包裹体对应的成藏期在白垩纪，第二期有机包裹体主要受构造活动的影响。

中拐地区的成藏也明显晚于乌夏地区与克拉玛依断阶带。有机包裹体的总体特征是烃类包裹体荧光颜色深，气液比高。据包裹体的特征及均一温度，拐17井、拐3井、拐4井与拐6井都具有两期(K、N_1)成藏的特征。第二期成藏主要与构造活动有关。

第四节　复式油气形成条件与成藏过程

一、复式油气形成条件

陆相断陷盆地由于受多断陷旋回的控制，往往被多套生储盖组合和多套压力系统分隔成多层流体运动单元。油气垂向运移必须要有一定的通道和驱动力，垂向成藏必须具备以下5项基本条件。

1. 充足的油源

一方面，在具旋回性压力分布的断陷盆地中，油气总是优先在生油层系内及邻近储层中侧向运移和聚集，在油气源不足的条件下很难运移到垂向通道附近并储蓄足够的能量，以满足油气垂向运移和聚集所必要的驱动力；另一方面，油气在垂向运移和聚集过程中还会散失，没有充足的油源很难形成有工业规模的垂向系列油气藏。如富林洼陷埋藏比较浅，尚未达到生油高峰期，油气主要在生油层系及邻近储层内聚集，在垂向运移通道附近的浅层圈闭中只见油气显示，而没有形成工业油气藏。

2. 多层系、多类型的储集

西北缘的油气层分布在石炭系、二叠系、三叠系、侏罗系、白垩系、古近—新近系等六大层系。其中，在三叠系发现的油气储量最多，二叠系和石炭系次之，再次为侏罗系。车排子地区白垩系油气显示活跃，出油气点较多，但至今未发现储量区块。

排2井在新近系中新统沙湾组获得高产油气流，开辟了西北缘勘探的新领域。其储集岩类型多样，主要有砂岩、砾岩、火山岩以及少量的碳酸盐岩等。储集空间成因类型从原生粒间孔、溶蚀孔到裂缝都有发育。储集物性除白垩系和古近系外总体表现为低孔、低渗和非均质性较强的特征。目前各层系各类型储层都有油气藏发现。储集岩岩性石炭系及佳木河组以火山岩为主，上二叠统及其以上层位以碎屑岩为主。西北缘的碎屑岩以洪积相、冲积相砂砾岩、砾岩为主，其他地区以砂岩为主，个别层位发育砂砾岩。

3. 合适的通道

垂向成藏要有连通生油层系和上部圈闭的合适途径，使油气既能在深层圈闭中聚集又能向浅层圈闭中运移，这种途径主要有断层和构造软弱带。一般要求垂向通道具有比盖层更好的孔渗条件或更低的排驱压力和孔隙流体压力。通道和驱动力条件在一定程度上可以互补，驱动力越小要求通道条件越好；反之，驱动力越大对通道条件要求越低。在有足够大驱动力的情况下，甚至可以创造通道条件，即流体底辟作用。

4. 必要的动力

驱动力主要有油气自身的浮力和异常超压两种。浮力主要作用于游离相油气，并总是使油气保持垂向运移的趋势。游离相油气垂向运移就是释放位能的过程，圈闭能储蓄油气的位能。所以，一旦圈闭中油气储蓄的能量足以突破与之邻接的通道，圈闭中的部分油气就继续沿通道向上运移。异常超压使地下所有超压流体具有向正常压力带排泄的趋势，而且以沿特定通道周期流动为主。超压层中的油气作为超压流体的一部分，除受异常超压的作用外，还受渗流规律的制约，运移机制还与其相态有关。

5. 系列圈闭

在不同层系具有圈闭且能垂向叠加连片是形成垂向成藏复式油气聚集带的重要基本条件之一。这些圈闭可以是不同类型、不同成因，但作为一个垂向圈闭系列，往往有一个对圈闭和通道形成起决定作用的主控因素，如大多数潜山型垂向成藏与沿边界断层掀斜有关、底辟型垂向成藏与流体或塑性物质向上拱张有关等。

二、复式油气成藏过程

克百地区油气输导体系在空间上的分布复杂，砂体的输导特征与埋藏深度、压实作用、胶结作用等因素有关，而这些因素都会随地质时间而发生变化。不整合之下的输导层在进一步埋藏后也会发生变化。断层的规模、活动期等在不同地质时期都有所不同，作为输导通道的作用也在不断发生变化。

根据成藏期的分析，研究区油气的运移在海西晚期就已经开始了，而此时西部的褶皱带推覆作用已经非常强烈，二叠系构造特征总体为西北高，东南低，上倾方向为断层遮挡，再加上多期不整合的作用，在研究区形成了地层上倾方向为断层遮挡的断层油气藏、与不整合有关的不整合油气藏以及岩性油气藏，甚至火山岩油气藏等。海西末期—印支早期，推覆作用进一步加强，尤其五、八区、湖湾区与六、七、九区推覆作用更强，五、八区上倾部位下三叠统百口泉组缺失。这一时期佳木河组气源岩演化程度还不是很高，生气和排气量不是很大，即使有天然气排出，由于天然气对保存条件要求比原油高得多，所以，天然气难以保存。该期构造运动使得早期形成的油气藏遭受一定程度的破坏，尤其埋藏较浅的油气藏原油稠化作用强烈，由正常原油变为稠油，该类原油即为 A_1 类原油。

三叠纪褶皱带推覆作用仍在继续，烃源岩陆续生成油气，风城组主要生成石油，佳木河组主要生成天然气。由于研究区地层构造总体为一断裂带垂向调整的大斜坡，油气运移条件非常有利。但由于断裂的长期活动,油气的运聚与调整、甚至破坏共存,是油气成藏过程最为复杂的时期。这一过程在不同地区持续时间不同,在百口泉区大致持续到早侏罗世早期,在五、八区—六、七、九区持续到侏罗纪末期—白垩纪早期。这种活动时期的不同导致不同地区油气藏分布的层位有较大差异。百口泉区的油气藏主要分布在侏罗系八道湾组及其以下地层中,湖湾区—六、七、九区主要分布在侏罗系齐古组及其以下地层中。

之后,前缘大断裂基本停止活动,风城组生成的油气不再向更上部地层调整,油气主要沿断裂带调整到顶部地层后,在渗透性地层输导作用下,主要做横向调整。在油气沿渗透性岩层向构造高部位输导过程中,在遇到小规模断层时即做垂向调整,在岩性更上部的渗透性岩层向更高构造部位输导。随着向构造高部位输导,保存条件越来越差,轻组分散失不断增加,原油密度和黏度升高,最终成为稠油。

对于佳木河组生成的天然气来说,前缘大断裂停止活动的时期是成藏最为有利的时期。凹陷内部佳木河组天然气生成后,沿着气源岩内部渗透性岩层向构造高部位输导,当遇到岩性或断层遮挡时便逐渐聚集、成藏。由于该时期地壳活动的相对稳定性,这种成藏过程可以持续进行。在佳木河组顶部普遍发育一定厚度的泥岩盖层,后期稳定的地质条件使得天然气难以突破该套泥岩,主要聚集于该套泥岩层之下。部分天然气输导到大断裂时可以沿断裂向上调整,进入上部油气藏中,与腐泥型天然气混合,但这种作用应该比较弱。从这点来说,天然气藏主要是晚期形成。

所以,从整个地区油气藏的形成过程来看,首先是海西晚期成藏,海西末期—印支早期破坏、原油稠化。其次是三叠—侏罗纪(百口泉期在早侏罗世早期)为油气藏成藏与破坏、散失共存时期。侏罗纪之后,为油气调整成藏、浅层稠化的重要时期。

三、西北缘含油气系统特征

西北缘油气系统之间关系大致有两种类型的关系:

第一类为复合式,主要表现为两个或多个油气系统的油气相互混合形成的复合油气系统,这些油气系统在地理上相重叠,地层上相互穿插。如玛湖—盆1井西的二叠系佳木河组、风城组及乌尔禾河组油气系统,其烃源岩分布范围基本一致,生成的油气混合程度高,它们是构成玛湖—盆1井西复合油气系统的基础(图6-12)。

第二类为交叉式,表现为两个或多个油气系统在地理分布上部分相交,交叉带油气混合。如玛湖—盆1井西与昌吉二叠系复合油气系统在红车地区交叉。

玛湖—盆1井西复合油气系统有多套烃源岩、多生烃期以及油气多期成藏。本复合系统有三个关键时刻:第一个关键时刻为三叠纪末,它是佳木河组的大量生气期和风城组的生油高峰期,也是西北缘油气主要成藏期;第二个关键时刻在白垩纪,它是上、下乌尔禾组的主要生油期,为陆梁隆起中西部石油的主要成藏期;第三个关键时刻在古近纪,是上、下乌尔禾组的生气高峰期,也是陆西南地区天然气的主要成藏期。

风城组烃源岩是玛湖—盆1井西复合油气系统中最重要的烃源岩,三叠纪是西北缘最重要的成藏期。三叠纪是西北缘断裂发育期,油气沿不整合面和断裂带呈“之”字形向上运移,形成不整合、断层及岩性油气藏等。莫索湾凸起晚海西—印支期形成的断裂可作为油气运移的良好通道,可形成二叠系和三叠系原生油气藏。陆梁隆起西南缘也是当时油气运移的重要

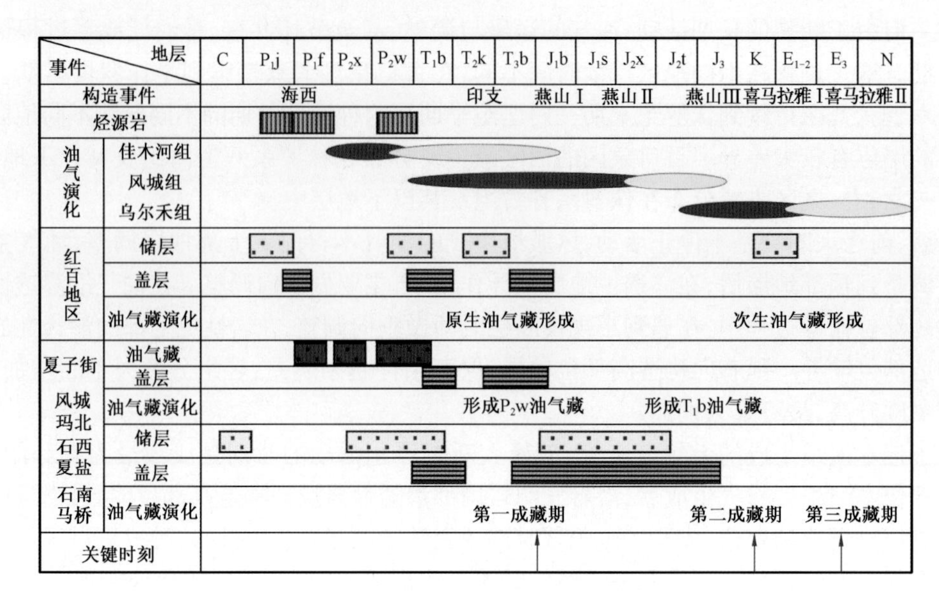

图6-12 西北缘含油气系统事件表

指向，南西—北东方向延伸的油源断层是油气运移的主要通道，石炭系圈闭成为油气聚集的重要场所。

侏罗纪，佳木河组基本上停止生烃；风城组烃源岩以生气为主，在玛湖凹陷和盆1井西凹陷中形成两个生气中心。中侏罗世末期，下乌尔禾组进入生油高峰期，在燕山运动Ⅰ幕的影响下，克百等主干断裂继续活动，同时形成次一级断层。它们同不整合面和继承性断裂组成复杂的连通网，使原生油气藏遭到破坏，油气主要沿不整合和断裂向上倾方向运移，在露头区则形成大规模的沥青砂，造成沥青封闭。

四、运聚规律

准噶尔盆地西北缘稠油油藏是特定地质条件下经过多次运移形成的次生油藏，从油的生成到运移、聚集、再运移、再聚集，原油经历了各种次生改造作用。

1. 断裂构造格局与生油坳陷的匹配关系

在盆地的地史演化过程中，西北缘构造活动主要表现为逆掩断裂，形成延伸250km的推覆体构造带，断裂带呈北东向展布，由红车断裂带、克乌断裂带和乌夏断裂带组成，断面西北倾，断面倾角上陡下缓，由盆地西北缘向盆地中心呈叠瓦状推覆，水平推覆距离可达9～25km。主断裂呈弧形分布，两盘地层沉积厚度不同，表现了断裂的同沉积性。推覆体构造大体可分为五带：(1)推覆体主部，多为石炭系基岩组成；(2)前缘断裂带，在推覆体前缘沿主断裂线被次级断裂分割的断块，由基岩、下二叠统以及上覆三叠—侏罗系组成；(3)下盘掩伏带，即推覆体主断裂下盘掩伏部分，多呈单斜状构造，由二叠系、三叠系和部分侏罗系组成；(4)下白垩统(K_1)，个别地区有三叠系超覆；(5)前沿外围带，在推覆体之外，沉积层受推覆挤压而形成舒缓状褶曲或单斜构造，平行于主断裂走向展布。

断裂发生于海西期(P_1)，结束于燕山期(J_3q)，长期的断裂活动，控制了断裂两侧的沉积，上盘沉积薄，下盘沉积厚。由于处在盆地边缘，近物源区，多为洪积—冲积相砂砾岩沉积，为油气聚集提供了有利场所。

西北缘推覆体构造带位于中央生油坳陷的西北侧，断裂紧靠坳陷中心，有丰富的油源；长期的断裂活动提供了油气运移聚集的良好通道和圈闭条件。玛纳斯湖生油凹陷沉积了4000～5000m三叠系生油岩，地球化学指标已证实是好的成熟生油岩。成熟的油气首先运移到距离最近的推覆体改造带中，尤其是下二叠统风城生油岩已延展到推覆体下盘掩伏带，更是缩短了距离，为油藏的形成提供了充足的油源。

在漫长的地史演化过程中，西北缘形成的逆掩推覆改造带正位于准噶尔盆地中央坳陷的西北侧。红车断裂构造带、克百断裂构造带和乌夏断裂构造带这三大断裂构造带特征不尽相同，它们距离坳陷中的玛纳斯湖生油凹陷远近不同，造成油源供应和充满系数也不同。

分析认为，在盆地的发展历史中，与大规模油气运移有关的构造运动有三次：

第一次为三叠纪末期的印支运动：这次运动使西北缘逆掩断裂带剧烈活动，推覆体主部抬升推覆，前缘断块形成。丰富的油气运移而至，形成了二叠—三叠系的早期油藏。

第二次是侏罗—白垩纪时期的燕山运动：这次的活动强度减弱，推覆体的抬升推覆幅度较小，主断裂仍在活动，但断距减小，分支断裂亦大量减小，但仍在西北缘造成八道湾组（J_1b）超覆不整合、中侏罗统（J_2）遭受不同程度的剥蚀、齐古组（J_3q）的超覆不整合，这使印支期形成的油藏遭受破坏，沿断裂和不整合面经二次运移，使推覆体上盘高断块以及上覆地层形成油藏，如齐古组、八道湾组油藏等。

第三次是燕山运动晚期，活动强度大为减弱，西北缘在盆地总沉降过程中，相对速度减慢，使之出现了吐谷鲁群（K_1）的超覆不整合及局部地段的微弱断裂活动，促使了油气第三次运移，使已形成的油藏油气再分配，深部油气向浅层运移，原浅层次生油藏再向上覆吐谷鲁组运移，因而形成了吐谷鲁群油藏和地面大面积油砂及沥青脉。另外，部分轻质组分沿裂缝和不整合面大量散失。

2. 西北缘油气运聚规律

从油气源分析结果来看，西北缘的油气源主要来自于昌吉西凹陷、玛湖凹陷和盆1井西凹陷，从生烃凹陷所对应的油气藏来看，油气藏均远离生油凹陷。因此，油气要经过短中距离的侧向运移。来自于昌吉西凹陷的风城组和上、下乌尔禾组油源至红山嘴油田运移距离相对较远，长达80km，而来自玛湖凹陷风城组的油源至克拉玛依油田、百口泉油田运移距离相对较短（图6－13），约为10～50km。

五、成藏规律

近半个世纪以来，新疆石油地质工作者提出了“断控论”、“扇控论”等著名的观点，这些观点曾一度指导着西北缘的油气勘探生产。进入勘探成熟期，如何进一步认识油气田的分布规律，剖析剩余油气资源的分布与勘探领域，是众多勘探家目前经常考虑的问题。

研究认为，断裂带、储层、不整合面等是西北缘油气藏形成的不可或缺的成藏要素，并且在油气藏形成的作用中也常起着重要作用，像通道作用、储集作用、封闭或圈闭作用，但只有在各种有利要素的有机配置中才有可能形成油气藏，才有可能产生丰富的油气聚集。因此，“成藏要素、成藏作用的有机匹配”是油气藏形成的根源，只有对这种有机配置，即各类条件的有机组合出现的时间与空间环境进行分析，才能达到深入剖析油气分布的特点，达到本质性规律性的认识。

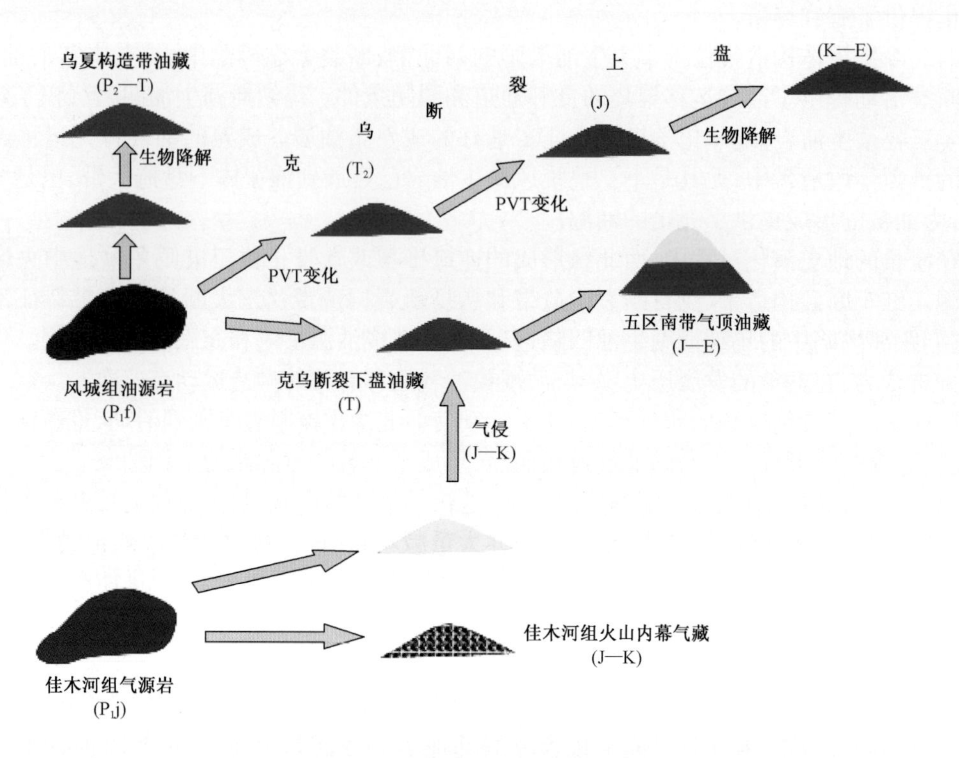

图 6-13　西北缘油气运聚模式图

注:括号内为成藏期

以逆掩断裂、扇体与不整合面为主要线索,在主要成藏模式的基础上,分析它们与其他成藏条件的配置关系(图 6-14),及在时间与空间上可能出现的最佳范围,来剖析油气的可能聚集区域与分布地域。

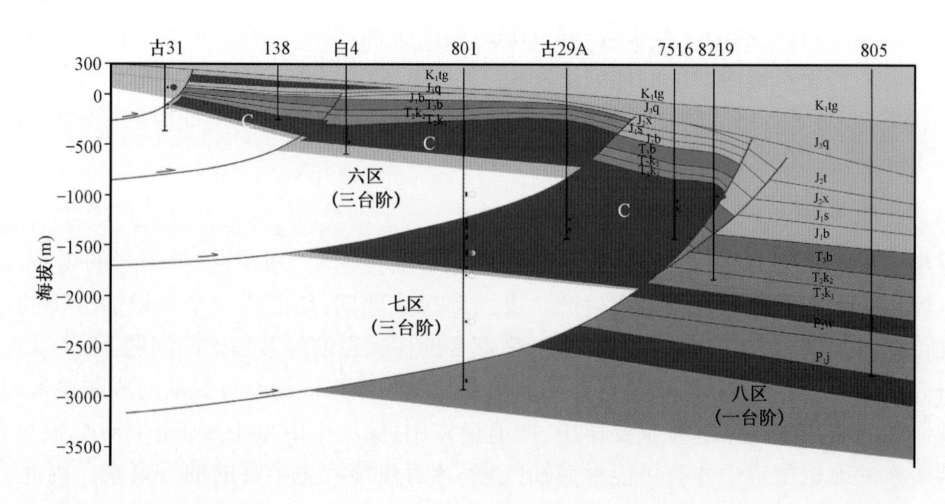

图 6-14　西北缘克 81 井—九浅 3 井二叠—侏罗系断裂、扇体与油层发育剖面配置关系

第五节 油气成藏主控因素及分布规律

西北缘克百断裂带受断裂控制从老山向斜坡带包括三个带，即超覆尖灭带、断裂带、斜坡带，三个带的成藏控因和分布规律不同。

一、斜坡带油气成藏主控因素及分布规律

斜坡带不仅是克百地区重要的石油聚集区带，也是研究区主要的天然气聚集区带，石油和天然气的分布规律和控制因素具有一定差异。故将石油和天然气的主控因素及成藏规律分开论述。

1. 斜坡带石油成藏主控因素

1）不整合面控制作用

西北缘佳木河组顶部不整合，是受晚海西运动的影响长时间抬升剥蚀而形成的，上超—下削的特征非常明显，对西北缘油气成藏影响意义重大。

（1）佳木河组顶部不整合面是最重要的输导通道。油气藏解剖研究表明，现已发现的绝大多数的上乌尔禾组油气藏均直接分布在佳木河组顶部不整合面之上，上乌尔禾组各砂层组的储量规模与距佳木河组不整合面距离有较明显的关系，随着砂层组距不整合面距离的增大，油气储量的规模不断减小。佳木河组顶部不整合面作为中拐凸起北斜坡油气运移的通道，在纵向上控制了油气的分布。

佳木河组原油已证实来自风城组烃源岩。而西北缘风城组在佳木河组原油分布的区域早已尖灭，佳木河组顶部不整合面自然成为佳木河组油气充注的首选通道。另外，据统计分析西北缘该不整合面之下的所有试油资料，表明原油显示自顶部不整合面向下呈减少趋势，可以证实佳木河组顶部不整合面为佳木河组原油运移的重要通道。

（2）佳木河组顶部不整合面改善了下伏储层物性，与不整合有关的有利储层主要分布在距不整合面300m的范围内，也是油气成藏的有利层段。

对佳木河组顶部不整合面以下碎屑岩储集层物性资料统计分析发现，在距不整合面距离300m之内的区域，储层物性明显变好，尤其是在100m深度以内物性最好。这一规律表明，不整合面的存在对下伏地层储集物性的影响的范围是有一定限制的，最有利的影响区域应当是在不整合面之下小于300m的区域。而在紧邻不整合的位置，由于泥质成分的充填，部分储层物性相对较差。

尽管火山岩孔隙与一般碎屑岩粒间孔有很大差别，即其孔隙本身在原始条件下基本处于孤立状态，储层有效性依赖裂缝的沟通，孔隙与裂缝的连通，是形成有效储层的重要条件。但是，通过对佳木河组顶部不整合面之下的火山熔岩（包括安山岩、玄武岩和流纹岩）和火山碎屑岩（包括火山角砾岩、凝灰岩）孔隙度统计分析，可见其孔隙度随距不整合面距离的变化规律与碎屑岩极为相似，同样是在距佳木河组顶部不整合面300m之内物性较好，且在100m附近最好。说明不整合面的存在对于火山岩和火山碎屑岩储层的储集性能也起到了良好的改善作用。

佳木河组油气显示与不整合面的分布也具有密切的关系。油气藏解剖研究表明，佳木河

组油藏均分布在距其顶部不整合面较近的位置(40m 左右)。另外,油气显示也主要集中在距该不整合面 300m 的范围之内,与储层物性变化规律相一致,证明了佳木河组在距其顶部不整合面 300m 以内的区域也是利于油气成藏的层段。

(3)地层尖灭线控制了上乌尔禾组和佳木河组石油的分布。目前勘探表明,上乌尔禾组油藏主要分布在下乌尔禾组沉积尖灭线之外的区域。研究区上乌尔禾组底部是由分布广泛的砂砾岩体组成的"复合扇体",沿不整合面运移而来的油气可以直接进入这些复合扇体形成的圈闭之中,形成砂岩上倾尖灭的岩性油气藏,或者地层超覆油气藏。

与上乌尔禾组分布规律相似的是,佳木河组油藏及大部分油气显示也主要分布在下乌尔禾组尖灭线之外。在下乌尔禾组尖灭线之外,佳木河组暴露地表时间较长,遭受风化淋滤作用较强,使得储集条件得到较好的改善,并且输导条件优越,有利于来自风城组的原油在此聚集分布。

因此,上乌尔禾组超覆尖灭线与下乌尔禾组的削蚀尖灭线共同控制了上乌尔禾组石油的平面分布,而佳木河组尖灭线与下乌尔禾组尖灭线共同控制了佳木河组石油的平面分布。

2)*岩相控制作用*

(1)沉积微相对油气分布的控制作用。不同沉积微相含砂率不同,自然储集层物性也有差异。因此,不同微相油气的富集程度是不同的。油气藏解剖研究表明,扇体沉积的扇顶主槽微相和扇中辫流线沉积微相中易于富集油气。

五 3 东区上乌尔禾组油藏主力油层 P_3w_3 砂层组岩性较粗,以灰色、灰绿色砾岩、砂质不等粒砾岩为主,夹有薄层砂质泥岩、含砾不等粒砂岩,其沉积特征为中扇顶主槽微相和扇中辫流线微相沉积。

(2)火山岩岩相对油气分布的控制作用。火山岩的孔渗性能主要受火山喷发时的岩性、岩相以及后期作用(构造运动产生的裂缝、风化淋滤作用、有机酸的腐蚀等)的控制(罗群等,2001)。因此,除了在不整合面附近及断层发育带附近容易形成有良好储集能力的储层外,火山岩岩相对其也有一定的控制作用。火山岩的火山口—近火山口相常分布安山岩、玄武岩,原生孔隙较多,且性脆,容易形成裂缝,从而形成好的储层,是油气富集的有利相带。如 573 井区、512 井区佳木河组油藏储层岩性主要为玄武岩、安山岩、火山角砾岩、砂砾岩、泥质粉砂岩和凝灰岩。依照岩性特征,西北缘火山岩可划分为火山口—近火山口、过渡相和远火山口三个亚相,由于在火山口—近火山口相中裂缝发育程度明显要高于过渡相和远火山口相两个相带,因此,油气主要分布在火山口—近火山口亚相中。

(3)上乌尔禾组顶部泥岩是西北缘二叠系优质区域盖层,控制油气的整体分布。上乌尔禾组顶部湖相泥岩段,岩性为灰黑色、褐红色泥岩夹灰色砂砾岩、灰色砂质小砾岩和灰色含砾粉砂岩,厚度为 20~80m,在全区分布比较稳定。且该套泥岩具有低孔、低渗及较高突破压力,整体以Ⅱ级盖层为主,局部表现为Ⅰ级和Ⅲ级盖层的特征,是西北缘二叠系油气藏的一套优质盖层。

上乌尔禾组主要油气藏及有利油气显示井点都分布在顶部泥岩厚度相对较大的区域,说明该盖层对上乌尔禾组油气藏的分布起着明显的控制作用。而五 3 东区油藏之所以未能连片分布的一个重要原因就是,研究区上乌尔禾组顶部泥岩盖层较薄,且断裂比较发育,封盖性相对较差。

虽然在断裂带前缘已经探明的原油和溶解气地质储量超过研究区内二叠系油气地质储量

总量的70%,是三个油气聚集带内油气最为富集的区带,但是油藏类型单一,沉积特征各层组较为相似,因此油气分布的控制因素相对来说比较单一。研究区带内已发现油藏(佳木河组火山岩油藏除外)均分布在扇三角洲平原沉积之内,且钻揭二叠系的探井均有油气显示,表现为满带含油的特点,但含油丰度差异较大。

2. 斜坡带油气分布规律

1)斜坡带二叠系

斜坡带是指研究区内临近玛湖生烃凹陷的区域,是整体为以东南倾的单斜。二叠系沉积齐全,自凹陷向中拐凸起方向风城组、夏子街组与下乌尔禾组逐渐尖灭,形成一系列的不整合。各层组之间均为不整合接触。

因构造背景简单,断裂相对不发育。除在风城组和佳木河组发育一些火山岩外,主要为扇三角洲前缘和湖相沉积。上乌尔禾组是冲积扇扇缘、辫状河、辫状河三角洲及湖相沉积。整体物性较差。

克百地区二叠系三个油气聚集带富集油气程度有明显差异。中拐凸起北斜坡是目前已发现的最富集的油气聚集带(图6-15和图6-16),并且现已发现的6个气藏均分布在此聚集带。在断裂带前缘内发现的油气藏数量次之,油藏类型单一,均为断层—岩性油藏,但是在该聚集带中探明的原油地质储量和溶解气地质储量是三个聚集带中最多的,所占比例均超过研究区二叠系地质储量的70%(图6-17和图6-18)。斜坡带勘探程度最低,仅发现一个克80井区风城组火山岩油藏,原油地质储量和溶解气地质储量仅占二叠系地质储量的5%,但是该斜坡带紧邻玛湖生烃凹陷,具有"近水楼台先得月"的优势,勘探前景广阔。

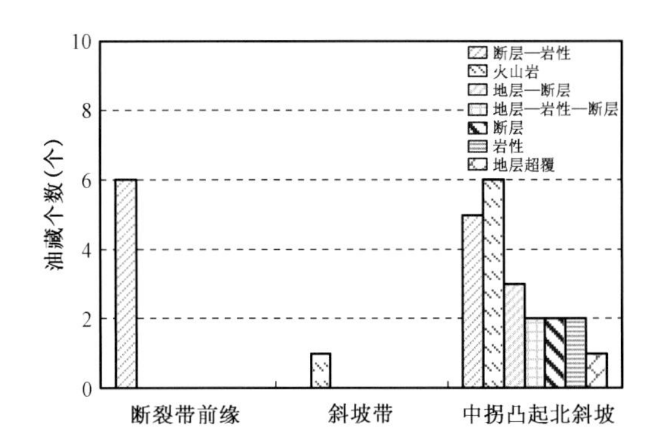

图6-15 克百地区二叠系各油气聚集区带油藏类型分布图

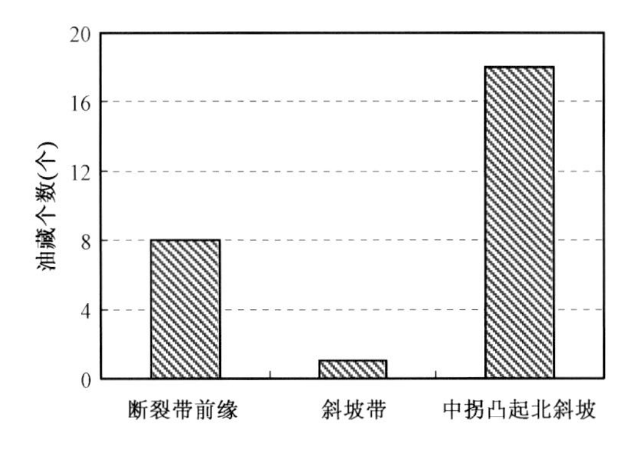

图6-16 克百地区二叠系各油气聚集区带油藏个数分布图

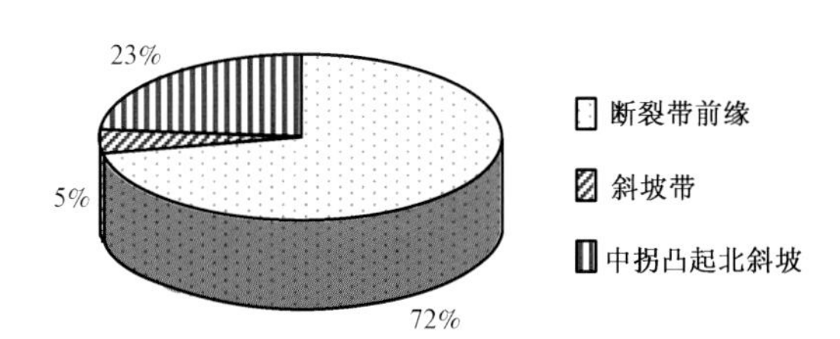

图6-17 克百地区二叠系各油气聚集带原油地质储量百分比图

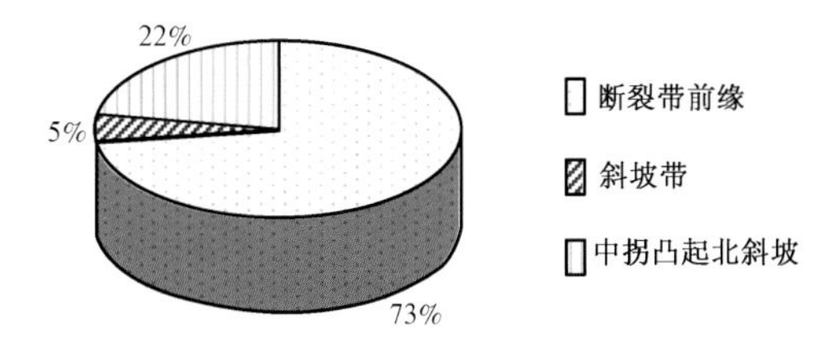

图6-18 克百地区二叠系各油气聚集带溶解气地质储量百分比图

2)斜坡带中生界

根据克百地区构造特征、地层分布、油气藏类型和组合特征、油气成藏主控因素和主要目的层位等特征,将克百地区从老山到斜坡划分4个油气聚集带:推覆尖灭带、断阶带、断裂前缘带和斜坡带。

斜坡带是断裂带前缘以外向坳陷中心过渡的斜坡区,研究区总体为东南倾大单斜,断层不发育。中生界发育齐全,沉积相以三角洲、扇三角洲、冲积扇、曲流河为主。中生界未发现油藏,从油气显示上预测有岩性油气藏存在。

3. 天然气成藏主控因素及分布规律

研究区内二叠系已发现气藏及剩余出气点,主要分布在中拐凸起北斜坡。天然气成因类型研究表明,研究区内天然气以源自佳木河组腐殖型烃源岩的煤成气为主,在佳木河组顶部不整合面附近的天然气源自风城组腐泥型烃源岩的油型气混合现象。

依据不整合面关系可分为不整合型气藏和内幕型气藏。不整合型气藏是指气藏的位置位于佳木河组顶部不整合面附近(包括上乌尔禾组气藏),内幕型气藏是指气藏分布在佳木河组内部,远离佳木河组顶部不整合面,成藏因素不受该不整合面影响。

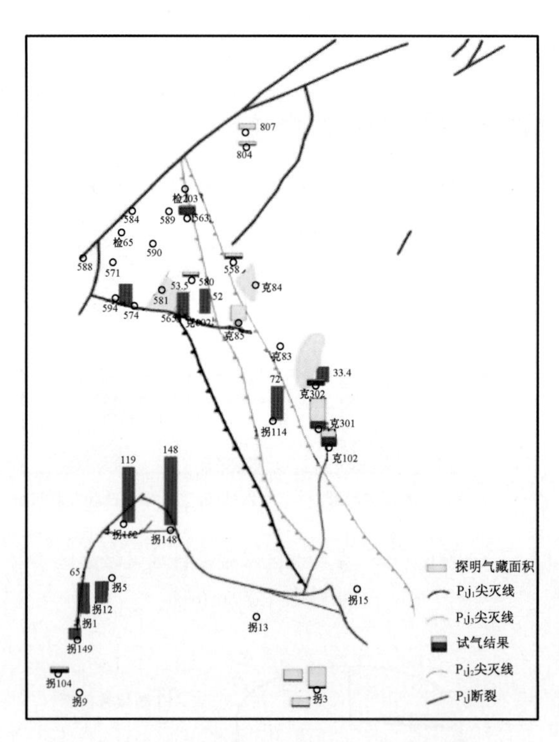

图6-19 克百地区佳木河组下亚组暗色泥岩分布与天然气显示分布关系图

1)气源岩的分布控制气藏的分布

目前对佳木河组烃源岩沉积中心的具体位置尚无定论,但是通过目前钻遇暗色泥岩钻井的分布情况,可以发现一定的展布规律。目前所钻遇佳木河下亚组暗色泥岩厚度较大的井点均集中分布在环中拐凸起的区域。天然气勘探实践表明,已发现气藏及有利的出气显示井点,也大多数分布在相邻区域(图6-19),彰显气源岩生气中心控制了气藏分布的特征。

2)不整合型气藏分布的控制因素

佳木河组顶部直接盖层是指直接覆盖于佳木河组顶部储层之上的低渗透性岩石,包括风化壳黏土层、上乌尔禾组泥岩和三叠系底部泥岩。

西北缘天然气成藏的直接盖层厚度应大于10m。如图6-20所示,佳木河组气藏与油藏相比主要分布在直接盖层较厚的区域。558井与克84井相邻,成藏条件相似,但是前者为出油井,而后者为出气井(图6-21)。造成这种现象的主要原因是两口井储层所对应的直接盖层不同。558井佳木河组上亚组油层顶部直接盖层厚不足10m,而克84井佳木河上亚组气层顶部的直接盖层厚达

35m，显然克84井气层顶部的直接盖层的封堵能力明显好于558井油层顶部直接盖层。另外，558井佳木河组上亚组试油结果为日产油1.16t，日产气3480m³，而紧邻该盖层上部为日产气2670m³ 的纯气层。表明558井佳木河上亚组油层也有天然气的充注，但是盖层的封堵条件不足以形成规模聚集的气层，天然气透过盖层散失，进入上部储层。

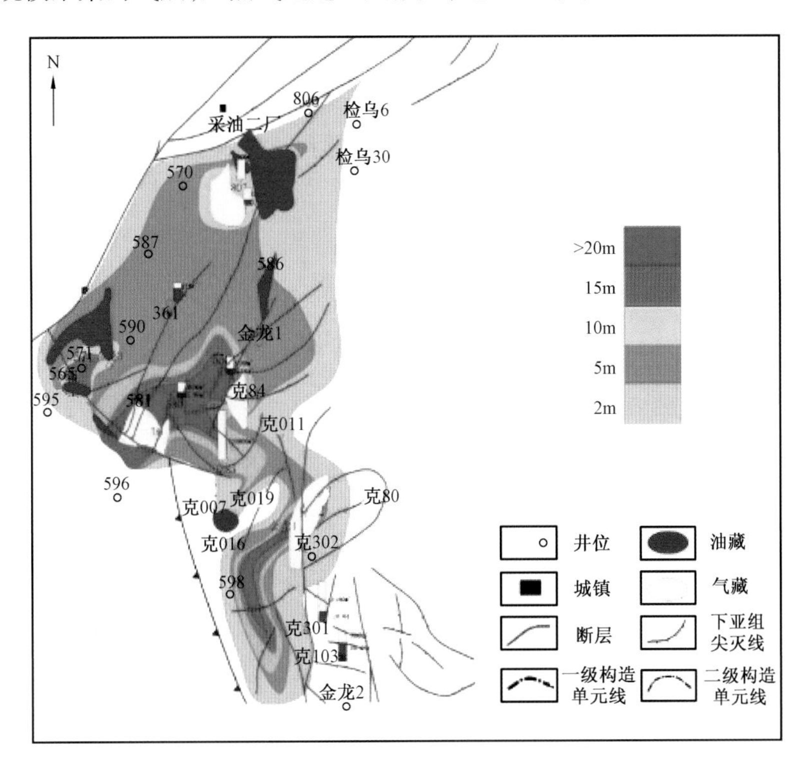

图6-20 佳木河组顶部直接泥岩盖层厚度与佳木河组油气显示关系图

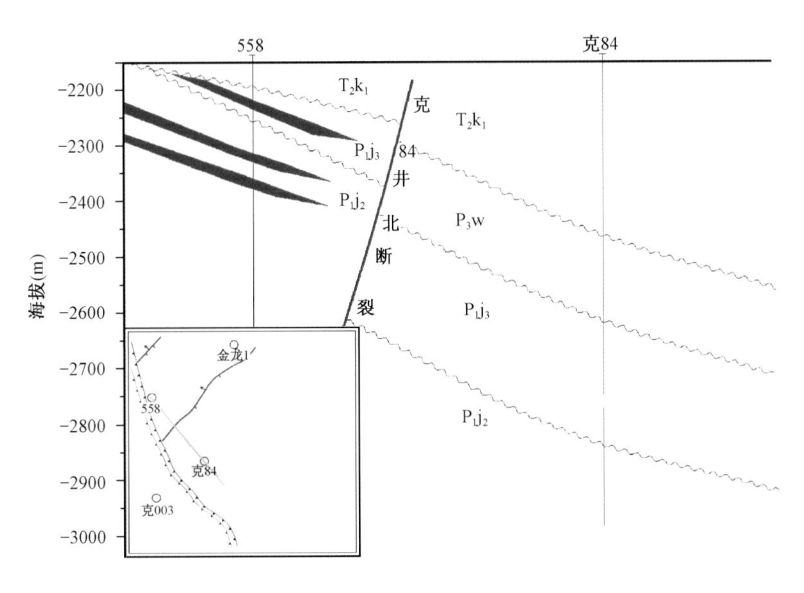

图6-21 过558井—克84井油气藏剖面图

二、断阶带油气分布主控因素及分布规律

断阶带指克百主断裂上盘，位于主断裂和推覆尖灭带之间的区域，区域内发育了一系列与克百主断裂平行的或斜交的大型逆断层，这些断层把西北缘分为或大或小的断块，在断块内断层在上倾方向的遮挡和岩性在侧向上的封堵两个主控因素使西北缘形成了大量的断层—岩性油气藏。因此，断层和扇体展布特征是控制西北缘油气分布最重要的要素。

1. 多元化的油气输导体系控制着油气分布

沿断层的垂向运移与沿不整合和砂体的侧向运移构成阶梯状运移网络，控制油藏的分布位置。西北缘自克百大断裂向推覆尖灭带方向发育多条逆断层，配合地层的南东倾向的单斜构造背景，使整个断阶带呈向北西方向逐级抬高的台阶形态。北西倾向的多条断层和在各地层之间发育的四个不整合与渗透性砂岩构成了油气运移的主要通道，为油气的阶梯状运移创造了条件。

1）断层是油气垂向运移的主要通道

西北缘中生界生油能力有限，下伏石炭系以火山岩为主，唯一的油源来自断裂下盘的二叠系，不论来自下盘的何方向，克百大型逆掩断裂都是油气进入断阶带的必由之路。油气进入主断裂垂向运移过程中，遇到上盘地层的不整合或渗透性输导层后，向构造上倾部位侧向运移。在油气输导路径上可以发育多条断层，构造位置依次升高，输导路径上断层一方面遮挡油气形成油气藏，另一方面，由于断层的相对封闭性，部分油气通过断层向构造更高部位输导，当再次遇岩性或断层遮挡时又聚集形成油气藏。在此过程中，断层主要起遮挡和垂向输导两方面的作用。由此输导体系格局下形成的油气藏主要为断层—岩性油气藏和断块油气藏。

2）不整合是侏罗系油气侧向运移的主要通道

断阶带中生界发育四套削截不整合，这类不整合下伏地层在风化作用和大气淡水的淋滤作用下次生孔隙发育，不整合面之上发育水进砂体，其原生、次生孔隙发育，孔渗性好。相对于普通的砂体而言，不整合附近的砂体的物性更好，削截不整合面的延伸具有连续性，在平面上分布广泛，不存在上倾方向的遮挡物，因此不整合与砂体相比是较好的油气侧向运移通道。

断阶带逆断层发育，在纵向上大多数断层都断穿了三叠系，断穿侏罗系的断层较少，部分断层仅断至三叠系或侏罗系底部。并且这些断层在侏罗系的断距要小于在三叠系的断距。由此可以看出，三叠系的油气来源远比侏罗系丰富。

在油气来源较少的条件下，进入侏罗系的油气主要沿最有利的通道运移，侧向上表现为主要沿不整合运移。从断阶带油气分布规律来看，油气均分布在靠近不整合面的储层中。西北缘侏罗系油藏主要分布于八道湾组和齐古组中。八道湾组原油聚集在八道湾底部的第五砂层组中，也说明了这些油气主要是以八道湾组底部不整合作为通道运移而来。齐古组油藏主要分布在下伏头屯河组的尖灭线以外，并且主要集中分布在头屯河组的尖灭线距主断裂较近的六、九区，在缺失头屯河组的九区有大范围的齐古组稠油油藏分布，而一区的齐古组油藏边界几乎就是头屯河组的尖灭线，这说明西山窑组顶部的不整合对齐古组油藏的形成具有重要作用，齐古组油藏的原油主要是通过该不整合运移而来。在头屯河组尖灭线与主断裂距离较大的地区，缺少不整合作为侧向运移的通道，齐古组的油气聚集条件较差。因此，头屯河组尖灭线与主断裂的距离是控制齐古组油气分布的因素之一。

3) 砂体是三叠系油气侧向运移的重要路径

断阶带三叠系以发育辫状河流相和冲积扇相为主,辫状河流相沿河道的流向砂体分布较为连续。断阶带三叠系地层的埋深以小于500m为主,砂层的物性普遍较好,在油气来源充足的情况下,油气较易充注到砂层中。以克下组高位体系域的砂体厚度为例分析发现,断阶带砂砾岩厚度均大于5m,是有利的砂体运移通道。断阶带克上组的高位体系域和湖侵体系域的砂体厚度均大于10m,均为好的输导通道。

油气沿克百断裂垂向运移到断阶带三叠系和侏罗系后,沿不整合和砂体向上倾方向继续运移,进入断层和岩性圈闭后聚集成藏;在断层遮挡的圈闭中,由于断层封闭的相对性,油柱达到一定高度后油气穿越断层进入上盘地层,沿不整合和砂体继续运移,当遇到新的圈闭油气再次聚集成藏。上述油气运移和聚集过程多次在断阶带重复发生,形成西北缘独特的阶梯式运移方式。

4) 推覆体下盘供油模式

根据上述证据,推测在主断裂之下很可能存在风城组的有效烃源岩,这一逆掩在老山之下的风城组烃源岩是克拉玛依地区克百断裂带上盘和断裂前缘带主体原油的主要油源。

图6-22为风城组原油运移模式图,主断裂上盘和断裂带前缘的油源主要为主断裂逆掩的风城组烃源岩,油气沿主断裂向东向上运移,根据前面分析的主断裂的分段封闭性和断层与地层等高线结合的理论,油气在断裂带前缘和主断裂的上盘聚集成藏,原油类型以 A_2 类型为主,形成逆掩体下的风城组含油气系统。

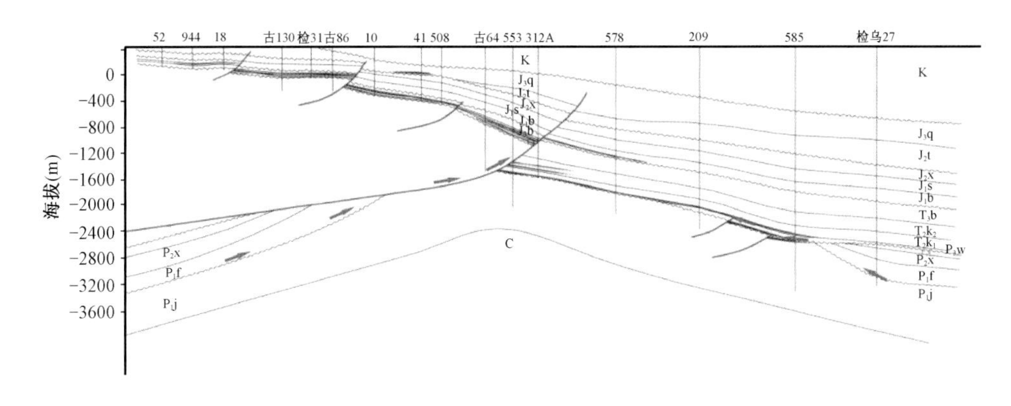

图6-22 克百地区风城组油气运移模式图

2. 沉积相与砂体控制油藏分布范围

断阶带三叠系和侏罗系辫状河河流相和冲积扇相发育。辫状河砂体和冲积扇砂砾岩体在平面上的分布受河流亚相和冲积扇亚相分布的控制,有利的砂体主要分布在河道亚相和扇中岩相,在平面上砂体非均质性强,砂体厚度和物性变化快。这一方面限制了砂体作为侧向运移通道的有效性,另一方面也使油藏的分布范围受砂体和沉积相的控制比较明显。因此,使断阶带的油藏除受断裂控制外,还受岩性的控制,主要表现为断层油气藏和断层—岩性油气藏(图6-23)。

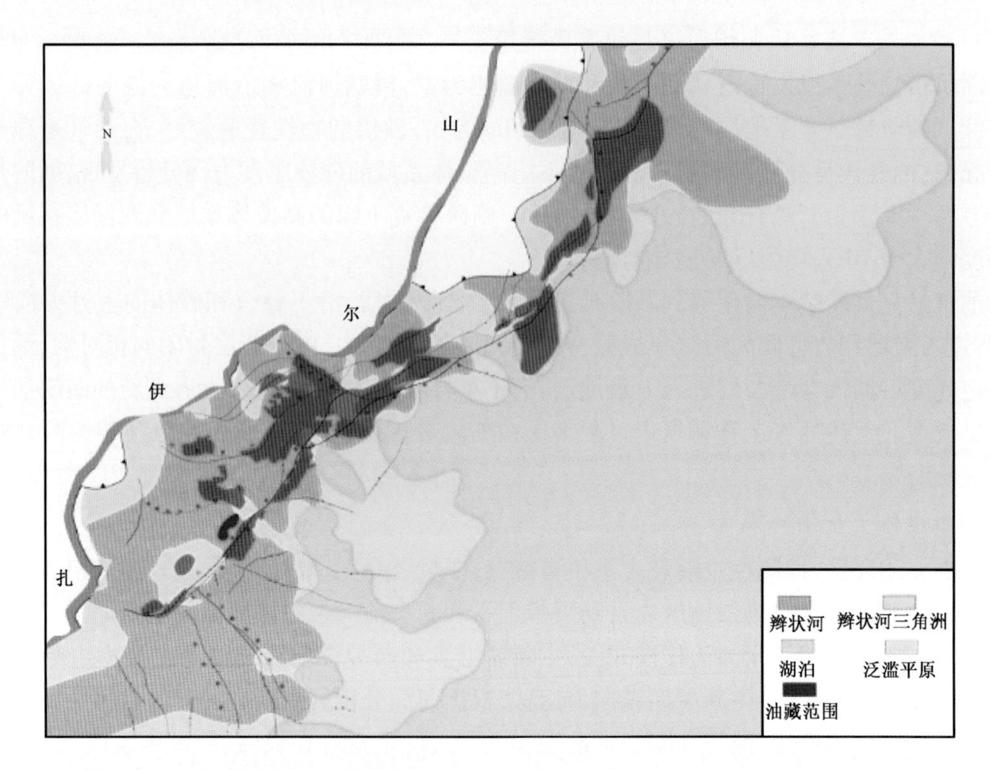

图6－23　克百地区克上组油藏分布范围与沉积相图

断阶带是克百地区油气分布范围最大的区带，油藏类型以断层—岩性油藏和断块油藏为主，油气通过断层、不整合、砂体的组合在西北缘呈阶梯式运移，沉积相和砂体控制着油气的分布范围，有利的断—相配置形成了西北缘含油层位丰富、含油面积大的格局。

3. "断裂控油"模式

克百断裂的分段封闭性、上下盘油气分布的互补性与"断裂控油"模式是形成复式油气藏的重要条件。克百地区不同层位的油气藏分布在很大程度上与断裂的分布有关，几乎所有的油气藏形成都离不开断裂作用。仔细观察克百断裂带不同部位、不同层位油气藏的分布可以发现一个较为有趣的现象，除克拉玛依断裂南段克下组之外，断裂上下盘油气分布具有一定互补性，即如果主断裂下盘断裂前缘带存在油气聚集，则与之相对应的断裂带上盘断裂附近一般没有油气聚集或油气藏规模比较小。

克百断裂上下盘油气分布的互补性与克百断裂的分段封闭性有关。从前面研究的断裂的封闭性分布与下盘油气分布关系可以看出，下盘有油气分布的位置与断层的封闭段相关，而在断裂开启段油气藏主要分布在断裂的上盘。即断裂开启段是油气从断裂带向上运移进入三叠系、侏罗系的充注点，并由此充注点进入上盘地层，在与开启段相对应的上盘地层中运聚成藏；断裂封闭段不是油气运移的通道，在与封闭段相对应的上盘地层油气分布受到限制，但断裂封闭段下盘以断裂作为封闭条件形成了油气聚集。

另一个需要解释的问题是，湖湾区三叠系克上组、克下组油气分布普遍，而与之相对应的下盘也有较丰富的油气聚集，且克拉玛依断裂在这一段基本是封闭的，那么上盘的油气是如何进入的呢？实际上这一问题主要与三叠系物性较好、储层分布比较普遍有关。从该段断层两端开启段进入三叠系的油气可以在断层上盘进行比较长距离的侧向运移后在研究区聚集，同时研究区发育的大量次级断层也是油气充注的可能途径。

还有一种可能，就是与断层的相对封闭性有关。由于断层的封闭性是相对的，当下盘油气柱较高时，油气柱的浮力可以突破断裂带的排替压力，部分油气进入上盘聚集成藏，从断裂带两盘油气分布的特征观察，在湖湾区断裂带下盘油气分布的范围远比其他地区广，突破断裂带封闭的可能性较大。而克百断裂的下盘克上组、克下组对应的上盘的岩性为石炭系火山岩，火山岩较碎屑岩脆性大，破碎带厚度和破碎强度相对下盘更大，油气沿断裂垂向运移更为有利，因此大量的油气沿断层运移到上盘的地层之中，形成了湖湾区三叠系几乎全区含油的格局。

三、推覆尖灭带油气分布主控因素及分布规律

克百地区推覆尖灭带油气藏类型以岩性油气藏为主，并有少量的地层超覆油藏。由于西北缘地层本身不生油，油气都是通过断阶带运移而来，因此油气输导通道的条件就成为研究区油气成藏的首要条件。因研究区冲积扇沉积发育，储层岩性和物性变化较大，岩性圈闭是西北缘域最重要的圈闭类型。

1. 不整合是推覆尖灭带油气侧向运移的主要通道

西北缘发育的三套削截不整合是油气侧向运移的主要通道（图6－24），由于推覆尖灭带没有大型的逆断层存在，不整合在油气的运移中起到的作用更为明显。不整合的主要意义在于由于长期的风化剥蚀、淋滤等作用，在不整合下部岩层发育各种溶蚀孔隙与微裂缝等，使得本身渗透性差的岩层变成具有一定渗透能力的岩层，油气运移实际上是通过构成不整合的渗透性岩层进行运移。黑油山克下组油藏主要分布于靠近三叠系底部不整合的位置（图6－25），油气主要沿北黑油山断裂调整到推覆尖灭带后沿克下组底部的不整合向上倾方向运移，在西北缘有利的岩性圈闭中聚集而形成油藏。

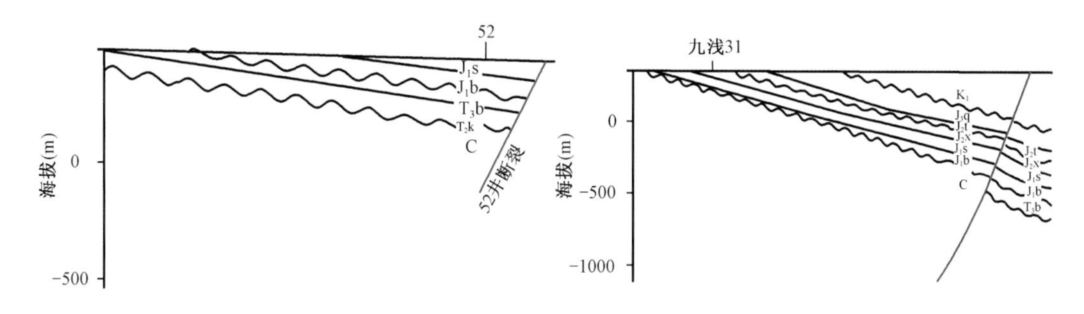

图6－24　克百地区中生界推覆尖灭带不整合分布图（左为南区不整合，右为北区不整合）

砂体作为西北缘油气运移的通道，主要对短距离的侧向运移具有一定作用。油气经断阶带逆断层垂向运移到推覆尖灭带的中生界之后，在物性较好的厚层砂体中向上倾方向运移，当油气运移到物性较差的砂体的下倾部位时就在岩性圈闭中聚集成藏，因此同不整合相比油气沿砂体运移的距离有限，主要局限于距离断阶带较近的范围。三区推覆体尖灭带油藏为紧邻断阶带的岩性油藏，油气由3034井断层调整运移到上盘地层后沿有利的砂体运移，由于上倾方向的岩性遮挡形成岩性油藏。

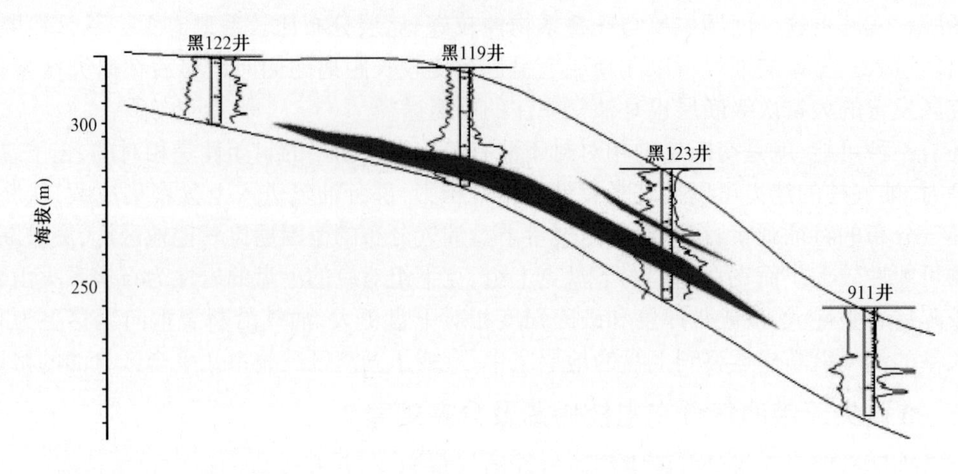

图6-25 克百地区黑油山区克下组油藏剖面图

2. 地层尖灭线和砂岩尖灭线控制油气分布

地层尖灭线和砂岩尖灭线对推覆尖灭带岩性圈闭的形成起到重要的作用。推覆尖灭带分布着中生界各个层组的尖灭线,这些尖灭线控制着各地层砂岩的分布。靠近尖灭线地层的岩性一般较细(图6-26),从克百地区克下组地层尖灭线和岩性尖灭线的分布图上可以看出,在靠近地层尖灭线0.5~3km的范围内,沉积相以泛滥平原为主,砂岩不发育。在此范围以外,沉积相过渡为冲积扇扇中或者辫状河河流相,储集砂体厚度增大,沉积相的形态受地层尖灭线的影响较大。因此在砂岩尖灭线附近是形成岩性圈闭的有利地区,如果油气沿输导通道运移到圈闭之中即可形成油气藏,为有利区预测的重点区域。目前已发现的油气藏都位于岩性尖灭线附近,油气分布的外边缘与地层尖灭线和砂岩尖灭线的形态比较一致,说明了地层尖灭线和砂岩尖灭线对油气分布的控制作用。

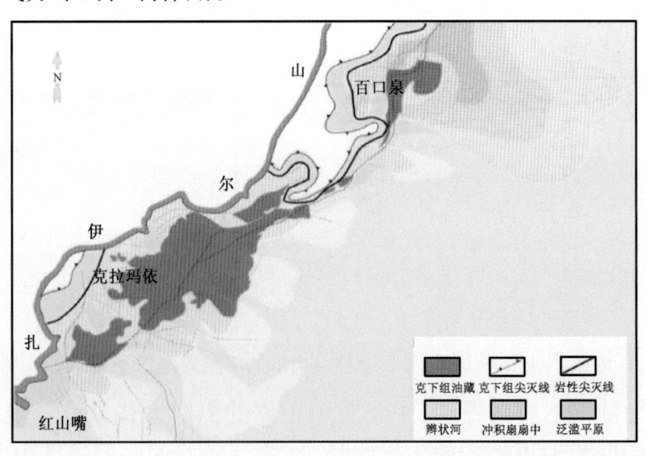

图6-26 克百地区克下组地层尖灭线及岩性尖灭线分布图

3. 扇体物性条件控制油气藏的边界和规模

推覆尖灭带以冲积扇沉积为主,其不同亚相的物性特征对油气藏范围起到关键的控制作用。在这种沉积相的亚相组合中,由于扇根砂砾岩和泥岩混杂,物性最差,可以作为上倾方向的岩性遮挡；扇中的辫状砂岛的物性最好，在尖灭带辫状砂岛储层的孔隙度一般大于21%，辫状河流相的孔隙度也较大，在20%左右，因此是好的储层；扇缘以泥质砂岩为主，砂体厚度降低，形成岩性的侧向遮挡。因此在推覆尖灭带扇体是重要的控藏因素。

九浅21井区为地层超覆带上的一个断块，克上组地层仅在断块内分布(图6－27)。九浅21井区克上组储层属冲积扇相扇中亚相向扇缘亚相过渡的沉积，物源来自正北方向，水流方向自北向南。发育辫流砂岛、漫流带、辫流相三种沉积微相。主体发育大小不规则辫流砂岛微相，中间夹条带状辫流相，油藏西北侧、九浅22井南断裂附近发育条形漫流带。漫流带泥岩对油藏形成侧向岩性遮挡，在西北缘的东南部逐渐过渡为扇缘，砂体减薄并逐渐尖灭，因此在油藏的下倾方向也是岩性遮挡。

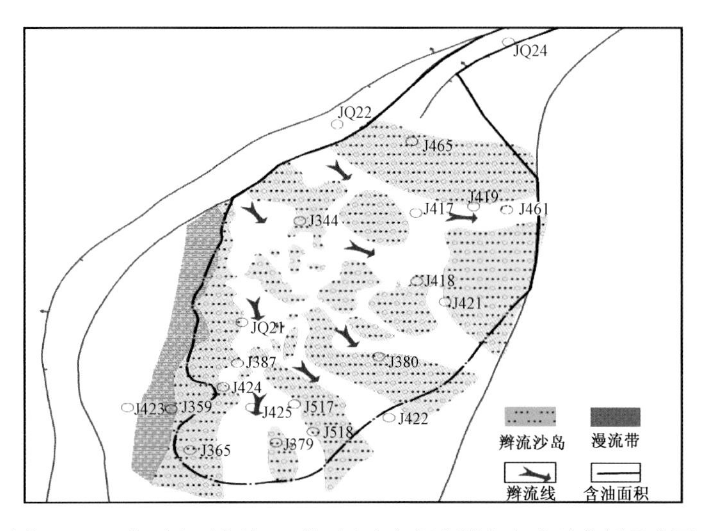

图6－27　克百地区九浅21井区克上组沉积微相与含油范围叠合图

总之，推覆尖灭带油气的分布主要受到不整合、地层尖灭线、扇体的展布特征的控制，不整合是油气运移的主要通道，地层尖灭线影响着储层的岩性和物性，从控制油气在区域上的分布，扇体岩性分布控制了油藏的规模和边界。这几个因素联合起来控制了西北缘岩性油藏的分布格局。

小　　结

西北缘复式油气成藏表现在以下几个方面：

(1)红车断阶带从凹陷向隆起高部位，依次为地层、不整合、断层和基岩裂缝性油气藏等；车排子地区断阶带上的油气藏类型以断块油藏为主，并且断块油藏中油气的分布大多数由两条或两条以上断层所控制；断裂和扇体的发育是小拐断块油气藏的形成的主控因素，这些断裂主要起到沟通深部油源的作用。

(2)红山嘴地区构造相对低凹、断裂发育，内部为多个小断块组成。基底为石炭系的火山岩或变质岩，在南部上二叠统超覆沉积，在全区中生界自南向北超覆沉积。地层总体倾向东南，油藏主要是由单斜背景上的复杂断块和岩性所控制。

(3)克百断裂带上盘油气藏的形成主要受断裂和不整合的控制；断裂带下盘油气藏的形

成主要与扇体和不整合有关。在克百断裂带上盘断裂对油气的控制作用主要表现为油气在断裂发育、交汇的地带最为富集,而在断裂稀疏地带则含油较差。油气藏所处层位的高低也与该段断裂活动结束的早晚有关。

(4)乌夏断裂带受到幕式叠瓦冲断作用,在冲断前锋形成了三排断层传播褶皱背斜带,构造主要形成于三叠纪。构造形成期与生排烃期近于同时,主要聚集了风城组于该期生成的成熟度不高的油气,油气分布受背斜带控制明显,油气藏的丰度则受扇体亚相或微相的控制。

(5)斜坡带主要受扇体分布的制约,油气丰度受扇三角洲、水下扇的亚相或微相的控制。在五、八区发育一系列的二叠系尖灭线,且有比较有利的储盖组合,因而形成二叠系上、下乌尔禾组扇体油气藏;油气水分布受水下扇体控制,油藏范围受冲积扇体发育规模制约。

第七章　盆山耦合复式油气成藏模式

第一节　西北缘复式油气藏特征

一、西北缘油气藏的基本特征

油气藏是油气聚集的一个基本单元，具有统一的热力、压力系统和油（气）水界面。油气藏的分类方案很多，我国多根据圈闭成因及形态将油气藏划分为构造型油气藏和非构造型油气藏两类。构造型油气藏主要受构造活动如褶皱、断裂和底辟等作用控制，包括背斜和断层油气藏；非构造型油气藏主要由沉积、地层不整合和地层超覆等因素形成，其组成的基本要素为岩性尖灭线、地层超覆线、构造等高线和地层不整合面、储集岩体的顶底板面及断层面等。混合型油气藏由多种因素相配合形成。

准噶尔盆地西北缘的地质构造特征决定了西北缘油气藏具有多种类型。总体来说，在邻近造山带，受构造活动的影响，较发育构造油气藏，而在远离造山带的盆地内部则逐渐过渡为以岩性、地层油气藏类型为主。

油气藏类型的划分大多根据圈闭成因及形态。在西北缘由单一因素控制的油气藏包括背斜、断层、岩性、地层油气藏。而大多数油气藏是由多种因素共同控制的。

根据前人研究成果，大致将西北缘的上百个油气藏分为七大类，即背斜（含背斜岩性）油气藏、断背斜（含断背斜岩性）油气藏、断块油气藏、岩性油气藏、地层不整合油气藏、地层断裂油藏、断裂岩性油藏。

西北缘不同类型的油藏个数不同，大多数油藏均是由多种因素共同控制，形成断裂岩性、地层断裂油藏等；而受单一因素控制的油藏，如单纯岩性和地层超覆不整合油藏等则分布较少。统计资料如图 7－1 所示。被断裂遮挡并由岩性控制油气水分布的断裂岩性油藏分布最广，占 41.4%。其次为受断层控制的断块油藏，为 31.3%。作为油气藏主要类型之一的纯背斜油藏在西北缘分布局限，仅见于风城、夏子街和玛北油田，占总数的 3.9%。断背斜油藏同样很少，仅占 5.5%。由于沉积作用及沉积时的地层超覆而产生的地层超覆不整合油藏分布于西北缘的超覆带上，仅占 2.3%。在超覆带上，单纯的岩性油藏在西北缘分布不广泛，主要分布于克拉玛依油田的斜坡区和环中拐地区，占总数的 11.9%。受不整合面和断层这两种因素控制的地层断裂油藏主要分布于克拉玛依油田的五、八区二叠系佳木河组尖灭线附近，占油气藏总数的 3.9%。

西北缘不同类型油藏的探明储量也存在差异，位于第一位的油藏类型仍旧是断裂岩性油藏，占 54.8%，此类油藏分布范围广泛，主要的储集体岩相为三类，即：火山岩相、各类扇体和河流相砂砾岩。而岩性油藏的个数虽然不多（仅占 11.7%），但探明储量居于第二位，占总探明储量的 17.0%，其中位于前三位的油藏均是扇体控制的油藏，即：八区上、下乌尔禾组扇体油藏，探明储量高达 9000×10^4t，五区上、下乌尔禾组扇体油藏也较高，探明储量约为 2400×10^4t 和玛2井区百口泉组扇体油藏，探明储量约为 2100×10^4t。说明在西北缘扇体油藏规模大、储量大，勘探前景好。探明储量排第三的是断块油藏，占14.9%，这个百分比与其31.3%的油藏个数比例相比较低。这是由西北缘位于盆地边缘逆冲带上，断层极其发育，形成了众多探明储量低的小断块所导致的。上述探明储量分布特征表明扇体油藏在西北缘具有较好的勘探前景，不整合面主要影响油气的运移，可作为油气运移通道，而遮挡作用不太明显。

1. **根据烃类相态进行分类**

根据烃类相态通常可以把油气藏分为油藏、气顶油藏、带油环气藏、气藏和凝析气藏等类。其中，根据地面油的相对密度指标，可将油藏划分为轻质油藏（原油相对密度0.76～0.83）、常规油藏（0.83～0.87）、轻度重质油藏（0.87～0.9）、中度重质油藏（0.9～1.0）和重质重度油藏（>1.0）五类。

由于准噶尔盆地西北缘以油藏为主，气藏很少。就油藏而言，密度变化范围较大（0.813～0.958g/cm^3），可分为轻质油藏、常规油藏、轻质重质油藏、中度重质油藏四类。同样对各类油气藏的个数和探明储量进行统计（图7－1），得出以下结论。

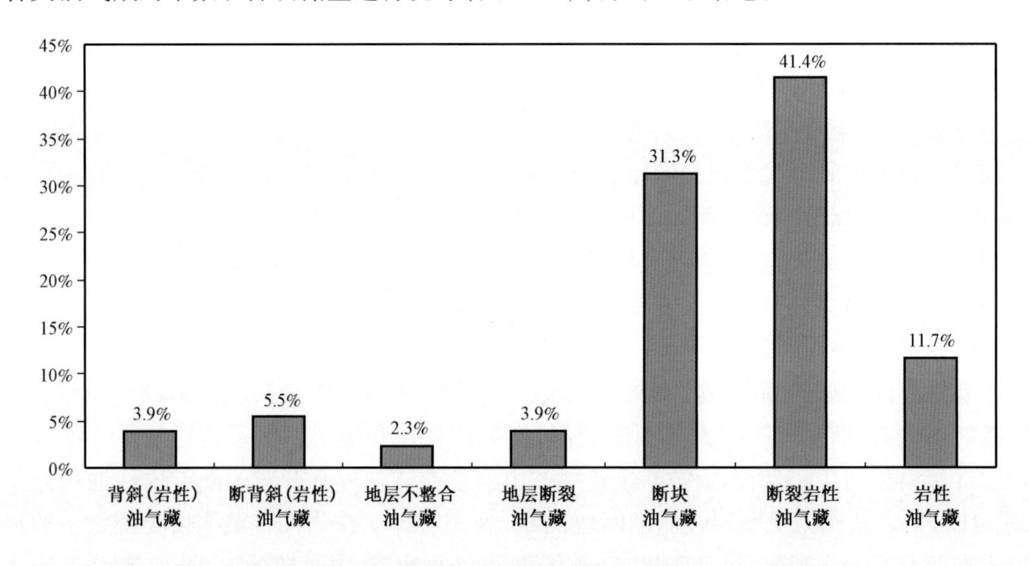

图7－1　准噶尔盆地西北缘不同类型油气藏百分比柱状图

（1）西北缘油藏以常规油藏为主，占总量的一半以上。原油密度介于0.83～0.87g/cm^{3}之间的常规原油构成西北缘原油的主体，其油藏数目占总数的56.3%，其探明储量约为 75200×10^4t，占西北缘总量的57.2%。

（2）西北缘重质油资源丰富，其油藏约占总量的五分之一。通常以0.9g/cm^{3}为界，将密度大于0.9g/cm^{3}的石油称为重质石油，小于0.9g/cm^{3}者称为轻质石油。西北缘的重质稠油资源较为丰富，且成带分布，主要分布于斜坡区，即盆地边缘浅处。按储层年代，主要分布于侏罗系，其次在二叠系和三叠系中也有少量分布。至今已探明重质油储量近 30000×10^4t，占西北缘总储量的21%。

(3)西北缘重质稠油与常规油藏有一定共生关系。横向上,由凹陷向边缘常规油藏渐变为重质稠油藏或沥青矿。在纵向上,由深层至浅层常规油藏变为重质油藏。

2. 根据油藏发育的地质环境分类

根据油藏发育的位置及于断裂、地层和岩性及油源配置关系,将西北缘油气总结为以下四种类型:

(1)下盘斜坡区断层岩性型油藏(P、T、J);

(2)断块型、断层岩性型基岩性油藏(J、C);

(3)断层加地层性油藏(J);

(4)上盘与正断层、岩性有关的浅层油藏(K、N)。

二、地层超覆带的油气藏特征

地层超覆带位于盆地边缘,靠近老山,主要表现为中新生界地层自盆地向边缘逐层超覆尖灭,组成向盆地倾斜的单斜层。不少学者研究认为,油气沿主断裂、分支断裂及不整合面从盆地内部生油坳陷运移至超覆尖灭带和基岩断裂附近成藏。研究表明,该带油气藏分布具有以下特征:

1. 地层超覆不整合油藏

西北缘地层超覆带自下而上三叠系、侏罗系到白垩系超覆沉积中生界虽各层组均有分布,但厚度和分布极不均匀,当地层超覆上倾尖灭区和上覆层为泥岩时,形成油气的遮挡,从而形成地层超覆不整合油藏。在西北缘地层超覆不整合油藏仅见于百口泉的422井区三叠系油藏和风城—夏子街地区的浅层侏罗—白垩系油藏。

1)风城—夏子街地区的浅层侏罗—白垩系油藏

西北缘中新生界地层自盆地向边缘逐层超覆沉积,组成向盆地倾斜的单斜层,倾角4°~6°,白垩系地层覆盖全区。南部夏红北断裂基本控制三叠系沉积,北部乌兰林格断裂控制着二叠系分布,并在乌尔禾风城一带断开了侏罗系。再向北在露头区可看到断开白垩系的断裂。中下侏罗统在夏红北断裂以北0.5~3km处尖灭。

西北缘在白垩系吐谷鲁群,中侏罗统头屯河组,下侏罗统八道湾组均有油气显示,以稠油、沥青砂为主。其中以中侏罗统头屯河组的含油性最好,岩性为灰绿色中—细砂岩,为一套细粉砂岩夹泥岩的细碎屑沉积。侏罗系头屯河组原油相对密度大(0.9574~0.9619),黏度高(50℃时为558.6~890.5mPa·s),为典型的稠油油藏。

2)百口泉油田422井区克上组油藏

西北缘位于百口泉油田百21井区的百口泉断层上盘,三叠系克上组为向西北逐层超覆尖灭的一套正旋回沉积层,向东南倾斜,地层倾角约15°,克上组直接覆盖在石炭系上,白碱滩组厚150m的泥岩盖层超覆在克上组之上(图7-2)。所以,油藏为典型地层超覆尖灭油藏。原油相对密度0.8592,50℃黏度为14mPa·s,属正常原油。油藏面积2.3km^2,地质储量约67×10^4t,单位面积储量仅约30×10^4t,油气富集程度低。

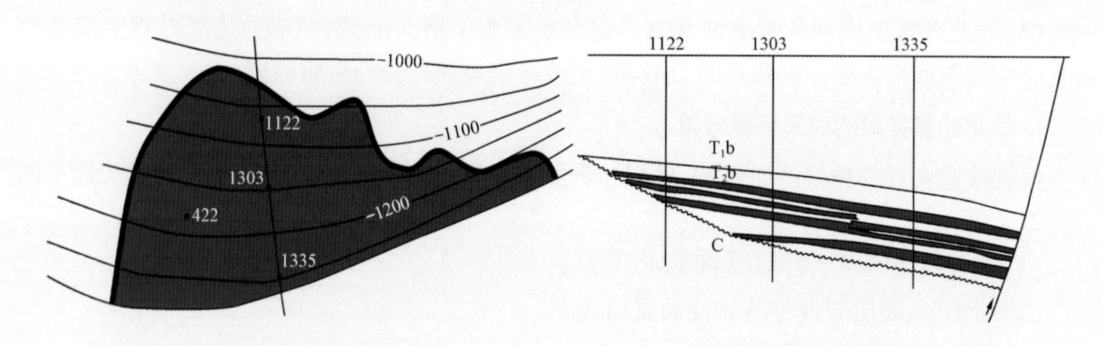

图7-2 百口泉油田422井区三叠系克上组油藏平面图和剖面图

2. 主要油藏类型

油藏类型以断裂岩性为主,断块油藏和地层超覆不整合油藏为辅。根据已探明储量的油藏的不完全统计,从数目上讲,断裂岩性约占总数的75%,断块油藏占12.5%,而超覆不整合油藏仅占6.3%。

1)断裂岩性油藏

典型的断裂岩性油藏包括克拉玛依油田六、九区、一区克浅1井区侏罗系头屯河组油藏、风城油田重1井断块侏罗系头屯河组、重43井断裂侏罗系八道湾组油藏、红山嘴油田红浅1井区侏罗系八道湾组和头屯河组油藏、车2井区头屯河组油藏等。

九区中南部头屯河组油藏是典型的断层岩性油藏,该油藏位于克乌大逆掩断裂带上盘中生界超覆尖灭带上,北以西白碱滩—百口泉断裂为界,该断裂断开最高层位为侏罗系头屯河组,对头屯河组油藏起遮挡作用。头屯河组底部构造形态为一由西北向东南缓倾的单斜,地层倾角4°~9°(图7-3)。九区石炭系基岩以上缺失二叠系,超覆沉积的中生界虽各层组均有沉积,但厚度和分布极不均匀。自下而上依次为中三叠统克下组、克上组、上统白碱滩组、侏罗系下统八道湾组、三工河组、中统西山窑组、头屯河组、白垩系吐谷鲁群。头屯河组角度不整合超覆于三叠系及侏罗系中下统各组地层之上,其上又被白垩系吐谷鲁群不整合超覆,具上剥下超特征。头屯河组为泛滥平原—分流平原河流相沉积,依沉积旋回可将其自上而下划分为G_1、G_2、G_3三个砂层组,其中G_1砂层组在西白碱滩—百口泉断裂下盘高部位大面积分布,低部位缺失,西白碱滩—百口泉断裂上盘仅在近断裂处分布;G_2砂层组分布范围最广,除九浅8井一带缺失外,全区分布;G_3砂层组仅分布在西白碱滩—百口泉断裂下盘。

头屯河组油藏集中分布于西白碱滩—百口泉断裂下盘构造高部位,低部位由于岩性变细,储层变差含油少或基本不含油。地面原油密度0.936~0.967g/cm^3,50℃时地面脱气油黏度为448~6500mPa·s,具高黏度、高密度的特点。

头屯河组储层为一套陆相沉积的碎屑岩,主要有石英长石岩屑砂岩、砂砾岩及含砾石英长石岩屑砂岩,多以夹层出现。由北西向南东厚度增大。三个砂层组即G_1、G_2、G_3,在纵向上基本连通,并且向北西方向逐渐变薄,以至尖灭形成岩性封闭。车2井区地面原油密度平均值为0.833g/cm^3,黏度(50℃)平均值为30mPa·s;含蜡量平均值为3.1%,为正常原油。油藏原始地层压力为32.6MPa,压力系数为1.047,地饱压差4.77MPa,饱和程度85.4%,属较高饱和程度的未饱和油藏。

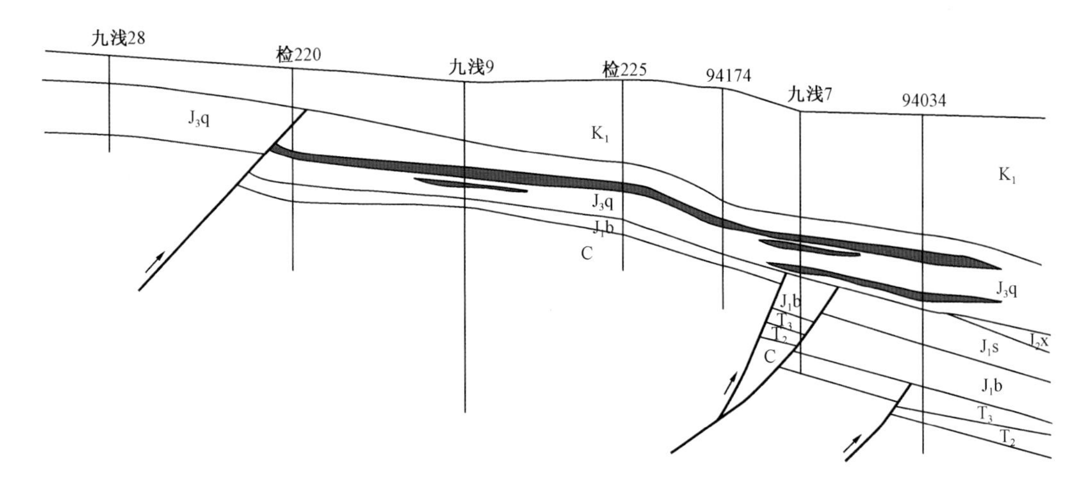

图7－3 九区头屯河组油藏剖面图

2）断块油藏

地层超覆带上断块油藏分布也十分局限，仅见于风城油田夏红北断裂上盘中生界超覆尖灭带上的重32井断块和重29井断块侏罗系头屯河组油藏（图7－4）。该油藏位于风城油田西部，北以哈拉阿拉特山为界，西邻乌尔禾乡，东与重1井断块毗邻，南与重33井区接壤。主要断裂有风16井断裂、风16井北断裂、重031井西断裂、重32井东断裂，其中风16井断裂、风16井北断裂是区内的两条重要断裂，它们控制着区内外中生界的沉积及其油藏的形成。从剖面上看，侏罗系超覆沉积于古生界侵蚀面上，其上又被白垩系吐谷鲁群超覆。目的层中侏罗统头屯河组由南向北超覆在下侏罗统三工河组、八道湾组之上，为一由北向南倾的单斜。主力储层为 G_2 砂层组，在整个断块内分布稳定，为典型的受断裂控制的断块油藏。原油密度为0.9459～0.9645g/cm^3，平均值为0.955g/cm^3，50℃时地面脱气原油黏度为600～21500mPa·s，平均值为6741mPa·s，凝固点8.1℃，属超稠原油。

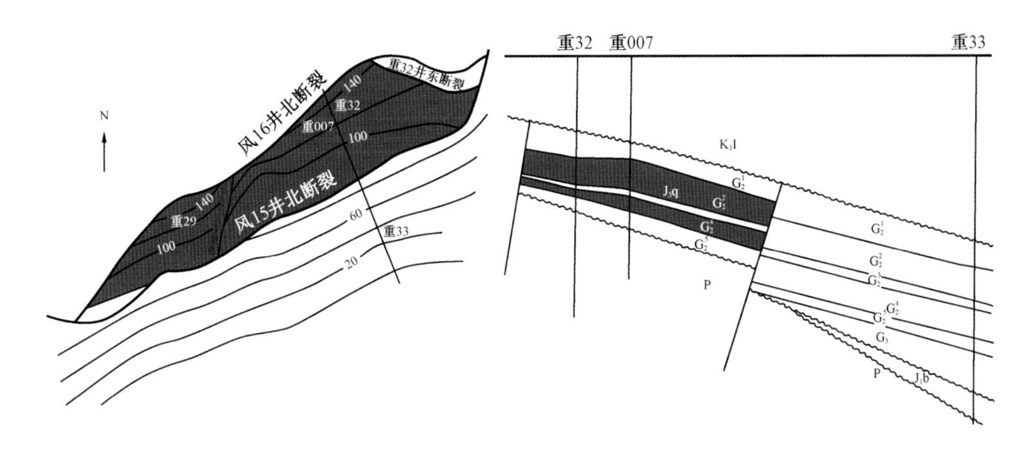

图7－4 重32井断块油藏平面图和剖面图

表7-1 准噶尔盆地西北缘超覆带油藏特征表

类型	油气藏构造图	典型油气藏	储层特征	原油物性特征
地层超覆不整合油藏	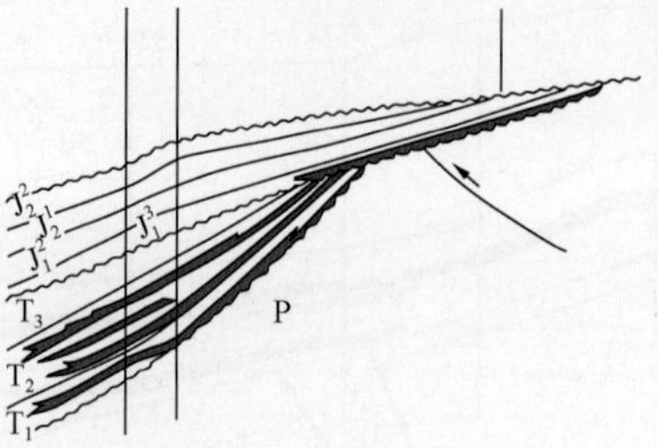	乌尔禾—夏子街侏罗系头屯河组油藏	河流相中—细砂岩,细粉砂岩夹泥岩	相对密度:0.9574~0.9619 黏度(50℃): 558.6~890.5mPa·s
		百口泉422井区克上组油藏	不等粒砂岩及砂质细小砾岩	相对密度:0.8592, 黏度:(50℃):14.0mPa·s
断块油藏	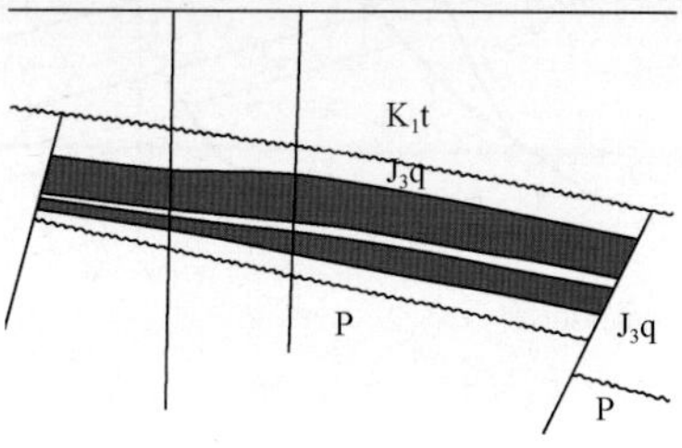 重32井断块头屯河组油藏剖面	重32井断块头屯河组油藏,重29井断块头屯河组油藏	主力储层为G_2砂层组,河流相中—细砂岩	相对密度: 0.9459~0.9645 黏度(50℃): 600~21500mPa·s
断裂砂砾岩油藏	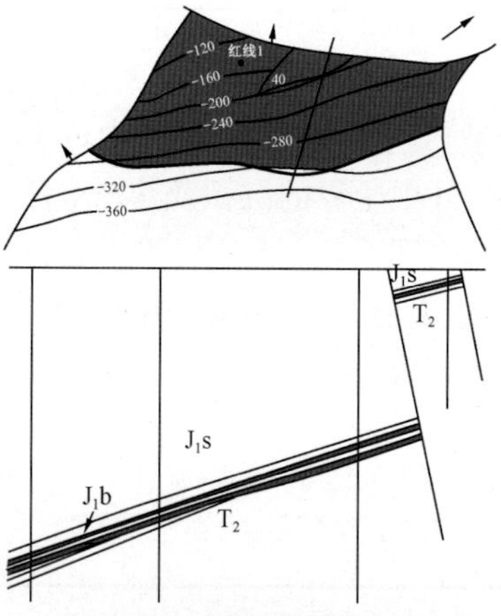 红浅1井八道湾组断裂岩性油藏	九区南克上组、克下组油藏,六区、九区头屯河组油藏,红浅1井区八道湾组、头屯河组油藏,克浅10井区头屯河组油藏,重43井区八道湾组油藏,重1井断块头屯河组油藏	河流相中—细砂岩、粗砂岩、含砾砂岩	相对密度:0.91~0.955 黏度(50℃): 133~26825mPa·s
断裂扇体油藏	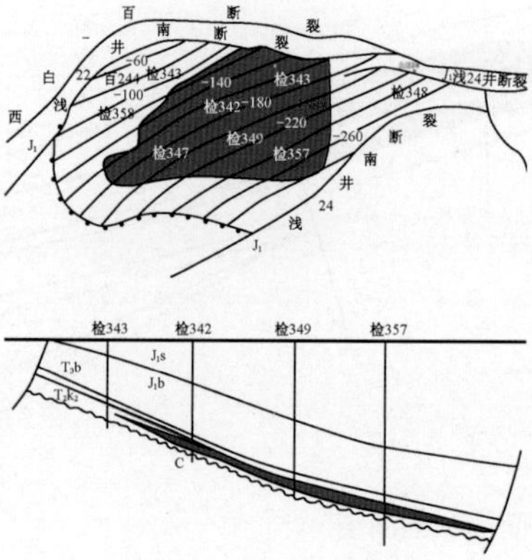 九浅21井区克上组油藏	九浅21井区克上组油藏	冲积—洪积扇相中细砂岩和砂砾岩	相对密度:0.939 黏度(50℃): 431~1064mPa·s

3. 地层超覆带原油以重质油为主

通过对西北缘超覆带上原油密度的统计，发现90%以上的原油属重质油（即密度 $>0.9g/cm^3$）。重质稠油油藏作为石油烃类能源的重要组成部分，蕴藏着常规原油资源数倍的巨大潜力，对今后西北缘的石油能源接替可起重要作用。

4. 地层超覆带上的油田水以重碳酸钠型为主

油田水，从广义上理解，是指油田区域（含油构造）内的地下水，包括油层水和非油层水。油田水的来源是一个极为复杂而尚未取得统一认识的问题。一般认为可以有以下三种来源：沉积水、渗入水、深成水。沉积水是指沉积物堆积过程中保存在其中的水。这种水的含盐度和化学组成与堆积沉积物的古海（湖）水的含盐度及沉积物有密切关系。因此，不同环境下形成的油层水矿化度有着明显差别。渗入水是指来源于大气降雨时渗入到浅处孔隙、渗透性岩层中的水。由于渗入水的矿化度低，对高矿化度的地下水可以起淡化作用。淡化作用在靠近不整合面的油田水中表现特别明显。深成水是指来源于地幔及地壳深部的高温、高矿化度、饱和气体的地下水，又称初生水。这种水在金属矿床形成过程中起重要作用，但其在形成油田水过程中所起的作用尚不十分明确。油田水可以看作是沉积水、渗入水和深成水以不同比例的混合水，经过一系列复杂的物理化学作用，并与油气相伴生的油层水。

通常根据 Cl^-、SO_4^{2-}、HCO_3^- 和 Na^+、Mg^{2+}、Ca^{2+} 离子含量及其组合关系，将油田水分为四类：重碳酸钠型（$NaHCO_3$ 型）、氯化钙型（$CaCl_2$ 型）、硫酸钠型（Na_2SO_4 型）和氯化镁型（$MgCl_2$ 型）。

超覆带上油藏的油田水型以重碳酸钠型为主。这是由于超覆带油藏相对埋藏浅，近地表，水运动较强烈而造成的。超覆带上油田水的矿化度不太高，一般介于 2～18g/L 之间，具有陆相油田水的特征。研究表明，陆相油田水的矿化度一般较低，但变化较大。根据我国陆相油田水的资料，矿化度一般低于 50g/L，以低于 10g/L 的占优势，最低的仅 0.55g/L，高于 50g/L 的仅占极少数，最高可达 398g/L。

三、断裂带的油气藏特征

断裂带作为西北缘油气藏的主体，自 1955 年克拉玛依油田发现后，一直是准噶尔盆地勘探的重点，至今已发现大小油气藏近百个，成为准噶尔盆地主要产油区。

1. 断裂带油气藏分布层位与类型

迄今为止，在断裂带上已在石炭系、二叠系佳木河组、风城组、夏子街组、下乌尔禾组、上乌尔禾组、三叠系百口泉组、克下组、克上组、白碱滩组、侏罗系八道湾组、三工河组、西山窑组、齐古组和白垩系清水河组等五个层系 15 个层组有探明储量，油气藏分布层组多。

现已发现的油气藏类型基本上涵盖了西北缘的所有的油藏类型，包括背斜（含背斜岩性）油藏、地层不整合油藏、断块油藏、岩性油藏、断裂岩性油藏。其中居于前两位的分别是断裂岩性油藏和断块油藏。

由于断裂带上断裂十分发育，断块众多，单个油藏的含油面积小、地质储量不高，大多数油藏的探明储量均低于 1000×10^4t。

2. 断裂带原油以正常油为主

通过对西北缘断裂带上每个油藏的平均原油密度进行分析，大多数地面原油密度处于正常油范围(即原油密度为0.80~0.90g/cm^3),约占总数的96%。部分重质油仅分布于乌尔禾油田、夏子街组油藏和百口泉油田百72井区佳木河组油藏,它们地面原油密度相对而言也不算很重,分别为0.904g/cm^3、0.905g/cm^{3}和0.917g/cm^3。原油黏度较低,各油藏黏度(50℃)平均值分布区间约为4~94mPa·s,属低黏度原油,利于开采。正因如此,近50年来,断裂带一直是西北缘勘探的主力区块。

3. 断裂带构造的差异导致油气藏分布的不同

红车、克百和乌夏断裂带三者构造的差异导致油气藏分布的不同。西北缘断裂带中油气成藏与断裂体系息息相关,也与岩性、下盘油藏存在与否等因素有关。

1)红车断阶带

红车断阶带是一个以南北向古隆起为主体,受南北向和东西向断裂纵横切割的断阶式构造。其表现为地层自东向西呈阶梯式抬升,地层厚度也依次减薄。断裂遮挡和岩性变化控制着油气藏的形成。主要储层为石炭系和二叠系佳木河组火山岩和侏罗系头屯河组砂砾岩和砂泥岩还有三叠系克上组、克下组、侏罗系八道湾组、西山窑组、齐古组、白垩系清水河组中的砂砾岩、砂岩。

(1)车排子地区。

断阶带上的油气藏类型以断块油藏为主,并且断块油藏中油气的分布大多数由两条或两条以上断层所控制,如车43井区佳木河组断块油藏、车77井区侏罗系八道湾组油藏。由于呈断阶式构造的存在,发育有多断块组合油气藏,如车47井断块—车30井断块佳木河组油气藏。

多断块组合典型油气藏为车47井断块—车30井断块佳木河组油气藏(图7-5)。区域构造上,车47井断块位于准噶尔盆地车排子隆起前缘断块带。构造格局为一受红车断裂与小拐断裂夹持、且向西北倾的单斜。车47井断块与车30井断块的佳木河组火山岩顶面构造形态为受断裂夹持,且向东倾的单斜。目的层佳木河组为高角度西倾火山岩,与上覆二叠系下乌尔禾组呈明显的角度不整合接触。油藏的主要储层为火山角砾岩和玄武岩,其中火山角砾岩物性相对较好,碎裂玄武岩、安山岩次之。上部断块—车30井断块为气藏,集中发育于佳木河组中上部,下部断块—车47井断块为油藏,集中发育在佳木河组中下部,为受断块控制的块状油气藏。原油密度一般为0.8254~0.8505g/cm^{3}之间,均值为0.834g/cm^3;50℃原油黏度的变化范围为4.52~15.30mPa·s,属正常油范畴。1996年探明含油面积6.1km^2,探明储量约为780×10^{4}t。

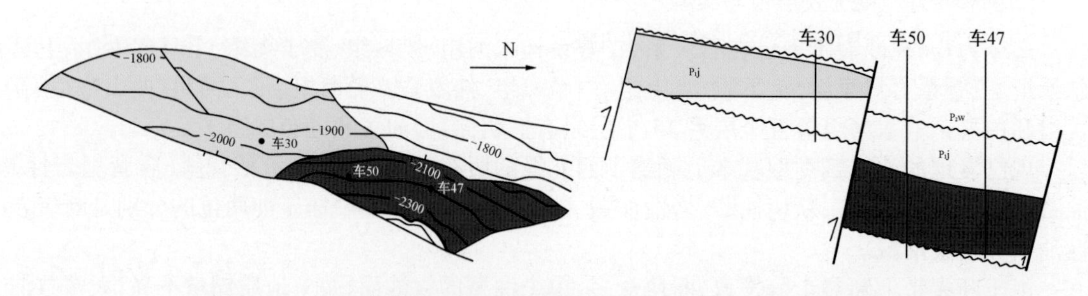

图7-5 车47井断块—车30井断块佳木河组油藏平面图和剖面图

侏罗系八道湾组不整合于二叠系上乌尔禾组之上,说明井区曾有强烈的构造运动。构造圈闭的主体断裂(红旗镇断裂和红旗镇3号断裂)不是红车断裂带的主断裂,属分支断裂。储层八道湾组主要为含砾砂岩及砂砾岩，岩性偏粗，色泽呈灰绿色，为冲积扇沉积，储层物性较好，孔隙度变化范围在21.16%～27.51%之间，平均值为25%。圈闭面积9.6km^2，地面原油密度0.883g/cm^3，原油体积系数为1.215，在侏罗系八道湾组获得预测储量约为1800×10^{4}t。

(2)红山嘴地区。

在构造上位于准噶尔盆地西北缘冲断带的中段与南段的交会处。构造相对低凹、断裂发育，内部为多个小断块组成。基底为石炭系的火山岩或变质岩，在南部上二叠统超覆沉积，在全区中生界自南向北超覆沉积。地层总倾向东南，油藏主要是由单斜背景上的复杂断块和岩性控制。

迄今为止，已发现的油气藏类型有：① 断裂油藏，包括红18井断块克下组油藏、红43井断块克上组油藏、红120井、红71井、红91井石炭系油藏、红4井区克下组断块油藏、红56A井区石炭系油藏等；② 断裂岩性油藏，包括红15井区克上组、克下组油藏、红56A井区克下组油藏；③ 断背斜油藏，如红29井区克下组油藏；④ 岩性油藏，如红80井区克下组油藏。目前仅在石炭系和三叠系克上组、克下组以及侏罗系八道湾组、西山窑组、齐古组、白垩系清水河组等获得了探明储量。

2)克百断裂带

克百断裂带是西北缘主体，断裂活动活跃，在长期构造活动中，主断裂又派生出若干分支断裂。根据其走向可分为两组：一组近东西向，主要包括有南黑油山断裂、北黑油山断裂、南白碱滩断裂、北白碱滩断裂等；一组为北西—南东向，主要有大侏罗沟断裂等。由于断裂的切割，使油田形成了北西向南东逐级下降的断阶构造，地层呈由北西向南东倾的单斜。同时，由于推覆作用与沉积作用的同时发生和交替进行，在石炭系及二叠系、三叠系、下侏罗统、中侏罗统和上侏罗统和白垩系之间形成了多个不整合。在这种构造背景下，形成的油气藏主要与断裂和岩性有关。

获得探明储量的地层主要有：石炭系火山岩、三叠系克上组、克下组和侏罗系八道湾组以及二叠系佳木河组、三叠系百口泉组、侏罗系齐古组等。

发现的油气藏类型主要有：(1)断块油藏，如123井断块克上组油藏、七中区和七西区的克上组、克下组油藏、百72井区佳木河组油藏；(2)断裂岩性油藏，如123井断块克下组油藏、246断块(及288断块、403断块、417断块)石炭系、三叠系克上组、克下组油藏、七西区八道湾组油藏、百21井区百34井区克上组、克下组油藏等；(3)断背斜油藏，如三区石炭系油藏；(4)岩性油藏，如六中区石炭系火山岩体油藏。

3)乌夏断裂带

乌夏断裂带构造活动强烈，推覆作用强烈，与红车断阶带和克百断阶带相比，其褶皱作用表现得最强烈，断裂活动持续时间短，结束时间早(早侏罗世)。乌尔禾—风城油田总体上为被断裂切割的背斜，发育有西北缘典型的背斜油藏(风3井区风城组背斜油藏)、断块油藏和断裂岩性油藏。夏子街地区断块和小背斜发育，自西向东分布3个小背斜：夏29井背斜、夏21井背斜、夏35井背斜。6个独立的断块：自西向东分别为夏53井断块、夏52井断块、夏29井断块、夏27井断块、夏26井断块、夏35井断块等。油田南部为夏9井断鼻构造，近东西走向，底部则自西向东的逐层超覆不整合，发育有断裂、岩性、背斜和不整合面有关的油气藏。

发育的油气藏类型有：(1)背斜油藏，如风3井区风城组背斜油藏、夏18—36井区百口泉组、克下组油藏、夏9井区八道湾组油藏、乌27井区夏子街组断背斜油藏等;(2)断块油藏,如风501井区风城组油藏、夏27井、夏29井、夏50井和夏35井三叠系克上组油藏、夏53井三叠系百口泉组油藏、乌27井下乌尔禾组油藏;(3)岩性油藏,如乌5井区克上组、克下组、百口泉组油藏;(4)地层遮挡不整合油气藏,如夏9井区三叠系百口泉组油藏。探明地质储量的地层有:二叠系夏子街组、下乌尔禾组、风城组,三叠系百口泉组、克上组、克下组和侏罗系八道湾组。

(1)风3井区风城组背斜油藏。

在海西运动晚期和印支运动末期,由于大规模推覆作用,形成了风城背斜带,风城背斜带就是由风9井背斜、风3井背斜及风5井背斜组成(图7-6)。其中风3井背斜是一个不对称的长轴背斜,西北翼缓,东南翼陡,构造陡翼被乌尔禾南断裂和风3井断裂所切割。

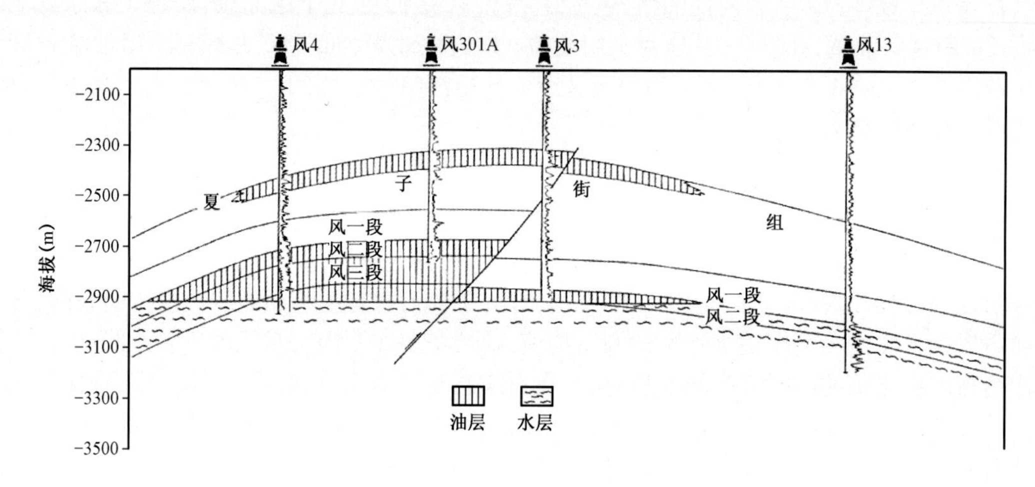

图7-6 风城油田风3井区风城组背斜油藏

风城组二段是主要油层段。岩性为深灰色白云质泥岩,属残留海相沉积。裂缝是储层的主要渗滤通道,各构造部位裂缝的存在和发育程度对能否产工业油流是至关重要的。风城组是一套好的生油岩,风二段是风城组的主要油层,油层具有层状分布的特征。风一段以泥岩为主,是油藏的盖层。风城组属自生、自储、自盖的原生油藏。油藏内的油水分布受背斜构造的控制,油水界面大致在海拔-2920m。风二段油层虽具有层状分布的特征,但在局部构造裂缝发育处与其下部储层是连通的,之间不存在统一的隔层,隶属于同一油水系统,因此风3井区属背斜油藏。原油密度0.87~0.9g/cm^3,平均值为0.886g/cm^3;凝固点范围4~18℃;黏度为44.65~329.62mPa·s(30℃);含蜡量4.7%,胶质含量46.5%,为正常原油。

(2)乌尔禾油田乌5井区块三叠系克上组岩性油藏。

乌5井区块位于新疆克拉玛依市乌尔禾地区,构造上位于准噶尔盆地西北缘乌夏前缘断阶带上乌尔禾鼻状构造的中南部,油藏受岩性控制。主要产层为$T_2k_2^2$、$T_2k_2^4$砂层组,地面原油密度分别为0.864g/cm^3、0.848g/cm^3,分别获得探明储量约60×10^{4}t和250×10^{4}t。

(3)乌尔禾油田乌27井区下乌尔禾组断块油藏。

乌27井区位于准噶尔盆地西北缘乌夏前缘断阶带结合部的乌南逆断裂上盘。圈闭由乌17井断裂和乌27井断裂夹持形成。储层岩性以泥质细砂岩、砂砾岩为主,为典型断块油藏。

地面原油密度为0.872g/cm^3，于2000年获得控制储量约900×10^{4}t。

4. 断裂带上的油田水特征

断裂带上的油田水类型以氯化钙型和重碳酸钠型为主。此外在红山嘴油田红4井区、红15井区、红29井区、红62井区还存在$MgCl_2$型水。这是由于断裂带的油田水分布层位多，从石炭系到侏罗系均有分布；分布深度变化也大。故即使存在深层停滞状态下形成的氯化钙型水，也存在陆表条件下形成的重碳酸钠型水，及两者之间的过渡型—氯化镁型。

断裂带上油田水与超覆带上的油田水相比，矿化度相对较高，多数大于10g/L，个别油藏的矿化度超过50g/L。其中矿化度超过50g/L的油藏均为$NaHCO_3$型，如246断块、403断块石炭系、风3井区风城组油藏，均具有相对高的矿化度。这可能是由于断裂带构造活动活跃，来源于地幔及地壳深部的高温、高矿化度、饱和气体的深层水能够沿断裂进入到油藏中与油藏中原生水混合，因而形成高矿化度的油田水。

四、斜坡带的油气藏特征

斜坡带位于主断裂带下盘，临近玛湖生烃凹陷，油源丰富。断裂发育，为油气运移提供良好通道并改善储层物性。其岩性往往非常复杂，既有正常碎屑岩体系，又有火山岩体系；既有一定的孔隙，又有较多的裂缝。这为油气聚集提供了良好空间。

1. 油气藏类型

控制油藏的因素按重要性排列，依次为岩性、断裂和地层不整合面，相应最重要的油气藏类型是断裂岩性油藏，其次为岩性油藏，而断块油藏、地层断裂油藏和背斜油藏因分布范围有限且探明储量较小而比较次要。在百口泉地区以西是向南东倾的斜坡，油气受断裂遮挡封闭，分布在冲积扇扇中及扇顶部位，表现出远离断裂的地方含油层位越老、油层越少；越靠近断裂的地方含油层位越新、油层越多。在百口泉地区以东经过断褶带后才进入单斜区，中—上石炭统有三排构造，油气主要分布在构造高部位，为断裂及背斜圈闭所控制。这些油气藏均为复合油气藏，与断裂、沉积相、地层不整合等多种因素有关，几乎没有由构造单一因素控制的油气藏。

斜坡带上主要有五类油气藏：断裂岩性油藏、岩性油藏、地层断裂油藏、背斜油藏和断块油藏，简述如下。

1）断裂岩性油藏

此类油藏在斜坡带分布范围最广，其中又以断裂扇体油藏为主。这是由于斜坡区位于主断裂下盘，洪积扇和扇三角洲十分发育，这些洪积扇和扇三角洲体与断裂配合，形成了断裂扇体圈闭，圈闭内油气聚集，就形成了断裂扇体油藏。如530井区下乌尔禾组油藏即为典型的断裂扇体油藏。储层为扇三角洲、冲积—洪积相沉积，北部被415井断裂遮挡，P_2w_1层构成了良好的盖层。530井区地层层序自上而下为白垩系的吐谷鲁群、侏罗系的头屯河组、西山窑组、三工河组、八道湾组、三叠系的白碱滩组、克上组、克下组、二叠系下乌尔禾组（P_2w）和佳木河组（P_1j）。下乌尔禾组顶部遭受较强烈剥蚀，与上覆的克下组为角度不整合接触，底部超覆沉积在二叠系佳木河组之上。

上乌尔禾组属快速沉积产物，P_2w_2层为冲积—洪积扇沉积，在扇根亚相区域，孔隙发育好，形成较好的油气富集区。P_2w_3 层为冲积—洪积扇，物源来自西北部，扇顶及扇中亚相为好的储层。总体上，油藏北部受构造遮挡，西部及东部受岩性和物性控制，南部受物性及构造控制，为断裂扇体油藏。

530 井区下乌尔禾组油藏地面原油密度在剖面上变化不大。P_2w_2 地面原油密度平均为 0.862g/cm^3，50℃时黏度平均为 13.90mPa·s，含蜡量平均为 6.07%；P_2w_3 地面原油密度平均为 0.862g/cm^3，50℃黏度平均为 12.70mPa·s，含蜡量平均为 5.84%，为典型的正常油（图 7－7）。

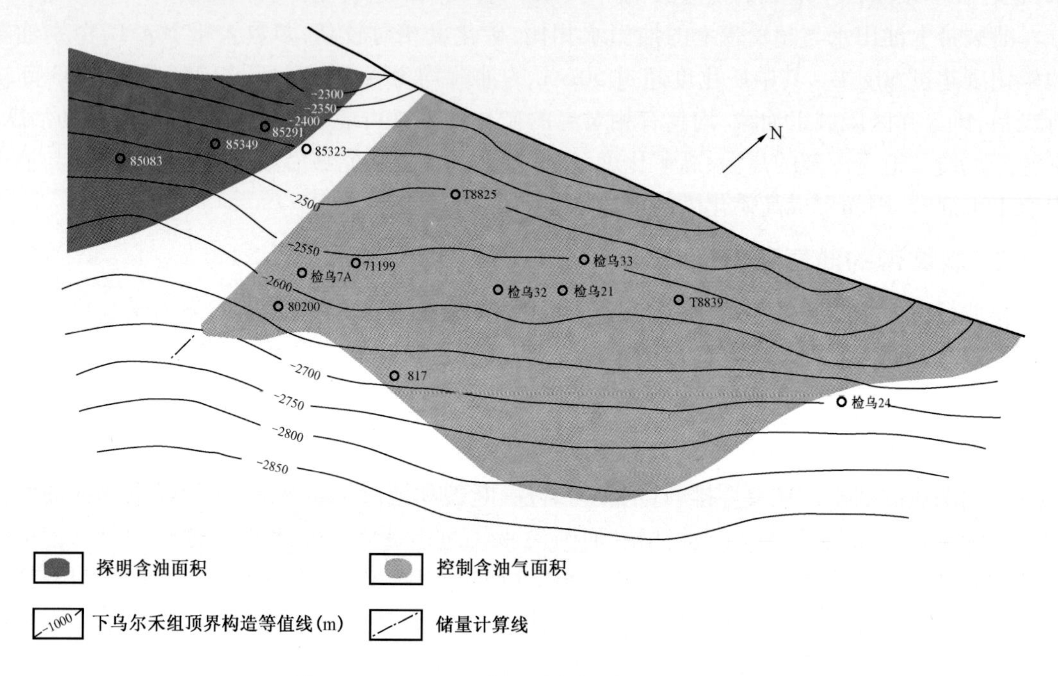

图 7－7 五区 530 井区下乌尔禾组含油面积图

2）岩性油藏

斜坡区洪积扇和扇三角洲充分发育，具有形成岩性扇体油藏得天独厚的地质条件，所以在八区二叠系上、下乌尔禾组紧邻主断裂处形成近亿吨（探明储量约 9000 × 10^4t）的扇体岩性油气藏，五区克 75 井区、克 79 井区二叠系上乌尔禾组靠近尖灭线处形成扇体岩性油气藏等。

3）地层断裂油藏

在斜坡区，二叠系向断裂带超覆沉积的，存在一系列地层尖灭带，与断裂等因素配合形成了地层断裂复合圈闭。这些尖灭带经过长期的风化、淋滤和侵蚀，溶蚀孔隙十分发育，储层物性距侵蚀面越近越好，顶部黏土层又是一个良好盖层。由于不整合面是油气运移的主要通道，这些地层尖灭带可以优先得到油气，形成地层油气藏或断层—地层油气藏。如五、八区佳木河组存在一系列的地层断裂油气藏——克 102 井区、检 105 井区、585 井区佳木河组构造—地层油藏等（图 7－8）。

4）背斜岩性油藏

玛北地区局部发育了低幅度背斜，同时岩性变化也控制着油气的分布，由此形成背斜岩性油藏。

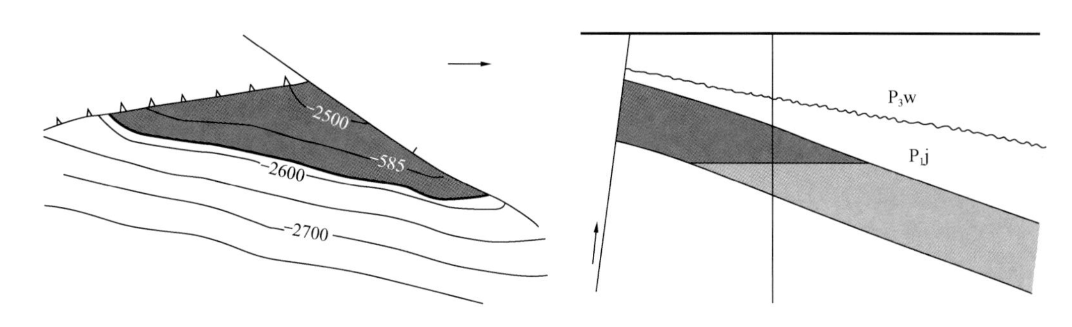

图 7－8　585 井区佳木河组地层断裂油气藏平面图和剖面图

5）断块油藏

斜坡区的断块油藏位于主断裂带下盘，受主断裂控制。在克百地区发育于佳木河组火山岩相地层，如五区 512 井区、573 井区、克 007 井区佳木河组油藏。在车排子地区，车 67 井区侏罗系八道湾组也为断块油藏。

2. 油气藏主要分布层位

斜坡带油气藏主要分布于二叠系和三叠系，少量分布于侏罗系八道湾组。在二叠系，斜坡带的油气藏主要发育于佳木河组和下乌尔禾组。佳木河组地层尖灭线与主断裂相配合，在五、八区形成一系列断裂岩性油藏。下乌尔禾组如上文所述，形成一系列受扇体控制的扇体油藏。

三叠系油气的主要储层为克上组和克下组以及百口泉组和白碱滩组，形成断裂岩性油藏。

在侏罗系，仅在车排子、五区的八道湾组发现了油气藏，即车 67 井区块八道湾组断块油藏、五区 552 井区断裂岩性油藏。

3. 扇体的规模控制着油气藏的形成规模

斜坡带（断裂）扇体油藏中扇体的规模控制着油气藏的形成规模。西北缘斜坡区沿主断裂带下盘成带分布冲积扇群、扇三角洲群，这些冲积扇或扇三角洲沉积以扇体为单元独自成藏，自成体系。油气成藏后即使发生倾斜或褶皱，油气仍封存其中。扇体的规模大小直接影响油气藏的聚集规模和丰度大小。

4. 斜坡带上的油田水型

斜坡带上油藏的油田水类型多，既有常见的 $CaCl_2$ 型、$NaHCO_3$ 型，个别油藏也有 $MgCl_2$ 型水，如克 87 井区佳木河组油藏即为 $MgCl_2$ 型水。

油田水的矿化度基本均小于 50g/L，表现为陆相水的特征。矿化度相对较高的油藏如：（1）克 87 井区佳木河组油藏，为 $MgCl_2$ 型水，其矿化度值平均为 20531.12mg/L；（2）530 井区上、下乌尔禾组油藏，为 $NaHCO_3$ 型水，矿化度值平均为 43893mg/L；（3）五区南上乌尔禾组油藏，为 $CaCl_2$ 型水，矿化度值平均为 20686mg/L。通常油田水的矿化度在相对封闭、径流迟缓的地带较高。因此，高矿化度的水多存在于较深的地层中。

五、中拐地区油气藏特征

中拐地区是红车断裂带和克百断裂带的转折带。表现为石炭—二叠纪古隆起，二叠纪末开始隐伏，一直影响到侏罗系。燕山运动隆起区进一步抬升，形成了东南低西北高的构造格局,并导致侏罗系厚度自东南向西北方向减薄,顶部遭受部分剥蚀。

中拐凸起是红车断裂带和克百断裂带的转折带,是一个重要的油气聚集带,仅仅是金龙2井区二叠系佳木河组、上乌尔禾组油藏,探明石油地质储量就在 5000×10^4t 以上。最近几年中拐地区先后在拐16、拐15、拐201、拐8等井区获得工业性油气藏,以岩性油藏为主。其中获得储量的油藏除拐15井区为断块油藏外,其余均为侏罗系的岩性油气藏。

中拐地区佳木河组的沉积厚度巨大,油气系统形成早,主要为高成熟的油气藏,如西北缘五区南油气藏、581井区佳木河组气藏等中拐凸起上的一些气藏。通过中拐—五、八区二叠系原油地球化学特征对比和二叠系天然气碳同位素特征对比,二叠系原油来自风城组烃源岩,天然气来自佳木河组腐殖型烃源岩,因此佳木河组天然气为自生自储型气藏,属晚期成藏,成藏条件较好。

二叠系佳木河组分布范围广、厚度大,储层相对发育,总体上表现为低孔低渗、裂缝发育的特征。据试油资料分析,中拐地区的油田水以 $CaCl_2$ 型水为主,矿化度多介于5g/L与35g/L之间。但拐8井区八道湾组的水型比较特殊,为较少见的 Na_2SO_4 型。通常此种类型的水存在于陆地近地表的浅层的地质构造中,其成因值得进一步研究。

第二节　复式油气运移与多元油气输导体系

主要根据油气类型的对比、油气组成参数变化特征、原油密度、地层水矿化度、地层水类型以及原油生物标志物参数的变化规律来阐明油气的运移方向。在广泛收集前人分析测试资料的基础上,又补取了53个油样和7个岩样,进行原油和沥青饱和烃气相色谱和生物标志物色谱—质谱分析。

一、原油物性特征与油气运移关系

油气在地层的运移过程中,会受到水洗、生物降解、矿物的吸附等作用,促使原油组分发生变化,从而产生地球化学分馏效应。因此,研究油气地球化学参数的变化规律,可以追踪油气的运移路径及方向。

原油物性包括相对密度、黏度、含蜡量、含硫量、含沥青质量、含胶质量等,其特征与来源有密切关系,但在来源一致或相近时,原油物性与运移过程、次生变化和保存条件等有密切关系。克百地区不同层位原油相对密度与黏度具有相似的正相关变化规律,黏度随相对密度增加而增大。主要对原油的相对密度与黏度进行研究,其他物性参数仅作参考。

1. 原油物性与油气垂向运移关系

克百地区不同区块原油相对密度随深度变化特征有一定差别,黏度的变化也具有类似变化规律。百口泉区原油相对密度随深度增加而逐渐减小,具有较好的规律性,相对密度高于0.9的原油主要分布在1500m之上。六、九区和湖湾区也具有这样的变化规律(图7－9、图7－10),但湖湾区在2000m深度之下,也有相对密度高于0.9的原油。五、八区原油黏度随深度的变化比较复杂,1500m深度之上基本没有相对密度高的原油,在1500m深度之下,则不同相对密度的原油都有(图7－11),但主要还是集中于0.84～0.90之间,相对密度低于0.8的原油主要是凝析油或轻质油,主要产自克006井上乌尔禾组气藏、克75井和克77井上乌尔禾组气藏。这些凝析油的密度变化不同于一般原油,其相对密度和黏度是随深度增加而增大的,这与气藏烃类流体系统的状态有关。

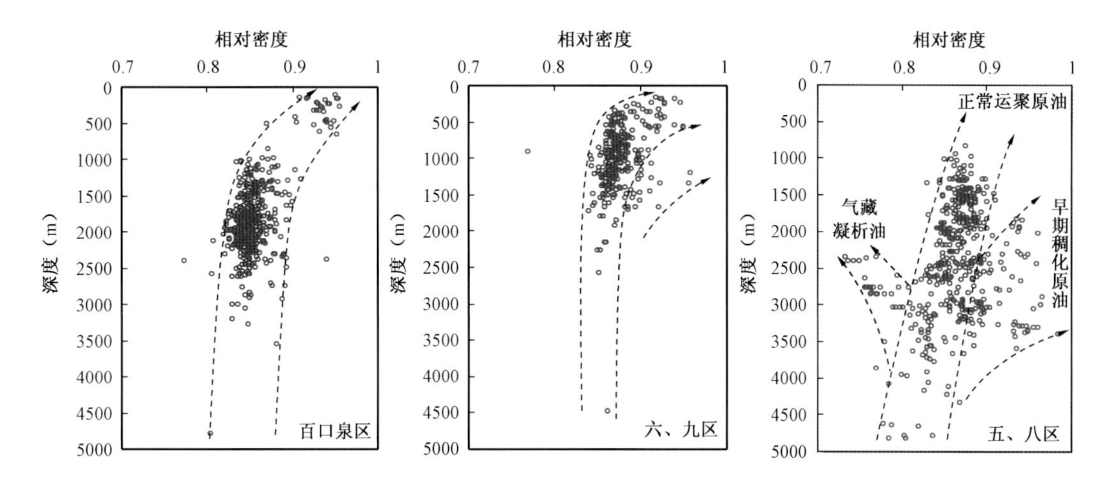

图 7-9 百口泉区、六、九区原油和五、八区原油相对密度—深度关系图

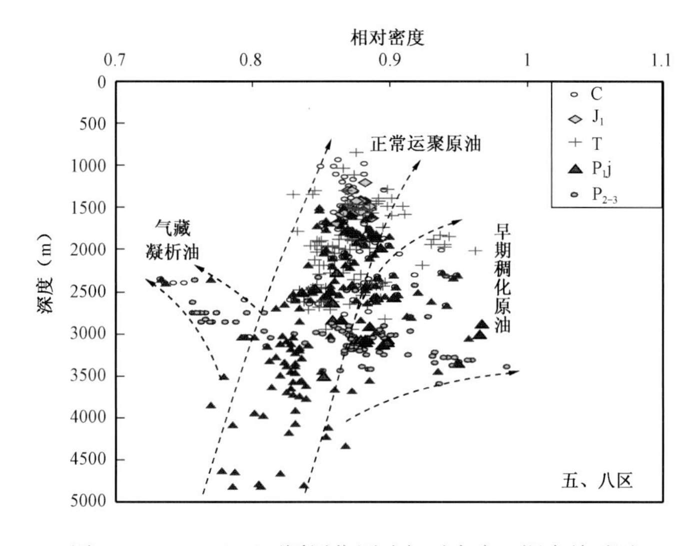

图 7-10 五、八区不同层位原油相对密度—深度关系图

克百地区的稠油主要由生物降解作用形成,而这种生物降解作用主要发生在埋藏深度相对较浅的阶段。因此,不同埋藏深度的稠油应该形成于不同时期,即埋藏深度浅的稠油主要是相对晚期或近期形成的,而埋藏深度较大的稠油则是早期油藏埋藏深度较浅时形成的。因此,五、八区 2000m 深度之下的稠油主要是早期形成的(图 7-9),而百口泉区、六、九区和湖湾区埋藏较浅的稠油主要为晚期形成(图 7-9)。不同层位的原油物性参数与深度之间的关系存在一定差异,但黏度的变化的差异不明显。侏罗系原油密度随深度变化具有较好的规律性,高于 0.9 的原油主要分布在 700m 深度之上,700m 深度之下原油的密度都低于 0.9。三叠系原油相对密度随深度的变化基本与侏罗系相似,但在 1500~2400m 深度之间,部分原油的相对密度大于 0.9,这些高相对密度原油均分布在克下组,主要为五区的 364 井的 1727~1745m、

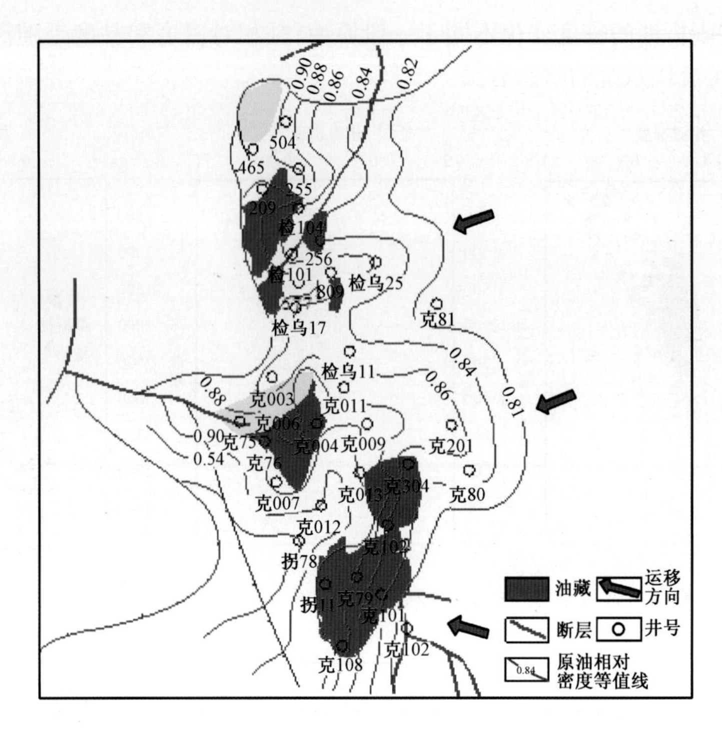

图 7－11　克百地区二叠系上乌尔禾组原油相对密度分布趋势图

477 井的 1616～1626m，以及 567 井、575 井、579 井、580 井、582 井、593 井、595 井和 599 井等，深度在 1561～2175m 之间。

二叠系原油物性变化复杂，与整个五、八区的变化类似（图 7－10）。相对密度低于 0.8 的原油主要都是气藏伴生的轻质油，相对密度高于 0.9 原油的主要分布在 2300m 深度之下，是早期稠化的结果。石炭系原油主要分布在断裂带及其上盘的斜坡基底部位，原油相对密度大多数低于 0.9，少数高于 0.9，高值在浅部和深度都有，说明石炭系原油稠化历史比较复杂。

在原油物性中，相对密度与黏度有较好的相关性，因此，用原油相对密度就可以分析油气运移特征。而不同地区的原油含蜡量一般都在 10% 以下，并且随深度增加没有明显的规律变化，尤其六、九区和湖湾区，规律性更差。因此，含蜡量在运移过程中的分异作用并不是很明显，只能用来辅助分析。

2. 原油物性与油气侧向运移关系

油气侧向运移一般以顺层运移为主。不同层位由于距离烃源区远近不同，储层类型与储盖组合、储层物性、埋藏深度等都有所不同，造成原油物性参数表现出规律地变化。

1）二叠系

二叠系既有稠油，也有正常原油，原油物性参数分布范围较宽，不同层位原油物性参数的分布特征基本相近，说明二叠系原油分布复杂。

上乌尔禾组原油主要分布在五、八区，原油相对密度总体上是从构造低部位向构造高部位逐渐增大，构造低部位原油相对密度一般都在 0.84～0.87 之间，高部位一般都在 0.86 以上，最高达到 0.96 以上。在构造高部位，原油相对密度高值区与低值区相间分布，465 井与检乌

20 井区、克 76 井区、克 78 井区与克 012 井区原油相对密度值均为高值区，其间为相对低值区（图 7－11）。气藏范围原油相对密度一般比较低，基本在 0.8 之下。上述分布特征总体反映了气藏之外原油主要是从低值区向高值区运移的特征，异常高值区是轻组分运移散失的主要区域。

中二叠统夏子街组与下乌尔禾组、下二叠统风城组原油相对密度总体上表现为靠近断层的部位为高值，远离断层的下倾部位为低值，具有较好的规律性变化。805 井区夏子街组油藏原油相对密度在油藏中部和下倾部位偏低，从 0.83 增大到 0.84，向东北方向接近断层的部位和向西南接近不整合面的部位以及向西北方向原油相对密度都逐渐增加，从 0.84 变化到 0.86 以上。530 井区夏子街组油藏原油相对密度也从下倾部位向断层部位逐渐增大，从 0.855 变化到 0.865 以上。830 井区夏子街组油藏西侧为不整合遮挡，距离不整合越近，原油相对密度有不断增大的趋势，反映了不整合不是完全封闭的，也有较轻组分的运移散失。

百口泉区夏子街组油藏为单斜地层上倾方向被交叉断层遮挡而形成的断层油藏，构造线与两个断层斜交，三者组成三角形区域，向交叉断层交叉点靠近，构造线逐渐升高。原油密度的分布与五区有类似之处，但靠近西侧和北侧原油密度变化特征不同。在西侧，靠近断层部位原油相对密度有从南到北逐渐增加的趋势，大体从 0.83 变化到 0.86 以上。从油藏下部向油藏北部断层过渡，原油相对密度逐渐升高，大体从 0.85 变化到 0.865 以上，在北部断层部位沿断层方向原油密度稍有变化，但大体一致。这种原油密度的变化特征预示了油气运移的主体方向是从南部向北部运移的，北部的百 19 井断裂是油气运移散失的重要区域。

风城组油藏主要分布在 805 与克 80 井区，原油密度变化也与夏子街组类似。在 805 井区附近，检乌 22 井和检乌 30 井区周围原油相对密度低，在 0.85 变化到 0.86 之间。从油藏中部向东北方向断层部位原油相对密度从 0.845 变化到 0.875，从油藏中部向西侧靠近不整合部位原油相对密度从 0.845 变化到 0.89，增加的幅度更大。克 80 井区原油密度总体从低部位向高部位逐渐增大，反映了油气总体从低部位向构造高部位运移的趋势。

佳木河组原油物性的分布与变化比较复杂，既有大面积的正常原油，也有稠油，还有天然气，气藏中还有稀油分布。正常原油相对密度一般都在 0.88 以下，横向变化比其他层位复杂，但总体趋势仍然为向构造高部位增大（图 7－12）。

从佳木河组不同深度段原油所在位置距不整合面距离来看，在距离不整合面不同距离均有正常原油和稠油，只是距离不整合面越近，稠油越多一些。从目前这些稠油所在深度来看，难以发生稠化作用，深部位的稠油应该是在埋藏相对较浅的时期形成的，稠油生物标记物特征显示的较低成熟度也支持这种认识。

2）三叠系

三叠系原油以正常油为主，相对密度主要在 0.9 以下，少数高于 0.9，其中白碱滩组和克拉玛依组均有少量相对密度高于 0.9 的原油，断裂带及下盘三叠系原油相对密度一般在 0.88 以下，一区和三区也显示不太高的值，在湖湾四区、二区、黑油山区、六、九区及九浅 21 井区显示高值，一般高于 0.9。这种特征说明，在克上组油气运移过程中，主体区域的原油轻组分散失作用较弱，随着运移距离增强，轻组分散失作用逐渐增强。原油相对密度增加的方向指示了油气运移方向。

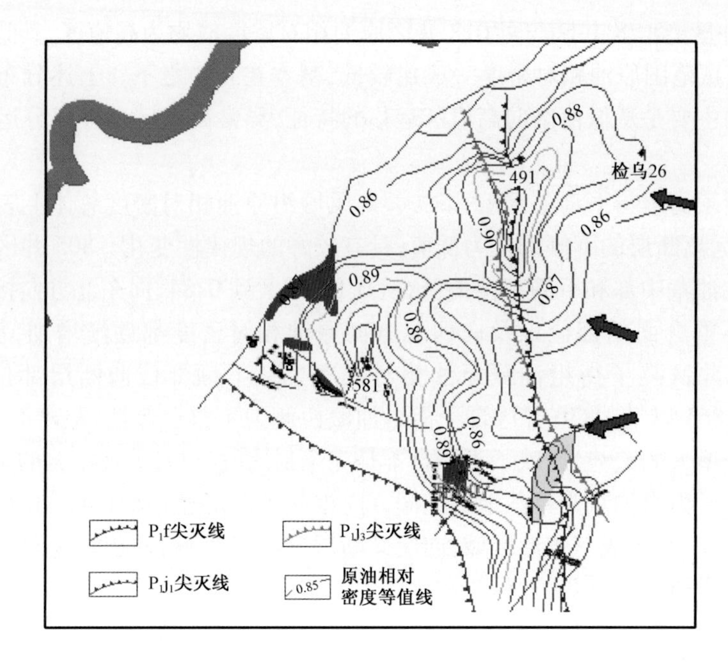

图7－12　克百地区二叠系佳木河组原油相对密度分布趋势图

3）侏罗系

侏罗系原油主要分布在八道湾组和齐古组。齐古组原油总体偏重，相对密度主要在0.9以上，八道湾组原油总体偏轻，相对密度主要在0.9以下。总体说明了齐古组运移效应更明显，遭受的次生变化更为强烈。

从原油相对密度平面变化的总体趋势（图7－13）可以看出，原油运移的总体趋势是从构造低部位向高部位，沿这一方向原油密度值总体呈增加趋势，但局部也有一些复杂的变化。黏度也具有类似的变化特征。克百断裂带及其下盘八道湾组原油相对密度一般较低，主要低于0.8，说明在断裂带及其下盘保存条件总体较好。在断裂带上盘的湖湾区、七区—九区—百口泉北区原油相对密度一般大于0.9，属于稠油。越靠近盆地边缘，原油密度越大，九浅21井区和九区最高，接近0.95。这种分布特征较好地指示了油气运移的方向。油气首先沿克百断裂带由下部向上部做垂向运移，然后部分就近聚集于断裂带及其附近，部分进入上盘储层继续向盆地边缘的构造高部位运移，在此运移过程中不断发生分异，原油物性不断变化，最终形成目前的分布格局。

齐古组原油的相对密度一般在0.9以上，少部分低于0.9，但一般高于0.89。上盘的原油相对密度在湖湾区范围大多高于0.92，六九区主要在0.92以上，高值达到了0.95以上（图7－13），属于稠油—超稠油。从保存角度来说，齐古组不如八道湾组。从运移角度来说，齐古组垂向运移距离更大，横向运移趋势更为明显，运移综合效应最强。

地层水矿化度的高低反映距离生烃凹陷的远近。百口泉地区的矿化度总体上较高，其次为八区克百断裂前缘带，五区克百断裂前缘带矿化度较低。因此，百口泉区距离生烃凹陷较近，五区克百断裂前缘带距离生烃凹陷较远。此外，克百断裂下盘的油藏都分布在矿化度高的

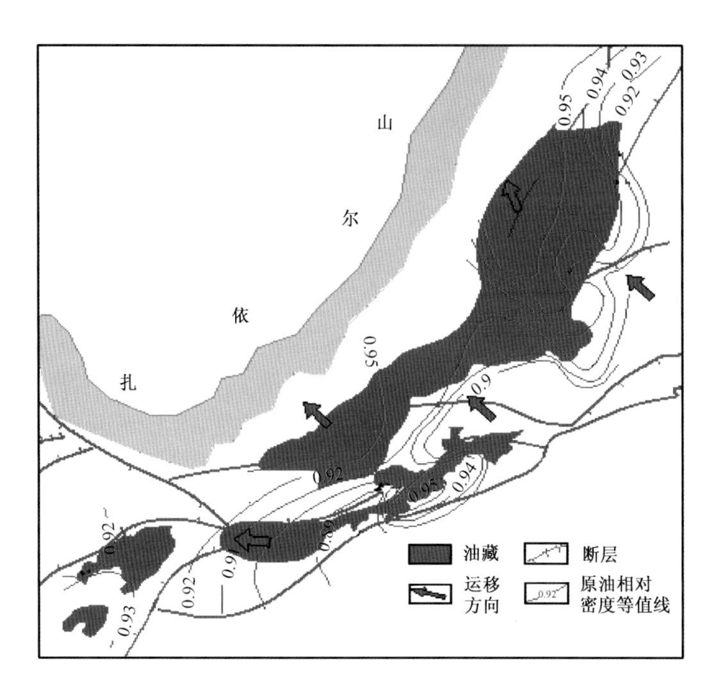

图 7－13　克百地区侏罗系齐古组原油相对密度分布图

地方，即地层水的滞留区，反映了地层水的流动方向。而断裂带上盘则没有这个规律。原油并不总是分布在高矿化度区，而分布在矿化度高值区往老山方向的一侧。

二、油气运移的地球化学示踪

选择的油气运移参数分别是重排甾烷/规则甾烷、三环萜烷/五环三萜烷和（孕甾烷＋升孕甾烷）/规则甾烷参数（陈建渝，1995）。其中重排甾烷/规则甾烷为所有重排甾烷与 C_{27}、C_{28}、C_{29}规则甾烷之比；三环萜烷/五环三萜烷为所有三环萜烷化合物与所有五环萜烷化合物之比；（孕甾烷＋升孕甾烷）/规则甾烷为孕甾烷加升孕甾烷与 C_{27}加 C_{29}规则甾烷之比。

1. 二叠系油气运移的地球化学示踪

二叠系原油类型复杂，三种类型原油均有分布。但 A_1 类原油与 A_2 类原油差别大，并且分布局限，B 类原油仅有 1 个样品。因此，主要用 A_2 类原油的生物标志物参数分析油气运移特征。选用了三环萜烷/五环萜烷和重排甾烷/规则甾烷两个参数作为研究五、八区的油气运移方向的主要指标。

五、八区三环萜烷/五环萜烷参数分布有一定规律，总体从构造低部位向构造高部位逐渐增大。虽然局部也存在矛盾，但不影响参数变化的总体格局。

2. 三叠系油气运移的地球化学示踪

三叠系原油平面上主要分布在克百断裂带上盘和断裂带前缘带，三环萜烷/五环萜烷、重排甾烷相对/规则甾烷参数随着原油运移距离的增加而比值升高（翟慎德，2003）。百口泉地区原油主要分布在百口泉组和克上组、克下组。从斜坡往百口泉断裂方向，以及从百口泉断裂南部向百口泉断裂北部，三环萜烷/五环萜烷比值都呈增大的趋势（图

7－14)。重排甾烷/规则甾烷比值从斜坡带向断裂带方向增加，反映了原油的运移方向为从百口泉断裂南部的内凸点向断裂北部及东北部运移。对于湖湾—五、八区，不管是三环萜烷/五环萜烷还是重排甾烷/规则甾烷都呈增大的趋势，这表明原油是从五、八区向湖湾区运移的。

3. 侏罗系油气运移的地球化学示踪

侏罗系油气主要分布在八道湾组和齐古组。平面上主要分布在克百断裂上盘的断阶带、推覆尖灭带以及断裂带下盘的断裂前缘带。

从整个侏罗系生物标志物参数重排甾烷/规则甾烷、三环萜烷/五环萜烷、规则甾烷 $C_{29}\beta\beta/(\alpha\alpha+\beta\beta)$ 和八道湾组孕甾烷＋升孕甾烷/规则甾烷参数的平面分布来看，克百断裂下盘的这两个参数值都比较低，上盘都比较高。依据参数的变化特征，并参考断层与构造线的关系，确定了原油总体的运移方向为断裂带下盘指向断阶带、推覆尖灭带，由构造低部位指向构造高部位。

三、输导体系的输导模式

根据研究区各种输导体系要素分布特征及其与烃源岩之间的关系，把输导体系划分为源内自生自储孔隙—裂缝输导体系、垂向近源下生上储裂缝—小断层输导体系、横向近源不整合输导体系、垂向远源断裂前缘带断层—渗透层输导体系、垂向远源断裂带与上盘渗透层横向输导—断层垂向调整输导体系 7 种类型。

1. 源内自生自储孔隙—裂缝输导体系

该输导体系主要出现于风城组与佳木河组烃源岩层系内部，横向输导通道主要是与泥岩互层或侧向接触的渗透性岩层，可以是砂砾岩层，也可以是裂缝发育层段(图 7－14)。相邻泥质烃源岩生成的油气就近排出进入临近输导层，然后沿输导层向高部位运移。在运移过程中，如果有有效圈闭，油气就被捕获形成油气藏。如果没有有效圈闭，油气将不断向高部位输导，直到遇到合适的圈闭聚集或因没有圈闭而散失。在烃源岩层系内部如果有断层存在，断层也可以垂向输导油气，从而连通不同的输导层，构成三维空间的输导网络。

克 82 井区佳木河组气藏上倾方向为克 82 井西断裂遮挡，下倾部位与气源岩输导体接触，或者所在层段下倾部位就是天然气输导体。深部气源岩生成的天然气通过输导体向上输导，遇断层圈闭形成遮挡，天然气聚集成藏。

克 80 井区风城组顶部火成岩油藏也属于源内自生自储孔隙—裂缝输导体系，风城组深部烃源岩生成的石油通过渗透性输导体向上倾部位运移，遇到合适的火成岩圈闭，从而聚集成藏。

除上述两个油藏和气藏属于源内自生自储孔隙—裂缝输导体系特征外，佳木河组还有一些气藏符合这样的输导体系。可见，在烃源岩层系内部和顶部都可以形成有效的油气聚集。

2. 垂向近源下生上储裂缝—断层输导体系

该类输导体系的典型特征是有效圈闭紧邻于烃源岩层之上，垂向距离很近，通过小断层和一些裂缝就可以与下部的烃源岩沟通，这些断层和裂缝没有破坏圈闭上覆盖层，油气通过小断层与裂缝的输导直接进入圈闭形成油气藏(图 7－15)。由此形成的油气藏主要是断层与岩性油气藏，也有地层油气藏分布。

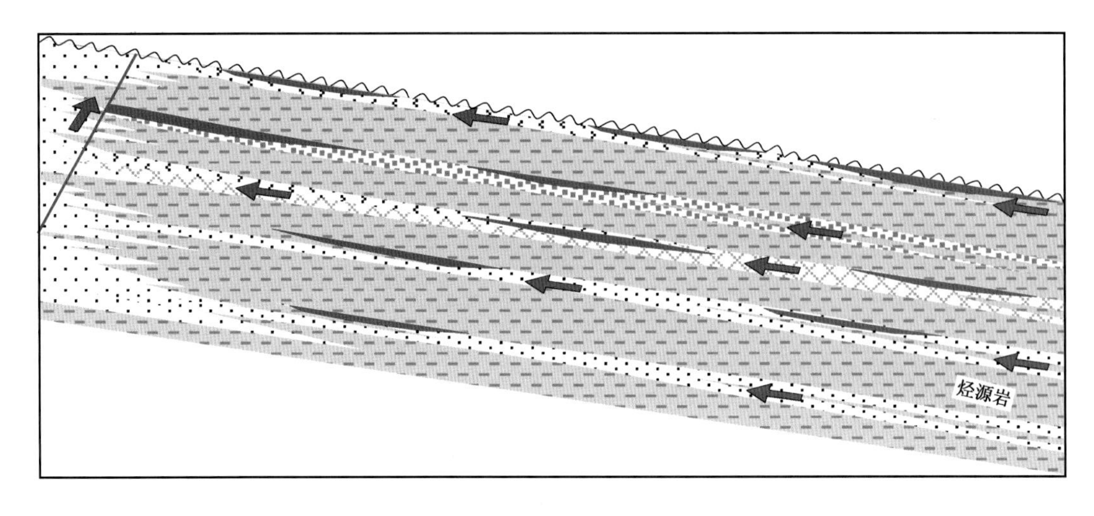

图 7－14　克百地区源内自生自储孔隙—裂缝输导体系模式图
由烃源岩生成的油气主要在烃源岩层系内沿相对渗透性岩层横向运移，
当遇到岩性或地层圈闭时便在烃源岩层系内聚集成藏

该类输导体系在风城组油源岩上覆夏子街组、佳木河组气源岩上覆风城组都有分布，目前的发现主要集中在五、八区和百口泉南区。相关输导断层可以是断层面与地层倾向一致的同向逆断层（图 7－16），也可以是反向逆断层（图 7－15）。

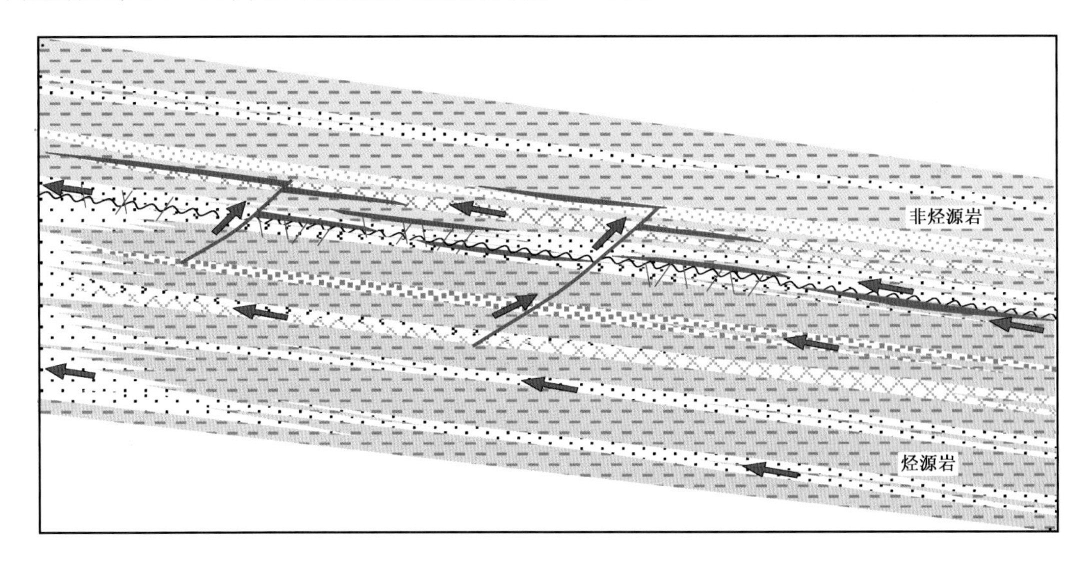

图 7－15　克百地区垂向近距离下生上储裂缝—小断层输导体系模式图

五区 530 井区夏子街组直接覆盖在风城组烃源岩层之上，油藏内油层紧邻不整合面，很小的断层或裂缝就可以沟通烃源岩层系内的输导体，底部油层之上的岩性油藏也应该主要靠小断层沟通下部油藏输导油气。

3. 横向不整合输导体系

横向不整合输导体系的典型特征在于输导体主要是不整合面上、下的渗透性岩层，不整合

图 7－16　克百地区垂向近距离风城组烃源岩下生上储裂缝—小断层输导体系模式图

面之下的输导体主要与各种裂缝和溶蚀作用形成的次生孔隙有关，原生孔隙很少。油气沿着不整合面之下的渗透性岩层由深部向浅部运移，输导的油气既可以在不整合面之下的地层中成藏，也可以在不整合面之上的临近渗透性岩层中成藏。不整合面之上的底部渗透性岩层也是重要的输导体，各种不同类型的油气藏主要都临近不整合面分布。

中生界之下的不整合与中生界及其上部不整合有较大不同。二叠系岩石形成时间早，埋藏时间长，成岩作用强，原生孔隙不发育，抬升、剥蚀与构造作用、溶蚀作用等形成的次生孔隙有关。中生界沉积时间晚，埋藏时间短，成岩作用相对较弱，原生孔隙比较发育，所以，中生界与不整合有关的输导体主要受沉积、岩性控制，各种砂砾岩层是重要的输导体。

克百地区不整合分布普遍，断裂带及断裂带上盘不整合属于远源不整合输导体系，其输导特征与渗透层横向输导—断层垂向调整与遮挡输导体系没有本质区别，油气相态主要以液态原油为主。研究区域前中生界顶部不整合全区分布，岩性复杂，既有火成岩，也有沉积岩，还有变质岩，主要靠各种次生孔隙作为输导通道，输导体分布具有非均质性，呈地毯式分布。由于存在断层作用，不整合输导的油气可以输导到上部不同地层中聚集成藏，本身内部也可以通过断层、岩性等遮挡形成油气藏。

佳木河组气源岩主要在佳木河组不整合面之下运移输导，聚集形成气藏，部分地区由于断层或裂缝发育，在不整合面之上地层中也可以输导，形成气藏；风城组油源岩生成的油气主要在佳木河组顶部不整合面之上地层中运移，聚集形成油藏，部分地区也可以在不整合面之下亚组运移，聚集形成油藏。从油气分布的总体情况来看，两套烃源岩形成油气的混合程度不大，说明了不同烃源岩有其主体的成藏区域与层位，佳木河组生成的油气主要在佳木河组内部及其临近地层输导聚集形成气藏，风城组烃源岩生成的油气主要在风城组内部、上覆地层及高部位构造中输导聚集形成油气藏。

4. 垂向远源断裂前缘带断层垂向输导—渗透层横向调整输导体系

在克百断裂前缘带也有油气藏分布，这些油气藏的形成与断层、渗透层及其与构造线的配置有密切关系。其输导体主要由渗透层、断层组成，渗透层主要起横向输导作用，断层主要作为油气来源通道输导油气。但仅有断层与渗透层还不足以形成油气藏，还必须要求构造线与断层斜交，斜交的方式既可以是弧形断层与平直构造线或向下倾部位弯曲构造线相交，也可以是大体平直断层与平直构造线或向下倾部位弯曲构造线相交。垂向远源断裂前缘带断层—渗透层输导体系中油气沿输导体系运移的主要特点是:在断层某一部位油气沿断层向上部运移到某渗透性输导层时,油气质点将沿势能降低最大的方向运移,在渗透性输导层中,构造线海拔降低幅度最大的方向就是势能降低最大的方向,所以,在断层与输导层接触的部位,油气质点主要沿垂直于构造线方向向高部位运移,而不是通过断层运移到渗透性输导层时倒灌进入输导层,仍然是进入输导层后向构造高部位输导(图 7－17)。

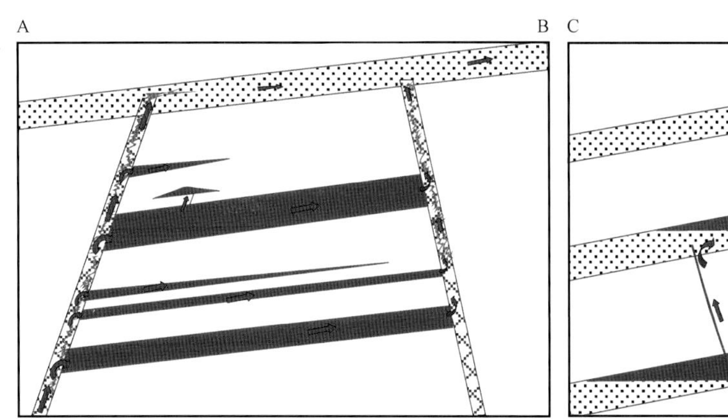

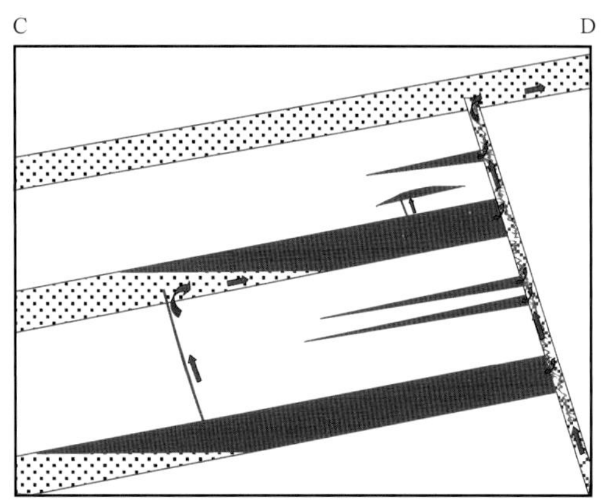

图 7－17 克百地区垂向远源断裂前缘带断层—渗透层输导体系模式图

百口泉区百 21 井区百口泉组油气藏的形成主要与垂向远源断裂前缘带断层—渗透层输导体系有关,百 19 井断裂与百口泉断裂构成交叉断层遮挡,形成弯曲断层与平直构造线、渗透性砂砾岩输导层构造的输导体系。油气通过断层垂向调整进入百口泉组渗透性输导层后沿输导层向构造高部位运移输导油气。

断层与输导层构成的油气注入点在两条断裂部位都有,主体输导方向有两个,并且在油气藏中部交汇后继续向高部位输导。五、八区断裂带下盘八道湾组含油范围的分布与该输导体系模式吻合得也比较好,在构造线与断层斜交点,油气通过断层注入到储层,后沿输导层向构造上倾部位调整,通过分段注入与调整,油气藏底部油水界面依次向构造高部位变化,最后形成油气藏紧贴断层分布的格局。除百 21 井区百口泉组油气藏外,在百口泉南区断裂带下盘的克下组、克上组和白碱滩组与五、八区前缘断裂带下盘二叠系、中生界都有该输导体系输导形成的油气藏。

5. 垂向远源断裂带下盘斜坡带断层垂向输导—渗透层横向输导体系

在前缘断裂带下盘远离断裂带的斜坡部位一般很难通过大断裂—渗透性输导层输导到下倾部位的储层中。在这一构造部位,烃源岩层之上的中上二叠统与中生界油气藏中的油气主要靠较大规模的断层与深部烃源岩沟通提供油气来源。油气以垂向输导特征为主,垂向调整到目的层后再沿渗透性岩层横向输导、调整,当遇到合适圈闭时聚集成藏,部分油气可以沿着渗透性岩层向大断裂前缘带部位运移。但目前研究区未发现该类输导体系形成的油气藏,百 65 井区八道湾组含油水层中的原油可能是通过这种输导体系模式进行输导的。该输导体系的关键是断裂要沟通下部烃源岩,最好可贯穿烃源岩。

6. 垂向远源断裂带及上盘渗透层横向输导—断层垂向调整输导体系

克百断裂带内输导体系主要属于该类，断裂带上盘断层发育区域也主要属于该类输导体系（图7－18）。

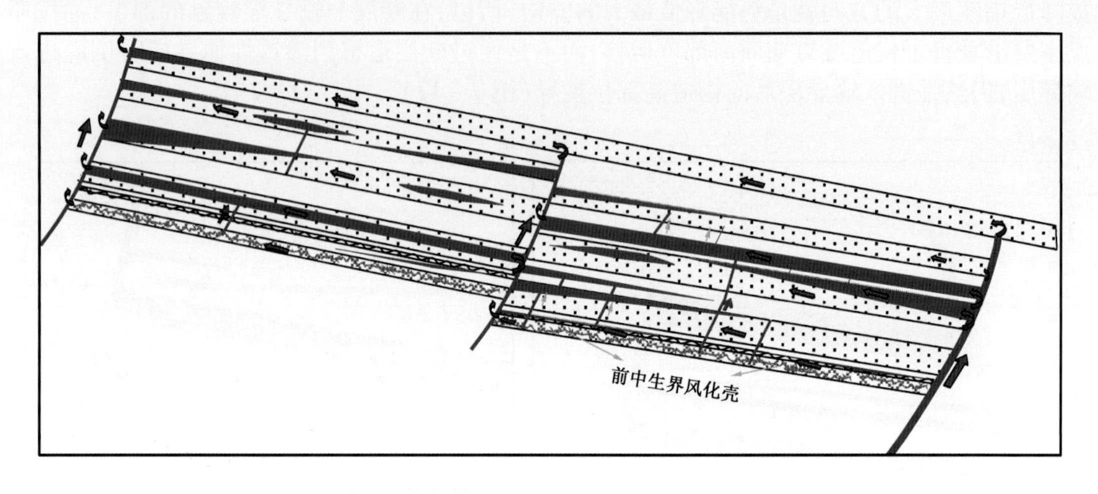

图7－18　克百地区垂向远源断裂带及其上盘渗透层—断层输导体系剖面模式图

典型特征是油气来自克百大断裂，油气自大断裂进入渗透性输导层后，向构造上倾部位输导，在运移过程中，当遇到岩性变化或断层遮挡时，油气便聚集形成油气藏。在油气输导路径上可以发育多条断层，构造位置依次升高，输导路径上断层一方面遮挡油气形成油气藏；另一方面，由于断层的相对封闭性与绝对开启性，部分油气通过输导层和断层向构造更高部位输导，当再次遇岩性变化或断层遮挡时又聚集形成油气藏。在此过程中，断层主要起遮挡和垂向调整两方面的作用。由此输导体系形成的油气藏有断层—岩性型、岩性—断层型和岩性型，前两者上倾部位与侧向主要靠岩性遮挡，后者上倾部位主要靠断层遮挡。所以，断层—岩性型油气藏主要分布断层上盘，岩性—断层型油气藏主要分布在断层下盘，岩性油气藏在断裂带不同区域都可能分布（图7－18）。

该类输导体系形成的油气藏在断裂带古生界与中生界和断裂带上盘中生界到处分布。百31井区百口泉组油气藏分布在百19井断层与克百断裂之间，油气层呈南北向的单斜特征，油气主要通过百19井断裂调整到百口泉组输导层中，然后向构造高部位输导，在构造高部位遇到克百断裂遮挡而形成油气藏。六浅1井区齐古组油气藏剖面显示，油气通过断层调整到齐古组输导层后向上调整遇到岩性遮挡形成油气藏，也符合这一模式。

7. 断裂周期性活动油气输导

断裂的活动期造成油气运移的良好通道，导致断裂带内的油气不断地调整平衡，使断裂带多层含油，大致是断裂断开哪个层位，油气就运移到哪个层位；断裂的宁静期造成构造封闭，使油气在断裂下盘得以聚集和保存；最后沿断裂带及其两侧形成了多层系的油气富集带（图7－19）。

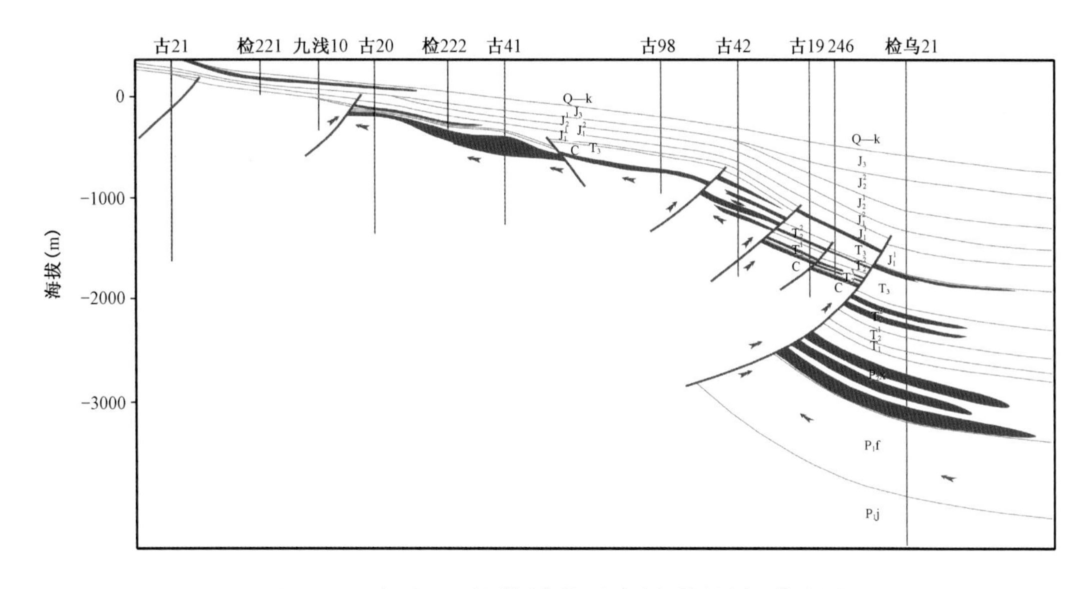

图7-19　克百地区断裂周期性活动油气输导剖面模式图

第三节　盆山耦合复式油气成藏模式

西北缘冲断带的油气成藏具有鲜明的构造控制特点:(1)中晚石炭世—早二叠世的原型盆地格局控制了烃源岩的发育,由于这一时期前陆盆地沉降的不均衡性,近造山带一侧沉降快,水体更趋于还原,从而发育了有利的生烃相带;(2)由于逆冲活动具有同生长性质,在石炭纪末,早二叠世末及二叠纪末都强烈活动,造成中、北段大规模地掩冲推覆,从而使下伏的烃源岩迅速成熟,从而导致成藏期早的特点(局部可能在风城组中晚期就已聚集成藏),主要油气田多形成于三叠纪末;(3)断裂的间隙性活动,特别是后期(J_2 以后)的再活动,造成早期形成的油气田的调整与再分配,部分聚集在侏罗—白垩系,部分逸散地表遭受氧化降解,或可形成稠油沥青封堵,如黑油山—乌尔禾一带的沥青所示;(4)构造活动的差异性(时期,方式,强弱等)导致了成藏的分段性。下面对这些特征进行简要分析。

一、油气成藏基本特征

1. 油气成藏的构造特点

乌夏地区断裂形成时期早、活动强度大(水平断距大),断层相关褶皱发育;车拐地区断裂发育时期较晚、活动强度小(垂向滑动明显),不发育断层相关褶皱;克百地区地处二者的过渡带。

2. 油气成藏的沉积特点

乌夏地区扇体形成时期早、发育层位多、规模大、各期扇体叠置性好、向盆地迁移明显;车拐地区扇体发育层位少、规模相对较小、各期扇体叠置性较差、向盆地迁移不明显。

3. 基本成藏特征

从北东向南西成藏期逐渐变晚。乌夏断裂带第一期成藏较早,后期构造作用的影响导致了油气藏的再调整，形成了第二期、第三期油气藏。第三期油气藏的形成受构造作用的影响，同时有高成熟烃类的注入。克拉玛依断阶带成藏期也较早，这主要与烃类的早期成熟有关；在斜坡区成藏期相对较晚，但先期形成的烃类受断裂带影响再调整形成的次生油气藏普遍发育。车拐地区成藏期明显晚于克夏地区，原油成熟度高，两期成藏的特征明显；这些主要与构造活动导致的烃类再分配有关。

二、不同构造带成藏模式

1. 红—车断裂带近源晚期侧向运聚与垂向分配模式

车拐地区主要发育有四大套储盖组合：(1)佳木河组(P_1j)，上乌尔禾组(P_3w)；(2)克下组(T_2k_1)，克上组(T_2k_2)；(3)八道湾组(J_1b)，头屯河组(J_2t)；(4)吐谷鲁群(K_1tg)。相应在上、中、下三部分形成了不同类型的油气成藏组合。下部为断块型，断层遮挡型油气成藏组合；中部为断块型，断层—地层型油气成藏组合；上部为断层—岩性型油气成藏组合。红车断裂带以昌吉坳陷西侧的下乌尔禾组(P_2w)为主要烃源岩，并且红车断裂是其主要的垂向运移与分配通道，成藏期在白垩—新近纪。

2. 中拐凸起远源侧向晚期运聚模式

中拐凸起的成藏模式为远源侧向晚期运聚模式。其烃源岩为沙湾凹陷西侧的下乌尔禾组(P_3w)，盆1井西坳陷的下乌尔禾组与玛湖凹陷的下乌尔禾组或风城组。油气早期沿二叠系内部(主要是P_3w底部)的不整合面侧向运聚，晚期沿二叠系的逆断层与三叠—侏罗系的正断层两套断裂体系进行运聚，重新调整成藏，主要聚集在二叠系、侏罗系、三叠系中(图7-20和图7-21)。

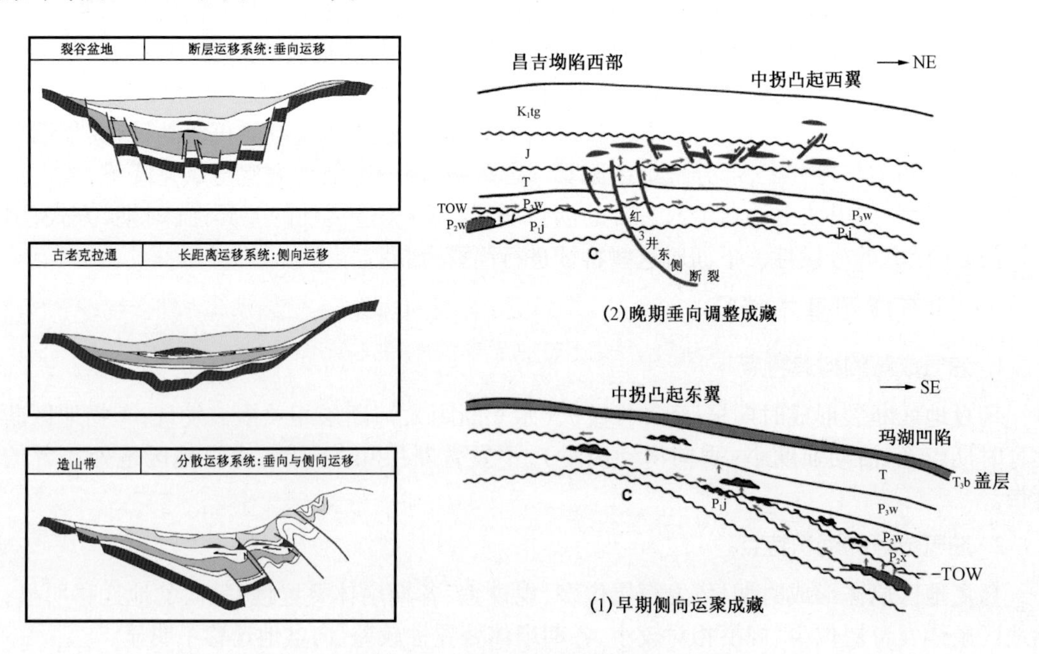

图7-20　中拐地区油气成藏模式

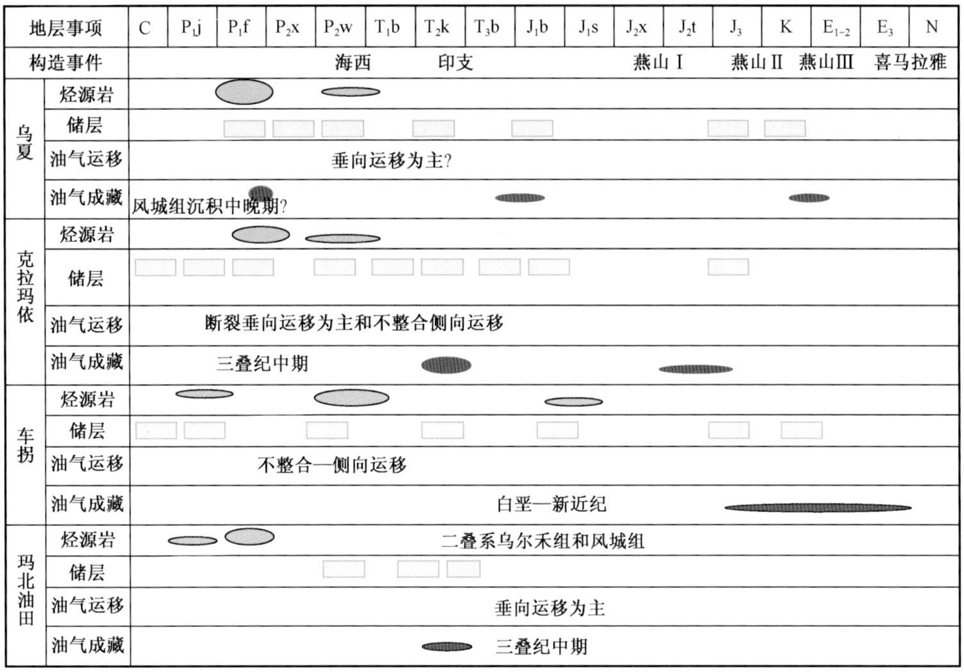

	地层事项	C	P_1j	P_1f	P_2x	P_2w	T_1b	T_2k	T_3b	J_1b	J_1s	J_2x	J_2t	J_3	K	E_{1-2}	E_3	N
	构造事件					海西		印支				燕山Ⅰ		燕山Ⅱ		燕山Ⅲ	喜马拉雅	
乌夏	烃源岩																	
	储层																	
	油气运移						垂向运移为主?											
	油气成藏	风城组沉积中晚期?																
克拉玛依	烃源岩																	
	储层																	
	油气运移		断裂垂向运移为主和不整合侧向运移															
	油气成藏			三叠纪中期														
车拐	烃源岩																	
	储层																	
	油气运移			不整合—侧向运移														
	油气成藏								白垩—新近纪									
玛北油田	烃源岩							二叠系乌尔禾组和风城组										
	储层																	
	油气运移								垂向运移为主									
	油气成藏								三叠纪中期									

图 7－21　西北缘中拐—五、八区油气成藏模式图

3. 克夏断阶带源内(或近源)垂向运聚早期成藏晚期调整模式

克夏断阶带以其下的风城组(P_1f)为主要烃源岩,沿克拉玛依、百口泉、乌夏断裂及其分支断裂等垂向运聚。研究区域断裂活动强烈,故排运效率高。断阶带主要地层有:(1)佳木河组(P_1j)、风城组(P_1f);(2)夏子街—下乌尔禾组;(3)三叠系;(4)八道湾组(J_1b)、头屯河组(J_2t)。这四个时期的地层构成四大套储盖组合,相应地形成了四种类型的油气成藏组合。这些组合在三叠纪末成藏,中侏罗世以来发生调整。

4. 斜坡区近源侧向晚期运聚模式

油气主要沿风城组与上乌尔禾组底部不整合面侧向运聚。北西向的断层可能是优势运移汇集带,它们将玛湖西斜坡分割为四个运聚单元,其间的边界即为北西向的红山嘴东侧断裂,大侏罗沟的南延断裂和黄羊泉断裂。该模式主要聚集高熟油或天然气,且油气主要聚集在二叠—侏罗系的各类扇体中。从该模式来看,与克夏断阶带相比,具有不同的油气充注方向。

第四节　西北缘构造位置与复式油气成藏

经地震及钻井资料证实,准噶尔盆地西北缘是一个隐伏的逆掩断裂带。断裂带主断裂是由一组近于平行的逆冲或逆掩断裂组成,包括西南的红车断裂带、中部的克乌断裂带和东北部的乌夏断裂带。西北缘的油气藏分布与逆冲断裂关系密切,油气主要沿红车、克百、乌夏三大断裂带两侧分布,南自车排子地区、北至夏子街地区,延长 250km 以上,不同层系含油面积基本连片,含油面积受断裂带控制明显。主要表现为:(1)断层是油气运移的通道;(2)对油气起遮挡(封闭)作用,使西北缘形成大量的断层遮挡和断块油气藏;(3)在改善岩石的储集性能方面也起了重要的作用,对储集体的作用主要表现为两方面,一是由于断裂活动,使储集体中的裂隙增多加大、孔渗条件得到改善,如西北缘推覆体主体石炭系基岩所形成的油气藏;二是由于断裂使储层相互连通,便含油有效厚度加大;(4)断裂活动对油气藏也可能产生破坏,如西北缘燕山早期的断裂活动使原生油气藏遭到破坏,因而大量的次生稠油油藏和地表的油气苗广泛发育。

根据断裂对油气的控制特点、前陆冲断系统的地质结构可以将西北缘划分为前缘斜坡带、推覆体下盘断层相关背斜带、推覆体前缘断块带、推覆体主体及上盘地层超覆尖灭带五个含油领域。

一、推覆体主体

推覆体主体是主断裂上盘前缘断块带以北包括老山的基岩楔形体,岩层倾角较陡,倾向北西,褶皱、断裂发育,具叠瓦构造,向深部断裂逐渐归并。油气分布与主断裂及次一级断裂有关,也与岩性、盖层、下盘油藏存在与否等因素有关。

推覆体主体有三种储油类型:当基岩为变质泥岩时可在断裂附近微裂缝中储油;当基岩为变质砾岩时,在断块的高部位储油;当基岩为蚀变安山岩时,因次生孔隙的发育,可出现大面积储油。这三种类型中的后两类可出现高产带。推覆体的油气主要来自下盘掩覆带,也可能部分来自自身,即其为一个巨大的生、储油的含油体(谢宏等,1984)。

该带的含油特点是远离主断裂则含油差、油层薄、油质变稠;近主断裂则含油好、油层厚,含油井段与相邻断层的断距大小有一定的相关性。常见基岩断块、基岩岩性及风化壳圈闭类型。风化壳圈闭,是指石炭系基岩经长期风吹、日晒、雨淋与冷热交替等物理与化学风化作用后,不但破碎或与母岩脱离,而且失去母岩的性质,变成疏松、孔隙大、可储集油气的风化残留壳,形成圈闭。被油气充满后,即形成油气藏。如克拉玛依油田湖湾区风化壳油气藏等。基岩圈闭主要发育于基岩断裂带上,虽然石炭系为主的变质碎屑岩和火成岩岩性致密性脆,但由于断裂的作用,使裂隙和次生孔隙十分发育,极大地改善了其储集性能,形成油气聚集。

二、推覆体前缘断块带

不同推覆体的断裂活动时间和强度存在差异,不同前缘断块的构造特征、地层组合与油气富集程度也不相同。但是,断裂控制着推覆体前缘断块带的油气富集程度,而且断裂通过的层位往往就是储油层位。这使推覆体前缘断块带成为含油层组多、产量高,勘探成功率最高的油气富集带。

推覆体前缘断块带主要的圈闭类型为由切割的叠加断片组成的封闭性断块,和以断裂为主要控制因素的断裂岩性圈闭。它们在横向上连片,纵向上各层系叠置,成为油气富集区。

三、推覆体下盘断层相关背斜带

西北缘冲断带的活动南北具有差异性,表现为北强南弱、北压南扭的特点。在东北段的乌夏断裂带,具有明显的推覆性质,发育有与断裂带相平行的褶皱构造,而中段的克乌断裂带与西南段的红车断裂带在海西期推覆规模相应变小,三叠纪—中侏罗世活动以扭动为主,主要发育压扭性的同生断裂。这种差异性导致推覆体下盘断层相关背斜带主要发育在乌夏断裂带,而在乌夏地区的掩伏推覆带下盘则发育大量断层圈闭和断层相关背斜圈闭。这些圈闭距油源近、扇储集体发育、圈闭幅度大是今后研究区勘探的重要目标，如风5井断块下盘二叠系风城组断块油藏、风3井区风城组背斜油藏等。

四、地层超覆尖灭带

地层超覆尖灭带主要为侏罗—白垩系的地层超覆尖灭，油气沿主断裂、分支断裂及与古生界之间的不整合面运移，分布在超覆尖灭带和基岩断裂附近，形成沥青封闭和断层遮挡油藏。该带有稠油也有稀油，以大面积分布的稠油为主。该带稠油储层物性好、油层厚、埋藏浅。主要为地层不整合和沥青圈闭（浅层稠油层）。如夏子街地区的八道湾组稠油油藏、风城地区吐谷鲁群、齐古组和八道湾组稠油油藏，都属地层超覆油藏，其上倾方向多为沥青封闭。在超覆尖灭带，断裂也常常成为油藏的主要控制因素，形成断裂岩性油藏，如红山嘴红浅1井区的齐古组、八道湾组及克上组油藏，北东界的克拉玛依断裂，北西界的克拉玛依西侧断裂和南西界的车前断裂带控制着油藏的分布范围。

五、前缘斜坡带

前缘斜坡带是指玛湖凹陷向西北缘主断裂过渡的向南东倾广大斜坡区。油气受断裂遮挡封闭，分布在冲积扇扇中及扇顶部位。在前缘斜坡带中，离断裂越远的区域，含油层位就越老，油层越少。油气主要分布在构造高部位，为断裂及背斜圈闭所控制（图7－22）。

在斜坡带冲积扇中，发现了玛北、小拐油田、五区南部和断裂带附近的多个油藏。在该部位，冲积扇砂砾岩体或与生油岩侧接或靠不整合面或断层转接，油气来源丰富。主要为背斜、断鼻和地层岩性圈闭（图7－22）。目前，在玛北、五区南部等区块均发现了具有工业价值的油气藏，是一个具有“连续性”非常规勘探前景的区域。这些油气藏均为与沉积相、地层不整合、储层性质及构造有关的复合油气藏，几乎没有由构造单一因素控制的油气藏（图7－22）。在准噶尔西北缘冲断带前缘，受扇体控制的油藏分布广泛。

断裂发育既为油气运移提供了良好通道，又控制了油气的运移方向，改善了储层物性。因此，断裂也存在大量的断块圈闭和断层—地层复合圈闭，如克82井区佳木河组构造油、气藏（图7－23），克102井区、检105井区、585井区佳木河组构造—地层油藏等。

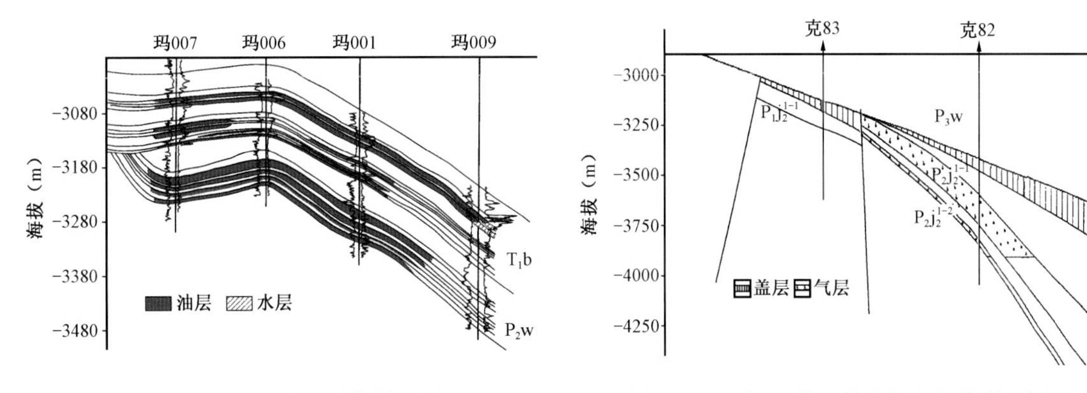

图7－22 玛北油田油藏剖面图　　图7－23 克82井区佳木河组气藏剖面图

西北缘断裂带沿断裂走向的断面产状及地层变形程度存在一定差异。结合第二章的描述,西北缘断裂带可划分为三种构造模式:乌夏地区断层相关褶皱带构造模式;克百地区逆冲断块构造模式;红车地区基底卷入冲断构造模式。这三个构造带的控油构造类型有所差异。总的来看,红车断裂带以推覆体主体和地层超覆尖灭带含油领域为主;乌夏断裂带以推覆体下盘断层相关背斜带、前缘斜坡带和推覆体前缘断块和地层超覆尖灭带含油领域为主;而克百断裂带则以推覆体前缘断块、推覆体主体含油领域为主。

第五节　西北缘扇体控藏理论

五十多年的勘探实践证明,准噶尔盆地西北缘的各类扇体是油气的主要储集体。1964—1977 年间开展了以上、下乌尔禾组为主的综合研究,开展了扇体的成因分析,提出了扇控论观点,对西北缘的油气勘探起到了积极的推动作用。近年来,西北缘油气勘探以扇控论为指导,取得了重要的突破。玛北、小拐油田、五区南部和断裂带的多个扇体油气藏的先后发现,打开了油气勘探的新局面。

一、单个扇体油气自成体系

西北缘含油区块中,各类扇体油藏占了绝大多数;在各类扇体中,含油性又属水下扇最好,已发现 16 个含油区块;其次为扇三角洲,已发现 15 个含油区块;冲积扇中仅发现有 7 个含油区块。研究表明,在这些扇体中,水下扇扇中亚相和扇三角洲前缘亚相含油性最好。因此,水下扇相和扇三角洲前缘相是西北缘最有利的储集体。

从统计资料来看,储层物性与含油性并无明显关系,储集体能否成为有效的储油场所,还取决于与油气运移、封盖条件等匹配关系,油气的形成受多种因素的共同制约。

二、油藏规模与扇体厚度和分布密切相关

1. 油藏明显受扇体分布的控制

研究表明,在许多油气藏中油气水分布受扇体控制,油(气)藏面积受扇体发育规模制约。一般情况下,油藏常常集中分布于扇体的某些部位,扇体的中部砂层较集中,厚度较大,是油气富集的有利部位;扇体上倾部位为稠油层遮挡,相邻扇之间的扇间地带是一个岩性多变、渗透性差的地带,砂层厚度减薄,泥质成分增加,成为油气侧向遮挡条件。

1)五区南部上乌尔禾组

油藏位于克拉玛依油田五区南部,在构造上属准噶尔盆地西北缘克百断裂带克拉玛依断裂下盘的斜坡区,为一东南倾向的单斜。五区南上乌尔禾组平面上可划分为 3 个大小不等的水下扇扇体(克 78 井扇体、克 75 井扇体和检乌 13 井扇体)。其规模较小,在克 012 井附近与克 75 井扇体形成扇间交互沉积地带,其主流线近似平行于克 75 井扇体的主流线,其物源方向为北西向。

对五区南上乌尔禾组油气藏的研究表明,油气水分布受水下扇体控制,油藏范围受冲积扇体发育规模制约。一般情况下,扇体上倾部位为稠油层遮挡,相邻扇之间的扇间地带是一个岩性多变、渗透性差的地带,砂层厚度减薄,泥质成分增加,成为油气侧向遮挡条件,形成稠油封

闭的油藏。因此，研究区油气具备成藏条件，可以形成扇体岩性油藏。克 82 井、二叠系上乌尔禾组位于克 79 井扇体内，而克 79 井区上乌尔禾组油藏边界是通过反演资料确定的，油藏范围有进一步扩大的可能，鉴于克 82 井、克 82 井、克 302 井上乌尔禾组油气显示较好，有可能获得工业油流，属于克 79 井区油藏的扩边范围，即油藏范围受克 79 井扇体分布范围控制。该油藏是一个受扇体控制的构造—岩性油藏，油藏明显受水下扇分布的控制，主要产于扇中亚相中部（图 7－24）。

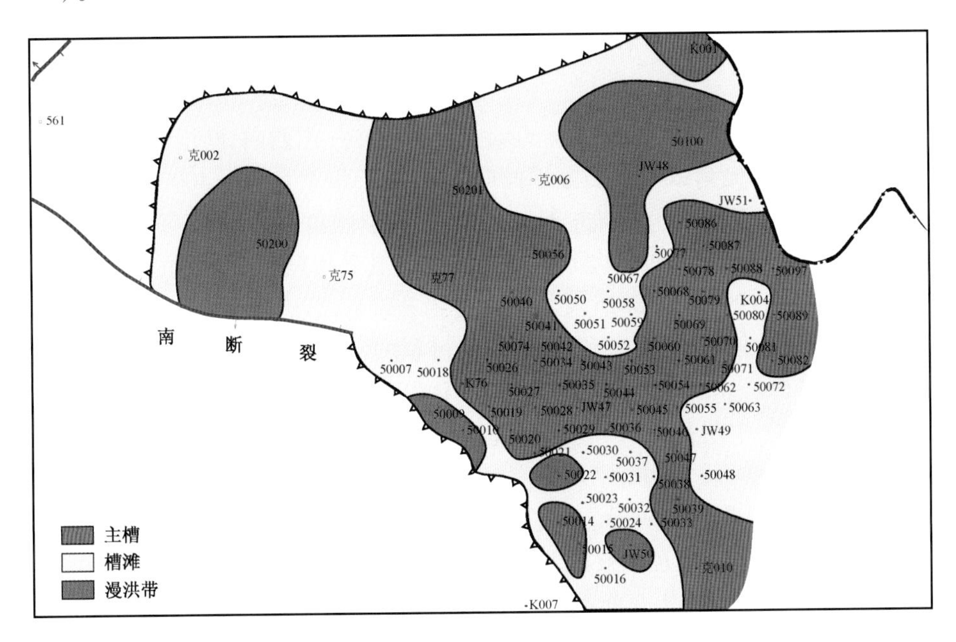

图 7－24 五区南克 79 井区上乌尔禾组油藏平面图

2）小拐车 67 井区佳木河组油藏

该油藏位于红车断裂下盘，研究区二叠系佳木河组发育四个冲积扇，即：拐 5 井扇、拐 9 井扇、车 67 井扇和车 45 井扇。车 67 井区块二叠系佳木河组油藏所在储集体为冲积扇扇根亚相沉积。其物源主要来自中拐隆起。

据分析资料，佳木河组储集体表现为厚层块状特征，储层岩性以褐色及杂色砂砾岩为主，其次为褐色砾岩、含砾砂岩。砂砾岩中砾石成分以凝灰岩为主。据分析资料，佳木河组孔隙发育。

据岩心观察和 FMI、EMI 等测井资料，储层中下部高角度直辟裂缝、雁状缝比较发育，其裂缝宽度平均 43μm，裂缝孔隙度平均值为 0.04%，裂缝密度平均为 1.69 条/m。

综上所述，车 67 井区块二叠系佳木河组储层为孔隙—裂缝双重介质型，裂缝的储集空间与孔隙相比要小得多，但其对油井产能来讲却至关重要。

勘探证明，佳木河组油藏分布与地震探测扇体面积十分吻合，根据油藏所在储集体为块状的特点及构造特征，该油藏为具边、底水的块状构造岩性油藏。

2. 油气聚集的有利部位

1)530 井区下乌尔禾组油藏

该油藏位于西北缘斜坡带上,为一套粗粒沉积体系,沉积厚度达 3500m 以上。沉积物为砾岩、砂砾岩和泥岩互层,盆地内部主要为巨厚的泥岩沉积。生油岩主要为玛湖凹陷的二叠系地层,油气生成后,沿着不整合面运移,到达断层后,沿断层向上运移,扇体内在物性好的部位聚集形成油气藏。八区 530 井区下乌尔禾组油藏为水下扇的扇根、扇中等亚相沉积,具有较好的储层物性,北部被断层遮挡,P_2w_1 层为好的盖层,在此基础上形成了 530 井区下乌尔禾组油藏。

该油藏北部被 415 井断裂切割遮挡。断裂走向为北东—南西向,断层倾角上陡下缓,断面上部倾角达到 70°,底部倾角 20°左右,断面倾向西北,克下组垂直断距 400m。

油藏顶部构造形态总体上为一向东南倾的单斜,地层倾角 4°~12°。下乌尔禾组 P_2w_2 及 P_2w_3 层的构造形态变化不大。P_2w_3 层底部构造形态受其下伏风城组地层的影响,在东南倾单斜的构造背景上,在 71199 井—T8825 井之间地层抬升较高,形成断鼻。

八区 530 井区下乌尔禾组为一套近物源快速沉积的厚层砾岩沉积体。依据岩石的成分、结构、沉积构造及砂砾岩体的厚度分布等分析,下乌尔禾组地层沉积相为水下扇相,从下往上可划分为早期 P_2w_4 层、中期 P_2w_3、P_2w_2 层和晚期 P_2w_1 层。

P_2w_4 层,沉积厚度 180~215m,平均厚度 198m,其中 415 井—JW33 井一带沉积厚度较大,向西南逐渐减薄。岩性以灰色、灰褐色、深灰色的砂质不等粒小砾岩、砂质小砾岩为主,夹砾状砂岩、中砂岩。砾石分选差,粒径一般在 1~5mm 之间,砾石含量 90% 以上。

P_2w_3 层,物源来自 85409 井一带,由北向南沉积,主扇体位于 85409 井—85431 井—85560 井—85431 井一带,其余部位均为扇缘沉积,水动力强,沉积速度快。沉积厚度 130~175m,平均厚度 153m,其中 85409 井—85449 井一带沉积厚度较大,向东南逐渐减薄,岩性具有下粗上细正旋回沉积的特征。岩性为一套由下部的中砾岩向上部转变为不等粒小砾岩和砂质小砾岩。扇缘岩性相对变细,以砂质小砾岩、砂质不等粒小砾岩为主,可见砂岩薄层。扇根及扇中具有电阻率高、自然电位幅度大、密度低、连片好、厚度大的特征,是油气聚集的有利区,油藏厚度大(图 7-25)。

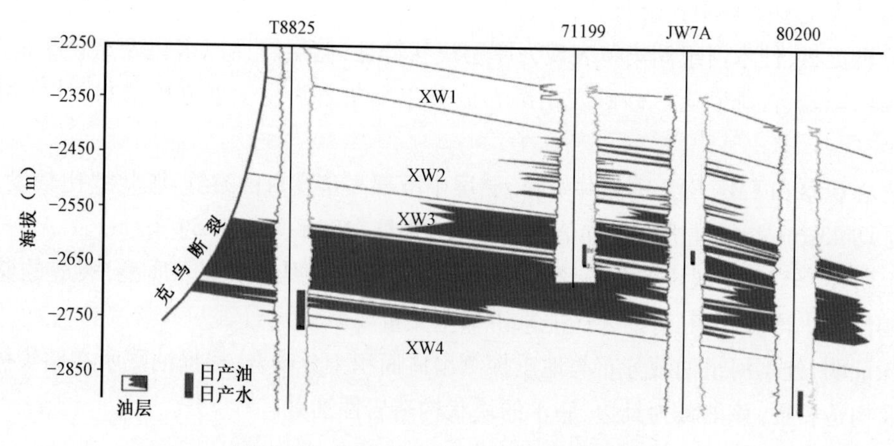

图 7-25 530 井区下乌尔禾组油藏剖面图

P_2w_1 层遭受了强烈的剥蚀，由于湖退作用，具有多水系的特点，沉积物分选差，磨圆以棱角—次棱角状为主，岩性为不等粒小砾岩与小砾岩的互层沉积，物性差，为油藏的盖层。

据构造、沉积、储层研究成果，结合试油试采资料分析认为530井区下乌尔禾组油藏为构造—岩性油藏，北部受构造遮挡，西部及东部受岩性、物性控制，南部受物性及构造控制。

2）玛北油田

油田位于准噶尔盆地西北缘玛湖地区，距玛纳斯湖约5km。区域构造上，玛北油田位于准噶尔盆地西北缘断阶带下盘、玛湖凹陷北斜坡带。构造格局为一南倾的平缓单斜，局部发育有鼻状构造及低幅度背斜。含油层系为三叠系百口泉组和二叠系下乌尔禾组（图7－24，图7－25）。

百口泉组可划分为 B_1、B_2、B_3 砂层组，百口泉组以砂质砾岩及砂砾岩为主。有效孔隙度变化范围为6.71%～12.78%，平均值为8.88%；渗透率变化范围为0.31～24.4mD，平均值为1.23mD。纵向上，B_1、B_2、B_3 砂层组有效孔隙度平均值分别为10.02%、7.45%、6.9%，渗透率平均值分别为0.62mD、0.648mD、1.246mD，自上而下孔隙度具有减小的趋势，渗透率则相反。

下乌尔禾组划分为 Ws_1、Ws_2、Ws_3 砂层组，以深灰色砂质不等粒小砾岩为主，夹少量含砾砂岩。有效孔隙度变化范围为6.09%～12.87%，平均值为8.07%；渗透率变化范围为0.40～41.33mD，平均值为2.28mD。纵向上，Ws_2 砂层组的储层物性，孔隙度平均值为7.19%，渗透率为1.1295mD。

沉积相研究表明，玛北油田百口泉组为玛北扇扇中亚相沉积，平面上在扇体的主体部位砂层最为发育，形成一些块状高阻的砂砾岩沉积体，在扇体的两侧，受不同相带的影响，岩性变化大，砂层减薄，夹层增厚，连通性变差。下乌尔禾组与百口泉组类似，下乌尔禾组储层为水下扇扇中亚相沉积，其储层是多个扇体扇中叠合的产物，而扇间滩地岩性变细，储层变差。玛北油田位于乌尔禾与百口泉扇体扇中亚相的叠合部位（图7－25），说明该部位储层物性较好，多个扇体的叠置也有利于油气垂向运移。

三、扇体成藏的关键

由表7－2及第六章的分析可知，扇体成藏的关键是生油层与扇储集体的连通关系。连通的两种方式是：一种是扇体与生油层侧向叠接，如水下扇、湖底扇或部分扇三角洲的砂砾岩体；另一种是依赖于不整合面的转接，如冲积扇、扇三角洲的砂砾岩体等。

总之，在西北缘的油气勘探中，扇体油气藏所显示出的重要性是毋庸置疑的。迄今，已在二叠系、三叠系、侏罗系中的扇体中发现了规模较大的油气藏（表7－3），例如八区扇体储量在亿吨以上。

由于扇体发育的差异性，扇体油气藏的分布也有很大的变化。例如，由红车断裂，红3井东侧断裂所围限的三角区发育了佳木河组扇体，发现了小拐油田、车67井佳木河组油藏等。

表7-2 西北缘扇体成藏特征

扇体	烃源岩	储层	运聚方式	油气藏特征	成藏期
五区南扇体	风城组生油、佳木河组生气	上、下乌尔禾组扇根亚相	原油沿不整合面侧向运移为主、气以垂向运移为主	油气水分布受扇体控制，扇体上倾部位为稠油遮挡，扇缘、扇间地带砂体连通性差、成为油气侧向遮挡条件。如克75井区构造高部位为气层、中部位为油层、下部为油水过渡带和水层；克79井区上倾部位为稠油遮挡，下倾方向为正常原油，已出油的井均分布于扇体主体部位	三叠纪
玛北扇体	风城组为主、有下乌尔禾组的贡献	百口泉组B_2、B_3砂层组和WS_2砂层组	侧向运移为主、同时有垂向运移	百口泉组B_2、B_3砂层组为扇体控制的构造岩性油藏，下乌尔禾组WS_2砂层组为扇体控制的岩性油藏，扇体抬升部位的原油发生了蒸发作用，形成了玛4、玛003等井的稠油和干沥青。在封闭条件较好的玛2井等保存了轻质油	中三叠世—三叠纪末
车67井扇体	下乌尔禾组为主	佳木河组	侧向运移为主	原油具有中低密度、中高含蜡、凝固点较高的特征，原油保存条件较好	三叠—侏罗纪
小拐扇体	下乌尔禾组为主	佳木河组扇中亚相	不整合面侧向运移为主，同时断裂起垂向沟通作用	在扇体内已发现的原油性质极其相似，都具有低密度、中高含蜡、凝固点较高的特征。该扇体外部的原油特征明显不同	三叠—侏罗纪

表7-3 西北缘发育的典型扇体与油气藏

层位	扇体名称	主要油气藏	探明储量(10^4t)	备注
T_1b	玛北扇体 百口泉扇体	玛北油田百口泉组油藏 百口泉油田百口泉组油藏	约2100 约3800	冲积扇
P_3w	克75井扇体 克79井扇体 检乌17井—550井扇体	五区南上乌尔禾组油气藏 克79井区上乌尔禾组油藏 五区上乌尔禾组油藏	约2300 约1000 约2400	冲积扇
P_2w	玛北扇体	玛北油田下乌尔禾组油藏	约2300	水下扇
P_2x	530井扇体	530井区下乌尔禾组油藏	约2300	扇三角洲
P_1f	八区扇体	八区上、下乌尔禾组油藏	约10000	
P_1j	拐5井扇体 车67井扇体	小拐油田 车67井区佳木河组油藏	约6400 约440	冲积扇

四、小结

通过前文的分析，扇体油气藏具有以下特点：

(1)扇体发育受同沉积活动断裂的控制。冲断活动的期次、强度与方式制约着扇体的数量、规模与迁移性。

(2)扇体与不整合面及断层的组合与配置方式决定了扇体油气藏的形成与成藏模式。在断阶带，油气藏以扇体与断层相配置的垂向运聚成藏模式为主；斜坡带则以扇体与不整合面配置组合的侧向运聚成藏模式为主。

(3)扇体油气藏的规模与质量取决于扇体的叠加方式与亚相组合。其中，以水下扇扇中、扇根与扇三角洲前缘亚相最好。

扇体油气藏主要分布在西北缘斜坡带的上倾部位。随着地震勘探与储层预测技术的提高，斜坡带扇体油气藏将逐步成为西北缘深化勘探的热点。

第六节　西北缘不整合面发育与油气藏分布

一、地层不整合圈闭

地层不整合面作为圈闭要素，影响油气的成藏与分布。主要有地层超覆、地层不整合遮挡油气藏两种类型。

1. 地层超覆油藏

此类油气藏主要特点是向盆地边缘超覆，油层在不整合面以上。油气圈闭主要控制因素是岩性遮挡，就构造而言，为单斜构造油藏。典型油藏有九区齐古组地层超覆油藏，百口泉油田422井区克上组地层超覆油藏，乌尔禾风城组、齐古组和吐谷鲁群地层超覆油藏等。此外，预测红山嘴区的红1井地区克上组、八道湾组、齐古组和吐谷鲁群的油气也属这一类油藏，其靠近老山边缘的二区、三区、四区三叠系油气层的阻挡条件主要与地层超覆沉积有关；晚期沉积的泥岩恰好盖在前一期砂质岩沉积范围区，因而形成地层圈闭。此外，平面、剖面分析表明九区齐古组油层也是这样一种形式。

地层超覆油气藏主要封闭条件为超覆沉积的泥岩层封堵，其次为断层、上覆的地层水力阻挡作用。由于地层薄，又遭剥蚀，封堵条件不严实，原油流体变稠后的自然封堵作用往往与以上因素共同作用，形成圈闭。

2. 不整合遮挡油气藏

这种油藏的特点是在上倾方向油气封堵条件是不整合面，即风化壳非渗透层，上覆层为泥质岩，泥质底砾岩，油层在不整合面以下。此种油气藏在西北缘比较发育，油气藏储集体的时代和岩性比较复杂，有石炭系凝灰岩、火山岩；二叠系佳木河组火山岩、砂砾岩；三叠系克上组、克下组砂砾岩等，但其共同特征是在上倾方向由不整合面封堵形成油气藏。克拉玛依油田的五、八区、三区、四区、七区、九区主要发育三叠系与二叠系、石炭系不整合面封堵油气藏和上二叠统下乌尔禾组与下二叠统佳木河组不整合面封堵油气藏；夏子街地区发育侏罗系与三叠系、石炭—二叠系不整合面封堵油气藏。

1)246井区三叠系与石炭系不整合面封堵油气藏

246井断块区位于白碱滩区与百口泉组之间。处于克百断裂的中段、白碱滩断裂的上盘，所谓的九区“推覆体”顶端。246井断块区，基本上是由主干断裂和中三叠统尖灭线所包围的地区，面积约13km^2。该断阶依次有417井、403井、246井、288井、440井五个断阶组成，具有石炭系、三叠系、侏罗系三个含油层系，八个含油层块。

403井断块与246井断块，是8843井断裂、435井断裂与426井断裂包围的封闭断块。前者逆冲在后者之上。前两个断裂属主干断裂一部分。8843井断裂最高断开层位为头屯河组，由东向西断开层位有所降低。435井断裂目前仅有435井与437井钻遇，三叠系底部垂直断距为570m左右。

石炭系之上的沉积盖层的倾向与区域背景一致，大体向东南倾。石炭系与三叠系克上组、克下组是研究区的主要含油层。石炭系除440井区未获工业油流外，其他四个断阶都获工业油流，但288断块仅古42井获工业油流，不能计算储量。克上组、克下组在研究区的西部403断块受到426井断裂的控制，在288井断块和440井区的上倾方向逐渐尖灭。厚度最大者在246井断块，厚度范围为240～190m，其次为403井断块，厚度范围为105～45m。研究区各断块克上组、克下组都含油，就是在417断块也见到油气显示。

根据油藏的控制因素，246井断块与403井断块石炭系油藏为地层不整合块状油藏。油藏高度分别为380m（2440～2813m）、100m（1861～2151m）、750m（1433～2400m）。

2）克82井区不整合封堵气藏

克82井区块二叠系佳木河组气藏位于克百断裂下盘的斜坡区，构造背景为一近东倾的单斜，圈闭为断层、地层控制的地层—构造圈闭，圈闭为构造为东南倾的单斜。

上气层储层为扇三角洲沉积的砂砾岩，岩石分选差，砾石成分主要为变质岩块和火山岩块，石英、长石含量较少。下气层储层岩性为过渡相的凝灰质砂砾岩。

据物性分析资料，克82井区佳木河组中亚组砂砾岩储层分析孔隙度范围为6.7%～13.4%，平均值为10.18%，空气渗透率为0.034～14.2mD，平均为0.136mD，为低孔、低渗储层。储层储集类型以孔隙为主，裂缝为辅，胶结类型为孔隙式和孔隙压嵌式，储集空间为粒间溶孔、晶间溶孔和微裂缝。

中亚组气藏在平面上受地层岩性、断裂的构造控制，在剖面上受不整合面控制。上气层储层为扇三角洲沉积的厚层砂砾岩，平面上克82井发育较厚，向西、西北方向减薄，气藏类型为断裂、地层控制的地层—构造气藏，气藏高点埋深3520m，气藏高度658m；下气层储层为冲积扇和火山喷发过渡相区的凝灰质砂砾岩，平面上可全区追踪，气藏类型为断裂控制的构造圈闭，气藏高点埋深3626m，气藏高度598m。

二、地层不整合封堵体系

地层不整合面作为油气运移通道，决定了油气分布的主要地域。由于玛湖坳陷的主要生油层位为风城组，因此，风城组的顶、底不整合面是油气的主要运移通道，其地层尖灭线（为削蚀尖灭线）实际上决定了油气的主要分布范围。风城组的地层尖灭线附近是油气最为富集的区域，现今的勘探成果证明了这一点。而在风城组的地层尖灭线之内，需要不整合面、断层、砂体等多种配置才能成藏，如玛北油田。至于中拐凸起的西、中部与红车断裂带，由于其主要生油岩为昌吉坳陷的下乌尔禾组，所以下乌尔禾组的地层尖灭线就较为重要。小拐油田与车排子油田就分布在其地层尖灭线附近。

要开展西北缘的深化勘探，需要对风城组、下乌尔禾组顶底面的演化进行制图，尤其是对三叠纪末期、中侏罗世末期与白垩纪这些界面的起伏特点要精细制图。

三、纵向多层系不整合面附近油气聚集特征

1. 二叠系

1)储盖配置条件是控制佳木河组成藏的主要因素

佳木河组断裂较发育,圈闭类型多与断裂有关,形成一系列断块圈闭或断块与岩性地层的复合圈闭,如克82井、克007井断块圈闭,拐5井、克102井断层—地层圈闭等。盖层条件缺乏时,油藏难以保存。在盖层分布稳定的地区,油气储集在裂缝发育区。在一个断块圈闭内,油气的分布形态不规则,裂缝发育系统的范围往往就是油气有效范围。

油气富集在裂缝发育的火山岩体中。中拐地区下二叠统火山岩主要为安山岩和玄武岩,这类火山岩在气体膨胀作用下岩石发生破裂形成裂缝。裂缝不仅是油气聚集空间,更重要的是酸性水溶液和油气运移的通道,有利于产生溶蚀孔隙,使火山岩储集体连通性变好,形成高产油气藏。另外,由于火山岩体长期暴露空气中,容易产生构造裂缝和风化裂缝,进一步改善储层储集性能。当这些火山岩体之上沉积上乌尔禾组泥岩盖层并有油气注入时,就可以形成油气藏。如克80井风城组火山岩油藏,裂缝十分发育,单井液产量高。

2)扇体与油源断裂、不整合的有机配置是油气富集的主要条件

五、八区—中拐地区二叠系上乌尔禾组尖灭带上分布着大大小小的冲积扇群。这些冲积扇或扇三角洲沉积可以扇体为单元独自成藏,自成体系。成藏后即使发生倾斜或褶皱,油气仍封存其中。盖层和扇体顶端的封闭作用是这类油气藏形成、保存的关键。目前拐10井区上乌尔禾组油藏和车67井区二叠系佳木河组油藏均与冲积扇或扇三角洲沉积有关。

图7-26是过拐5井佳木河组扇体和克80井扇体的连井剖面图,分别在各自的扇体中找到了油气。同时,分析拐101井开采失利的原因,一方面是因为该井所处构造位置较低,位于拐9井区油水界面以下;另一方面是因为该井恰好位于拐9井扇体和拐5井扇体之间,岩性变细,物性变差。

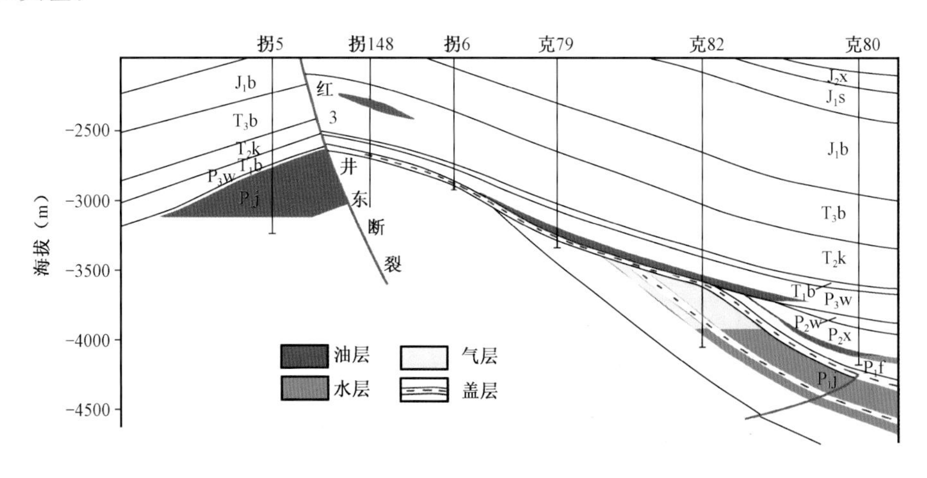

图7-26 过中拐凸起油气藏剖面图

中拐凸起南部发育中亚组扇体。从拐5井、拐9井、拐3井等佳木河组油气成藏条件分析,佳木河组也具典型的一扇一藏特征。

佳木河组油气分布可能与岩性有关。岩性不同,含油性也就不同,油主要储藏在砂砾岩

中,而天然气则可储藏在砂砾岩和火山岩中。拐5井区佳木河组砂砾岩段聚油形成小拐油田,拐3井区和561井区的佳木河组砂砾岩段聚气形成气藏,581井区佳木河组凝灰岩段和克301井区佳木河组安山岩段聚气也形成了两个气藏。

2. 三叠系

三叠系油藏与沉积相密切相关。三叠系克上组、克下组沉积环境为滨浅湖和三角洲沉积,克下组和克上组基本具有相同的沉积环境。其主要储集带是位于研究区西部的(扇)三角洲前缘朵体。此套地层内的断裂相对较多,能形成断块圈闭的较少,但是一条或几条断裂与三角洲朵体共同组合成构造—岩性的复合圈闭却不少,如拐148井以及拐16井。

三叠系储层物性中等,单层厚度较小。在研究区西部寻找构造—岩性的复合圈闭,可以适当降低勘探风险。

3. 侏罗系

中拐凸起侏罗系录井油气显示众多,但已探明并形成油气藏规模的少,且多分布在红3井东侧断裂附近。二叠系烃源岩生成的油气运移至中拐斜坡区,沿油源断裂红3井东侧断裂进入侏罗系储层,断层两侧的圈闭优先捕获油气,有利于成藏。因此,油源通道是侏罗系成藏的先决条件。在红3井东侧断裂上盘,既有风城组油源,又有下乌尔禾组油源,其中风城组油源在三叠纪末开始从烃源岩排出,油气先经不整合面和断裂运移至红3井东侧断裂上盘聚集,后来经调整向上运移到侏罗系地层成藏,所以中拐凸起的风城组原油为早期成藏晚期调整,如拐16井 J_1s_2 层位中的油为风城组油源。而昌吉凹陷下乌尔禾组烃源岩在三工河期生油,白垩纪吐谷鲁期生气,其油气源大部分保存在小拐新光断凹,小部分经红3井东侧断裂向中拐凸起核部运移,如拐10井 P_3w 层位中发现的石油为下乌尔禾组原油。

在中拐凸起上,侏罗系构造活动相对较弱,断裂不发育,构造圈闭较少,寻找构造类型的油藏比较困难。但与此同时,这里是寻找岩性圈闭的最佳场所。这是因为中拐凸起的侏罗系沉积体系为陡坡沉积体系,沉积相为滨浅湖—三角洲—辫状河相(图7-27);而且大部分位于三角洲前缘亚相地带,三角洲前缘砂体相互叠置,岩性圈闭较发育。例如八道湾组八一段(J_1b_1)和八三段(J_1b_3),三工河组中段(J_1s_2)广泛发育着岩性圈闭,拐4井、拐16井在侏罗系三工河组都形成岩性圈闭油气藏。最近几年在中拐地区侏罗系的勘探获得突破,先后在拐16、拐201、拐8等井区获得工业性油气藏,均以岩性油藏为主。

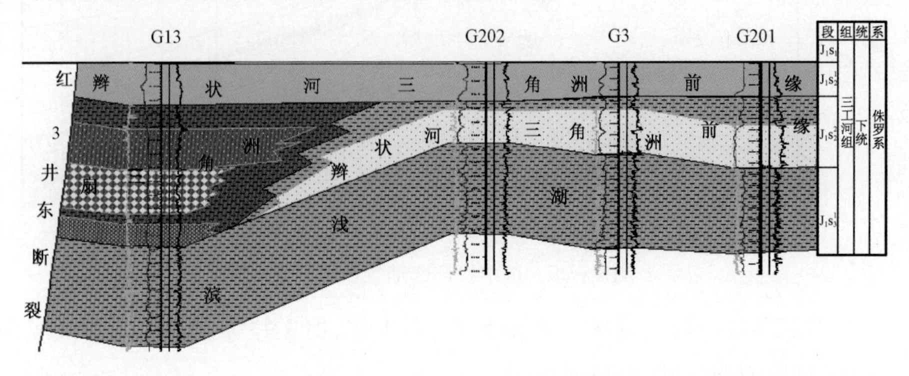

图7-27 拐13井—拐201井三工河组连井剖面图(据东方地球物理公司,2000)

侏罗系大断裂不发育，大部分为层间小断裂，缺乏沟通二叠系油源的通道，尽管有三大生烃凹陷供油，但油源不一定能很顺利地运移到侏罗系储层中。如从拐14井钻探情况看，该井处于侏罗系东南倾单斜的上倾部位，构造位置十分有利，但无深大断裂沟通拐14井的侏罗系三工河组砂体，致使其为一空圈闭。

此外，侏罗系尽管发育一些正断裂，但形成的断块圈闭的有效性应慎重考虑。如拐10井东1号断块圈闭，断开层位三叠—白垩系，断距范围为10～30m，导致断层两侧砂岩对接而使三叠系以上地层封闭性差。

总之，侏罗系地层与二叠系地层的油气聚集不利因素不同。前者既包括储层物性不良和油源不足，而对于后者来说储层问题比较次要。中、新生界储层特征取决于扇或河流相成因的砾岩或砂岩的发育程度，古生界储层取决于原始岩相类型、成岩历史及后期次生孔隙和构造缝的发育程度。

四、不整合面附近油气成藏聚集特征

1. 生烃凹陷控制了最有利油气聚集区

油气沿中拐凸起呈环状分布于凸起边缘下倾斜坡区。中拐凸起位于玛湖凹陷和昌吉凹陷的边缘，受多物源输入形成了多期叠置的洪积、冲积和三角洲砂体；并伴随着湖盆振荡与湖水进退的变化，形成了生、储岩体的交互与侧变，成为环带状油气聚集区。

地层不整合面是油气运移的主要通道，其附近也是地层及岩性圈闭的发育场所。如中拐凸起东北斜坡的克75井区、克79井区上乌尔禾组油气藏就位于不整合面附近的地层和岩性圈闭中。中拐地区发育多个不整合面，因而形成多个与不整合面有关的油气藏。红3井东侧断裂下盘的中亚组油气藏也与佳木河组顶部的风化壳有关。

总之，沿佳木河组地层尖灭线分布有一系列油气藏。所以地层尖灭带是油气聚集的良好场所，而佳木河组油藏中扇体与其尖灭带的空间配置是重要的成藏条件。

2. 断裂体系控制了油气的分布

油气主要分布在红3井东侧断裂带附近，两套断裂体系控制了油气的分布。中拐凸起及其斜坡在漫长的构造沉积演化中形成了两套断裂体系和多个区域不整合，这些断裂和不整合面或二者结合成为油气运、聚、散的重要控制因素，对油气聚集分布控制作用十分明显。

断裂具有油气运移通道的作用。在红车断裂和红3井东侧断裂交汇处，发现了拐5井区油藏。在红3井东侧断裂的上下盘，有拐10井油藏、拐4井油藏、拐3井气藏、拐201井油藏，在红车断裂的上下盘，也有车45井、车67井、拐9井等油气藏，说明断裂带附近是油气富集的有利区。这一方面是因为断裂的活动使下盘形成有利储盖组合的扇体，同时改善储层物性，另一方面使上盘地层抬升较高成为油气运移的有利指向区。

在中拐凸起发育二叠系的逆掩断层与侏罗系的正断层两套断裂系统，这两套断裂系统的配置方式决定了油气藏的分布。拐6井、拐150井、克102井、拐148井等发现了越来越多的断块油气藏，大多是由多组逆断层切割而成的封闭地质体；而在侏罗系正断层的封闭断块中也发现了一系列油气藏。

如上所述，中拐凸起以昌吉坳陷西侧的下乌尔禾组（P_2w），盆1井西坳陷的下乌尔禾组与玛湖凹陷的风城组为烃源岩，沿二叠系内部（主要是P_3w底部）不整合面侧向运移，沿二叠系的逆断层与三叠—侏罗系的正断层两套断裂体系进行运聚分配，主要聚集在二叠系、侏罗系和三叠系中，其特色是晚期成藏。燕山晚期，是红车断裂和红3井东侧断裂的定型期，这些断裂侧向上对油气起封闭作用，而垂向上对油气起油气运移作用。该断裂早期对风城组油源起破坏作用，在断面上形成诸多沥青质，对油气运移起阻挡作用。

3. 中拐凸起对两侧油气分布有明显控制作用

中拐凸起对两侧油气分布的控制作用主要体现在：

（1）由于构造运动的不同结果，东北斜坡没有发育象红3井东侧断裂一样的大断裂，但多组二叠系在此尖灭，主要形成地层超覆油气藏、岩性油气藏、地层不整合油气藏及小型断块油气藏。而在中拐凸起南斜坡，发育红3井东侧断裂及新光1号、新光2号、新光3号断裂和中拐南断裂，主要形成新光断块圈闭油气藏和拐5井断裂岩性油气藏，油气藏类型比东北斜坡少。

（2）东北斜坡的富油层位为二叠系佳木河组和上乌尔禾组地层，侏罗系油气显示较少；而南斜坡由于上乌尔禾组储层物性变差，主要起盖层作用，富油层位为二叠系和侏罗系。

（3）中拐凸起两侧的烃源岩发育层位都主要为二叠系，但烃源岩生成的油气运移距离远近、被破坏调整程度不同，对中拐凸起油气成藏的贡献也各不相同。

（4）中拐凸起两侧烃源岩生排烃期不一样，玛湖凹陷的烃源岩生排烃期早于昌吉凹陷和盆1井西凹陷对应的烃源岩生排烃期，成藏期具有西南晚东北早的特点。

第七节　西北缘复式油气富集的“烟囱”效应

一、复式油气纵向分布特点

准噶尔盆地西北缘油源条件充足，具备富集成藏的物质基础。不整合面作为油气平面运移的良好通道，与断裂系统一起构成立体输导体系，一旦遇到圈闭则聚集成藏。如克下组下部、克上组上部、八道湾组底砾岩油藏、齐古组Ⅲ砂组和吐谷鲁群底砾岩油藏均位于不整合面上下附近。往往断裂断到哪个层位，油气就聚集到哪个层位，具有纵向上多层为叠加的特点。这种效应对于油气富集非常重要。某些地区如九区东部广大的空白区尽管纵向上各个层系虽然储层发育却不能成藏，这是因为断层不发育，油气纵向输导体系不健全导致的。由此可见“烟囱”效应的重要性。

二、西北缘复式油气富集的“烟囱”效应分析

红山嘴地区纵向上油气富集呈串珠状，规律性强，表现为纵向上某个层系油层发育，在上下的几个层系油层亦发育。其成因机制是纵向延伸的大规模高陡断层是多层系含油的主控因素，油气沿断层垂向运聚。一旦某个断块油气进入，则在纵向上均有分布。红山嘴地区地层发育齐全，具有纵向含油层系多、分布零散的特点（图7－28）。如红29井区有三叠系克下组、克上组和侏罗系八道湾组三套含油层系。红91断块有西山窑组、克下组和石炭系三套含油层系。几套含油层系只在个别断块内形成若干个富集区，整个红山嘴油田不是连片分布，有些断块仅局部区域含油。同一含油层系在不同断块内油层厚度、含油饱和度变化明显，油气贫富程度差别很大。

左行旋扭构造提供了强大的成藏动力，区域应力场研究表明，红山嘴地区发育左行旋扭构

造,核部位于研究区块东南部,构造应力集中,紧邻生油凹陷,为油气运聚成藏提供了强大的动力。油气自南向北运聚,位于西南部的断块全部优先捕获油气,富集成藏。

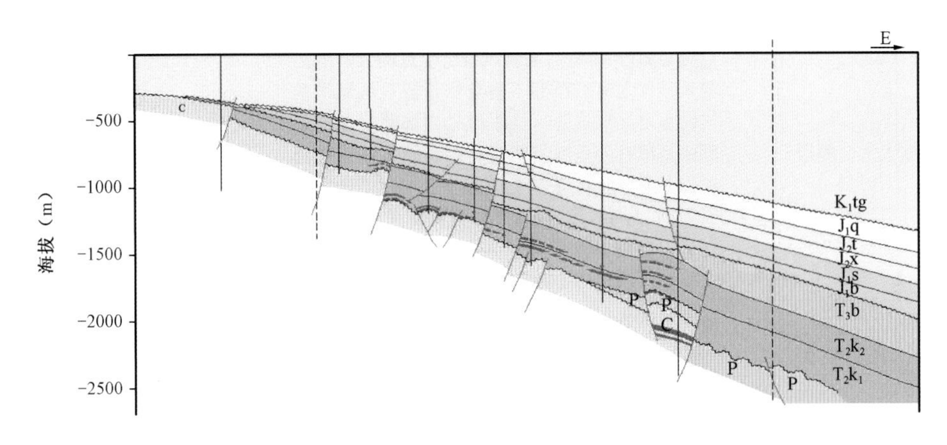

图 7-28 红山嘴地区油气纵向分布特征

第八节 复式油气藏类型

一、准噶尔盆地西北缘复式油气藏类型划分

国内外学者进行了大量的油气藏研究,提出了很多分类方案,主要有以下几种分类方案:(1)圈闭成因分类法:分为构造、地层和混合三大类型油气藏;(2)按储集层形态分类法:分为层状、块状和透镜状等油气藏;(3)以圈闭形态为主、成因为辅的分类法:分为背斜圈闭油气藏、侧向断层遮挡油气藏和岩性封闭油气藏三大类型;(4)由烃类相态分类法:分为沥青质油矿、油藏、油气藏和气藏等。准噶尔盆地西北缘按烃类相态分类类型较多,是该地区复式油气藏有别于其他复式油气藏的一个重要特色,体现了具有独特的准噶尔盆地西北缘复式油气藏的内涵,各种油藏类型所占比例见图 7-29;(5)油气产量和储量规模大小分类法:分为工业性、非工业性或小、中、大和巨型油气藏;(6)油气藏驱动类型分类法:分为水驱动、弹性驱动、气压驱动、溶解气驱动油气藏和混合型驱动油气藏。对于西北缘油气藏类型的划分,既要结合西北缘实际资料,又要遵循油气藏划分的一般原则(表 7-4)。

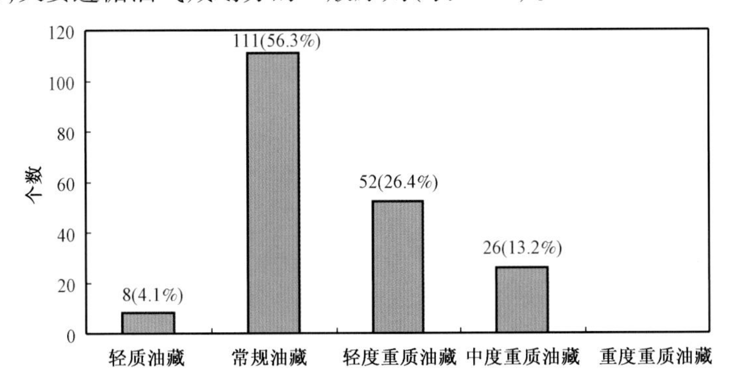

图 7-29 西北缘不同油质油藏统计柱状图

表7-4 准噶尔盆地西北缘克百地区二叠系油气藏类型表

大类	亚类	特征	代表油气藏
构造油气藏	断层	油来源于风城组烃源岩,天然气则源自佳木河组自身烃源岩,部分有来自风城组生成的天然气的混入。佳木河组顶部不整合面是源自风城组油气的主要运移通道。佳木河组内部断裂和连通砂体是源自佳木河组烃源岩的腐殖气的运移通道。上倾方向封堵条件:两条交叉断层或者三条断层呈"门"字形封堵,下倾方向油气水分布平行于构造线。储层主要为砂砾岩、火山碎屑岩及火山岩,裂缝—孔隙型是主要的储集类型	五$_3$东区检乌8井区上乌尔禾组油藏 五$_3$东区57300井区上乌尔禾组油藏 581井区佳木河组气藏 克82井区佳木河组中亚组气藏
岩性油气藏	砂岩上倾尖灭	油来源于玛湖凹陷风城组烃源岩,在各个方向受岩性变化遮挡,边底水不活跃,储层主要为冲积扇扇顶亚相沉积的砂(砾)岩	五区南克79井区上乌尔禾组油藏 克82井区上乌尔禾组油藏
地层油气藏	地层超覆	油来源于玛湖凹陷风城组烃源岩,上倾方向上砂层超覆沉积在上乌尔禾组底部不整合面之上,超覆层上部泥岩盖层分布范围往往大于下部砂层。侧向上非渗透层的遮挡或者岩性变化遮挡。下倾方向上油水界面与构造线平行	五区南上乌尔禾组油藏
复合油气藏	地层—岩性—断层	油气均来自玛湖凹陷风城组烃源岩,风城组顶部的不整合面是该类油气藏的主要运移通道。封堵条件有两种情况:(1)上倾方向上受断层封堵、侧向上受因地层尖灭而引起的岩性尖灭或岩性遮挡,下倾方向上为岩性变化遮挡或者油(气)水界面与构造线平行;(2)上倾方向上受因地层尖灭而引起的岩性尖灭遮挡,侧向为断层封堵或岩性变化遮挡,下倾方向上为岩性变化遮挡或油(气)水界面与构造线平行。储层主要为砂砾岩和火山碎屑岩	五$_3$东区304井区上乌尔禾组油藏 五$_3$东区256井区上乌尔禾组油藏
	断层—岩性	油来自玛湖凹陷风城组烃源岩,不整合和断层的有效配置是油气运移的通道。封堵条件:上倾方向上受断层封堵、侧向上为岩性遮挡,下倾方向上为岩性变化遮挡或者油(气)水界面与构造线平行。储层包括碎屑岩、火山碎屑岩和裂缝发育的火山岩	八区530井区夏子街组油藏 百1井区下乌尔禾组油藏 五$_3$东区555井区上乌尔禾组油藏 百21井区夏子街组油藏 八区下乌尔禾组油藏 八区夏子街组油藏 八区风城组油藏 检188断块下乌尔禾组油藏 百31井区佳木河组油藏 八2西区546井区气藏
	地层—断层	油来自玛湖凹陷风城组烃源岩。主要有两种封堵条件:(1)上倾方向上不整合面遮挡、侧向上为断层封堵,下倾方向上油(气)水界面与构造线平行;(2)上倾方向受断层封堵,侧向上因地层尖灭而引起的岩性尖灭封堵,下倾方向上油(气)水界面与构造线平行。储层主要为扇顶亚相的砂(砾)岩	五$_3$东区302井区上乌尔禾组油藏 五$_3$东区554井区上乌尔禾组油藏 561井区佳木河组气藏 574井区佳木河组砂砾岩段油藏

续表

大类	亚类	特征	代表油气藏
特殊油气藏	火山岩	油来自风城组烃源岩,天然气则来自佳木河组烃源岩。这类油气藏的特点是:(1)储层主要为火山喷发岩或者火山碎屑岩(包括火山集块岩、火山角砾岩、凝灰岩);(2)裂缝是火山岩储集层油气重要的储集空间;(3)油气藏呈块状或层状,且储层的孔隙性、渗透性分布不均;(4)与断裂、不整合面关系密切,在断层或不整合面附近断裂相对发育,储层条件较好;(5)上倾方向遮挡方式多样,可被不整合或者断层直接遮挡,也可能由于火山岩岩性变化形成岩性封堵,下倾方向上油水界面可与构造线平行,也可与其相交切	克 80 井区风城组油藏 574 井区佳木河组火山岩段油藏 克 84 井区佳木河组气藏 八区佳木河组上亚组油藏 573 井区佳木河组油藏 566 井区佳木河组油藏 克 007 井区佳木河组油藏 585 井区佳木河组油藏

二、背斜油气藏

背斜油气藏是前陆盆地中较重要的一种油藏类型,前陆盆地在冲断挤压的作用下,形成断层相关褶皱,相应发育有背斜圈闭。背斜多为不对称状,靠近造山带前缘一侧较陡,甚至倒转,轴面倾向于造山带。由于西北缘构造活动强烈、储集层物性变化大,往往还受岩性和断裂的影响,形成背斜控制下的复合型油气藏,如背斜—岩性油气藏、断背斜油气藏等。这类油藏的背斜形态和闭合高度控制油气的分布范围、具有统一的油水界面、统一的压力系统。典型的背斜油气藏有分布于乌夏地区断裂带上的风 3 井区风城组背斜油藏和夏 18 井区—36 井区三叠系背斜油气藏(图 7 – 30)。

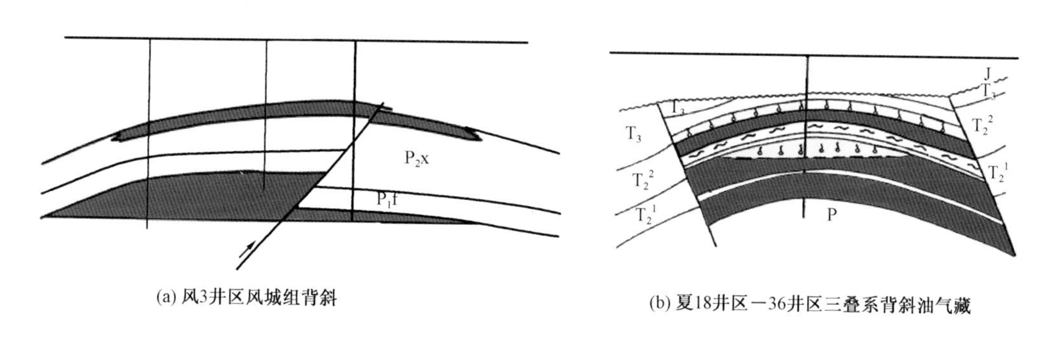

(a) 风3井区风城组背斜

(b) 夏18井区—36井区三叠系背斜油气藏

图 7 – 30　西北缘典型背斜油气藏简图

断背斜油藏中背斜的轴部或翼部被断层所切割,但未破坏油气藏的完整性。油气的分布主要受背斜控制,断层也起着遮挡的作用。如乌 27 井区夏子街组油藏、红 29 井区克上组、克下组油藏(图 7 – 31)。

三、断块油气藏

油气在断层圈闭中聚集成藏,形成断块油气藏。断块油气藏是指沿储层上倾方向,受断层遮挡所形成的油气藏。油气的封堵条件主要是断层,油气水分布仅决定于断层线和构造等高线。

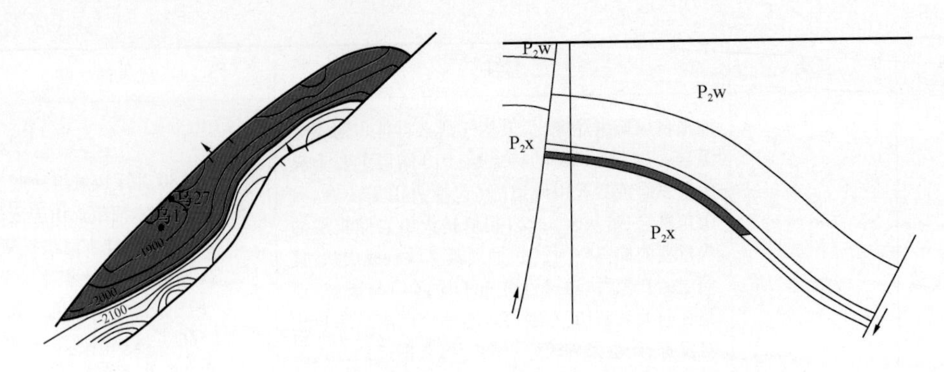

图 7－31　西北缘典型断背斜——乌 27 井区夏子街组油藏构造图

西北缘主断裂是由一组大体近于平行的逆冲或逆掩断裂带组成的阶梯式逆掩断裂带（谢宏等，1984），在主断裂两侧还派生出若干分支断裂，包括近东西向和北西—南东向两组。主断裂和分支断裂的切割，形成由北西向南东逐级下降的断阶构造。因此断块油气藏是主要的油气藏类型，占西北缘油气藏总数的三分之一左右。一般此类油藏的特点为：（1）油气分布主要决定于断层侧向封堵和圈闭的闭合度；（2）含油面积通常比较小，油藏储量低；（3）通常成群成带分布；（4）单一断层的油气水系统简单，各断块之间的油气水系统复杂，油（气）水界面变化大，流体性质也不一致；（5）油气藏以层状为主，其次为块状。

由于断层线与储层顶面构造等高线之间相互组合形式不同，所以断块油气藏也多种多样，又可细分为以下几类：

1. 单一断层断块油气藏

单一断层断块油气藏是指上倾方向由单一断层作为遮挡条件而形成的油气藏（图 7－32）。

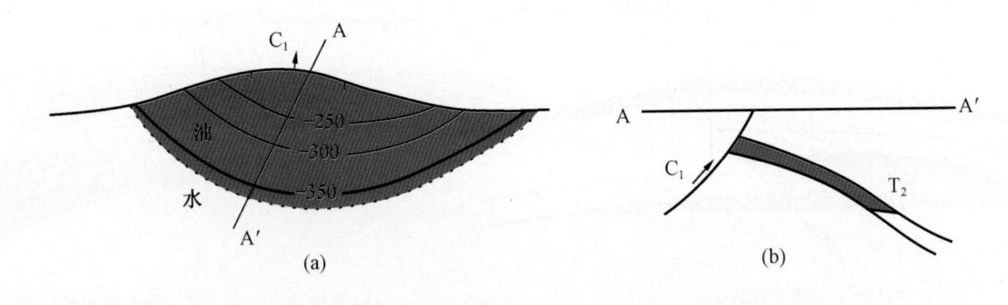

图 7－32　西北缘湖湾区油气藏构造图

2. 多断层组合油气藏

是指由多组断层组合而形成的油气藏，包括交叉断层油气藏和网状断层油气藏。

交叉断块油气藏是由两组不同方向断层切割，并与断层产状相配合而形成的油气藏。即油气藏储层倾斜的上倾方向，被两条斜交断层所遮挡。在平面图上，表现为构造等高线与交叉断层相交形成封闭空间，所形成的油气藏（图 7－33）。

网状断层油气藏是由两组或两组以上断层切割而形成的油气藏。这类圈闭的几何形态有菱形、梯形、三角形或斜方形等，相应形成了多断层组合的断块油气藏（图 7－34）。车 43 井断块佳木河组油藏、拐 15 井区八道湾组油藏等均属此类油藏。

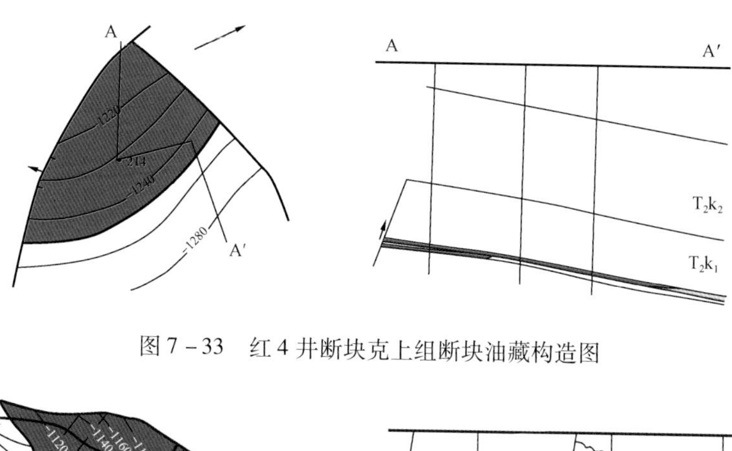

图 7－33　红 4 井断块克上组断块油藏构造图

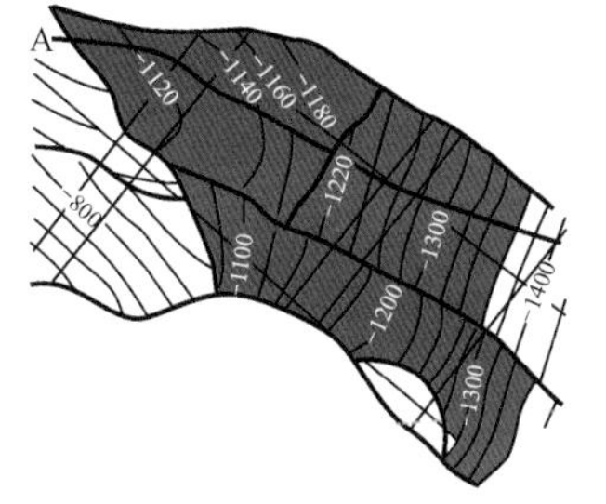

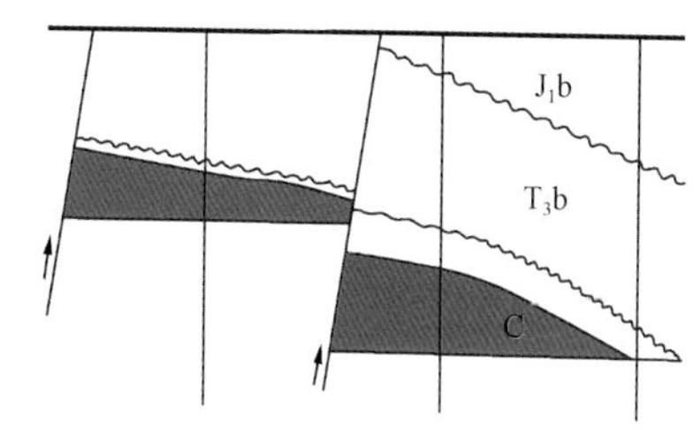

图 7－34　红 18 井区石炭系断块油藏构造图

四、地层超覆油气藏

在湖盆主要发育阶段的水进时期，沉积层自下而上向湖盆边缘斜坡带超覆。超覆层上部泥岩盖层分布范围往往大于下伏砂岩，因而不仅覆盖了砂岩层，而且覆盖了盆地边缘不整合面，不整合面以下由于有致密不渗透的火成岩、变质岩或泥岩，从而形成了顶底板遮挡层。西北缘这种类型的油气藏主要分布在盆地斜坡的下乌尔禾组和佳木河组。

该类油藏的特点是：(1)在砂体向不整合面尖灭的部位，原油往往由于轻质组分的散失或者受水洗作用的影响而稠化；(2)油气藏侧向受扇体分布的控制，相邻扇体之间的扇间地带是一个岩性多变、渗透性差的地带，砂层厚度减薄，泥质成分增加，形成侧向上的遮挡条件；(3)由于受垂向供烃能力和条件的限制，这种类型的油藏单个油藏的规模相对不会太大，但往往纵向上呈阶梯状分布，平面上显示为连片分布；(4)在上倾部位靠近地层超覆尖灭线的部位，岩性较细，物性变差，具有优越的封堵条件，当有后期生成的天然气充注时，可沿砂层呈“稠油—天然气—稀油—地层水”带状分布的格局。

克百断裂上盘，由于石炭系基底抬升持续时间长，克上组直接超覆在基底之上，也可形成地层超覆圈闭。克百地区 422 井区克上组油藏位于克百主断裂的上盘，即是一个典型的地层超覆油藏(图 7－35)。克上组薄层砂泥岩互层超覆沉积在石炭系基底之上，在储层的上倾方向形成不整合遮挡，克上组沉积了白碱滩组厚层泥岩，为有效的区域盖层，从而形成了地层超覆圈闭。

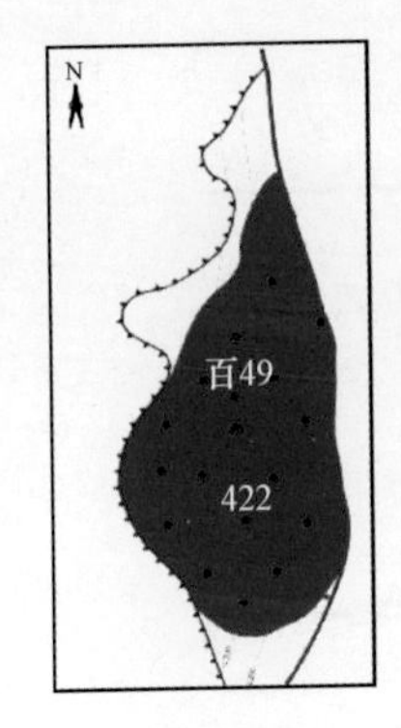

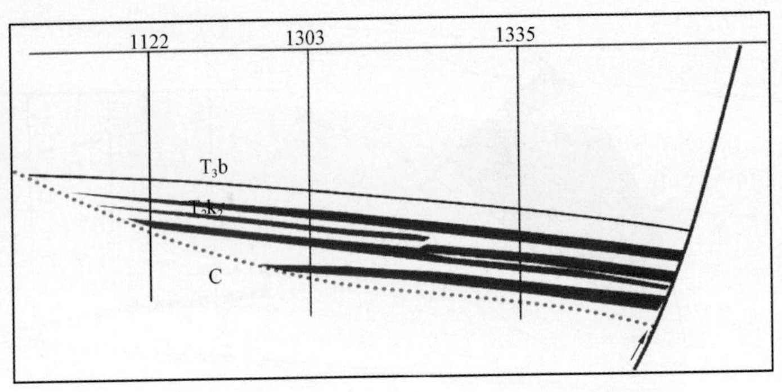

图 7－35　克百地区典型地层超覆不整合油藏——422 井区克上组油藏构造图

五、岩性油气藏

岩性油气藏是指由于岩性变化原因形成圈闭的油气藏。储集体往往穿插和尖灭在不渗透岩体中，有良好盖层条件；圈闭与储集岩体同期形成（翟光明等，2005）。克百地区的储集层的岩性变化主要和沉积相相关，三叠系薄的砂泥岩互层以及二叠系火山岩、砂岩交互存在的格局都有利于岩性圈闭的形成。西北缘主要为上倾尖灭油气藏，已发现的有克 82 井区上乌尔禾组油藏（图 7－36）、克 79 井区上乌尔禾组油藏、黑油山区克下组岩性油藏、一区齐古组岩性油藏等。

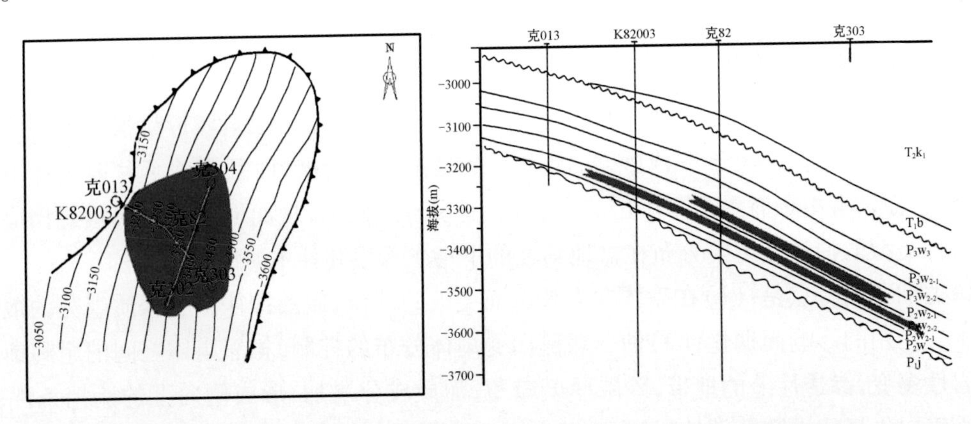

图 7－36　克百地区典型岩性油藏——克 82 井区上乌尔禾组油藏构造图

西北缘此类油藏的特点为：(1)油气主要分布在烃源岩发育的佳木河组、风城组及具有优越输导条件的圈闭中；(2)二叠系储层物性较差，扇体内砂层平均毛细管半径小，分选及连通性差，排畅条件差，地层水不能完全排出扇体，常为油水同层；(3)地层尖灭线附近易于形成岩性油气藏；(4)油藏边底水不活跃；(5)主要分布在推覆尖灭带及斜坡带。

六、断层—岩性油气藏

断层—岩性油气藏为构造岩性油气藏的一种，是西北缘发现数量最多、分布最为广泛的油气藏类型，自二叠系至侏罗系各层组均有发现，为西北缘“断—扇”控藏的重要体现。

此类油气藏的特点是：(1)上倾方向被断层所遮挡，两侧受扇间地带岩性封堵，或者储层物性变差而形成,下倾方向油水界面与构造等高线平行或者相互交切;(2)多沿大型断层成群成带分布,西北缘主要发育于断阶带和断裂带前缘两个油气聚集带;(3)西北缘主断裂附近扇体常相互叠置,且油气来源路径畅通,易于形成较大规模的油气聚集,油藏规模的大小受制于扇体的规模(图7-37)。

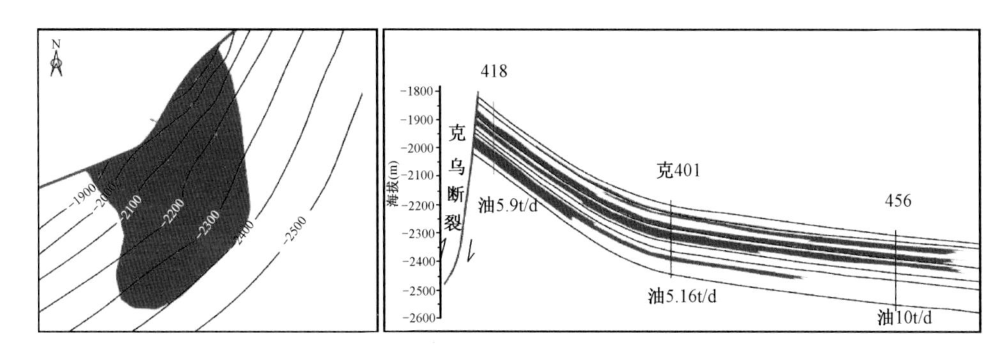

图7-37 克百地区典型断层—岩性油藏——446井区白碱滩组油藏构造图

七、背斜—岩性油气藏

背斜—岩性油气藏是构造岩性油气藏的一种,油气藏受到背斜的构造形态和岩性的控制。这种油气藏的特点是:(1)封闭性较好,往往在油藏的顶部存在有气顶气,边底水不活跃,油水界面与构造等高线不平行;(2)油气分布范围受岩性和物性控制;(3)主要发育在挤压应力较强的湖湾区。现已探明的背斜—岩性油藏主要分布在二区(图7-38)。

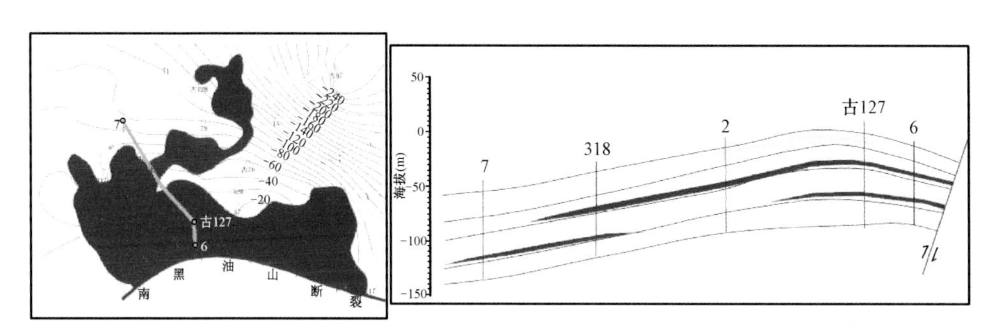

图7-38 克百地区典型背斜—岩性油气藏(二区克上组油气藏)构造图

八、断层—地层油气藏

断层—地层油气藏为构造—地层复合油气藏的一种,圈闭的形成受断层和地层两种因素控制。其特点是:(1)在储层上倾方向为不整合直接遮挡,侧向上被断层遮挡控制,下倾方向油(气)水界面多与构造等高线平行;(2)油藏为层状或者块状,多个相同类型的油气藏常呈带状分布;(3)油藏规模受往往受圈闭大小控制;(4)该类型油气藏多发育在受抬升剥蚀比较强烈的中拐凸起北斜坡的佳木河组及超覆沉积形成的上乌尔禾组中。

目前探明的此种类型的油气藏,主要是储层位于不整合面之下,顶部遭受削蚀,为不渗透层覆盖不整合面形成封堵条件,如574井区佳木河组上部砂砾岩油藏(图7-39)。

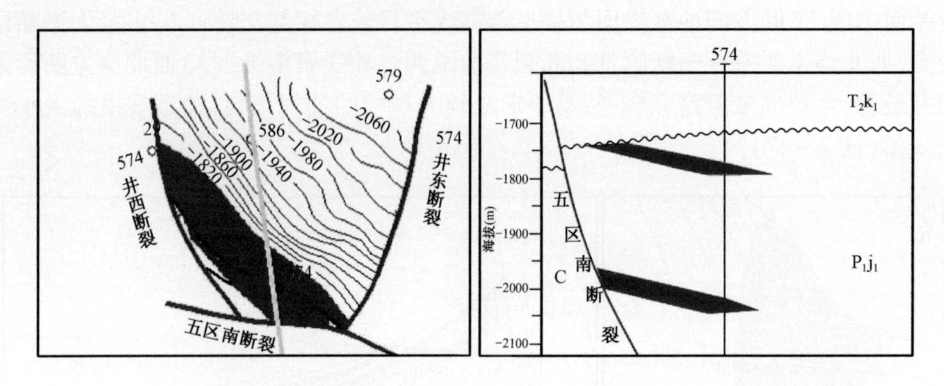

图 7 - 39　克百地区典型断层—地层油气藏——574 井区佳木河组油藏构造图

九、地层—岩性—断层油气藏

油气在地层、扇体与断层三种因素控制形成的圈闭中聚集，即为地层—岩性—断层油气藏。该类油气藏的成藏特点：(1) 上倾方向为不整合面直接遮挡，侧向为岩性或者断层封堵，下倾方向油气边界受岩性变化控制，无统一油水边界；(2) 由于断层与不整合面同时又是油气运移的重要通道，封闭能力相对较弱，规模相对较小；(3) 以层状油藏为主，多个油气藏常呈带状分布；(4) 一般发育在遭受剥蚀较为强烈的地层或超覆沉积地层中。

现已勘探发现的地层—岩性—断层油气藏分布在上乌尔禾组。如五 3 东区 304 井区上乌尔禾组油藏（图 7 - 40），储集砂体超覆沉积于不整合面之上，超覆层上部泥岩盖层分布范围大于下伏砂岩，不整合面之下有物性相对较差岩层，从而形成了顶底板遮挡层。

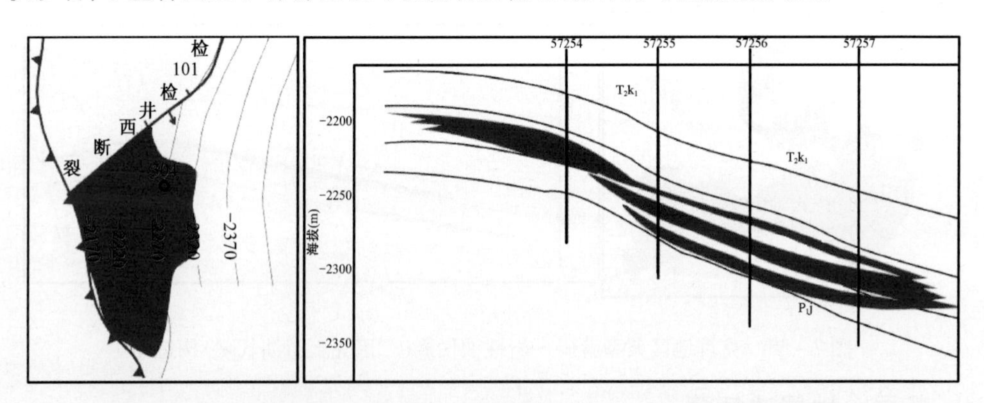

图 7 - 40　克百地区典型地层—岩性—断层油藏——304 井区上乌尔禾组油藏构造图

十、基岩火山岩风化壳油气藏

基岩火山岩风化壳油气藏是指油气藏储层主要由石炭系基岩火山喷发岩形成的储层，其形成和分布与火山喷发岩密切相关，本书把火山喷发岩和火山碎屑岩形成的储层通称为火山岩储层。

其特点是：(1) 裂缝同时是油气运移通道和储集空间，裂缝把孔隙、裂隙联系起来，形成统一孔缝体系和储集空间网络；(2) 油气藏呈块状或层状，储层孔、渗性分布不均，同一储层不同部位，储层性能可以相差悬殊，造成不同油井之间的差别较大；③与断裂和不整合面关系密切，在断层和不整合面附近断裂相对发育，储层条件较好，远离不整合或者断层位置裂缝不发育，难以聚集油气；(4)火山岩油气藏主要分布在佳木河组和风城组。如克84井区佳木河组气藏(图7－41)和克80井区风城组油藏(图7－42)。

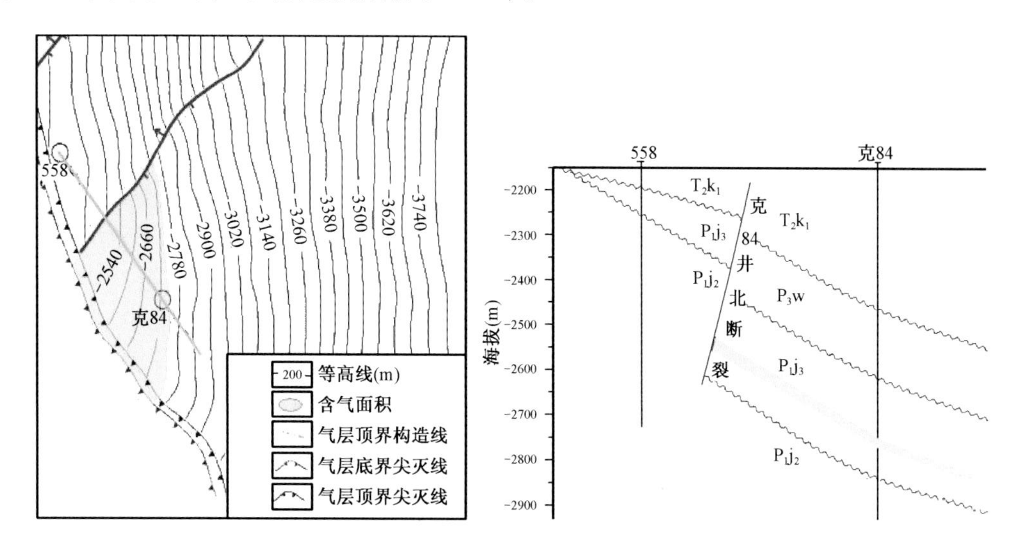

图7－41 克百地区典型火山岩气藏——克84井区佳木河组气藏构造图

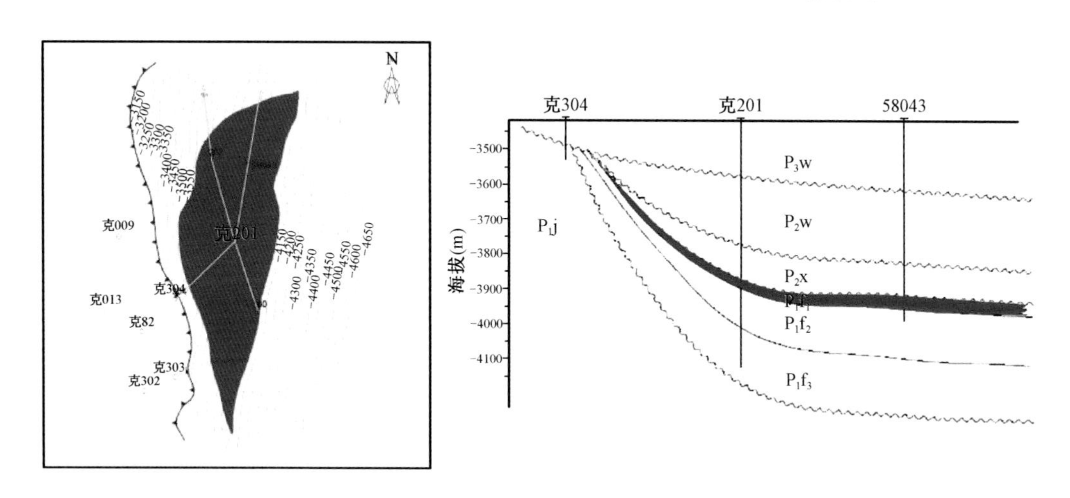

图7－42 克百地区典型火山岩油藏——克80井区风城组油藏构造图

小 结

西北缘石炭系、三叠系、侏罗系、白垩系成藏模式各有千秋，差异较大。

(1)石炭系成藏模式：油气主要赋存在火山岩风化壳以下蚀变作用产生的溶蚀孔、洞、缝中，基质孔隙是稠油存储的主要空间，裂缝所占的总储集空间很小，仅仅起到连通基质孔隙的作用。基质孔隙的形成是火山岩后期抬升带地表或近地表，长期遭受剥蚀、淋滤、溶蚀、溶解和绿泥石化、碳酸盐化的结果。因此，石炭系火山岩改造期古地理环境因素是寻找优质储层和油气富集带的关键，如一区西部古构造高地和九区南部202古构造高地石炭系油气富集，形成石炭系丰度较高的油藏。

（2）三叠系成藏模式：三叠系稠油重要分布在克下组、克上组，储层属于扇三角洲相沉积的砂砾岩和含砾砂岩，孔渗条件中等，克上组重要发育S_7^5、S_7^4油层，克上组重要发育S_4、S_5和S_1层，克上组物性一般比克下组物性差。油藏下部百口泉组泥岩和上部白碱滩组泥岩区域性盖层分布稳定、厚度大、丰度条件好。油藏特点是油层多、单层薄、油藏丰度高，具有区域性含油的特点，只要有储层，油层就发育，油藏低部位边底水不活跃。因此，三叠系浅层稠油油藏评价的方向是在超覆尖灭带寻找和发现克拉玛依储层，如三区、黑油山区外围三叠系具有很大的稠油潜力。

（3）侏罗系成藏模式：侏罗系浅层稠油油藏主要分布在八道湾组和齐古组，单层厚度大，层数少，成藏期油源供应有限，油藏丰度低。八道湾组油层发育在J_1b_4、J_1b_4层中，以含砾砂岩为主，储层物性中等，一般原始油藏遭到破坏，在上倾尖灭带重新调整，油水分异不充分，在构造较低部位形成范围较宽的油水同出带，在相对较高部位是含水油层，在相对较低部位是含油水层，油水过渡带较宽，油藏丰度低（如九9区）。齐古组储层以中细砂岩为主，一般高孔、高渗，岩心呈松散状或半固结状，但是相变快，只要储层与油源断裂能有效地配合，就能形成小而肥的油藏，往往具有边水特点（如克浅10井、克浅109井、九区南部）。侏罗系油藏成藏的关键是储层与油源断裂的沟通配置关系。因此，勘探评价的方向是在主断裂带附近的断阶带寻找有利储层，如在克拉玛依断裂带上下盘断阶带四2区、四区南部评价齐古组油藏。

第八章　西北缘复式油气藏精细勘探实践

第一节　风城地区超稠油精细勘探

一、风城地区超稠油基本概况

风城油田位于准噶尔盆地西北缘，距克拉玛依市以东约130km，与乌夏地区相邻，勘探面积约$350km^2$。1982—1985年对整个风城地区中生界进行了系统的勘探，1985年估算中生界表外储量约6×10^8t。由于研究区黏度高（20℃平均黏度$20\times10^4mPa\cdot s$），限于当时工艺技术未做规模开发。1989—1993年相继开展了多次热采试验，随着超稠油开发技术条件的成熟，2006年部署3个试验区，取得较好生产效果。2007年对风城油田整体部署4轮31口评价井，进一步落实油层分布、流体性质，预测研究区齐古组、八道湾组约有2.0×10^8t储量规模。截至目前认为侏罗系储量规模3.7×10^8t。

近年来，风城油田重1井区、重43井区、重32井区及重检3井区相继探明含油面积$17.25km^2$，地质储量约3000×10^4t，其中1992年报批重1井区齐古组稠油探明含油面积$2.7km^2$，地质储量约1500×10^4t；报批重43井区八道湾组稠油探明含油面积$3.8km^2$，地质储量约600×10^4t。1994年报批重32井区齐古组稠油探明含油面积$6.0km^2$，地质储量约1000×10^4t。2006年在重检3井区申报探明含油面积$4.75km^2$，地质储量约600×10^4t（图8-1）。

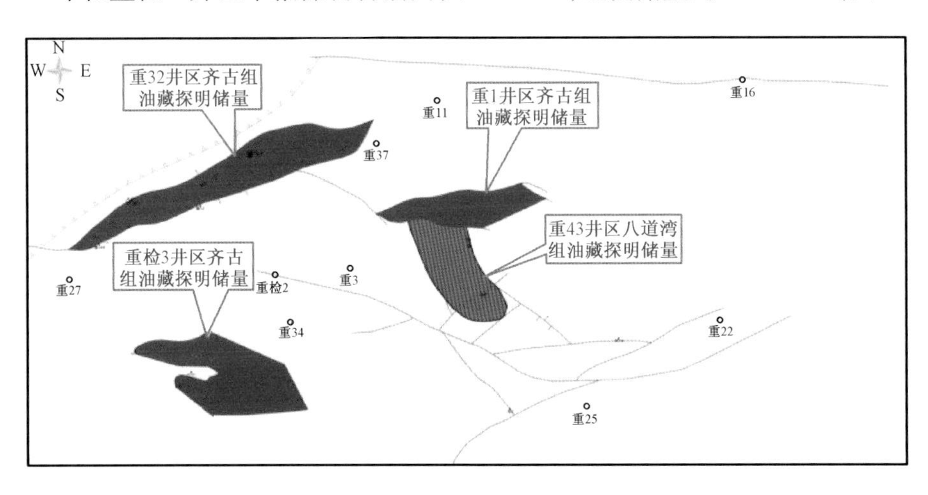

图8-1　风城油田侏罗系油藏探明储量分布图

二、风城地区超稠油石油地质特征

1. 地层、构造特征

风城油田自上而下地层可划分为白垩系吐谷鲁群、侏罗系齐古组、三工河组、八道湾组以及三叠系、二叠系及石炭系。侏罗系与上覆和下伏地层均呈角度不整合接触，上侏罗统和下侏罗统之间也是角度不整合接触。其中八道湾组在重40井—重14井一线以北区域缺失，齐古组在乌兰林格断裂上盘和风16井北断裂以北区域缺失。

风城油田断裂比较发育，目前比较落实的断裂有乌兰林格断裂、风16井断裂、风16井北断裂、重1井北断裂、重1井南断裂。另外根据风南三维地震资料及二维地震测线在重43井区、重5井区块新解释多条断裂。

齐古组总体构造形态为被断裂切割的南倾单斜，地层倾角5°~8°，断裂附近倾角变陡（图8-2）。八道湾组构造形态亦为南倾单斜，地层倾角4°~10°，中间被近东西走向的重18井弧形断裂切割（图8-3）。

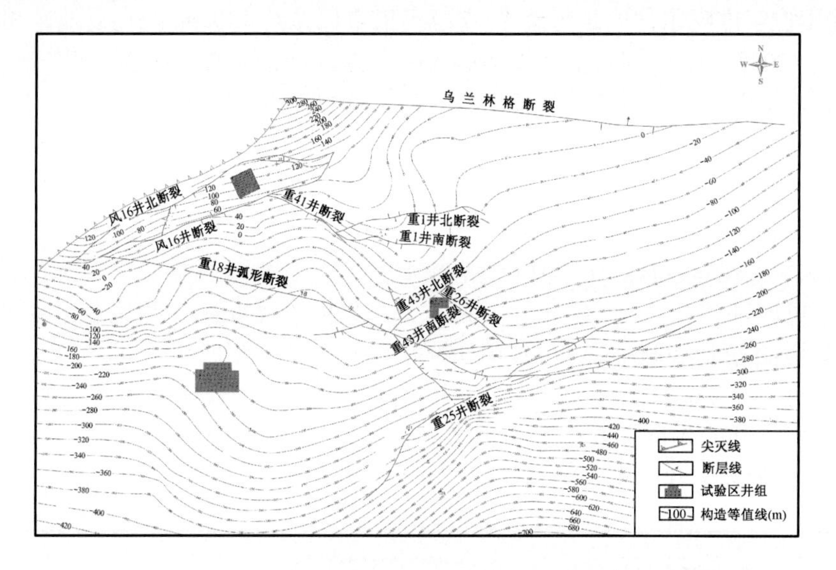

图8-2 风城油田齐古组底面构造图

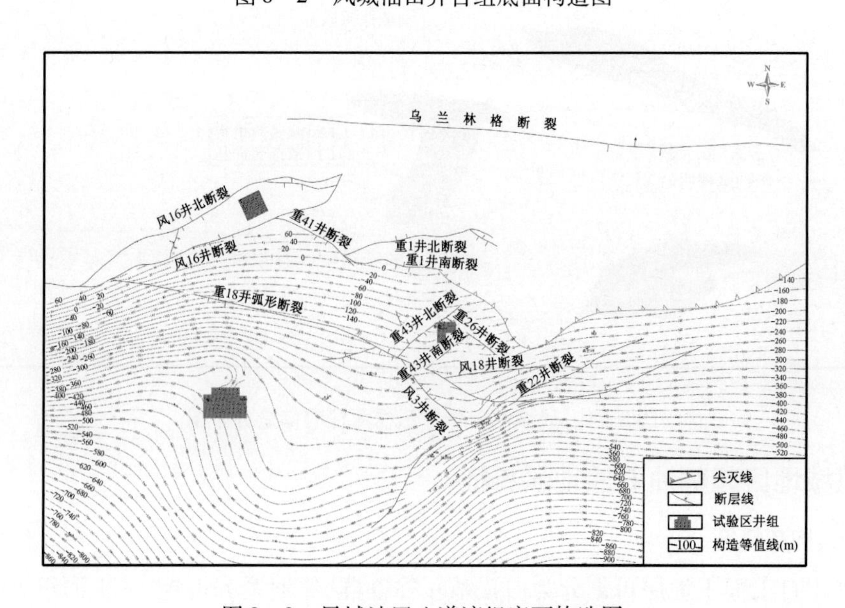

图8-3 风城油田八道湾组底面构造图

三维地震仅覆盖风城油田南部部分范围，由于地层较浅，且地震资料品质较差，因此目前新解释断层尚需新钻井资料进一步落实。

2. 储层特征

1）岩性特征

（1）齐古组：油藏埋深240～500m，沉积厚度80m，主要为河流相和湖泛平原相沉积。与周围区域对比，主要含油砂层组纵向上自上而下可细分为J_3q_2和J_3q_3砂层组，其岩性特征如下：

① J_3q_2砂层组：在风城地区广泛分布，沉积厚度平均50m左右。其岩性特征是上部为一套浅灰绿色、灰色细砂岩、泥岩及泥质砂岩，黄铁矿晶粒富集，中下部主要为油染褐色、浅灰色中细砂岩，底部有底砾岩。砂粒成分主要为石英（36.7%）、硅化岩（22.6%）、凝灰岩（20.8%）、变泥岩（14.2%）、长石（12.4%），还有少量花岗岩。分选好，磨圆度多为半圆状，胶结物成分以方解石为主，其次是黄铁矿、白云石和方沸石。杂基以泥质为主（12%左右），其次是高岭石、云母和绿泥石，胶结类型以孔隙式为主，胶结疏松—中等。

② J_3q_3砂层组：沉积厚度平均30m左右，表现的旋回性较明显。其岩性特征是上部为一套浅灰绿色泥岩、泥质粉细砂岩，中下部为油染褐色、浅灰色含砾不等粒砂岩，底部为沉积厚度不大的底砾岩。含砾不等粒砂岩的砾石含量小于10%，其成分以变质岩块（变泥岩和变砂岩）为主。岩屑以凝灰岩块为主（31%～40%），石英（20%～25%），变泥岩块（16%～18%），长石（15%）。分选好—中等，磨圆度为次棱角—半圆状，多为钙泥质胶结，胶结物成分以方解石和菱铁矿为主（3%～20%），杂基成分以高岭石为主（2%～7%），其次为泥质、水云母和绿泥石，胶结程度中等，胶结类型以孔隙—接触式为主。

（2）八道湾组：油藏埋深500～700m，沉积厚度60m，地层在风23井—重23井一线尖灭，砂层厚度平均30m左右，纵向上自上而下细分为J_1b_1、J_1b_{2+3}、J_1b_4、J_1b_5砂层组，其中J_1b_{2+3}、J_1b_4、J_1b_5砂层组为主要含油层。其岩性特征如下：

上部J_1b_1砂层组以泥岩、泥质砂岩为主，中部J_1b_{2+3}、J_1b_4砂层组以中细砂岩为主，夹薄层状不等粒砂岩及泥岩。岩屑成分以凝灰岩为主（30.9%），其次是石英（21%）和变泥岩块（18.2%）。砾石成分以变泥岩块和变质砂岩为主（53.1%），分选中—差，磨圆度为次棱角—半圆状。胶结物成分以方解石为主（15%），其次是菱铁矿，杂基成分以泥质为主（约10%），其次是云母（2%～15%）。胶结程度中等，胶结类型以接触—孔隙式和孔隙—接触式为主；下部J_1b_5砂层组为一套砂砾岩沉积，含砾不等粒砂岩、砂质砾岩与粗砂岩互层，最底部为致密砾岩。粒度分选较差，磨圆度较差，砾石成分以变泥岩块为主（65%左右），粒径大于2mm。泥钙质胶结，胶结物成分以方解石为主（3%～14%），杂基成分以泥质为主（4%～18%），胶结程度中等，胶结类型以孔隙—接触式为主。

2）储集空间特征

依据本区岩石薄片、铸体薄片及荧光薄片鉴定资料，齐古组的主要孔隙组合类型为粒间孔—粒间溶孔—粒内溶孔—微裂缝。八道湾组的主要孔隙组合类型为原生粒间孔—粒间溶孔—晶间溶孔。

3）储层物性特征

据物性分析资料统计，风城油田齐古组J_3q_2全样品孔隙度变化范围在3.98%～38.32%之间，平均22.83%，中值24.8%，水平渗透率变化在0.01～20000mD之间，平均4247.0mD；

油层样品孔隙度变化范围在25.4%～38.32%之间，平均31.73%，中值30.82%，水平渗透率变化范围在758.92～20000mD之间，平均6960.0mD，中值4150.0mD，齐古组J_3q_2储层为高孔高渗储层。

齐古组J_3q_3全样品孔隙度变化范围在6.04%～37.3%之间，平均26.23%，水平渗透率变化范围在0.01～29200mD之间，平均3391.6mD；油层样品孔隙度变化范围在16.77%～37.3%之间，平均27.4%，中值27.2%，水平渗透率变化范围在55.66～29200mD之间，平均5806.1mD，中值1050.0mD，为高孔、高渗储层。

八道湾组全样品孔隙度变化范围在2.31%～37.65%之间，平均21.12%，水平渗透率变化范围在0.01～15100mD之间，平均1671mD；油层样品孔隙度变化范围在15.65%～34.68%之间，平均25.16%，中值25.12%，水平渗透率变化范围在37.08～15100mD之间，平均2823.0mD，中值890.0mD，八道湾组储层为高孔、高渗储层。

3. **流体性质**

目前风城油田已申报探明含油面积外齐古组热采试油取得原油性质资料11井次，热驱项目取得原油性质资料6井14个样品，该区齐古组原油密度在0.9501～1.004g/cm^{3}之间；50℃原油黏度7220～96000mPa·s，属于超稠油。地层水总矿化度为4913mg/L，Cl^-含量1945mg/L，水型为$NaHCO_3$型（依据重42井试油为水层数据得出）。

八道湾组热采试油取得原油性质资料8井次，冷采试油取得原油性质资料2井次，热驱项目取得原油性质资料1井3个样品，原油密度在0.9163～0.9868g/cm^{3}之间，50℃时原油黏度7492～23500mPa·s，属于超稠油。地层水总矿化度为9489mg/L，Cl^-含量3466mg/L，水型为$NaHCO_3$型（依据南部夏31井、139井及乌11井试油为水层数据得出）。

该区稠油黏温反应敏感，依据黏温曲线推测，温度每升高10℃，黏度降低50%～70%（图8－4、图8－5），原油凝固点范围在15～28℃之间，属于超稠油中的高凝油。

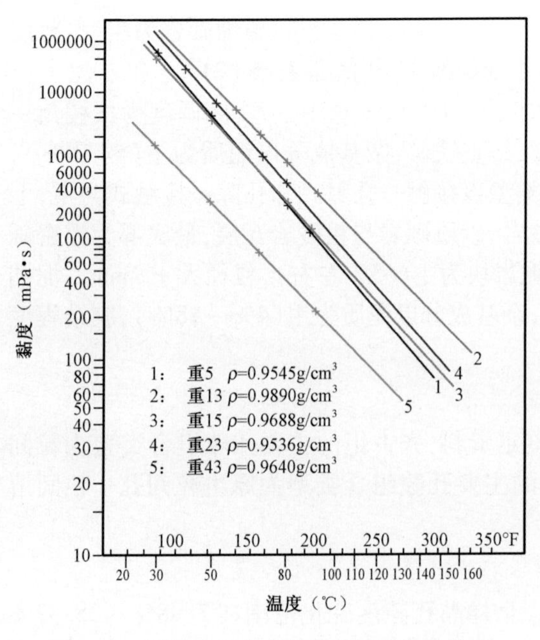

图8－4 风城油田齐古组油藏原油黏温曲线

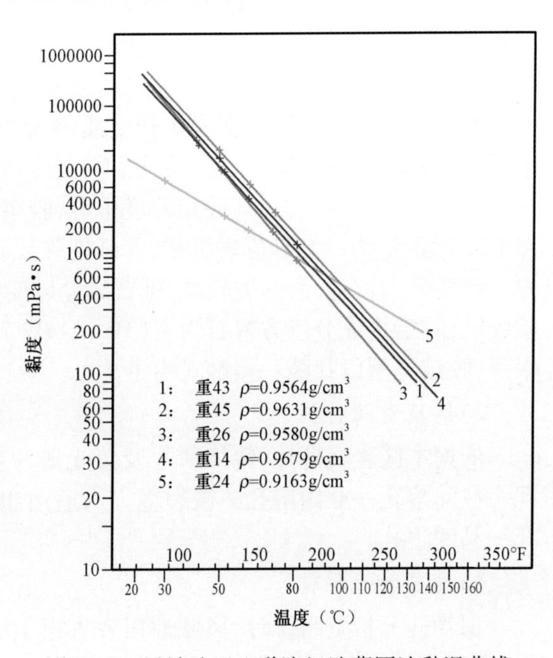

图8－5 风城油田八道湾组油藏原油黏温曲线

4. 油藏类型

风城油田八道湾组油藏在构造高部位受断层及尖灭线控制，构造低部位存在边水，因此其油藏类型为断层遮挡的带边水的地层构造岩性油藏；齐古组 J_3q_2 层油藏在构造高部位受断层遮挡，局部区域受岩性控制，构造低部位存在边水，因此油藏类型为断层遮挡的带边水的岩性构造油藏；J_3q_3 层油藏在构造高部位受断层遮挡，局部区域油层电阻率较低（RT 范围在 10 ~ 15Ω·m 之间），构造低部位存在边水，因此油藏类型为断层遮挡的带边水的岩性构造低电阻油藏。

三、热采试验情况

1984 年重 32 井区的齐古组进行了注汽热采试验，累计产油 259.8t，油汽比 0.108。1989—1993 年对重 1 井区、重 32 井区齐古组和重 43 井区八道湾组进行了重点解剖，共完钻评价井 30 口，先后开辟了 6 个热采试验井组，其中重 1 断块 1 个井组累积产油 1773t，油汽比 0.21；重 32 井区 3 个井组累积产油 6353t，油汽比 0.184；重 43 井区 2 个井组累积产油 5137t，油汽比 0.23，试验井组均取得较好的生产效果。

2002—2006 年分别在重检 3 井区、重 32 井区、重 43 井区部署 3 个试验区，完钻热采试验井 177 口，投产 120 口。累计注汽 28.7×10^4t，累计产油 5.47×10^4t，油汽比 0.19，平均单井生产时间 166.4d，平均单井日产油 2.7t（表 8－1），超稠油试验区规模开发初见成效。

表 8－1 试验区生产效果表

区块	完钻井数（口）	投产井数（口）	生产时间（d）	注汽量（t）	采油量（t）	平均单井生产时间（d）	日产油（t）	油汽比	50℃原油黏度（mPa·s）
重检 3	86	79	17701	235500	43300	224	2.4	0.18	10000
重 32	74	24	913	27900	4839	38	5.3	0.17	14000
重 43	17	17	1350	23600	6550	79	4.9	0.28	17000

四、风城地区超稠油精细勘探成效

风城地区的石油勘探始于 20 世纪 50 年代，在浅层侏罗系发现了原油密度不同的稠油，但由于油质重、黏度大、流动性差及当时技术条件的限制，未能将稠油勘探列为重点。1981 年风 3 井在二叠系风城组获得高产工业油气流，1983 年上报风 3 井区二叠系风城组储量。1982—1984 年为进一步深化勘探期，在风城地区相继部署了多口探井，其中风 5 井于 1984 年在二叠系风城组 3156 ~ 3200m 处试油，压裂后 5mm 油嘴日产油 6.7t，日产气 958m^3，从而发现了风 5 井断块下盘二叠系风城组油藏，1999 年钻探的风 501 井在断裂上下盘风城组均获得了高产工业油气流，2001 年上报探明石油地质储量 681×10^4t。1984—1994 年，风城地区相继部署了 30 口稠油专层探井，并进行注蒸汽吞吐试验，效果明显。1989 年对该区浅层侏罗系稠油开展了油藏评价工作，计算石油地质储量 18668×10^4t。1991 年探明了重 1 井区和重 43 井区侏罗系稠油油藏，上报石油地质储量 2120×10^4t，1994 年探明重 32 井断块和重 29 井断块侏罗系稠油油藏,上交石油地质储量 $1190 \times 10^4 t$。2006 年在重检 3 井区浅层侏罗系稠油探明石油地质储量 $445 \times 10^4 t$。上述勘探成果的取得表明风城地区石油地质条件优越,油气资源潜力大。

根据风城油田取心资料及测井资料初步确定(其他参数借用已申报探明储量参数),风城油田侏罗系油藏预计总含油面积 $120 km^2$,地质储量约 $2.0 \times 10^8 t$,扣除已探明含油面积及储量,预计含油面积为 $102.75 km^2$,地质储量超过 $1.5 \times 10^8 t$(图 8-6)。

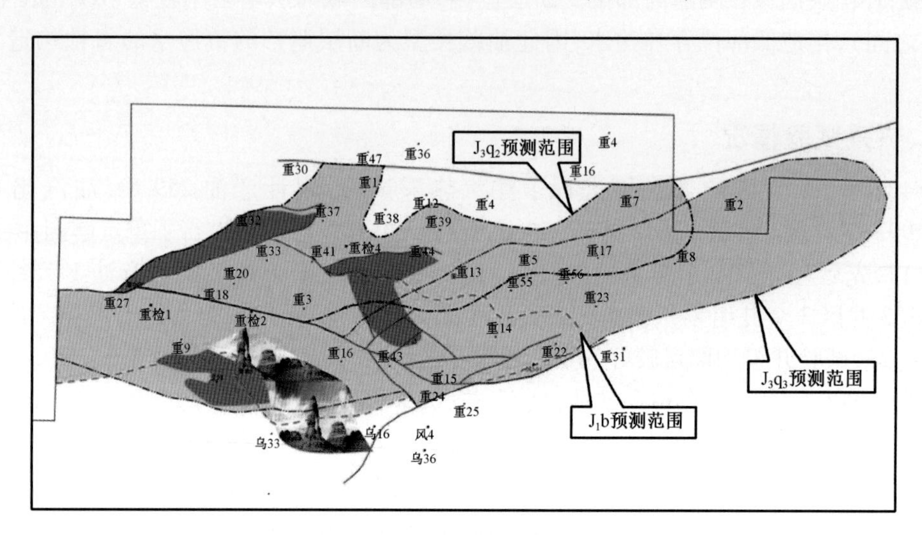

图 8-6 风城油田侏罗系油藏预测范围分布图

第二节 乌尔禾地区三叠系精细勘探

一、基本概况

乌尔禾油田区域构造处于准噶尔盆地西北缘乌夏断裂带乌尔禾断背斜构造的中南部。准噶尔盆地形成后,经历三次大的构造运动,二叠纪末期的构造运动,造成了盆地大型斜坡、大型隆起、大型断裂凹陷的基本轮廓,如克百大断裂带,帐北隆起,构成了现今构造单元的基本轮廓。三叠纪末期的构造运动,其强度和波及的范围比前一次小,它继承了前一次构造运动,形成了一些鼻状背斜构造、逆断层,乌夏断背斜带正是这一时期形成的,这一时期也是油气大量聚集和散失时期。白垩纪中期开始,构造运动引起盆地周缘抬升,如西北缘的哈拉阿拉特山整体升起,至今山中存在有小型白垩系盆地水平沉积层,这次运动对盆地内影响较小,仅在盆地边引起小型张性正断层。

乌夏地区主要生油层系为二叠系风城组,其次为下乌尔禾组。乌尔禾背斜是油气运移的主要指向和场所,油气沿上倾方向运移首先被背斜捕获。由于隆起较高,致使顶部严重剥蚀,造成油气聚集量减少。断裂是连接二叠系油源与三叠系圈闭的桥梁,是垂向运移的重要通道,乌尔禾沥青脉就是典型例证。

区域性的盖层为上三叠统白碱滩组,此外,中下三叠统砂砾岩间的泥岩隔层(厚度大于

3m)也在局部起盖层作用。

实施精细勘探以来,在乌33井区、乌36井区见到了明显的成效,目的层为三叠系的百口泉组、克下组、克上组。百口泉组(T_1b)自上而下分为三个砂层组:T_1b_1砂层组、T_1b_2砂层组、T_1b_3砂层组;其中,T_1b_2砂层组、T_1b_3砂层组发育有油层。克下组(T_2k_1)自上而下分为$T_2k_1{}^1$、$T_2k_1{}^2$、$T_2k_1{}^3$三个砂层组;其中,$T_2k_1{}^3$砂层组为主力油层。克上组(T_2k_2)自上而下分为$T_2k_2{}^1$、$T_2k_2{}^3$、$T_2k_2{}^4$、$T_2k_2{}^5$四个砂层组;其中,$T_2k_2{}^5$砂层组为主力油层,其次发育$T_2k_2{}^1$、$T_2k_2{}^4$砂层组油层。

二、剩余出油气点分析

老井复查解释技术即通过研究区探井及开发井的老井复查,认识到研究区许多老井在目前钻试工艺条件下可以出油,油层标准应该降低,从而发现了一大批油层,提出了研究区具有较大的勘探潜力。对乌5井区30口试油和生产井进行对比分析后发现,在海拔-1130m以上是克上组、克下组纯油区;在海拔-1130m与-1209m之间是一条明显的油水过渡带;海拔-1209m以下是百口泉组纯油区;在乌10井断裂下盘,乌8井、乌10井、乌检323井克上组、克下组储层在海拔-1130m以上是无水层,在海拔-1130m以下也是一个明显的油水过渡带;乌1井、乌5井、乌检321井在海拔-1130m以上为纯油区,在海拔-1130m以下也为油水过渡带。这些数据说明克上组、克下组油藏与百口泉组油藏分属不同的油气水系统。

三、石油地质特征

1. 构造特征

本区为黄羊泉北和风南地区三维地震资料所覆盖,黄羊泉北三维地震资料面积252.69km^2,面元25m×50m;风南三维地震资料面积297.495km^2,面元25m×50m。三维地震资料品质中等,结合大量钻井资料,完全满足构造和层位解释的需要。利用已完钻井的测井资料合成地震记录,对各地质层位进行了准确标定,追踪解释出了三叠系构造形态。

1)断裂特征

乌尔禾油田位于乌夏断裂带内,是一个受多期构造叠加影响的逆冲断褶带,研究区以发育众多逆冲断层为主,全区共解释断裂9条,断裂走向以北东、北北东向、近东西向为主。乌尔禾断裂、乌南断裂、风10井断裂、风7井断裂是控制全区三叠系构造格局的主要断裂(表8-2)。

乌尔禾断裂、乌南断裂是同生逆断裂,贯穿全区,控制全区三叠系鼻状隆起、洼陷构造格局;风10井断裂、风7井断裂是控制三叠系构造格局与油藏边界的主要断裂。

(1)乌尔禾断裂:Ⅰ级断裂,贯穿全区,区内延伸长度17.47km,断距范围在50~1000m之间,断开层位二叠系、三叠系,断层走向近东西,是全区控制二叠系、三叠系沉积、构造格局及油藏边界的主要断裂。乌尔禾断裂在二叠系断裂活动强度最大,在三叠系末期活动减弱至结束。受乌尔禾断裂冲断、推覆作用影响,形成了全区的多期次地层不整合。

表 8-2 乌尔禾油田断裂要素表

序号	断层名称	断层性质	断层产状			断开层位	断距(m)	区内延伸长度(km)
			走向	倾向	倾角(°)			
1	乌尔禾断裂	逆	EW	N	45~55	J_1b、T_3b、T_2k_2、T_2k_1、T_1b、P_2w、P_2x、P_1f	50~1000	17.47
2	乌南断裂	逆	NE	NW	50~55	T_3b、T_2k_2、T_2k_1、T_1b、P_2w、P_2x、P_1f	20~450	22.89
3	风 10 井断裂	逆	NNE	NWW	55~65	T_3b、T_2k_2、T_2k_1、P_2w、P_2x	10~150	14.37
4	风 7 井断裂	逆	NNE	SE	60~70	T_3b、T_2k_2、T_2k_1、T_1b、P_2w	10~200	4.38
5	141 井南断裂	逆	NE	SE	55~60	P_2w、P_2x	15~150	12.84
6	乌 28 井断裂	逆	NE	SE	65~70	T_2k_1、T_1b、P_2w、P_2x	10~40	4.91
7	乌 29 井东断裂	逆	NNE	NW	65~70	T_2k_1、T_1b、P_2w	30~80	1.23
8	乌 27 井断裂	正	NE	SE	68~72	K_1tg、J_1b、T_3b、T_2k_2、T_2k_1、T_1b、P_2w	10~80	13.18
9	乌 17 井断裂	正	NE	SE	68~70	K_1tg、J_1b、T_3b、T_2k_2、T_2k_1、T_1b、P_2w	10~30	2.19

在乌尔禾断裂下盘的掩伏带，二叠系、三叠系发生强烈断褶、抬升，形成二叠系、三叠系大型的断鼻、断背斜构造，是油气勘探的有利目标。

（2）乌南断裂：贯穿全区，区内延伸长度 22.89km，断距 20~450m，断开层位二叠系、三叠系，断层走向北东，断层倾向与乌尔禾断裂一致。乌南断裂是乌尔禾断裂的伴生断层，在二叠系断裂具有一定的走滑作用，剖面上具有上陡下缓的逆冲断裂特征。平面上乌南断裂与乌尔禾断裂三叠系在北东向斜交收敛，平面呈帚状结构。在两条断裂收敛处，两条断层距离在 200m 左右，向西呈喇叭状开口。乌南断裂是控制三叠系油藏的关键断层。

（3）风 10 井断裂：区内延伸长度 14.37km，断距 10~150m，断开层位二叠系夏子街、下乌尔禾组、三叠系百口泉组，断裂倾向与乌南断裂一致，断层平面展布与乌南断裂基本一致为北东向，到风 10 井附近断裂走向转为北北东向，断裂在风 303 井附近与乌尔禾断裂相接。风 10 井断裂与乌尔禾、乌南断裂共同控制乌 109 陡坡带。

（4）风 7 井断裂：区内延伸长度 4.38km，断距 10~200m，断开层位二叠系下乌尔禾组、三叠系，断层倾向与乌南断裂相反，断层平面展布与风 10 井断裂一致，在风 306 井附近断层走向由北东转为北北东向，到乌 101 北与乌尔禾断裂相接。风 7 井、风 10 井断裂与乌尔禾断裂共同控制乌 101、乌 102 挤压背斜构造，在乌尔禾断裂南部形成百口泉组构造隆起带。

2）构造形态

三叠系构造主要受乌尔禾断裂、乌南断裂、风 10 井断裂、风 7 井断裂控制，形成西部宽缓断鼻、中部挤压隆起、东部单斜。

（1）三叠系百口泉组。

乌尔禾断裂南部地层表现为以风 7 井断裂、风 10 井断裂带控制的挤压背斜（乌 29、乌 101）为中心的不对称背斜构造，背斜西翼构造平缓，东翼地层坡降大。乌尔禾断裂附近受多条逆冲断裂影响，挤压作用最强烈，构造隆升明显，背斜构造最完整，如乌 29 背斜、乌 101 断背斜。到南部乌 27 井断裂中部挤压隆起幅度减小，隆起带转为地堑构造，百口泉组表现单斜构造。

乌 36 井区块平面上分为三个断块：乌 36 井断块、乌 101 井断块、乌 109 井断块。乌 36 井断块是受乌南断裂控制的缓坡构造带，百口泉组顶部构造形态为断裂切割的单斜，地层向东南倾伏，乌 106 井西是局部构造高部位，乌 36 井也位于缓坡高部位，高点埋深 1304m，地层倾角为 10°～25°。乌 101 井断块是受乌尔禾断裂、风 7 井断裂、风 10 井断裂控制的断鼻构造，乌 101 井在断鼻构造高点，高点埋深 650m，闭合度 300m，地层倾角为 5°～15°。乌 109 井断块是受乌尔禾断裂、风 10 井断裂、风 315 断裂控制的断块构造，地层产状陡，地层倾角为 30°～40°，高点埋深 720m。乌 33 井断块是受乌尔禾断裂、风 7 井断裂控制的断鼻构造，高点埋深 880m。圈闭要素详见表 8－3。

表 8－3 乌尔禾油田乌 33 井区、乌 36 井区圈闭要素表

圈闭名称	层位	圈闭类型	面积（km^2）	闭合度（m）	高点埋深（m）	溢出点海拔（m）
乌 101 井区	T_1b	断块	3.26	200	650	—
乌 109 井区	T_1b	断块	4.3	510	720	－900
乌 36 井区	T_1b	断鼻	14.2	730	1304	－1700
乌 33 井区	T_1b	断鼻	20.35	400	880	－970

（2）三叠系克上组、克下组。

评价区克上组、克下组继承了百口泉组的构造格局，克下组、克上组在工区内大范围遭受剥蚀，克下组西部以乌 101 井—风 13 井、风 6 井连线为边界，东部大体以乌 356 井—风 3 井—风 503 井连线为边界，南部以 W1005 井为边界的东北部区域克下组被完全剥蚀；西部乌尔禾断裂、风 7 井断裂和乌 27 井正断裂形成大型鼻状构造，地层倾角 5°～10°，构造高点位于乌 40 井东，高点埋深大约为 810m；克上组西部以乌 005 井—风 13 井、风 306 井—风 13 井为边界，南到乌 001 井和乌 19 井，东部以乌 19 井、乌 108 井和风 503 井等为边界的区域内克上组完全被剥蚀；在西部，克上组顶部构造形态均为被乌尔禾断裂、风 7 井断裂逆断裂和乌 27 井正断裂遮挡的大型鼻状构造，轴线基本在乌 8 井—乌 5 井—乌 002 井的连线上，地层倾角为 5°～8°，构造高点位于乌 33 井东北方向，高点埋深大约 660m。圈闭要素详见表 8－4。

表 8－4 乌尔禾油田克上组、克下组乌 29 井区、乌 33 井区圈闭要素表

圈闭名称	层位	圈闭类型	面积（km^2）	闭合度（m）	高点埋深（m）	溢出点海拔（m）
乌 33 井区	T_2k_2	断鼻	26.39	410	660	－750
乌 33 井区	T_2k_1	断鼻	24.35	510	810	－950
乌 29 井区	T_2k_1	构造—地层	2.41	160	650	－450

2. 储层特征

1）沉积特征

乌尔禾地区中晚二叠世—三叠世，主要由冲积扇—扇三角洲—湖泊相组成。二叠纪、三叠纪，区域气候曾经历了干旱、半干旱—潮湿—干旱—潮湿的周期性变化，不同气候条件下的沉积物，其岩性岩相特征差异极大，表现为本区发育的大量洪积—冲积扇有旱地、半旱地和湿地扇之分;扇三角洲平原有红色泥岩与红色砂砾岩层序组合、灰色泥岩与灰色砂砾岩层序组合之分。湖泊相是本区二叠—三叠系较发育的相类型,周期性地出现在沉积序列中,主要是淡水湖泊相,但在局部地区的部分地层组段也出现了咸化—半咸化湖泊相。

(1)三叠系百口泉组。

工区内三叠系百口泉组纵向上自下而上划分为 T_1b_3、T_1b_2 和 T_1b_1 砂层组,发育了一套冲积扇的砂砾岩和红褐色泥岩沉积,总体上呈现正粒序的沉积特征,由下至上粒度逐渐变细。

百口泉组主要为灰色、棕红色砂砾岩、含砾砂岩与红褐色泥岩、含砾泥岩互层,主体为冲积扇扇中亚相和扇缘亚相沉积,水流方向来自北东方向。油藏区域以扇中亚相沉积为主,发育两支扇体,分别过乌 3 井—乌 004 井—乌 38 井和风 14 井—乌 114 井—乌 105 井—乌 101 井,在乌 352 井—乌 351 井—乌 29 井一带两支扇体交汇。砂岩厚度在 25 ~ 60m 之间,乌 11 井、乌 352 井—乌 13 井、乌 011 井一带砂岩厚度最大。主要的砂体成因类型为扇中辫状河道充填沉积和筛状沉积,局部见泥石流堆积。晚期随着湖侵退积作用的增强,物源供应不充分,研究区沉积厚层棕红色泥岩,作为盖层对油藏起封堵作用。

(2)三叠系克下组。

构造高部位的克上组、克下组逐层遭受剥蚀,由南向北剥蚀程度加剧,形成了侏罗系和三叠系之间为角度不整合接触。乌 101 井—乌 11 井克下组全部剥蚀。克下组自上而下划分为三个砂层组:$T_2k_1{}^1$、$T_2k_1{}^2$、$T_2k_1{}^3$,克上组自上而下划分为 4 个砂层组:$T_2k_2{}^1$、$T_2k_2{}^3$、$T_2k_2{}^4$、$T_2k_2{}^5$。克上组、克下组主要发育扇三角洲沉积的灰色、深灰色砂砾岩与灰色、褐灰色泥岩互层的岩性特征。主要的砂体成因类型为(水下)分流河道、河口坝、席状砂等。

克下组整体为水进退积的正旋回沉积序列,自下而上粒度由粗变细。研究区发育来自两个方向的扇三角洲沉积体系:西部体系来自北西向,该扇体沉积规模大,发育平原和前缘亚相,砂砾岩厚度大,范围约在 8 ~ 72m 之间,油藏范围内发育扇三角洲前缘的水下分流河道砂体及河口坝砂体,分选磨圆较好,储集物性较好;东部体系来自北东向,该体系水动力条件相对较弱,扇三角洲平原亚相不发育,主要发育前缘亚相的水下分流河道、河口坝、席状砂沉积的砂砾岩、砂岩,砂砾岩厚度明显变薄,粒度变细,分选磨圆好,储集性能亦较好。两支扇三角洲交汇带的前缘为前扇三角洲沉积区,主要沉积泥岩,砂岩不发育。

(3)三叠系克上组。

构造高部位的克上组、克下组逐层遭受剥蚀,由南向北剥蚀程度加剧,形成了侏罗系和三叠系之间的角度不整合接触。乌 001 井—乌 101 井—乌 11 井克上组剥蚀殆尽。克上组整体为水进退积的正旋回沉积特征,粒度、砂砾岩厚度自下而上变细变薄。克上组沉积面貌继承性发育,西部及东部水体依然发育,不同的是乌 103 井—乌 105 井—乌 113 井一带发育一支来自北东向、规模相对较小的扇三角洲沉积体系,且整个克上组沉积规模较克下组增强,砂砾岩沉积厚度增大,平原亚相分布范围变大,前三角洲亚相不发育。油藏范围内主要发育扇三角洲前缘水下分流河道、河口坝砂体,物性好,储集性能较好。

2)*岩石特征*

(1)三叠系百口泉组。

百口泉组储集岩岩性以砂砾岩、砂质砾岩为主,不等粒岩屑砂岩次之。砾石成分主要为凝灰岩、流纹岩、安山岩、霏细岩；砂质成分主要为凝灰岩、石英、霏细岩。颗粒磨圆以次圆状为主，分选差。岩石胶结程度中等，胶结类型以孔隙型—压嵌型为主，其次为压嵌型。填隙物主要为杂基，其成分为泥质，含量在2% ~8%之间，平均值为5%。

储层中黏土矿物以伊/蒙混层（平均含量45%）、高岭石（平均含量41%）为主，少量的绿泥石（8%）及伊利石（平均6%）（表8 -5）。

表8 -5 乌36井区块百口泉组储层黏土矿物分析统计表

井号	层位	样品深度(m)	伊/蒙混层(%)	伊利石(%)	高岭石(%)	绿泥石(%)
乌28	T_1b_2	1585.64	59	5	27	9
	T_1b_3	1615.51	67	3	23	7
		1619.62	69	7	15	9
乌36	T_1b_2	1406.05	71	10	12	7
		1406.73	75	4	15	6
		1408.24	44	5	33	18
		1409.59	55	4	20	21
	T_1b_3	1441.27	47	8	33	12
		1442.16	57	11	19	13
		1443.18	39	16	28	17
		1443.65	43	5	31	21
		1444.82	40	5	36	19
		1446.1	71	10	12	7
乌101	T_1b_2	731.00	41	4	55	0
	T_1b_3	749.36	49	3	48	0
		750.66	11	3	86	0
		750.99	15	8	77	0
		761.68	20	3	77	0
		762.07	13	3	84	0
		764.54	16	3	81	0
T_1b_2 均值			61	6	26	7
T_1b_3 均值			39	6	47	8
均值			45	6	41	8

（2）三叠系克下组。

克下组储集岩为中细粒岩屑砂岩、不等粒岩屑砂岩及砂砾岩、砾岩。砂岩成分为石英含量0~31%，平均16.54%；长石含量1% ~28%，平均14.92%；岩屑含量47% ~95%，平均68.54%，岩屑以凝灰岩岩屑为主，含量33% ~84%，平均54.15%，其次为霏细岩岩屑（2% ~16%，平均5.08%），少量的安山岩、泥板岩、石英岩岩屑；砂岩中所含砾石有凝灰岩、安山岩、霏细岩和花岗岩等。砾岩的岩石成分主要为凝灰岩,含量51% ~78%,平均64.86%,其次为砂岩、安山岩岩屑,还有少量的霏细岩、花岗岩岩屑等;砂质砾岩中含有11% ~27%,平均19.7%的砂质成分,主要为凝灰岩岩屑。颗粒磨圆以次圆状为主,次棱状为辅。分选差—中等。颗粒接触方式以线接触为主,线—点接触为辅。胶结类型主要为压嵌型,其次为压嵌—孔隙型。填隙物中以泥质杂基为主,含量为1% ~25%,平均5%;胶结物含量0~3%,平均0.4%,为方解石和菱铁矿,胶结程度致密。

储层中黏土矿物以伊/蒙混层(平均含量50%)为主,以高岭石(平均含量24.7%)为辅,少量的伊利石(平均13.6%)及绿泥石(11.6%)(表8-6)。

表8-6　乌33井区克下组储层黏土矿物分析统计表

井号	层位	样品深度(m)	伊/蒙混层(%)	伊利石(%)	高岭石(%)	绿泥石(%)
乌33	T_2k_1	859.72	68	11	12	9
		861.05	67	3	16	14
		863.01	71	10	12	7
		897.48	49	10	30	11
		930.22	45	10	36	9
乌002		857.16	33	17	34	16
		857.87	38	14	33	15
		893.04	48	12	25	15
乌003		976.54	35	24	28	13
		977.51	55	20	17	8
		1039.91	41	19	29	11
均值			50	13.6	24.7	11.6

(3)三叠系克上组。

克上组储集岩主要为砂岩和含砾不等粒砂岩。砂岩成分为石英含量0~40%,平均8.78%;长石含量0~35%,平均7.6%;岩屑含量25% ~100%,平均78.2%,岩屑中以凝灰岩岩屑为主,含量15% ~96%,平均75.43%,其次为安山岩岩屑(0~3%,平均1.35%),少量的千枚岩、石英岩、流纹岩岩屑;砂岩中所含砾石有凝灰岩、安山岩和千枚岩等。砾岩的岩石成分主要为凝灰岩,含量43% ~90%,平均70.08%,其次为安山岩0~6%,平均3.27%;其他岩屑为千枚岩、霏细岩、石英岩、花岗岩岩屑;砂质砾岩中含有6% ~26%,平均13.33%的砂质成分,主要为凝灰岩岩屑。颗粒磨圆以次圆状为主,次棱状为辅。分选差—中等。颗粒接触方式以线接触为主,点—线接触为辅。胶结类型主要为压嵌型,其次为孔隙—压嵌型。填隙物中以泥质杂基为主,含量为0~17%,平均2.78%;胶结物含量0~6%,平均1%,为方解石和菱铁矿,胶结程度致密。储层中黏土矿物以伊/蒙混层(平均含量41%)为主,以高岭石(平均含量26.6%)和伊利石为辅(平均20%),少量的绿泥石(12.1%)(表8-7)。

表 8-7 乌 33 井区克上组储层黏土矿物分析统计表

井号	层位	样品深度(m)	伊/蒙混层(%)	伊利石(%)	高岭石(%)	绿泥石(%)
乌 33	T_2k_2	752.59	47	19	23	11
		756.04	42	24	20	14
		770.35	55	22	14	9
		794.94	32	22	29	17
		797.51	19	14	49	18
乌 003		708.04	22	20	44	14
		786.02	35	25	29	11
		786.66	34	30	25	11
		900.21	83	7	6	4
均值			41	20	26.6	12.1

3)储层物性

(1)三叠系百口泉组。

乌 33 井区、乌 36 井区三叠系百口泉组储层孔隙度 6.12% ~30.61%,平均 16.16%,渗透率 0.01 ~7539.37mD,平均 19.10mD;油层孔隙度 14.00% ~30.61%,平均 17.90%,渗透率 0.183 ~7539.37mD,平均 29.00mD。

(2)三叠系克下组。

乌尔禾油田克下组储层孔隙度 11.00% ~27.80%,平均 17.77%,渗透率 0.073 ~4860.00mD,平均 4.45mD。克下组油层孔隙度 14.70% ~27.80%,平均 18.52%,渗透率 0.07 ~4860.00mD,平均 5.82mD。

(3)三叠系克上组。

乌 33 井区克上组储层孔隙度 3.20% ~24.10%,平均 16.50%;渗透率 0.015 ~470.00mD,平均 1.50mD。油层孔隙度 15.00% ~24.10%,平均 18.10%;渗透率 0.074 ~470.00mD,平均 2.24mD。

4)储集空间类型与孔隙结构

(1)三叠系百口泉组。

根据铸体薄片资料分析,百口泉组储层孔隙类型以剩余粒间孔和粒间溶孔为主,少量的粒内溶孔和粒内孔。毛细管压力曲线为偏细歪度,分选差,具有小孔隙和细喉道;饱和度中值压力为 0.19 ~19.8MPa,平均 7.22MPa;饱和中值半径 0.04 ~5.07μm,平均 0.35μm;排驱压力 0.01 ~2.04MPa,平均 0.31MPa;平均毛细管半径 0.08 ~15.83μm,平均 3.03μm。

(2)三叠系克下组。

根据铸体薄片资料分析,克下组储层孔隙类型以剩余粒间孔(平均 47.55%)和原生粒间孔(平均 42.73%)为主,少量的粒内溶孔(平均 9.7%),部分岩心样品可见到微裂缝。毛细管压力曲线为偏细歪度,分选较差,具有小孔隙和细喉道;饱和度中值压力 0.06 ~19.41MPa,平均 6.55MPa;饱和中值半径 0.04 ~13.28μm,平均 1.38μm;排驱压力 0.11 ~3.11MPa,平均 0.66MPa;平均毛细管半径 0.1 ~33.38μm,平均 3.36μm。

(3)三叠系克上组。

根据铸体薄片资料分析，克上组储层孔隙类型主要为剩余粒间孔(0～90%，平均46.3%)，其次为粒内溶孔(0～100%，平均35%)，还有少量的微裂缝和原生粒间孔。毛细管压力曲线形态为偏细歪度，分选差；饱和度中值压力2.56～20.31MPa，平均10.65MPa；饱和中值半径0.04～0.29μm，平均0.1μm；排驱压力0.09～4.04MPa，平均0.85MPa；平均毛细管半径0.06～2.13μm，平均0.51μm。

5)敏感性分析

(1)三叠系百口泉组。

根据岩心分析结果(表8-8)，研究区百口泉组储层主要为中等偏弱水敏、弱速敏的储层。

表8-8 乌36井区块百口泉组储层敏感性评价表

井号	层位	样品深度(m)	孔隙度(%)	渗透率(mD)	地层水渗透率(mD)	气体渗透率(mD)	速敏评价	水敏指数	水敏评价
乌102	T_1b_3	929.07	28.4	4.14	0.0624	5.15		0.30	弱水敏
			28.4	7.19	0.473	9.60	中等偏弱		
		935.00	27.3	4.39	0.0578	5.91	无速敏		
		940.15	31.6	2.46	0.0516	3.21		0.33	中等偏弱
			25.9	25.2	0.0687	31.6	无速敏		
		948.77	28.0	22.4	0.0521	26.9		0.42	中等偏弱
			28.0	57.2	0.0370	76.9	无速敏		
乌103	T_1b_3	1700.48	13.4	2.40	0.0776	3.05	无速敏		
		1702.74	13.5	1.11	0.102	1.37	无速敏		
		1706.90	21.7	169	4.67	212	弱速敏		
			17.8	24.0	0.365	29.3		0.81	强水敏
		1713.65	24.7	20.7	0.0838	23.9	弱速敏		
			24.4	16.8	0.0562	20.3		0.20	弱水敏

(2)三叠系克下组。

根据岩心分析结果(表8-9)，研究区克下组储层属强—中等偏强的水敏、弱速敏的储层。

表8-9 乌33井区克下组储层敏感性评价表

井号	层位	样品深度(m)	孔隙度(%)	渗透率(mD)	地层水渗透率(mD)	气体渗透率(mD)	速敏评价	水敏指数	水敏评价
乌002	T_2k_1	857.16	24.6	634	284	770		0.71	强水敏
			25.9	767	121	915	弱速敏		
		893.04	14	0.717	0.0853	0.875	无速敏		
乌003		976.54	20.3	1.05	0.0767	1.45		0.39	中等偏弱
		976.54	22.8	13.4	0.0779	16.6	无速敏		
		1039.91	13.3	13.1	7.31	18.2		0.51	中等偏强
		1039.91	15.3	59.3	36.0	82.8	无速敏		

(3)三叠系克上组。

根据岩心分析结果,克上组储层属中等偏强水敏、弱速敏的储层(表8-10)。

表8-10 乌33井区克上组储层敏感性评价表

井号	层位	样品深度(m)	孔隙度(%)	渗透率(mD)	地层水渗透率(mD)	气体渗透率(mD)	速敏评价	水敏指数	水敏评价
乌003	T_2k_2	786.66	22.3	2.78	1.68	3.72	弱速敏		
		786.66	24.4	1.25	0.373	1.71		0.57	中等偏强

3. 油藏特征

1)油藏控制因素与划分

(1)三叠系百口泉组。

乌33井区、乌36井区三叠系百口泉组油藏区域内断裂发育,乌尔禾断裂、风7井断裂、风10井断裂等对油藏起到了控制作用。在平面及纵向上,砂层厚度及储层物性变化较大,在油藏的东、西区域形成岩性边界。因此,百口泉组油藏受构造和岩性控制。

由于断裂分割,三叠系百口泉组油藏平面上划分为4个井区:乌33井区、乌101井区、乌109井区、乌36井区。

(2)三叠系克下组。

乌29井区、乌36井区三叠系克下组断裂发育,油藏北面受断层遮挡,东、西、南面岩性物性发生变化,形成岩性油藏。因此,克下组油藏为受断裂和岩性控制的构造—岩性油藏。

本次储量计算的区域由于断裂分割,将三叠系克下组油藏平面上分成三个井区,即乌36井区、乌115井区和乌29井区。

(3)三叠系克上组。

乌33井区三叠系克上组油藏北面和东南方向被两条断层所夹持,南面和西南与已探明开发的乌5井开发区相连,西面为岩性边界。由于$T_2k_2^1$地层遭受剥蚀,局部存在地层因素。纵向上,以单砂层岩性油藏为主,基本为一砂一藏,在平面上油藏叠合连片,与乌5井区整体形成一个大的油藏组合。

2)油藏类型与要素

(1)三叠系百口泉组。

乌36井区百口泉组油藏类型为受断层遮挡的构造—岩性油藏,油藏高度930m,油藏中部埋深1825m(海拔-1485m)。乌101井区百口泉组油藏类型为受断层遮挡的断块油藏,油藏高度260m,油藏中部埋深855m(海拔-510m)。乌109井区百口泉组油藏类型为受断层遮挡的构造—岩性油藏,油藏高度370m,油藏中部埋深1025m(海拔-685m)。乌33井区百口泉组油藏类型为受断层遮挡的构造—岩性油藏,油藏高度250m,油藏中部埋深1120m(海拔-815m)。

(2)三叠系克下组。

乌36井区克下组油藏类型为受断层遮挡的构造—岩性油藏,油藏高度约660m,油藏中部埋深 1860m(海拔 -1520m)。乌 115 井区克下组油藏类型为受断层遮挡的构造—岩性油藏,油藏高度约 400m,油藏中部埋深 1040m(海拔 -700m)。乌 29 井区克下组油藏类型为受断层遮挡的构造—岩性油藏,油藏高度约 110m,油藏中部埋深 815m(海拔 -455m)。

(3)三叠系克上组。

乌 33 井区克上组油藏类型为受断层遮挡的构造—岩性油藏。油藏高度约 400m,高点埋深 705m,油藏中部埋深 905m(海拔 -600m)。

四、评价部署

乌尔禾地区三叠系早在 20 世纪 50 年代已经开始勘探,先后发现了乌 5 井区、乌 16 井区三叠系油藏,上报石油地质储量约 2500×10^4t。乌 33 井区构造上位于 253 井北断裂、乌 13 井东断裂和乌 40 井南断裂 3 条逆断层遮挡的大型鼻状构造上,宏观上地层沉积较全,自下而上有石炭系、二叠系、三叠系、侏罗系、白垩系,但由于受构造运动的影响,局部区域形成少数地层缺失的现象。乌 33 井所处鼻状构造的高部位,缺失了三叠系白碱滩组及部分克上组、克下组。尽管在构造下倾方向已经发现多个三叠系油藏,但当时由于受以构造为主要找油模式的影响,始终觉得构造高部位缺失了三叠系白碱滩组大套泥岩盖层,是难以成藏的主要因素,该盖层的缺失形成了“天窗”,造成油气的破坏与散失,是含油气的不利区。

2005 年通过储层预测及成藏综合分析,认为乌 5 井区东北边仍然是三叠系勘探有利区,其油藏类型主要为断层控制的构造—岩性油藏,通过精细构造解释发现了乌 40 井北断鼻,圈闭面积 7.3km^2,闭合度 60m,高点埋深 640m。2005 年 4 月在乌 40 井北断鼻部署了乌 33 井和乌 33 井于 2005 年 4 月 19 日开钻,同年 5 月 4 日完钻,完钻井深 982m。该井在目的层三叠系克上组、克下组见到良好油气显示,取心 33.77m,含油心长 15.8m;综合解释油层 6 层,厚 16.4m;差油层 2 层,厚 4.5m。完井试油,射开克下组 928 ~ 937m 井段,压裂后日抽油 2.68t,从而发现了乌 33 井区三叠系克上组、克下组油藏。乌 33 井在克上组、克下组试油 3 层,获工业油流 2 层、工业气流 1 层。

乌 33 井区三叠系克上组自上而下可以划分为 $T_2k_2^{\ 1}$、$T_2k_2^{\ 3}$、$T_2k_2^{\ 4}$、$T_2k_2^{\ 5}$ 四个砂层组。由于遭受剥蚀,西北缘大部分范围缺失 $T_2k_2^{\ 1}$ 和 $T_2k_2^{\ 3}$,局部缺失 $T_2k_2^{\ 4}$、$T_2k_2^{\ 5}$,油层主要发育在 $T_2k_2^{\ 5}$ 砂层组。克下组分为 $T_2k_1^{\ 1}$、$T_2k_1^{\ 2}$ 两个砂层组,其中,$T_2k_1^{\ 2}$ 砂层组为主力油层。

克下组为灰色、绿灰色细—粗砂岩、砂质不等粒砾岩、含砾砂岩与深灰色粉砂质泥岩、泥质细粉砂岩、泥岩互层,为扇三角洲相、扇三角洲平原亚相沉积,水流主要来自北东方向。S_7 砂体以分流河道沉积为主,S_6 也类似,但河道规模变小。

克上组为灰色、绿灰色砂质不等粒砾岩、小砾岩、含砾不等粒砂岩以及薄层泥岩、砂质泥岩等。也为三角洲平原亚相沉积,沉积早期水流仍主要来自北东方向,晚期逐渐向北偏移。储油砂体以分流河道沉积为主。

乌 33 井区三叠系克上组、克下组油藏被 253 井北断裂、乌 13 井东断裂和乌 40 井南断裂 3 条逆断层遮挡形成大型鼻状构造,轴线基本在乌 8 井—乌 5 井—249 井—乌 002 井的连线上,地层倾角为 5° ~ 8°。其南面和西南与乌 5 井开发区相连,西面为岩性边界。纵向上以单砂层岩性油藏为主,平面上叠合连片,与乌 5 井区形成一个整体油藏。

乌33井区克上组、克下组油藏类型为受断层遮挡的构造—岩性油藏。精细勘探期间在研究区克下组新增探明，石油地质储量约 1500×10^4t；克上组新增探明石油地质储量约 1000×10^4t。

五、精细勘探成果

通过地震、地质综合研究认为，乌尔禾地区油气成藏主要是在乌尔禾鼻隆构造背景下受断层、岩性控制，成藏条件好，勘探潜力大。通过构造、沉积、目标识别等研究认为，乌尔禾地区乌6井区—夏子街地区夏67井区三叠系百口泉组断层发育，沉积相带有利，发育断层、岩性圈闭，是油气聚集的有利区域。通过井震标定和精细构造解释，发现141井三叠系百口泉组断块和141井断块由风10井断裂、乌南断裂、风3井南断裂、乌7井北断裂、夏10井断裂共5条逆断裂形成。三叠系百口泉组圈闭面积21.85km^2、闭合度1250m、高点埋深605m，三叠系克下组圈闭面积21.60km^2、闭合度1200m、高点埋深505m，圈闭总资源量 3794×10^4t（表8－11）。

为了解和落实三叠系百口泉组含油性，2006年3月在141井断块部署预探乌36井，该井于2006年4月15日开钻，同年5月6日完钻，在钻井过程中三叠系百口泉组油气显示活跃，取心10.86m，获含油岩心9.38m，含油级别为为富含油—油浸级，出筒时局部外渗黑褐色原油，含油饱满，含油面积50%～90%。2006年5月28日射开1438～1454m井段和1403～1413m井段，对两层进行原油压裂后抽汲求产，获日产油8.83t的工业油流，从而发现了乌36井区三叠系百口泉组油藏。

乌36井区块百口泉组（T_1b）自上而下分为三个砂层组：百口泉组一砂层组、百口泉组二砂层组、百口泉组三砂层组，其中，百口泉组二砂层组、百口泉组三砂层组均有油层发育。

乌36井区块三叠系百口泉组构造形态为被断裂切割的断鼻和单斜，断裂发育，共有8条逆断层（表8－11）。全区构造主要受乌尔禾断裂、乌南断裂、风10井断裂、风7井断裂控制。乌36井区块平面上分为三个断块：乌36断块、乌101断块、乌109断块。

表8－11 乌36井区块断层要素表

断层编号	断层名称	断层性质	断开层位	目的层断距（m）	断层产状		
					走向	倾向	区内延伸长度（km）
1	乌尔禾断裂	逆断层	J—P	25～1000	东西	北	15.6
2	乌南断裂	逆断层	J—P	25～1000	北东	北西	13.15
3	风10井断裂	逆断层	J—P	25～150	北东	北西	7.7
4	风7井断裂	逆断层	T—P	25～50	北东	南西	5.59
5	141井断裂	逆断层	T—P	10～50	北东	南东	10.47
6	乌28井断裂	逆断层	T—P	10～50	北东	南东	3.6
7	乌29井断裂	逆断层	T—P	25～75	北东	北西	1.58
8	风315井南断裂	逆断层	T—P	10～32	北西	北东	0.76

三叠系百口泉组总体上呈现正粒序的沉积特征，由下至上粒度逐渐变细。主要为灰色砂砾岩、含砾砂岩与红褐色泥岩、含砾泥岩互层，扇三角洲相沉积，水流方向来自北东方向，油藏区域以扇中亚相沉积为主。

百口泉组储集岩岩性以砂砾岩、砂质砾岩为主，不等粒岩屑砂岩次之。砾石成分主要为凝灰岩、流纹岩、安山岩、霏细岩，砂质成分主要为凝灰岩、石英、霏细岩。颗粒磨圆以次圆状为主，分选差。岩石胶结程度中等，胶结类型以孔隙型—压嵌型为主，其次为压嵌型。填隙物主要为杂基，其成分为泥质，含量在2% ~8%之间，平均含量为5%。

乌36井区块百口泉组储层孔隙度为8.50% ~24.80%，平均16.25%，渗透率0.076 ~1798.590mD，平均14.337mD，油层孔隙度为14.50% ~24.80%，平均17.62%，渗透率0.200 ~1798.590mD，平均22.07mD。研究区块储层为中等孔隙度、低渗透率的储集层。

百口泉组孔隙类型以剩余粒间孔和粒间溶孔为主，少量的粒内溶孔和粒内孔。

乌36井区块三叠系百口泉组油藏区域内断裂发育，储层岩性、物性在平面上和纵向上变化较大，因此，油藏受断层、岩性控制，油藏类型为受断层遮挡的构造—岩性油藏。

通过评价勘探，乌36井区三叠系百口泉组新增探明含油面积21.43km^2，探明石油地质储量约2000×10^4t。

第三节 克百地区石炭系精细勘探

一、石油地质特征

1. 区域地质简况

克百地区石炭系精细勘探成效显著的区块集中在克拉玛依油田六、七、九区，区域地质背景上位于准噶尔盆地西北缘克百断裂带。该断裂带是发生于石炭纪末期大型逆掩—冲断，结束于侏罗纪晚期的冲断断裂（主断裂上盘二叠系缺失，三叠纪沉积时为同生断裂）。作为研究区目的层的石炭系基岩，经过长期风化剥蚀之后，风化壳发育。其上有中生界沉积覆盖。石炭系基岩断裂较发育，地层倾角也较陡。

六、七、九区在石炭系基底上，自下而上沉积的地层有三叠系克上组、克下组（T_2k）、白碱滩组（T_3b）、侏罗系八道湾组（J_1b）、三工河组（J_1s）、西山窑组（J_2x）、头屯河组（J_2t）、齐古组（J_3q）、白垩系吐谷鲁群（K_1tg）。其中石炭系与克上组、克下组、白碱滩组与八道湾组、西山窑组与头屯河组、头屯河组与齐古组、齐古组与吐谷鲁群之间均为不整合接触。石炭系上覆地层三叠系克上组、克下组、白碱滩组、侏罗系八道湾组、齐古组油藏大部分已探明、开发。

2. 构造特征

六、七、九区构造上位于白碱滩南断裂上盘，西白百断裂下盘。在这两个主断裂之间，克乌断裂与白碱滩南断裂大致平行，三条断裂被大侏罗沟断裂所切割。克乌断裂带发育数条规模较大走向大致平行或斜交的逆断裂，断面上陡下缓，断裂要素见表8－12。

表 8－12 六、七、九区断裂要素表

断层名称	断层性质	断开层位	目的层断距（m）	断层产状			钻遇井
				走向	倾向	倾角（°）	
白碱滩南断裂	逆断层	C—J_2x	＞800	SW—NE	NW	30～80	白004井、8065井、8620井等
西白碱滩—百口泉断裂	逆断层	C—K	60～80	SW—NE	NW	35～60	
克乌断裂	逆断层	C—J_2t	400～650	SW—NE	NW	30～75	白006井、白007井、古60井、古29a井、古59井、古48井等
大侏罗沟断裂	逆断层	C—J_2t	100～300	NW—SE	NE	45～80	克94井、古32井等
白碱滩中断裂	逆断层	C—J_1b	60～100	NW—SE	NE	40～65	
六中区断裂	逆断层	C—T_3b	30～50	NW—SE	NE	45～65	古59井
九区中部断裂	逆断层	C—J_1b	30～110	SW—NE	NS	45～65	
BJ1162井断裂	逆断层	C—J_2x	60～90	SW—NE	NW	45～80	BJ1162井
5137井断裂	逆断层	C—J_2t	300～400	SW—NE	NW	35～80	406井、BJ1162井、BJ1163井、BJ1164井、509井等
古3井北断裂	逆断层	C—J_2t	100～160	SW—NE	NW	30～75	438井、416井、古1井等
8843井断裂	逆断层	C—J_2t	300～450	SW—NE	NW	30～80	9607井

主断裂及伴生次级断裂发育，呈不规则网状分布，将石炭系基岩分割成多个块体，不同块体之间断裂和构造特征存在差别。石炭系顶部侵蚀面基本呈南东低、北西高的断阶带格局，主体部位断块发育，基岩顶面起伏不平，构造复杂。

七区介于克乌断裂和白碱滩南断裂之间，为一个狭长断块，被大侏罗沟断裂切割为东西两部分，大侏罗沟断裂以西为七西区，七西区断块面积14.88km^2；大侏罗沟断裂以东依次为七中区、七东区，七中区、七东区以古27井与406井井距之半处为界，七中区石炭系已开发，七东区被BJ1162井断裂和5137井断裂分割为七东1区、七东2区和七东3区，面积分别为：7.51km^2、1.23km^2、1.87km^2。

六、九区位于克乌断裂上盘、西白百断裂下盘，其间被白碱滩中断裂分开。六区是一被西白百断裂、大侏罗沟断裂、克乌断裂和白碱滩中断裂所夹持的断块，断块面积19.44km^2，断块内古59井附近发育一个低幅度背斜。九区是一受西白百断裂、九区中部断裂控制的由西北向东南倾的断鼻构造，西北高、东南低。

六、七、九区三叠系克上组、克下组、侏罗系八道湾组、侏罗系齐古组及石炭系油藏已部分探明开发，是克拉玛依油田最重要的产油区，各类探井、开发井共万余口，构造和断裂经井验证后，落实程度高。

3. 岩性特征

根据取心井薄片鉴定和岩心观察资料统计分析，六、七、九区石炭系油藏主要岩石类型可依据岩石成分分为三大类：火山熔岩类、火山碎屑岩类和沉积岩类。工区范围内可见的岩石类型主要有（表8－13）：熔岩类的安山岩和玄武岩，火山碎屑岩类的凝灰岩和沉凝灰岩、火山角砾岩，沉积岩的泥岩、砂岩、砂砾岩和砾岩等。此外，在局部井点发育有少量的浅层侵入岩体和变质岩，岩性为辉长闪长岩、辉绿岩和碎斑岩。

表 8-13 克拉玛依油田六、七、九区岩性分类表

岩石类型		颜色	结构	构造	代表井	电性特征
熔岩类	安山岩	灰色、灰绿色和褐灰色	斑状结构、辉长结构、基质玻晶交织结构	块状构造和杏仁构造	古95井、古36井、白002井和白010井	自然伽马值大于40API
	玄武岩	褐灰色和深灰色	斑状结构、基质具间粒间隐结构	杏仁构造和块状构造	克94井和古113井	自然伽马值小于40API
火山碎屑岩类	凝灰岩	灰褐色和深灰色	岩屑晶屑、角砾和火山灰凝灰结构	块状构造	白1井、白001井和白010井	自然伽马值大于40API，电阻率80~110Ω·m
	沉凝灰岩	灰色和深灰色	沉凝灰质结构	块状和微层理构造	白001井、白002井、白003井和白010井	自然伽马值大于40API，电阻率小于100Ω·m
	火山角砾岩	褐灰色和灰色	凝灰角砾结构	块状构造	古95井、古107井和古113井	自然伽马值大于40API，电阻率大于80Ω·m
沉积岩类		杂色和褐灰色	砂质、砾状结构	粒序递变层理和块状层理	克95井、白001井、白002井和古112井	自然伽马值大于40API，电阻率小于80Ω·m

根据岩心薄片资料，应用测井电阻率和自然伽马值建立了岩性图版，将研究区分为三大类岩性：安山玄武岩类、凝灰岩类和砂砾岩类。

(1)火山熔岩类：

① 安山岩：钻遇安山岩的取心代表井有古95井、古36井、白002井、白010井，安山岩多呈灰色、深灰色，岩石主要结构为斑状结构、辉长结构，基质玻晶交织结构，主要构造类型是块状构造、杏仁构造。电性特征表现为自然伽马值大于40API。

② 玄武岩：钻遇玄武岩的取心代表井主要有克94井、白17井、古113井，玄武岩多呈褐灰色、深灰色，岩石主要结构类型为斑状结构，基质具间粒间隐结构，主要构造类型是杏仁构造、块状构造。电性特征表现为自然伽马值小于40API。

(2)火山碎屑岩类：

① 凝灰岩：钻遇凝灰岩的取心代表井主要有白1井、白001井和古108井，凝灰岩多呈灰褐色、深灰色，岩石具岩屑晶屑、角砾和火山灰凝灰结构、块状构造。表现为自然伽马值大于40API，电阻率80~110Ω·m。

② 沉凝灰岩：钻遇沉凝灰岩的取心代表井主要有白001井、白002井、白003井和白010井，沉凝灰岩多呈灰色、深灰色，岩石具沉凝灰质结构、块状和微层理构造。电性特征表现为自然伽马值大于40API，电阻率小于100Ω·m。

(3)沉积岩类：

本区主要沉积岩类型为泥岩、粉砂岩、砂岩、砂砾岩和砾岩，钻遇取心代表井主要有克 95 井、白 001 井和古 112 井，岩心多呈杂色、褐灰色，岩石主要发育粒序递变层理、块状层理。电性特征表现为自然伽马值大于 40API，电阻率小于 80Ω·m。

4. 岩相特征

1) 期次划分

根据纵向上火山喷溢的成层性和碎屑岩沉积的韵律性，在岩电特征和地层对比的基础上，开展火山期次的划分。六、七、九区石炭系可划分为 5 个火山活动期次，命名为 2—6 火山活动期次，其中研究区主要产油层段位于 2—4 期次。

表 8－14　六、七、九区石炭系岩相类型表

<table>
<tr><th>相</th><th>亚相</th><th>微相</th><th>作用方式</th><th>岩石类型</th></tr>
<tr><td rowspan="5">火成岩相</td><td rowspan="2">次火山口亚相</td><td>辉绿岩微相</td><td rowspan="2">浅层侵入作用</td><td rowspan="2">辉绿岩、辉石闪长岩等</td></tr>
<tr><td>闪长岩微相</td></tr>
<tr><td rowspan="2">熔岩台地亚相</td><td>熔岩台地安山岩溢流微相</td><td rowspan="2">溢流作用为主，爆发作用为辅</td><td rowspan="2">熔岩、细粒火山碎屑岩</td></tr>
<tr><td>熔岩台地玄武岩溢流微相</td></tr>
<tr><td>火山沉积亚相</td><td>沉凝灰岩微相</td><td>火山作用叠加水动力等沉积作用</td><td>沉凝灰岩、火山碎屑沉积岩</td></tr>
<tr><td>冲积扇相</td><td>扇根、扇中、扇端亚相</td><td></td><td>沉积作用</td><td>各类沉积岩</td></tr>
</table>

2) 岩相划分

根据火山作用产物在空间上分布的格局、产出方式及产物的外貌特征，结合六、七、九区地层、构造和岩性情况，将本区火成岩岩相划分为次火山口亚相、熔岩台地亚相和火山沉积亚相，根据成因机制和岩石类型组合划分出次级微相（表 8－14）。

3) 岩相分布

岩相在剖面上分布：从九区到七东区，石炭系上部主要为冲积扇相的砂砾岩沉积，中部主要为沉凝灰岩相，下部又过渡为冲积扇相的砂砾岩沉积。七西区主要为玄武岩溢流相，六区和七东区为冲积扇相，九区主要为沉凝灰岩相。由此可见，六、七、九区石炭系是由多次火山喷发溢流和正常沉积作用下形成的地质体。

岩相在平面上分布：由石炭系优势岩性岩相图可以看出，玄武岩溢流微相主要分布于七西区和六区西部，熔岩主要来源于一区古 65 井火山口；在 65460 井附近发育安山岩溢流微相，推测熔岩来自扎伊尔山区；围绕熔岩台地亚相的是呈环带状的沉凝灰岩微相区，研究区范围较小，主要分布于六区，但在白 2 井区以西和白 9 井区以北有沉凝灰岩微相大面积分布；研究区冲积扇相分布范围较广，主要分布于七东区和白 2 井区。

5. 储层特征

1)储层岩性

六、七、九区石炭系取心资料(表8-15)统计,研究区块石炭系出现的所有岩性中均见到油气显示,即玄武岩、安山岩、凝灰岩和沉积岩类均含油。

表8-15 六、七、九区石炭系岩心油气显示统计表

岩性	岩心(m)	含油岩心(m)	富含油		油浸		油斑		油迹		荧光	
			心长(m)	百分含量(%)	心长(m)	百分含量(%)	心长(m)	百分含量(%)	心长(m)	百分含量(%)	心长(m)	百分含量(%)
安山岩	27.31	16.45			0.42	2.55	6.20	37.69	7.98	48.51	1.85	11.25
玄武岩	31.3	18.02					4.71	26.14	3.48	19.31	9.83	54.55
凝灰岩	140.96	126.26	14.23	11.27	9.59	7.60	52.84	41.85	15.51	12.28	34.09	27.00
沉积岩	218.4	195.14	21.05	10.79	1.10	0.56	85.45	43.79	27.40	14.04	60.14	30.82

试油结果也证实六、七、九区石炭系的各种岩性均出油(表8-16),都可以作为储层,主要取决于后期改造程度和裂缝、物性(溶蚀孔等)配合程度。

2)储集空间类型

六、七、九区石炭系储层的储集空间可分为原生和次生两大类:

(1)原生储集空间类型:

① 气孔:岩浆喷溢地表冷凝时,其中的挥发组分逸散后留下的空洞,常分布于熔岩流顶部及底部。它们以圆状为主,不规则状为辅。部分气孔未被绿泥石、方解石充填而留下的孔隙。岩心中杏仁状气孔最多可达150个/10cm,孔径一般1~3mm,最大8mm,部分杏仁体有溶蚀扩大现象。

② 晶间孔:扫描电镜资料统计晶间孔样品出现几率36.4%,单块样品面孔率不足0.04%。

③ 冷凝收缩缝:熔浆冷凝、结晶过程中形成的微裂缝。铸体薄片资料统计裂缝平均宽度最大19.74μm,最小1.27μm,平均4.64μm;裂缝密度平均2.64mm/cm^2;裂隙率平均0.02%。

④ 层状节理缝:岩心观察层状节理缝发育不稳定,裂缝密度0.1~7条/10cm不等。

⑤ 柱状节理缝:本区主要发育四边形立方体、三棱柱体和不规则柱状节理。单个柱状节理缝长度一般小于20cm,最长可达50cm。

(2)次生储集空间类型:

① 溶孔:是区内最主要的次生孔隙和储集空间,按其产状可划分出粒内溶孔、基质溶孔、浊沸石溶孔、斑晶溶孔、方解石溶孔和斜长石溶孔等。以粒内溶孔和基质溶孔为主,次为浊沸石和斑晶溶孔。

② 粒模孔:薄片资料统计本区粒模孔样品出现几率10.5%,单块样品面孔率0.01%~0.16%,平均0.04%。

③ 溶蚀缝:是在原有裂缝基础上发育而成的,裂缝宽0.1~17mm,部分裂缝的边缘有溶蚀扩大现象,裂缝密度3~30条/10cm。各类溶蚀缝之间相互切割,表明裂缝存在多期性,各期裂缝中可见缝面充填物被溶蚀。

表 8－16 六、七、九区出油井及岩性统计表

井号	试油井段（m）	射开厚度（m/层数）	日产油（t）	累计产油（t）	试油结论	岩性	日产油范围（t）	平均日产油（t）
白 008	734. 5 ~ 762. 5	15/3	16. 40	970. 05	油层	安山岩	1. 08 ~ 16. 40	7. 69
白 009	819. 0 ~ 852. 0	19/5	1. 08	25. 87	油层	安山岩		
白 010	898. 0 ~ 921. 0	14/2	5. 58	132. 73	油层	安山岩		
白 010	609. 0 ~ 632. 0	17/4	6. 16	93. 73	油层	玄武岩	1. 99 ~ 11. 31	7. 48
白 7	1427. 0 ~ 1437. 0	10/1	1. 99	39. 05	油层	玄武岩		
白 011	1351. 5 ~ 1368	14. 5/3	10. 68	24. 30	油层	玄武岩		
克 94	1440. 0 ~ 1466. 0	26/1	10. 81	208. 90	油层	玄武岩		
白 003	1497. 5 ~ 1526. 0	22/4	3. 49	88. 88	油层	玄武岩		
白 004	1678. 0 ~ 1712. 0	22. 5/7	7. 89	192. 84	油气层	玄武岩		
白 014	1808. 0 ~ 1836. 0	17/3	11. 31	130. 35	油层	玄武岩		
白 002	940. 0 ~ 950. 0	10/3	5. 60	113. 40	油层	凝灰岩	1. 60 ~ 11. 90	7. 13
白 008	534. 0 ~ 560. 0	21/4	2. 64	6. 53	油层	凝灰岩		
白 001	1270. 0 ~ 1294. 0	24/1	8. 80	245. 20	油层	凝灰岩		
BJ1122	1482. 0 ~ 1503. 0	21/1	3. 30	97. 40	油层	凝灰岩		
BJ1142	1429 ~ 1451	19. 5/3	23. 50	96. 00	油层	凝灰岩		
BJ1144	1362. 0 ~ 1404. 0	28/5	1. 60	29. 20	油层	凝灰岩		
克 94	1324. 0 ~ 1350. 0	26/1	3. 11	68. 50	油层	凝灰岩		
BJ9118	970. 0 ~ 1006. 0	17. 5/6	3. 70	18. 10	油层	凝灰岩		
BJ9118	777. 0 ~ 809. 0	17. 5/7	11. 90	316. 00	油层	凝灰岩		
白 4	756. 0 ~ 780. 0	24/1	20. 23	721. 49	油层	砂砾岩	1. 67 ~ 20. 23	6. 58
白 002	864. 0 ~ 888. 0	24/6	5. 80	95. 80	油层	砂砾岩		
白 005	586. 5 ~ 609. 0	15. 5/6	2. 30	85. 80	油层	砂砾岩		
白 006	777. 0 ~ 788. 0	8. 5/2	1. 67	40. 77	油层	砂砾岩		
白 007	846. 0 ~ 872. 5	17. 5/6	3. 23	78. 21	油层	砂砾岩		
白 1	1458. 0 ~ 1484. 0	26/1	10. 02	449. 89	油层	砂砾岩		
白 7	1656. 0 ~ 1680. 0	24/1	4. 14	268. 86	油层	砂砾岩		
白 001	1476. 0 ~ 1492. 0	10/4	8. 40	305. 67	油层	砂砾岩		
BJ1123	1282. 0 ~ 1310. 0	19. 5/4	5. 30	79. 50	油层	砂砾岩		
BJ1124	1332. 0 ~ 1373. 0	22. 5/5	2. 20	112. 40	油层	砂砾岩		
BJ1162	1619. 0 ~ 1641. 0	19/2	4. 10	388. 00	油层	砂砾岩		
BJ1164	1674. 5 ~ 1687. 0	12. 5/3	18. 50	961. 30	油层	砂砾岩		
白 17	1694. 0 ~ 1724. 0	22/2	6. 76	123. 76	油层	砂砾岩		
白 003	1705. 5 ~ 1734. 0	13. 5/3	2. 21	25. 00	油层	砂砾岩		
白 9	822. 0 ~ 840. 0	18/1	3. 77	117. 08	油层	砂砾岩		

④ 构造缝:根据裂缝产状和性质,构造缝分为张性缝、张剪性缝和剪切缝三类。a. 张性缝:岩心观察表现为缝面直立,倾角大于75°,缝面凹凸不平。b. 张剪性缝:岩心观察表现为裂缝倾角在60°~85°之间,缝面平直,有亮面现象。c. 剪切缝:岩心观察发育共轭的两组裂缝,缝面经常出现擦痕现象。一组倾角较大,在35°~60°之间;另一组倾角在25°~40°之间。此外,可见各类构造缝相互切割与成岩缝交织形成不规则碎裂岩心。

成像测井显示,六、七、九区石炭系各种裂缝均较发育,以高角度缝为主。18口成像测井资料分析,本区石炭系裂缝走向可分为三组,以北东走向裂缝为主(与主断裂走向一致),其次是近东西走向裂缝,北西走向裂缝最少。裂缝倾向与裂缝走向垂直。

(3)储集空间组合类型:

根据岩心、荧光薄片、铸体薄片和扫描电镜资料的综合分析,区内石炭系储集空间有三种组合类型:以裂缝、微裂隙和各种孔隙相互连通的裂缝—孔隙型;由微裂隙和裂缝组成的裂缝型;以单一孔隙为主的孔隙型。

裂缝不但对各类孔隙起到重要的沟通作用,还是影响溶蚀孔发育程度的重要因素,因此,六、七、九区石炭系有效储集空间类型为裂缝和溶蚀孔洞并存的双重介质型和单一裂缝型。

3)储集层物性特征

六、七、九区石炭系1263块样品统计孔隙度0.1%~20.23%,平均4.25%;727块样品统计渗透率0.005~8371.11mD,平均0.629mD。去除渗透率大于100mD的裂缝样品,1204块样品基质孔隙度0.1%~20.23%,平均4.08%;668块样品渗透率0.005~98.18mD,平均0.358mD;油层孔隙度平均9.43%,渗透率平均1.22mD。储层属中孔、低渗储层。

分岩性统计,砂砾岩类油层孔隙度平均10.43%,渗透率平均1.69mD;安山岩、玄武岩类油层孔隙度平均9.04%,渗透率平均0.85mD;凝灰岩类油层孔隙度平均8.29%,渗透率平均0.97mD。砂砾岩类油层物性最好,安山岩、玄武岩类次之,凝灰岩类最差。

分区、分岩性统计安山岩、玄武岩类储层中七东区油层物性最好(表8-17);凝灰岩类储层中七西区油层物性最好(表8-18)。砂砾岩类储层中七东区油层物性最好(表8-19)。

表8-17 六、七、九区安山岩、玄武岩物性对比表

区块	储层				油层			
	样品数(块)	孔隙度(%)	样品数(块)	渗透率(mD)	样品数(块)	孔隙度(%)	样品数(块)	渗透率(mD)
六区	116	0.1~15.88 / 3.369	56	0.014~83.24 / 0.208	22	5.66~15.88 / 9.469	9	0.03~27.7 / 1.118
七东区	35	2.28~15.21 / 8.624	12	0.01~8.99 / 0.31	27	5.95~15.21 / 9.929	11	0.01~8.99 / 0.36
七西区	51	1.1~17.04 / 5.868	34	0.016~95.4 / 0.339	24	5.5~17.04 / 8.47	15	0.05~81.4 / 0.693
白9井区	47	1.05~9.53 / 4.56	30	0.008~97.34 / 1.088	18	5.58~9.53 / 6.856	14	0.008~97.34 / 1.524
合计	249	0.1~17.04 / 4.844	132	0.008~97.34 / 0.356	91	5.5~17.04 / 8.825	49	0.008~97.34 / 0.818

表 8-18 六、七、九区凝灰岩物性对比表

区块	储层				油层			
	样品数(块)	孔隙度(%)	样品数(块)	渗透率(mD)	样品数(块)	孔隙度(%)	样品数(块)	渗透率(mD)
六区	163	0.1~14.26 3.688	84	0.01~96.25 0.517	42	5.03~14.26 8.021	21	0.011~81.62 2.295
七东区	227	0.2~17.69 3.402	130	0.01~36.79 0.109	37	5.07~17.69 7.759	32	0.01~36.79 0.408
七西区	44	0.9~17.35 4.168	31	0.013~37.56 0.257	8	5.1~17.35 10.706	6	0.542~37.56 4.347
白9井区	17	0.85~2.94 1.619	5	0.02~69.96 1.063				
合计	451	0.1~17.69 3.513	250	0.01~96.25 0.217	87	5.03~17.69 8.156	59	0.01~81.62 0.96

表 8-19 六、七、九区砂砾岩物性对比表

区块	储层				油层			
	样品数(块)	孔隙度(%)	样品数(块)	渗透率(mD)	样品数(块)	孔隙度(%)	样品数(块)	渗透率(mD)
六区	284	0.1~20.23 4.16	140	0.01~98.18 0.474	41	7.5~20.23 10.196	18	0.02~94.79 2.372
七东区	189	1.34~20.08 8.463	133	0.005~96.09 0.721	111	7.54~20.08 10.627	79	0.005~96.09 1.421
七西区	15	1.2~13.27 5.829	11	0.01~38.05 0.288	4	7.54~13.27 9.817	4	4.42~38.05 11.25
白9井区	16	0.89~7.25 2.768	2	0.009~0.25 0.047				
合计	504	0.1~20.23 5.779	286	0.005~98.18 0.556	156	7.50~20.23 10.493	101	0.005~96.09 1.69

4)储层毛细管压力曲线特征与储层孔隙结构参数

六、七、九区石炭系储层毛细管压力曲线为细孔喉,分选差。根据进汞量的大小将本区储层分为三种类型:Ⅰ类为孔隙—裂缝型;Ⅱ类为过渡型;Ⅲ类为裂缝。各岩类储层孔隙结构特征参数见表 8-20。

表 8-20　六、七、九区储层孔隙结构特征

岩性分类	饱和度中值压力(MPa)	中值半径(μm)	排驱压力(MPa)	最大孔喉半径(μm)	平均毛细管半径(μm)
熔岩类	8.84~18.12 12.75	0.04~0.08 0.06	0.20~1.42 0.65	0.52~3.74 1.66	0.11~0.86 0.44
凝灰岩	7.13~19.84 13.92	0.04~0.10 0.06	0.29~4.12 1.93	0.06~2.57 0.53	0.05~0.72 0.16
砂岩类	2.48~19.78 12.56	0.04~0.30 0.12	0.29~3.14 1.48	0.23~2.51 0.65	0.07~0.90 0.19
总计	2.48~19.84 13.43	0.04~0.30 0.07	0.20~4.12 1.60	0.06~3.74 0.72	0.05~0.90 0.21

储层饱和度中值压力 2.48~19.84MPa，平均 13.43MPa；中值半径 0.04~0.3μm，平均 0.07μm；储层排驱压力 0.2~4.12MPa，平均 1.60MPa，最大孔喉半径 0.06~3.74μm，平均 0.72μm，平均毛细管半径 0.05~0.9μm，平均 0.21μm。

6. 储层综合评价

综上所述，六、七、九区石炭系火成岩储层为裂缝—孔隙型双重介质。属于中低储集性能、特低渗透性的非均质巨厚网络状储集体。裂缝的储集空间相比孔隙的储集空间要小的多，但对油井的产能至关重要。

二、油藏特征

1. 油藏控制因素及划分

六、七、九区石炭系长期裸露地表，经历风化、淋滤作用，之后被三叠系克上组、克下组直接覆盖，缺失二叠系和三叠系下统百口泉组。风化、淋滤作用使石炭系基岩顶部被进一步改造成储集体，宏观上为受不整合面控制的基岩油藏。本区靠近老山地区，构造运动剧烈，断裂发育，六区、七东区、七西区、九区石炭系油藏平面上被断裂切割为彼此独立的断块。石炭系基岩受构造应力和成岩作用等因素影响，发育各类裂缝。加之后期次生溶蚀作用，使溶蚀孔、溶蚀缝均较发育。由岩性与含油性关系可知，不同岩性的储层均含油，由于构造运动和溶蚀作用的不均一性，使裂缝、溶孔在纵向和横向上具有不均一性。裂缝、溶孔发育的部位，油气相对富集。

六区是一被西白百断裂、大侏罗沟断裂、克乌断裂和白碱滩中断裂所夹持的断块，断块内有探井、评价井 18 口，其中 13 口井获工业油流，3 口穿层井，2 口井试油为干层（见油），这 2 口井均为 20 世纪 80 年代老井。由六区试油段距石炭系顶界位置可知，断块内试油、试采未见水层，其中古 107 井 980~1010m 井段试油，3.5mm 油嘴，日产油 2.82t，其油层底界距石炭系顶界 476m。据此，分析认为六区油层主要分布于距石炭系顶界 500m 以内，属块状断块油藏。

七东区是一被克乌断裂和白碱滩南断裂夹持的断块，这两断裂与 BJ1162 井断裂和 5137 井断裂相交，将七东区分为七东 1、七东 2 和七东 3 区，3 个断块内有探井、评价井 15 口，其中 11 口井获工业油流，1 口井正试，1 口穿层井，2 口井试油见油或为干层，这 2 口井均为 80 年代老井。七东 1 区 414 井 1888~1902m 井段试油，3.0mm 油嘴，日产油 11.87t，其油层底界距石

炭系顶界高度566m。七东2区406井1578～1600m井段试油，3.0mm油嘴，日产油1.97t，日产水1.18m³，其底界距石炭系顶界302m。七东3区532井1916～1940m井段试油，5.5mm油嘴，日产油48.62t，其底界距石炭系顶界41m。据此，七东1区油层分布于距石炭系顶界500m以内，七东2、3区油层主要发育在距石炭系顶界300m以内。

七西区是一被克乌断裂、白碱滩南断裂和大侏罗沟断裂夹持的断块，断块内12口井，其中7口井获工业油流，4口井试油见油或为干层，1口井正试。由七西区试油段距石炭系顶界位置可知，断块试油未见水层。其中白003井1705.5～1734m井段试油，抽汲，日产油2.77t，其油层底界距石炭系顶界274m。据此，七西区油层位于距石炭系顶界300m以内。

九区白9井区东北为古16井区块已探明开发区，西北为检451井区块已探明开发区，东南为克乌断裂。区内有探井、评价井和开发井8口，均获得工业油流。由研究区试油段距石炭系顶界位置可知，石炭系顶界向下300m以内试油未见水层。其中9655井1033.7～1120.7m井段试油，日产油2.8t，其油层底界距石炭系顶界300.7m。据此，研究区油层位于距石炭系顶界300m以内。

九区古3井区为已探明开发区，是一被白碱滩南断裂、克乌断裂、古3井北断裂和8843井断裂夹持的断块，由断块内探井试油段距石炭系顶界位置可知，油层位于石炭系顶界向下300m以内。

2. 油藏类型与要素

根据六、七、九区试油、试采资料，结合构造、储层分析认为，各区块石炭系油藏平面上为断层控制的断块油藏，纵向上油层分布于距石炭系顶面500m或300m范围内(六区、七东1区为500m、七东2区、七东3区、七西区、九区白9井区、古3井区扩边为300m)，主要受次生孔隙、微裂缝、断层及风化壳控制，为裂缝—孔隙双重介质油藏，含油性的好坏取决于孔隙、裂缝是否配套。六、七、九区石炭系油藏边底水不活跃，溶解气含量较低，油藏驱动类型主要为弹性驱动。

三、勘探成效

按照复式油气成藏理论，提出在湖湾区石炭系和六、七、九区石炭系二个整体含油带，作为2005年的重点主攻和突破目标。按照“解放思想、深化认识；整体部署、分步实施；钻井先行，整体控制；三维跟上、择优实施”的精细勘探部署思路，以“力争3到5年，探明3到4亿吨储量”为奋斗目标，克服工作量大、人员少、生产任务重等诸多困难，以油气储量和经济效益为中心，质量和成本控制为重点，以求实的工作精神、精细严谨的工作态度、科学规范的质量管理体系，全面展开工作。在各项生产管理中，坚持做到“科学设计、精细管理、强化监督、保证安全、坚持标准、追求卓越”。同时采取多种积极措施，大力引进勘探新技术，经过大家不懈努力，在克百地区石炭系取得了二区克92井及六、七、九区白4井两项重要发现，二区克92井区、九区检451井区两项重要进展，一批探井获重要苗头等5项辉煌成果，上交探明石油地质储量约5000×10^4t，控制地质储量约1×10^8t，高效超额完成了各项勘探任务。近年来，西北缘石炭系主要取得以下勘探成果。

1)克拉玛依油田二区克92井石炭系勘探获得重要发现

克拉玛依油田二区石炭系油藏位于准噶尔盆地西北缘克百断裂上盘，石炭系顶面大致为一向东北倾的单斜，倾角 2°～7°，局部有小的隆起。1984 年及 1989 年对研究区进行两次较大规模的勘探，截至目前，在三叠系克上组和克下组、侏罗系八道湾组和齐古组等多个层系发现油气藏，但在石炭系未发现大规模储量，仅在部分加深井中遗留了一批剩余出油气点，而邻区一、三区石炭系油藏已累计探明含油面积 40.6km^2。

2005 年本着精细勘探的指导思想，对二区石炭系进行整体重新解剖，对研究区已有探井和重要的开发井资料进行了全面复查，并对石炭系岩相进行了精心研究和预测，于 2005 年 6 月部署了克 92 井。该井于 2005 年 7 月 6 日开钻，在进入主要目的层石炭系 39m 后油气显示异常活跃，钻进过程中气测全量高达 280mL/L，多次发生溢流和油气侵，钻井液密度由 1.05g/cm^3 上提至 1.48g/cm^3，取心获富含油岩心，岩心网状裂缝发育，外渗墨绿色原油，油质较轻，且普遍冒气。鉴于这一显示情况，在井段 507.64～546.69m 处，厚度 39.05m 进行中途测试，2005 年 8 月 10 该段获得日产油 21m^3 的高产工业油流，从而发现了克 92 井区石炭系油藏。该井 8 月 12 日完钻后，在井段 576～588m 处，射开 12m，经压裂试油，4.0mm 油嘴自喷日产油 10.7t，日产气 1400m^3；在井段 524～550m 处，射开 26m，经压裂试油，4.0mm 油嘴自喷日产油 15.87t（图 8－7）。

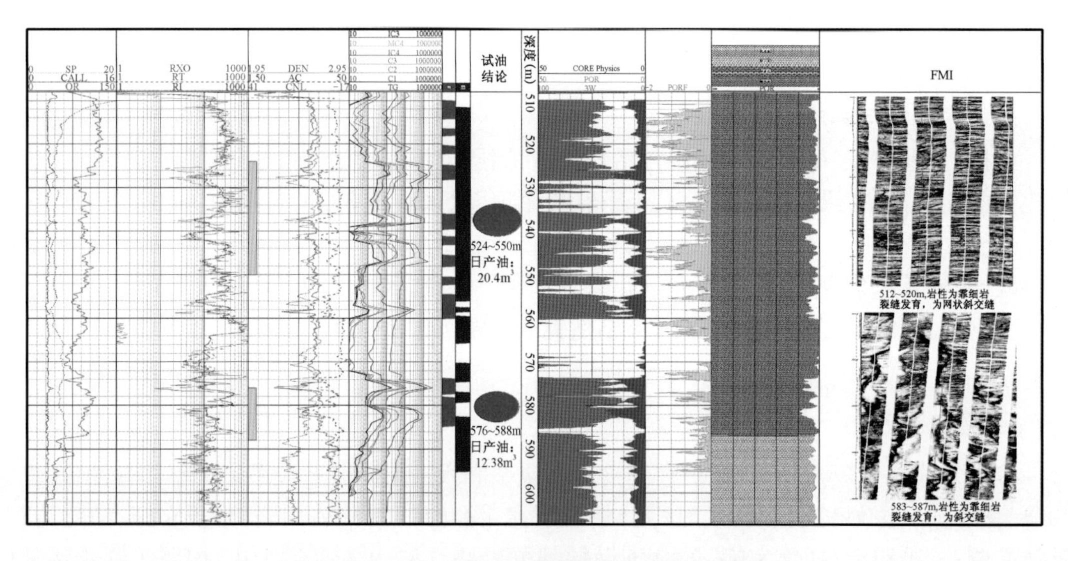

图 8－7　克 92 井综合测井解释及试油成果图

石炭系火成岩岩性复杂、多样，属于非常规的储层。岩石类型有岩浆岩和正常沉积岩，岩浆岩中有熔岩类的玄武岩、安山岩、霏细岩，火山碎屑岩类的火山角砾岩和凝灰岩，正常沉积岩类的砂砾岩等。作为准噶尔盆地的基底，有着广泛的分布，特别是在西北缘，受构造运动的影响，其埋藏深度浅，裂缝发育，是具有裂缝和基质孔隙双重储集空间的储层。克 92 井的出油，为石炭系的油气勘探展现了大好前景，同时也充分说明随着勘探综合技术的飞跃发展，只要深化研究，加强西北缘油气地质认识，解放思想，打破常规，就可以拓展油气勘探领域，进一步提高西北缘的勘探程度和储量动用程度，为克拉玛依油田持续有效地快速发展奠定基础。

2）克拉玛依油田六、七、九区石炭系油气勘探获得重要发现

白 1 井、白 3 井、白 4 井石炭系获得工业油流。白 4 井区位于克拉玛依油田六区，以石炭

系为目的层的勘探始于20世纪70年代末。1979年3月位于推覆体前缘的古3井在石炭系11mm油嘴获178m^3高产油流。此后，自1980年至1986年，先后探明了古3井区块、检188断块、七中东区、246断块、403断块、六中区、288断块、417断块、古16井区块等九个区块的石炭系油藏，叠合含油面积49.8m^2，上交探明石油地质储量约4000×10^4t。

2005年5月，西北缘精细勘探项目组通过精细研究，提出六、七、九区石炭系具有整体含油的条件，2005年7—9月先后部署探井10口（克95井、白1井、白2井、白3井、白4井、白5井、白8井、白9井、白10井、白11井、白12井），钻井过程中石炭系均见活跃油气显示，其中白1井、白3井、白4井在石炭系获工业油流。

白4井区块（白1井区、白3井区、白4井区统称）石炭系岩性较复杂，以熔岩、火山角砾岩、杂砂岩为主。从岩心和EMI成像测井看，斜交缝和网状缝发育，岩石非均质性较强，岩石孔隙类型主要有填充于裂缝中的晶间孔、溶孔及半充填—未充填的细微裂缝，少量粒间溶孔及基质中的细小溶孔，油层段孔隙度4.05%～21.41%，平均8.51%，渗透率0.003～5988.3mD，平均4.91mD，白4井区块石炭系是一套以裂缝—孔隙为主的中孔、低渗非均质的双重介质储层。

白4井区块北面被西白百断裂、西南被大侏罗沟断裂、南面被白碱滩南断裂夹持，与探明开发区相连，探区内有探井评价井25口井获油。据25口获油井并结合六、九区已开发区块的资料分析，白4井石炭系油藏是受风化壳、不整合面及断层控制的，具裂缝、孔隙双重介质型，非均质性较强的块状油藏，边底水不明显，具整体含油的特征。白4井油藏高度300m，中部海拔－400m，中部深度670m。预计石炭系含油面积49.0km^2，储量规模约5000×10^4t（图8－8）。

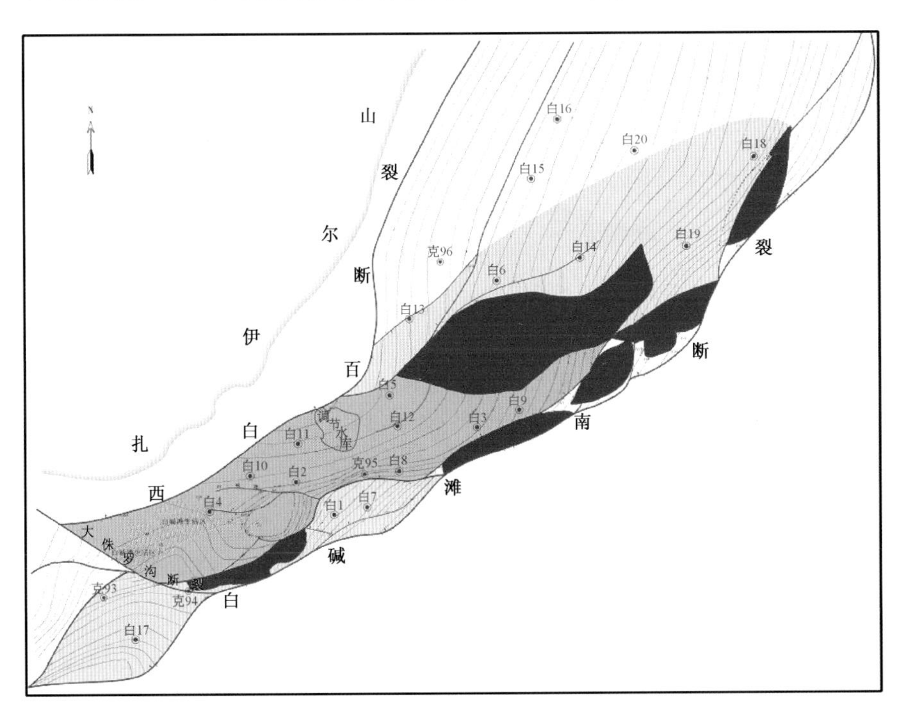

图8－8 白4井区石炭系预测含油面积图

3）克 92 井区石炭系油藏评价获重要进展，上交探明储量约 4000×10^4t

克 92 井石炭系获得工业油流后，为加快区块勘探成果，提交二区石炭系油藏的探明储量，由地质、物探、测井、油藏工程、钻井、经济评价等各方面专业人员组成的精细勘探会战项目组，实行勘探开发一体化研究，广泛应用新技术、新方法，对油藏进行滚动描述与评价。根据“整体部署、分步实施；钻井先行，整体控制”的精细勘探部署原则，先后在克 92 井区块部署评价井 24 口，均在石炭系见活跃的油气显示。完井试油经压裂改造有 15 井 16 层（克 108 井（两层）、克 110 井、克 111 井、克 112 井、克 113 井、克 115 井、克 116 井、克 117 井、克 120 井、克 123 井、克 127 井、克 131 井、克 118 井、克 109 井和克 122 井）获得工业油流。

通过 2005 年的滚动评价，认为二区石炭系油藏整体含油，为西北上倾方向受稠油遮挡，其他方向受断层控制的块状断块油藏。油层段主要集中在石炭系顶部 115m 内遭受风化剥蚀强烈的风化淋滤带，油藏中部深度 650m，中部海拔平均为 -325m，岩性主要为安山岩、玄武岩及凝灰岩，储层属裂缝—孔隙为主的低孔、低渗非均质的双重介质。油层段孔隙度 4.05% ~ 25.40%，平均 6.88%，渗透率 0.001 ~ 806.0mD，平均 0.173mD。

2005 年克 92 井区石炭系油藏新增控制含油面积 69.6km^2，控制石油地质储量约 5000×10^4t；探明含油面积 37.2km^2，探明石油地质储量约 4000×10^4t，溶解气近 $21\times10^8m^3$。探明可采储量石油约 700×10^4t，溶解气近 $4\times10^8m^3$（图 8 -9）。实现了当年发现、当年控制、当年探明的高速度。

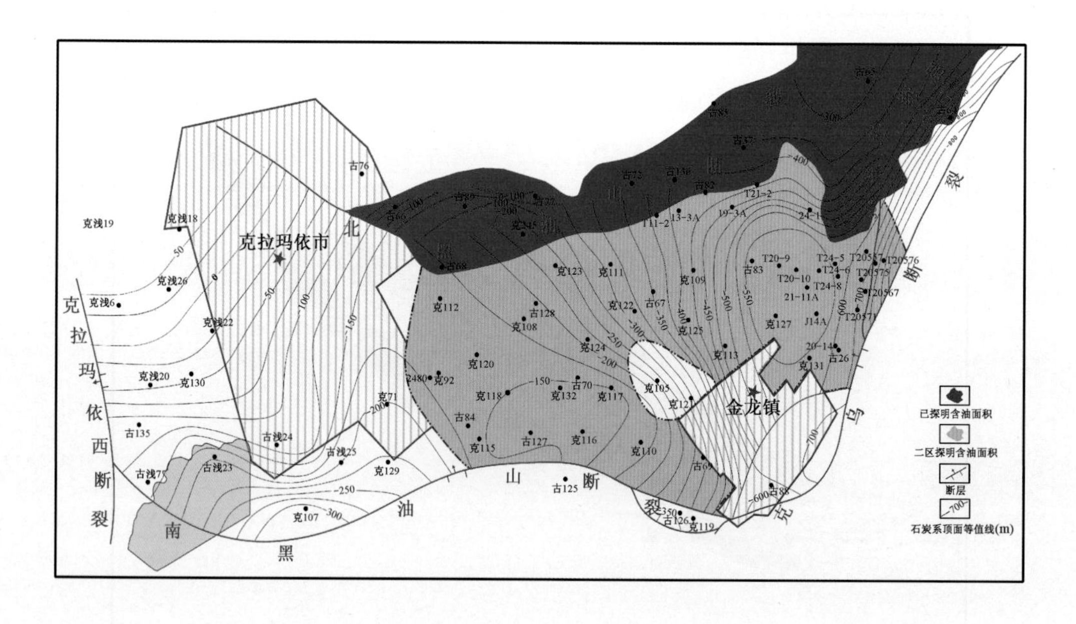

图 8 -9　克 92 井区块石炭系油藏探明含油面积图

第四节 玛湖斜坡区二叠—三叠系精细勘探

一、剩余出油气点分析

斜坡区的玛4井、玛5井在三叠系获油，百65井、艾参1井见到了油气显示，进一步说明油气的运移经过斜坡区，只要存在好的圈闭，就可能形成油气藏。

二叠系埋藏较深，但据艾参1井、玛东2井、夏盐2井钻遇的二叠系物性统计分析，储层物性依然较好，孔隙度变化范围为4.74%～13.95%，平均为9.27%。

二、精细勘探成果

资源量估算结果表明，玛湖西斜坡区是低幅度、岩性圈闭发育的有利区，解剖玛湖西斜坡对评价盆地其他斜坡区的油气资源都具有重要类比意义。受资料限制，玛湖西斜坡不具备用统计法估算油气资源的条件，但研究区二维、三维地震资料丰富，已经做了大量的三维地震反演工作，对各层系进行了储层预测，且已发现一些油藏，可以用有利储层预测法对玛湖西斜坡区进行油气资源量估算。

(1)三叠系百口泉组属于低渗储层：Ⅰ类储层十分匮乏，Ⅱ类储层主要位于玛北地区、艾参1井区—玛9井区、克81地区，Ⅲ类储层分布在黄羊泉地区、夏40井区(图8-10)。

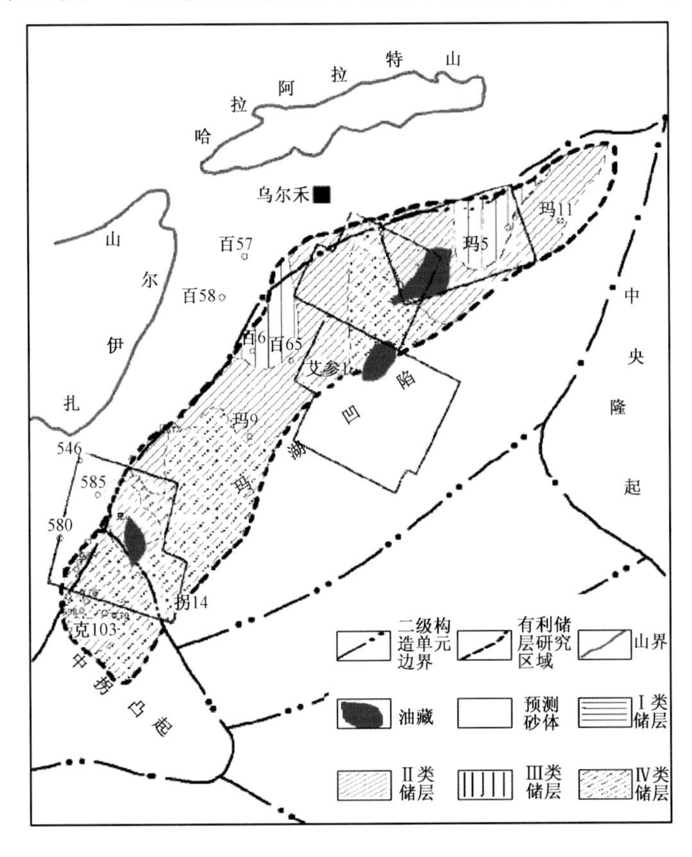

图8-10 玛湖西斜坡区三叠系百口泉组有利储层预测图

（2）二叠系上乌尔禾组整体也属于低渗透储层：Ⅰ类储层主要处于已探明的五区南油藏，Ⅱ类储层也主要位于五区南地区，Ⅲ类储层分布在五区南东北部、百65井区。

（3）二叠系下乌尔禾组整体属于低渗透储层：区内没有Ⅰ类储层，Ⅱ类储层主要位于玛北地区、百9井区。

在进行资源量估算时，首先根据有利储层预测分布与三维地震反演砂体分布情况，确定油层砂体分布在哪类有利储层的有效砂体中，然后根据在各类有利储层分布范围内的油气藏或出油气井的情况，确定出该类有利储层中砂体的含油面积系数和储量面积丰度，最后进行资源量估算。

（4）侏罗系、白垩系资源量估算。

侏罗系、白垩系资源估算主要使用圈闭加和法，计算结果见表8－21。其中，储量面积丰度是根据该层组与三叠系百口泉组、二叠系上乌尔禾组、二叠系下乌尔禾组地质情况进行类比求取，最终取其平均值；圈闭勘探成功率根据盆地探井成功率取30%。

此外，对于二叠系佳木河组和夏子街组，储量面积丰度采用与乌夏地区的夏子街组类比的方法求得，再根据西北缘的有利储层与砂体的分布情况求取资源量；三叠系的克上组、克下组的资源量采用与三叠系百口泉组进行类比的方法求得。玛湖西斜坡最终资源量汇总结果见表8－22。

表8－21　玛湖西斜坡区二叠系、三叠系石油资源量估算结果表（有利储层预测法）

层组	有利储层类别	有利储层面积（km^2）	砂体面积分布系数	砂体含油面积系数	储量面积丰度（$10^4t/km^2$）	资源量（10^4t）
T_1b	Ⅱ类	904	60%	50%	38.4	10414
T_2k	Ⅱ类	904	30%	50%	19.2	2603
P_3w	Ⅰ类	47.4	50%	50%	163	1932
	Ⅱ类	341	50%	50%	54	4604
	Ⅲ类	270	50%	50%	20	1350
P_2w	Ⅱ类	329	60%	40%	49.3	3893

表8－22　玛湖西斜坡石油资源量汇总表

层位	白垩系	侏罗系	三叠系	二叠系	合计
资源量（10^4t）	1233	6060	13017	29099	49409

三、勘探潜力分析

玛湖西斜坡带石油地质资源量约5×10^8t，天然气地质资源量约$529\times10^8m^3$，主要分布在二叠系约2.9×10^8t和三叠系约1.3×10^8t，其次是侏罗系约6000×10^4t。按$<2000m$为浅层、$2000\sim3500m$为深层、$3500\sim4500m$为中深层、$>4500m$为超深层的划分标准，玛湖西斜坡带油气资源以中深层居多。

虽然玛湖西斜坡带具有丰富的油气资源，但近几年来未新发现油气藏，截至2003年底，累计探明石油储量约8000×10^4t、天然气储量约$140\times10^8m^3$，控制石油储量约600×10^4t，无预测油气储量，但潜在资源量约 2.3×10^{8}t。从目前的资源序列结构看极其不合理，主要表现为：(1)可供升级的控制和预测区块很少；(2)受技术等因素限制，目前识别的圈闭可靠程度较差。

玛湖西斜坡带构造格局为东南倾的平缓单斜，自下而上从二叠—新近系发育齐全。斜坡区断裂不发育，难以形成大规模的构造圈闭。区内发育三大扇体(五区扇、黄羊泉扇和夏子街扇)的延伸部分以及地层尖灭带，局部发育鼻状构造和低幅度背斜，是地层、岩性圈闭的有利发育区。现有资料表明，二叠系、三叠系和侏罗系是主要的勘探目标，油气主要聚集在地层—岩性圈闭、构造—地层—岩性圈闭内，而且油气藏的分布受冲积扇和扇三角洲的控制。

(1)二叠系佳木河组有利的勘探区是中拐凸起北坡，纵向上位于距顶部不整合面 200～300m 以内，且以自生自储的油气藏为主。目前已发现克 102 井区断块、克 75 井、克 77 井断层—地层圈闭、玛湖北背斜等一系列低幅度构造—地层、构造—岩性圈闭。储层主要为火山岩，存在较强的次生溶蚀作用，裂缝较发育，但埋深大(>5000m)，有一定的勘探风险。二叠系其他各层组的有利勘探区为各扇体的有利储集相带以及凹陷中部的古隆起，前者主要勘探对象是地层不整合及岩性等复合圈闭，后者主要勘探对象是大型的古隆起。研究区在风城组已发现克 87 井扇体岩性圈闭、玛湖背斜圈闭等；夏子街组发现了玛 11 井断层—地层圈闭；在上乌尔禾组发现了克 80 井区地层圈闭和 130 井区地层圈闭。

(2)三叠系构造运动弱于二叠系，缺乏构造圈闭，但发育冲积扇，扇三角洲群和水下扇，在斜坡区中西部和玛 2 井一带，存在低幅度背斜圈闭，黄羊泉扇体和夏子街扇体呈楔状插入斜坡区形成一系列的湖底扇、辫状三角洲和水道砂体，是隐蔽圈闭油气勘探的有利区块。且三叠系发育有西北缘最好的储盖组合(中三叠统克上组、克下组和下三叠统百口泉组冲积扇砂砾岩为储层，上三叠统白碱滩组湖相泥岩为盖层)。三叠系虽然缺乏断裂纵向沟通油气源，但与下伏二叠系之间存在不整合面，是油气侧相运移的良好通道。从油气成藏的条件对比看，玛湖西斜坡三叠系主要勘探目的层是下三叠统百口泉组，纵向上紧邻二叠系三叠系的不整合面的有利砂体。区内的玛北油田早已探明，但由于储层差，油田开发没有经济效益而一直未开发，因此，一定要重视斜坡区二叠系、三叠系的油气勘探储层质量，结合冲积扇的储层特点寻找优质储层是二叠系、三叠系油气勘探效益好坏的关键。

(3)侏罗系也可作为研究区的勘探目的层。侏罗纪时期是盆地最大的湖侵时期，构造运动整的表现为震荡的特点。现今侏罗系为东南倾的单斜，以湖相沉积为主，构造极不发育，但储层物性条件好，发育玛北挠曲坡折带、玛湖挠曲坡折带，是地层削蚀不整合圈闭、地层超覆不整合圈闭以及深切谷等地层、岩性圈闭发育的有利地区。另外，在玛湖中西部和玛 2 井一带是继承性扇体的发育区，各期扇体叠合，存在较多的砂砾岩体，多期旋回性造成砂泥岩互层，储盖组合发育，利于封闭油气，可能的油气圈闭为扇三角洲、辫状三角洲等砂体。另外，在新近完成的区内三维地震资料解释中，也发现有一定数量的侏罗系层内断裂，有的还断到了三叠系，这无疑为侏罗系油气的沟通性创造了有利的条件。斜坡区侏罗系油气勘探要取得突破关键须落实岩性地层圈闭的可靠性及是否发育有良好的储盖组合。

此外，玛湖凹陷二叠系油气系统形成了大量的天然气资源，由于斜坡区是凹陷区形成的油气向西北缘运移的必经之路，而天然气成藏对储层的要求低，因此西斜坡区必然是天然气的有利聚集区。

可见，玛湖西斜坡资源丰富，有良好的油气成藏条件，勘探潜力巨大，地层、岩性圈闭是潜在的有利目标。有利的勘探领域和油气藏类型主要有:(1)与二叠系地层尖灭和沥青封堵有关的构造复合油气藏;(2)二叠系和三叠系扇体形成的岩性油气藏;(3)三叠系和侏罗系低幅度构造油气藏;(4)受构造坡折带控制的侏罗系地层、岩性油气藏。这些类型的油气藏往往形成复合型油气藏。

第五节　红山嘴油田石炭—白垩系精细勘探

红山嘴油田位于准噶尔盆地西北缘中拐凸起南部,克拉玛依市东南方向 20 ~ 30km 处,区域构造位于克百断裂带与车排子隆起所夹持的二级构造带上,是一个由多个断块油藏组成的油田,面积约 400km^2。石炭系、三叠系、侏罗系和白垩系均探明有油气分布,具有多层系含油,典型复式油气成藏的特点。

一、红 003 井区精细勘探

1. 区域地质简况

红山嘴油田区域构造位置处于准噶尔盆地西北缘的红车断裂带北段,其西北为扎伊尔山,东南为沙湾凹陷,海西和印支运动时期该断块区受从西北向东南侧向挤压作用的影响,产生多期逆断裂,是一个被众多断层切割的复杂大型断块区。研究区基底石炭系经过长期风化、侵蚀之后,从中三叠世开始接受沉积,受印支运动的影响,晚三叠世表现为抬升遭受剥蚀,使区域性盖层白碱滩组大面积减薄,局部缺失。早侏罗世开始,研究区表现为超覆沉积,在石炭系和三叠系之上,依次沉积了侏罗系八道湾组、三工河组、西山窑组、头屯河组、齐古组和白垩系清水河组。燕山Ⅰ幕造成头屯河组和齐古组之间的不整合,使头屯河组在西、西南构造高部位遭剥蚀缺失,西山窑组也受到一定影响,自东向西逐渐减薄、缺失。燕山Ⅱ幕造成侏罗系齐古组和白垩系之间的不整合,使齐古组遭剥蚀减薄。

本区在石炭系基底上自下而上发育的地层有三叠系克下组(T_2k_1)、克上组(T_2k_2)、白碱滩组(T_3b)、侏罗系八道湾组(J_1b)、三工河组(J_1s)、西山窑组(J_2x)、头屯河组(J_2t)、齐古组(J_3q)和白垩系清水河组(K_1q)、二叠系上乌尔禾组(P_3w)仅在局部有发育,除侏罗系三工河组尚未获突破外,其他层系均有油气藏发育。

2. 构造特征

红 003 井区块北部被红山嘴北精细三维地震覆盖(满覆盖面积 126.75km^2,面元 12.5m × 12.5m),南部被红山嘴精细三维地震覆盖(满覆盖面积 184.23km^2,面元 12.5m × 12.5m),三维地震资料品质较好,满足本区构造解释的需要。利用三维地震资料,在精确地震地质层位标定的基础上,对研究区清水河组含油砂层顶界及齐古组顶界进行了精细解释。从构造解释结果看,齐古组和清水河组构造形态具有良好的继承性,均为向东南缓倾的单斜,倾角 2.8° ~ 8°。断裂较为发育,以逆断裂为主,主要表现为两组断裂:一组是北、北西向延伸的断裂(红 003 井西断裂、红 066 井西断裂、红 074 井西断裂),长期继承性活动,断开层位石炭—白垩系,石炭—侏罗系断距较大,侏罗—白垩系断距较小,该组断裂是红山嘴地区控带、控藏断裂,也是红山嘴油田的主要油气运移通道;另一组是近东西向的次级断裂(红 068 井北断裂、红 077 井北断裂、红 079 井南断裂),断开层位石炭—白垩系,断距、延伸长度较北、北西向断裂小,主要断裂要素见表8－23。

表8－23 红003井区块断裂要素表

断裂名称	断裂性质	断开层位	目的层断距（m）	断裂产状		
				走向	倾向	倾角（°）
红003井西断裂	逆断层	K_1tg—C	10～60	北、北西	南西	60～80
红078井东断裂	正断层	K_1tg—J	10～60	北、北西	东	60～80
红079井南断裂	逆断层	K_1tg—C	10～40	近东西	南	60～80
红074井西断裂	逆断层	K_1tg—C	10～20	北西	南西	60～80
红066井西断裂	逆断层	K_1tg—C	10～30	北西	南西	60～80
红068井北断裂	逆断层	K_1tg—C	10～20	近东西	北北东	60～80

红003井区块被断裂切割形成多个断块圈闭，主要有红073井断块和红003井断块。其中红073井断块圈闭主要由红003井西断裂、红066井西断裂、红074井西断裂和红074井东断裂切割形成，断块内含油层系为侏罗系齐古组和白垩系清水河组，其中齐古组圈层面积为6.05km²，闭合度310m，高点埋深270m；清水河组圈层面积为6.05km²，闭合度300m，高点埋深240m。红003井区局部受红003井西断裂、红066井北断裂切割形成一个小的构造圈闭（圈闭要素表见表8－24），圈闭面积1.94km²，闭合度90m，高点埋深340m；从目前的试油结果看，含油范围已超出红003井断块圈闭。

表8－24 主要圈闭要素表

圈闭名称	层位	圈闭类型	高点埋深（m）	闭合高度（m）	闭合面积（km²）
红003井断块	K_1q	断块	340	90	1.94
红073井断块	K_1q	断块	240	300	6.05
	J_3q	断块	270	310	6.05

3. 储层特征

1）白垩系清水河组储层特征

红山嘴地区白垩系清水河组底部发育一套底砾岩，沿h9002井—红003井—红073井—红077井一线砂层厚度较稳定，一般14～50m，平均27m，横向连续性较好，向东、西两侧砂层厚度变薄、物性变差。该套储层为下粗上细的正旋回沉积，由三个次级正旋回组成，在每个次级正旋回的底部见冲刷充填构造，其沉积相属于辫状河流相，其亚相为洪泛平原、河道，微相为分支河道与心滩。

储层岩性以灰色砂砾岩为主，以含砾中—细粒岩屑砂岩，细粒岩屑砂岩为辅。砂砾岩中砾石以变质岩砾石为主，以火成岩砾石为辅；砾径一般5～20mm，最大可达50mm×80mm。砂岩中石英含量20%～23%，平均21.75%；长石含量17%～25%，平均21.75%；岩屑含量53%～63%，平均57.5%，岩屑中以凝灰岩岩屑为主（37%～53%，平均44.75%），以千枚岩岩屑为辅（5%～10%，平均6.5%），其他有硅质岩、花岗岩及石英岩岩屑。杂基主要为水云母化泥质，含量2% ~3%，平均2.75%，及微量的自生高岭石；胶结物以斑点状分布的方解石为主，含量微量至4%，平均1.25%，含少量菱铁矿（微量~2%，平均0.5%）。砂岩中的碎屑以细粒为主，部分为中粒，分选中等。碎屑颗粒以次圆—次棱角状为主；接触方式以线接触为主，点接触为辅；胶结类型主要为压嵌型为主，孔隙型—压嵌型为辅。

根据X衍射与扫描电镜分析，黏土矿物以粒表蜂巢状伊/蒙混层为主，含量7% ~72%，平均41.0%；其次为粒间蠕虫状高岭石，含量为17% ~78%，平均39.6%；绿泥石（7% ~14%，平均10.9%）和伊利石（4% ~14%，平均8.5%）。

根据铸体薄片分析资料，储集空间以原生粒间孔为主，含量为53% ~99%，平均80%；剩余粒间孔次之，含量为1% ~45%，平均20%；见微量的长石粒内溶孔与高岭石晶间孔。

据岩心分析资料，储层孔隙度10.20% ~ 36.00%，平均23.08%，渗透率2.70 ~ 5000.00mD，平均236.50mD；油层孔隙度19.30% ~36.00%，平均28.42%，渗透率47.20 ~ 5000.00mD，平均738.10mD。

储层毛细管压力曲线形态多呈略粗歪度，个别为细歪度；孔隙连通性较差—较好，孔喉配位数0.23 ~0.52，平均0.33；平均孔隙直径12.5 ~96.2μm，平均44.58μm；最大孔喉半径0.35 ~75.04μm，平均24.75μm；最大毛细管半径1.67 ~15.57μm，平均9.28μm；排驱压力0.01 ~2.09MPa，平均0.17MPa；中值半径0.05 ~11.09μm，平均2.06μm。

综合评价，红003井区块清水河组储层属高孔、高渗的储层（表8-25）。

表8-25 红003井区块清水河组储层孔渗简表

层位	孔隙度（%）			渗透率（mD）			综合评价
	样品块数	分布范围	平均	样品块数	分布范围	平均	
K_1q	66	19.30 ~36.00	28.42	66	47.20 ~5000.00	738.10	高孔、高渗

2）侏罗系齐古组储层特征

齐古组储层整体上为下粗上细的正旋回沉积，由三个次级正旋回组成，在每个次级正旋回的底部见冲刷充填构造。三个次级正旋回对应三套砂层，厚度34.0 ~69.0m，平均51.5m，横向连续性较好，油层主要发育在齐古组中、下部。本套储层属于辫状河流相沉积，其亚相为洪泛平原、河道，微相为分支河道与心滩。砂体分布受沉积环境的影响，整体上由西北向东南沿主河道分布。

根据红山嘴地区齐古组岩石薄片分析资料，储层岩性主要为砂岩和砂砾岩，岩石颗粒磨圆度为次棱角—次圆状，胶结类型以孔隙式、接触—孔隙式为主，偶见孔穴式胶结，胶结程度中等—疏松。该组地层中陆源矿物以锆石为主，电气石、石榴石、绿帘石次之，可见少量的尖晶石、云母、角门石、十字石、相石、钛族矿物、辉石，自生矿物主要是黄铁矿。

孔隙类型以原生粒间孔为主，其次为剩余粒间孔、粒内溶孔及少量界面孔和微裂隙。孔隙直径平均74.79μm，面孔率3.0% ~8.0%，孔喉配位数0 ~4。

据岩心分析资料，储层孔隙度12.00% ~28.00%，平均23.60%，渗透率39.60 ~ 596.00mD，平均210.34mD；油层孔隙度23.60% ~28.00%，平均25.83%，渗透率204.00 ~ 596.00mD，平均309.93mD。因取心井均位于含油面积外，综合红003井区块齐古组单井产能和红浅1井区齐古组产能与储层特征，红003井区块齐古组储层属高孔、中高渗的储层。

4. 油藏特征

1)油藏控制因素与划分

(1)白垩系清水河组。

从构造解释结果看,本区断裂发育,其中沿南东—北西向展布的红 066 井西断裂、红 074 井西断裂和红 078 井东断裂为油藏边界断裂。从目前试油结果看,油层分布在断裂以东地区,断裂以西地区完钻井多为干层或水层井。本区虽存在断块圈闭,但从试油结果上看,含油范围已超出断块圈闭范围,油藏还应受岩性变化控制。根据沉积相研究结果,本区清水河组为辫状河流相沉积,主河道近南北向展布,沿主河道方向,储层厚度较大,分布稳定,物性较好,向东西两侧,砂层厚度变薄,物性变差(如东部的 h9029 井),红 003 井北部发育的近东西向展布的红 068 井北断裂将主河道截断成南北两部分,油层主要发育在断裂以南区域。因此,白垩系清水河组油藏是一个发育在主河道上的北部和西部受断裂控制,东部受岩性变化控制的构造—岩性油藏。

红 003 井区块清水河组油层横向连续性好,平面上为 1 个油藏。

(2)侏罗系齐古组。

从目前试油结果看,齐古组油层分布在红 073 井断块的高部位,断块内砂层发育,但并不是所有砂层均含油,油层主要发育在储层物性较好的层段。研究认为,储层岩性和物性决定其含油性,断裂则对油层平面分布范围起控制作用,油藏受岩性和构造双重控制,油藏类型为构造—岩性油藏。

齐古组油层平面上叠合连片,为 1 个油藏。

2)油藏类型与要素

(1)白垩系清水河组。

根据油层分布特征、控制因素及试油试采资料,红 003 井区块清水河组油藏为受断裂遮挡的构造—岩性油藏。油藏参数见表 8-26。

表 8-26 红 003 井区块清水河组油藏参数表

油藏	油气藏类型	油藏中部深度(m)	油藏中部海拔(m)	油藏中部压力(MPa)	压力系数	油藏中部温度(℃)
红 003 井区块	构造—岩性	475	-195	4.65	0.98	23.83

(2)侏罗系齐古组。

根据油层分布特征、控制因素及试油试采资料,红 003 井区块齐古组油藏为构造背景下,受岩性和断裂控制的构造—岩性油藏,油藏参数见表 8-27。

表 8-27 红 003 井区块齐古组油藏参数表

油藏	油气藏类型	油藏中部深度(m)	油藏中部海拔(m)	油藏中部压力(MPa)	压力系数	油藏中部温度(℃)
红 003 井区块	构造—岩性	490	-210	4.79	0.98	24.17

5. 红山 003 井区精细勘探成效

1）白垩系清水河组油藏

近年来，通过实施精细勘探，在红 003 井区块白垩系清水河组发现稠油油藏，发现井为红 003 井，该井于 2007 年 3 月 23 日开钻，2007 年 4 月 12 日完钻，完钻层位为石炭系。2007 年 9 月射开白垩系清水河组 376.0 ~ 393.5m 井段热试，获日产油 17.5t 的工业油流，累计产油 2619.0t，累计注汽 $4250m^3$，油汽比 0.62，地面原油密度 $0.9761t/m^3$，50℃黏度 9236.5mPa·s，从而发现了红 003 井区块白垩系清水河组稠油油藏。

红 003 井在清水河组获得突破后，为进一步落实研究区含油面积，2008—2009 年间，根据红山嘴北精细三维和红山嘴精细三维地震资料解释结果，结合油藏地质综合研究成果，对研究区进行整体评价，共实施评价井 17 口（红 029 井、红 065 井、红 066 井、红 068 井、红 069 井、红 071 井、红 072 井、红 073 井、红 074 井、红 075 井、红 076 井、红 077 井、红 078 井、红 079 井、红 081 井、红 082 井、红 083 井，其中红 073 井、红 074 井兼探齐古组），开发控制井 31 口。2009 年，又在红 003 井与红 069 井之间实施开发先导试验井组两个，完钻开发井 49 口，目前已投产 17 口，初期日产油均在 6.0t 以上，开发效果良好。

研究区北部被红山嘴北精细三维地震覆盖，三维地震满覆盖面积 $126.75km^2$，面元 12.5m×12.5m；南部被红山嘴精细三维地震覆盖，三维地震满覆盖面积 $184.23km^2$，面元 12.5m×12.5m。研究区共有各类井 103 口（6 口为齐古组专层开发井），其中老井 4 口，清水河组 2007—2009 年新钻评价井 18 口，专层开发井 75 口。共有取心井 10 口（红 003 井、红 065 井、红 066 井、红 068 井、红 069 井、红 071 井、红 074 井、红 077 井、红 081 井、h9023 井），取心进尺 106.47m，取心长 89.74m，收获率 84.29%，含油岩心长 86.03m，其中富含油级别以上岩心 15.38m，获得分析化验资料 17 项 489 块，已试油 34 井 34 层，获工业油流 25 井 25 层，为研究区提交探明储量打下了坚实基础。

红 003 井区块白垩系清水河组油层顶面构造形态为向东南缓倾的单斜。白垩系清水河组为辫状河流相沉积，砂层平均厚度为 27m，油层主要发育在清水河组底部的砂砾岩层段，油层平均厚度 13.3m。储层岩性主要为砂砾岩，储集空间类型以原生粒间孔为主，油层孔隙度19.30% ~ 36.00%，平均 28.42%，渗透率 47.20 ~ 5000mD，平均 738.10mD，属高孔、高渗储层。油藏类型为受断裂和岩性控制的构造—岩性油藏，油藏中部埋深 475m，原始地层压力 4.65MPa，压力系数 0.98，油藏中部温度 23.83℃，地面原油密度平均值为 $0.960t/m^3$，地层原油密度为 $0.9238t/m^3$，30℃时地面脱气油黏度平均 45975.75mPa·s，50℃时地面脱气油黏度平均值为 4533.84mPa·s；地层水型为 $NaHCO_3$，矿化度 14746.51mg/L，氯离子含量 6173.97mg/L。

2009 年在红山嘴油田红 003 区块白垩系清水河组油藏新增探明含油面积 $15.39km^2$，石油地质储量 3237.34×10^4t，技术可采储量 647.47×10^4t，经济可采储量 605.57×10^4t。

2）侏罗系齐古组油藏

2008 年在评价红 003 井区块白垩系清水河组油藏时，为了解侏罗系、石炭系含油气情况而选择一口开发控制井 h9028 井加深至石炭系，该井完钻后，测井解释侏罗系齐古组油层 10.01m。2009 年，又选择了 2 口清水河组油藏的评价井（红 073 井、红 074 井）兼探齐古组。

2009年5月26日，红073井射开齐古组563.0～566.0m井段热试，获日产8.5t的工业油流，累计产油131.5t，累计注汽502m^3，生产22天，油汽比0.26，地面原油密度0.9700t/m^3，50℃黏度10522.85mPa·s，从而发现了红003井区块侏罗系齐古组稠油油藏。红073井获工业油流后，在构造高部位选择了3口清水河组开发控制井（h9048井、h9050井、h9051井）加深至齐古组，试油均获得工业油流。随后又完钻了4口开发控制井，有2口（h9057井、h9058井）测井解释有油层，其中h9058井在齐古组494.0～504.0m井段热试，初期日产油14.0t。

研究区齐古组有专层开发井6口，取心井2口（红074井、红083井），取心进尺5.55m，取心长3.88m，收获率69.91%，获含油心长3.88m。获得分析化验资料9项33块，已试油6井6层，均获工业油流。

红003井区块侏罗系齐古组顶面构造形态为向东南缓倾的单斜。侏罗系齐古组为辫状河流相沉积，砂层厚度平均51.5m，油层主要发育在齐古组中、下部两套砂体中，油层平均厚度13.8m。储层岩性主要为砂岩、砂砾岩，储集空间类型以原生粒间孔为主，油层孔隙度23.60%～28.00%，平均25.83%，渗透率204.00～596.00mD，平均309.93mD，属高孔、中高渗储层。油藏类型为受断裂和岩性控制的构造—岩性油藏，油藏中部埋深490m，原始地层压力4.79MPa，压力系数0.98，油藏中部温度24.17℃，地面原油密度平均值为0.965t/m^3，30℃时地面脱气油黏度平均值为65872.09mPa·s，50℃时地面脱气油黏度平均值为6558.14 mPa·s；地层水型为$NaHCO_3$型，矿化度10051.83mg/L，氯离子含量4537.98mg/L。

2009年在红山嘴油田红003区块侏罗系齐古组油藏新增探明含油面积3.27km^2，石油地质储量788.18×10^4t，技术可采储量157.64×10^4t，经济可采储量139.24×10^4t。

二、红浅1井区精细勘探

1. 基本地质概况

红浅1井区基底石炭系经过长期侵蚀之后，从中三叠世开始接受沉积，受印支运动和燕山运动的影响，地层发育和剥蚀程度不一。晚三叠世表现为抬升遭受剥蚀，使区域性盖层白碱滩组大面积缺失，克下组、克上组也受到一定影响，自东向西逐渐减薄，克下组在红浅1井断裂以西缺失，克上组在检258井断裂以西缺失。早侏罗世开始，研究区表现为超覆沉积，在三叠系和石炭系之上，依次超覆沉积了侏罗系八道湾组、三工河组、西山窑组、头屯河组、齐古组和白垩系吐谷鲁群。

2. 构造特征

红浅1井区块开发三维地震资料面积58.23km^2，面元12.5m×25m。在利用大量钻井资料对地震进行标定的基础上，测井、地震结合对研究区构造进行了精细解释和综合研究，通过精细解释，认为研究区主要断裂格局较以前没有较大的变化，油藏边界仍由克乌断裂、克拉玛依西断裂、红浅8井断裂三条大断裂控制，但红浅8井断裂、克拉玛依西断裂断裂位置稍有外移，新发现了红004井小断块和内部一些小的次级断裂，区内次级断裂向上断开了八道湾组底部，八道湾组以上内部断裂不发育。克下组、克上组、八道湾组、齐古组总体构造形态均为南东缓倾的单斜。克下组、克上组、八道湾组内部小断裂较发育（表8－28），齐古组构造比较简单，只有边界断裂和区内红浅2井断裂断开了齐古组底面。

表 8－28　红浅 1 井区块断层要素表

断裂名称	断层性质	断开层位	目的层断距（m）	断层产状		
				走向	倾向	倾角(°)
克拉玛依西断裂	逆断层	K_1tg 以下地层	20～200	北东—南西	北西	40
克乌断裂	逆断层	K_1tg 以下地层	20～260	北西—南东	北东	50
红浅 8 井断裂	逆断层	K_1tg 以下地层	20～240	北西	南西	45
红浅 1 井断裂	逆断层	J_3q 以下地层	20～280	南北	西	40
红 005 井断裂	逆断层	J_3q 以下地层	10～80	北东—南西	北西	24
红浅 2 井断裂	逆断层	K_1tg 以下地层	10～120	北东—南西	北西	45
红浅 20 井断裂	逆断层	J_3q 以下地层	10～120	南北	西	45
红浅 11 井西断裂	逆断层	J_1b 以下地层	70～90	南北	西	35
红 53 井西断裂	逆断层	J_1b 以下地层	80～100	南北	西	35
检 258 井断裂	逆断层	J_3q 以下地层	20～260	南北	西	40

3. 储层特征

克下组、克上组地层受区内次级断裂的影响自东向西逐级推高，遭受剥蚀，红浅 1 井断裂以西，克下组、克上组地层剥蚀缺失，八道湾组地层直接覆盖在石炭系地层之上，而八道湾组、齐古组地层在全区广泛分布。根据沉积相研究结果，克下组、克上组、八道湾组、齐古组均属半干旱弱氧化山麓环境下的辫状河流相沉积。

1）克下组储层特征

克下组砂层厚度 1.5～21m，平均 8.8m，h8016 井—红浅 11 井连线和 h8384 井—检 262 井连线一带较厚。储层结构特征为砂、泥岩互层沉积，砂层较薄。

克下组储层岩性主要为中粗砂岩、不等粒砂岩。砂质含量 69.0%～80.0%，平均 74.5%。砂岩中石英含量 30.0%～52.0%，平均 36.2%；杂基主要为泥质，含量 3.0%～9.0%，平均 7.0%；胶结物主要为方解石（16.0%）、黄铁矿（微量）。岩石颗粒分选差，磨圆度为次圆状，胶结类型以孔隙式为主，胶结中等—疏松。碎屑成分主要有凝灰岩（15.0%～52.0%，平均 32.7%）、花岗岩（2%～7.0%，平均 3.5%）、泥岩（0～5.0%，平均 0.8%）、霏细岩（0～4.0%，平均 0.7%）、千枚岩（0～2.0%，平均 0.3%）。

储集空间类型以原生粒间孔（15.0%～85.0%，平均 59.3%）和剩余粒间孔为主（15.0%～85.0%，平均 40.1%），其次为粒内溶孔（微量）和高岭石晶间孔（微量）。

根据 X 衍射和扫描电镜分析，克下组黏土矿物以粒间充填蠕虫状、不规则状高岭石为主（43.0%～48.0%，平均 45.5%），其次为伊/蒙混层（36.0%～37.0%，平均 36.5%）、绿泥石（12.0%～15.0%，平均 13.5%）、伊利石（4.0%～5.0%，平均 4.5%）。从黏土成分看，易吸水膨胀的蒙皂石主要以伊/蒙混层的形式出现，含量较低，储层水敏性弱。

压汞及铸体资料表明，克下组孔喉配位数 0～1，平均 0.25；平均孔隙直径在 104.8～180.4μm 之间，平均为 143.7μm；饱和度中值压力 0.04～7.82MPa，平均 2.45MPa；饱和度中值半径 0.09～18.22μm，平均 2.48μm；排驱压力 0.01～0.49MPa，平均 0.10MPa；平均毛细管半径 0.41 ~ 24.36μm，平均 8.44μm。

据岩心分析资料，克下组储层孔隙度 7.5% ~ 30.5%，平均 19.17%，渗透率 0.057 ~ 5001mD，平均 89.87mD；油层孔隙度 17.1% ~ 30.5%，平均 23.60%，渗透率 79.6 ~ 5001mD，平均 1047.13mD。

综合评价，克下组储层属中孔、中渗、较低排驱压力、孔隙连通较好的中等偏好储层。

2）克上组储层特征

克上组砂层厚度 0 ~ 87.0m，平均 38.7m，砂层东南部较厚，西部因剥蚀变薄、缺失。储层结构特征为砂、泥岩互层沉积，砂层较厚，泥岩较薄，砂层横向连续性好。

克上组储层岩性主要为灰色、灰褐色砂砾岩，砂砾岩中砾石含量 57.0% ~ 90.0%，平均 76.8%；砂质含量 7.0% ~ 36.0%，平均 16.0%。杂基主要为泥质，含量 0 ~ 5%，平均 3.2%；胶结物主要为菱铁矿（0 ~ 6.0%，平均 2.2%）、方解石（0 ~ 10.0%，平均 1.8%）。岩石颗粒分选差，磨圆度为次棱角—次圆状，胶结类型以接触式、接触—孔隙式为主，胶结中等—疏松。碎屑成分主要有凝灰岩（0 ~ 74.0%，平均 38.6%）、泥岩（0 ~ 32.0%，平均 16.2%）、石英（4.0% ~ 13.0%，平均 10.4%）、变泥岩（0 ~ 30.0%，平均 8.6%）、花岗岩（0 ~ 16.0%，平均 5.8%）、粉砂岩（0 ~ 20.0%，平均 4.0%）、硅化岩（0 ~ 15.0%，平均 3.2%）、长石（1% ~ 8.0%，平均 2.8%）。

储集空间类型以剩余粒间孔为主（50.0% ~ 95.0%，平均 78.5%），其次为粒内溶孔（3.0% ~ 15.0%，平均 8.3%），个别样品微裂缝发育。

根据 X 衍射和扫描电镜分析，克上组黏土矿物以粒间充填蠕虫状、不规则状高岭石为主（41.0% ~ 78.0%，平均 59.7%），其次为伊/蒙混层（4.0% ~ 34.0%，平均 16.8%）、绿泥石（0 ~ 20.0%，平均 11.1%）、伊利石（5.0% ~ 25.0%，平均 12.4%）。从黏土成分看，易吸水膨胀的蒙皂石主要以伊/蒙混层的形式出现，含量较低，储层水敏性弱。

压汞及铸体资料表明，克上组孔喉配位数 0 ~ 0.34，平均为 0.12；平均孔隙直径 18.8 ~ 192.8μm，平均 77.3μm；饱和度中值压力 1.90 ~ 16.52MPa，平均 8.91MPa；饱和度中值半径 0.04 ~ 0.39μm，平均 0.10μm；排驱压力 0.01 ~ 1.05MPa，平均 0.50MPa；平均毛细管半径 0.19 ~ 18.45μm，平均 1.87μm。

据岩心分析资料，克上组储层孔隙度 8.70% ~ 30.66%，平均 20.79%，渗透率 1.10 ~ 5106.38mD，平均 45.57mD；克上组油层孔隙度 18.50% ~ 30.66%，平均 22.59%，渗透率 35.07 ~ 5106.38mD，平均 334.58mD。

综合评价，红浅 1 井区块克上组储层属中孔、低渗、较高排驱压力、孔隙连通较好的中等储层。

3）八道湾组储层特征

根据沉积旋回和砂层组合特征，八道湾组自上而下分为 J_1b_1、J_1b_2、J_1b_3、J_1b_4 四个砂层组，砂体分布受沉积环境的影响，整体上由西北向东南沿主河道分布，八道湾组砂层厚度 8.0 ~ 43m，平均 26m，其中 J_1b_2、J_1b_4 砂层组为主力油层。

八道湾组储层岩性主要为砂砾岩，占 85%，砂岩约占 15%。砂砾岩中砾石含量占 75.5%，成分以凝灰岩为主（29.4%），其次为泥岩类（14.2%）、硅化岩（11.5%），变泥岩

(7.6%),还含有少量的流纹岩、花岗岩等。砂屑含量占16.6%,成分以凝灰岩(3.7%)、石英(3%)为主,其次为变泥岩类、硅化岩、泥岩、花岗岩。胶结物含量平均7.92%,以泥质(3.19%)和方解石(3%)为主。岩石颗粒分选差,磨圆度为次棱角—次圆状,胶结类型以接触式、接触—孔隙式为主,胶结程度中等—疏松。砂岩中砂屑含量占85.4%,成分以变泥岩为主(29.4%),其次为凝灰岩、石英、泥岩类、硅化岩、长石等。胶结物含量平均11.33%,以泥质为主(8.17%)。岩石颗粒分选差,磨圆度为次棱角状,胶结类型以接触式为主,接触—孔隙式也占一定的比例,胶结程度中等—疏松。该组地层陆源矿物以锆石为主,电气石、绿帘石、尖晶石次之,次生矿物主要为黄铁矿。据X衍射资料分析,岩石胶结物黏土矿物成分以高岭石为主,其次为伊利石和伊/蒙混层矿物。

储层孔隙类型以原生粒间孔和剩余粒间孔为主,其次为粒内溶孔、粒间溶孔,杂基溶孔及少量界面孔和微裂缝,孔隙直径平均为105.4μm,面孔率2.07,孔喉配位数0~1。

据岩心分析资料,八道湾组储层孔隙度6.0%~31.5%,平均23.1%,渗透率1.13~9298.78mD,平均115.99mD;油层孔隙度19.2%~31.5%,平均25.1%,渗透率103.60~9298.78mD,平均676.23mD。

综合评价,红浅1井区块八道湾组储层属中孔隙度、中渗透率好储层。

4)齐古组储层特征

根据沉积旋回和砂层组合特征,齐古组分为J_3q_1,J_3q_2,J_3q_3三个砂层组,砂体分布受沉积环境的影响,整体上由西北向东南沿主河道分布,齐古组砂层厚度6.0~48.5m,平均30m,其中J_3q_3砂层组为主力油层。

齐古组储层岩性主要为砂岩和砂砾岩,砂岩中砂屑平均含量占86%,成分以变泥岩为主(20.6%),其次是凝灰岩(15.6%)、石英(14%)、硅化岩(10.3%)、长石(10.2%)、及霏细岩(6.8%),另有少量的花岗岩、安山岩、泥岩类等;砾石含量占2.6%,成分以变泥岩为主,其次是凝灰岩和花岗岩。胶结物含量(11.4%),成分以泥质为主,其次是方解石,岩石颗粒分选中—差。磨圆度为次棱角—次圆状,胶结类型以孔隙式和接触式为主,还有少量的孔穴式胶结,胶结程度中等—疏松。砂砾岩中砾石平均含量占64%,成分以花岗岩为主(22.6%),其次是变泥岩(14.6%)、流纹岩(10.6%)、凝灰岩(8.3%),还有少量的变砂岩、泥岩类及石英等。砂屑含量占23.3%。成分以变泥岩为主(5.7%),其次是石英(3.9%),花岗岩(3.5%)、长石(2.7%)、流纹岩(2.6%),还有少量的凝灰岩、硅化岩、安山岩等,胶结物含量(12.69%),以方解石和泥质为主。岩石颗粒磨圆度为次棱角—次圆状,胶结类型以孔隙式、接触—孔隙式为主,偶见孔穴式胶结,胶结程度中等—疏松。该组地层中陆源矿物以锆石为主,电气石、石榴石、绿帘石次之,可见少量的尖晶石、云母、角门石、十字石、相石、钛族矿物、辉石,自生矿物主要是黄铁矿。

齐古组孔隙类型以原生粒间孔为主,其次为剩余粒间孔、粒内溶孔及少量界面孔和微裂隙。孔隙直径平均74.79μm,面孔率3~8,孔喉配合数0~4。

据岩心分析资料,齐古组储层孔隙度3.8%~36.6%,平均25.1%,渗透率0.03~9859.30mD,平均164.17mD;油层孔隙度21.0%~36.6%,平均27.6%,渗透率64.92~9859.30mD,平均849.84mD。

储层综合评价结果认为,红浅1井区块齐古组储层属高孔、中渗好储层(表8-29)。

表 8-29 红浅 1 井区块储层参数简表

层位	孔隙度(%)			渗透率(mD)			综合评价
	样品块数	分布范围	平均	样品块数	分布范围	平均	
T_2k_1	245	8.7~30.66	20.79	212	1.1~5106.38	45.57	中孔、中渗
T_2k_2	84	7.5~30.5	19.17	82	0.057~5001	89.87	中孔、低渗
J_1b	125	6.0~31.5	23.1	125	1.13~9298.78	115.99	中孔、中渗
J_3q	263	3.8~36.6	25.1	180	0.03~9859.30	164.17	高孔、中渗

4. 油藏特征

1)油藏控制因素与划分

三叠系克下组、克上组顶界构造形态基本相同,均为由克拉玛依西断裂和克乌大断裂相交形成的断块构造,断块内发育若干条次一级小断裂,地层产状为由西北向东南倾的单斜。克下组及克上组油层分布主要受两条主断裂控制,局部受小断裂控制,含油丰度及产量大小主要受岩性物性影响,克上组油层主要发育在大套砂层中物性较好的段,油层横向连续性较好。

侏罗系八道湾组、齐古组油藏平面上油层分布在构造高部位被断层遮挡,目前尚未发现明显的油水界面。

研究认为,储层岩性和物性决定其含油性,断裂则对油层平面分布范围起控制作用,油藏受岩性和构造双重控制,克下组、克上组、八道湾组、齐古组油藏类型均为岩性构造油藏。

三叠系纵向上划分为克下组、克上组两个油藏,克下组油藏平面上以断裂为界,划分为红 001 井断块、红 004 井断块、红 006 井断块、检 313 井断块、检 262 井断块共 5 个断块油藏。克上组油藏平面上以断裂为界划分为红 001 井断块和红 006 井断块两个断块油藏。

侏罗系纵向上划分为八道湾组、齐古组两个油藏,八道湾组油藏平面上以红 005 井断裂为界,划分为红 004 井断块和红浅 1 井区块扩边区两个油藏。齐古组油藏构造简单,平面上只划分为红浅 1 井区块扩边区一个油藏。

2)油藏类型与要素

根据油层分布特征、控制因素及试油试采资料,红浅 1 井区块克下组、克上组、八道湾组、齐古组油藏均为岩性构造油藏,油藏参数见表 8-30。

表 8-30 红浅 1 井区块油藏参数表

层位	油藏	油藏中部海拔(m)	油藏中部深度(m)	地层压力(MPa)	油藏中部温度(℃)	压力系数
T_2k_1	红 001 井断块	-395	710	8.234	30.23	1.16
	红 004 井断块	50	265	3.661	20.00	1.38
	红 006 井断块	-250	565	6.473	26.90	1.15
	检 313 井断块	-215	530	6.145	26.09	1.16
	检 262 井断块	-280	595	6.754	27.59	1.14
T_2k_2	红 001 井断块	-300	630	7.120	27.39	1.13
	红 006 井断块	-240	570	6.240	26.01	1.09
J_1b	红 004 井断块	85	230	2.266	18.19	1.02
	红浅 1 井区块扩边区	-225	540	6.406	25.32	1.19
J_3q	红浅 1 井区块扩边区	-10	325	3.413	20.38	1.05

5. **精细勘探成效**

2006 年在八道湾组油藏东北部已探明区部署三口以八道湾组为目的层的开发控制井(h8008 井、h8016 井、h8018 井),其中 h8016 井、h8018 井钻至克下组,这两口井完钻后发现克下组电性显示较好,因此 h8016 井射开 715.0 ~ 745.0m 井段,自喷获得 3.2t/d 的工业油流,热采初期日产油为 5.7t,h8018 井射开 718.0 ~ 754.0m 井段,获得 2.4t/d 的工业油流,又发现了红浅 1 井区克下组油藏,此后部署的红 001 井和 h8028 井,在克下组均获工业油流。

通过 2006 年的评价工作,认为红浅 1 井区块三叠系克下组、克上组,侏罗系八道湾组、齐古组还具有较大的潜力,因此 2007 年对这四套油层进行了整体评价。

2006—2007 年全区共实施各类井 54 口井,其中评价井 11 口,开发控制井 40 口,水平井 3 口;取心井 7 口(h8016 井、h8073 井、h8289 井、红 002 井、红 004 井、红 006 井、红 007 井),获得储层岩性、物性等分析化验资料,克下组、克上组、八道湾组、齐古组新井合计试油 57 井 58 层,为研究区整体提交探明储量打下了坚实基础。

在精确地震地质层位标定的基础之上,利用三维地震资料对研究区构造进行了精细解释和综合研究,认为研究区主要断裂格局为由三条边界大断裂控制,此外区内还发育了多条断至八道湾组底部的次级断裂,齐古组只有边界断裂和区内红浅 2 井断裂断开了底面,克下组、克上组、八道湾组、齐古组总体构造格局均为南东缓倾的单斜。

克下组、克上组、八道湾组、齐古组均属半干旱弱氧化山麓环境下的辫状河流相沉积,克下组砂层平均厚度为 8.8m,克上组砂层平均厚度为 38.7m,八道湾组砂层平均厚度为 26m,油层主要发育在 J_1b_2、J_1b_4 砂层组,齐古组砂层平均厚度为 36.5m,油层主要发育在 J_3q_3 砂层组。

克下组储层岩性主要为砂砾岩、砂岩,储集空间类型以原生粒间孔和剩余粒间孔为主,油层孔隙度平均 23.6%,渗透率平均 1047.13mD,油藏类型为岩性构造油藏,原始地层压力 3.66 ~ 8.23MPa,压力系数为 1.14 ~ 1.38,油藏中部温度为 20.00 ~ 30.23℃,地面原油密度平均值为 0.932g/cm^3,50℃时地面脱气油黏度平均值为 941.1mPa·s,地层水型为 $NaHCO_3$ 型,矿化度 9157.0mg/L,氯离子含量 5242.9mg/L。

克上组储层岩性主要为砂砾岩,储集空间类型以剩余粒间孔为主,油层孔隙度平均值为 22.6%,渗透率平均 334.58mD,油藏类型为岩性构造油藏。原始地层压力 6.24 ~ 7.12MPa,压力系数 1.09 ~ 1.13,油藏中部温度 26.0 ~ 27.4℃,地面原油密度平均 0.942g/cm^3,50℃时地面平均脱气油黏度平均 2344.5mPa·s,地层水型为 $NaHCO_3$ 型,矿化度 7457.5mg/L,氯离子含量 3888.0mg/L。

八道湾组储层岩性主要为砂砾岩、砂岩,储集空间类型以原生粒间孔和剩余粒间孔为主,油层孔隙度平均值为 25.1%,渗透率平均值为 676.23mD,油藏类型为岩性构造油藏,原始地层压力 6.41MPa,压力系数 1.19,油藏中部温度 25.32℃,扩边区地面原油密度平均值为 0.939g/cm^3,50℃时地面脱气油黏度平均 923.2mPa·s,地层水型为 $NaHCO_3$ 型,矿化度 8529.9mg/L,氯离子含量 3746.3mg/L。

齐古组储层岩性主要为砂岩、砂砾岩,储集空间类型以原生粒间孔为主,油层孔隙度平均值为 27.6%,渗透率平均值为 849.84mD。油藏类型为岩性—构造油藏,原始地层压力 3.41MPa,压力系数 1.05,油藏中部温度 20.38℃,扩边区地面原油密度平均值为 0.960g/cm^3,

50℃时地面脱气油黏度平均值为4767.6mPa·s,地层水型为$NaHCO_3$型,矿化度5714.0mg/L,氯离子含量2334.4mg/L。

克下组油藏新增探明含油面积9.14km^2,石油地质储量863.81×10^4t,技术可采储量205.58×10^4t,经济可采储量205.58×10^4t;克上组油藏新增探明含油面积4.96km^2,新增探明石油地质储量834.55×10^4t,技术可采储量为125.18×10^4t,经济可采储量为125.18×10^4t;八道湾组油藏扩边新增探明含油面积6.12km^2,石油地质储量582.34×10^4t,技术可采储量149.66×10^4t,经济可采储量149.66×10^4t;齐古组油藏扩边新增探明含油面积3.83km^2,石油地质储量472.28×10^4t,技术可采储量71.31×10^4t,经济可采储量71.31×10^4。

红浅1井区块克下组、克上组、八道湾组、齐古组油藏合计新增叠加含油面积15.42km^2,探明石油地质储量为2752.98×10^4t,技术可采储量551.73×10^4t,经济可采储量551.73×10^4t。

三、红018、红032等井区精细勘探

1. 区域地质简况

红山嘴油田区域构造位置处于准噶尔盆地西北缘的红车断裂带北段,其西北为扎伊尔山,东南为沙湾凹陷,海西和印支运动时期该断块区受从西北向东南侧向挤压作用的影响,产生多期逆断裂,是一个被众多断层切割的复杂大型断块区。研究区基底石炭系经过长期风化、侵蚀之后,从中三叠世开始接受沉积,受印支运动的影响,晚三叠世表现为抬升遭受剥蚀,使区域性盖层白碱滩组大面积减薄,局部缺失。早侏罗世开始,研究区表现为超覆沉积,在三叠系和石炭系之上,依次沉积了侏罗系八道湾组、三工河组、西山窑组、头屯河组、齐古组和白垩系清水河组。燕山Ⅰ幕造成头屯河组和齐古组之间的不整合,使头屯河组在西、西南构造高部位遭剥蚀缺失,西山窑组也受到一定影响,自东向西逐渐减薄、缺失。燕山Ⅱ幕造成侏罗系齐古组和白垩系之间的不整合,使齐古组遭剥蚀减薄。

研究区在石炭系基底上自下而上发育的地层有三叠系克下组(T_2k_1)、克上组(T_2k_2)、白碱滩组、侏罗系八道湾组(J_1b)、三工河组(J_1s)、西山窑组(J_2x)、头屯河组(J_2t)、齐古组(J_3q)和白垩系清水河组(K_1q)、二叠系上乌尔禾组(P_3w)仅在局部有发育,除侏罗系三工河组尚未获突破外,其他层系均有油气藏发育。

2. 构造特征

红018井区、红032井区被红山嘴地区精细三维地震勘探(满覆盖面积184.23km^2,面元12.5m×12.5m)和红山嘴北地区精细三维地震勘探(满覆盖面积126.75km^2,面元12.5m×12.5m)所覆盖,三维地震资料品质较好,满足本区构造解释的需要。利用三维地震资料,在精确地震地质层位标定的基础上,对侏罗系西山窑组J_2x_3油层顶界和J_2x_1底界、三叠系克上组$T_2k_2^3$油层顶界、$T_2k_2^5$油层顶界、$T_2k_2^5$顶界、克下组$T_2k_1^1$底界、$T_2k_1^2$底界、石炭系顶界进行追踪解释,根据构造解释结果,自石炭系至侏罗系西山窑组构造具有良好的继承性,均为北西—南东倾的单斜,断裂发育,以逆断裂为主,侏罗系及以上地层有少量正断裂。受断裂切割,在各层系形成一系列断块圈闭,目前发现的油藏多发育在断块内部。

根据三维地震解释结果,西山窑组底界构造形态总体上是东南倾的单斜,逆断裂发育,受断裂切割,在西山窑组形成一系列断块圈闭,本次申报储量的红94井区块位于红93井南断

裂、红94井西断裂和红35井北断裂所围成的断块内(断裂要素见表8-31),断块内构造由西北向东南逐渐降低,工区内圈闭面积21.13km²,闭合度295m,溢出点海拔-1250m(圈闭要素见表8-32)。红91井区位于红41井断裂和红91井北断裂(断裂要素见表8-31)相交所形成的断块圈闭内,圈闭面积8.91km²,闭合度525m,溢出点海拔-1210m(圈闭要素见表8-32)。红43井区位于红2井东断裂和红41井断裂所夹持的东南倾单斜上,无构造圈闭,红2井东断裂以南区域,西山窑组因剥蚀缺失。

根据三维地震解释结果,三叠系克上组$T_2k_2^5$顶界构造形态总体上为一东南倾的单斜,工区内地层东部、南部较陡,西部、西北部平缓。逆断裂发育,受断裂切割,在克上组形成一系列断块圈闭。本次申报储量的红87井区位于由红93井断裂、红57井西断裂和红87井西断裂(断裂要素见表8-31)围成的断块圈闭内,圈闭面积1.43km²,闭合度115m,溢出点海拔-1550m(圈闭要素见表8-32);红062井区位于由红93井断裂、红086井西断裂和红87井西断裂(断裂要素见表8-31)围成的断块圈闭内,圈闭面积4.11km²,闭合度145m,溢出点海拔-1510m(圈闭要素见表8-32);红023井区由红62井西断裂和红023井南断裂(断裂要素见表8-31)围成,圈闭面积0.72km²,闭合度45m,溢出点海拔-1020m(圈闭要素见表8-32)。红028井区虽位于断块内,但在北部断块封闭处构造位置较低,向南部断块敞口处,构造位置逐渐升高,无构造圈闭。

根据三维地震解释结果,红032井区块克下组$T_2k_1^2$底界和红15井区、红山4井区块$T_2k_1^1$底界构造形态均为受断裂切割的东南倾单斜。本次申报储量红031井区和红032井区位于由红031井北断裂、红62井西断裂、红28井断裂和红036井东断裂(断裂要素见表8-31)围成的断块圈闭内,圈闭面积7.04km²,闭合度67m,溢出点海拔-1340m(圈闭要素见表8-32),红028井区无构造圈闭。红15井扩边区位于由红4井西断裂、红15井北断裂和红28井断裂(断裂要素见表8-31)所围成的断块内,圈闭面积1.09km²,闭合度132m,溢出点海拔-1535m(圈闭要素见表8-32)。红山4井区块位于由红山4井东断裂、红山4井西断裂和红28井断裂(断裂要素见表8-31)所围成的断块圈闭内,圈闭面积1.94km²,闭合度82m,溢出点海拔-1645m(圈闭要素见表8-32)。

表8-31　红山嘴油田主要断层要素表

断裂名称	断层性质	断开层位	目的层断距(m)	断层产状		
				走向	倾向	倾角(°)
红93井南断裂	逆断层	T—K	10~30	EW	N	80
红94井西断裂	正断层	T—K	20~40	NS	E	50~70
红35井北断裂	逆断层	C—K	5~10	EW	N	70~80
红41井断裂	逆断层	C—J	10~20	NW—SE	SW	70~80
红91井北断裂	逆断层	K—J	10~20	NW—SE	SW	70~80
红93井断裂	逆断层	C—J	5~80	EW	N	60~80
红57井西断裂	逆断层	C—J	5~10	NS	W	60~70
红87井西断裂	逆断层	C—T	5~15	N—SE	E	50~70
红086井西断裂	逆断层	C—J	5~15	NW—SE	NE	60~70

续表

断裂名称	断层性质	断开层位	目的层断距(m)	断层产状		
				走向	倾向	倾角(°)
红 023 井南断裂	逆断层	C—J	5～15	NW—SE	SW	60～70
红 62 井西断裂	逆断层	C—J	20～50	N—SW	W	60～80
红 031 井北断裂	逆断层	C—J	5～10	EW	N	50～70
红 28 井断裂	逆断层	C—J	10～100	W—SE	NW	60～80
红 036 井东断裂	逆断层	C—J	5～10	NS	W	60～70
红 4 井西断裂	逆断层	C—J	20～80	NS	W	50～70
红 15 井北断裂	逆断层	C—J	5～40	EW	S	50～70
红山 4 井东断裂	逆断层	C—T	5～15	NW—SE	NE	50～70
红山 4 井西断裂	逆断层	C—T	5～30	NE—SW	E	50～70
红 019 井北断裂	逆断层	C—T	10～15	NW—SE	SW	30～80
红 019 井南断裂	逆断层	C—T	10～20	NW—SE	NE	60～80
红 60 井东断裂	逆断层	C—J	20～80	N—SE	E	50～80
红 061 井东断裂	逆断层	C—T	20～60	NW—SE	NW	60～80

表 8－32 红山嘴油田主要圈闭要素表

井区	层位	圈闭类型	高点埋深(m)	闭合线(m)	闭合高度(m)	闭合面积(km^2)
红 94 井断块	J_2x	构造	1240	－1250	295	21.13
红 91 井断块	J_2x	构造	970	－1210	525	8.91
红 87 井断块	T_2k_2	构造	1720	－1550	115	1.43
红 062 井断块	T_2k_2	构造	1650	－1510	145	4.11
红 023 井断块	T_2k_2	构造	1260	－1020	45	0.72
红 032 井断块	T_2k_1	构造	1558	－1340	67	7.04
红 15 井断块	T_2k_1	构造	1688	－1535	132	1.09
红山 4 井断块	T_2k_1	构造	1848	－1645	82	1.94
红 018 井断块	C	构造	2615	－2480	150	3.85

根据三维地震解释结果，石炭系顶界构造形态为一受断裂切割的东南倾单斜，本次申报储量的红 018 井区位于高部位受红 019 井北断裂和红 60 井东断裂（断裂要素见表 8－31）封挡所形成的断块圈闭内，圈闭面积 3.85km^2，闭合度 150m，溢出点海拔 －2480m（圈闭要素见表 8－32）。

3. **储层特征**

研究区 4 个层系储层特征变化较大，如石炭系储层以火成岩为主，为裂缝—孔隙双重介质的储层；三叠系储层以砂砾岩为主；侏罗系储层则以中—细砂岩为主。

1)侏罗系西山窑组储层特征

根据岩性和电性特征,侏罗系西山窑组自下而上可划分为西一(J_2x_1)、西二(J_2x_2)、西三(J_2x_3)、西四(J_2x_4)四个段,地层在红94井区块发育较全,向西南部逐渐遭剥蚀减薄以至缺失,如在南部的红91井区J_2x_4遭剥蚀缺失、在红43井区仅残存J_2x_1、在红43井区以南区域,整个西山窑组因剥蚀缺失。西山窑组煤层发育,为本区层位标定和地层对比的标志层之一。根据沉积相研究结果,西山窑组为辫状河三角洲沉积,西山窑组申报储量的各区块位于河道上,沿河道方向砂层横向连续性较好,垂直河道方向,砂层横向连续性较差。

从目前试油结果看,红94井区块油层发育在J_2x_3,红91、红43井区油层发育在J_2x_1。红94井区块J_2x_3油藏发育在两支水下分流河道砂体中,即西部的红026井区砂体和东部的红94井区砂体。红026井区出油砂体靠近J_2x_3底部,砂层厚度6.0~11.0m,平均8.5m;红94井区出油砂体位于J_2x_3中部,砂层厚度6.5~11.5m,平均9.0m。两个井区之间的h9401井、0618A井、0787井、0789井在对应段相变为河道间泥岩沉积,红94井西北的h9407井、以东地区的红017井,对应红94井出油段也相变为泥岩。

红91井区J_2x_1出油砂层横向连续性较好,砂层厚度7.0~10.0m,平均9.0m。向西部构造高部位,砂层还在,但砂岩在成岩过程中受钙质充填而成为致密钙质砂岩,如高部位的0095、0096、0097、0910、0911井等。致密钙质砂岩在西部构造高部位形成一条物性变化带,对红91井区油层形成遮挡。

红43井区J_2x_1出油砂层厚度0.0~15.0m,平均10.0m,向东部的红43井相变为泥岩沉积。

西山窑组储层岩性以中—细砂岩为主,其次为粗砂岩和不等粒砂岩。碎屑成分以凝灰岩(39.0%~74.0%,平均52.6%)为主,其次为石英(12.0%~25.0%,平均19.4%)、长石(10.0%~22.0%,平均18.0%)、千枚岩(0~8.0%,平均2.4%)、霏细岩(0~3.0%,平均1.4%)、硅质岩(0~3.0%,平均1.1%)、花岗岩(0~2.0%,平均0.9%)、菱铁矿团粒(0~3.0%,平均0.9%)等。杂基以泥质为主(1.0%~4.0%,平均2.7%),胶结物以方解石和含铁白云石为主(1.0%~15.0%,平均4.0%)。颗粒分选好—中等,个别为差,磨圆度以次棱角状为主,其次为次圆—次棱角状,胶结类型以压嵌型和孔隙—压嵌型为主,胶结程度中等—疏松。

根据本区铸体薄片分析资料,西山窑组储集空间类型以剩余粒间孔(50.0%~90.0%,平均71.7%)为主,其次为原生粒间孔(5.0%~50.0%,平均28.2%),见少量粒内溶孔(微量)和高岭石晶间孔(微量)。

根据X衍射和扫描电镜分析,西山窑组黏土矿物以粒间充填蠕虫状、不规则状高岭石为主(33.0%~61.0%,平均45.5%),其次为伊/蒙混层(14.0%~34.0%,平均27.2%)、绿泥石(5.0%~18.0%,平均13.3%)、伊利石(5.0%~25.0%,平均12.6%)。从黏土成分看,易吸水膨胀的蒙皂石主要以伊/蒙混层的形式出现,含量较低,储层水敏性弱,但速敏矿物高岭石含量高,今后注水开发过程中要注意控制注水速度。

压汞及铸体资料表明,西山窑组孔喉配位数0.06~0.94,平均0.28;饱和度中值压力0.38~12.01MPa,平均2.92MPa;饱和度中值半径0.06~1.95μm,平均0.54μm;排驱压力0.02~0.63MPa,平均0.23MPa;平均毛细管半径0.42~9.54μm,平均1.97μm。

据岩心分析资料，西山窑组储层孔隙度6.70%～33.20%，平均22.27%，渗透率0.04～1670.00mD，平均8.21mD；油层孔隙度17.4%～27.9%，平均23.69%，渗透率3.69～550.00mD，平均65.19mD。由于油层段取心较少，岩心分析值代表性较差。根据红94井试井资料，地层有效渗透率100.8mD。

储层综合评价结果认为，西山窑组储层属中孔、中渗、较低排驱压力、孔隙连通较好的中等储层。

2）三叠系克上组储层特征

西北缘地区克上组自上而下划分为一砂组（$T_2k_2^1$）、二砂组（$T_2k_2^2$）、三砂组（$T_2k_2^3$）、四砂组（$T_2k_2^4$）、五砂组（$T_2k_2^5$）共5个砂层组，红山嘴地区未沉积二砂组（$T_2k_2^2$）。克上组储层结构特征为砂、泥岩互层沉积，易形成一砂一藏型油藏。从目前的试油结果看，红87井区块的红87井区油层发育在$T_2k_2^3$，井区内完钻的两口井红87井、红063井在$T_2k_2^3$获工业油流，根据砂层对比结果，两口井为同一出油砂体；红062井区内油层发育在$T_2k_2^5$，井区内的两口井红山5井、红062井在$T_2k_2^5$获工业油流，根据砂层对比结果，两口井也属同一出油砂体，该砂层平面有一定变化，其北部的红086井位于另一套砂体上，对应红山5井、红062井油层段相变为泥岩，南部的红085井砂层还在，但厚度变薄、物性变差。红023井区块砂层横向变化大，研究区完钻的4口井（红023井、红028井、h23002井、h23005井）中，有3口井在克上组试油并获得工业油流，其中h23002井在$T_2k_2^3$获工业油流，红023井在$T_2k_2^4$获工业油流、红028井在$T_2k_2^5$获工业油流。根据沉积相研究结果，克上组为辫状河沉积，申报储量的各区块位于河道和心滩上，沿河道方向砂层横向连续性较好，垂直河道方向，砂层横向连续性较差。

克上组储层岩性主要为灰色、灰褐色砂砾岩，砂砾岩中砾石含量57.0%～90.0%，平均76.8%；砂质含量7.0%～36.0%，平均16.0%。杂基主要为泥质，含量0～5%，平均3.2%；胶结物主要为菱铁矿（0～6.0%，平均2.2%）、方解石（0～10.0%，平均1.8%）。岩石颗粒分选差，磨圆度为次棱角—次圆状，胶结类型以接触式、孔隙式为主，胶结中等—致密。碎屑成分主要有凝灰岩（0～74.0%，平均38.6%）、泥岩（0～32.0%，平均16.2%）、石英（4.0%～13.0%，平均10.4%）、变泥岩（0～30.0%，平均8.6%）、花岗岩（0～16.0%，平均5.8%）、粉砂岩（0～20.0%，平均4.0%）、硅化岩（0～15.0%，平均3.2%）、长石（1%～8.0%，平均2.8%）。

根据本区铸体薄片分析资料，克上组储集空间类型以剩余粒间孔为主（0～95.0%，平均56.2%），其次为原生粒间孔（0～80.0%，平均23.6%），方解石溶孔（0～100.0%，平均10.7%）、粒内溶孔（0～75.0%，平均8.8%），个别样品见微裂缝（微量）和高岭石晶间孔（微量）。

根据X衍射黏土矿物分析，克上组黏土矿物成分以高岭石为主（32.0%～82.0%，平均63.8%），其次为伊利石（70%～21.0%，平均13.7%）、绿泥石（6.0%～47.0%，平均13.4%）、伊/蒙混层（0～20.0%，平均9.1%）。从黏土成分看，易吸水膨胀的蒙皂石主要以伊/蒙混层的形式出现，含量较低，储层水敏性弱，但速敏矿物高岭石含量高，今后注水开发过程中要注意控制注水速度。

压汞及铸体资料表明，克上组孔喉配位数0.01～1.75，平均0.74；饱和度中值压力0.09～

10.08MPa,平均 2.66MPa;饱和度中值半径 0.07 ~ 8.49μm,平均 1.21μm;排驱压力 0.01 ~ 2.23MPa,平均 0.53MPa;平均毛细管半径 0.18 ~ 23.33μm,平均 5.33μm。

据岩心分析资料,克上组储层孔隙度 2.50% ~ 28.00%,平均 16.54%,渗透率 0.01 ~ 4770.00mD,平均 11.34mD;油层孔隙度 15.00% ~ 28.00%,平均 21.20%,渗透率 4.02 ~ 4770mD,平均 159.67mD。

储层综合评价结果认为,克上组储层属中孔、中渗的储层。

3)三叠系克下组储层特征

西北缘地区克下组自上而下划分为一砂组($T_2k_1{}^1$)、二砂组($T_2k_1{}^2$)、三砂组($T_2k_1{}^3$)三个砂层组,红山嘴地区未沉积三砂组($T_2k_1{}^3$)。克下组储层结构特征为砂、泥岩互层沉积,砂层横向有一定变化。从目前试油结果看,红 032 井区块油层发育在 $T_2k_1{}^2$ 底部,出油砂体为一套河道砂,河道沿 h23005 井—红 028 井—红 024 井—红 032 井—红 030 井—h32032 井一线展布,向东西两侧相变为泥岩。红山 4 井区块油层发育在 $T_2k_1{}^1$ 底部,出油砂体有两套,h3412 井、h3417 井、h3429 井出油段属同一套砂体,红山 4 井出油段属另一套砂体,两套砂体之间的 h3405 井对应段相变为泥岩沉积。红 15 井区油层在 $T_2k_1{}^1$、$T_2k_1{}^2$ 均有发育。根据沉积相研究结果,克下组为冲积扇沉积,克下组申报储量的各区块位于主槽上,沿河道方向砂层横向连续性较好,垂直河道方向,砂层横向连续性较差。

克下组储层岩性主要为砂砾岩、中粗砂岩及不等粒砂岩。砂砾岩中砾石含量 11.0% ~ 15.0%,平均 13.0%;砂质含量 69.0% ~ 80.0%,平均 74.5%。砂岩中石英含量 30.0% ~ 52.0%,平均 36.2%;杂基主要为泥质,含量 3.0% ~ 9.0%,平均 7.0%;胶结物主要为方解石(16.0%)、黄铁矿(微量)。岩石颗粒分选差,磨圆度为次圆状,胶结类型以孔隙式为主,胶结中等—疏松。碎屑成分主要有凝灰岩(15.0% ~ 52.0%,平均 32.7%)、花岗岩(2% ~ 7.0%,平均 3.5%)、泥岩(0 ~ 5.0%,平均 0.8%)、霏细岩(0 ~ 4.0%,平均 0.7%)、千枚岩(0 ~ 2.0%,平均 0.3%)。

根据本区铸体薄片分析资料,克下组储集空间类型以剩余粒间孔(50.0% ~ 94.0%,平均 77.0%)为主,其次为原生粒间孔(0 ~ 60.0%,平均 20.0%),方解石溶孔(0 ~ 10%,平均 2.3%),粒内溶孔(微量)和高岭石晶间孔(微量)。

根据 X 衍射和扫描电镜分析,克下组黏土矿物以粒间充填蠕虫状、不规则状高岭石为主(39.0% ~ 75.0%,平均 58.2%),其次为伊/蒙混层(4.0% ~ 29.0%,平均 18.9%)、绿泥石(5.0% ~ 40.0%,平均 12.0%)、伊利石(0 ~ 18.0%,平均 10.9%)。从黏土成分看,易吸水膨胀的蒙皂石主要以伊/蒙混层的形式出现,含量较低,储层水敏性弱,但速敏矿物高岭石含量高,今后注水开发过程中要注意控制注水速度。

压汞及铸体资料表明,克下组孔喉配位数 0.15 ~ 1,平均 0.27;饱和度中值压力 0.03 ~ 7.77MPa,平均 1.45MPa;饱和度中值半径 0.09 ~ 22.67μm,平均 3.74μm;排驱压力 0.01 ~ 0.22MPa,平均 0.04MPa;平均毛细管半径 0.41 ~ 39.36μm,平均 9.91μm。

据岩心分析资料,克下组储层孔隙度 5.6% ~ 25.6%,平均 17.65%,渗透率 0.084 ~ 4630mD,平均 95.80mD;油层孔隙度 13.70% ~ 25.60%,平均 20.07%,渗透率 19.70 ~ 3770.00mD,平均 655.46mD。

储层综合评价结果认为，克下组储层属中孔、高渗、较低排驱压力、孔隙连通较好的储层。

4）石炭系储层特征

红018井区石炭系取心井1口（h18009井），将h18009井薄片分析资料和对应测井电阻率、声波时差、自然伽马值点入西北缘地区六、七、九区石炭系岩性图版，新增点与六、七、九区石炭系岩性关系符合较好，借用六、七、九区石炭系岩性分类关系（表8－33），利用红018井区测井资料，对储层岩性进行解释，根据解释结果，红018井区储层岩性以低伽马、高电阻的安山岩、玄武岩为主，夹薄层高伽马、低电阻的砂砾岩，东部的红053井局部有少量高伽马、高电阻的凝灰岩。从目前试油成果看，产油段岩性为安山岩、玄武岩和砂砾岩，凝灰岩类储层无试油井（表8－34）。

表8－33 石炭系岩性分类表

岩石类型		颜色	结构	构造	电性特征
熔岩类	安山岩	灰色、灰绿色和褐灰色	斑状结构、辉长结构、基质玻晶交织结构	块状构造和杏仁构造	自然伽马值小于40API
	玄武岩	褐灰色和深灰色	斑状结构、基质具间粒间隐结构	杏仁构造和块状构造	自然伽马值小于40API
火山碎屑岩类	凝灰岩	灰褐色和深灰色	岩屑晶屑、角砾和火山灰凝灰结构	块状构造	自然伽马值大于40API，电阻率80～110Ω·m
	沉凝灰岩	灰色和深灰色	沉凝灰质结构	块状和微层理构造	自然伽马值大于40API，电阻率小于100Ω·m
	火山角砾岩	褐灰色和灰色	凝灰角砾结构	块状构造	自然伽马值大于40API，电阻率大于80Ω·m
沉积岩类		杂色和褐灰色	砂质、砾状结构	粒序递变层理和块状层理	自然伽马值大于40API，电阻率小于80Ω·m

表8－34 红018井区石炭系出油井及岩性统计表

井号	层位	射孔井段（m）	射开厚度（m/层数）	日产油（t）	日产气（m^3）	累计产油（t）	岩性	试油结论
红018	C	2663.0～2697.0	15.0/2	2.98	2650	29.21	安山岩、玄武岩	油层
红019	C	2742.0～2768.0	16.0/2	105.96	21400	849.93	安山岩、玄武岩	油层
红053	C	2736～2754.0	16.0/2	27.72		107.68	安山岩、玄武岩	油层
红18009	C	2706.0～2732.5	16.0/4	3.19	7620	52.46	安山岩、玄武岩	油层
红061	C	2858.0～2870.0	12.0/1	13.29		241.15	砂砾岩	油层
		2736.0～2781.0	21.5/5	10.91	5840	84.33	安山岩、玄武岩	油层

根据本区铸体薄片分析资料，石炭系储集空间类型以杏仁中晶间孔（0～100.0%，平均55.0%）为主，其次为气孔（0～95.0%，平均26.3%），半充填缝（0～30%，平均12.5%），半充填气孔（0～20%，平均6.2%）；根据微电阻率测井（EMI）资料，石炭系储层裂缝发育。因此石

炭系储层为裂缝—孔隙双重介质储层。

根据本区岩心分析资料，石炭系储层孔隙度 1.20% ~15.40%，平均 7.91%，渗透率 0.02 ~67.40mD，平均 0.75mD；油层孔隙度 8.50% ~15.40%，平均 10.74%，渗透率 0.02 ~67.40mD，平均 2.36mD。本区在评价过程中，多数评价井在石炭系设计取心，由于岩心破碎严重，只有红 18009 井一口井取心成功。在选样过程中，裂缝发育、物性较好的岩心往往破碎而无法选样，因此研究区岩心分析孔隙度、渗透率值不具代表性。

4. 油藏特征

1）侏罗系西山窑组油藏

西山窑组平面上从北向南可划分为红 94 井区块（红 94 井区、红 026 井区）J_2x_3 油藏，红 91 井区、红 43 井区 J_2x_1 油藏共 4 个油藏。红 94 井区块位于红 94 井断块内，断块内砂体分布不稳定，局部相变为泥岩，断块西南部的红 026 井、0781 井为同一套砂层出油，东北部的红 94 井、红 68A 井为另一套砂层出油，根据出油砂体的不同，平面上划分为红 94 井区和红 026 井区两个油藏，红 026 井区油藏为高部位受断裂控制，两侧受泥岩遮挡的构造岩性油藏、红 94 井区油藏为高部位和东西两侧受泥岩遮挡，低部位受构造控制的构造岩性油藏。红 026 井区试油两口井（红 026 井、0781 井），均未见水；红 94 井区高部位的红 94 井试油未见水，低部位的红 68A 井在 1274.0 ~1281.0m 井段试油，压裂、抽汲，日产油 5.2t，日产水 18.9m^3，从测井曲线上看，出油砂层下部 1278 ~1281m 井段，电阻率 12.0Ω·m，密度 2.33g/cm^3，测井解释为油层；上部 1274 ~1277m 井段，电阻率 9.0Ω·m，密度 2.35g/cm^3，电阻率较低、物性变差，两段之间无明显隔层，同一砂层内部不可能上部是水、下部是油，因此试油段应为油层。试油段上、下层均为泥岩，可以排除是上、下层水窜。分析认为，该段构造位置较低，可能靠近油水界面，试油过程中边水上窜，是该段出水的原因。红 68A 井射孔段底界海拔为 −997.6m（井深 1281m），以 −998m 作为红 94 井区 J_2x_3 油藏油水界面。

红 91 井区 J_2x_1 油藏位于红 91 井断块内，从目前完钻井看，断块内 J_2x_1 底部出油砂层分布较稳定，但储层物性变化大，西部高部位 0095、0096、0097、0910、0911 等井，其砂岩在成岩过程中受钙质充填而成为致密钙质砂岩，在西部构造高部位形成一条物性变化带，对红 91 井区油藏形成遮挡，油藏在北部受红 91 井北断裂控制。红 91 井区 J_2x_1 油藏受构造和岩性双重控制。

红 43 井区 J_2x_1 油藏出油砂层向东部的红 43 井相变为泥岩，其东部受岩性变化控制，南部受红 2 井东断裂遮挡，油藏类型为构造—岩性油藏。

2）三叠系克上组油藏

三叠系克上组油藏平面上可划分为东部的红 87 井区块油藏和西部的红 023 井区块油藏。克上组储层结构特征为砂泥岩互层沉积，易形成一砂一藏型油藏。

红 87 井区块油藏平面上以红 87 井西断裂为界可划分为红 062 井区和红 87 井区两个油藏。根据目前试油结果，红 062 井区油层发育在 $T_2k_2^5$，井区内两口出油井（红 062 井、红山 5 井）属同一砂层出油，出油砂层向南北两侧相变为泥岩，油藏受岩性控制，红 062 井、红山 5 井试油均未见水，油水界面尚不清楚。红 87 井区油层发育在 $T_2k_2^3$，井区内两口出油井（红 87 井、红 063 井）属同一砂层出油，圈闭范围内砂层横向连续性好，油藏受断块控制。红 87 井区高部位的红063井试油未见水，低部位的红87井在1745.0～1750.5m井段试油，4mm油嘴，日产油11.56t，日产水7.14m^3，该段测井解释油层底界海拔－1467.66m，以－1468m作为红87井区$T_2k_2^3$油藏油水界面。

红023井区块克上组油藏平面上以红023井南断裂为界可划分为红023井区和红028井区两个油藏，北部的红023井区位于红023井断块内，含油面积内完钻两口井（红023井、h23002井），红023井在$T_2k_2^4$层1273.0～1276.5m井段试油，4mm油嘴，日产油8.28t，日产气7850m^3，h23002井对应段相变为泥岩；h23002井在$T_2k_2^3$层1229.0～1232.5m井段试油，5mm油嘴，日产油5.1t，红023井在对应段相变为泥岩。研究区油层横向变化大，油藏主要受单砂体控制，为构造—岩性油藏。红028井区完钻两口井（红028井、h23005井），红028井在$T_2k_2^5$层1237.0～1240.0m井段试油，6mm油嘴，日产油15.2t，根据测井解释结果，h23005井在对应段油层厚度2.37m，油层横向连续性好，研究区不存在构造圈闭，油藏主要受岩性控制，局部受断裂控制，为构造—岩性油藏。

3）三叠系克下组油藏

三叠系克下组油藏平面上可划分为西部的红032井区块$T_2k_1^2$油藏、东部的红山4井区块$T_2k_1^1$油藏、红15井扩边区T_2k_1油藏。克下组储层结构特征为砂、泥岩互层沉积，砂层横向变化大，易形成一砂一藏型油藏。

红032井区块克下组$T_2k_1^2$油藏平面上可划分为北部的红031井区，中部的红032井区和南部的红028井区3个油藏，红031井区位于红032井区西北高部位的夹角内，为大断块局部的一个小断块，目前认为该油藏受构造控制。从试油结果看，红032井区油层主要发育在$T_2k_1^2$底部的砂体中，出油砂体为一套河道砂，沿河道方向，油层连续性好，垂直河道方向，砂层相变为泥岩，对油藏形成封挡。红032井区$T_2k_1^2$油藏高部位受断裂控制、低部位受河道砂控制，为构造—岩性油藏。红028井区无构造圈闭，油层横向变化大，油藏受断裂和岩性变化控制。

红山4井区块克下组$T_2k_1^1$油藏平面上按出油砂体的不同可划分为红山4井区和h3412井区两个油藏，红山4井区出油砂体和h3412井区出油砂体平面上不连续，两个砂体中间的h3405井对应段相变为泥岩沉积。油藏均为受断裂和岩性变化双重控制的构造—岩性油藏。

红15井扩边区位于红15井断块内，从目前的试油结果看，油层在$T_2k_1^1$和$T_2k_1^2$均有发育，油层纵向分散、横向变化大，油藏受构造和岩性双重控制，为典型的一砂一藏型油藏。

4）石炭系油藏

红山嘴地区石炭系长期裸露地表，经历长期风化、淋滤作用，之后被三叠系克上组、克下组直接覆盖，缺失二叠系和下三叠统百口泉组。风化、淋滤作用使石炭系基岩顶部被进一步改造成储集体，宏观上为受不整合面控制的基岩油藏。本区构造运动剧烈，断裂发育，石炭系基岩受构造应力和成岩作用等因素影响，发育各类裂缝。加之后期次生溶蚀作用，使溶蚀孔、溶蚀缝均较发育。从本区试油结果看，不同岩性的储层均含油，但是，由于构造运动和溶蚀作用的不均一性，使裂缝、溶孔在纵向和横向上具有不均一性，裂缝、溶孔发育的部位，油气相对富集，单井产能高。

红018井区石炭系油藏位于断块圈闭内，主要受次生孔隙、微裂缝、断层及风化壳控制，为裂缝—孔隙双重介质油藏，含油性的好坏取决于孔隙、裂缝是否配套。从试油情况看，油层主要分布在距石炭系顶部不整合面200m范围内。

5）油气藏类型与要素

根据各区块构造解释、试油、试采情况及油层展布特征分析，红山嘴油田各油藏大多受构造—岩性控制，个别受构造控制，各油藏要素见表8－35。

表8－35　红山嘴油田油藏发现情况表

层位	区块		油气藏性质	发现情况			备注
				发现时间	发现井	发现方式	
西山窑组（J_2x）	红94井区块	红94井区 J_2x_3	油藏	2001年3月	红94	重新评价	已开发
		红026井区 J_2x_3	油藏				
	红43井区 J_2x_1		油藏	2007年6月	红0661	J_1b 生产井上返试油	已开发
	红91井区 J_2x_1		油藏	2006年7月	红91	新井试油	已开发
克上组（T_2k_2）	红87井区块	红87井区 $T_2k_2^3$	油藏	1991年10月	红87	新井试油	
		红062井区 $T_2k_2^5$	油藏	2007年11月	红山5	新井试油	
	红023井区块	红023井区 T_2k_2	油藏	2007年8月	红023	新井试油	已开发
		红028井区 $T_2k_2^5$	油藏	2008年5月	红028	新井试油	已开发
克下组（T_2k_1）	红032井区块	红032井区 $T_2k_1^2$	油藏	2007年11月	红032	新井试油	已开发
		红031井区 $T_2k_1^2$	油藏				已开发
		红028井区 $T_2k_1^2$	油藏				已开发
	红山4井区块	红山4井区 $T_2k_1^1$	油藏	2007年5月	红山4	新井试油	已开发
		红3412井区 $T_2k_1^1$	油藏				已开发
	红15井扩边区 $T_2k_1^1$		油藏	2008年6月	红15002	新井投产	已开发
石炭系（C）	红018井区块	红018井区C	油藏	2007年9月	红018	新井试油	

5. **精细勘探成效**

2006—2008年间在红山嘴油田实施了两块小面元精细三维地震勘探，即红山嘴精细三维地震勘探（2006年实施，满覆盖面积184.23km²，面元12.5m×12.5m）和红山嘴北精细三维地震勘探（2008年实施，满覆盖面积126.75km²，面元12.5m×12.5m），两块三维地震区域基本覆盖红山嘴油田。新三维地震资料品质较老三维地震资料有了很大改变，使得一些小断距、延伸短的断裂识别成为可能。2007—2009年间，根据三维地震解释结果，结合老井复查、油藏地质综合研究结果，通过评价钻探，在侏罗系西山窑组、三叠系克上组和克下组、石炭系等4个层系发现油藏15个（表8－36），其中侏罗系西山窑组为老区新层。红山嘴油田滚动评价工作取得丰硕成果。

表 8-36 红山嘴油田新增探明石油地质储量申报表

层位	计算单元	储量类别	含油面积（km^2）	地质储量（10^4t）	技术可采储量（10^4t）	经济可采储量（10^4t）	累计采出量（10^4t）	剩余经济可采储量（10^4t）
J_2x	红 94 井区	已开发	0.97	31.94	7.35	12.81	1.36	11.45
	红 026 井区	已开发	0.88	23.72	5.46			
	红 91 井区	已开发	0.62	26.05	5.99	5.99	2.55	3.44
	红 43 井区	已开发	0.60	36.64	8.43	8.43	1.27	7.16
	小计		3.07	118.35	27.23	27.23	5.18	22.05
T_2k_2	红 87 井区	未开发	1.23	45.48	9.10	15.82	0.31	15.51
	红 062 井区	未开发	0.87	33.59	6.72			
	红 023 井区	已开发	0.34	12.40	2.48	5.48	0.62	4.86
	红 028 井区	已开发	0.51	15.43	3.09			
	小计		2.95	106.90	21.39	21.30	0.93	20.37
T_2k_1	红 028 井区	已开发	0.28	8.45	1.69	22.78	6.32	16.46
	红 031 井区	已开发	0.36	3.54	0.71			
	红 032 井区	已开发	2.54	106.34	21.27			
	红 15 井扩边区	已开发	0.46	23.35	4.67	4.67	0.32	4.35
	红 3412 井区	已开发	0.72	17.67	3.53	4.65	0.83	3.82
	红山 4 井区	已开发	0.15	5.60	1.12			
	小计		4.51	164.95	32.99	32.10	7.47	24.63
C	红 018 井区基质	未开发	3.02	215.70	25.88	28.56	1.01	27.55
	红 018 井区裂缝		3.02	5.35	2.68			
	小计		3.02	221.05	28.56	28.56	1.01	27.55
合计			13.27	611.25	110.17	109.19	14.59	94.60

红 018、红 032 等井区石炭—侏罗系西山窑组、构造具有良好的继承性，均为北西—南东倾的单斜，断裂发育，断裂以逆断裂为主，侏罗系及以上地层有少量正断裂。受断裂切割，在各层系形成一系列断块群，目前发现的油气藏多发育在断块内部。

石炭系储层以火成岩为主，为裂缝—孔隙双重介质的储层，三叠系储层以砂砾岩为主，侏罗系储层则以中—细砂岩为主。

侏罗系西山窑组新增探明含油面积 3.07km^2，石油地质储量 118.35 $\times 10^4t$，技术可采储量 27.23 $\times 10^4t$，经济可采储量 27.23 $\times 10^4t$，剩余经济可采储量 22.05 $\times 10^4t$。

三叠系克上组油藏新增探明含油面积 2.95km^2，石油地质储量 106.90 $\times 10^4t$，技术可采储量 21.39 $\times 10^4t$，经济可采储量 21.30 $\times 10^4t$，剩余经济可采储量 20.37 $\times 10^4t$。

三叠系克下组油藏新增探明含油面积4.51km^2,石油地质储量164.95×10^{4}t,技术可采储量32.99×10^{4}t,经济可采储量32.10×10^{4}t,剩余经济可采储量24.63×10^{4}t。

石炭系油藏新增探明含油面积3.02km^2,石油地质储量221.05×10^{4}t,技术可采储量28.56×10^{4}t,经济可采储量28.56×10^{4}t,剩余经济可采储量27.55×10^{4}t。

红山嘴油田侏罗系西山窑组、三叠系克上组、克下组和石炭系油藏合计新增叠加含油面积13.27km^2,探明石油地质储量为611.25×10^{4}t,技术可采储量110.17×10^{4}t,经济可采储量109.19×10^{4}t,剩余经济可采储量94.60×10^{4}t。

第六节　车排子断裂带石炭—白垩系精细勘探

一、剩余出油气点分析

车排子地区油层分布特征是整个车排子地区目前约30口井获得工业油气流,西北缘纵向上出油层位较多:石炭系(车23井区、24井区及41井区)、二叠系佳木河组(拐5井区、在红61井区、车46井区、车61井区和车67井区也有零星分布)、三叠系克上组、克下组(零星分布在红山嘴地区)、侏罗系八道湾组(主要分布在车67井区,在红37井区、车25井区、车26井区及车45井区也有零星分布)、侏罗系头屯河组(主要分布在车2井区,是目前车排子地区最具有工业价值的油层)及白垩系清水河组、呼图壁河组(主要分布在车28井区,车2—车3井区)。

白垩系底砾岩厚度约10~20m,据4口井(车12井、车24井、车26井、车35井)样品统计,孔隙度(12块)变化范围为4.35%~12.06%,平均3.88%;渗透率(10块)变化范围为0.02~54.0mD,平均为11.43mD。储层物性较差,但分布稳定,区块内均有沉积。

白垩系呼图壁河组在车49井断块储层厚度相对比较稳定,在30~35m之间,由西向东逐渐减薄。据车排子8口井(车1井、车28井、车27井、车56井、车76井、车77井、车002井、车浅6井)底砾岩以上的岩心物性分析资料,孔隙度(59块)为6.30%~33.86%,平均为21.554%,渗透率(54块)为0.047~3160.16mD,平均为32.036mD。故属于高孔、中渗储层。从邻区车58井的1960.0~1966.0m井段看,其电测孔隙度为8.07%~20.55%,P—K分析孔隙度为19.14%~25.84%,渗透率为5.66~33.97mD。同样也表现为高孔、中渗储层的。因此断定该断块储层物性不应太差。

白垩系底砾岩之上的泥岩和八道湾组J_1b_2段泥岩可作为区域盖层。侏罗系层间泥岩可作为局部盖层,具备良好的封盖条件。

车27井:侏罗系头屯河组3469.75~3495.15m井段间断取心4筒,取心长18.68m,获油浸级心长12.95m,油斑级心长5.93m,含油面积25%~45%,岩心出筒时普遍冒气,局部外渗褐黄色轻质油。三工河组:3545.5~3586.77m井段间断取心7筒,主要岩性为灰色不等粒砂岩、中砂岩、砂砾岩,取心长24.36m,获含气心长8.01m,油斑级心长0.69m,油迹级1.24m,获荧光级心长0.49m,岩心出筒时普遍冒气。八道湾组:3750.0~3976.5m井段间断取心7筒,取心长19.77m,获油浸级心长7.0m,油斑级心长3.57m,荧光级2.2m,岩心出筒局部冒气—普遍冒气,外渗淡褐色轻质油,含油面积10%~45%。

车39井:侏罗系八道湾组井段3780.0~3794.0m,岩屑干照荧光10%,暗黄色,弱发光,气测全量最大出至13.6mL/L,钻井取心获得油浸级岩心0.42m,油斑级岩心0.32m,出筒时具油味,局部及断面被油染呈褐色,不染手,油质重,含油面积10% ~45%;井壁取心4颗,均为油浸级,油质重,含水。综合解释为水层,测井解释为含油水层。

八道湾组井段3802.5~3829.0m,岩屑干照荧光10%,暗黄色,弱发光,气测全量最大出至15.6mL/L,钻井取心获得油浸级岩心2.53m,油斑级岩心2.12m,出筒时具油味,局部外渗黑褐色重质油,染手,油质重含水,含油面积5% ~65%;井壁取心2颗,一颗为油浸级,一颗为荧光级,油质重,含水。综合解释为干层,测井解释为水层、干层。

八道湾组井段3829.0~3875.5m,岩屑干照荧光10%,暗黄色,弱发光,气测全量最大出至9.9mL/L,钻井取心获得油浸级岩心7.13m,油斑级岩心2.70m,油迹级岩心0.84m,荧光级岩心0.34m,出筒时具油味,局部外渗黑褐色重质油,染手,油质重含水,含油面积3% ~60%;井壁取心2颗,一颗为油浸级,一颗为油斑级,油质重,含水。综合解释为水层,测井解释为水层、干层。

车59井:白垩系3230.0~3232.0m,岩屑干照荧光2%,土黄色,弱发光,气测全量最大出至2.48mL/L,钻井取心获得油斑级岩心0.12m,荧光级岩心0.20m,出筒时具油味,局部外渗浅褐色中质油,不染手,含油面积30%;综合解释为油水同层,测井解释为油层、含油层。

白垩系3264.0~3266.0m,岩屑干照荧光3%,淡黄色,弱发光,气测全量最大出至2.97mL/L,钻井取心获得含气岩心0.57m,出筒时表断面普遍冒气,滴水扩散,综合解释为气水同层,测井解释为水层。

白垩系3402.0~3408.0m,岩屑干照荧光3%,土黄色,弱发光,气测全量最大出至2.48mL/L,钻井取心获得油浸级岩心0.27m,油斑级岩心2.17m荧光级岩心0.16m,出筒时岩心湿润、含水,放置12小时后,局部外渗浅褐色中质油,油气味较浓,不染手,含油面积5% ~60%;综合解释为含油水层,测井解释为含油水层、干层。

白垩系3470.0~3472.0m,岩屑干照荧光3%,土黄色,弱发光,气测全量最大出至0.749mL/L,综合解释为含油层,测井解释为干层。

二、潜力评价

1. 潜力分析

车排子断裂带油气勘探始于20世纪50年代,目前二维地震测网密度达1km×1km,均被车77井区、车38井区、车47井区和拐5井区三维地震勘探区覆盖。研究区早期勘探程度低,钻探成果进展不大。20世纪80年代早期采用二维地震资料在前缘单斜带上发现车2井区侏罗系头屯河组油藏,这是车排子前缘单斜带首次获得突破。进入90年代以来,随着勘探工作的不断深入,加密了区块二维地震测网和三维地震勘探,经过物探工作的精细整体解释及地质综合研究,相继发现了多个石炭系、二叠系和侏罗系油气藏。其中在前缘单斜带上发现了车45井区侏罗系八道湾组气藏,车67井侏罗系八道湾组、二叠系佳木河组油藏及拐5井区二叠系佳木河组气藏等。近年来,前缘单斜带勘探成果不断扩大,随之发现了一批剩余出油气井,如车501井、车82井、车64井等。车27井和车39井在侏罗系钻井中油气显示非常活跃,预示着前缘单斜带侏罗系勘探潜力较大。

2. 圈闭情况

(1)车拐地区侏罗系是准噶尔盆地西北缘斜坡区断裂最发育的地区,既有从古生界断至侏罗系的逆断裂,也有从三叠系断至白垩系的喜马拉雅期的张性正断裂。这些正断裂多为东西向,少量为南北向,且相交可形成一些小断块圈闭,如车64井东断块、拐19井南断块等(待落实)。

(2)侏罗系为陡坡沉积体系,水力梯度大,相带变化快,砂体规模比较小,厚度变化大,以发育中小型冲积扇、辫状河三角洲为特征,易于形成岩性圈闭和断层—岩性圈闭。其中最有利的储层位及相带是:

① $J_1s_2^{\ 1}$ 水进型辫状河三角洲前缘水下分流河道及河口沙坝;

② $J_1s_2^{\ 2}$ 水退型辫状河三角洲前缘水下分流河口沙坝;

③ $J_1b_3^{\ 3}$ 水退型网状河三角洲前缘下分流河道及河口沙坝;

④ $J_1b_1^{\ 3}$ 辫状河道。

(3)区块侏罗系头屯河组与上(白垩系)下地层(侏罗系其他层组)之间及八道湾组与三叠系之间为区域角度不整合接触,三工河组内部 $J_1s_2^{\ 2}$ 砂组与 $J_1s_2^{\ 1}$ 砂组为局部不整合接触,不整合面附近利于形成地层圈闭或断层—地层圈闭。

3. 油气藏形成特点

1)富油气系统控制了最有利油气聚集区,油气分布基本呈环带状

勘探实践及综合研究表明,昌吉凹陷是盆地重要的生烃凹陷,烃源岩类型好、丰度高、生烃潜力大、热演化程度高。红车断裂带勘探目标位于昌吉凹陷的边缘,受多物源输入形成了多期叠置的洪积、冲积和三角洲砂体;并伴随着盆地振荡与湖水进退的变化,形成了生、储岩体的交互与侧变,成为环带状油气聚集区。

2)富油气系统内继承性正性构造单元及其斜坡区是最有利的油气聚集带

红车断裂带是一个位于昌吉凹陷富油气系统内的继承性正性构造单元,长期位于油气运移的有利指向区,利于油气聚集,因此,红车断裂带及其斜坡构成一个油气聚集带,目前在石炭系、二叠系佳木河组、上乌尔禾组、三叠系克上组、克下组、侏罗系八道湾组、西山窑组、齐古组、白垩系清水河组和新近系沙湾组发现工业性油气藏。

3)区域性盖层对油气纵向聚集有明显控制作用

西北缘在构造沉积演化历史中存在几次大规模湖侵,从而形成了5套区域性盖层,即上三叠统白碱滩组泥岩、下侏罗统八道湾组中部泥岩、早侏罗统三工河组上部泥岩和下白垩统清水河组、新近系沙湾组沙三段泥岩。目前在西北缘发现的油气藏都位于区域性盖层之下,说明这5套区域性盖层对下伏油气聚集起了明显的控制作用。

4)油源断裂和不整合控制了油气藏分布

和盆地其他地区一样,红车断裂带在漫长的构造沉积演化中形成了多个区域不整合和多套、多期断裂体系——近南北向逆断裂和近东西向正断裂,这些正、逆断裂和不整合或二者结合成为油气运、聚、散的重要控制因素,对油气聚集分布控制作用十分明显。

5)有利的沉积相带——扇体、扇三角洲体为油气聚集提供了良好空间,成为油气富集的良好场所

红车断裂带下盘斜坡区二叠系广泛发育着成带分布的冲积扇群和扇三角洲群,这些冲积

扇或扇三角洲沉积体可以独自成藏，自成体系，成为油气富集的良好场所，如小拐油田拐5井区佳木河组油藏、车67井区佳木河组油藏等。

6)油气富集在地层不整合面附近

地层不整合面是油气运移的主要通道；不整合面附近也是地层及岩性圈闭的发育场所，如不整合圈闭发育在地层剥蚀面之下，上超圈闭位于地层上超面之上，高角度前积砂岩透镜体发育在顶超面和下超面之间，丘状砂砾岩体发育在双向下超面之上。因此，不整合面附近往往是油气富集区。

7)油气富集在裂缝发育的火山岩体中

红车地区石炭系—下二叠统火山岩发育，主要为安山岩和玄武岩，这类火山岩在气体膨胀作用下岩石发生破裂而形成裂缝。裂缝不仅是油气聚集空间，更重要的是酸性水溶液和油气运移的通道，不仅有利于产生溶蚀孔隙，还可使火山岩储集体连通性变好，形成高产油气藏，因此裂缝发育的火山岩体往往是油气富集的有利场所，如车91井区石炭系油藏、车43井区佳木河组油藏等。

第七节 车排子新近系精细勘探

车排子油田区域构造上位于准噶尔盆地西北缘冲断带南段。勘探工作始于20世纪50年代，但直到80年代才有油气发现，主要目标层集中在石炭系、二叠系、侏罗系和白垩系。2005年以后，随着精细勘探的不断深入，逐渐将断裂带上盘新近系作为主要勘探目标层，获得了一系列重要发现。

一、油气成藏特征

1. 地层特征

根据钻井资料，钻揭的地层主要为：新近系塔西河组、沙湾组，古近系乌伦河组。目的层沙湾组沉积厚度110～190m。自下而上划分为沙一段(N_1s_1)、沙二段(N_1s_2)和沙三段(N_1s_3)。根据岩性、电性特征，N_1s_3平均沉积厚度73.1m，以泥岩为主，为区域盖层；N_1s_2平均沉积厚度51.5m，是研究区产油层，油层发育在沙二段顶部第1～2个砂层，含油砂层平均厚度10.9m，岩性以细砂岩为主；N_1s_3平均沉积厚度55.6m，以褐色、杂色及灰白色砂砾岩、泥质小砾岩为主，夹薄层褐色泥岩。

2. 构造特征

利用三维地震资料及钻井、测井资料，通过井合成记录准确标定沙湾组油层，对目的层进行精细解释，编制了沙湾组沙二段油层顶面构造图。构造为东南倾单斜，发育有数十条近东西向正断层，形成多个低幅度的断块构造圈闭和岩性圈闭，主要有车89井断块、车95井断块、车901井断块圈闭、车903井、车907井构造圈闭和车峰13井、车801井、车峰15井区块岩性圈闭。这些断裂及圈闭在三维地震剖面和相干图上反映较清楚。圈闭面积0.22～1.59km^2，合计4.43km^2，闭合度10～35m，与圈闭有关的断裂及圈闭要素见表8-37、表8-38。

3. 储层特征

1)储层沉积特征

新近系沙湾组早、中期沉积为辫状河三角洲相,岩性为褐色、杂色及灰白色砂砾岩、泥质小砾岩为主,夹薄层褐色泥岩;晚期以浅湖—滨浅湖相沉积为主,岩性为褐色、红褐色泥岩夹薄层灰褐色砂岩。沙湾组岩石粒度具下粗上细的正旋回沉积特征,反映当时水体由浅变深、水动力由强变弱的沉积环境。

表8-37 断层要素表

井区	断层编号	断层名称	断层性质	断开层位	目的层断距(m)	断层产状			
						走向	倾向	倾角(°)	延伸长度(km)
车89	①	车89井南断裂	正断层	N、K	5~10	东—西	南	75~85	3.1
车89	②	四泵站2号断裂	正断层	N、K	5~25	东—西	北	70~80	5.3
车89	③	四泵站1号断裂	正断层	N、K	15~40	东—西	南	75~85	11.0
车95	④	车94井南断裂	正断层	N、K	5~10	东—西	北偏东	75~85	5.3
车95	⑤	车94井西断裂	正断层	N、K	5~10	东—西	南	75~85	7.9
车95	⑥	车901井东断裂	正断层	N、K	5~10	南—北	北东	65~75	1.3
车95	⑦	车95井南断裂	正断层	N、K	5~10	东—西	南	75~85	1.4
车95	⑧	车95井西断裂	正断层	N、K	5~10	北东—南西	南偏东	75~85	3.0
车95	⑨	车95井北1号断裂	正断层	N、K	5~10	东—西	北偏东	75~85	3.4
车95	⑩	车95井北2号断裂	正断层	N、K	8~15	东—西	南偏西	75~85	4.5
车峰13	①	车26井南断裂	正断层	N、K	8~15	东—西	北	75~85	2.4
车峰13	②	车26井北断裂	正断层	N、K	8~15	东—西	南	75~85	2.9
车峰13	③	车峰13井南断裂	正断层	N、K	5~10	东—西	南	75~85	0.8
车峰13	④	车峰13井东断裂	正断层	N、K	5~10	北西—南东	北偏东	70~80	1.6
车峰13	⑤	车峰13井北断裂	正断层	N、K	8~15	东—西	南	75~85	2.7
车峰13	⑥	车峰10井南断裂	正断层	N、K	8~15	东—西	南	75~85	6.1
车峰13	⑦	车峰10井北断裂	正断层	N、K	8~15	东—西	南	75~85	2.8
车峰13	⑧	车801井南断裂	正断层	N、K	5~10	东—西	南	75~85	1.3
车峰13	⑨	车801井北断裂	正断层	N、K	5~10	东—西	北	75~85	1.0
车峰13	⑩	车峰15井北断裂	正断层	N、K	5~10	东—西	北	70~80	1.6
车峰13	⑪	车91井南断裂	正断层	N、K	8~15	东—西	南	65~75	7.8

表 8-38 圈闭要素表

区块	层位	圈闭类型	闭合面积 (km²)	高点埋深 (m)	闭合度 (m)	构造走向
车 89 井断块	N_1s	断块	1.59	1009	35	东—西
车 95 井断块	N_1s	断块	0.46	875	25	东—西
车 901 井断块	N_1s	断块	0.60	890	15	东—西
车 903 井断块	N_1s	构造	0.66	885	30	东—西
车 907 井断块	N_1s	构造	0.22	915	10	东—西
车峰 13 井圈闭	N_1s	岩性	0.35	685	15	东—西
车 801 井圈闭	N_1s	岩性	0.33	615	15	东—西
车峰 15 井圈闭	N_1s	岩性	0.22	580	20	东—西

沙湾组沙三段以滨浅湖—浅湖沉积的泥岩为主，是研究区沙湾组油藏的有效区域性盖层；沙一段、沙二段砂层比较发育，以三角洲沉积的河道砂、河口坝砂体为主，平面上分布稳定，厚度变化不大。沙二段是产油层，油层发育在沙二段顶部第 1 ~ 2 个砂层，含油砂层厚度在 4 ~ 18m 之间，平均厚度 10.9m，其中车 89 井井区含油砂体相对较厚，厚 10 ~ 18m，车 95 井区和车峰 13 井区块含油砂体相对较薄，厚 4 ~ 7m。

2)储层岩石学特征

车排子油田新近系沙湾组储层岩性主要为灰色含灰质中细粒、细中粒不等粒长石砂岩。岩石颗粒分选中等，磨圆度为次棱角状。砂岩成分以石英、长石为主，砂岩中石英含量平均 50.9%，长石含量平均 22.9%；胶结类型为孔隙—压嵌式胶结，胶结中等，胶结物成分以方解石为主，杂基为泥质。总体上，沙湾组储层表现为较高成分成熟度和结构成熟度的特征，成岩作用具有弱压实作用的特征，局部的胶结作用较强。

据铸体薄片统计，沙湾组储层孔隙类型主要为原生粒间孔(77.3%)和剩余粒间孔(22.7%)。从孔隙结构参数看，孔隙直径最大值 246.3μm，孔隙直径最小值 4.12μm，平均喉道宽度 15.69μm，平均孔喉比 259.86，面孔率平均 15.29%，平均孔喉配位数为 0.48。

据物性资料统计，沙湾组储层孔隙度为 10.60% ~ 36.80%，平均 29.85%，渗透率为 2.56 ~ 5000.00mD，平均 1770.09mD；油层孔隙度为 20.30% ~ 36.80%，平均 32.49%，渗透率为 1200.00 ~ 5000.00mD，平均 2789.82mD。

沙湾组储层为低排驱压力、低中值压力的特高孔、特高渗、孔隙结构好的 I 类好储层。

二、油气成藏条件

1. 油源分析

位于车排子凸起部位的车 89 井、车 95 井，在浅层新近系沙湾组获得高产工业油流，使得新近系成为西北缘车排子地区又一新的含油层系。对比分析原油性质及组成，新近系原油与西北缘以往发现的原油之间存在诸多差异。由车排子凸起新近系油、气地球化学性质特征分析表明，其天然气及原油轻组分来自腐泥型母质的烃源岩，但生物标志物组成特征反映出该原油主要来自腐殖型母质烃源岩，原油轻重组分判识的成因不同，这主要是由于不同源油气混源的结果。目前分析认为，新近系原油主要来自侏罗系烃源岩，同时混有来自二叠系风城组烃源岩的轻组分油气，二叠系佳木河组及石炭系烃源岩对该油气贡献不大。

2. 储盖组合

新近系沙湾组早期沉积为辫状河三角洲相，岩性以褐色、灰白色砂砾岩、泥质小砾岩及中细砂岩为主，夹薄层褐色泥岩，储层发育，但缺乏有效的储盖组合，不具备形成油气藏的储盖组合条件。晚期以浅湖—滨浅湖相沉积为主，底部夹水下分支河道的中砂岩，岩性为褐色、红褐色泥岩夹薄层灰褐色砂岩；岩石粒度具下粗上细的正旋回沉积特征，反映当时水体由浅变深、水动力由强变弱的沉积环境。

车89井、车95井沙湾组沙三段底部水下分支河道沉积的 $N_1s_3{}^3$ 砂层储集物性好，取心显示含油气性好，成岩作用较差，岩性疏松，为高孔、高渗储层，是一个有利的储层段，其上为湖相沉积的大套泥岩，形成了油气成藏所必备的有利储盖组合条件（图8－11）。

图8－11　车89井新近系沙湾组 $N_1s_3{}^3$ 含油砂层岩心照片

3. 圈闭特征

车89井区块位于车排子凸起的东南部，研究区构造总体为东南倾的单斜，局部发育有低幅度的鼻状构造。在东南倾单斜构造背景上，古近系、新近系发育有近东西向正断层，同时在凸起高部位发育近北东向展布的新近系沙湾组内部砂层尖灭线，尖灭线和断层形成了多个断层—地层圈闭。车89井钻探的车84井断层—地层圈闭是由喜马拉雅期形成的北倾的四泵站1号正断裂与新近系沙湾组沙三段底部北东向展布的砂体尖灭线构成，圈闭面积10.3km^2，闭合度60m，高点埋深1000m；车95井随钻的车87井东沙湾组断层—岩性圈闭是由喜马拉雅期形成的四泵站3号正断裂与北东向展布的沙湾组砂体尖灭线所构成，圈闭面积20.33km^2，闭合度80m，高点埋深880m。规模较大的断层—地层圈闭是研究区沙湾组油气成藏的有利目标。在车排子凸起区古近系、新近系类似的圈闭较多，但油气藏规模不完全受该类圈闭控制，油气往往分布于断层—地层圈闭内的有利岩性体或局部低幅度构造，因此，油藏规模一般小于断层—地层圈闭规模。

4. 油藏类型及规模

1）车89、车95井区油藏解剖

由沙湾组（$N_1s_3{}^3$）油藏构造图，结合钻试资料和砂层分布等综合分析，车89井和车95井出油均位于断层—地层圈闭高部位（图8-12）；低部位的车84井在同套砂体显示为水层，表明油藏具边水。因此车89井、车95井分属两个油藏，油藏类型为地层尖灭控制下的构造—岩性油气藏（图8-13），油藏具有强振幅特征。

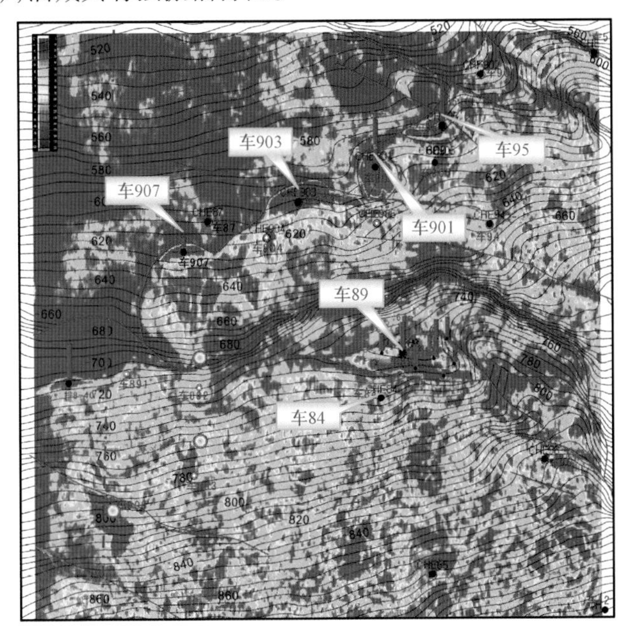

图8-12 车89—车95井区新近系沙湾组油藏振幅平面图

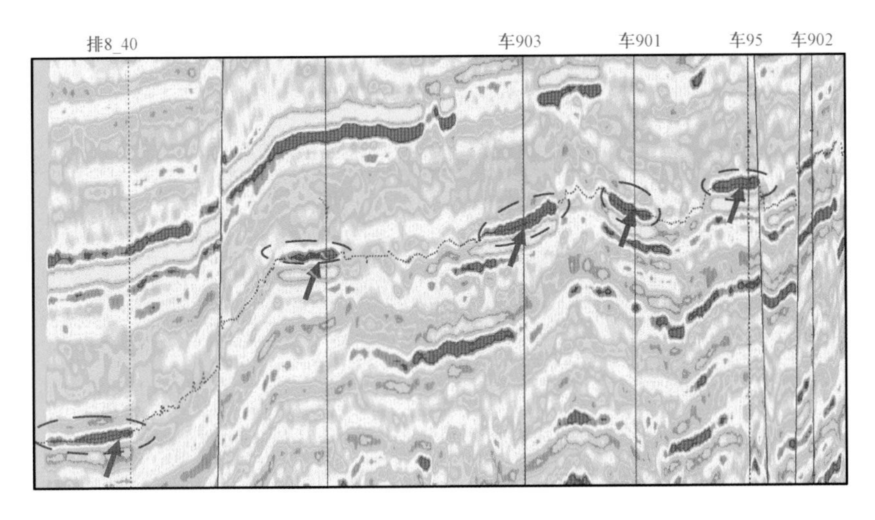

图8-13 车89—车95井区新近系沙湾组油藏振幅剖面图

据车89井PVT资料，建立了饱和压力梯度：$p_b = 1.22 - 0.0079H$（表8-39）。

表 8－39　车 89、车 95 井区油藏特征参数表

区块	油藏中部深度（m）	油藏高度（m）	地层压力（MPa）	压力系数	饱和压力（MPa）	地层饱和压力差（MPa）	温度（℃）
车 89	1016	46	10.29	1.00	6.92	3.37	35.4
车 95	916	88	9.14	1.04	5.80	3.34	36.2

结合原油地球化学分析可以看出研究区新近系原油具有密度较小，黏度、含蜡量和凝固点较低的特点，属于低黏、低含蜡和低凝固轻质油。

油水界面确定：车 89 井、车 84 井沙湾组（$N_1s_3^3$）砂层是同一个砂体，车 89 井油层底界 1028.5m，海拔 －725m，车 84 井测井解释水层顶界为 1049m，海拔高度为 －746m，所以确定油水边界为海拔高度 －736m。车 95 井区块油水边界确定为圈闭溢出点海拔 －660m。

储量计算采用容积法。车 89 井、车 95 井 $N_1s_3^3$ 油藏纵向上为一个单砂层，平面上分属两个油藏，计算单元平面上分为 2 个计算单元。

车 89 井区块新近系沙湾组油藏为岩性构造油藏。车 89 井区沙湾组含油面积在构造图上西侧以出油砂层尖灭线为界，北侧以四泵站 1 号正断裂为界，南东下倾方向以油水界面海拔 －736m 为界圈定沙湾组含油面积为 8.65km^2；车 95 井区沙湾组含油面积在构造图上北西方向以相应的出油砂层尖灭线为界，北东方向以四泵站 3 号断裂为界，南东下倾方向以圈闭溢出点海拔 －660m 为界圈定沙湾组含油面积为 20.33km^2，合计含油面积 28.98km^2。

测井解释结果表明车 89 井的有效孔隙度为 30.3%，车 95 井的有效孔隙度为 30.2%；车 89 井有效油层厚度为 9.5m，车 95 井有效油层厚度为 5.5m；车 89 井和车 95 井的含油饱和度均为 70.0%。

两井实际资料表明车 89 井地面原油密度是 0.8291g/cm^3，车 95 井的地面原油密度是 0.8171g/cm^3。根据车 89 井取得的高压物性资料分析结果，选取原油体积系数为 1.058。根据以上确定的各项储量参数，计算车 89 井区沙湾组预测石油地质储量约为 1400×10^4t，可采储量约为 500×10^4t；车 95 井区沙湾组预测石油地质储量约为 2000×10^4t，可采储量约为 600×10^4t（表 8－40）。

表 8－40　沙湾组新近系油藏储量参数表

计算单元	含油面积（km^2）	有效厚度（m）	有效孔隙度	含油饱和度	原油密度（g/cm^3）	体积系数	预测储量（10^4t）	可采储量（10^4t）
车 89	8.65	9.5	0.303	0.700	0.8291	1.058	1365.68	455.23
车 95	20.33	5.5	0.302	0.700	0.8171	1.058	1825.33	608.44

车 89 井区新近系沙湾组油藏的预测储量为常规油储量，车 89 井和车 95 井区块 $N_1s_3^3$ 油藏为高产、中丰度、浅层、高孔、中渗的中型轻质油藏，是可升级的预测储量。

2）车排子凸起新近系成藏模式及有利区预测

车排子凸起新近系油气主要来自东部的沙湾凹陷和南部的四棵树凹陷，主力烃源岩为二叠系和侏罗系的，不排除白垩系和古近系的贡献，而凸起区新近系的主力产油层为沙湾组中部的三角洲前缘水下分支河道砂体，基本成藏模式为古生新储型（图 8－14），因此，喜马拉雅期

形成的张性正断裂发育区将是油气运移的最好通道，新近系油气勘探有利区一定也是喜马拉雅期张性正断裂发育区。结合沉积储层的平面分布特征，新近系的沙湾组、古近系的安集海河组及白垩系清水河组内部砂层最易形成岩性遮挡，均为油气勘探的有利目标层。

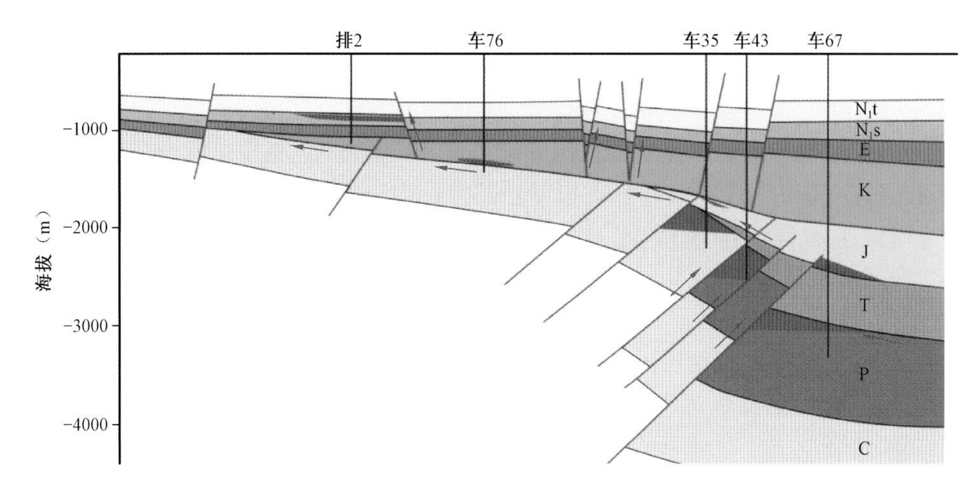

图8-14　车排子地区油气成藏模式图

车排子凸起主体部位、红车断裂带及凸起南翼的卡北地区浅层油气勘探均已取得突破，北部为古近系稠油区，南部到卡6井区安集海河组油藏，东至断裂带，西到新近系地层尖灭范围，展示了古近系、新近系超过3000km² 范围广阔的勘探前景，其中属中石油矿管范围近2000km²。

三、勘探成效

2006年利用车28井西三维地震资料开展新近系沙湾组构造精细解释与研究，发现了车84井断层—岩性圈闭和车87井东断层—岩性圈闭。2006年8月29日针对车84井断层—岩性圈闭上钻车89井，该井于9月9日完钻，9月18日试油，在1025～1019m井段，6mm油嘴自喷，日产油45.96t，日产气2130m³，从而发现了车89井区块新近系沙湾组油藏。2006年9月27日在车87井东断层—岩性圈闭上钻车95井，该井于10月4日完钻，10月14日试油，在879.5～885.0m井段射孔，6mm油嘴自喷，日产油65.06t，从而发现了车95井区块新近系沙湾组油藏。

为进一步扩大研究区新近系沙湾组勘探成果，对新采集的车89井区三维地震资料进行精细研究，发现研究区在东南倾单斜构造背景上，发育有数十条近东西向正断层，形成多个低幅度的断块构造圈闭，沙湾组油藏均为断裂遮挡的小断块油藏。2007—2008年，对车89井区块沙湾组油藏进行滚动开发，相继钻探开发井8口，投产后均获高产工业油流；在车95井区块相继实施评价井5口（车901井、车902井、车903井、车905井、车907井），其中车901井、车903井、车907井均获工业油流，车901井在沙湾组893.5～897.5m井段试油，5mm油嘴，日产油36.49t；车903井在沙湾组899～901m井段试油，抽汲，日产油10.3t；车907井在沙湾组924.5～926.5m井段试油，获日产油6.8t的工业油流。

2008年10月，车排子油田车89井—车95井区块新近系沙湾组油藏上交控制原油地质储量410.38×10⁴t，可采储量184.66×10⁴t，控制含油面积3.54km²。

截至2008年底，共上报石油和天然气探明储量区块10个，累计探明含油面积46.39km^2，石油地质储量3580.76×10^4t，可采储量675.51×10^4t；溶解气地质储量24.15×10^8m^3，可采储量5.71×10^8m^3；含气面积4.03km^2，天然气地质储量6.12×10^8m^3，可采储量3.06×10^8m^3。

第八节　风城浅层油砂矿勘探与评价

风城油砂矿区位于准噶尔盆地西北缘北端风城油田北部，距克拉玛依市东北约120km，行政隶属新疆克拉玛依市（图8-15）。北以哈拉阿拉特山为界，东与夏子街地区接壤，西邻乌尔禾镇，南与风城组超稠油油藏接壤，矿区南北长约5.81km，东西宽约11.35km，勘探面积59.35km^2，海拔一般为288~420m，相对高差一般小于30m，属低山丘陵区，工区大部为无地表植被的戈壁区，内有季节性水沟和小范围沼泽地，属于典型大陆干旱性气候，温差-40℃~40℃，降雨量少，蒸发量大。克拉玛依至阿勒泰217国道从工区中部通过，简易油田公路在工区内纵横交错，交通、运输极为方便，地面开发条件较好，在矿区东部和北部有在建的克拉玛依—北屯高速公路。

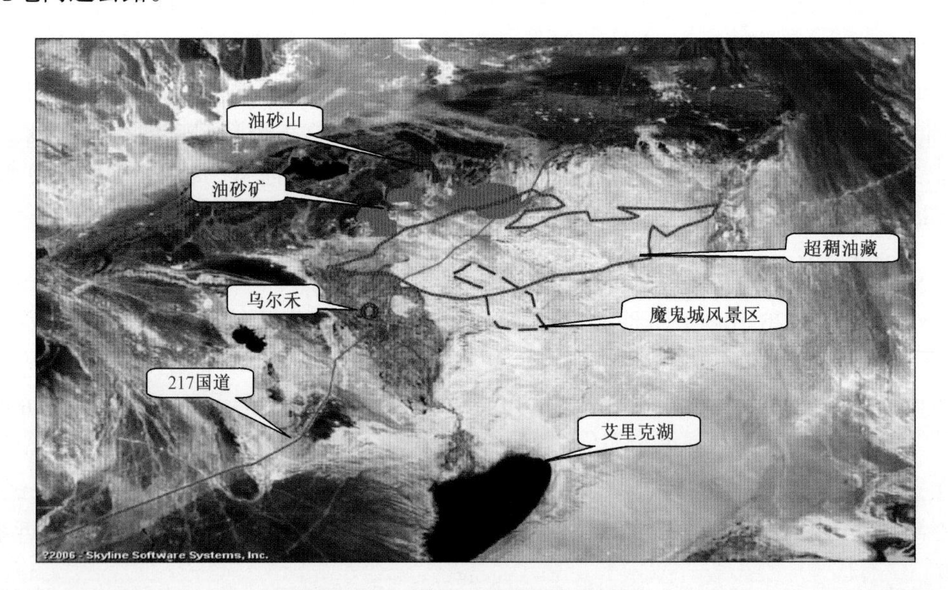

图8-15　风城油砂矿地理位置图

一、油砂矿床地质特征及富集规律

1. 地层特征

风城油砂、稠油油藏在区域构造上位于准噶尔盆地西北缘乌夏断褶带、夏红北断裂上盘中生界超覆尖灭带上，北以哈拉阿拉特山为界，南邻玛湖凹陷北部斜坡带处于区域构造高部位，是油气运移的主要指向区。

全区在古生界基底上依次发育的地层为侏罗系八道湾组（J_1b）、三工河组（J_1s）、齐古组（J_3q）和白垩系吐谷鲁群（K_1tg）。各层均为逐层超覆沉积，侏罗系超覆沉积于古生界基底之上，白垩系吐谷鲁群超覆沉积于侏罗系之上，侏罗系与白垩系吐谷鲁群为不整合接触。

油砂区位于风城稠油油藏西北部的构造高部位，在古生界基底上只超覆沉积了白垩系吐谷鲁群（K_1tg）和侏罗系齐古组（J_3q）（图 8－16）。

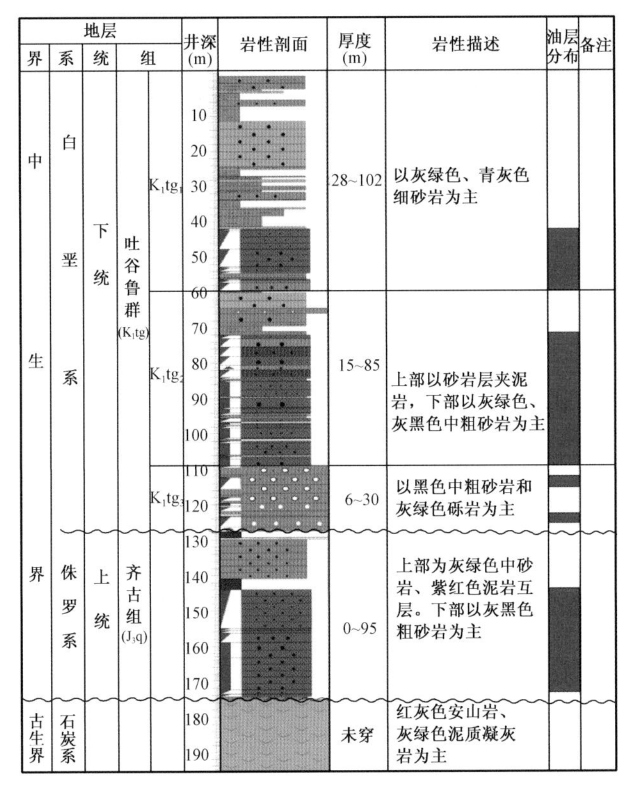

图 8－16 风城油砂矿地层综合柱状图

2. 构造特征

风城油砂矿、稠油油藏本区主体部分被风 501 井区三维地震勘探区域和风 501 井区西块三维地震勘探区域覆盖，风城 3 号油砂矿区域无三维地震资料覆盖，两块三维地震资料面积分别为 205km^2、71.28km^2，面元 12.5m×25m。利用测井资料对地震层位进行标定的基础上，结合大量钻井地质分层资料对研究区构造进行了精细解释和综合研究。

白垩系吐谷鲁群 K_1tg_3、K_1tg_2、K_1tg_1 底界构造形态为一向东南倾单斜，西部和北部方向受石炭系老山控制，地层在山前超覆尖灭。侏罗系齐古组 J_3q_2 底界构造形态同为一向东南倾的单斜，地层受重 32 井北断裂、重 30 井断裂和乌兰林格断裂控制，断裂上盘无侏罗系，白垩系直接超覆在石炭系基底之上。工区内发育多条断裂，多为北西向和北东向逆断裂，断裂的相互切割将工区分成数个断块（图 8－17、图 8－18）。乌兰林格断裂形成于石炭纪末期，为一条大型逆掩推覆断裂，倾向北东，走向北西，在工区内延伸长度为 3.90km；重 11 井北断裂根据区域构造分析，与重 32 井北断裂曾为一条断裂，后期被重 32 井东断裂切割；重 32 井北断裂、重 32 井断裂和重 20 井北断裂呈断阶式从南向北依次抬升，断距 15～35m，断裂走向北东、倾向北西；重 43 井断裂为一北东倾逆断裂，断距 20～40m，走向北西，该断裂被重 1 井北断裂和小断裂切割成三段；重 35 井断裂为一北西倾小断裂，走向北东，断距 10～25m；重 1 井北断裂为全区唯一南倾的逆断裂，断距 20～40m，走向正东西（表8－41）。

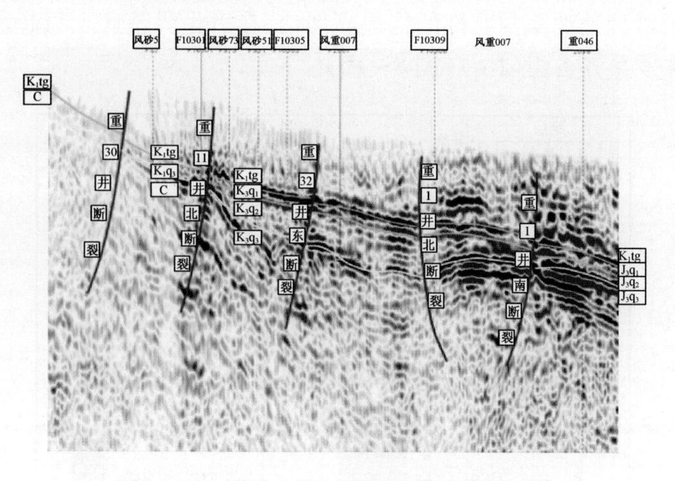

图 8－17　风砂 5 井—重 046 井地震剖面图

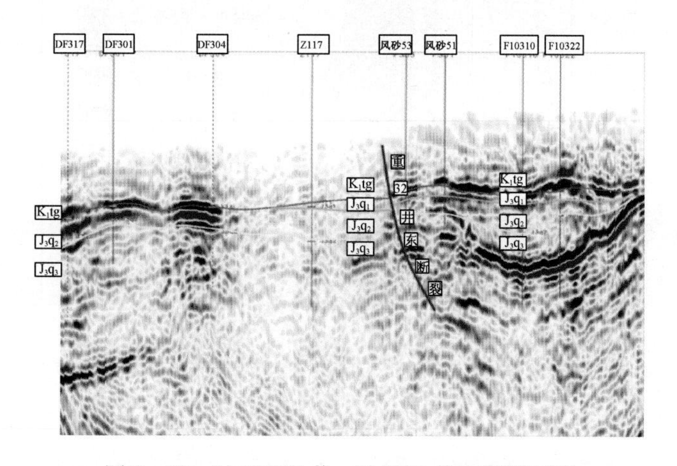

图 8－18　过 DF317 井—F10322 井地震剖面图

表 8－41　风城油砂区断裂要素表

断裂名称	性质	断开层位	走向	倾向	断面倾角（°）	垂直断距（m）	区内延展（km）	可靠程度
乌兰林格断裂	逆断层	K、J、C	NW	NE	60～70	20～50	3.90	可靠
重 30 井断裂	逆断层	K、J、C	NE	NW	70～75	15～35	3.51	可靠
重 11 井北断裂	逆断层	K、J、C	NE	NW	70～75	15～35	5.02	可靠
重 32 井北断裂	逆断层	K、J、C	NE	NW	70～75	15～35	6.85	可靠
重 32 井断裂	逆断层	K、J、C	NE	NW	70～75	15～35	9.11	可靠
重 20 井北断裂	逆断层	K、J、C	NE	NW	70～75	15～35	5.87	可靠
重 32 井东断裂	逆断层	K、J、C	NW	NE	65～75	10～25	5.16	可靠
重 1 井北断裂	逆断层	K、J、P	E	S	70～80	20～40	7.48	可靠
重 43 井断裂	逆断层	K、J、P	NW	NE	70～80	20～40	3.65	可靠
重 35 井断裂	逆断层	K、J	NE	NW	70～75	10～20	2.15	可靠

风城 1 号油砂矿是一被乌兰林格断裂、重 30 井断裂、重 11 井北断裂、重 32 井东断裂、重 43 井断裂、重 1 井北断裂和重 35 井断裂所遮挡切割在三个断块内的矿体。以上断裂均对风城 1 号油砂矿起到封堵遮挡作用,矿体北部和东部区域主要受岩性和物性控制。

3. 储层特征

1 号油砂矿古生界基底上超覆沉积了侏罗系齐古组和白垩系吐谷鲁群两套地层,2、3 号油砂矿白垩系吐谷鲁群直接超覆于古生界不整合面之上。

1 号矿齐古组自上而下又分为 J_3q_1、J_3q_2、J_3q_3。J_3q_1 岩性为湖相泥岩,砂体不发育。J_3q_2 为辫状河流相沉积,砂体发育在中下部,总体上为一正旋回,砂体类型以辫状河道亚相的水道、心滩为主,砂体连片发育,物源均来自北部哈拉阿拉特山,沉积厚度 22.5 ~ 100m,由南向北逐渐减薄,砂体厚度 31 ~ 75m,为本区的油砂目的层,顶部为一套低阻泥岩层,厚度 10 ~ 32m。J_3q_3 主要为湖相泥岩沉积,仅局部发育河道砂体。

1 号油砂矿白垩系吐谷鲁群为辫状河三角洲前缘亚相沉积,除底部不整合面之上发育的底砾岩外,砂体类型以辫状河三角洲前缘水下分流河道为主,单个砂体呈现下粗上细的正韵律,储层岩性以细砂岩为主,分选较好,碎屑粒度较细,常见平行层理,物源来自北部哈拉阿拉特山,在南面构造低部位发育少量河口坝以及薄层的席状砂,河口坝从下到上为由细变粗的反韵律,为中、细粒砂岩,席状砂由粉、细砂岩组成,与湖相泥质沉积物呈薄互层状频繁交互。白垩系吐谷鲁群沉积厚度 110 ~ 210m,平均 146m,自下而上划分为 K_1tg_3、K_1tg_2、K_1tg_1 三段,其中 K_1tg_3 厚度 6 ~ 30m,主要为一套底砾岩,分布非常稳定,基本不含油砂;K_1tg_2 厚度 40 ~ 85m,岩性以细砂岩夹泥岩、粉砂岩,砂体厚度 10 ~ 75m,为本区的主要油砂目的层,沿物源方向砂体发育,砂体较连续,1 号矿主体区域砂体厚度大,往东西两侧相变为滨浅湖相的粉砂岩、粉砂质泥岩,砂体薄、储层泥质含量高,基本不发育油砂层,平面上油砂分布受沉积控制。K_1tg_1 厚度 50 ~ 102m,底部主要为一套砂岩层,砂体厚度 3 ~ 40m,发育本区的次要油砂目的层,顶部主要为一套厚的粉砂岩、泥岩层。

2、3 号油砂矿白垩系沉积相类型主要为辫状河流相沉积,以河道沉积为主,心滩规模小,偶见砾质砂岩,岩性以细砂岩为主,垂向上砂泥岩频繁互层,平面上砂体连续性差,反映河道迁移频繁,砂体集中在 2、3 号油砂矿的主体区域。2 号矿的西南方向、3 号矿的东侧以泛滥平原沉积为主,砂体基本不发育。白垩系地层沉积厚度 35.0 ~ 101.5m,平均 61m,由南向北逐渐减薄直至超覆尖灭,自下而上划分为 K_1tg_3、K_1tg_2、K_1tg_1 三段,其中 K_1tg_3 厚度 10 ~ 30m,主要为一套底砾岩,分布稳定,基本不含油砂。K_1tg_2 厚度 15 ~ 35m,主要为一套细砂岩夹泥岩,砂体厚度 2 ~ 25m,为本区 2 号矿的主要油砂目的层;K_1tg_1 厚度 28 ~ 57m 左右,砂体厚度 0 ~ 17m,底部发育一套砂岩层,为 2、3 号矿的油砂目的层,顶部主要为粉砂岩、泥岩。

根据 16 口井 77 块岩石薄片资料,1 号矿白垩系储层岩性主要为灰色、深灰色细粒、细中粒岩屑砂岩、长石岩屑砂岩及灰绿色小砾岩、深灰色砂质砾岩为主,其次为极细粒细粒岩屑砂岩。其中砂岩碎屑成分中石英含量 11.0% ~45.0% ,平均 21.9%;长石含量 10.0% ~35.0% ,平均 22.1%;岩屑含量 35.0% ~78.0% ,平均 56.0% ,岩屑以凝灰岩为主(18.0% ~61.0% ,平均 41.6%),其次为霏细岩、千枚岩、安山岩、泥岩、云母、硅质岩、花岗岩、石英岩屑;碎屑颗粒主要为次棱角—次圆状,其次为次圆状。分选以好为主,次为中等。接触方式以点接触为主,次为线接触。杂基主要为泥质,含量微量至 7.0% ,平均 3.65% 。胶结物主要为方解石为主,其次为黄铁矿、菱铁矿，含量微量至6.0%，平均1.7%。胶结类型以孔隙型为主，次为压嵌型。胶结程度中等—致密。砾石成分60.0%，以泥岩为主，砂质成分33%，以凝灰岩为主，其次为石英、长石、霏细岩等，杂基主要为泥质，含量4.5%。胶结物含量微量，主要为黄铁矿。

根据16口井35块岩石薄片资料，1号矿侏罗系齐古组储层岩性主要为灰黑色中细粒长石岩屑砂岩、岩屑石英砂岩，其次为中粒石英砂岩。碎屑成分中石英含量12.0%~37.0%，平均29.4%；长石含量15.0%~29.0%，平均20.9%；岩屑含量34.0%~73.0%，平均49.7%，岩屑以凝灰岩为主(21.0%~55.0%，平均33.2%)，其次为千枚岩、硅质岩、酸性喷出岩、泥岩、云母、霏细岩、花岗岩、石英岩岩屑。碎屑颗粒主要为次棱角状，其次为次圆状。分选以中等为主。接触方式以线接触为主。杂基主要为泥质，含量微量至8.0%，平均3.1%。胶结物含量微量至3.0%，平均1.8%，主要为黄铁矿，其次为方解石。胶结类型以孔隙型为主，其次为压嵌型。胶结程度疏松—中等。

根据11口井30块岩石薄片资料，2号矿白垩系储层岩性主要以灰色、深灰色细粒长石岩屑砂岩、细粒岩屑砂岩、极细粒长石岩屑砂岩及灰绿色小砾岩为主。其中砂岩碎屑成分中石英含量15.0%~40.0%，平均22.85%；长石含量16.0%~31.0%，平均23.4%；岩屑含量40.0%~59.0%，平均53.75%，岩屑以凝灰岩为主(25.0%~63.0%，平均49.7%)，其次为硅质岩、霏细岩、千枚岩、泥岩、花岗岩、石英岩、云母岩屑；碎屑颗粒主要为次棱角状，其次为次圆状。分选好、差各占一半。接触方式以点接触为主。杂基主要为泥质，含量2.0%~5.0%，平均3.7%。胶结物含量3.0%~4.0%，平均3.3%，主要为方解石、其次为菱铁矿、方沸石。胶结类型以压嵌型为主。胶结程度中等。砾岩所做样品较少，砾石成分66.0%，以凝灰岩为主，其次为玄武岩、泥质、花岗岩、方沸石等，砂质成分30%，以凝灰岩为主，其次为石英、长石、霏细岩等，杂基主要为泥质，含量3.0%。胶结物含量微量，主要为方沸石。

根据8口井32块岩石薄片资料，3号矿白垩系储层岩性主要为灰色、深灰色细粒长石岩屑砂岩及灰绿色小砾岩为主，其次为极细粒岩屑砂岩。其中砂岩碎屑成分中石英含量8.0%~31.0%，平均17.9%；长石含量14.0%~34.0%，平均25.5%；岩屑含量40.0%~69.0%，平均56.6%，岩屑以凝灰岩为主(17.0%~72.0%，平均47.8%)，其次为硅质岩、霏细岩、千枚岩、泥岩、花岗岩、石英岩、云母岩屑；碎屑颗粒主要为次棱角状，其次为次圆状。分选好、差各占一半。接触方式以点接触为主。杂基主要为泥质，含量2.0%~5.0%，平均4.0%。胶结物含量1.0%~3.0%，平均2.3%，主要为方解石、其次为菱铁矿、方沸石。胶结类型以压嵌型为主。胶结程度中等。砾岩砾石成分60.0%，以凝灰岩为主，其次为玄武岩、泥质、花岗岩、方沸石等，砂质成分36%，以凝灰岩为主，其次为石英、长石、霏细岩等，杂基主要为泥质，含量3.0%。胶结物含量微量，主要为方沸石。

采用筛析法对碎屑岩粒度进行分析，1号矿齐古组根据19口井83块样品分析统计，碎屑岩粒度主要分布在0.5~0.125mm之间，岩性为中砂和细砂岩，细粉砂级以下黏土含量为8.61%(图8-19、表8-42)；白垩系根据27口井66块样品分析统计，碎屑岩粒度主要分布在0.25~0.063mm之间，岩性为细砂和极细砂岩，细粉砂级以下黏土含量为6.29%(图8-20)；2号矿白垩系根据2口井3块样品分析统计，碎屑岩粒度主要分布在0.25~0.063mm之间，岩性为细砂和极细砂岩，细粉砂级以下黏土含量为7.59%(图8-21)；3号矿根据11口井12块样品分析统计，碎屑岩粒度主要分布在0.25~0.125mm之间，岩性以细砂为主，细粉砂级以下黏土含量为7.40%(图8-22)。

表8-42 1、2、3号矿碎屑岩粒度统计表

区块	层位	砂(mm)						黏土(mm)		
		粗砂	中砂	细砂	极细砂	粗粉砂	合计	细粉砂	<0.0039	合计
		1~0.5	0.5~0.25	0.25~0.125	0.125~0.063	0.063~0.03		0.03~0.0039		
1号矿	J_3q	4.14	31.64	36.53	13.30	5.78	91.39	7.46	1.15	8.61
	K_1tg	0.89	18.76	45.41	23.43	5.2	93.7	5.58	0.71	6.29
2号矿	K_1tg		11.12	34.47	36.98	9.84	92.41	6.52	1.07	7.59
3号矿	K_1tg		19.55	50.96	19.63	2.46	92.59	6.33	1.08	7.40

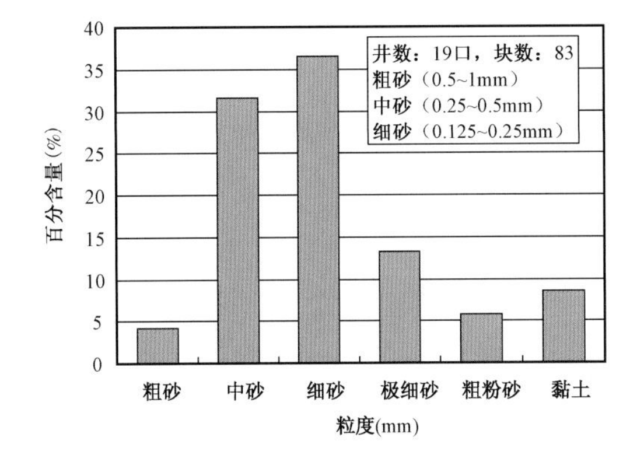

图8-19 1号矿齐古组碎屑岩粒度直方图

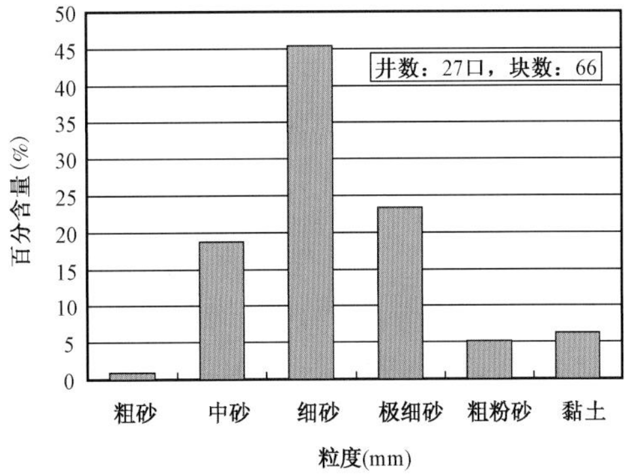

图8-20 1号矿白垩系碎屑岩粒度直方图

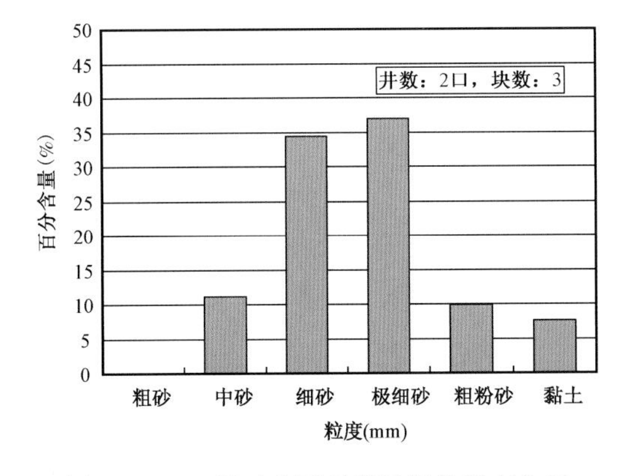

图8-21 2号矿白垩系碎屑岩粒度直方图

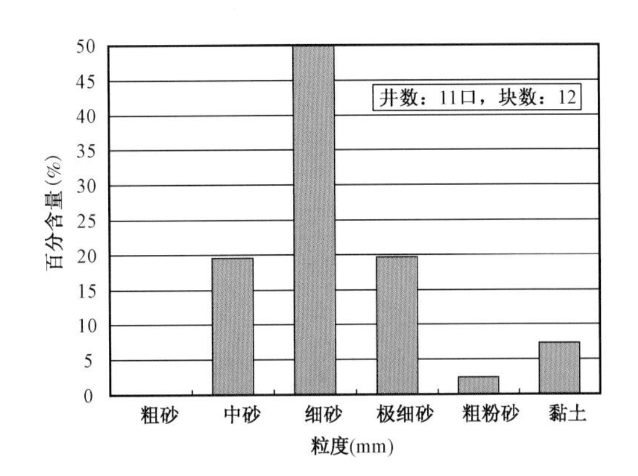

图8-22 3号矿白垩系碎屑岩粒度直方图

根据铸体薄片分析资料，1号矿齐古组储层孔隙类型以原生粒间孔为主(90.0%~99.0%，平均95.0%)，其次剩余粒间孔(1.0%~10.0%，平均5.0%)；白垩系以原生粒间孔为主(85.0%~100.0%，平均95.4%)，其次剩余粒间孔(1.0%~15.0%，平均4.6%)，见少量粒内溶孔(图8-23、图8-24)。

F10313井，300.55m，中砂岩，原生粒间孔95%，剩余粒间孔5%

F10321井，250.93m，中粗砂岩，原生粒间孔93%，剩余粒间孔6%，粒间溶孔1%

图 8－23　1号矿齐古组储层孔隙类型照片

FZ1208井，168.55m，细砂岩，原生粒间孔100%

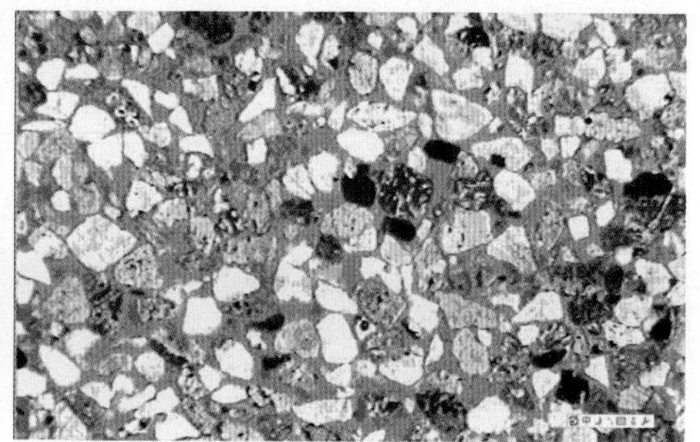

风砂53孔，125.31m，中细砂岩，原生粒间孔98%，剩余粒间孔2%

图 8－24　1号矿白垩系储层孔隙类型照片

2、3号矿白垩系储层孔隙类型以原生粒间孔为主（55.0%～100.0%，平均84.1%），其次剩余粒间孔（3.0%～45.0%，平均18.4%）（图8－25）。

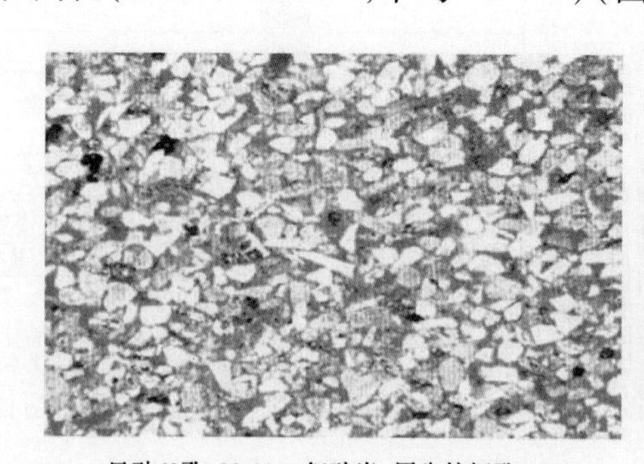

风砂62孔，38.64m，细砂岩，原生粒间孔100%

DF314井，112.06m，中细砂岩，原生粒间孔90%，剩余粒间孔10%

图 8－25　2、3号矿白垩系储层孔隙类型照片

根据X衍射和扫描电镜分析，1号矿齐古组根据5口井32块样品分析统计，黏土矿物成分以不规则状伊/蒙混层矿物为主（含量12%～92%，平均44.5%）（图8－26、表8－43），其

次为伊利石(含量3% ~33%,平均20.5%)、蠕虫状高岭石(含量2.0% ~42%,平均18.1%)、绿泥石(含量2% ~39%,平均16.9%),扫描电镜下观察,样品遭受严重油浸,自生矿物主要有零星分布的粒状黄铁矿晶体,见长石碎屑的溶蚀现象,样品孔隙较发育,连通性较好;白垩系根据5口井35块样品分析统计,黏土矿物成分以蜂巢状、不规则状伊/蒙混层矿物为主(含量43% ~91%,平均71.7%)(图8-27);其次为伊利石(含量3% ~37%,平均11.8%)、绿泥石(含量3% ~25%,平均6.7%)、少量蠕虫状高岭石(含量1.0% ~15%,平均6.3%);自生矿物见有黄铁矿与沸石类矿物,见长石碎屑的溶蚀现象。

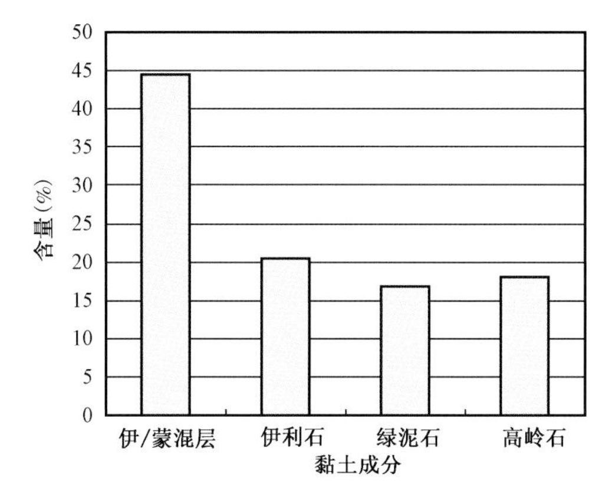

图8-26 1号矿齐古组黏土成分及含量直方图

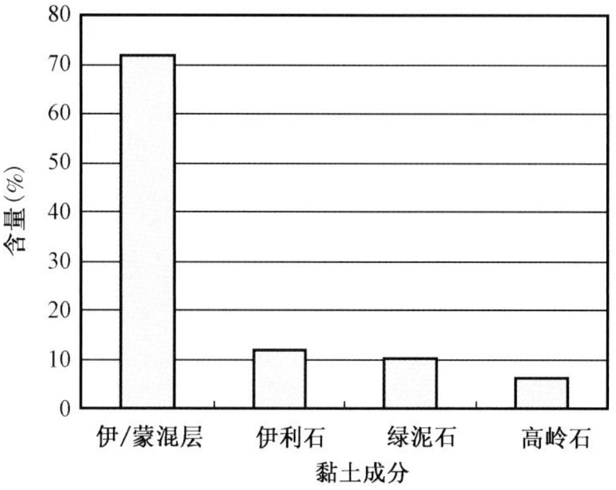

图8-27 1号矿白垩系黏土成分及含量直方图

表8-43 1、2、3号矿黏土成分及百分含量统计表

区块	层位	黏土成分及百分含量(%)			
		伊/蒙混层	伊利石	绿泥石	高岭石
1号矿	J_3q	44.5	20.5	16.9	18.1
	K_1tg	71.7	11.8	10.2	6.3
2号矿	K_1tg	70.6	14.0	6.7	8.8
3号矿	K_1tg	63	9.5	15	12.5

2号矿白垩系根据3口井9块样品分析统计,黏土矿物成分以蜂巢状、不规则状伊/蒙混层矿物为主(含量67% ~75%,平均71.6%)(图8-28),其次为绿泥石(含量2% ~9%,平均6.7%)、蠕虫状高岭石(含量9.0% ~11.0%,平均8.8%)、少量伊利石(含量12% ~15%,平均14.0%),在扫描电镜下观察,样品遭受严重油浸。碎屑颗粒均被油膜包裹,油膜见有干裂现象。自生矿物见有黄铁矿。

3号矿白垩系根据1口井2块样品分析统计,黏土矿物成分以蜂巢状、不规则状伊/蒙混层矿物为主(含量54% ~72%,平均63.0%)(图8-29),其次为绿泥石(含量11% ~19%,平均15.0%)、蠕虫状高岭石(含量10% ~15%,平均12.5%)、伊利石(含量7% ~12%,平均9.5%),在扫描电镜下观察,样品遭受严重油浸,碎屑颗粒均被油膜包裹,孔隙发育。

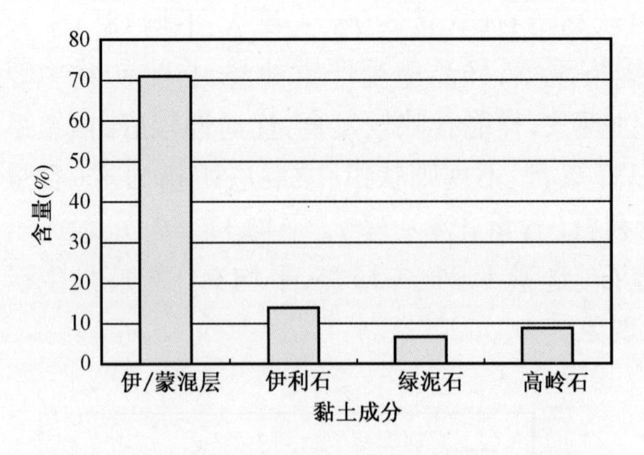

图 8-28　2 号矿白垩系黏土成分及含量直方图

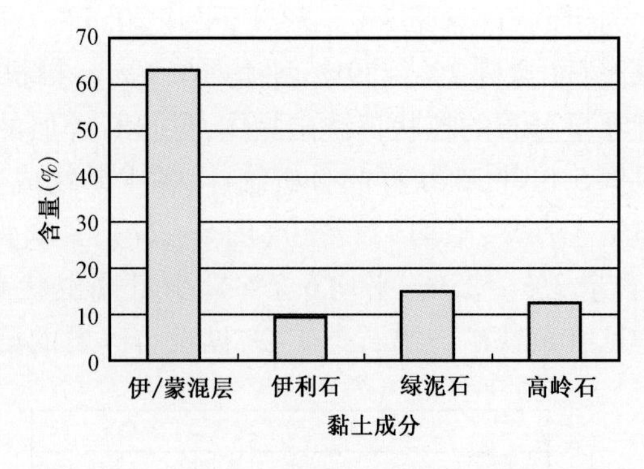

图 8-29　3 号矿白垩系黏土成分及含量直方图

根据岩心物性分析资料，1 号矿齐古组 9 口井 346 块样品油砂层孔隙度 22.01% ~ 38.08%，平均 29.53%；渗透率 51.89 ~ 8468.87mD，平均 954.5mD（图 8-30、表 8-44）；白垩系 11 口井 404 块样品油砂层孔隙度 26.3% ~ 41.6%，平均 34.31%；渗透率 71.6 ~ 8490.18mD，平均 1089.65mD（图 8-31）。

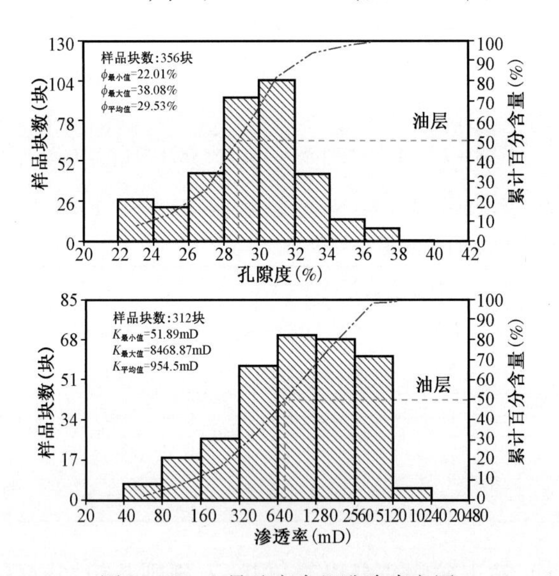

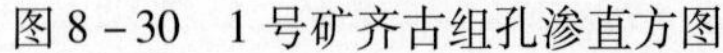

图 8-30　1 号矿齐古组孔渗直方图

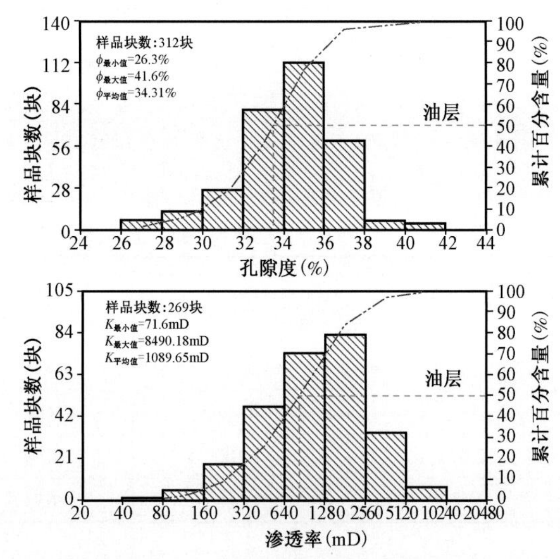

图 8-31　1 号矿白垩系孔渗直方图

表 8-44　1、2、3 号矿物性统计表

区块	层位	孔隙度（%）	渗透率（mD）
1 号矿	J_3q	29.53	954.5
	K_1tg	34.31	1089.65
2 号矿	K_1tg	33.67	1666.86
3 号矿	K_1tg	33.99	725.08

2 号矿白垩系 2 口井 29 块样品油砂层孔隙度 26.6% ~ 38.1%，平均 33.67%；渗透率 359 ~ 5000mD，平均 1666.86mD（图 8-32）；3 号矿白垩系 2 口井 19 块样品油砂层孔隙度 27.9% ~

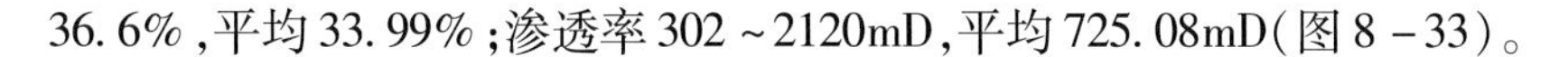

36.6%,平均33.99%;渗透率302~2120mD,平均725.08mD(图8-33)。

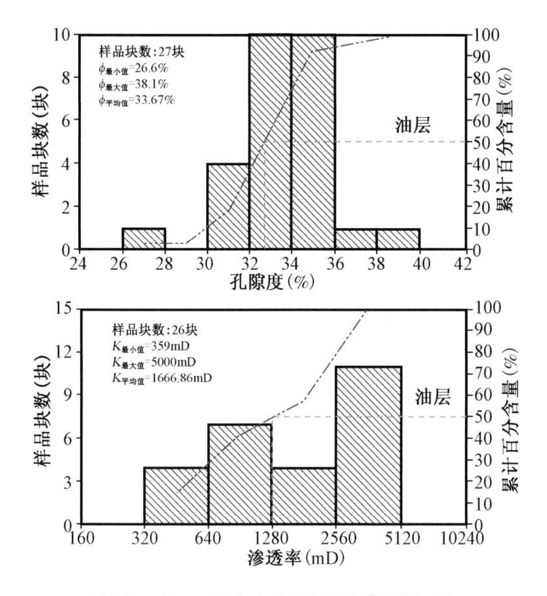

图8-32 2号矿白垩系孔渗直方图

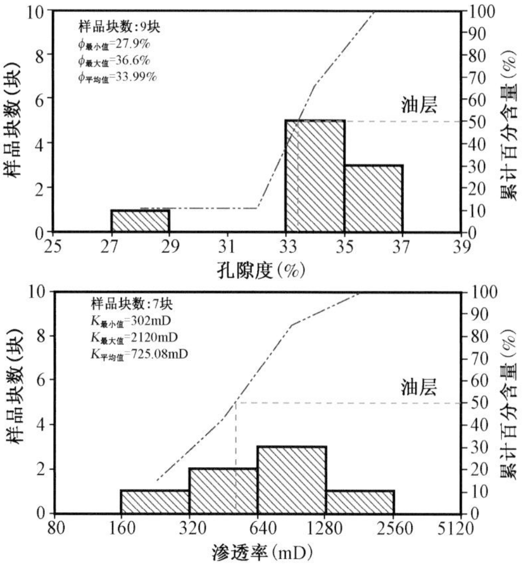

图8-33 3号矿白垩系孔渗直方图

根据岩心含油率(氯仿溶剂浸泡油砂中沥青A的重量百分比)分析资料,1号矿齐古组油砂层含油率6.03%~17.2%,平均9.38%(图8-34、表8-45);白垩系含油率6.08%~21.74%,平均11.85%(图8-35);2号矿白垩系含油率6.07%~13.89%,平均9.69%(图8-36);3号矿白垩系含油率6.04%~17.18%,平均9.1%(图8-37)。

表8-45 1、2、3号矿含油率统计表

区块	层位	含油率范围(%)	平均含油率(%)
1号矿	J_3q	6.03~17.2	9.38
	K_1tg	6.08~21.74	11.85
2号矿	K_1tg	6.07~13.89	9.69
3号矿	K_1tg	6.04~17.18	9.1

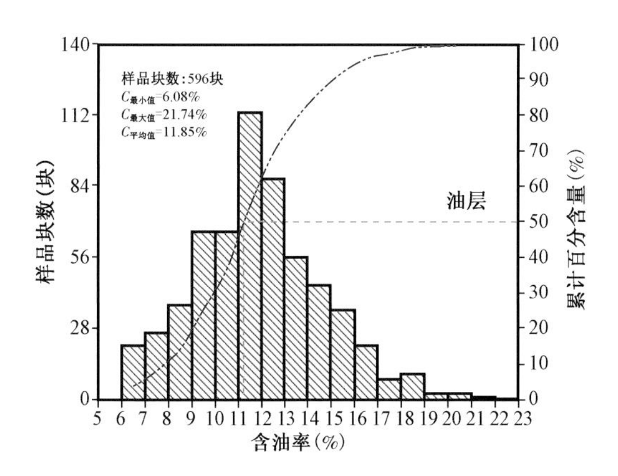

图8-34 1号矿齐古组含油率直方图

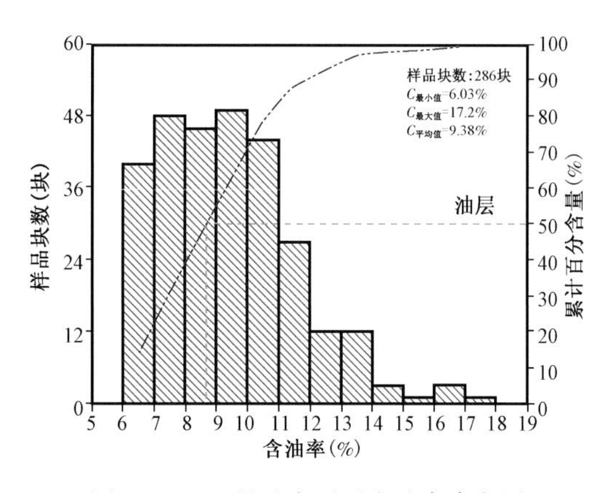

图8-35 1号矿白垩系含油率直方图

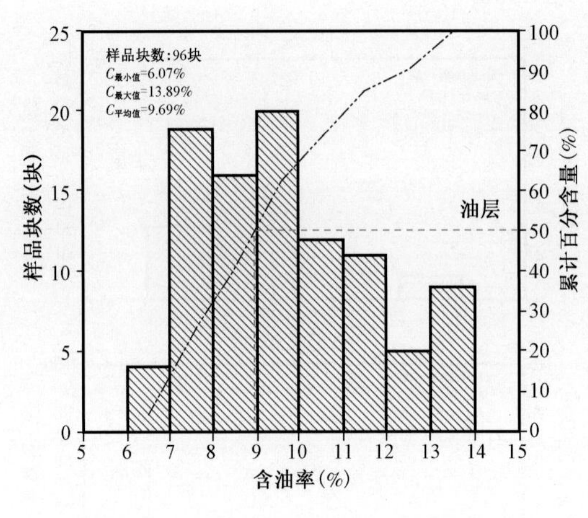

图 8-36　2号矿白垩系含油率直方图

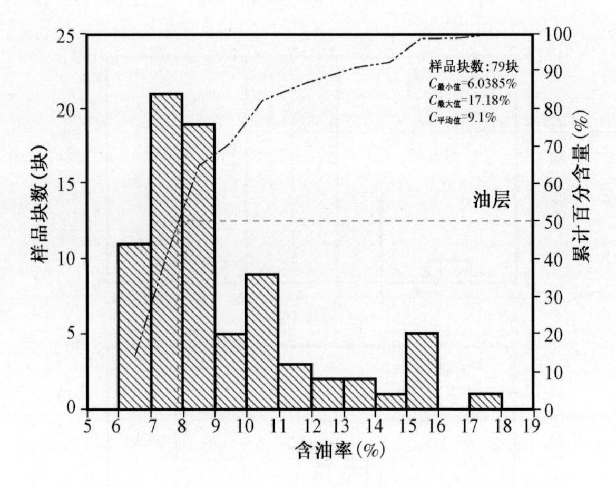

图 8-37　3号矿白垩系含油率直方图

综上所述,1、2、3号矿齐古组、白垩系储层均为特高孔隙度、高含油率、高渗透率,孔隙连通性较好的储层。

4. 矿藏形成条件

风城地区油砂资源主要来源于玛湖凹陷二叠系烃源岩,烃源岩中生成的油气沿着断裂和不整合面向上运移,遇到侏罗系和白垩系中良好的砂体便在其中聚集成藏。在向浅层运移过程中,其中轻质组分多已挥发、逸散,主要残留沥青等重质组分,越接近地表遭受氧化、水洗、生物降解蚀变作用时间越长,对原油的破坏程度也就越大,最终形成稠油沥青。

成矿条件:(1)油源:生烃中心和低部位常规油、稠油资源;(2)运移通道:石炭系不整合面及侏罗系、三叠系的逆断层;(3)砂体:盆地边缘物性较好的河流及冲积扇砂体。

主控因素:(1)砂体空间展布及物性;(2)不整合面;(3)断裂体系。

风城地表有国内出露最大的油砂山群和零星出露的各种形态的油砂残丘,地下有国内规模较大、品质较好的油砂矿,再向南依次是已开发的风城大型超稠油油藏和乌尔禾稀油油藏(图8-38、图8-39)。油砂与稠油、常规油存在共生或过渡关系。

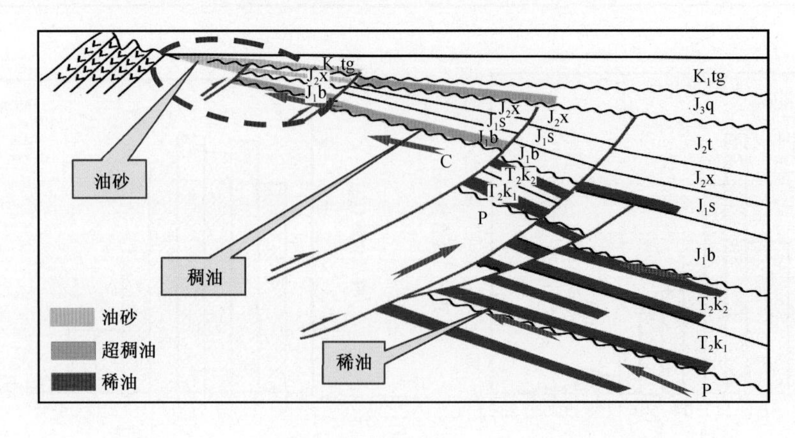

图 8-38　风城地区油气沿断裂、不整合面运移剖面

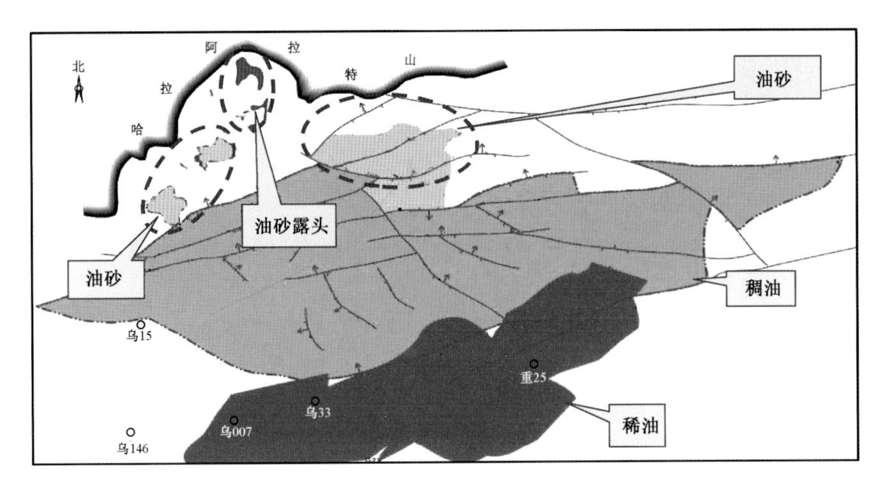

图 8－39　风城油砂、超稠油及稀油油藏勘探成果图

5. 矿藏富集规律

1）油砂矿发育在超覆尖灭带浅部侏罗系齐古组和白垩系

风城地区地层在基底石炭系之上依次沉积了二叠系、三叠系、侏罗系、白垩系和第四系。油砂矿主要发育在超覆尖灭带浅部白垩系吐谷鲁群和侏罗系物性较好砂体中，其中重 32 井北断裂控制侏罗系沉积，上盘只发育白垩系油砂。

2）断裂、不整合面附近油砂有效厚度大，含油率较高

风城地区油砂矿油气在纵向上沿断层运移，后经不整合面进行横向运移，最终运移到储层砂体，断层发育的地方，加之砂体发育，则易于形成油砂矿，风城油砂受断裂控制明显，分布在断层附近 1 ~ 3km 范围内，断裂附近油砂有效厚度大，含油率较高（图 8－40）。

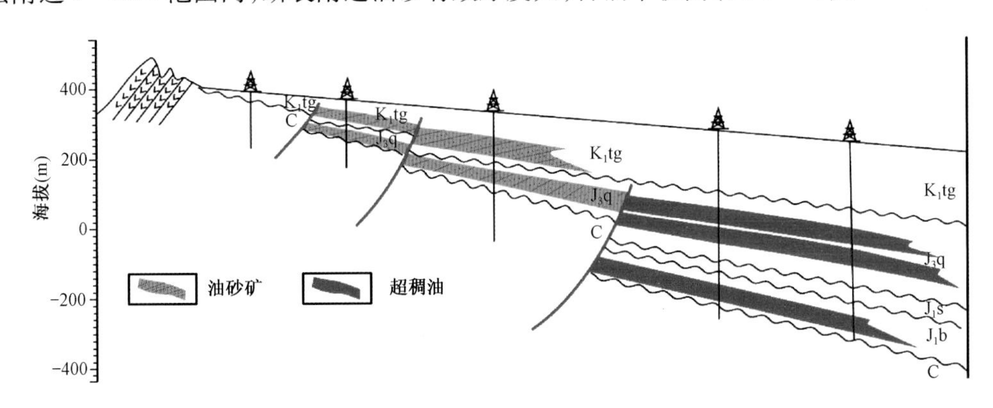

图 8－40　风城油砂、超稠油油藏成藏模式图

3）含油性好坏取决于储层岩性、物性

根据钻井岩心观察和岩石薄片鉴定，风城地区白垩系油砂储层岩石类型包括砂岩、砾岩和砂砾岩，白垩系上部油砂岩性单一，为细砂岩、极细砂岩和中砂岩，白垩系底部岩性为砾岩和砂砾岩，砾岩中砾石大小不均，与砂岩相比含油率较低，个别层段达到工业品位，很分散，厚度很薄，故白垩系底部砾岩和砂砾岩没有开发价值；齐古组油砂储层岩石类型主要为细砂岩和中砂岩。

根据物性分析资料，白垩系含油砂岩孔隙度26.3%～41.6%，平均34.2%，渗透率71.6～8490.18mD，平均1089.65mD，含油率较高（6.08%～17.2%）；含油砾岩和砂砾岩孔隙度6.67%～37.1%，平均20.66%，渗透率5.4～1264.58mD，平均649.29mD，含油率较低（2.0%～6.0%）。齐古组含油砂岩孔隙度22.01%～38.08%，平均29.53%；渗透率51.89～8468.87mD，平均954.5mD，含油率较高（6.03%～17.2%）。

总体来说，风城油砂矿储层具有较高的孔隙度和渗透率，储层物性条件较好，有利于油砂的富集与储存。

4）出露地表或埋藏较浅的油砂，含油性较差；埋藏较深的油砂，含油性较好

风城地表油砂露头是国内出露规模最大的白垩纪地表油砂露头，分布范围约7.97km^2，地表油砂主要包括油砂山区、413、423和415高地四个区域（图8－41至图8－46）：其中裸露严重的油砂山区、413和423高地，油砂含油率低（2%～5%），没有工业开采价值；415高地北斜坡带的二级阶地上，残留台地和残留丘为油砂保存区，含油率较高（6%～12%），埋藏较浅（5～12m），适合做小型试验。

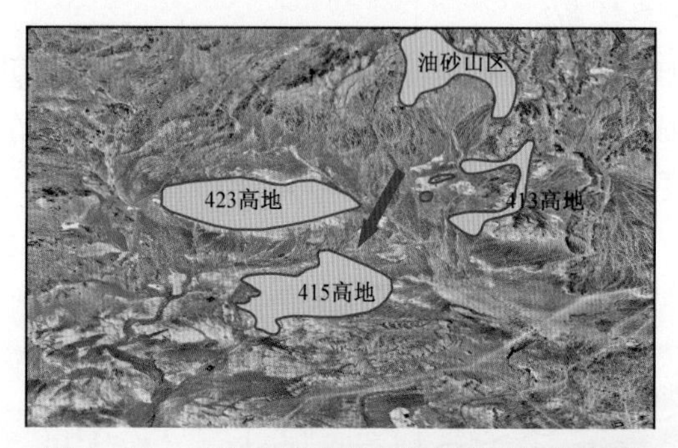

图8－41　风城地区地表油砂高清卫星影像图

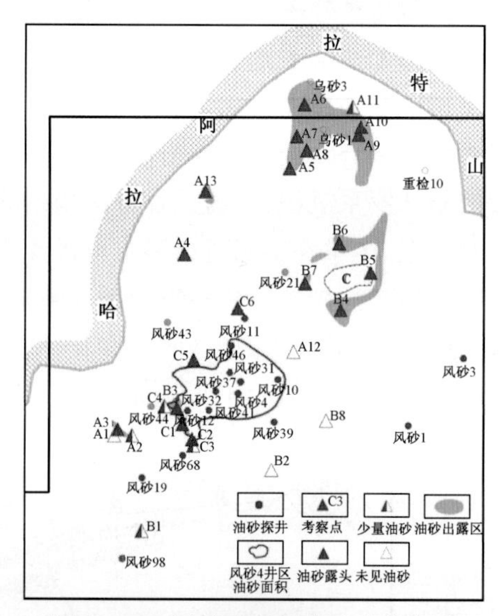

图8－42　风城地区地表油砂分布图

图8－43　风城地区地表油砂露头分布图

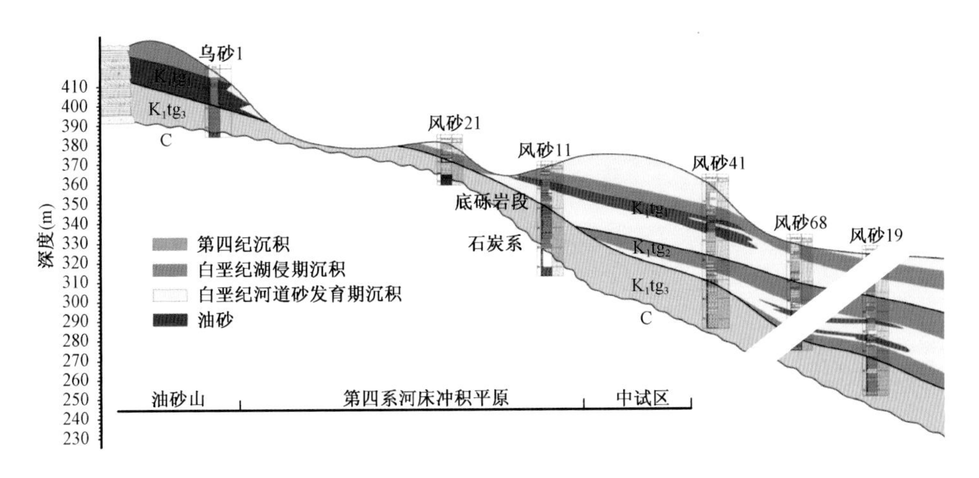

图 8-44　过乌砂 1 井—风砂 21 井—风砂 19 井钻孔油砂剖面图

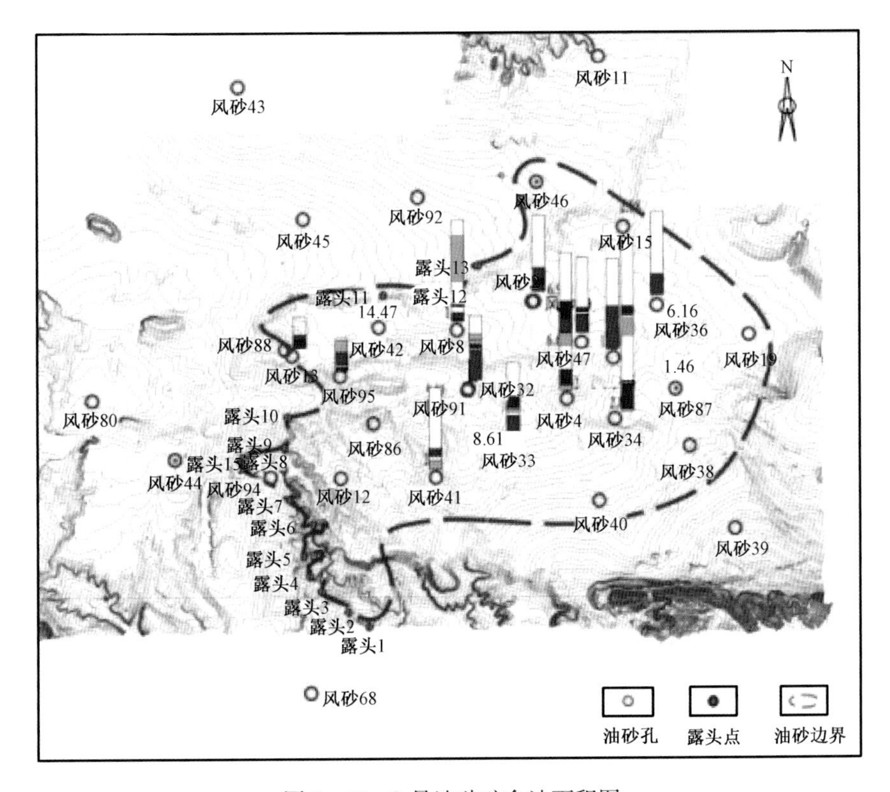

图 8-45　3 号油砂矿含油面积图

含油率与砂岩储层物性有密切关系，物性又受砂岩粒度影响。油砂山地区油砂岩性主要为岩屑砂岩，粒度以细砂岩为主，粉砂岩次之；粒度越粗、含油性越好（砂砾岩除外）。

沉积相对油砂的宏观控制影响明显。主河道受石炭系基底地形控制，主河道区砂体厚度大、泥岩夹层少，主河道两边砂体厚度减薄、泥岩夹层增多。

储层的非均质性影响油砂的含油丰度。非均质性好的油砂含油性好，非均质性差的油砂含油性差。多数情况下，发育块状或水平层理的砂岩非均质性要好于发育交错层理的砂岩。

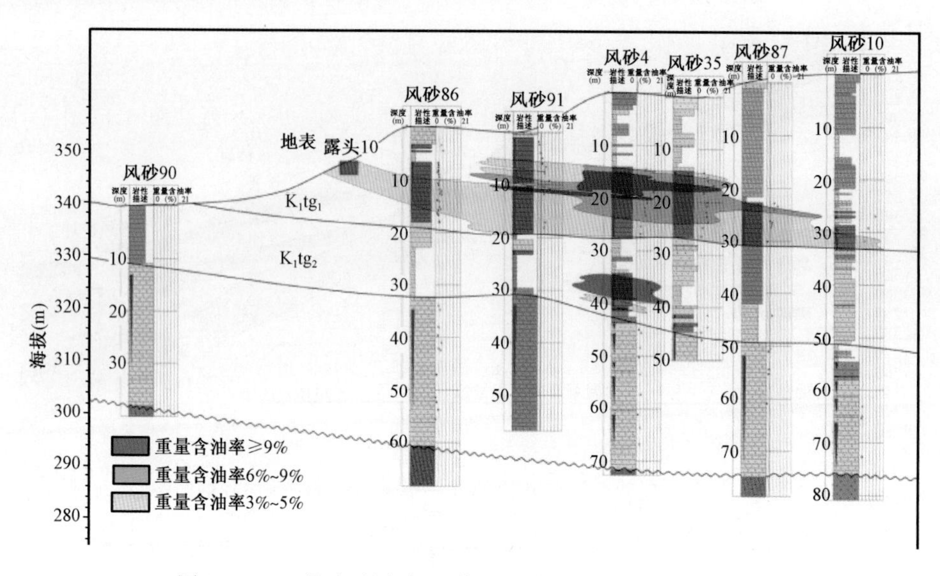

图 8－46　3 号矿过风砂 90 井—风砂 10 井孔油砂层对比图

6. 矿藏特征

1）矿藏类型

从露头观察及钻孔、钻井资料可见，不整合面及断裂附近砂体发育的区域均含沥青油，综合分析认为 1 号矿矿藏类型为岩性构造油砂矿藏（图 8－47），油砂分布在断层附近 0.5～1.5km 范围内，齐古组低部位发育边底水，白垩系无明显的地层水；2 号矿是一个受构造和超覆不整合控制的构造岩性体矿藏（图 8－48）；3 号矿是一个受构造和超覆不整合控制、目前已遭剥蚀破坏的河流砂岩体矿藏，地形地貌对油砂具有宏观上的控制作用，残留台地为油砂保留区，含油率较高，台地间的冲积平原为油砂侵蚀区，埋藏较浅或出露地表的边缘区，含油率较低，3 号矿主要为构造岩性矿藏（图 8－49）。

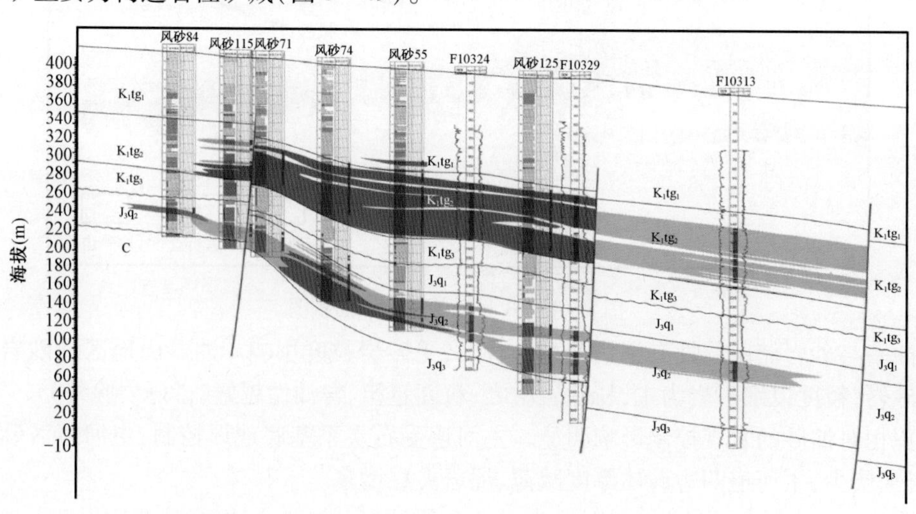

图 8－47　1 号矿过风砂 84 井—F10313 井油砂层对比图

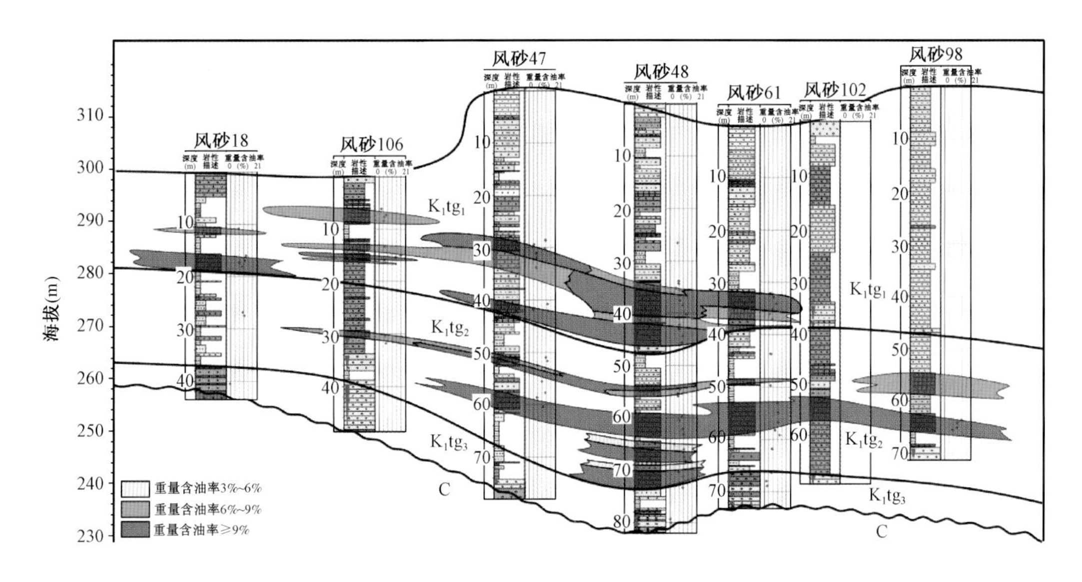

图 8－48　2 号矿过风砂 18 井—风砂 98 井油砂层对比图

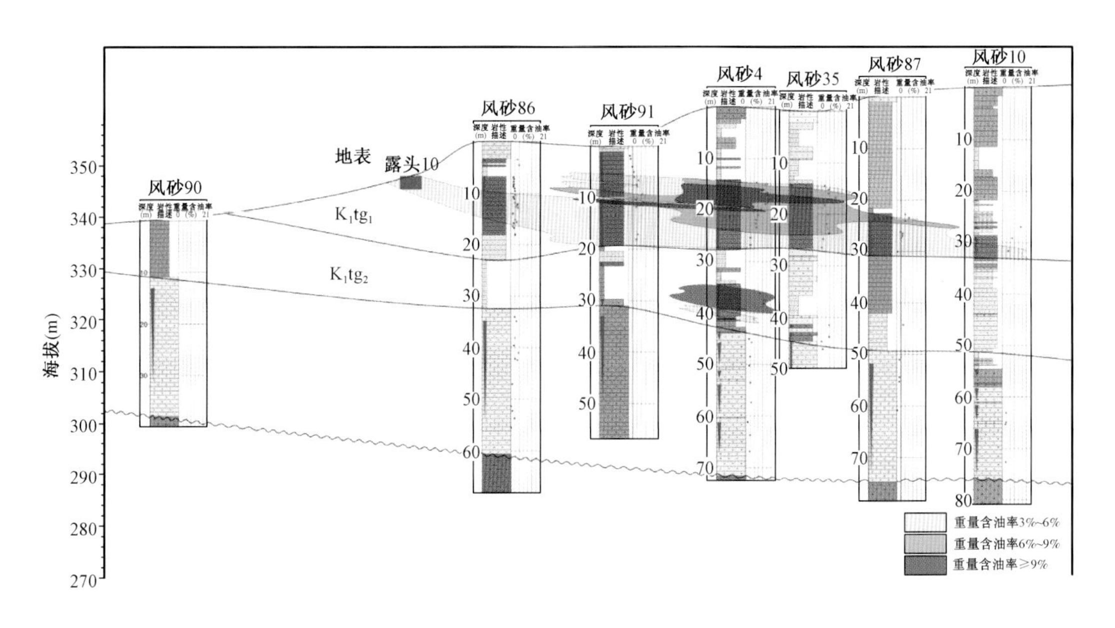

图 8－49　3 号矿过风砂 90 井—风砂 10 井油砂层对比图

2)*矿藏埋深*

矿藏埋深是决定开采方式的一个关键参数，从经济效益出发，油砂矿埋藏深度小于 75m，为浅层油砂矿，适合露天开采；埋藏深度 75 ~ 500m，适合就地热采或井下巷道开采；埋藏深度大于 500m，目前工艺技术难于开采。风城 1 号矿埋深 50 ~ 100m，平均 80m；2 号矿埋深 20 ~ 35m，平均 30m；3 号矿埋深 2 ~ 20m，平均 14m（图 8－50 至图 8－52）。

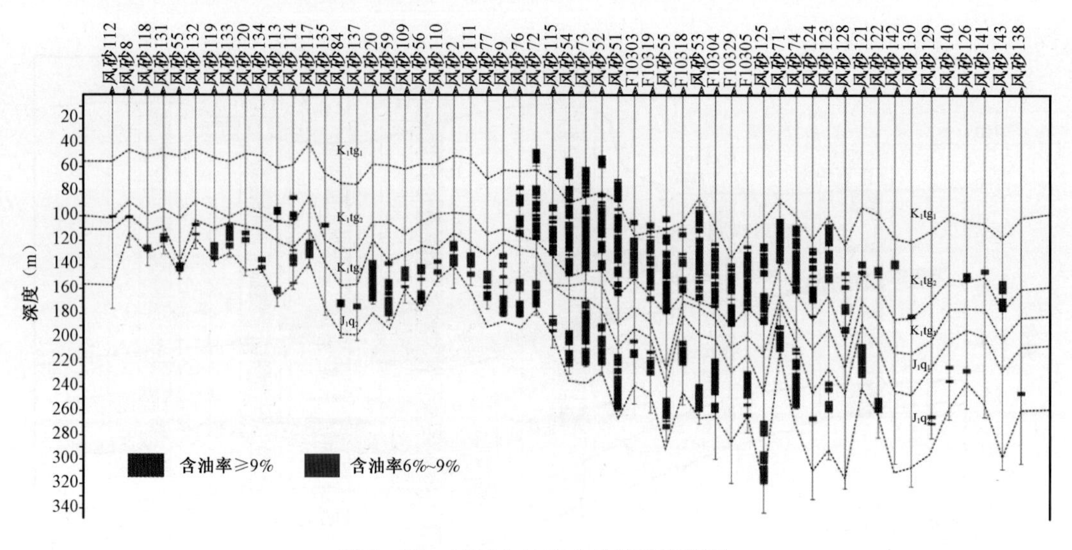

图 8－50　风城 1 号油砂矿单孔埋深图

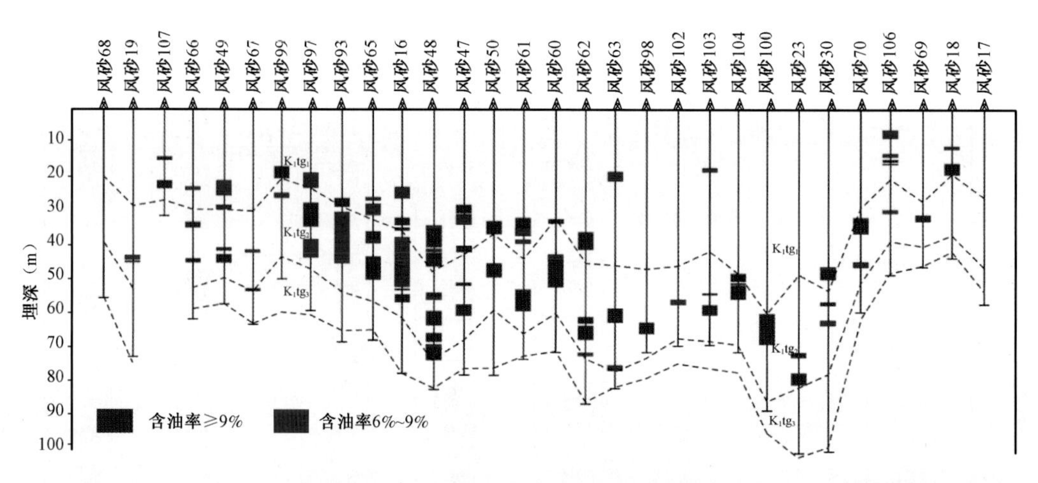

图 8－51　风城 2 号油砂矿单孔埋深图

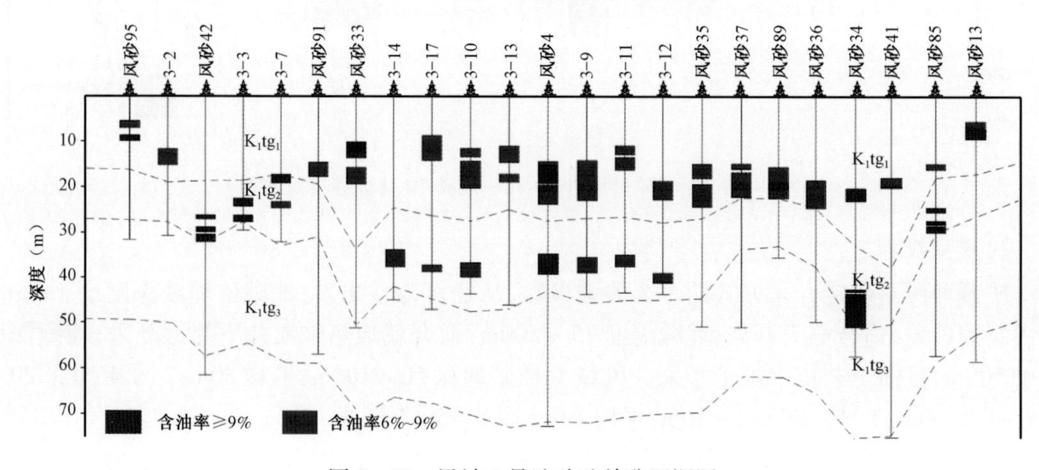

图 8－52　风城 3 号油砂矿单孔埋深图

3)流体性质

1号矿齐古组原油密度在0.9565~0.9887g/cm^{3}之间,平均0.9612g/cm^3,含蜡量在0.49%~1.0%之间,平均0.786%,凝固点在20.1~32.1℃之间,平均24.62℃,50℃时地面脱气原油黏度在25300~57385mPa·s之间,平均37517mPa·s,属超稠油。黏温反应敏感,温度每升高10℃,黏度降低50%~70%;白垩系只有1口井试油,原油密度0.9789g/cm^3,含蜡量1.06%,凝固点41.8℃,50℃时地面脱气原油黏度266000mPa·s,属超稠油。

2号矿白垩系取油样1井1层,原油密度0.9845g/cm^3,含蜡量9.22%,50℃时地面脱气原油黏度146000mPa·s,属超稠油。

齐古组地层水水型为$NaHCO_3$型,氯离子含量1879~1950mg/L,总矿化度为4970mg/L。

4)油藏压力及温度

根据风城齐古组超稠油油藏地温梯度曲线和原始地层压力梯度关系式,确定1号矿齐古组矿藏中部深度175m(海拔190m),矿藏地层温度为21.67℃,地层压力为1.74MPa,压力系数0.99;白垩系中部深度120m(海拔245m),油藏地层温度为18.65℃,地层压力为1.22MPa,压力系数0.98。

2号矿白垩系中部深度35m(海拔330m),油藏地层温度为17.60℃,地层压力为0.42MPa,压力系数0.83;3号矿白垩系中部深度17m(海拔348m),油藏地层温度为17.39℃,地层压力为0.24MPa,压力系数0.70。

地温梯度:$T=17.178+0.0123D$(D:埋藏深度)

压力梯度:$p_i=3.5504-0.0095H$(H:海拔深度)

二、勘探做法与储量计算

1. 勘探做法

2012年通过开展油砂露头地面地质调查和风城地区地质特征、成藏规律研究,初步掌握了地表油砂的分布规律和范围,研究清楚了风城油砂矿藏形成条件、矿藏特征及富集规律,为下步勘探提供了充分依据。

露天开采对矿体描述精度要求非常高,按照露天开采(固体矿)的规范结合风城油砂矿藏实际特点开展了小井距全井段取心精细勘探,对于油砂分布较稳定的1、2号矿按照200m井距勘探,对于储层非均质性和含油性变化较大的不稳定油砂矿,按照50m井距勘探(图8-53)。

所有钻孔全井段取心,现场选取含油率、岩石密度、岩石薄片、碎屑岩粒度、黏土含量等矿藏地质和工程地质、水文地质资料。

油砂矿作为一种特殊矿藏,勘探、评价方法与常规油气不同,钻孔孔距要能达到满足矿体的连续性,矿床的地质特征、矿体的形态、产状、规模、矿石质量、品位和开采技术条件要详细查明,对矿产的加工炼制要进行实验室试验和现场半工业化试验,才能为下步可行性研究或方案编制提供依据。

根据固体矿标准和前人已完钻油砂孔,在200m井距正方形井网上共部署四轮64个油砂孔,实际完钻60口,全井段取心,现场选取含油率、粒度、岩石薄片、X衍射、黏土总量等化验分析资料,个别重点井进行测井。3号探坑在挖掘工程中,由于储层含油性变化较大,在含油率较高的区域50m井距又部署16个孔落实含油性较好区域。全区实际完钻78个油砂孔,取得油浸级以上油砂岩心2218.0m。其中又以1号矿油砂厚度最大,品质最好(图8-54至图8-57)。

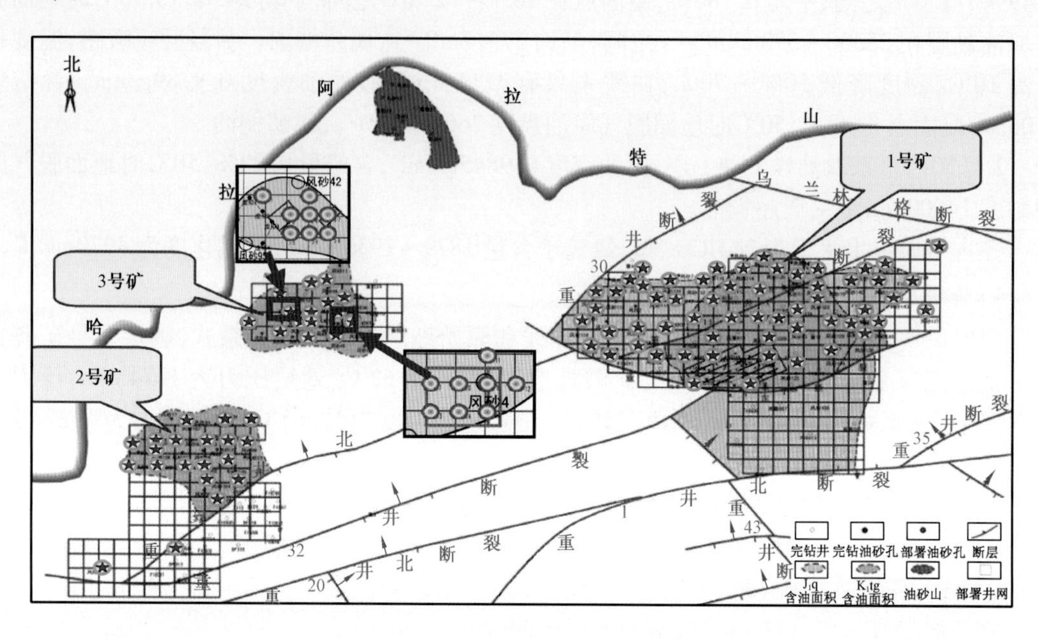

图8-53 风城油砂矿整体部署图

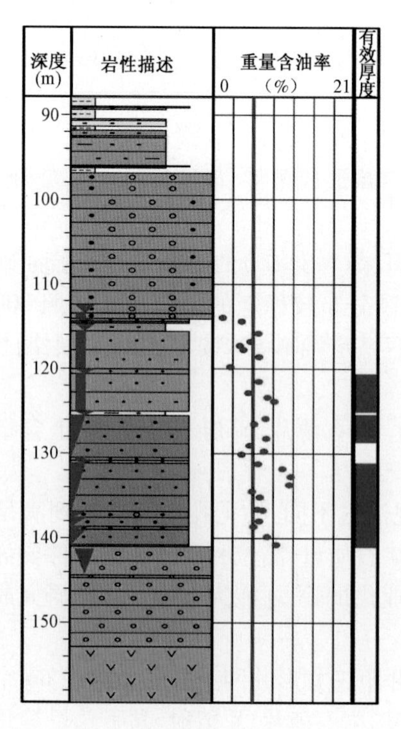

图8-54 1号矿风砂2孔综合柱状图

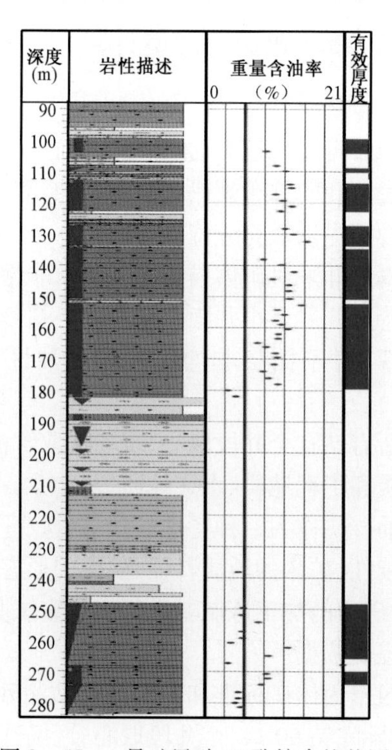

图8-55 1号矿风砂55孔综合柱状图

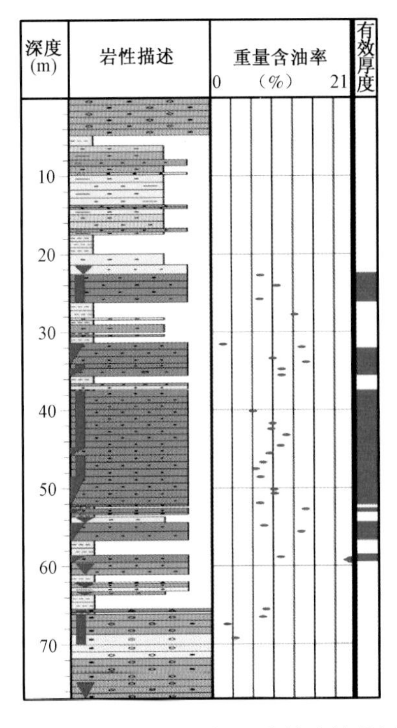

图 8-56 2号矿风砂16孔综合柱状图

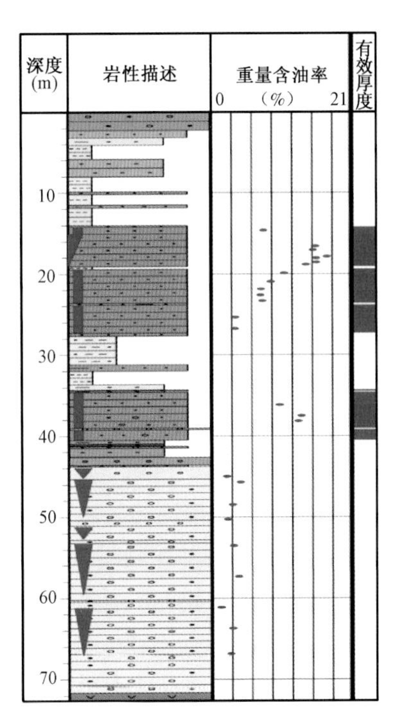

图 8-57 3号矿风砂4孔综合柱状图

2. 储量计算

油砂储量是指油砂中沥青油的量，由于油砂埋藏较浅，胶结疏松，大部分样品在抽提时严重破碎或松散，孔隙度、饱和度数据误差大，而重量含油率及岩石密度参数较易获得，对油砂具有普遍意义，目前国内外通行的油砂储量计算方法为重量含油率法。

重量含油率法是用实验室测定的油砂岩石密度和重量含油率直接计算石油地质储量的方法，其计算公式为：

$$N = 100Ah\rho_r C_o$$

式中 N——石油地质储量，10^4t；

A——含油面积，km^2；

h——油砂平均有效厚度，m；

ρ_r——岩石密度，t/m^3；

C_o——油砂含油率，%。

油砂沥青油探明地质储量必须符合下列条件：基础是详细可靠的勘探、取样资料，这些资料是通过适用的技术和按照规范在现场取得的，如钻井、钻孔、沟槽、掘坑、作业面等，资料点的间距能够控制油砂层及其性质的变化，足以确定储层及其品味的连续性，油砂层顶、底板等高线已严密控制，已详细查明矿体的形态、产状、规模、矿石质量、品位、流体性质和开采技术条件，已进行了小试或中试试验，已有以开发概念设计为依据的经济评价。与我国常规油气探明储量定义基本一致，与美国证券交易委员会（SEC）、石油工程师协会（SPE）及世界石油大会

(WPS)的证实储量定义基本符合。

风城油砂矿依照固体矿的规范进行了勘探,现场对油砂岩心系统选样进行含油率、岩石密度、粒度、黏土成分等项目分析。

利用钻孔、钻井和各类化验分析资料开展了精细地层划分对比、构造、储层、油砂矿床特征、富集规律及控制因素等方面的地质综合研究,通过综合地质研究,确定了风城三个油砂矿体的边界、形态、产状、规模、矿石质量、品位和流体性质,合理确定了各项储量参数。

1)油砂含油面积确定

油砂矿体边界的确定,包括平面边界和垂向深度底界。平面上如断层、油砂层露头、油砂最小有效厚度及尖灭线等,而深度界线一般要考虑油砂层的埋深和开发能力来确定具体标高或范围,不一定以某个深度为准,也可能以某一岩层或层段为界。具体圈定原则如下:

(1)断裂遮挡控制的区域,以断裂为含油面积计算线;

(2)岩性物性变化控制的区域,先确定含油边界,然后以有效厚度5m线为含油面积计算线。若有有效厚度井之外无井控制时,1号矿边部井有效厚度≥10m,外推半个井距100m,5m≤有效厚度<10m时,外推1/4井距50m作为含油边界;2号矿外推半个井距100m作为含油边界;3号矿外推半个井距25m作为含油边界;当有有效厚度井与无有效厚度井井距小于半个探明井距时,以有有效厚度井与无有效厚度井井距之半作为含油边界。

2)油砂有效厚度下限标准与确定方法

根据含油岩心描述结果和重量含油率综合确定。由于钻孔从井底到井口全井段取心,岩心的岩性和含油性非常直观。首先根据现场取出的岩心描述出饱含油、富含油、油浸等级别含油岩心的厚度,然后将小于重量含油率下限的非有效厚度去掉,确定出单孔油砂有效厚度。

根据(1)从本区油砂重量含油率与含油产状关系图可以看出(图8-58),饱含油、富含油岩心含油率基本都大于6%;(2)肉眼观察油砂岩心含油性与室内、现场小试试验含油率≥6%,洗油效率好;(3)类比加拿大下限7%或8%。

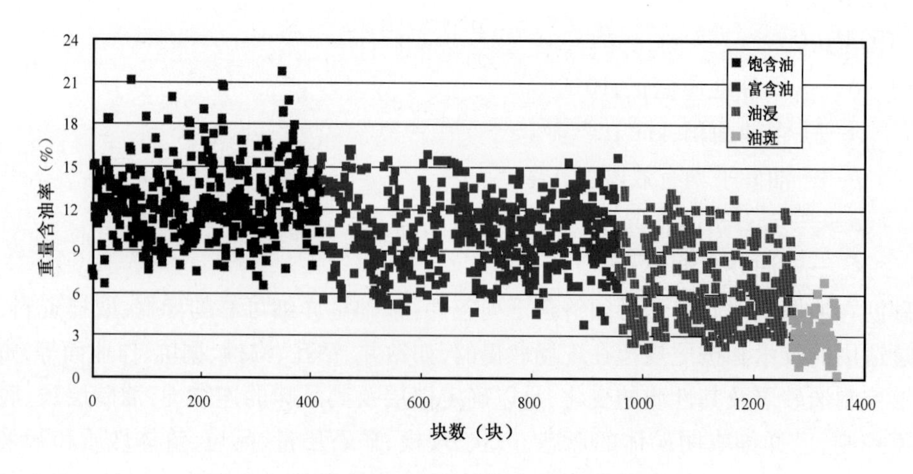

图8-58 风城油砂重量含油率与含油产状关系图

综合确定油砂有效厚度下限标准为：饱含油、富含油以及油浸级以上含油岩心重量含油率≥6%。没有分析化验资料的钻孔，以油浸级以上岩心为油砂层厚度。

3）油砂有效厚度

根据上述下限标准，单孔有效厚度根据含油产状和重量含油率下限综合确定，确定原则为：

（1）油砂层起算厚度为0.5m，小于0.5m的全部剔除；

（2）夹层起扣厚度为0.2m，油砂层之间的夹层厚度小于0.2m时，可与油砂层合并计算采用厚度；

（3）油砂层厚度在0.5～1.0m之间时，油砂层厚度等于或大于夹层厚度时，上下油砂层厚度均作为采用厚度，如0.60（0.60）1.20（0.50）0.70有效厚度为2.50m；油砂层厚度小于夹层厚度时，如1.50（1.20）0.80，又如5.00（0.50）0.70（0.90）0.60（0.55）7.00（0.20）1.70，将前者（1.20）0.80、后者（0.90）0.60（0.55）剔除。

（4）油砂层厚度大于或等于1.0m时，全都采用。

各计算单元平均有效厚度采用等值线面积权衡。

4）重量含油率

含油率是油砂矿是否具有工业开采价值的重要评价指标，参照加拿大开采油砂的标准，结合我国油砂矿藏实际，划分为三个品位等级：低品位——平均含油率3%～6%，中品位——平均含油率6%～9%，高品位——平均含油率大于9%。

单孔重量含油率根据油砂层厚度权衡，各计算单元重量含油率采用单孔控制油砂层体积权衡。

5）岩石密度

采用高精度岩石密度测定仪，对128块不同层位、不同含油性及岩性的油砂样品进行了化验分析，各计算单元岩石密度采用算数平均值法求得。

6）储量及可采储量计算结果

根据上述各项参数，采用重量含油率法计算1、2、3号油砂矿合计新增油砂油探明地质储量为5752.87×10^4t，叠加含油面积6.45km^2（图8－59至图8－61、表8－46）。其中1号油砂矿新增油砂油探明地质储量为5613.50×10^4t，叠加含油面积5.80km^2；2号油砂矿新增油砂油探明地质储量为123.01×10^4t，叠加含油面积0.51km^2；3号油砂矿新增油砂油探明地质储量为16.36×10^4t，叠加含油面积0.14km^2。新增油砂油控制地质储量为3153.42×10^4t，叠加含油面积2.75km^2（表8－47）。

根据实验室内油砂的洗油效率在91%～95%，结合目前3号矿小试试验装置在运行不正常的情况下初步洗油效率是75%，根据洗油效率确定风城油砂矿油砂油的技术采收率为80%，计算1、2、3号油砂矿探明油砂油技术可采储量为4602.29×10^4t；3号油砂矿控制油砂油技术可采储量为2522.74×10^4t。

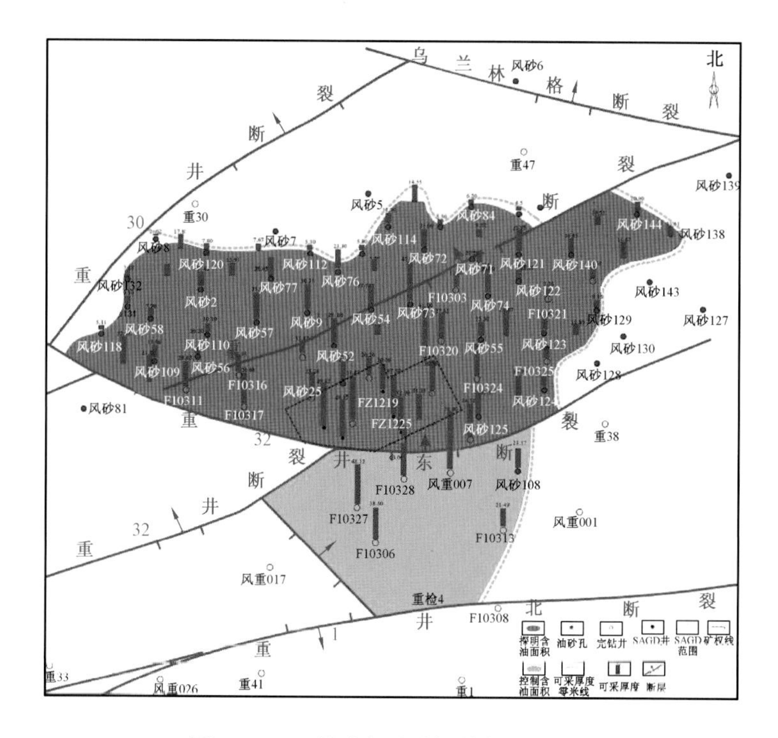

图 8－59　1 号矿白垩系新增含油面积图

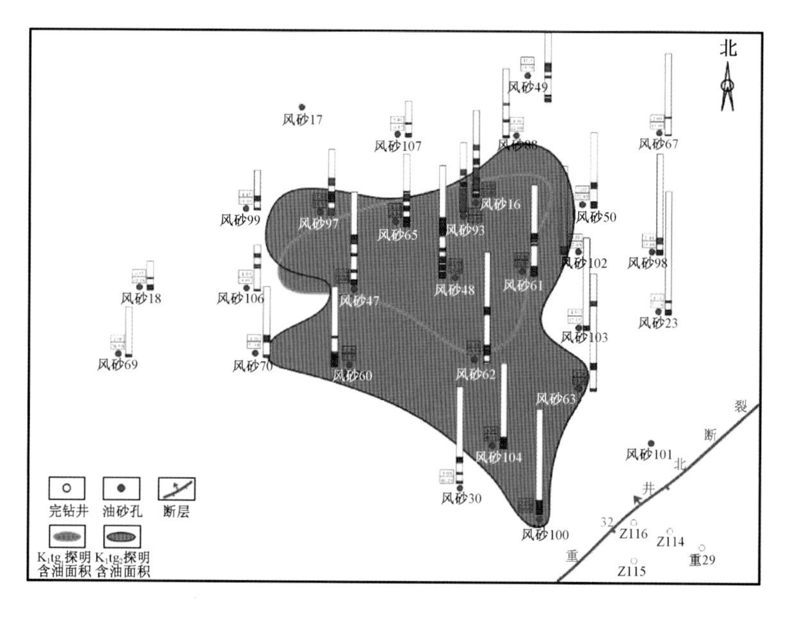

图 8－60　2 号矿白垩系新增含油面积图

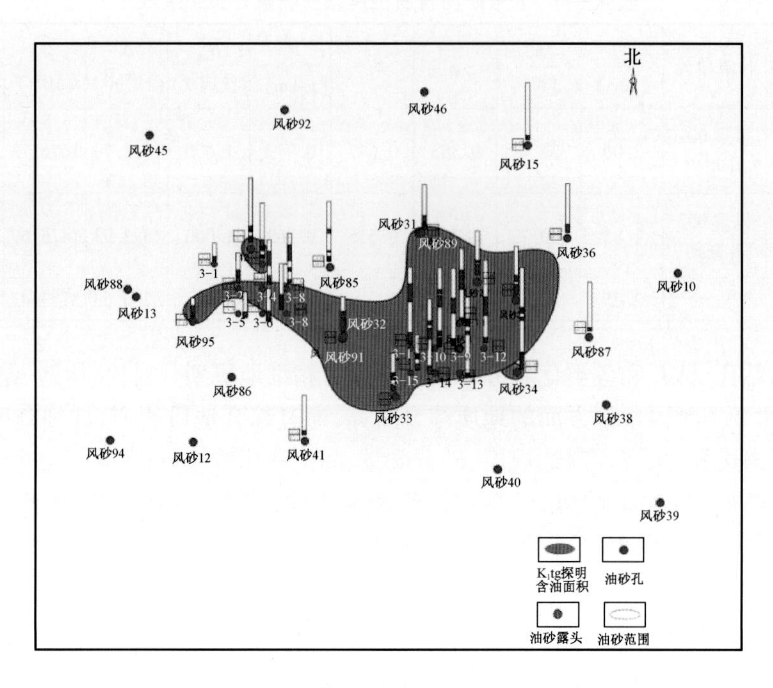

图 8-61　3 号矿白垩系新增含油面积图

表 8-46　1、2、3 号矿沥青油探明地质储量计算结果表

区块	层位	计算单元	A_o (km^2)	h (m)	C_o	ρ_r (g/cm^3)	N (10^4t)	E_R	N_R (10^4t)
1 号矿	K_1tg_1	风砂 73 井断块	0.75	15.3	0.126	2.095	302.91	0.800	242.33
	K_1tg_2	风砂 72 井断块	0.50	22.5	0.113	2.095	266.33		213.06
		风砂 73 井断块	2.76	42.6	0.109	2.095	2684.91		2147.93
	J_3q_2	风砂 72 井断块	2.14	17.9	0.083	2.077	660.36		528.29
		风砂 73 井断块	3.37	26.1	0.093	2.077	1698.99		1359.19
	小计		5.80				5613.50		4490.80
2 号矿	K_1tg_1	风砂 16 井区	0.21	7.6	0.097	2.058	31.86		25.48
	K_1tg_1	风砂 16 井区	0.50	8.6	0.103	2.058	91.15		72.92
	小计		0.51				123.01		98.40
3 号矿	K_1tg_1	风砂 4 井区	0.13	7.1	0.078	2.124	15.29		12.23
	K_1tg_2	风砂 42 井区	0.0031	6.5	0.106	2.124	0.45		0.36
		风砂 4 井区	0.0035	7.8	0.080	2.124	0.46		0.37
		风砂 34 井区	0.0012	5.0	0.122	2.124	0.16		0.13
	小计		0.14				16.36		13.09
合计			6.45				5752.87		4602.29

表 8-47　1号矿沥青油控制地质储量计算结果表

区块	层位	计算单元	A_o (km²)	h (m)	φ	S_{oi}	ρ_o (g/cm³)	B_{oi} (无因次)	N (10^4m^3)	N (10^4t)	E_R	N_R (10^4t)
1号矿	K_1tg_2	风重007井断块	2.06	35.4	0.363	0.647	0.979	1.000	1712.70	1676.73	0.800	1341.39
	J_3q_2	风重007井断块	1.85	40.7	0.309	0.655	0.969	1.000	1523.93	1476.69		1181.35
合计			2.75						3236.63	3153.42		2522.74

利用全区钻孔、钻井和各类化验分析资料开展了精细地层划分对比、构造、储层、油砂矿床特征、富集规律及控制因素等方面的地质综合研究，通过综合地质研究，详细查明了风城地区三个油砂矿体的边界、形态、产状、规模、矿石质量、品位和流体性质，建立了三个油砂矿三维可视化空间展布模型，探明风城地区油砂矿沥青油地质储量 5753×10^4t，控制储量 3153×10^4t，形成了一套固体油砂矿藏勘探、评价、现场选样和储量计算方法，为风城油砂矿区2014年底建成 100×10^4t 沥青油生产基地提供了基础和资源保证。

中国油砂矿工业起步较晚，尚处于普查与初步研究阶段。该成果是风城油砂矿综合开发利用的基础和资源保证，对促进克拉玛依市市民就业，促进地方经济发展，实现城市可持续发展和长治久安具有十分重要的意义。而且非常规能源也是我国今后能源发展的重要领域，开发前景十分广阔。

第九节　中拐凸起精细勘探

一、中拐凸起精细勘探的做法

中拐五、八区的勘探工作始于20世纪50年代，70年代以前主要以重力、磁力、电法勘探为主，70年代中后期开始开展地震勘探，90年代进入大量勘探阶段，目前研究区二维地震测网密度达 2km×3km～1km×2km，三维地震资料已基本覆盖全区，面积近 $1930km^2$。近年来，在二叠系、三叠系不整合面进行精细标定的基础上，重新精细构造解释，断裂、层位的重新厘定，通过点—线—面方式展开工作，整体研究、整体认识、逐步推进，建立新的研究、解释思路，在创造性开展研究工作的基础上、提出一系列新的地质观点和地质认识，建立了新的构造解释模式及二叠系各油气藏的研究思路。通过古构造恢复，搞清楚了研究区的构造格局，指出中拐凸起东环带受断裂及古构造影响，发育四个构造带，提出潜山控制形成二叠系油气富集带。同时，准确的构造认识对重构油气藏模式起到重要的作用，确定了有利构造带及有利储层发育带，为整体评价指明了方向。为整个中拐凸起东环带二叠系油气藏的勘探、评价研究提供了研究思路和方向，为扩展研究区的勘探成果奠定了地质基础。对油气藏滚动勘探过程中运用的各种配套技术、方法进行了总结，并在综合评价基础上指明了金龙地区下一步滚动勘探方向及勘探潜力。

精细勘探研究认为金龙2井区二叠系油气藏具有古构造控带、断裂控藏、物性控产三大特征，构造、断裂为二叠系油气藏的主控因素，油气藏分布具有明显的分块特征。经过几年的精

细勘探认识，二叠系滚动勘探已取得显著进展，区域展现规模储量，是可供建产的优质区块。该区提交油气藏地质储量 6853.06×10^4t，可采储量 957.50×10^4t，经济效益显著。

二、油田地质特征

1. 构造特征

中拐凸起长约 80km，宽约 40km，面积约 $3200km^2$，总体形态为一个向东南倾没的宽缓巨型鼻状构造。凸起形态北翼平缓，以斜坡向玛湖凹陷过渡；南翼由于受红 3 井东断裂的影响，导致了断裂两盘二叠—三叠系发生明显的落差和侏罗系挠曲。控制凸起构造形态的边界断裂主要为逆断裂，断裂走向主要为东西向和南北向。南北向断裂主要包括红车断裂、红 3 井西断裂等；东西向断裂主要有红 3 井东断裂。剖面上断裂表现为上陡下缓，上部倾角较大，倾角 60°～80°，下部倾角 40°～50°，断开层位为二叠系至侏罗系；平面上延伸距离达 20～40km。

中—晚海西期受区域性的挤压应力场作用于中拐地区。形成了受金 201 井西断裂、金龙 2 井断裂、克 301 井断裂和金 204 井南断裂控制"L"形的佳木河组火山岩古凸带，晚二叠纪受西部盆地边界抬升作用的影响，佳木河组古凸带逐渐向东倾斜，发展为现今西高东低的单斜构造。

金龙 2 区块是中拐凸起近年来实施精细勘探成效显著的一个区块，区域构造位于准噶尔盆地西北缘中拐凸起东斜坡带。中拐凸起东面与玛湖凹陷、达巴松凸起相连，北面与克百断裂带相邻，西面与红车断裂带相接，南面与盆 1 井西凹陷、沙湾凹陷相连。

金龙 2 井区从中—晚海西期至现今构造活动如下：中—晚海西期由于中拐凸起向盆地内部的挤压作用，区域性的挤压应力场作用于中拐凸起东斜坡。形成了"L"形的佳木河组火山岩古凸带（图 8－62）。

由于佳木河组古凸带影响，二叠系风城组、夏子街组、下乌尔禾组均向西超覆沉积。受佳木河组古凸带遮挡，二叠系风城组、夏子街组、下乌尔禾组地层在古凸带东侧形成系列南北向地层尖灭特征。

二叠纪末研究区构造运动趋于平缓，金 201 井西断裂和金龙 2 井西断裂活动强度减弱，中拐凸起开始进入潜伏埋藏阶段，上二叠统上乌尔禾组超覆沉积于中—下二叠统之上，在古凸带高部位直接与二叠系佳木河组呈不整合接触。

三叠纪整体上继承早—中海西期的构造运动格局的基础上，早期发育断裂停止活动，这时形成近东西走向的晚期断裂。三叠纪末期西部隆起区抬升，使三叠系厚度自东南向西北方向减薄，使佳木河组和石炭系古潜山带向西抬升，古潜山圈闭幅度变小。

侏罗纪继承了三叠纪的构造活动，侏罗纪末期西部隆起区持续抬升，使佳木河组和石炭系古潜山带继续向西抬升，古潜山圈闭幅度进一步变小。

燕山运动末期西部隆起区继续抬升，形成了东南低、西北高的构造格局，并导致白垩系厚度自东南向西北方向减薄，顶部遭受部分剥蚀。

喜马拉雅期最终掀斜定型，二叠系基本构造特征为一东南倾的单斜。

金龙 2 井区块是在区域构造背景影响下在石炭纪末期形成的古凸起，经历多期构造运动，造成地层多次抬升、剥蚀、尖灭等地质特征，二叠系各地层构造形态整体表现为东南倾的单斜，具有西高东低的特点，主要发育两组断裂，一组断裂走向为近南北向，该组断裂形成于早—中二叠纪，晚二叠纪持续继承性活动，该组断裂属于早期形成的断裂，控制着近南北向的佳木河古凸带火山岩体的分布，该火山岩体由东部斜坡区沿南北向断层面向西部滑脱推覆，形成近南

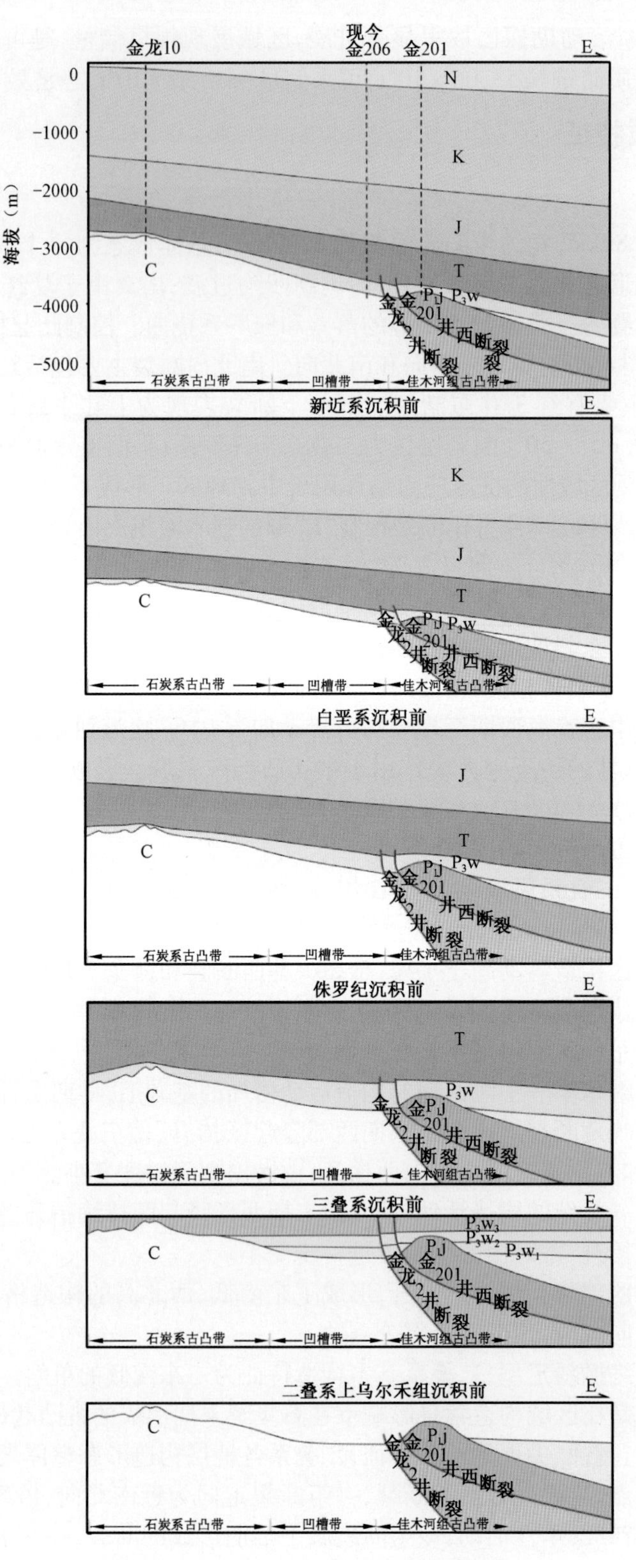

图 8－62　金龙 2 井区构造演化史剖面

北向展布的条带状古凸构造，古凸构造带基本表现了二叠系佳木河组火山岩带的展布形态和展布范围；另一组断裂走向为近东西向，该组断裂形成于晚二叠纪，切割早期形成的断裂，南北走向断裂与东西走向断裂相互切割形成，把金龙2井区二叠系切割成为多个断块。

平面上，近南北向为主断裂，近东西向为调节性断裂，工区南部佳木河组古凸隆起较高，两组断裂特征清晰，断距大，北部受佳木河组古凸带影响较小，断裂欠发育，断距减小。

纵向上二叠系断裂广泛发育，自下而上断裂发育程度逐渐降低，下部佳木河组断距较大，上部上乌尔禾组断距较小。

佳木河组(P_1j)顶面构造形态整体为向东倾的单斜，地层在西部构造高部位剥蚀尖灭，在金龙2井区由于受东西向挤压应力的影响，佳木河组沿南北向断裂推覆隆起，在研究区形成南北向的古凸起，古凸起高点在金201井周围。后被东西向断裂切割，形成多个断块。金201井断块、金204井断块为断鼻构造，其余断块构造形态均为单斜(图8-63)。上乌尔禾组乌一段(P_3w_1)基本继承了佳木河组的构造形态，整体表现为被断裂切割的断块。在金201井断块东部由于受佳木河组古地形的影响，在古凸东部乌一段超覆尖灭于古凸之上。在古凸西部由于受金201井西断裂的影响，乌一段断缺(图8-64)。乌二段(P_3w_2)顶面构造继承乌一段构造形态，表现为被断裂切割的断块，西部高部位乌二段超覆尖灭。

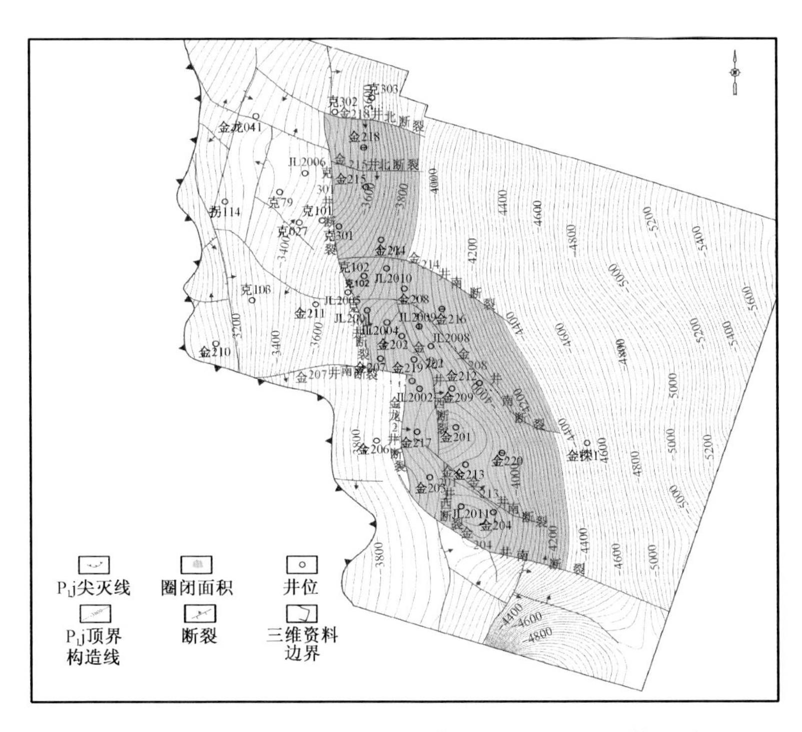

图8-63 金龙2井区块二叠系佳木河组(P_1j)顶界构造图

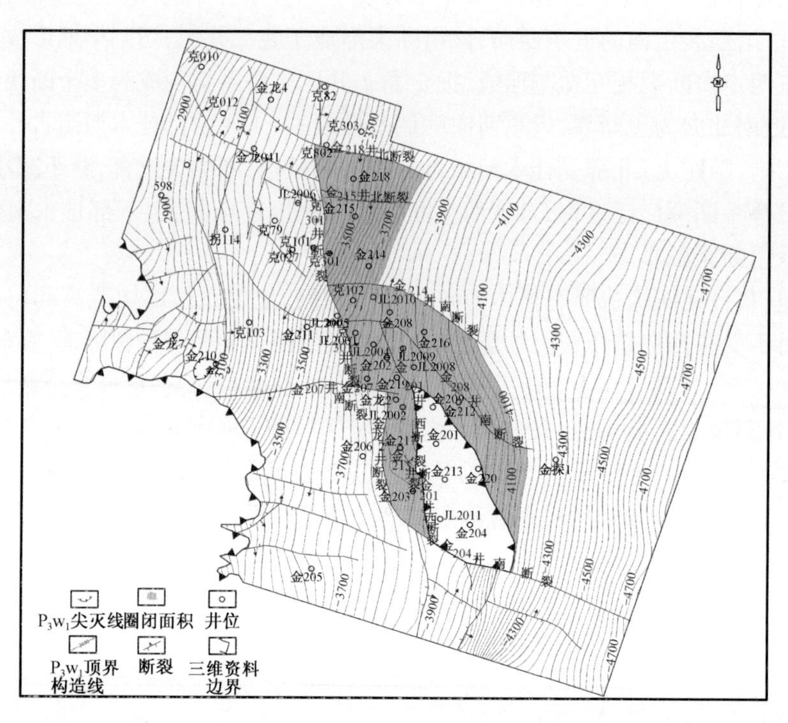

图 8-64 金龙 2 井区块二叠系上乌尔禾组一段(P_3w_1)顶界构造图

2. 地层特征

根据钻井及地震资料，中拐凸起自下而上发育的地层为：石炭系(C)，二叠系佳木河组(P_1j)、风城组(P_1f)、夏子街组(P_2x)、下乌尔禾组(P_2w)、上乌尔禾组(P_3w)，三叠系百口泉组(T_1b)、克上组(T_2k_2)、克下组(T_2k_1)、白碱滩组(T_3b)，侏罗系八道湾组(J_1b)、三工河组(J_1s)、西山窑组(J_2x)、头屯河组(J_2t)和白垩系吐谷鲁群(K_1tg)。其中白垩系与下伏侏罗系、三叠系与二叠系、二叠系上乌尔禾组与佳木河组为区域性地层不整合接触。侏罗系齐古组缺失，二叠系在中拐凸起高部位，缺失下乌尔禾组(P_2w)、夏子街组(P_2x)及风城组(P_1f)等，发育上乌尔禾组(P_3w)及佳木河组(P_1j)，上乌尔禾组自东南向西北方向逐层超覆沉积于佳木河组之上，在凸起高部位，乌一段缺失，乌二段明显减薄，佳木河组与上覆上乌尔禾组呈角度不整合关系。白垩系及以下地层岩性及接触关系特征如表 8-48 所示。

研究区目的层位主要为二叠系佳木河组和上乌尔禾组。佳木河组在工区的西部剥蚀减薄至尖灭，往工区东部逐渐增厚，佳木河组与下伏石炭系为不整合接触，在工区中西部与上覆上乌尔禾组为不整合接触，在工区东部与上覆风城组为不整合接触(图 8-65)。

上乌尔禾组自东南向西北方向逐层超覆沉积于佳木河组和石炭系之上。上乌尔禾组地层根据岩性、电性特征自下而上分为上乌尔禾组一段(P_3w_1)、上乌尔禾组二段(P_3w_2)和上乌尔禾组三段(P_3w_3)。在金 201 井区古凸起高部位，乌一段(P_3w_1)地层缺失，乌二段(P_3w_2)明显减薄。

上乌尔禾组乌一段(P_3w_1)以灰色砂砾岩为主，局部夹棕红色泥质小砾岩。沉积厚度在 0～130m 之间，西部构造高部位乌一段超覆尖灭。此外，由于受佳木河组古地形及断裂影

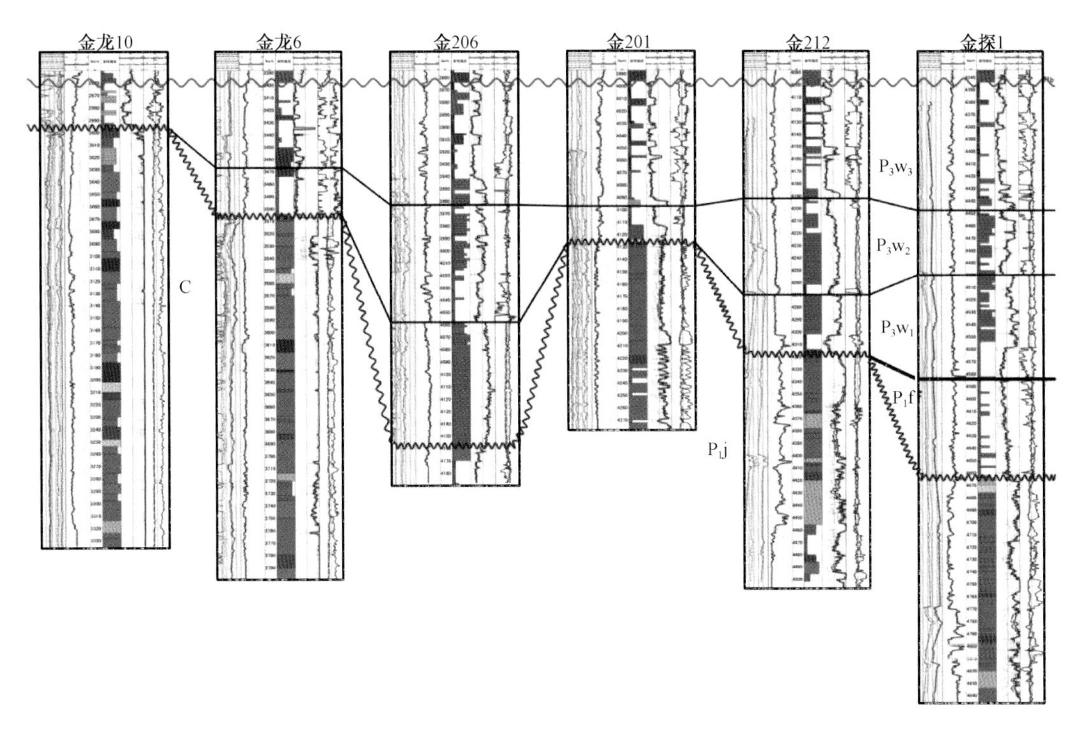

图8-65 过金龙10井—金龙6井—金206井—金201井—金212井—金探1井二叠系对比图

响,在金龙2井区乌一段厚度变化较大,主要表现为沿克301井—金201井一线古隆起区地层厚度薄,至金201北部及东部地层超覆尖灭,金201井西部由于受断裂影响,乌一段断缺,整体表现为西部构造高部位及金龙2古隆起区地层薄,其两侧地层厚的特征。

上乌尔禾组乌二段(P_3w_2)以褐灰色含砾岩屑砂岩及灰色砂砾岩为主。沉积厚度在0~90m之间,西部构造高部位乌二段超覆尖灭,在金龙2井区沿金204井—JL2008井一线地层厚度较薄外,区块内其他区域地层厚度相对稳定。

3. 沉积、储层特征

1)佳木河组储层特征

中拐凸起二叠系佳木河组地层特征具有复杂多变性,既有沉积岩相特征,又有火山岩相特征,储层的岩性、物性具有多样性,主要岩石类型依据岩石成分分为三大类:火山熔岩类、火山碎屑岩类及沉积岩类。工区内可见的岩石类型主要有:熔岩类的安山岩、玄武岩,火山碎屑岩类的凝灰岩、火山角砾岩,沉积岩的泥岩、凝灰质砂岩和凝灰质砂砾岩。克79井区—金206井区(凹槽带)佳木河组岩性以沉积岩为主,储层岩性主要为灰绿色英安岩、绿灰色凝灰质粉砂岩、粗砂岩、砂砾岩和灰绿色、褐灰色晶屑玻屑凝灰岩等(图8-66);佳木河组东侧的古凸带佳木河组岩性则以火山岩相为主(图8-67),根据钻井、录井资料显示,金龙2井区火山岩类型主要有两类:(1)火山碎屑岩类:主要为安山质、玄武质火山碎屑岩、集块岩;(2)熔岩类:包括玄武岩、安山岩、英安岩和流纹岩。火山岩有效储层主要为火山溢流相的安山—玄武岩类及火山爆发相的火山角砾岩,具有较好的孔隙类型和孔隙结构。有效储层气孔、溶孔、溶洞及裂缝发育。

表8-48　区域地层发育情况及接触关系表

地层			岩性特征	与下伏地层接触关系
名称		代号		
白垩系	吐谷鲁群	K_1tg	大套棕褐色、灰褐色泥岩、砂质泥岩夹薄层泥质粉砂岩，底部为绿灰色砂砾岩	不整合
侏罗系	头屯河	J_2t	上部为灰色粉细砂岩，下部以灰黄色泥岩为主夹薄层浅灰色泥质粉砂岩、细砂岩、含砾中砂岩及泥质粗砂岩、砂砾岩	不整合
	西山窑组	J_2x	灰色、绿灰色粉砂质泥岩、泥岩及浅灰色、灰色泥质细砂岩、中砂岩、粗砂岩及砂砾岩不等厚互层，局部为黑色煤层	不整合
	三工河组	J_1s	上部为黑色泥岩、夹砂质泥岩互层；下部为大套深灰色、灰色泥岩、砂岩不等厚互层	整合
	八道湾组	J_1b	上部主要为灰色粉砂质泥岩与煤层互层，下部灰、褐灰色细砂岩、含砾不等粒砂岩，砂砾岩为主夹深灰色泥质砂岩及黑色煤层	不整合
三叠系	白碱滩组	T_3b	中上部为中厚层灰色泥岩、细砂岩、砂质泥岩互层，中下部为厚层灰色泥岩、中厚泥质粉砂岩	整合
	克上组、克下组	T_2k	上部为灰色砂质泥岩，夹薄层灰色细砂岩，中下部为灰色砂质泥岩，深灰色泥岩，灰色泥质粉砂岩和褐灰色泥质砂岩、泥质细砂岩、中—细砂岩、含砾中砂岩、含砾粗砂岩及砂砾不等厚互层	不整合
	百口泉组	T_1b	杂色含砾不等粒砂岩、灰色泥质砂岩和灰褐色泥质砂岩夹薄层灰色、灰褐色砂质泥岩、棕褐色泥岩	不整合
二叠系	上乌尔禾组	P_3w	上部为棕褐色泥岩、灰褐色砂质泥岩；中部为深灰色泥质粉砂岩、灰色含砾不等粒砂岩，灰色、深灰色砂砾岩；下部为大段灰色砂砾岩	不整合
	下乌尔禾组	P_2w	以棕褐、灰褐色砾岩夹砂岩、泥岩为主，岩屑以变质岩和火山岩为主	不整合
	夏子街组	P_2x	主要为灰绿色砂质小砾岩、砂砾岩互层沉积，顶部存在一套泥质小砾岩	不整合
	风城组	P_1f	主要为灰绿色砂砾岩、砂质不等粒小砾岩、细粒小砾岩及不等粒砾岩，夹杂灰绿色粉细砂岩、粉砂质泥岩，底部为灰色凝灰岩	不整合
	佳木河组	P_1j	主要为大段深灰色、灰色、黑色安山岩、玄武岩、底部为灰色泥岩、粉砂质泥岩与泥质粉砂岩、凝灰质粉砂岩、砂砾岩及灰色、深灰色、褐灰色凝灰岩不等厚互层	不整合
石炭系		C	研究区块石炭系岩性较为复杂，岩石类型有岩浆岩和正常沉积岩。井下钻遇岩性主要以大套中基性火山岩（玄武岩、安山岩、霏细岩）为主，局部有花岗岩，夹火山碎屑岩类的火山角砾岩和凝灰岩以及正常沉积的砂砾岩等	

佳木河组火山岩储层主要为杏仁状安山岩，孔隙类型主要为杏仁溶蚀孔、气孔和基质孔。储层孔隙度7.8%～20.0%，平均13.56%；渗透率0.034～468mD，平均2.618mD。从测井曲线特征看，佳木河组安山岩储层伽马曲线为钟形特征，曲线值在15～60API之间；深浅电阻率正异常幅度明显，形态比较平缓，曲线值在10～50Ω·m之间；测井密度值较低，在2.2～2.45g/cm^3之间，个别井声波有周波跳跃现象，总体上呈现低伽马、低电阻和低密度的“三低”特征。

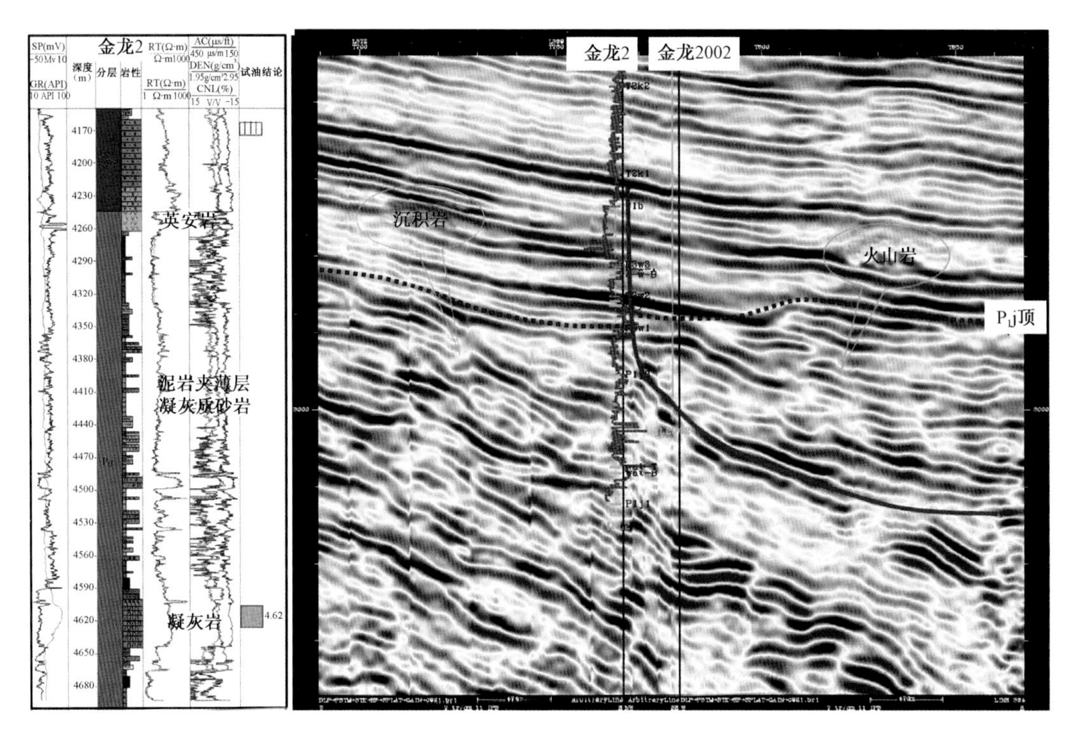

图 8-66 二叠系佳木河组地震发射剖面

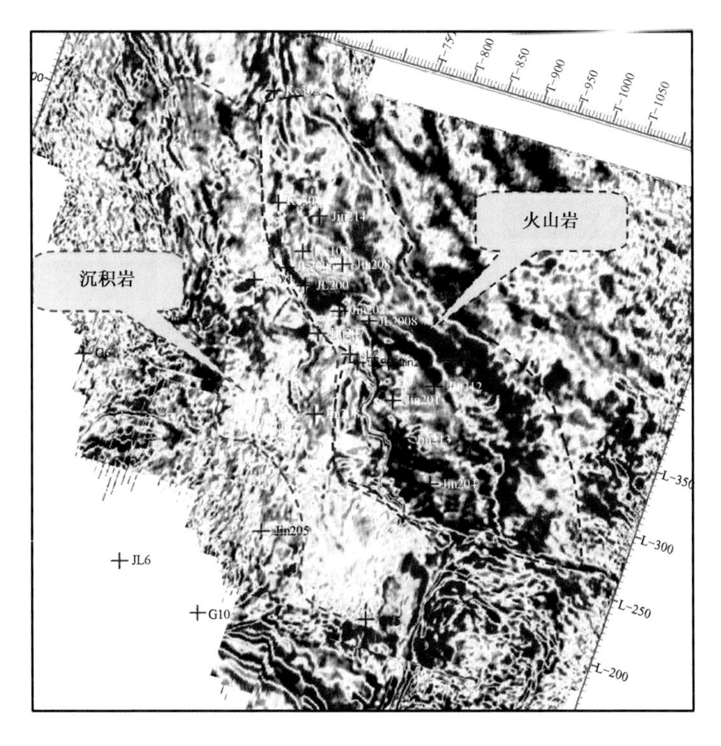

图 8-67 二叠系佳木河组平均振幅图

2)上乌尔禾组沉积储层特征

中拐地区二叠系乌尔禾组储层主要为上乌尔禾组储层,下乌尔禾组不发育,二叠系上乌尔禾组为扇三角洲前缘的分流河道沉积(图8-68),沉积厚度为50~350m,自下而上分三段,下部乌一段岩性为灰色砂砾岩及砂质砾岩,且砾岩具有支撑结构,胶结致密,块状构造;中部乌二段岩性为褐灰色含砾砂岩及灰色砂砾岩为主,夹灰褐色含砾泥质粉砂岩、泥岩及砂质泥岩;顶部乌三段砂地比较低,为区域性盖层,以灰色、灰褐色泥岩、砂质泥岩为主、夹灰褐色含砾泥质细砂岩及中—粗砂岩、砂砾岩。上乌尔禾组为一套下粗上细的正旋回沉积,底部自东南向西北方向逐层超覆不整合于佳木河组、石炭系之上,由于受佳木河组古地形的影响,在佳木河组潜山带南部(金201井区、金204井区),乌一段缺失,乌二段明显减薄;顶部自西向东受到不同程度的剥蚀,与上覆百口泉组呈角度不整合接触。油层在上乌尔禾组中均有分布,其主力油层为下部的乌一段和中部的乌二段(图8-69)。

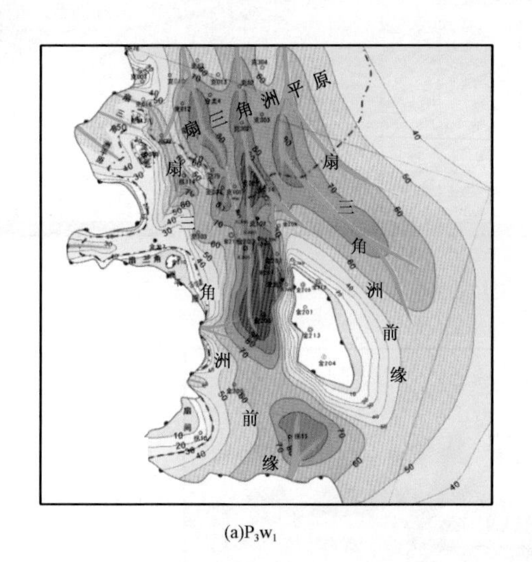

(a)P_3w_1

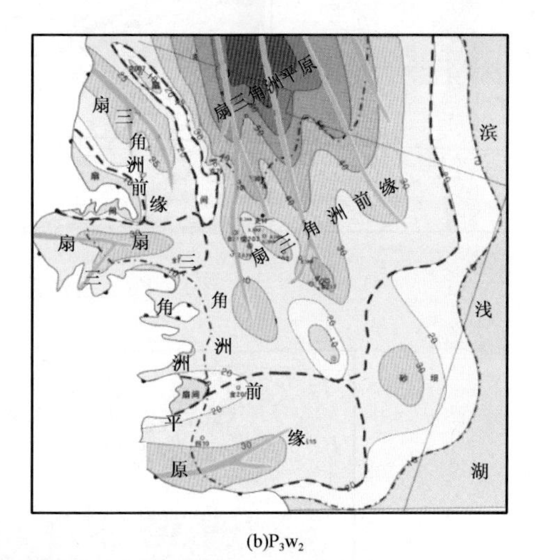

(b)P_3w_2

图8-68 金龙地区上乌尔禾组一段、二段沉积体系分布图

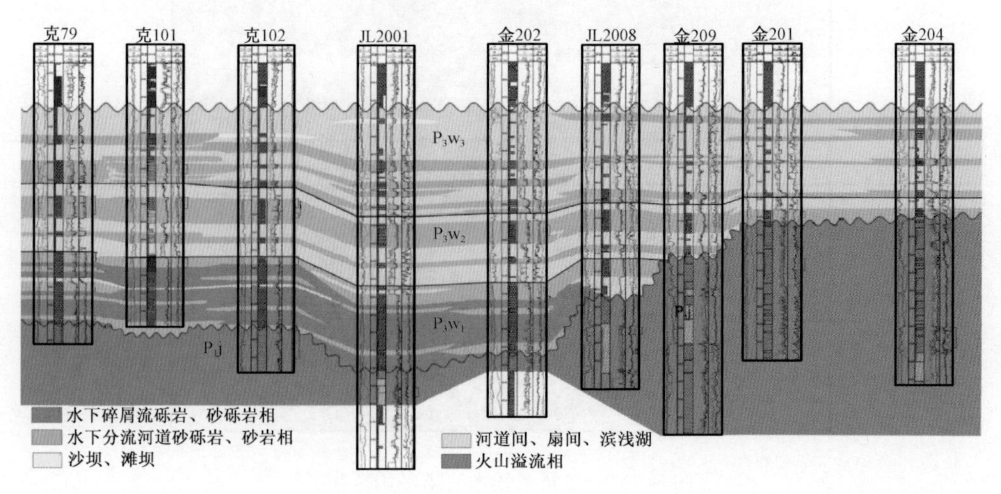

图8-69 过克79井—克102井—JL2008井—金209井—金201井—金204井二叠系地层对比图

研究区二叠系上乌尔禾组储层发育，物性较好，乌二段储层孔隙度 4.5% ~20.0%，平均 13.69%；渗透率 0.015 ~709mD，平均 2.75mD，属低孔、低渗储层；乌一段储层孔隙度 4.4% ~16.9%，平均 8.44%；渗透率 0.011 ~3.34mD，平均 0.34mD，属特低孔、特低渗储层；储层孔隙以剩余粒间孔为主，次为粒间溶孔，孔隙类型较好，从扫描电镜资料看，黏土矿物以伊/蒙混层为主，次为绿泥石和高岭石，伊利石较少。

三、圈闭评价

1. 老三维地震勘探连片处理，提高资料品质

2012 年对覆盖金龙地区的两块老三维地震勘探区域（克 78 井三维地震勘探区域、金龙 2 井三维地震勘探区域）及一块新采集三维地震勘探区域（金龙 2 井南三维地震勘探区域）进行连片三维地震勘探叠前时间偏移处理，满覆盖面积为 456.91km²，面元 25m × 50m，采样率 1ms。本次研究采用 2012 年连片处理的克 78 井—金龙 2 井—金龙 2 井南三维地震资料。

克 78 井—金龙 2 井—金龙 2 井南连片三维地震资料与以往地震资料相比，无论在信噪比、还是在分辨率上都得到了提高。从三维地震新老资料频谱及剖面对比图可见（图 8 -70），金龙 2 井连片三维的地震资料主频较老资料有明显提高，频带明显加宽。克 78 三维地震资料在目的层主频为 20Hz，频带宽 4 ~40Hz。金龙 2 三维地震资料目的主频为 20 ~22Hz，频带宽在 4 ~41Hz 之间。金龙 2 井连片三维地震资料主频在 35 ~40Hz，频带宽 4 ~60Hz，而且高频部分明显得到加强。老资料高频组分呈陡立快速衰减，金龙 2 井连片三维资料高频组分明显增多且呈渐变缓坡正常衰减。

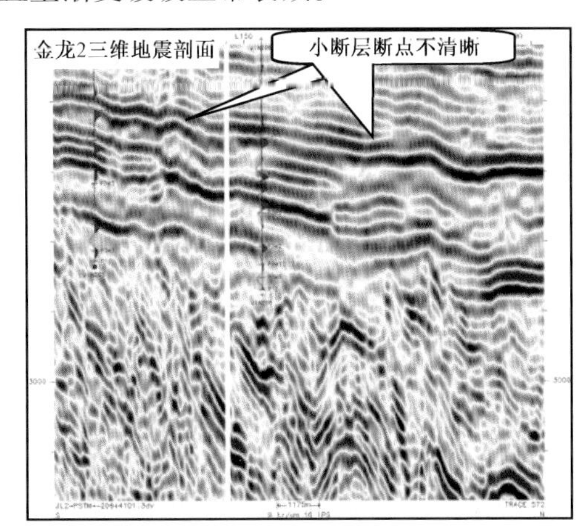

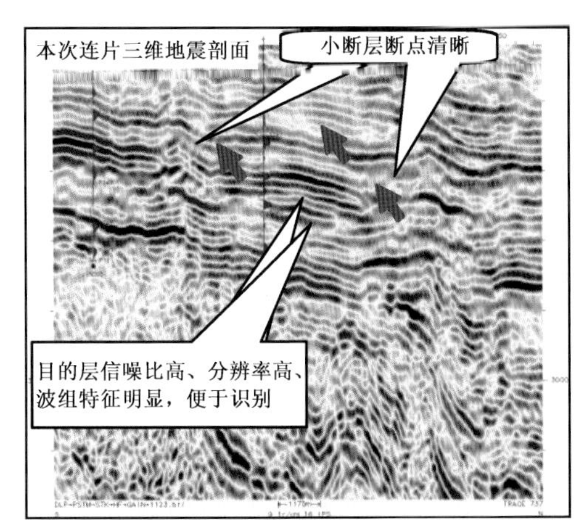

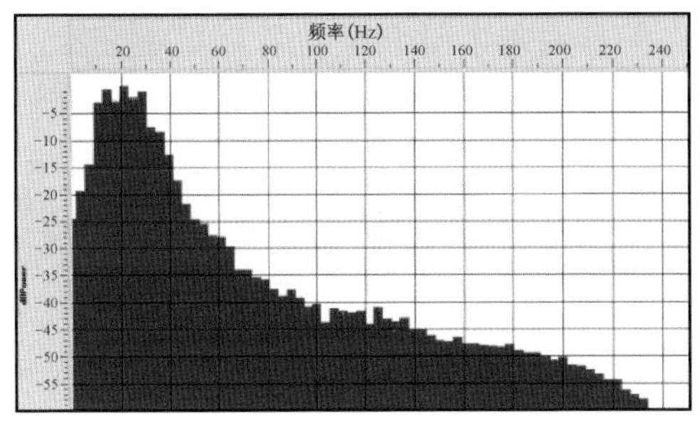

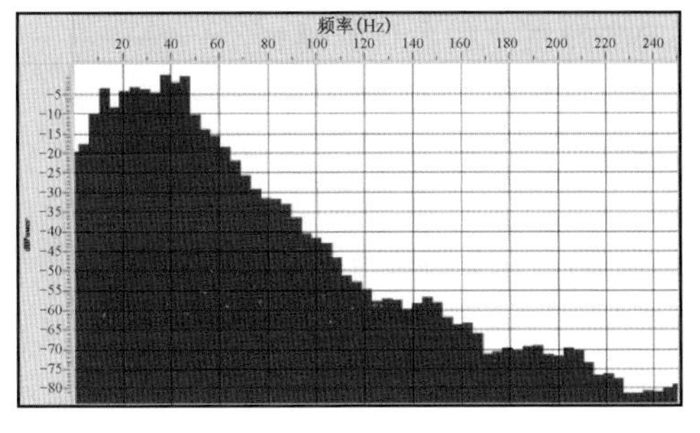

图 8 -70　新老三维地震频谱及剖面对比图

综上所述，新处理的三维地震成果资料，信噪比高，频率适中，波组特征清楚，断面清楚，断点干脆，小断层也清晰可辨，各层组层序界面更加清晰，上乌尔禾组地层与下覆石炭系、佳木河组地层不整合接触关系更加合理（图8－71），佳木河组火山岩地震反射特征清晰，能够满足研究区地震地质解释任务的需要。

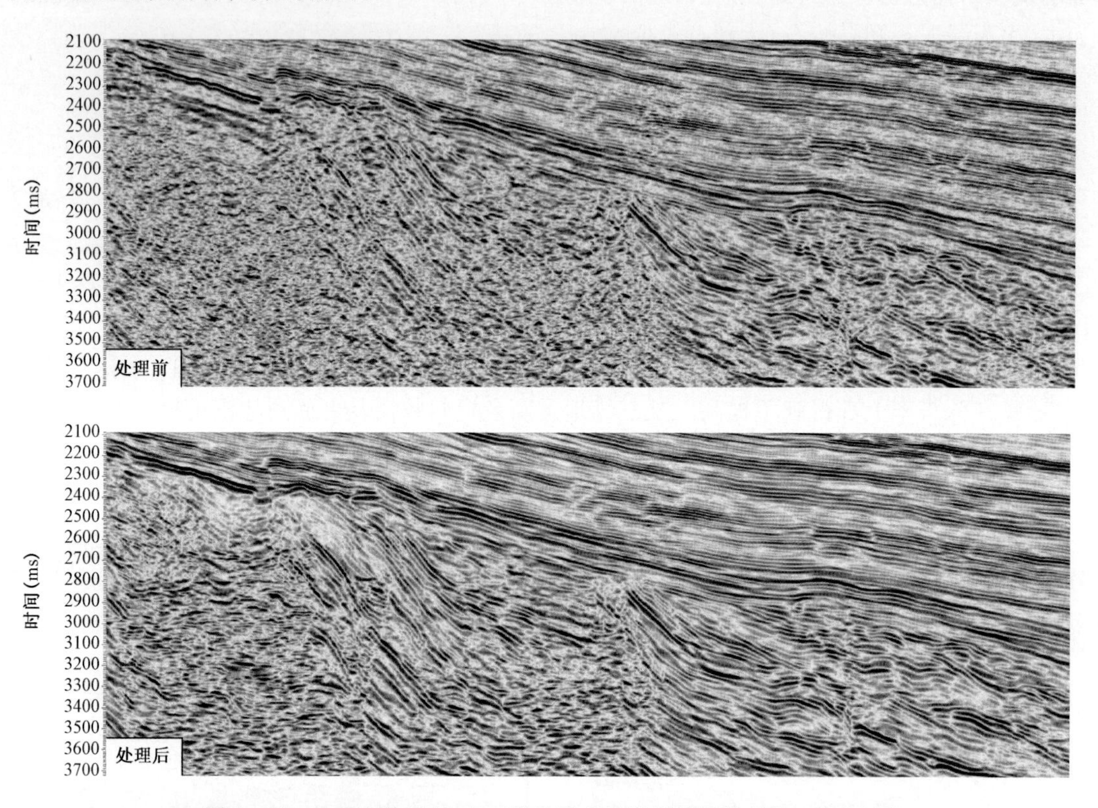

图8－71　金201井区新、老三维地震成果资料重新处理前、后对比图

2. **精细地层标定，夯实研究基础**

开展全区钻井—测井—地震联合统层研究，通过点—线—面—空间多次反复实践、认识，完成了研究区44口探井、评价井的地质分层，并利用声波合成地震记录标定，重新进行地震、地质统层标定（图8－72），完成区域地层划分对比、建立地层格架，同时针对本区存在的三维地震剖面标志层不清、标定困难问题，收集整理本区现有5口井VSP资料，采用桥式标定方法（图8－73），在地震剖面准确刻度地质层位，保证了钻井地质分层的准确性和地震解释层位的可靠性，为准确解释研究区各目的层构造特征奠定基础，进一步明确了研究区地层发育特征和分布规律。从利用VSP资料和合成地震记录标定的结果来看，两者标定的地震层位是一致的，通过两种资料和两种标定方法的利用，结果相互验证，从而保证了本次地震层位标定的可靠性。

从最终标定结果分析，各井的地质分层在地震剖面上具有很好的一致性，地震反射层和地质层位具有较为精确的对应关系（图8－74至图8－76）。

通过综合标定后，认为本区各层特点如下：

（1）上乌尔禾组（P_3w）顶显示为连续性好的中—弱振幅的波峰同向轴；

（2）上乌尔禾组二段（P_3w_2）顶显示为连续性一般的弱振幅的波峰同向轴；

(3)上乌尔禾组一段(P_3w_1)顶显示为连续性较好中—弱振幅的波峰同向轴;

(4)佳木河组(P_1j)顶显示为连续性一般的弱振幅的波谷同向轴。

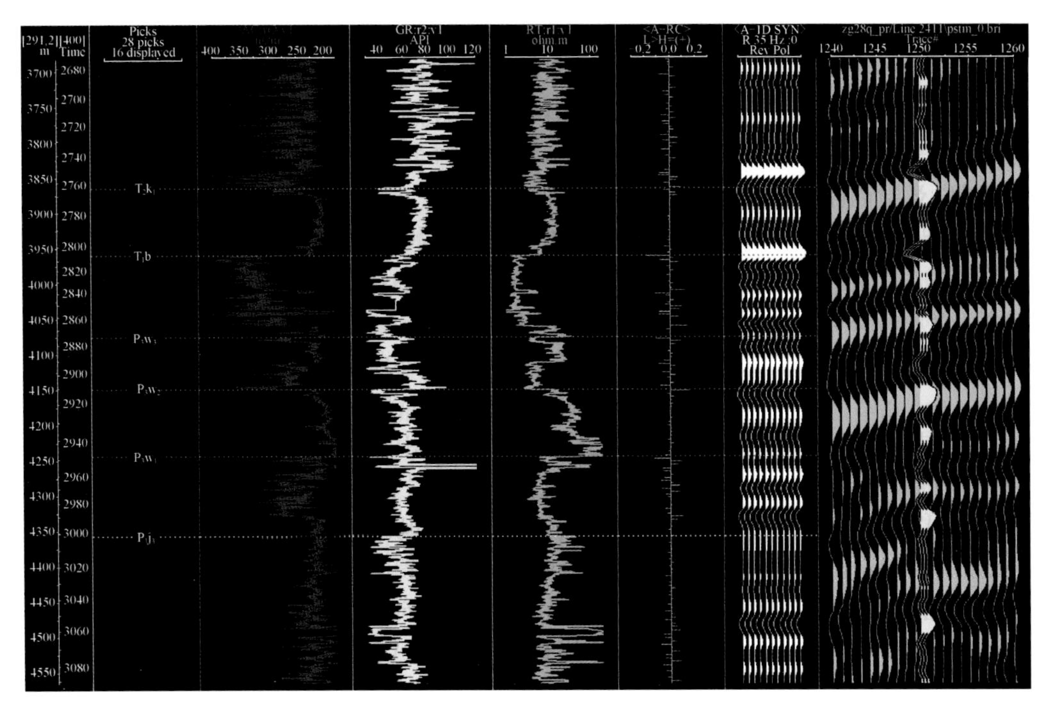

图 8-72 金龙 2 井合成地震记录标定图

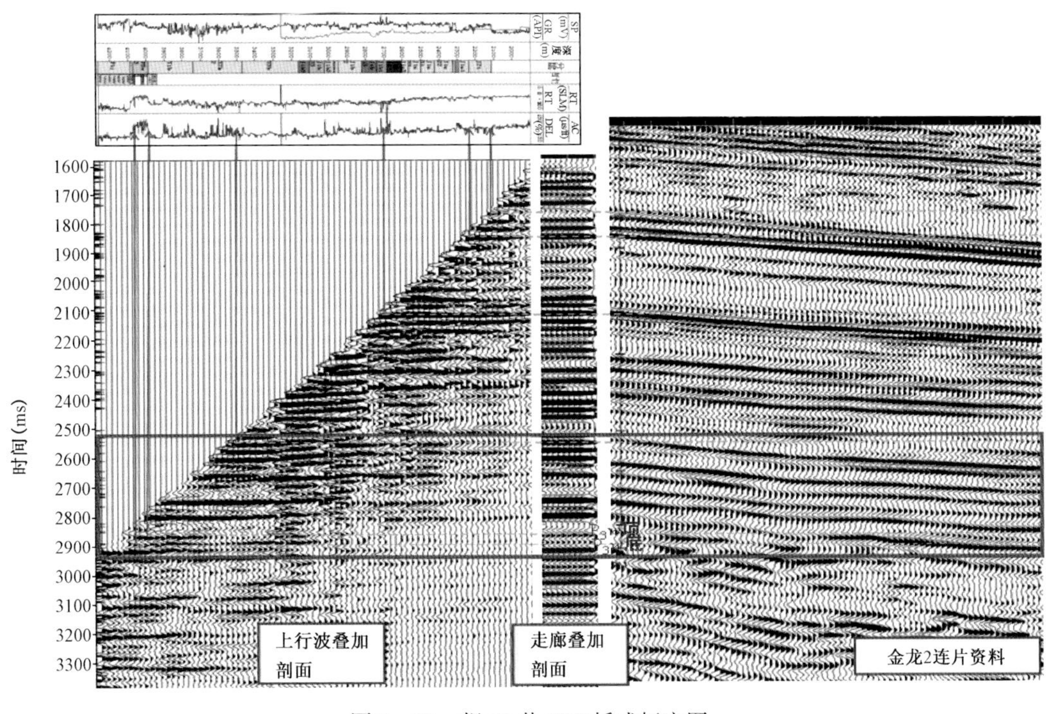

图 8-73 拐 13 井 VSP 桥式标定图

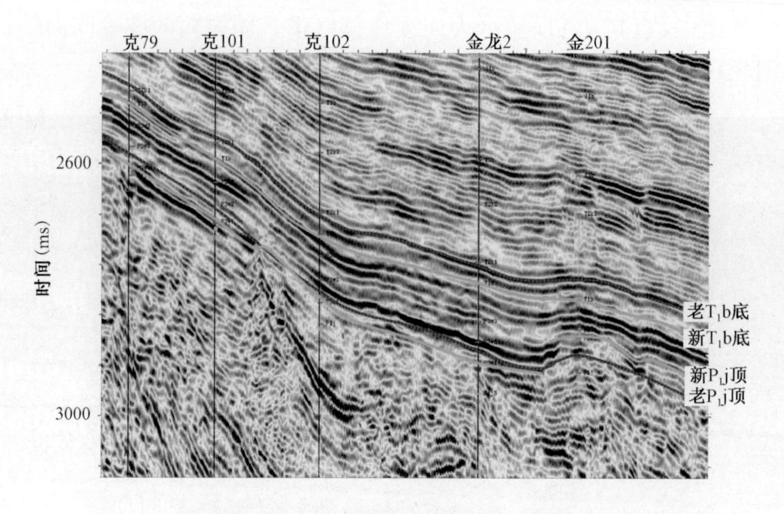

图 8－74　地层标定新老方案对比图

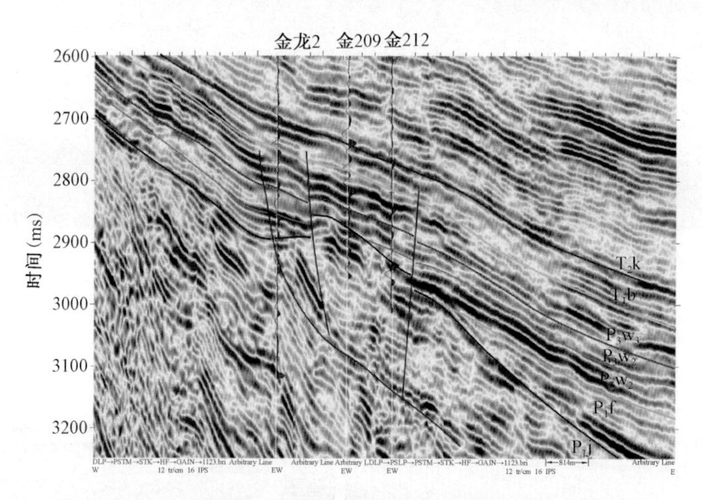

图 8－75　金龙 2 井—金 212 井连井地震标定对比剖面

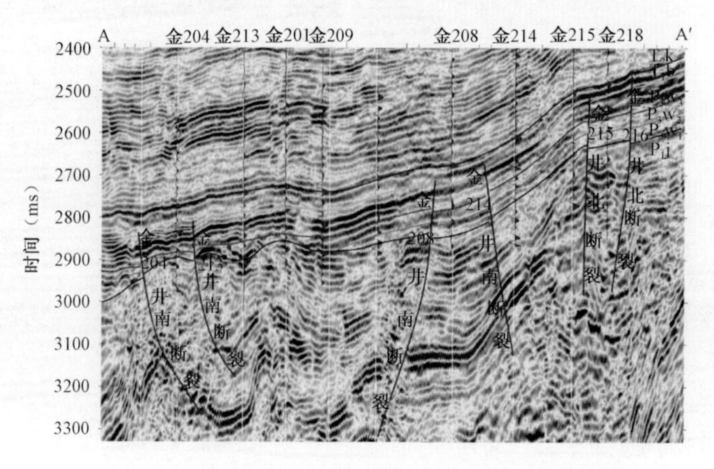

图 8－76　过金 204 井—金 218 井连井地震地质解释剖面

3. 多种手段综合运用，确保断裂、构造的准确刻画

构造解释过程中，为确保断裂和火山岩凸起带的准确刻画，除利用常规手段，如层拉平、放大、缩小剖面、加密解释外，还广泛采用新技术、新方法等手段进行解释，如构造导向滤波、相干、切片技术、古地貌恢复技术、井震结合识别技术、火山机构的岩相组合分析技术、火山机构的地震识别技术及有效储层预测等，确保构造解释精度及火山岩体准确刻画。

例：相干及切片技术

相干数据体技术是近年来发展起来的一项新技术，为三维地震资料的断层及岩性异常体解释提供了有力工具，在相干时间切片上能清楚地识别出断层、河道及其他岩性异常体，从而在整体上了解和掌握区内的断裂分布及组合情况，指导断层及岩性异常体解释。相干切片上的断层解释，通常是在相干切片上连接断层多边形，然后用作构造图，这就提高了断层解释效率。但如果能在相干切片上自动地检测出断层多边形，然后直接用于作构造图，将大大地提高断层解释效率，这对于信噪比较高的相干切片而言效果尤为突出。

在对本区的断裂识别上主要运用了相干、曲率及切片解释技术。切片解释技术在解释主断层时充分利用水平切片和面块切片，在水平时间或面块切片上，主要断层两侧的地层产状、倾角以及岩性会有较大的变化，它们的地震反射特征也会有明显的差别，因此可以根据同相轴的振幅、频率、连续性以及延伸方向等变化较好地识别出大断层，有助于构造解释。地震数据时间切片上同相轴的错断、扭曲、转向、分叉等都是断裂的特征，相干时间切片上能清楚地识别出断层及其他岩性异常体（图 8－77）。在解释过程中为了准确刻画断裂的断点及平面组合，

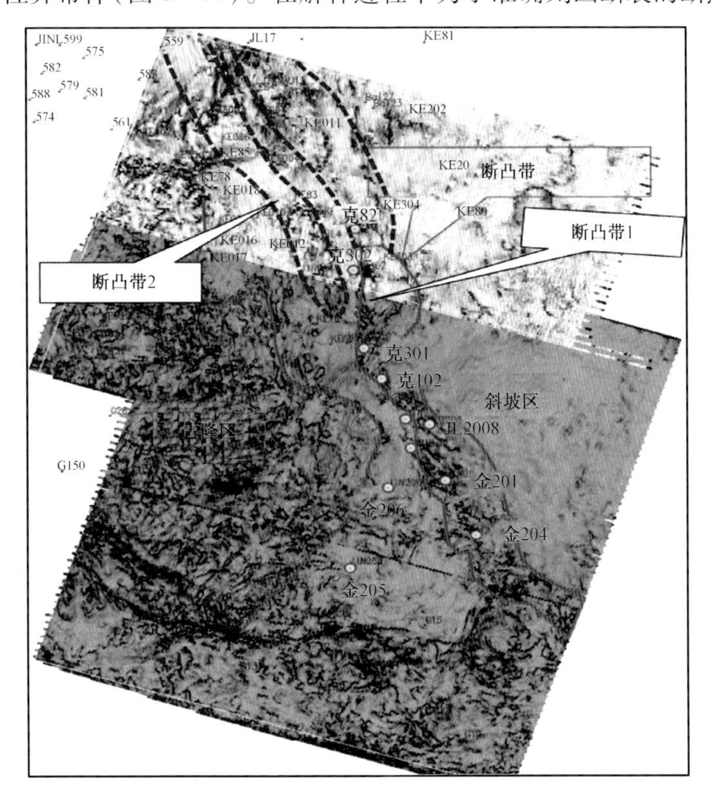

图 8－77　相干体沿层切片

采用水平时间切片与地震剖面对应解释，相干体切片等多种手段识别断点，做到断点闭合，断裂平面组合更合理，同时相干体沿层切片也是火山岩断凸带识别的重要手段之一。从金龙地区相干体沿层切片看，能清楚地反映出断层的形态及走向，火山岩断凸带的展布规律也得到了体现（图 8－78 至图 8－80）。

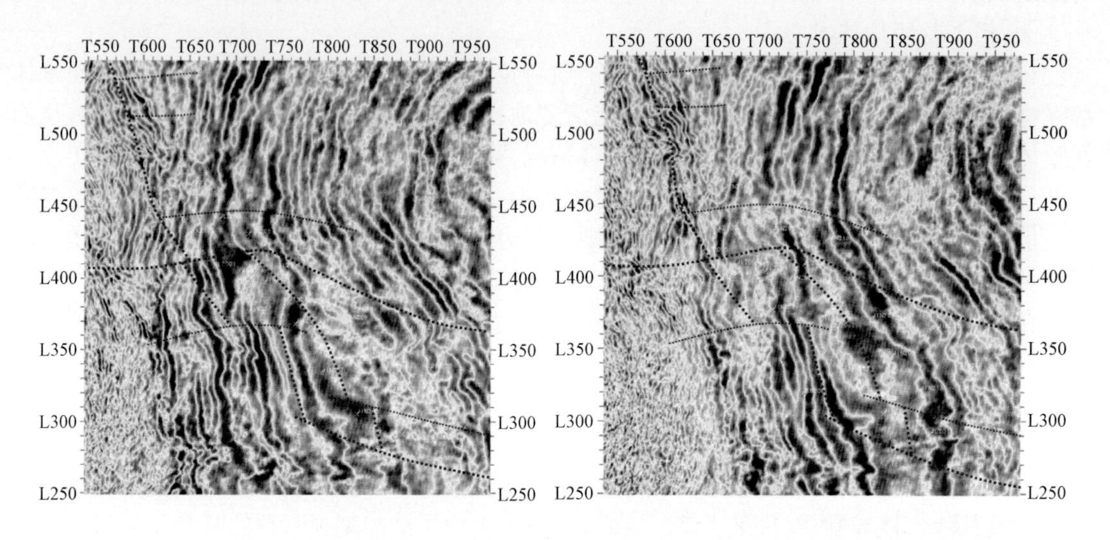

图 8－78　水平时间切片（2700ms、2750ms）

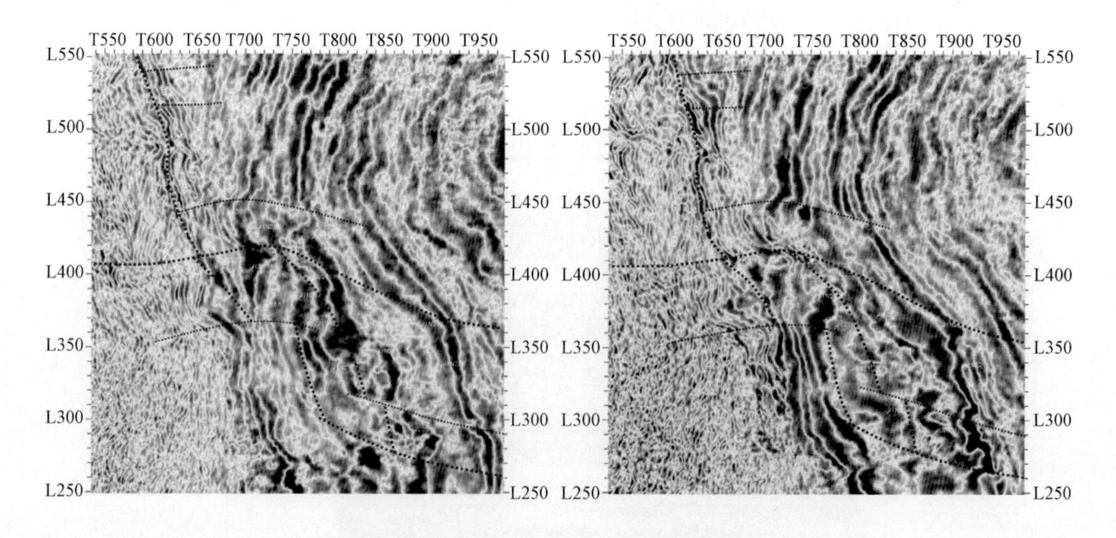

图 8－79　水平时间切片（2800ms、2850ms）

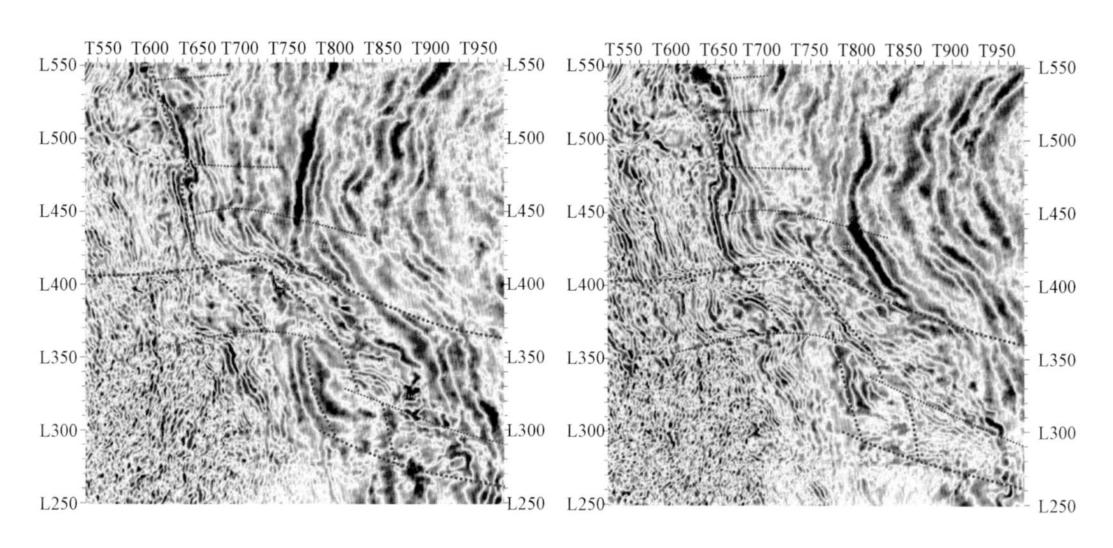

图 8－80 水平时间切片(2900ms、2950ms)

4. 多种属性分析刻画断裂的平面展布

在新的方案的指导下,通过精细标定、层位追踪、断裂识别和构造解释,应用多种属性分析技术刻画断裂的平面展布,其中包括曲率扫描、倾角扫描等手段(图 8－81、图 8－82)。

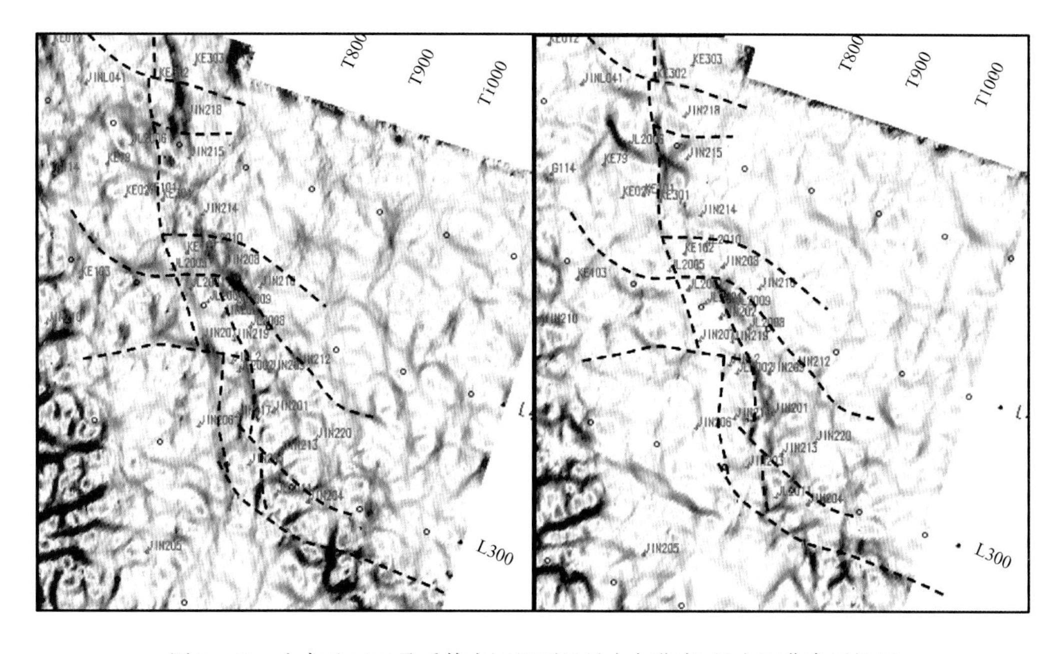

图 8－81 金龙地区二叠系佳木河组顶界最大负曲率、最大正曲率属性图

研究区二叠系发育北西—南东及近东西向展布的两组逆断裂,在平面上,北西—南东为主断裂、近东西向为调节性断裂、凸起南部两组断裂均较发育,断距大,隆起较高,北部断裂欠发育,断距较小;纵向上二叠系断裂广泛发育,自下而上断裂发育程度逐渐降低,下部佳木河组断距较大,上部上乌尔禾组断裂发育程度较下部佳木河组差。由于强烈的构造运动和沉积背景,

图 8 - 82　二叠系佳木河组倾角扫描图

造就了二叠系多个不整合面、多期的断裂系统和复杂的岩性类型，在研究区发育了一系列与构造、断裂遮挡有关的构造—岩性油气藏，地层超覆尖灭油气藏。

5. 古构造分析技术确定构造格局

古构造是指在今构造形成之前的历次构造运动中所形成的或继承性发展起来的古隆起、古背斜、古断块、古潜山等构造。古构造，特别是与油气生成、运移高峰期适时匹配形成的古构造，不仅为古油气的运移指明方向，而且能为古油气的聚集成藏提供必要的条件和场所，控制了古油气藏的形成与分布，对现今油气藏形成与分布也有重要影响。古构造对古今油气藏分布的控制作用也已被生产实践所证实。因此，分析中拐地区古构造与油气成藏的关系，对指导研究区油气勘探具有重要的现实意义。利用古地貌恢复技术准确刻画上乌尔禾组沉积前佳木河组的地貌特征，从而刻画确定研究区的构造格局及佳木河组潜山带的发育规模及范围，发现有利构造带。

研究表明，二叠系现今构造形态整体表现为东倾的单斜，具有西高东低的特点。在上乌尔禾组沉积前，沿构造倾向方向表现为两高一低的古构造格局，发育有四个构造带：(1) 西部克 021 井—金龙 10 井区石炭系古隆起带；(2) 中部克 79 井—金 205 井区凹槽带；(3) 克 301 井—金 201 井区佳木河组古凸带；(4) 东部斜坡带（图 8 - 83、图 8 - 84）。古凸构造带控制了二叠系佳木河组火山岩带的展布形态和分布范围，通过古构造恢复，发现克 301 井—金 201 井区佳木河组古凸带西高东低，地层向东倾斜。区域发育近南北向“L”形断裂体系，该断裂体系控制了佳木河组古凸带的展布范围。“L”形断裂体系上的火山口喷出的火山物质从古凸西侧向东部低洼处溢流沉积，形成了东西薄、中部厚的火山岩体。

同时古构造控制了上覆地层的沉积，东部斜坡带风城组、夏子街组、下乌尔禾组的分布范围，上述地层在古凸东侧集中尖灭。上乌尔禾组一段（P_3w_1）受古凸带影响最大，在金 201 井区佳木河组古凸带隆起最高，乌一段没有沉积，在古凸带高部位形成环形超覆尖灭带；上乌尔禾组二段（P_3w_2）沉积时水体范围进一步扩大，淹没古凸带整体，乌二段在古凸带全部均有沉积，呈现出古凸带高部位沉积较薄、低部位沉积较厚的特征；上乌尔禾组三段（P_3w_3）沉积时水体范围已扩大至西部的石炭系古隆起之上，沉积范围最大，主体为湖相泥岩沉积。通过乌一段与乌二段的填平补齐的沉积作用，佳木河组古凸带特征已经不显著，乌三段受佳木河组古凸带影响最小。

在中部克 79 井—金 205 井区凹槽带，由于在上乌尔禾组沉积前，此处古地势比较低洼，受来自北西向物源的控制，沉积的上乌尔禾组较厚。

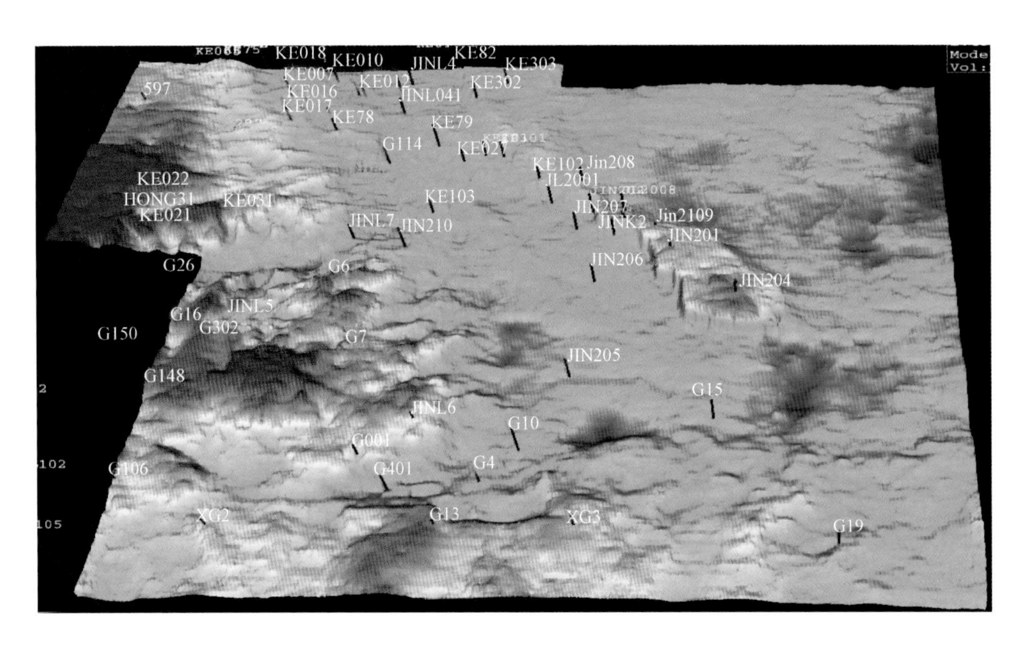

图 8-83　上乌尔禾组沉积前佳木河组及石炭系古地貌图

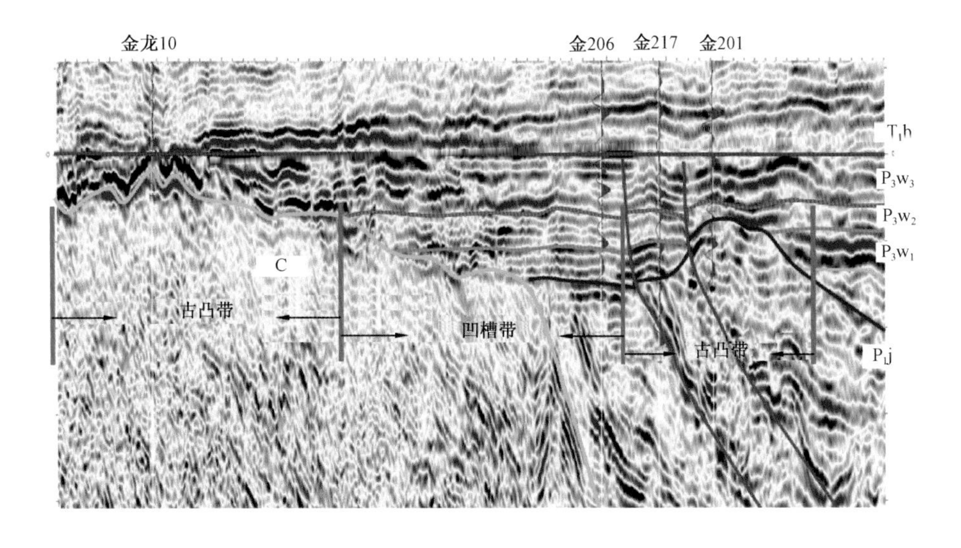

图 8-84　过金龙 10 井—金 201 井上乌尔禾组(P_3w)顶拉平地震地质解释剖面

在西部克 021 井—金龙 10 井区石炭系古隆起带,受古地貌的控制,上乌尔禾组向西部逐渐减薄,在古隆起的高部位,沉积的地层主要为乌三段的湖泛泥岩。

6. 井震结合预测佳木河组火山岩展布

研究区三维地震资料通过连片重新处理后,资料质量明显改善,连片资料火山岩特征明显,深层构造成像比老剖面有明显改善,为深化地质规律认识鉴定了扎实基础,在研究过程中还实现了处理、解释同步,确保资料的中间成果应用于评价之中,同时不断加强地震技术攻关力度,地震成像品质不断得到提高。在此基础上开展工区内钻井—测井—地震联合识别火山岩岩相研究,通过点—线—面相结合多次实践认识,进一步明确火山岩有利储层的发育特征及分布规律。

在单井进行精细分析的基础上,综合利用地震、测、钻井建立准确的井震统一关系,进行多井间的横向对比、地震精细刻画,以确定佳木河组火山岩的分布。对地震波组特征进行观察是最直接的火山岩宏观地震预测方法,在地震数据体剖面上,以钻井岩性为标定,观察火山岩段地震反射特征与沉积岩的区别,进行火山岩分布解释,宏观上识别火山岩体。无论是何种样式形成的火山岩,在地震剖面上与周围其他岩性的围岩相比,都有其独特的地震发射特征(图8-85),在地震剖面上对火山岩地质体进行精细圈定,使火山岩体在剖面上形态可见,应用解释结果进行成图达到预测火山岩的目的。

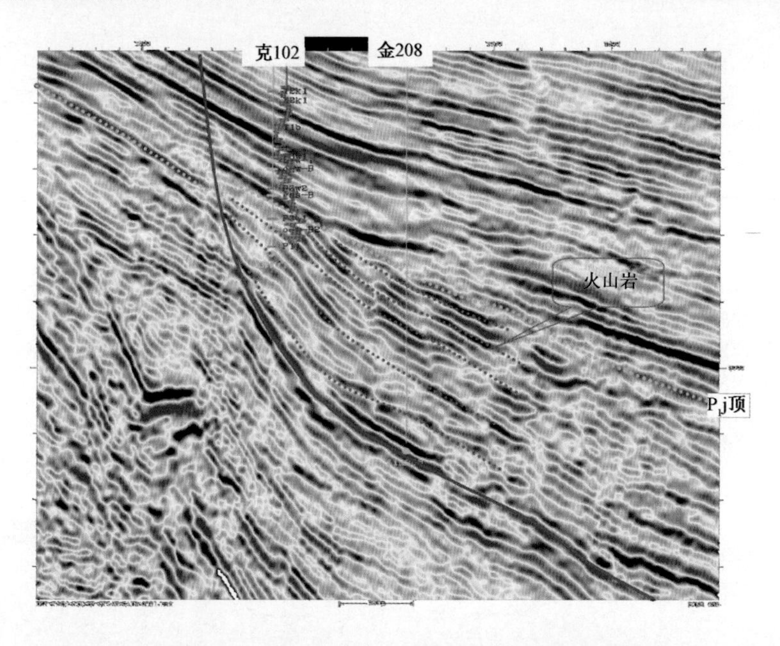

图8-85 过克102井—金208井岩性解释剖面

研究区佳木河组火山岩顶面是一个非常易于识别的不整合界面,具有丘状连续性差的发射结构变为连续性较好的平行反射结构的界面,界面上具有明显的削截和上超现象;火山岩底界面为滑脱断层面,地震上表现为一个连续性非常好的地震反射界面,且反射振幅强;西侧佳木河组多为沉积岩,主要以泥岩、凝灰质砂砾岩为主,地震剖面上表现为反射能量弱、平行断续的反射特征,界面反射清楚。与东侧火山岩体反射特征有明显的区别(图8-86)。研究区佳木河组火山岩体整体表现为由东部斜坡区沿滑脱断层面向西部石炭系古隆起推覆形成,推覆体呈西薄东厚的特征。

通过点—线—面相结合,按构造地层对比、火山岩体地震剖面精细刻画、火山岩储层预测及平面展布范围刻画,精细刻画佳木河组顶面反射层,通过地震剖面、相干体、各类切片及多种属性综合分析开展储层预测,有效降低了地震资料预测的多解性,提高火山岩储层预测的准确性。火山岩厚度大,横向变化快、振幅反射能量强,而砂泥岩互层为主的沉积岩成层性好,振幅反射能量较弱，因此振幅的数学平均属性能较好的分辨火山岩储层与沉积岩发育区。通过波阻抗反演，确定二叠系佳木河组火山岩储层为高孔发育带（图 8 - 87）。

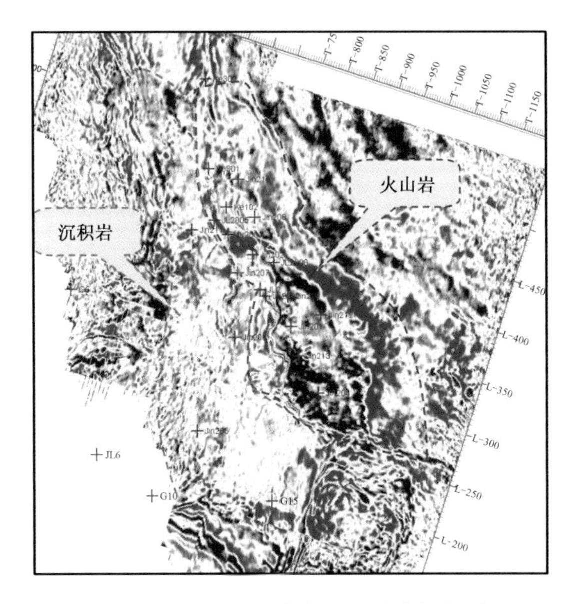

图 8 - 86 二叠系佳木河组平均振幅图

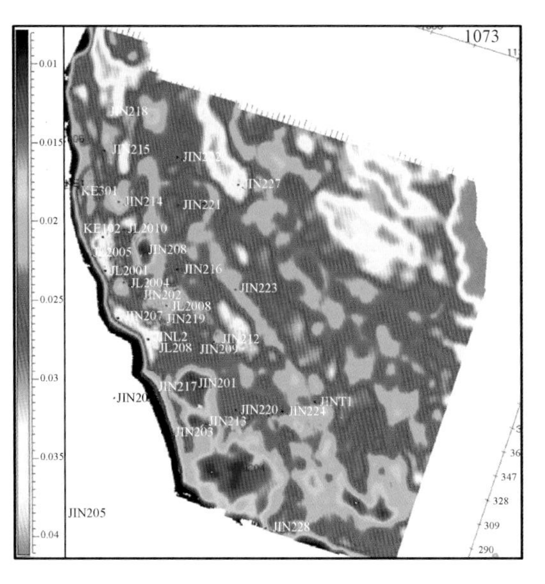

图 8 - 87 佳木河组火山岩高孔发育带厚度图

四、综合评价成果及潜力分析

1. 综合评价成果

针对中拐凸起斜坡区二叠系佳木河组地层格架、构造特征、储层特征及成藏等方面开展系统的研究，金龙油田二叠系佳木河组滚动勘探获得了重大的发现和突破，取得了多项成果，简述如下。

1）建立新的构造解释模式，识别多个圈闭，为整体评价指明方向

前期认为二叠系上乌尔禾组为断块构造，断裂展布具有经典的西北缘逆断裂特征，圈闭内油水关系不清。随着滚动勘探油藏评价及油藏认识的深入，以金 201 井为切入点，对研究区二叠系进行重新认识、整体研究、敢于创新，提出新的地质认识，建立新的构造解释模式，发现研究区二叠系构造形态整体呈东南的倾单斜，新发现自南部金 204 井向北经金 201、克 102、克 301、克 82 井一线发育一佳木河组火山岩推覆体，该推覆体为佳木河组火山岩地层由东部斜坡区沿滑脱断层面向西部石炭系古隆起推覆形成，受构造运动的影响，推覆体西部出露古地表部分形成近南北向展布的条带状断凸构造。

断凸带被近东西向调节断层切割，形成多个断鼻、断块圈闭，落实佳木河组圈闭共 15 个，叠合面积为 170.3km^2（表 8 - 49）。同时该断凸构造控制了风城组、夏子街组、下乌尔禾组沉积，上述地层在断凸东侧集中尖灭。金龙 2 井区二叠系佳木河组（P_1j）被断裂切割为 5 个断块，合计圈闭面积 64.5km^2；上乌尔禾组一段（P_3w_1）被切割成 5 个断块，合计圈闭面积 46.7km^2；同样上乌尔禾组二段（P_3w_2）被切割成 5 个断块，合计圈闭面积 59.1km^2。

表 8-49 金龙 2 井区块圈闭要素表

层位	圈闭名称	圈闭类型	圈闭面积 (km^2)	高点海拔 (m)	闭合线 (m)	闭合高度 (m)
P_3w_2	金 201 井断鼻	断鼻	24.6	-3725	-4050	325
	金龙 2 井断块	断块	10.5	-3600	-3825	225
	克 102 井断块	断块	10.3	-3475	-4000	525
	克 301 井断块	断块	7.9	-3300	-3700	400
	金 218 井断块	断块	5.8	-3250	-3700	450
P_3w_1	金龙 2008 井断层—地层	断层—地层	9.8	-3800	-4150	350
	金龙 2 井断块	断块	10.3	-3700	-3900	200
	克 102 井断块	断块	12.1	-3550	-4100	550
	克 301 井断块	断块	8.4	-3375	-3775	400
	金 218 井断块	断块	6.1	-3325	-3775	450
P_1j	金 201 井断鼻	断鼻	25.8	-3825	-4300	475
	金龙 2 井断块	断块	10.3	-3800	-3975	175
	克 102 井断块	断块	14.0	-3675	-4350	675
	克 301 井断块	断块	9.0	-3425	-3900	475
	金 218 井断块	断块	5.4	-3425	-3900	475

2)建立构造格局,确定有利构造带及有利储层发育带

在上乌尔禾组沉积前,沿构造倾向方向表现为两高一低的古构造格局,发育有四个构造带:(1)西部克 021 井—金龙 10 井区石炭系古隆起带;(2)中部克 79 井—金 205 井区凹槽带;(3)克 301 井—金 201 井区佳木河组古凸带;(4)东部斜坡带。古凸构造带不仅控制了二叠系佳木河组火山岩的展布形态和分布范围,同时也控制了上覆二叠系的沉积。新的构造格局的建立,确定了潜山带及东部斜坡区为有利的构造带同时也为二叠系佳木河组火山岩利储层发育带。

3)准确的构造认识对重构油气藏成藏模式起到重要作用

根据目前金龙 2 井区二叠系钻井、试油结果来看,研究区具有古构造控带、断裂控藏、物性控产三大特征,构造、断裂为二叠系油气藏的主控因素,油气藏分布具有明显的分块特征(图 8-88)。

从平面上看,可以划分为 6 个断块,各断块形成独立的油(气)藏。通过对研究区整体的构造、断裂研究,二叠系发育近南北向与东西向两组逆断裂,其中近南北向断裂为控制佳木河组火山岩发育的边界断裂,同时也为二叠系各层系油气藏控藏断裂,加之两组断裂的相互切割,形成了各独立的、具有不同油水边界、油藏边界的断块、断鼻油气藏。

4)在新方案的指导下,发现了二叠系潜山带巨大评价潜力

在新解释模式的指导下,明确了构造格局,发现二叠系佳木河组火山岩储层,且储层发育,厚度大,物性好,试油产量高;二叠系上乌尔禾组圈闭面积扩大,有利构造带及储层发育带明

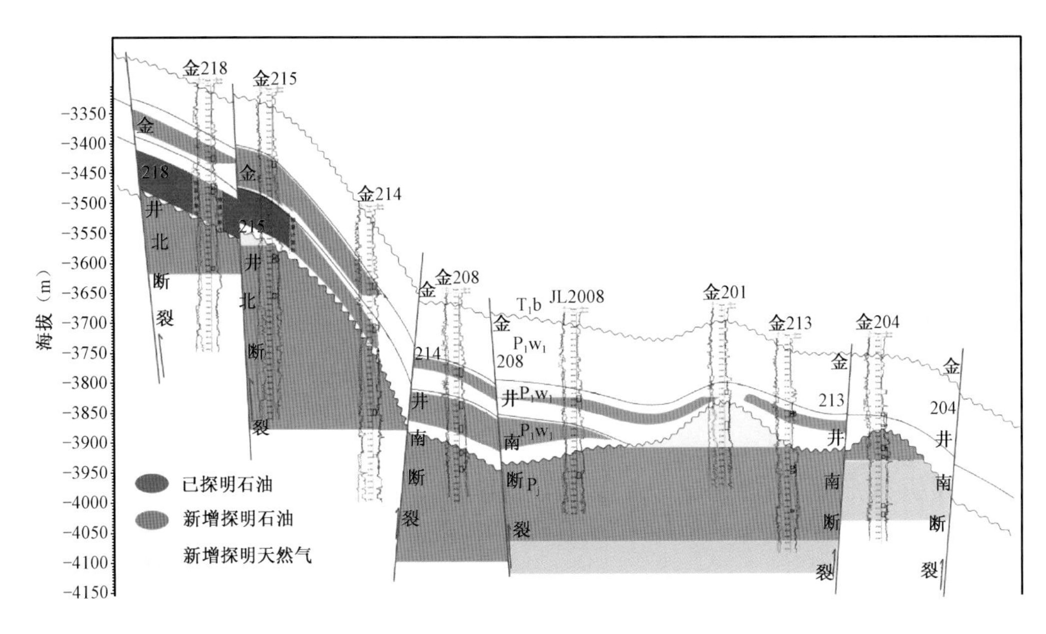

图 8-88 金龙 2 井区过金 218 井—金 204 井二叠系油藏剖面图

确，试油效果好，加之研究区构造位置有利，油源供给十分充足，油气资源丰富，储层发育，储层物性好，产量高，井控程度基本落实为高产、整装、规模储量，勘探潜力巨大，经济效益可观。

5）准确的认识和可靠的预测，滚动勘探成功率达到 100%，是盆地内成功率最高，效果最好的区块之一

2012—2013 年金龙 2 井区进行整体评价，共部署各类井 24 口，其中评价井 16 口，开发控制井 8 口，完钻井 23 口，正钻井 1 口。累计试油 22 井 45 层，获工业油流 19 井 34 层，其中佳木河组试油 17 井 21 层，获工业油流井 15 井 15 层；上乌尔禾组一段试油 8 井 12 层，获工业油气流 6 井 9 层；上乌尔禾组二段试油 12 井 12 层，获工业油流井 10 井 10 层。未试油的井在各目的层均见到良好油气显示，测井解释均为油气层，有望获得高产油气流，无一失利井，滚动勘探成功率达到 100%，是目前盆地内成功率最高、效果最好的区块之一。

6）实现了快速评价、快速探明

准确的认识和可靠的预测，确保了较高的钻井成功率，为金龙地区的整体探明赢得了时间，滚动勘探取得显著进展，区域展现规模储量，实现了快速评价、快速探明。提交二叠系油气藏地质储量 6853.06×10^4t，可采储量 957.50×10^4t，经济效益显著。

7）新的地质认识、研究思路具有指导和借鉴意义

开展创造性的研究工作，提出一系列新的地质观点、认识，建立起中拐凸起二叠系构造解释及油藏分析的研究思路，对整个中拐凸起东环带二叠系佳木河组火山岩油气藏的勘探、评价研究提供了研究思路和方向，对扩展研究区的勘探成果奠定了地质基础。

2. **潜力分析**

中拐凸起东斜坡区二叠系佳木河组潜山带对油气的平面展布具有较大的影响，目前已证实自南部金 204 井向北经金 201 井—克 102 井—克 103 井—克 82 井一线发育的火山岩推覆

体为佳木河组火山岩地层由东部斜坡区沿北西—南东向滑脱断层面向西部石炭系古隆起推覆形成近南北向展布的潜山带，最新研究认为研究区发育多期潜山带，已证实的第一排潜山带控制了风城组、夏子街组、下乌尔禾组沉积，上述地层在该潜山带东侧集中尖灭，尖灭线的走向与潜山带的展布方向基本一致，依据尖灭线的走向和趋势，推断佳木河组第一排潜山带具有一定的延展性，克 82 北部及金 204 井南部均为有利的目标区，同时第二排潜山带为有利的探索区。

风城组、夏子街组、下乌尔禾组在第一排潜山带东侧集中尖灭，地层超覆沉积明显，发育众多断层—地层圈闭和扇体岩性圈闭，是下步有利的滚动勘探目标区。

佳木河组潜山带的展布及北西—南东断裂对上乌尔禾组的油气平面分布具有较大的影响，目前已证实的高产井均分布在潜山带上，西侧高部位产量次之，乌一段在潜山带高部位缺失、乌二段明显减薄，结合上乌尔禾组的沉积相也具有带状分布特征，分析认为第三构造带（克 301 井—金 201 井区佳木河组古凸带）潜山带为一级富油气区；第一构造带（西部克 021 井—金龙 10 井区石炭系古隆起带）为二级富油气区；第二构造带（中部克 79 井—金 205 井区凹槽带）为较次一级的构造地层油气区；同时，第四构造带（东部斜坡带）低勘探区域也为有利的二级富油气区。

中拐凸起东斜坡区二叠系有利的构造位置，丰富的油气资源，较好的储层物性，较低的勘探领域，具有广阔的滚动勘探前景。

结　束　语

克拉玛依油田是新中国成立后第一个发现的油田,经历了半个多世纪的勘探开发实践,始终遵循勘探实践—理论—再实践—再理论的科学辩证观,从中看到了新疆石油人在勘探开发上创造的一个个奇迹,更看到了克拉玛依石油人身上涌动着的一种勇于进取、不断探索的精神。这是一种面对困难、顽强拼搏的精神;是一种开拓进取、勇于创新的精神;是一种脚踏实地、执着追求的精神。正是凭着这种精神,克拉玛依石油人在自然环境差、现有国内外理论有限的条件下,从“扇控论”、“断控论”、“源控论”、“梁聚论”到“复式油气藏系统论”,经过几代勘探开发工作者几十年艰苦卓绝的工作,不断摸索、完善、提高,发展成“准噶尔盆地西北缘复式油气成藏理论”。依靠目前国内外先进的勘探技术,闯出了一条在成熟探区开展精细勘探的成功之路,拓展了勘探空间,实现了储量的大幅增长,产量的快速增加,效益的逐步提高。目前,新疆石油人正在把这种精细勘探的做法、经验逐步向整个准噶尔盆地铺开,相信新疆石油人在复式油气成藏理论地指导下,沿着精细勘探的道路会越走越好。

参 考 文 献

A . M. C. Sengor 著,丁晓,等译 . 1992. 板块构造学和造山运动——特提斯例析 . 上海:复旦大学出版社 .

Coward,A. C. Ries 著,徐贵忠,等译 . 1990. 碰撞构造 . 北京:地质出版社 .

L. B. Magoon 主编,杨瑞召,等译 . 1992. 含油气系统研究现状和方法 . 北京:地质出版社 .

安劲松,王振奇,周凤娟 . 2011. 准噶尔盆地车排子地区侏罗系低渗砂岩储层孔隙结构特征及影响因素 . 地质调查与研究 .

鲍志东,管守锐,李儒峰,等 . 2002. 准噶尔盆地侏罗纪层序地层学研究 . 石油勘探与开发,29(1):48 - 51.

鲍志东,刘凌,张冬玲,等 . 2005. 准噶尔盆地侏罗系沉积体系纲要 . 沉积学报,23(2):194 - 202.

蔡忠贤,陈发景,贾振远 . 2000. 准噶尔盆地的类型和构造演化 . 地学前缘,7(4):431 - 440.

查明,李秀鹏,等 . 2010. 准噶尔盆地乌夏地区中下三叠统地震沉积学研究 . 中国石油大学学报(自然科学版).

查明,张一伟,邱楠生 . 2003. 油气成藏条件及主要控制因素 . 北京:石油工业出版社,86 - 87.

查明 . 1997. 断陷盆地油气二次运移与聚集 . 北京:地质出版社 .

查明 . 1997. 压实流盆地流体势场与油气运聚 . 现代地质,(1).

查明 . 1997. 压实流盆地石油运移动力学模型与数值模拟 . 沉积学报,(4).

陈发景,汪新文,汪新伟 . 2005. 准噶尔盆地的原型和构造演化 . 地学前缘,12(3):77 - 89.

陈建平,查明,等 . 2003. 准噶尔盆地西北缘克—乌断裂带油气分布控制因素分析 . 地质找矿论丛,18(1):19 - 22.

陈建平,查明,刘传虎 . 2003. 准噶尔盆地西北缘克—乌断裂带油气分布控制因素分析 . 地质找矿论丛,18(1):47 - 50.

陈建平,查明,刘传虎 . 2003. 准噶尔盆地西北缘克—乌断裂带油气分布控制因素分析 . 地质找矿论丛 .

陈建渝 . 1995. 生物标志物地球化学的新进展 . 地质科学情报,14(1):35 - 44.

陈世加,等 . 2000. 塔里木盆地中高氮成因及其与油气富集的关系 . 沉积学报,(4):123 - 126.

陈书平,汤良杰,张一伟 . 2001. 前陆盆地和前陆盆地系统 . 世界地质,20(4):332 - 338.

陈书平,张一伟,汤良杰 . 2001. 准噶尔晚石炭世—二叠纪前陆盆地的演化 . 石油大学学报(自然科学版),25(5):11 - 15.

陈新,卢华复,舒良树,等 . 2002. 准噶尔盆地构造演化分析新进展 . 高校地质学报,8(3):257 - 266.

陈轩,张昌民,等 . 2009. 准噶尔盆地红车断裂带岩性地层油气藏勘探新思路 . 石油与天然气地质 .

陈轩,张尚锋,张昌民,等 . 2008. 准噶尔盆地车排子地区新近系沙湾组层序地层 . 新疆石油地质 .

陈哲夫,张良臣 . 1993. 新疆维吾尔自治区区域地质志 . 北京:地质出版社 .

程亮,王振奇,等 . 2011. 准噶尔盆地西北缘红山嘴车排子地区含油气系统划分 . 石油天然气学报 .

大港油田科技丛书编委会 . 1999. 油气藏与分布 . 北京:石油工业出版社 .

戴金星,等 . 1992. 中国天然气地质学(卷一). 北京:石油工业出版社 .

单金榜 . 1985. 九区石炭系沉积相及油气分布规律 . 新疆石油地质 .

杜远生,张克信 . 1999. 关于非史密斯地层学的几点认识 . 地层学杂志,23(1):78 - 81.

耳闯,王英民,等 . 2008. 准噶尔盆地克百地区中二叠统坡折带与岩性地层圈闭的关系 . 高校地质学报,14(2):147 - 156.

樊太亮,李卫东 . 1999. 层序地层应用于陆相油藏预测的成功实例 . 石油学报,20(2):12 - 17.

樊太亮,刘金辉,韩国华,等 . 1997. 新疆塔里木盆地北部应用层序地层学 . 北京:地质出版社 .

范成龙 . 1984. 克拉玛依基岩油藏 . 新疆石油地质,5(3),27 - 42.

范典高,段本春 . 2000. 岩浆岩储层的形成及油气藏类型 . 青岛海洋大学学报,30(2):321 - 326.

方世虎,贾承造,等. 2006. 准噶尔盆地二叠纪盆地属性的再认识及其构造意义. 地学前缘,13(3):108-121.
费琪. 1997. 成油体系分析与模拟. 武汉:中国地质大学出版社.
冯建伟,戴俊生,等. 2009. 准噶尔盆地乌夏前陆冲断带构造活动—沉积响应. 沉积学报.
冯增昭,等. 1994. 中国沉积学. 北京:石油工业出版社.
高振家,王务严,彭昌文,等. 1985. 新疆震旦系. 乌鲁木齐:新疆人民出版社.
龚一鸣,刘本培. 1993. 新疆北部泥盆系火山沉积岩系的板块沉积学研究. 武汉:中国地质大学出版社.
管树巍,李本亮,侯连华,2008,等. 准噶尔盆地西北缘下盘掩伏构造油气勘探新领域. 石油勘探与开发.
郭彦如,刘全新,樊太亮,等. 2003. 查干断陷湖盆层序地层框架中的含油气系统. 北京:地质出版社.
郭占谦. 1998. 火山活动与沉积盆地的形成和演化. 地球科学——中国地质大学学报,23(1):59-64.
郝石生,2002. 石油天然气学术论文集. 北京:石油工业出版社.
何登发,吕修祥,林永汉,等. 1990. 前陆盆地分析. 北京:石油工业出版社.
何登发,尹成,杜社宽,等. 2004. 前陆冲断带构造分段特征——以准噶尔盆地西北缘断裂构造带为例. 地学前缘,11(3):91-101.
何国琦. 1994. 中国新疆古生代地壳演化及成矿. 乌鲁木齐:新疆人民出版社.
何玲娟,乔文龙,张明. 2003. 典型逆掩断裂带油气富集规律与准噶尔西北缘勘探思路. 新疆地质,21(3):321-324.
何明喜,刘池洋. 1992. 盆地走滑变形与古构造分析. 西安:西北大学出版社.
侯连华,邹才能,等. 2009. 准噶尔盆地西北缘克—百断裂带石炭系油气成藏控制因素新认识. 石油学报,30(4).
侯启军,赵志魁,王立武. 2009. 火山岩气藏——松辽盆地南部大型火山岩气藏勘探理论与实践. 北京:科学出版社.
胡朝元,廖曦. 1996. 成油系统概念在中国的提出及其应用. 石油学报.
胡复唐,等. 1997. 砂砾岩油藏开发模式. 北京:石油工业出版社.
胡宗全,朱筱敏. 2002. 准噶尔盆地西北缘侏罗系储层成岩作用及孔隙演化. 石油大学学报(自然科学版),26(3):16-19.
胡宗全,朱筱敏. 2002. 准噶尔盆地西北缘侏罗系储集物性的主要控制因素. 成都理工学院学报,29(3):153-156.
胡宗全. 2004. 层序地层研究的新思路—构造—层序地层研究. 现代地质,18(4):449-554.
黄第藩,李晋超,张大江. 1989. 克拉玛依油田形成中石油运移的地球化学. 中国科学(B辑),2:199-206.
纪友亮,张世奇. 1996. 陆相断陷盆地层序地层学. 北京:石油工业出版社.
贾承造,等. 1995. 塔里木盆地构造演化与区域构造地质. 北京:石油工业出版社.
贾承造,何登发,等. 2000. 前陆冲断带油气勘探. 北京:石油工业出版社.
贾承造,刘德来,赵文智,等. 2002. 层序地层学研究新进展. 石油勘探与开发,29(5):1-5.
金性春. 1982. 板块构造学基础. 上海:上海科学技术出版社.
瞿辉,王社教. 2000. 玛湖—盆1井西凹陷二叠系含油气系统的形成与演化. 勘探家,5(3):89-97.
康玉柱. 2003. 新疆三大盆地构造特征及油气分布. 地质力学学报,9(1):37-47.
匡立春,薛新克,邹才能,等. 2007. 火山岩岩性地层油藏成藏条件与富集规律——以准噶尔盆地克—百断裂带上盘石炭系为例. 石油勘探与开发,34(3):285-290.
况军,齐雪峰. 2006. 准噶尔前陆盆地构造特征与油气勘探方向. 新疆石油地质,27(1):5-9.
况军,唐勇,朱国华,等. 2002. 准噶尔盆地侏罗系储层的基本特征及其主控因素分析. 石油勘探与开发,29(1):52-60.
况军. 1993. 地体拼贴与准噶尔盆地的形成演化. 新疆石油地质,14(2):126-132.
况军. 1994. 准噶尔盆地腹部油气生、运、聚及成藏特征分析. 石油勘探与开发,21(2):7-14.
赖世新,黄凯,陈景亮,等. 1999. 准噶尔晚石炭世—二叠纪前陆盆地演化与油气聚集. 新疆石油地质,20(4):

293－297.
郎东升,姜道华,王国民,等.2005. 松辽盆地深层火成岩识别手册. 北京:石油工业出版社.
雷德文,吕焕通,刘振宇,等.1998. 准噶尔盆地西北缘斜坡区冲积扇储集层预测与效果. 新疆石油地质,19(6):470－472.
雷振宇,卞德智,杜社宽,等.2005. 准噶尔盆地西北缘扇体形成特征及油气分布规律. 石油学报,26(1):8－12.
雷振宇,鲁兵,蔚远江,等.2005. 准噶尔盆地西北缘构造演化与扇体形成与分布. 石油与天然气地质,26(1):86－91.
李嵘.2001. 准噶尔盆地西北缘二叠系储层特征及分类. 石油与天然气地质,21(1):79－81.
李思田,林畅松,解习农,等.1995. 大型陆相盆地层序地层学研究. 地学前缘,2(3－4):133－136.
李思田,杨士恭,吴冲龙,等.1999. 中国东部及邻区中新生代裂陷作用的大地构造背景. 北京:地质出版社.
连小翠,王振奇,等.2011. 准噶尔盆地白家海地区三工河组孔隙结构特征及影响因素. 新疆石油天然气.
林畅松,刘景彦,张英志.2005. 构造活动盆地的层序地层与构造地层分析. 地学前缘,12(4):365－374.
林畅松,潘元林,等.2000."构造坡折带"——断陷盆地层序分析和油气预测的重要概念. 中国地质大学学报(地球科学版),25(3):260－266.
刘成林,朱筱敏,朱玉新,等.2005. 不同构造背景天然气储层成岩作用及孔隙演化特点. 石油与天然气地质,26(6):746－753.
刘德权,唐延龄.1993. 新疆北准噶尔泥盆纪洋内弧及博宁岩. 新疆地质,(1).
刘桂凤,吴运强,赵增义,等.2007. 克拉玛依百口泉油田地层水化学特征与油气成藏关系. 中外能源,(2):29－34.
刘国壁,张惠蓉.1992. 准噶尔盆地地热场特征与油气. 新疆石油地质,13(2):99－107.
刘豪,王英民,等.2004. 大型坳陷湖盆坡折带的研究及其意义——以准噶尔盆地西北缘侏罗纪坳陷湖盆为例. 沉积学报,22(1).
刘豪,王英民.2004. 准噶尔盆地坳陷湖盆坡折带在非构造圈闭勘探中的应用. 石油与天然气地质,25(4):422－427.
刘景彦,林畅松.2000. 前陆盆地构造活动的层序地层响应. 地学前缘,7(3):265－266.
刘磊,张光亚,侯连华,等.2009. 准噶尔盆地西北缘红山嘴及邻区构造变换带与油气成藏关系. 现代地质.
刘若新,李霓.2005. 火山与火山喷发. 北京:地质出版社.
刘少峰,李思田.1995. 前陆盆地挠曲过程模拟的理论模型. 地学前缘,2(3):69－77.
刘顺生,焦养泉,等.1999. 准噶尔盆地西北缘露头区克拉玛依组沉积体系及演化序列分析. 新疆石油地质,20(6):485－489.
刘文章.1998. 热采稠油油藏开发模式. 北京:石油工业出版社.
刘贻军.1998. 前陆盆地层序地层学研究中的几个问题. 地质学报,19(1):90－96.
刘震,吴因业.1999. 层序地层框架与油气勘探. 北京:石油工业出版社.
刘震.1997. 储层地震地层学. 北京:地质出版社.
路凤香,桑隆康. 岩石学.2001. 北京:地质出版社.
吕锡敏,谭开俊,等.2006. 准噶尔盆地西北缘中拐—五、八区二叠系天然气地质特征. 天然气地球科学,17(5):708－710.
马瑞士,王赐银,叶尚夫,等.1993. 东天山构造格架及地壳演化. 南京:南京大学出版社.
孟祥化,等.1993. 沉积盆地与建造层序. 北京:地质出版社.
倪守武,等.1999. 新疆北部地区岩石生热率分布特征. 中国科学技术大学学报,29(4):408－414.
庞秋维,王振奇,等.2011. 准噶尔盆地白家海凸起阜北斜坡区油气运移示踪分析. 长江大学学报(自然科学版).
彭希龄.1994. 准噶尔盆地早古生代陆壳存在的证据. 新疆石油地质,(4).

祁利祺,鲍志东,等．2008. 准噶尔盆地西北缘克百地区侏罗系层序地层划分．石油天然气学报．
祁利祺,鲍志东,等．2009. 准噶尔盆地西北缘构造变换带及其对中生界沉积的控制．新疆石油地质,30(1).
丘东洲,等．1994. 准噶尔盆地西北缘三叠—侏罗系储层沉积成岩与评价．成都:成都科技大学出版社．
丘东洲,李晓清．2002. 盆山耦合关系与成烃作用——以准噶尔西北地区为例．沉积与特提斯地质,22(3):6－12.
裘怿楠,薛叔浩,等．1994. 油气储层评价技术．北京:石油工业出版社．
邵学钟,徐树宝,等．1997. 塔里木盆地地壳结构研究．石油勘探与开发,(2).
寿建峰,朱国华．1998. 砂岩储层孔隙保存的定量预测研究．地质科学,33(2):244－250.
宋岩,等．2000. 准噶尔盆地天然气成藏条件．北京:科学出版社．
宋永东,戴俊生,吴孔友．2009. 准噶尔盆地西北缘乌夏断裂带构造特征与油气成藏模式．西安石油大学学报(自然科学版).
孙川生,彭顺龙,等．2000. 克拉玛依九区热采稠油油藏．北京:石油工业出版社．
孙靖,金振奎,等．2008. 准噶尔盆地西北缘八二区三叠系克下组沉积相研究．新疆地质,26(4).
孙中春,蒋宜勤,查明,等．2013. 准噶尔盆地石炭系火山岩储层岩性岩相模式．中国矿业大学学报．
谭开俊,田鑫,孙东,等．2004. 准噶尔盆地西北缘断裂带油气分布特征及控制因素．断块油气田,11(6):13－18.
汤耀庆,肖序常,等．1993. 新疆北部大地构造研究的新进展．新疆地质科学,(4):1－12.
陶国亮,胡文瑄,张义杰,等．2006. 准噶尔盆地西北缘北西向横断裂与油气成藏．石油学报,27(4):23－28.
涂光炽．1993. 新疆北部固体地球科学新进展．北京:科学出版社．
王传刚,王铁冠,等．2003. 对准噶尔盆地东部彩南油田侏罗系油藏原油族(组)群类型的认识．石油实验地质,25(2):183－189.
王鸿祯,杨森楠,刘本培．1990. 中国及邻区构造古地理和生物古地理．武汉:中国地质大学出版社,3－34.
王惠民,吴华,靳涛,等．2005. 准噶尔盆地西北缘油气富集规律．新疆地质,23(3):278－282.
王家豪,陈红汉．2005. 前陆盆地二级层序内可容纳空间发育演化及三级层序对比．中国地质大学学报(地球科学),30(2):140－146.
王钧,黄尚瑶,等．1990. 中国地温分布的基本特征．北京:地质出版社,156－166.
王龙樟．1995. 准噶尔盆地中新生代陆相层序地层学探讨及其应用．新疆石油地质,16(4):324－331.
王璞珺,冯志强,等．2008. 盆地火山岩:岩性・岩相・储层・气藏・勘探．北京:科技出版社．
王廷栋,等．1990. 生物标志物在凝析气藏天然气运移和气源对比中的应用．石油学报,11(1):25－30.
王绪龙,康素芳．1999. 准噶尔盆地腹部及西北缘斜坡区原油成因分析．新疆石油地质,20(2):108－112.
王绪龙．1996. 准噶尔盆地石炭系的生油问题. 新疆石油地质,17(3):230－233.
王宜林,等．2002. 准噶尔盆地油气勘探开发成果及前景．新疆石油地质,23(6):449－455.
王英民,刘豪,李立诚,等．2002. 准噶尔大型坳陷湖盆坡折带的类型和分布特征．中国地质大学学报(地球科学),27(6):683－688.
王屿涛,蒋少斌．1998. 准噶尔盆地西北缘稠油分布的地质规律及成因探讨．石油勘探与开发．25(2).
王屿涛．1994. 准噶尔盆地西北缘混合气中煤型气和油型气的定量分析．石油勘探与开发,21(1):14－19.
王屿涛．2003. 准噶尔盆地油气形成与分布论文集．北京:石油工业出版社．
王振奇,支东明,张昌民,等．2008. 准噶尔盆地西北缘车排子地区新近系沙湾组油源探讨．中国科学(D 辑:地球科学).
蔚远江,胡素云,雷振宇,等．2005. 准噶尔西北缘前陆冲断带三叠—侏罗纪逆冲断裂活动的沉积响应．地学前缘,12(4):423－437.
吴昌志,顾连兴,任作伟,等．2005. 中国东部中、新生代含油气盆地火成岩气藏成藏机制．地质学报,79(4):522－530.
吴崇筠,薛叔浩,等．1992. 中国含油气盆地沉积学．北京:石油工业出版社．

吴景富,等.1999. 含油气盆地成藏动力学系统模拟评价方法. 中国海上油气(地质).

吴孔友,查明,等.2006. 准噶尔盆地二叠系不整合面及其油气运聚特征. 石油勘探与开发,29(2):53-59.

吴孔友,查明,柳广弟.2002. 准噶尔盆地二叠系不整合面及其油气运聚特征. 石油勘探与开发.

吴胜和,等.1998. 油气储层地质学. 北京:石油工业出版社.

吴胜和,熊琦华,等.1998. 油气储层地质学. 北京:石油工业出版社.

伍致中.1994. 准噶尔盆地油气地质条件、有利区带及勘探方向研究. 新疆地质,(4).

肖世禄,侯鸿飞,吴绍祖,等.1992. 新疆北部泥盆系研究. 乌鲁木齐:新疆科技卫生出版社.

谢宏,赵白,林隆栋,等.1984. 准噶尔盆地西北缘逆掩断裂区带的含油特点. 新疆石油地质,5(3):1-15.

谢宏,赵白.1984. 准噶尔盆地西北缘逆掩断裂带的含油特点. 见:北京国际石油地质论文集. 北京:石油工业出版社.

新疆地矿局地质矿产研究所、新疆地矿局一区调.1991. 新疆古生界. 乌鲁木齐:新疆人民出版社.

新疆石油地质志编辑委员会.1987. 中国石油地质志(卷十五). 北京:石油工业出版社.

新疆油田勘探开发研究院勘探所.2003. 准噶尔盆地油气勘探研究新近展. 乌鲁木齐:新疆科学技术出版社.

信荃麟,刘泽荣.1993. 含油气构造岩相分析. 北京:石油工业出版社.

邢志贵.2006. 辽河坳陷太古宇变质岩储层研究. 北京:石油工业出版社.

徐新,何国琦,李华琴,等.2006. 克拉玛依蛇绿混杂岩带的基本特征和锆石SHRIMP年龄信息. 中国地质,33(3):470-475.

徐正顺,庞彦明,王渝明,等.2010. 火山岩气藏开发技术. 北京:石油工业出版社.

薛良清,张光亚,等.2005. 中国中西部前陆盆地油气地质与勘探. 北京:地质出版社.

薛新克,王廷栋.2006. 准噶尔盆地深部地壳构造特征与油气勘探方向. 天然气工业,26(10):27-41.

颜玉贵.1983. 克百断裂带形成机制与油气聚集. 新疆石油地质,4(4):15-19.

杨瑞麒,过洪波.1989. 准噶尔盆地西北缘稠油油藏地质特征及成因分析. 新疆石油地质.3(1).

杨瑞麒.1989. 噶尔盆地西北缘稠油油藏地质特征及成因分析. 新疆石油地质.

杨有星,金振奎,等.2010. 准噶尔盆地西北缘检188井区下侏罗统八道湾组沉积特征及主控因素分析. 沉积与特提斯地质.

尤绮妹,贺小苏.1985. 西准噶尔褶皱带的断裂格局对准噶尔盆地北缘的控制作用. 新疆石油地质,6(2):18-29.

尤绮妹.1986. 克拉玛依逆掩断裂带地质力学分析与油气聚集. 石油与天然气地质,7(4):386-393.

翟光明,高维亮,等.2005. 中国石油地质学. 北京:石油工业出版社,513-515.

张朝军,何登发,吴晓智,等.2006. 准噶尔多旋回叠合盆地的形成与演化. 石油地质,1:47-58.

张朝军,石昕,等.2005. 准噶尔盆地石炭系油气富集条件及有利勘探领域预测. 中国石油勘探.

张驰,黄萱.1992. 新疆西准噶尔蛇绿岩形成时代和环境探讨. 地质论评,38:510-524.

张传绩.1983. 准噶尔盆地西北缘大逆掩断裂带的地震地质依据及地震资料解释中的几个问题. 新疆石油地质,4(3):1-12.

张功成,陈新发,刘楼军,等.1999. 准噶尔盆地结构构造与油气田分布. 石油学报,20(1):13-18.

张厚福,等.1999. 多旋回构造变动区的油气系统. 石油学报.

张厚福,方朝亮,等.1999. 石油地质学(第三版). 北京:石油工业出版社.

张厚福.1999. 含油气系统的新定义及分类. 石油消息报.

张惠蓉,末运维.1993. 火烧山油田地热流值测定. 新疆石油地质,14(4):314-317.

张立平,王社教,等.2000. 准噶尔盆地原油地球化学特征与油源讨论. 勘探家,5(3):30-35.

张闻林,张哨楠,等.2003. 准噶尔盆地南缘西部地区原油地球化学特征及油源对比. 成都理工大学学报(自然科学版),30(4):374-377.

张义杰,王惠民,何正怀.1999. 准噶尔盆地基底结构及形成演化初见. 新疆石油地质,20(6):568-572.

张义杰．2003. 准噶尔盆地断裂控油的流体地球化学证据，新疆石油地质．

张子枢，吴邦辉．1994. 国内外火山岩油气藏研究现状及勘探技术调研．天然气勘探与开发，16(1)：1－26.

赵澄林，朱筱敏．2001. 沉积岩石学(第三版)．北京：石油工业出版社．

赵文智，何登发，等．1999. 石油地质综合研究导论．北京：石油工业出版社．

赵玉光，肖林萍．2000. 西准噶尔前陆盆地二叠纪火山—沉积序列与盆地演化耦合．地质论评，46(5)：530－535.

赵玉光，许效松，刘宝珺．1997. 克拉通边缘前陆盆地动力层序地层学．岩相古地理，17(1)：1－10.

赵玉光．1999. 准噶尔盆地西北缘二叠纪沉积岩相模式．新疆石油地质，20(5)：397－401.

中国石油地质志编辑委员会．1987. 中国石油地质志(卷一)．北京：石油工业出版社．

中国石油学会．1988. 陆相碎屑岩油田开发．北京：石油工业出版社．

中国石油学会石油地质委员会．1987. 基岩油气藏．北京：石油工业出版社．

中国石油学会石油地质专业委员会．1997. 中国含油气系统的应用与进展．北京：石油工业出版社．

周立宏，李三忠，刘建忠，等．2003. 渤海湾盆地区前古近系构造演化与潜山油气成藏模式．北京：中国科学技术出版社．

周中毅，等，1989. 准噶尔盆地的地温特征及其找油意义．新疆石油地质，10(3)：67－73.

周中毅，等．1992. 沉积盆地古地温测定方法及其应用．广州：广东科技出版社．

朱宝清，冯益民．1994. 新疆西准噶尔板块构造及演化．新疆地质，12(2)：91－104.

朱国华．1982. 成岩作用与砂层(岩)孔隙的演化．石油与天然气地质，3(3)：9－14.

朱国华．1992. 碎屑岩储层孔隙的形成，演化和预测．沉积学报，10(3)：52－60.

朱世发，朱筱敏，等．2009. 准噶尔盆地西北缘克百地区侏罗系储集层特征及主控因素分析．古地理学报，(6)．

朱世发，朱筱敏，等．2010. 准噶尔盆地西北缘克百地区三叠系储层溶蚀作用特征及孔隙演化．沉积学报，(3)．

朱世发，朱筱敏，等．2011. 准噶尔盆地西北缘二叠系沸石矿物成岩作用及对油气的意义．中国科学：地球科学，41(11)．

邹华耀，金燕，等．1999. 断层封闭性与油气运聚和聚集．江汉石油学院学报，21(1)：9－12.

Allen P A, Allen J A. 1990. Basin analysis-Principles and Applications. London: Blackwell Scientific Publications, 451.

Bilotti F, Shaw J H. 2005. Deep-water Niger delta fold and thrust belt modeled as a critical taper wedge: The influence of elevated basal fluid pressure on structural styles. AAPG Bulletin, 89(11): 1475－1491.

Bonini M. 2007. Deformation patterns and structural vergence in brittle-ductile thrust wedges: An additional analogue modeling perspective. Journal of Structural Geology, 29: 141－158.

Braathen A, Bergh S D, Maher H D. 1999. Application of a critical wedge taper model to the Tertiary transpressional fold-thrust belt on Spitsbergen, Svalbard. Geological Society of America Bulletin, 111(10): 1468－1485.

Carena S, Suppe J, Kao H. 2002. Active detachment of Taiwan illuminated by small earthquakes and its control of first-order topography: Geology, 30(10), 935－938.

Chen S P, Wang Y, Jin Z J. 2007. Controls of Tectonics on both sedimentary sequences and petroleum systems in Tarim Basin, Northwest China. Petroleum Science, 4(2): 1－9.

Dahlen F A. 1984. Noncohensive critical Coulomb wedges: An exact solution. Journal of Geophysical Research, 89: 10125－10133.

Davis D, Suppe J, Dahlen F A. 1983. Mechanics of fold－and－thrust belts and accretionary wedges. Journal of Geophysical Research, 88(B2): 1153－1172.

Einsele G, Ricken W, Seilacher A. 1991. Cycles and events in stratigraphy. Springer－Verlag, Berlin Heidelberg New York, 617－659.

Jiao Yangquan, Yan Jiaxin, Li Sitian, et al. 2005. Architectural units and heterogeneity of channel reservoirs in the

Karamay Formation, outcrop area Karamay oil field, Junggar basin, Northwest China. AAPG Bulletin, 89(4): 529 - 545.

Liu Hao, Wang Yingmin, Xin Renchen, et al. 2006. Study on the slope break belts in the Jurassic down-warped lacustrine basin in western-margin area, Junggar Basin, northwestern China. Marine and Petroleum Geology, 23(9 - 10): 913 - 930.

Plesch A, Oncken O. 1999. Orogenic wedge growth during collision-Constraints on mechanics of a fossil wedge from its kinematic record. Tectonophysics, 309: 117 - 139.

Van Wagoner J C, Mitchum R M, Campion K M, et al. 1990. Siliciclastic sequence stratigraphy in well, cores and outcrops - concept for high - resolution correlation of times and facies. AAPG Methods in Exploration Series, 7: 1 - 55.

Wang Yingmin, LiuHao, Xin Renchen, et al. 2004. Lacustrine basin slope break—the new domain of strata and lithological traps exploration. Petroleum Science. 2: 25 - 30.

Wilgus C K, et al. 1988. Sea-Level Changes: an Integrated Approach. Society of Economic Paleontologists and Mineralogists Special Publication 42, 47 - 69.

Xiao H, Suppe J. 1991. Mechanics of extensional wedges. Journal of Geophysical Research, 96: 10301 - 10318.

Zhao W L, Davis D M, Dahlen F A, et al. 1986. Origin of convex accretionary wedges: Evidence from Barbados. Journal of Geophysical Research, 91: 10246 - 10258.

Zhu Xiaomin, Zhong Dakang, Zhang Qin, et al. 2004. Sandstone Diagenesis and Porosity Evolution of Paleogene in Huimin Depression. Petroleum Science, 1(3): 23 - 29.